U0922328

# 环境保护文件选编 2016

（上册）

生态环境部办公厅　编

中国环境出版集团・北京

**图书在版编目（CIP）数据**

环境保护文件选编. 2016 / 生态环境部办公厅编. —北京：中国环境出版集团，2018.5

ISBN 978-7-5111-3553-7

Ⅰ. ①环… Ⅱ. ①生… Ⅲ. ①环境保护—文件—汇编—中国—2016 Ⅳ. ①X-012

中国版本图书馆 CIP 数据核字（2018）第 045191 号

**出 版 人** 武德凯
**责任编辑** 葛 莉 郑中海
**责任校对** 任 丽
**封面设计** 陈 莹

---

**出版发行** 中国环境出版集团
（100062 北京市东城区广渠门内大街 16 号）
网 址：http：//www.cesp.com.cn
电子邮箱：bjgl@cesp.com.cn
联系电话：010-67112765（编辑管理部）
010-67113412（第二分社）
发行热线：010-67125803，010-67113405（传真）
印装质量热线：010-67113404

**印 刷** 北京中科印刷有限公司
**版 次** 2018 年 5 月第 1 版
**印 次** 2018 年 5 月第 1 次印刷
**开 本** 787×1092 1/16
**印 张** 33.75
**字 数** 821 千字
**定 价** 全书上下两册，定价 240.00 元

---

【版权所有。未经许可，请勿翻印、转载，违者必究。】
如有缺页、破损、倒装等印装质量问题，请寄回本社更换

# 目　录

## 一、中共中央、国务院有关环境保护文件



## 二、环境保护部与有关部委联合发文

## 三、环境保护部令



## 四、环境保护部规范性文件



## 五、环境保护部公告

# 一、中共中央、国务院有关环境保护文件

## 中共中央办公厅　国务院办公厅<br>关于印发《关于全面推行河长制的意见》的通知

厅字〔2016〕42号

河湖管理保护是一项复杂的系统工程，涉及上下游、左右岸、不同行政区域和行业。近年来，一些地区积极探索河长制，由党政领导担任河长，依法依规落实地方主体责任，协调整合各方力量，有力促进了水资源保护、水域岸线管理、水污染防治、水环境治理等工作。全面推行河长制是落实绿色发展理念、推进生态文明建设的内在要求，是解决我国复杂水问题、维护河湖健康生命的有效举措，是完善水治理体系、保障国家水安全的制度创新。为进一步加强河湖管理保护工作，落实属地责任，健全长效机制，现就全面推行河长制提出以下意见。

### 一、总体要求

（一）指导思想。全面贯彻党的十八大和十八届三中、四中、五中、六中全会精神，深入学习贯彻习近平总书记系列重要讲话精神，紧紧围绕统筹推进“五位一体”总体布局和协调推进“四个全面”战略布局，牢固树立新发展理念，认真落实党中央、国务院决策部署，坚持节水优先、空间均衡、系统治理、两手发力，以保护水资源、防治水污染、改善水环境、修复水生态为主要任务，在全国江河湖泊全面推行河长制，构建责任明确、协调有序、监管严格、保护有力的河湖管理保护机制，为维护河湖健康生命、实现河湖功能永续利用提供制度保障。

（二）基本原则

——坚持生态优先、绿色发展。牢固树立尊重自然、顺应自然、保护自然的理念，处理好河湖管理保护与开发利用的关系，强化规划约束，促进河湖休养生息、维护河湖生态功能。

——坚持党政领导、部门联动。建立健全以党政领导负责制为核心的责任体系，明确各级河长职责，强化工作措施，协调各方力量，形成一级抓一级、层层抓落实的工作格局。

——坚持问题导向、因地制宜。立足不同地区不同河湖实际，统筹上下游、左右岸，实行一河一策、一湖一策，解决好河湖管理保护的突出问题。

——坚持强化监督、严格考核。依法治水管水，建立健全河湖管理保护监督考核和责任追究制度，拓展公众参与渠道，营造全社会共同关心和保护河湖的良好氛围。

（三）组织形式。全面建立省、市、县、乡四级河长体系。各省（自治区、直辖市）设立总河长，由党委或政府主要负责同志担任；各省（自治区、直辖市）行政区域内主要河湖设立河长，由省级负责同志担任；各河湖所在市、县、乡均分级分段设立河长，由同级负责同志担任。县级及以上河长设置相应的河长制办公室，具体组成由各地根据实际确定。

（四）工作职责。各级河长负责组织领导相应河湖的管理和保护工作，包括水资源保护、水域岸线管理、水污染防治、水环境治理等，牵头组织对侵占河道、围垦湖泊、超标排污、非法采砂、破坏航道、电毒炸鱼等突出问题依法进行清理整治，协调解决重大问题；对跨行政区域的河湖明晰管理责任，协调上下游、左右岸实行联防联控；对相关部门和下一级河长履职情况进行督导，对目标任务完成情况进行考核，强化激励问责。河长制办公室承担河长制组织实施具体工作，落实河长确定的事项。各有关部门和单位按照职责分工，协同推进各项工作。

## 二、主要任务

（五）加强水资源保护。落实最严格水资源管理制度，严守水资源开发利用控制、用水效率控制、水功能区限制纳污三条红线，强化地方各级政府责任，严格考核评估和监督。实行水资源消耗总量和强度双控行动，防止不合理新增取水，切实做到以水定需、量水而行、因水制宜。坚持节水优先，全面提高用水效率，水资源短缺地区、生态脆弱地区要严格限制发展高耗水项目，加快实施农业、工业和城乡节水技术改造，坚决遏制用水浪费。严格水功能区管理监督，根据水功能区划确定的河流水域纳污容量和限制排污总量，落实污染物达标排放要求，切实监管入河湖排污口，严格控制入河湖排污总量。

（六）加强河湖水域岸线管理保护。严格水域岸线等水生态空间管控，依法划定河湖管理范围。落实规划岸线分区管理要求，强化岸线保护和节约集约利用。严禁以各种名义侵占河道、围垦湖泊、非法采砂，对岸线乱占滥用、多占少用、占而不用等突出问题开展清理整治，恢复河湖水域岸线生态功能。

（七）加强水污染防治。落实《水污染防治行动计划》，明确河湖水污染防治目标和任务，统筹水上、岸上污染治理，完善入河湖排污管控机制和考核体系。排查入河湖污染源，加强综合防治，严格治理工矿企业污染、城镇生活污染、畜禽养殖污染、水产养殖污染、农业面源污染、船舶港口污染，改善水环境质量。优化入河湖排污口布局，实施入河湖排污口整治。

（八）加强水环境治理。强化水环境质量目标管理，按照水功能区确定各类水体的水质保护目标。切实保障饮用水水源安全，开展饮用水水源规范化建设，依法清理饮用水水源保护区内违法建筑和排污口。加强河湖水环境综合整治，推进水环境治理网格化和信息化建设，建立健全水环境风险评估排查、预警预报与响应机制。结合城市总体规划，因地制宜建设亲水生态岸线，加大黑臭水体治理力度，实现河湖环境整洁优美、水清岸绿。以生活污水处理、生活垃圾处理为重点，综合整治农村水环境，推进美丽乡村建设。

（九）加强水生态修复。推进河湖生态修复和保护，禁止侵占自然河湖、湿地等水源涵养空间。在规划的基础上稳步实施退田还湖还湿、退渔还湖，恢复河湖水系的自然连通，加强水生生物资源养护，提高水生生物多样性。开展河湖健康评估。强化山水林田湖系统治理，加大江河源头区、水源涵养区、生态敏感区保护力度，对三江源区、南水北调水源区等重要生态保护区实行更严格的保护。积极推进建立生态保护补偿机制，加强水土流失预防监督和综合整治，建设生态清洁型小流域，维护河湖生态环境。

（十）加强执法监管。建立健全法规制度，加大河湖管理保护监管力度，建立健全部门联合执法机制，完善行政执法与刑事司法衔接机制。建立河湖日常监管巡查制度，实行河湖动态监管。落实河湖管理保护执法监管责任主体、人员、设备和经费。严厉打击涉河湖违法行为，坚决清理整治非法排污、设障、捕捞、养殖、采砂、采矿、围垦、侵占水域岸线等活动。

## 三、保障措施

（十一）加强组织领导。地方各级党委和政府要把推行河长制作为推进生态文明建设的重要举措，切实加强组织领导，狠抓责任落实，抓紧制定出台工作方案，明确工作进度安排，到 2018 年年底前全面建立河长制。

（十二）健全工作机制。建立河长会议制度、信息共享制度、工作督察制度，协调解决河湖管理保护的重点难点问题，定期通报河湖管理保护情况，对河长制实施情况和河长履职情况进行督察。各级河长制办公室要加强组织协调，督促相关部门单位按照职责分工，落实责任，密切配合，协调联动，共同推进河湖管理保护工作。

（十三）强化考核问责。根据不同河湖存在的主要问题，实行差异化绩效评价考核，将领导干部自然资源资产离任审计结果及整改情况作为考核的重要参考。县级及以上河长负责组织对相应河湖下一级河长进行考核，考核结果作为地方党政领导干部综合考核评价的重要依据。实行生态环境损害责任终身追究制，对造成生态环境损害的，严格按照有关规定追究责任。

（十四）加强社会监督。建立河湖管理保护信息发布平台，通过主要媒体向社会公告河长名单，在河湖岸边显著位置竖立河长公示牌，标明河长职责、河湖概况、管护目标、监督电话等内容，接受社会监督。聘请社会监督员对河湖管理保护效果进行监督和评价。进一步做好宣传舆论引导，提高全社会对河湖保护工作的责任意识和参与意识。

各省（自治区、直辖市）党委和政府要在每年 1 月底前将上年度贯彻落实情况报党中央、国务院。

# 中共中央办公厅 国务院办公厅
# 关于印发《生态文明建设目标评价考核办法》的通知

厅字〔2016〕45号

## 第一章 总 则

**第一条** 为了贯彻落实党的十八大和十八届三中、四中、五中、六中全会精神，加快绿色发展，推进生态文明建设，规范生态文明建设目标评价考核工作，根据有关党内法规和国家法律法规，制定本办法。

**第二条** 本办法适用于对各省、自治区、直辖市党委和政府生态文明建设目标的评价考核。

**第三条** 生态文明建设目标评价考核实行党政同责，地方党委和政府领导成员生态文明建设一岗双责，按照客观公正、科学规范、突出重点、注重实效、奖惩并举的原则进行。

**第四条** 生态文明建设目标评价考核在资源环境生态领域有关专项考核的基础上综合开展，采取评价和考核相结合的方式，实行年度评价、五年考核。

评价重点评估各地区上一年度生态文明建设进展总体情况，引导各地区落实生态文明建设相关工作，每年开展1次。考核主要考查各地区生态文明建设重点目标任务完成情况，强化省级党委和政府生态文明建设的主体责任，督促各地区自觉推进生态文明建设，每个五年规划期结束后开展1次。

## 第二章 评 价

**第五条** 生态文明建设年度评价（以下简称年度评价）工作由国家统计局、国家发展改革委、环境保护部会同有关部门组织实施。

**第六条** 年度评价按照绿色发展指标体系实施，主要评估各地区资源利用、环境治理、环境质量、生态保护、增长质量、绿色生活、公众满意程度等方面的变化趋势和动态进展，生成各地区绿色发展指数。

绿色发展指标体系由国家统计局、国家发展改革委、环境保护部会同有关部门制定，可以根据国民经济和社会发展规划纲要以及生态文明建设进展情况做相应调整。

**第七条** 年度评价应当在每年8月底前完成。

**第八条** 年度评价结果应当向社会公布，并纳入生态文明建设目标考核。

## 第三章 考 核

**第九条** 生态文明建设目标考核（以下简称目标考核）工作由国家发展改革委、环境保护部、中央组织部牵头，会同财政部、国土资源部、水利部、农业部、国家统计局、国家林业局、国家海洋局等部门组织实施。

**第十条** 目标考核内容主要包括国民经济和社会发展规划纲要中确定的资源环境约束性指标，以及党中央、国务院部署的生态文明建设重大目标任务完成情况，突出公众的获得感。考核目标体系由国家发展改革委、环境保护部会同有关部门制定，可以根据国民经济和社会发展规划纲要以及生态文明建设进展情况做相应调整。

有关部门应当根据国家生态文明建设的总体要求，结合各地区经济社会发展水平、资源环境禀赋等因素，将考核目标科学合理分解落实到各省、自治区、直辖市。

**第十一条** 目标考核在五年规划期结束后的次年开展，并于9月底前完成。各省、自治区、直辖市党委和政府应当对照考核目标体系开展自查，在五年规划期结束次年的6月底前，向党中央、国务院报送生态文明建设目标任务完成情况自查报告，并抄送考核牵头部门。资源环境生态领域有关专项考核的实施部门应当在五年规划期结束次年的6月底前，将五年专项考核结果送考核牵头部门。

**第十二条** 目标考核采用百分制评分和约束性指标完成情况等相结合的方法，考核结果划分为优秀、良好、合格、不合格四个等级。考核牵头部门汇总各地区考核实际得分以及有关情况，提出考核等级划分、考核结果处理等建议，并结合领导干部自然资源资产离任审计、领导干部环境保护责任离任审计、环境保护督察等结果，形成考核报告。

考核等级划分规则由考核牵头部门根据实际情况另行制定。

**第十三条** 考核报告经党中央、国务院审定后向社会公布，考核结果作为各省、自治区、直辖市党政领导班子和领导干部综合考核评价、干部奖惩任免的重要依据。

对考核等级为优秀、生态文明建设工作成效突出的地区，给予通报表扬；对考核等级为不合格的地区，进行通报批评，并约谈其党政主要负责人，提出限期整改要求；对生态环境损害明显、责任事件多发地区的党政主要负责人和相关负责人（含已经调离、提拔、退休的），按照《党政领导干部生态环境损害责任追究办法（试行）》等规定，进行责任追究。

## 第四章 实 施

**第十四条** 国家发展改革委、环境保护部、中央组织部会同国家统计局等部门建立生态文明建设目标评价考核部际协作机制，研究评价考核工作重大问题，提出考核等级划分、考核结果处理等建议，讨论形成考核报告，报请党中央、国务院审定。

**第十五条** 生态文明建设目标评价考核采用有关部门组织开展专项考核认定的数据、相关统计和监测数据，以及自然资源资产负债表数据成果，必要时评价考核牵头部门可以对专项考核等数据做进一步核实。

因重大自然灾害等非人为因素导致有关考核目标未完成的，经主管部门核实后，对有关地区相关考核指标得分进行综合判定。

**第十六条** 有关部门和各地区应当切实加强生态文明建设领域统计和监测的人员、设备、科研、信息平台等基础能力建设，加大财政支持力度，增加指标调查频率，提高数据的科学性、准确性和一致性。

### 第五章 监 督

**第十七条** 参与评价考核工作的有关部门和机构应当严格执行工作纪律，坚持原则、实事求是，确保评价考核工作客观公正、依规有序开展。各省、自治区、直辖市不得篡改、伪造或者指使篡改、伪造相关统计和监测数据，对于存在上述问题并被查实的地区，考核等级确定为不合格。对徇私舞弊、瞒报谎报、篡改数据、伪造资料等造成评价考核结果失真失实的，由纪检监察机关和组织（人事）部门按照有关规定严肃追究有关单位和人员责任；涉嫌犯罪的，依法移送司法机关处理。

**第十八条** 有关地区对考核结果和责任追究决定有异议的，可以向做出考核结果和责任追究决定的机关和部门提出书面申诉，有关机关和部门应当依据相关规定受理并进行处理。

### 第六章 附 则

**第十九条** 各省、自治区、直辖市党委和政府可以参照本办法，结合本地区实际，制定针对下一级党委和政府的生态文明建设目标评价考核办法。

**第二十条** 本办法由国家发展改革委、环境保护部、中央组织部、国家统计局商有关部门负责解释。

**第二十一条** 本办法自 2016 年 12 月 2 日起施行。

# 国务院关于印发土壤污染防治行动计划的通知

国发〔2016〕31 号

各省、自治区、直辖市人民政府，国务院各部委、各直属机构：

现将《土壤污染防治行动计划》印发给你们，请认真贯彻执行。

国务院

2016 年 5 月 28 日

# 土壤污染防治行动计划

土壤是经济社会可持续发展的物质基础，关系人民群众身体健康，关系美丽中国建设，保护好土壤环境是推进生态文明建设和维护国家生态安全的重要内容。当前，我国土壤环境总体状况堪忧，部分地区污染较为严重，已成为全面建成小康社会的突出短板之一。为切实加强土壤污染防治，逐步改善土壤环境质量，制订本行动计划。

总体要求：全面贯彻党的十八大和十八届三中、四中、五中全会精神，按照“五位一体”总体布局和“四个全面”战略布局，牢固树立创新、协调、绿色、开放、共享的新发展理念，认真落实党中央、国务院决策部署，立足我国国情和发展阶段，着眼经济社会发展全局，以改善土壤环境质量为核心，以保障农产品质量和人居环境安全为出发点，坚持预防为主、保护优先、风险管控，突出重点区域、行业和污染物，实施分类别、分用途、分阶段治理，严控新增污染、逐步减少存量，形成政府主导、企业担责、公众参与、社会监督的土壤污染防治体系，促进土壤资源永续利用，为建设“蓝天常在、青山常在、绿水常在”的美丽中国而奋斗。

工作目标：到 2020 年，全国土壤污染加重趋势得到初步遏制，土壤环境质量总体保持稳定，农用地和建设用地土壤环境安全得到基本保障，土壤环境风险得到基本管控。到 2030 年，全国土壤环境质量稳中向好，农用地和建设用地土壤环境安全得到有效保障，土壤环境风险得到全面管控。到 21 世纪中叶，土壤环境质量全面改善，生态系统实现良性循环。

主要指标：到 2020 年，受污染耕地安全利用率达到 90%左右，污染地块安全利用率达到 90%以上。到 2030 年，受污染耕地安全利用率达到 95%以上，污染地块安全利用率达到 95%以上。

## 一、开展土壤污染调查，掌握土壤环境质量状况

（一）深入开展土壤环境质量调查。在现有相关调查基础上，以农用地和重点行业企业用地为重点，开展土壤污染状况详查，2018 年底前查明农用地土壤污染的面积、分布及其对农产品质量的影响；2020 年底前掌握重点行业企业用地中的污染地块分布及其环境风险情况。制定详查总体方案和技术规定，开展技术指导、监督检查和成果审核。建立土壤环境质量状况定期调查制度，每 10 年开展 1 次。（环境保护部牵头，财政部、国土资源部、农业部、国家卫生计生委等参与，地方各级人民政府负责落实。以下均需地方各级人民政府落实，不再列出）

（二）建设土壤环境质量监测网络。统一规划、整合优化土壤环境质量监测点位，2017 年底前，完成土壤环境质量国控监测点位设置，建成国家土壤环境质量监测网络，充分发挥行业监测网作用，基本形成土壤环境监测能力。各省（区、市）每年至少开展 1 次土壤环境监测技术人员培训。各地可根据工作需要，补充设置监测点位，增加特征污染物监测项目，提高监测频次。2020 年底前，实现土壤环境质量监测点位所有县（市、区）全覆盖。（环境保护部牵头，国家发展改革委、工业和信息化部、国土资源部、农业部等参与）

（三）提升土壤环境信息化管理水平。利用环境保护、国土资源、农业等部门相关数据，建立土壤环境基础数据库，构建全国土壤环境信息化管理平台，力争 2018 年底前完成。借助移动互联网、物联网等技术，拓宽数据获取渠道，实现数据动态更新。加强数据共享，编制资源共享目录，明确共享权限和方式，发挥土壤环境大数据在污染防治、城乡规划、土地利用、农业生产中的作用。（环境保护部牵头，国家发展改革委、教育部、科技部、工业和信息化部、国土资源部、住房和城乡建设部、农业部、国家卫生计生委、国

家林业局等参与）

## 二、推进土壤污染防治立法，建立健全法规标准体系

（四）加快推进立法进程。配合完成土壤污染防治法起草工作。适时修订污染防治、城乡规划、土地管理、农产品质量安全相关法律法规，增加土壤污染防治有关内容。2016年底前，完成农药管理条例修订工作，发布污染地块土壤环境管理办法、农用地土壤环境管理办法。2017年底前，出台农药包装废弃物回收处理、工矿用地土壤环境管理、废弃农膜回收利用等部门规章。到2020年，土壤污染防治法律法规体系基本建立。各地可结合实际，研究制定土壤污染防治地方性法规。（国务院法制办、环境保护部牵头，工业和信息化部、国土资源部、住房和城乡建设部、农业部、国家林业局等参与）

（五）系统构建标准体系。健全土壤污染防治相关标准和技术规范。2017年底前，发布农用地、建设用地土壤环境质量标准；完成土壤环境监测、调查评估、风险管控、治理与修复等技术规范以及环境影响评价技术导则制修订工作；修订肥料、饲料、灌溉用水中有毒有害物质限量和农用污泥中污染物控制等标准，进一步严格污染物控制要求；修订农膜标准，提高厚度要求，研究制定可降解农膜标准；修订农药包装标准，增加防止农药包装废弃物污染土壤的要求。适时修订污染物排放标准，进一步明确污染物特别排放限值要求。完善土壤中污染物分析测试方法，研制土壤环境标准样品。各地可制定严于国家标准的地方土壤环境质量标准。（环境保护部牵头，工业和信息化部、国土资源部、住房和城乡建设部、水利部、农业部、质检总局、国家林业局等参与）

（六）全面强化监管执法。明确监管重点。重点监测土壤中镉、汞、砷、铅、铬等重金属和多环芳烃、石油烃等有机污染物，重点监管有色金属矿采选、有色金属冶炼、石油开采、石油加工、化工、焦化、电镀、制革等行业，以及产粮（油）大县、地级以上城市建成区等区域。（环境保护部牵头，工业和信息化部、国土资源部、住房和城乡建设部、农业部等参与）

加大执法力度。将土壤污染防治作为环境执法的重要内容，充分利用环境监管网格，加强土壤环境日常监管执法。严厉打击非法排放有毒有害污染物、违法违规存放危险化学品、非法处置危险废物、不正常使用污染治理设施、监测数据弄虚作假等环境违法行为。开展重点行业企业专项环境执法，对严重污染土壤环境、群众反映强烈的企业进行挂牌督办。改善基层环境执法条件，配备必要的土壤污染快速检测等执法装备。对全国环境执法人员每3年开展1轮土壤污染防治专业技术培训。提高突发环境事件应急能力，完善各级环境污染事件应急预案，加强环境应急管理、技术支撑、处置救援能力建设。（环境保护部牵头，工业和信息化部、公安部、国土资源部、住房和城乡建设部、农业部、安全监管总局、国家林业局等参与）

## 三、实施农用地分类管理，保障农业生产环境安全

（七）划定农用地土壤环境质量类别。按污染程度将农用地划为三个类别，未污染和轻微污染的划为优先保护类，轻度和中度污染的划为安全利用类，重度污染的划为严格管

控类，以耕地为重点，分别采取相应管理措施，保障农产品质量安全。2017年底前，发布农用地土壤环境质量类别划分技术指南。以土壤污染状况详查结果为依据，开展耕地土壤和农产品协同监测与评价，在试点基础上有序推进耕地土壤环境质量类别划定，逐步建立分类清单，2020年底前完成。划定结果由各省级人民政府审定，数据上传全国土壤环境信息化管理平台。根据土地利用变更和土壤环境质量变化情况，定期对各类别耕地面积、分布等信息进行更新。有条件的地区要逐步开展林地、草地、园地等其他农用地土壤环境质量类别划定等工作。（环境保护部、农业部牵头，国土资源部、国家林业局等参与）

（八）切实加大保护力度。各地要将符合条件的优先保护类耕地划为永久基本农田，实行严格保护，确保其面积不减少、土壤环境质量不下降，除法律规定的重点建设项目选址确实无法避让外，其他任何建设不得占用。产粮（油）大县要制定土壤环境保护方案。高标准农田建设项目向优先保护类耕地集中的地区倾斜。推行秸秆还田、增施有机肥、少耕免耕、粮豆轮作、农膜减量与回收利用等措施。继续开展黑土地保护利用试点。农村土地流转的受让方要履行土壤保护的责任，避免因过度施肥、滥用农药等掠夺式农业生产方式造成土壤环境质量下降。各省级人民政府要对本行政区域内优先保护类耕地面积减少或土壤环境质量下降的县（市、区），进行预警提醒并依法采取环评限批等限制性措施。（国土资源部、农业部牵头，国家发展改革委、环境保护部、水利部等参与）

防控企业污染。严格控制在优先保护类耕地集中区域新建有色金属冶炼、石油加工、化工、焦化、电镀、制革等行业企业，现有相关行业企业要采用新技术、新工艺，加快提标升级改造步伐。（环境保护部、国家发展改革委牵头，工业和信息化部参与）

（九）着力推进安全利用。根据土壤污染状况和农产品超标情况，安全利用类耕地集中的县（市、区）要结合当地主要作物品种和种植习惯，制定实施受污染耕地安全利用方案，采取农艺调控、替代种植等措施，降低农产品超标风险。强化农产品质量检测。加强对农民、农民合作社的技术指导和培训。2017年底前，出台受污染耕地安全利用技术指南。到2020年，轻度和中度污染耕地实现安全利用的面积达到4000万亩。（农业部牵头，国土资源部等参与）

（十）全面落实严格管控。加强对严格管控类耕地的用途管理，依法划定特定农产品禁止生产区域，严禁种植食用农产品；对威胁地下水、饮用水水源安全的，有关县（市、区）要制定环境风险管控方案，并落实有关措施。研究将严格管控类耕地纳入国家新一轮退耕还林还草实施范围，制定实施重度污染耕地种植结构调整或退耕还林还草计划。继续在湖南长株潭地区开展重金属污染耕地修复及农作物种植结构调整试点。实行耕地轮作休耕制度试点。到2020年，重度污染耕地种植结构调整或退耕还林还草面积力争达到2000万亩。（农业部牵头，国家发展改革委、财政部、国土资源部、环境保护部、水利部、国家林业局参与）

（十一）加强林地草地园地土壤环境管理。严格控制林地、草地、园地的农药使用量，禁止使用高毒、高残留农药。完善生物农药、引诱剂管理制度，加大使用推广力度。优先将重度污染的牧草地集中区域纳入禁牧休牧实施范围。加强对重度污染林地、园地产出食用农（林）产品质量检测，发现超标的，要采取种植结构调整等措施。（农业部、国家林业局负责）

## 四、实施建设用地准入管理，防范人居环境风险

（十二）明确管理要求。建立调查评估制度。2016 年底前，发布建设用地土壤环境调查评估技术规定。自 2017 年起，对拟收回土地使用权的有色金属冶炼、石油加工、化工、焦化、电镀、制革等行业企业用地，以及用途拟变更为居住和商业、学校、医疗、养老机构等公共设施的上述企业用地，由土地使用权人负责开展土壤环境状况调查评估；已经收回的，由所在地市、县级人民政府负责开展调查评估。自 2018 年起，重度污染农用地转为城镇建设用地的，由所在地市、县级人民政府负责组织开展调查评估。调查评估结果向所在地环境保护、城乡规划、国土资源部门备案。（环境保护部牵头，国土资源部、住房和城乡建设部参与）

分用途明确管理措施。自 2017 年起，各地要结合土壤污染状况详查情况，根据建设用地土壤环境调查评估结果，逐步建立污染地块名录及其开发利用的负面清单，合理确定土地用途。符合相应规划用地土壤环境质量要求的地块，可进入用地程序。暂不开发利用或现阶段不具备治理修复条件的污染地块，由所在地县级人民政府组织划定管控区域，设立标识，发布公告，开展土壤、地表水、地下水、空气环境监测；发现污染扩散的，有关责任主体要及时采取污染物隔离、阻断等环境风险管控措施。（国土资源部牵头，环境保护部、住房和城乡建设部、水利部等参与）

（十三）落实监管责任。地方各级城乡规划部门要结合土壤环境质量状况，加强城乡规划论证和审批管理。地方各级国土资源部门要依据土地利用总体规划、城乡规划和地块土壤环境质量状况，加强土地征收、收回、收购以及转让、改变用途等环节的监管。地方各级环境保护部门要加强对建设用地土壤环境状况调查、风险评估和污染地块治理与修复活动的监管。建立城乡规划、国土资源、环境保护等部门间的信息沟通机制，实行联动监管。（国土资源部、环境保护部、住房和城乡建设部负责）

（十四）严格用地准入。将建设用地土壤环境管理要求纳入城市规划和供地管理，土地开发利用必须符合土壤环境质量要求。地方各级国土资源、城乡规划等部门在编制土地利用总体规划、城市总体规划、控制性详细规划等相关规划时，应充分考虑污染地块的环境风险，合理确定土地用途。（国土资源部、住房和城乡建设部牵头，环境保护部参与）

## 五、强化未污染土壤保护，严控新增土壤污染

（十五）加强未利用地环境管理。按照科学有序原则开发利用未利用地，防止造成土壤污染。拟开发为农用地的，有关县（市、区）人民政府要组织开展土壤环境质量状况评估；不符合相应标准的，不得种植食用农产品。各地要加强纳入耕地后备资源的未利用地保护，定期开展巡查。依法严查向沙漠、滩涂、盐碱地、沼泽地等非法排污、倾倒有毒有害物质的环境违法行为。加强对矿山、油田等矿产资源开采活动影响区域内未利用地的环境监管，发现土壤污染问题的，要及时督促有关企业采取防治措施。推动盐碱地土壤改良，自 2017 年起，在新疆生产建设兵团等地开展利用燃煤电厂脱硫石膏改良盐碱地试点。（环境保护部、国土资源部牵头，国家发展改革委、公安部、水利部、农业部、国家林业局等

参与）

（十六）防范建设用地新增污染。排放重点污染物的建设项目，在开展环境影响评价时，要增加对土壤环境影响的评价内容，并提出防范土壤污染的具体措施；需要建设的土壤污染防治设施，要与主体工程同时设计、同时施工、同时投产使用；有关环境保护部门要做好有关措施落实情况的监督管理工作。自 2017 年起，有关地方人民政府要与重点行业企业签订土壤污染防治责任书，明确相关措施和责任，责任书向社会公开。（环境保护部负责）

（十七）强化空间布局管控。加强规划区划和建设项目布局论证，根据土壤等环境承载能力，合理确定区域功能定位、空间布局。鼓励工业企业集聚发展，提高土地节约集约利用水平，减少土壤污染。严格执行相关行业企业布局选址要求，禁止在居民区、学校、医疗和养老机构等周边新建有色金属冶炼、焦化等行业企业；结合推进新型城镇化、产业结构调整和化解过剩产能等，有序搬迁或依法关闭对土壤造成严重污染的现有企业。结合区域功能定位和土壤污染防治需要，科学布局生活垃圾处理、危险废物处置、废旧资源再生利用等设施和场所，合理确定畜禽养殖布局和规模。（国家发展改革委牵头，工业和信息化部、国土资源部、环境保护部、住房和城乡建设部、水利部、农业部、国家林业局等参与）

## 六、加强污染源监管，做好土壤污染预防工作

（十八）严控工矿污染。加强日常环境监管。各地要根据工矿企业分布和污染排放情况，确定土壤环境重点监管企业名单，实行动态更新，并向社会公布。列入名单的企业每年要自行对其用地进行土壤环境监测，结果向社会公开。有关环境保护部门要定期对重点监管企业和工业园区周边开展监测，数据及时上传全国土壤环境信息化管理平台，结果作为环境执法和风险预警的重要依据。适时修订国家鼓励的有毒有害原料（产品）替代品目录。加强电器电子、汽车等工业产品中有害物质控制。有色金属冶炼、石油加工、化工、焦化、电镀、制革等行业企业拆除生产设施设备、构筑物和污染治理设施，要事先制定残留污染物清理和安全处置方案，并报所在地县级环境保护、工业和信息化部门备案；要严格按照有关规定实施安全处理处置，防范拆除活动污染土壤。2017 年底前，发布企业拆除活动污染防治技术规定。（环境保护部、工业和信息化部负责）

严防矿产资源开发污染土壤。自 2017 年起，内蒙古、江西、河南、湖北、湖南、广东、广西、四川、贵州、云南、陕西、甘肃、新疆等省（区）矿产资源开发活动集中的区域，执行重点污染物特别排放限值。全面整治历史遗留尾矿库，完善覆膜、压土、排洪、堤坝加固等隐患治理和闭库措施。有重点监管尾矿库的企业要开展环境风险评估，完善污染治理设施，储备应急物资。加强对矿产资源开发利用活动的辐射安全监管，有关企业每年要对本矿区土壤进行辐射环境监测。（环境保护部、安全监管总局牵头，工业和信息化部、国土资源部参与）

加强涉重金属行业污染防控。严格执行重金属污染物排放标准并落实相关总量控制指标，加大监督检查力度，对整改后仍不达标的企业，依法责令其停业、关闭，并将企业名单向社会公开。继续淘汰涉重金属重点行业落后产能，完善重金属相关行业准入条件，禁

止新建落后产能或产能严重过剩行业的建设项目。按计划逐步淘汰普通照明白炽灯。提高铅酸蓄电池等行业落后产能淘汰标准，逐步退出落后产能。制定涉重金属重点工业行业清洁生产技术推行方案，鼓励企业采用先进适用生产工艺和技术。2020 年重点行业的重点重金属排放量要比 2013 年下降 10%。（环境保护部、工业和信息化部牵头，国家发展改革委参与）

加强工业废物处理处置。全面整治尾矿、煤矸石、工业副产石膏、粉煤灰、赤泥、冶炼渣、电石渣、铬渣、砷渣以及脱硫、脱硝、除尘产生固体废物的堆存场所，完善防扬散、防流失、防渗漏等设施，制定整治方案并有序实施。加强工业固体废物综合利用。对电子废物、废轮胎、废塑料等再生利用活动进行清理整顿，引导有关企业采用先进适用加工工艺、集聚发展，集中建设和运营污染治理设施，防止污染土壤和地下水。自 2017 年起，在京津冀、长三角、珠三角等地区的部分城市开展污水与污泥、废气与废渣协同治理试点。（环境保护部、国家发展改革委牵头，工业和信息化部、国土资源部参与）

（十九）控制农业污染。合理使用化肥农药。鼓励农民增施有机肥，减少化肥使用量。科学施用农药，推行农作物病虫害专业化统防统治和绿色防控，推广高效低毒低残留农药和现代植保机械。加强农药包装废弃物回收处理，自 2017 年起，在江苏、山东、河南、海南等省份选择部分产粮（油）大县和蔬菜产业重点县开展试点；到 2020 年，推广到全国 30%的产粮（油）大县和所有蔬菜产业重点县。推行农业清洁生产，开展农业废弃物资源化利用试点，形成一批可复制、可推广的农业面源污染防治技术模式。严禁将城镇生活垃圾、污泥、工业废物直接用作肥料。到 2020 年，全国主要农作物化肥、农药使用量实现零增长，利用率提高到 40%以上，测土配方施肥技术推广覆盖率提高到 90%以上。（农业部牵头，国家发展改革委、环境保护部、住房和城乡建设部、供销合作总社等参与）

加强废弃农膜回收利用。严厉打击违法生产和销售不合格农膜的行为。建立健全废弃农膜回收贮运和综合利用网络，开展废弃农膜回收利用试点；到 2020 年，河北、辽宁、山东、河南、甘肃、新疆等农膜使用量较高省份力争实现废弃农膜全面回收利用。（农业部牵头，国家发展改革委、工业和信息化部、公安部、工商总局、供销合作总社等参与）

强化畜禽养殖污染防治。严格规范兽药、饲料添加剂的生产和使用，防止过量使用，促进源头减量。加强畜禽粪便综合利用，在部分生猪大县开展种养业有机结合、循环发展试点。鼓励支持畜禽粪便处理利用设施建设，到 2020 年，规模化养殖场、养殖小区配套建设废弃物处理设施比例达到 75%以上。（农业部牵头，国家发展改革委、环境保护部参与）

加强灌溉水水质管理。开展灌溉水水质监测。灌溉用水应符合农田灌溉水水质标准。对因长期使用污水灌溉导致土壤污染严重、威胁农产品质量安全的，要及时调整种植结构。（水利部牵头，农业部参与）

（二十）减少生活污染。建立政府、社区、企业和居民协调机制，通过分类投放收集、综合循环利用，促进垃圾减量化、资源化、无害化。建立村庄保洁制度，推进农村生活垃圾治理，实施农村生活污水治理工程。整治非正规垃圾填埋场。深入实施“以奖促治”政策，扩大农村环境连片整治范围。推进水泥窑协同处置生活垃圾试点。鼓励将处理达标后的污泥用于园林绿化。开展利用建筑垃圾生产建材产品等资源化利用示范。强化废氧化汞电池、镍镉电池、铅酸蓄电池和含汞荧光灯管、温度计等含重金属废物的安全处置。减少

过度包装，鼓励使用环境标志产品。（住房和城乡建设部牵头，国家发展改革委、工业和信息化部、财政部、环境保护部参与）

## 七、开展污染治理与修复，改善区域土壤环境质量

（二十一）明确治理与修复主体。按照“谁污染，谁治理”原则，造成土壤污染的单位或个人要承担治理与修复的主体责任。责任主体发生变更的，由变更后继承其债权、债务的单位或个人承担相关责任；土地使用权依法转让的，由土地使用权受让人或双方约定的责任人承担相关责任。责任主体灭失或责任主体不明确的，由所在地县级人民政府依法承担相关责任。（环境保护部牵头，国土资源部、住房和城乡建设部参与）

（二十二）制定治理与修复规划。各省（区、市）要以影响农产品质量和人居环境安全的突出土壤污染问题为重点，制定土壤污染治理与修复规划，明确重点任务、责任单位和分年度实施计划，建立项目库，2017 年底前完成。规划报环境保护部备案。京津冀、长三角、珠三角地区要率先完成。（环境保护部牵头，国土资源部、住房和城乡建设部、农业部等参与）

（二十三）有序开展治理与修复。确定治理与修复重点。各地要结合城市环境质量提升和发展布局调整，以拟开发建设居住、商业、学校、医疗和养老机构等项目的污染地块为重点，开展治理与修复。在江西、湖北、湖南、广东、广西、四川、贵州、云南等省份污染耕地集中区域优先组织开展治理与修复；其他省份要根据耕地土壤污染程度、环境风险及其影响范围，确定治理与修复的重点区域。到 2020 年，受污染耕地治理与修复面积达到 1000 万亩。（国土资源部、农业部、环境保护部牵头，住房和城乡建设部参与）

强化治理与修复工程监管。治理与修复工程原则上在原址进行，并采取必要措施防止污染土壤挖掘、堆存等造成二次污染；需要转运污染土壤的，有关责任单位要将运输时间、方式、线路和污染土壤数量、去向、最终处置措施等，提前向所在地和接收地环境保护部门报告。工程施工期间，责任单位要设立公告牌，公开工程基本情况、环境影响及其防范措施；所在地环境保护部门要对各项环境保护措施落实情况进行检查。工程完工后，责任单位要委托第三方机构对治理与修复效果进行评估，结果向社会公开。实行土壤污染治理与修复终身责任制，2017 年底前，出台有关责任追究办法。（环境保护部牵头，国土资源部、住房和城乡建设部、农业部参与）

（二十四）监督目标任务落实。各省级环境保护部门要定期向环境保护部报告土壤污染治理与修复工作进展；环境保护部要会同有关部门进行督导检查。各省（区、市）要委托第三方机构对本行政区域各县（市、区）土壤污染治理与修复成效进行综合评估，结果向社会公开。2017 年底前，出台土壤污染治理与修复成效评估办法。（环境保护部牵头，国土资源部、住房和城乡建设部、农业部参与）

## 八、加大科技研发力度，推动环境保护产业发展

（二十五）加强土壤污染防治研究。整合高等学校、研究机构、企业等科研资源，开展土壤环境基准、土壤环境容量与承载能力、污染物迁移转化规律、污染生态效应、重金

属低积累作物和修复植物筛选，以及土壤污染与农产品质量、人体健康关系等方面基础研究。推进土壤污染诊断、风险管控、治理与修复等共性关键技术研究，研发先进适用装备和高效低成本功能材料（药剂），强化卫星遥感技术应用，建设一批土壤污染防治实验室、科研基地。优化整合科技计划（专项、基金等），支持土壤污染防治研究。（科技部牵头，国家发展改革委、教育部、工业和信息化部、国土资源部、环境保护部、住房和城乡建设部、农业部、国家卫生计生委、国家林业局、中科院等参与）

（二十六）加大适用技术推广力度。建立健全技术体系。综合土壤污染类型、程度和区域代表性，针对典型受污染农用地、污染地块，分批实施200个土壤污染治理与修复技术应用试点项目，2020年底前完成。根据试点情况，比选形成一批易推广、成本低、效果好的适用技术。（环境保护部、财政部牵头，科技部、国土资源部、住房和城乡建设部、农业部等参与）

加快成果转化应用。完善土壤污染防治科技成果转化机制，建成以环保为主导产业的高新技术产业开发区等一批成果转化平台。2017年底前，发布鼓励发展的土壤污染防治重大技术装备目录。开展国际合作研究与技术交流，引进消化土壤污染风险识别、土壤污染物快速检测、土壤及地下水污染阻隔等风险管控先进技术和管理经验。（科技部牵头，国家发展改革委、教育部、工业和信息化部、国土资源部、环境保护部、住房和城乡建设部、农业部、中科院等参与）

（二十七）推动治理与修复产业发展。放开服务性监测市场，鼓励社会机构参与土壤环境监测评估等活动。通过政策推动，加快完善覆盖土壤环境调查、分析测试、风险评估、治理与修复工程设计和施工等环节的成熟产业链，形成若干综合实力雄厚的龙头企业，培育一批充满活力的中小企业。推动有条件的地区建设产业化示范基地。规范土壤污染治理与修复从业单位和人员管理，建立健全监督机制，将技术服务能力弱、运营管理水平低、综合信用差的从业单位名单通过企业信用信息公示系统向社会公开。发挥“互联网+”在土壤污染治理与修复全产业链中的作用，推进大众创业、万众创新。（国家发展改革委牵头，科技部、工业和信息化部、国土资源部、环境保护部、住房和城乡建设部、农业部、商务部、工商总局等参与）

## 九、发挥政府主导作用，构建土壤环境治理体系

（二十八）强化政府主导。完善管理体制。按照“国家统筹、省负总责、市县落实”原则，完善土壤环境管理体制，全面落实土壤污染防治属地责任。探索建立跨行政区域土壤污染防治联动协作机制。（环境保护部牵头，国家发展改革委、科技部、工业和信息化部、财政部、国土资源部、住房和城乡建设部、农业部等参与）

加大财政投入。中央和地方各级财政加大对土壤污染防治工作的支持力度。中央财政整合重金属污染防治专项资金等，设立土壤污染防治专项资金，用于土壤环境调查与监测评估、监督管理、治理与修复等工作。各地应统筹相关财政资金，通过现有政策和资金渠道加大支持，将农业综合开发、高标准农田建设、农田水利建设、耕地保护与质量提升、测土配方施肥等涉农资金，更多用于优先保护类耕地集中的县（市、区）。有条件的省（区、市）可对优先保护类耕地面积增加的县（市、区）予以适当奖励。统筹安排专项建设基金，

支持企业对涉重金属落后生产工艺和设备进行技术改造。（财政部牵头，国家发展改革委、工业和信息化部、国土资源部、环境保护部、水利部、农业部等参与）

完善激励政策。各地要采取有效措施，激励相关企业参与土壤污染治理与修复。研究制定扶持有机肥生产、废弃农膜综合利用、农药包装废弃物回收处理等企业的激励政策。在农药、化肥等行业，开展环保领跑者制度试点。（财政部牵头，国家发展改革委、工业和信息化部、国土资源部、环境保护部、住房和城乡建设部、农业部、税务总局、供销合作总社等参与）

建设综合防治先行区。2016 年底前，在浙江省台州市、湖北省黄石市、湖南省常德市、广东省韶关市、广西壮族自治区河池市和贵州省铜仁市启动土壤污染综合防治先行区建设，重点在土壤污染源头预防、风险管控、治理与修复、监管能力建设等方面进行探索，力争到 2020 年先行区土壤环境质量得到明显改善。有关地方人民政府要编制先行区建设方案，按程序报环境保护部、财政部备案。京津冀、长三角、珠三角等地区可因地制宜开展先行区建设。（环境保护部、财政部牵头，国家发展改革委、国土资源部、住房和城乡建设部、农业部、国家林业局等参与）

（二十九）发挥市场作用。通过政府和社会资本合作（PPP）模式，发挥财政资金撬动功能，带动更多社会资本参与土壤污染防治。加大政府购买服务力度，推动受污染耕地和以政府为责任主体的污染地块治理与修复。积极发展绿色金融，发挥政策性和开发性金融机构引导作用，为重大土壤污染防治项目提供支持。鼓励符合条件的土壤污染治理与修复企业发行股票。探索通过发行债券推进土壤污染治理与修复，在土壤污染综合防治先行区开展试点。有序开展重点行业企业环境污染强制责任保险试点。（国家发展改革委、环境保护部牵头，财政部、人民银行、银监会、证监会、保监会等参与）

（三十）加强社会监督。推进信息公开。根据土壤环境质量监测和调查结果，适时发布全国土壤环境状况。各省（区、市）人民政府定期公布本行政区域各地级市（州、盟）土壤环境状况。重点行业企业要依据有关规定，向社会公开其产生的污染物名称、排放方式、排放浓度、排放总量，以及污染防治设施建设和运行情况。（环境保护部牵头，国土资源部、住房和城乡建设部、农业部等参与）

引导公众参与。实行有奖举报，鼓励公众通过“12369”环保举报热线、信函、电子邮件、政府网站、微信平台等途径，对乱排废水、废气，乱倒废渣、污泥等污染土壤的环境违法行为进行监督。有条件的地方可根据需要聘请环境保护义务监督员，参与现场环境执法、土壤污染事件调查处理等。鼓励种粮大户、家庭农场、农民合作社以及民间环境保护机构参与土壤污染防治工作。（环境保护部牵头，国土资源部、住房和城乡建设部、农业部等参与）

推动公益诉讼。鼓励依法对污染土壤等环境违法行为提起公益诉讼。开展检察机关提起公益诉讼改革试点的地区，检察机关可以以公益诉讼人的身份，对污染土壤等损害社会公共利益的行为提起民事公益诉讼；也可以对负有土壤污染防治职责的行政机关，因违法行使职权或者不作为造成国家和社会公共利益受到侵害的行为提起行政公益诉讼。地方各级人民政府和有关部门应当积极配合司法机关的相关案件办理工作和检察机关的监督工作。（最高人民检察院、最高人民法院牵头，国土资源部、环境保护部、住房和城乡建设部、水利部、农业部、国家林业局等参与）

（三十一）开展宣传教育。制定土壤环境保护宣传教育工作方案。制作挂图、视频，出版科普读物，利用互联网、数字化放映平台等手段，结合世界地球日、世界环境日、世界土壤日、世界粮食日、全国土地日等主题宣传活动，普及土壤污染防治相关知识，加强法律法规政策宣传解读，营造保护土壤环境的良好社会氛围，推动形成绿色发展方式和生活方式。把土壤环境保护宣传教育融入党政机关、学校、工厂、社区、农村等的环境宣传和培训工作。鼓励支持有条件的高等学校开设土壤环境专门课程。（环境保护部牵头，中央宣传部、教育部、国土资源部、住房和城乡建设部、农业部、新闻出版广电总局、国家网信办、国家粮食局、中国科协等参与）

## 十、加强目标考核，严格责任追究

（三十二）明确地方政府主体责任。地方各级人民政府是实施本行动计划的主体，要于 2016 年底前分别制定并公布土壤污染防治工作方案，确定重点任务和工作目标。要加强组织领导，完善政策措施，加大资金投入，创新投融资模式，强化监督管理，抓好工作落实。各省（区、市）工作方案报国务院备案。（环境保护部牵头，国家发展改革委、财政部、国土资源部、住房和城乡建设部、农业部等参与）

（三十三）加强部门协调联动。建立全国土壤污染防治工作协调机制，定期研究解决重大问题。各有关部门要按照职责分工，协同做好土壤污染防治工作。环境保护部要抓好统筹协调，加强督促检查，每年 2 月底前将上年度工作进展情况向国务院报告。（环境保护部牵头，国家发展改革委、科技部、工业和信息化部、财政部、国土资源部、住房和城乡建设部、水利部、农业部、国家林业局等参与）

（三十四）落实企业责任。有关企业要加强内部管理，将土壤污染防治纳入环境风险防控体系，严格依法依规建设和运营污染治理设施，确保重点污染物稳定达标排放。造成土壤污染的，应承担损害评估、治理与修复的法律责任。逐步建立土壤污染治理与修复企业行业自律机制。国有企业特别是中央企业要带头落实。（环境保护部牵头，工业和信息化部、国务院国资委等参与）

（三十五）严格评估考核。实行目标责任制。2016 年底前，国务院与各省（区、市）人民政府签订土壤污染防治目标责任书，分解落实目标任务。分年度对各省（区、市）重点工作进展情况进行评估，2020 年对本行动计划实施情况进行考核，评估和考核结果作为对领导班子和领导干部综合考核评价、自然资源资产离任审计的重要依据。（环境保护部牵头，中央组织部、审计署参与）

评估和考核结果作为土壤污染防治专项资金分配的重要参考依据。（财政部牵头，环境保护部参与）

对年度评估结果较差或未通过考核的省（区、市），要提出限期整改意见，整改完成前，对有关地区实施建设项目环评限批；整改不到位的，要约谈有关省级人民政府及其相关部门负责人。对土壤环境问题突出、区域土壤环境质量明显下降、防治工作不力、群众反映强烈的地区，要约谈有关地市级人民政府和省级人民政府相关部门主要负责人。对失职渎职、弄虚作假的，区分情节轻重，予以诫勉、责令公开道歉、组织处理或党纪政纪处分；对构成犯罪的，要依法追究刑事责任，已经调离、提拔或者退休的，也要终身追究责

任。（环境保护部牵头，中央组织部、监察部参与）

我国正处于全面建成小康社会决胜阶段，提高环境质量是人民群众的热切期盼，土壤污染防治任务艰巨。各地区、各有关部门要认清形势，坚定信心，狠抓落实，切实加强污染治理和生态保护，如期实现全国土壤污染防治目标，确保生态环境质量得到改善、各类自然生态系统安全稳定，为建设美丽中国、实现“两个一百年”奋斗目标和中华民族伟大复兴的中国梦做出贡献。

# 国务院关于开展第二次全国污染源普查的通知

国发〔2016〕59号

各省、自治区、直辖市人民政府，国务院各部委、各直属机构：

根据《全国污染源普查条例》规定，国务院决定于2017年开展第二次全国污染源普查。现将有关事项通知如下：

## 一、普查目的和意义

全国污染源普查是重大的国情调查，是环境保护的基础性工作。开展第二次全国污染源普查，掌握各类污染源的数量、行业和地区分布情况，了解主要污染物产生、排放和处理情况，建立健全重点污染源档案、污染源信息数据库和环境统计平台，对于准确判断我国当前环境形势，制定实施有针对性的经济社会发展和环境保护政策、规划，不断改善环境质量，加快推进生态文明建设，补齐全面建成小康社会的生态环境短板具有重要意义。

## 二、普查对象和内容

普查对象是中华人民共和国境内有污染源的单位和个体经营户。范围包括：工业污染源，农业污染源，生活污染源，集中式污染治理设施，移动源及其他产生、排放污染物的设施。

普查内容包括普查对象的基本信息、污染物种类和来源、污染物产生和排放情况、污染治理设施建设和运行情况等。

本次普查的具体范围和内容，由国务院批准的普查方案确定。

## 三、普查时间安排

本次普查标准时点为2017年12月31日，时期资料为2017年度资料。2016年第四季度至2017年底为普查前期准备阶段，重点做好普查方案编制、普查工作试点以及宣传培训等工作。2018年为全面普查阶段，各地组织开展普查，通过逐级审核汇总形成普查数据库，年底完成普查工作。2019年为总结发布阶段，重点做好普查工作验收、数据汇总和结果发布等工作。

## 四、普查组织和实施

在全国范围内开展污染源普查，涉及范围广、参与部门多、普查任务重、技术要求高、工作难度大。各地区、各部门要按照“全国统一领导、部门分工协作、地方分级负责、各方共同参与”的原则组织实施普查。同时，按照信息共享和厉行节约的要求，充分利用有关部门现有统计、监测和各专项调查等相关资料，借鉴和采纳国家有关经济普查、农业普查等成果。

为加强组织领导，国务院决定成立第二次全国污染源普查领导小组，负责领导和协调全国污染源普查工作。领导小组办公室设在环境保护部，负责普查的日常工作。领导小组成员单位要按照各自职责协调落实相关工作。

县级以上地方人民政府成立相应的污染源普查领导小组及其办公室，按照全国污染源普查领导小组的统一规定和要求，做好本行政区域内的污染源普查工作。要充分利用报刊、广播、电视、网络等各种媒体，广泛深入地宣传全国污染源普查的重要意义和有关要求，为普查工作的顺利实施营造良好的社会氛围。对普查工作中遇到的各种困难和问题，要及时采取措施，切实予以解决。

军队、武装警察部队的污染源普查工作由中央军委后勤保障部按照国家统一规定和要求组织实施。

新疆生产建设兵团的污染源普查工作由新疆生产建设兵团按照国家统一规定和要求组织实施。

## 五、普查经费保障

第二次全国污染源普查工作经费，按照分级保障原则，由同级财政予以保障。中央财政负担部分，由相关部门按要求列入部门预算。地方财政负担部分，由同级地方财政根据工作需要统筹安排。

## 六、普查工作要求

污染源普查对象有义务接受污染源普查领导小组办公室、普查人员依法进行的调查，并如实反映情况，提供有关资料，按照要求填报污染源普查表。任何地方、部门、单位和个人都不得迟报、虚报、瞒报和拒报普查数据，不得伪造、篡改普查资料。

各级普查机构及其工作人员，对普查对象的技术和商业秘密，必须履行保密义务。

附件：国务院第二次全国污染源普查领导小组人员名单

国务院

2016年10月20日

附件

# 国务院第二次全国污染源普查领导小组人员名单

组　长：张高丽　国务院副总理

副组长：陈吉宁　环境保护部部长

宁吉喆　国家统计局局长

丁向阳　国务院副秘书长

成　员：郭卫民　国务院新闻办副主任

张　勇　国家发展改革委副主任

辛国斌　工业和信息化部副部长

黄　明　公安部副部长

刘　昆　财政部副部长

汪　民　国土资源部副部长

翟　青　环境保护部副部长

倪　虹　住房和城乡建设部副部长

戴东昌　交通运输部副部长

陆桂华　水利部副部长

张桃林　农业部副部长

孙瑞标　税务总局副局长

刘玉亭　工商总局副局长

田世宏　质检总局党组成员、国家标准委主任

钱毅平　中央军委后勤保障部副部长

领导小组办公室主任由环境保护部副部长翟青兼任。

# 国务院关于印发“十三五”控制温室气体排放工作方案的通知

国发〔2016〕61号

各省、自治区、直辖市人民政府，国务院各部委、各直属机构：

现将《“十三五”控制温室气体排放工作方案》印发给你们，请认真贯彻执行。

国务院

2016年10月27日

# “十三五”控制温室气体排放工作方案

为加快推进绿色低碳发展，确保完成“十三五”规划纲要确定的低碳发展目标任务，推动我国二氧化碳排放2030年左右达到峰值并争取尽早达峰，特制订本工作方案。

## 一、总体要求

（一）指导思想。全面贯彻党的十八大和十八届三中、四中、五中、六中全会精神，紧紧围绕统筹推进“五位一体”总体布局和协调推进“四个全面”战略布局，牢固树立创新、协调、绿色、开放、共享的发展理念，按照党中央、国务院决策部署，统筹国内国际两个大局，顺应绿色低碳发展国际潮流，把低碳发展作为我国经济社会发展的重大战略和生态文明建设的重要途径，采取积极措施，有效控制温室气体排放。加快科技创新和制度创新，健全激励和约束机制，发挥市场配置资源的决定性作用和更好发挥政府作用，加强碳排放和大气污染物排放协同控制，强化低碳引领，推动能源革命和产业革命，推动供给侧结构性改革和消费端转型，推动区域协调发展，深度参与全球气候治理，为促进我国经济社会可持续发展和维护全球生态安全做出新贡献。

（二）主要目标。到2020年，单位国内生产总值二氧化碳排放比2015年下降18%，碳排放总量得到有效控制。氢氟碳化物、甲烷、氧化亚氮、全氟化碳、六氟化硫等非二氧化碳温室气体控排力度进一步加大。碳汇能力显著增强。支持优化开发区域碳排放率先达到峰值，力争部分重化工业2020年左右实现率先达峰，能源体系、产业体系和消费领域低碳转型取得积极成效。全国碳排放权交易市场启动运行，应对气候变化法律法规和标准体系初步建立，统计核算、评价考核和责任追究制度得到健全，低碳试点示范不断深化，减污减碳协同作用进一步加强，公众低碳意识明显提升。

## 二、低碳引领能源革命

（一）加强能源碳排放指标控制。实施能源消费总量和强度双控，基本形成以低碳能源满足新增能源需求的能源发展格局。到2020年，能源消费总量控制在50亿吨标准煤以内，单位国内生产总值能源消费比2015年下降15%，非化石能源比重达到15%。大型发电集团单位供电二氧化碳排放控制在550克二氧化碳/千瓦时以内。

（二）大力推进能源节约。坚持节约优先的能源战略，合理引导能源需求，提升能源利用效率。严格实施节能评估审查，强化节能监察。推动工业、建筑、交通、公共机构等重点领域节能降耗。实施全民节能行动计划，组织开展重点节能工程。健全节能标准体系，加强能源计量监管和服务，实施能效领跑者引领行动。推行合同能源管理，推动节能服务产业健康发展。

（三）加快发展非化石能源。积极有序推进水电开发，安全高效发展核电，稳步发展风电，加快发展太阳能发电，积极发展地热能、生物质能和海洋能。到2020年，力争常规水电装机达到3.4亿千瓦，风电装机达到2亿千瓦，光伏装机达到1亿千瓦，核电装机达到5800万千瓦，在建容量达到3000万千瓦以上。加强智慧能源体系建设，推行节能低碳电力调度，提升非化石能源电力消纳能力。

（四）优化利用化石能源。控制煤炭消费总量，2020年控制在42亿吨左右。推动雾霾严重地区和城市在2017年后继续实现煤炭消费负增长。加强煤炭清洁高效利用，大幅削减散煤利用。加快推进居民采暖用煤替代工作，积极推进工业窑炉、采暖锅炉“煤改气”，大力推进天然气、电力替代交通燃油，积极发展天然气发电和分布式能源。在煤基行业和油气开采行业开展碳捕集、利用和封存的规模化产业示范，控制煤化工等行业碳排放。积极开发利用天然气、煤层气、页岩气，加强放空天然气和油田伴生气回收利用，到2020年天然气占能源消费总量比重提高到10%左右。

## 三、打造低碳产业体系

（一）加快产业结构调整。将低碳发展作为新常态下经济提质增效的重要动力，推动产业结构转型升级。依法依规有序淘汰落后产能和过剩产能。运用高新技术和先进适用技术改造传统产业，延伸产业链、提高附加值，提升企业低碳竞争力。转变出口模式，严格控制“两高一资”产品出口，着力优化出口结构。加快发展绿色低碳产业，打造绿色低碳供应链。积极发展战略性新兴产业，大力发展服务业，2020年战略性新兴产业增加值占国内生产总值的比重力争达到15%，服务业增加值占国内生产总值的比重达到56%。

（二）控制工业领域排放。2020年单位工业增加值二氧化碳排放量比2015年下降22%，工业领域二氧化碳排放总量趋于稳定，钢铁、建材等重点行业二氧化碳排放总量得到有效控制。积极推广低碳新工艺、新技术，加强企业能源和碳排放管理体系建设，强化企业碳排放管理，主要高耗能产品单位产品碳排放达到国际先进水平。实施低碳标杆引领计划，推动重点行业企业开展碳排放对标活动。积极控制工业过程温室气体排放，制定实施控制氢氟碳化物排放行动方案，有效控制三氟甲烷，基本实现达标排放，“十三五”期间累计减排二氧化碳当量11亿吨以上，逐步减少二氟一氯甲烷受控用途的生产和使用，到2020年在基准线水平（2010年产量）上产量减少35%。推进工业领域碳捕集、利用和封存试点示范，并做好环境风险评价。

（三）大力发展低碳农业。坚持减缓与适应协同，降低农业领域温室气体排放。实施化肥使用量零增长行动，推广测土配方施肥，减少农田氧化亚氮排放，到2020年实现农田氧化亚氮排放达到峰值。控制农田甲烷排放，选育高产低排放良种，改善水分和肥料管理。实施耕地质量保护与提升行动，推广秸秆还田，增施有机肥，加强高标准农田建设。因地制宜建设畜禽养殖场大中型沼气工程。控制畜禽温室气体排放，推进标准化规模养殖，推进畜禽废弃物综合利用，到2020年规模化养殖场、养殖小区配套建设废弃物处理设施比例达到75%以上。开展低碳农业试点示范。

（四）增加生态系统碳汇。加快造林绿化步伐，推进国土绿化行动，继续实施天然林保护、退耕还林还草、三北及长江流域防护林体系建设、京津风沙源治理、石漠化综合治理等重点生态工程；全面加强森林经营，实施森林质量精准提升工程，着力增加森林碳汇。强化森林资源保护和灾害防控，减少森林碳排放。到2020年，森林覆盖率达到23.04%，森林蓄积量达到165亿立方米。加强湿地保护与恢复，稳定并增强湿地固碳能力。推进退牧还草等草原生态保护建设工程，推行禁牧休牧轮牧和草畜平衡制度，加强草原灾害防治，积极增加草原碳汇，到2020年草原综合植被盖度达到56%。探索开展海洋等生态系统碳汇试点。

## 四、推动城镇化低碳发展

（一）加强城乡低碳化建设和管理。在城乡规划中落实低碳理念和要求，优化城市功能和空间布局，科学划定城市开发边界，探索集约、智能、绿色、低碳的新型城镇化模式，开展城市碳排放精细化管理，鼓励编制城市低碳发展规划。提高基础设施和建筑质量，防止大拆大建。推进既有建筑节能改造，强化新建建筑节能，推广绿色建筑，到2020年城镇绿色建筑占新建建筑比重达到50%。强化宾馆、办公楼、商场等商业和公共建筑低碳化运营管理。在农村地区推动建筑节能，引导生活用能方式向清洁低碳转变，建设绿色低碳村镇。因地制宜推广余热利用、高效热泵、可再生能源、分布式能源、绿色建材、绿色照明、屋顶墙体绿化等低碳技术。推广绿色施工和住宅产业化建设模式。积极开展绿色生态城区和零碳排放建筑试点示范。

（二）建设低碳交通运输体系。推进现代综合交通运输体系建设，加快发展铁路、水运等低碳运输方式，推动航空、航海、公路运输低碳发展，发展低碳物流，到2020年，营运货车、营运客车、营运船舶单位运输周转量二氧化碳排放比2015年分别下降8%、2.6%、7%，城市客运单位客运量二氧化碳排放比2015年下降12.5%。完善公交优先的城市交通运输体系，发展城市轨道交通、智能交通和慢行交通，鼓励绿色出行。鼓励使用节能、清洁能源和新能源运输工具，完善配套基础设施建设，到2020年，纯电动汽车和插电式混合动力汽车生产能力达到200万辆、累计产销量超过500万辆。严格实施乘用车燃料消耗量限值标准，提高重型商用车燃料消耗量限值标准，研究新车碳排放标准。深入实施低碳交通示范工程。

（三）加强废弃物资源化利用和低碳化处置。创新城乡社区生活垃圾处理理念，合理布局便捷回收设施，科学配置社区垃圾收集系统，在有条件的社区设立智能型自动回收机，鼓励资源回收利用企业在社区建立分支机构。建设餐厨垃圾等社区化处理设施，提高垃圾社区化处理率。鼓励垃圾分类和生活用品的回收再利用。推进工业垃圾、建筑垃圾、污水处理厂污泥等废弃物无害化处理和资源化利用，在具备条件的地区鼓励发展垃圾焚烧发电等多种处理利用方式，有效减少全社会的物耗和碳排放。开展垃圾填埋场、污水处理厂甲烷收集利用及与常规污染物协同处理工作。

（四）倡导低碳生活方式。树立绿色低碳的价值观和消费观，弘扬以低碳为荣的社会新风尚。积极践行低碳理念，鼓励使用节能低碳节水产品，反对过度包装。提倡低碳餐饮，推行“光盘行动”，遏制食品浪费。倡导低碳居住，推广普及节水器具。倡导“135”绿色低碳出行方式（1 千米以内步行，3 千米以内骑自行车，5 千米左右乘坐公共交通工具），鼓励购买小排量汽车、节能与新能源汽车。

## 五、加快区域低碳发展

（一）实施分类指导的碳排放强度控制。综合考虑各省（区、市）发展阶段、资源禀赋、战略定位、生态环保等因素，分类确定省级碳排放控制目标。“十三五”期间，北京、天津、河北、上海、江苏、浙江、山东、广东碳排放强度分别下降 20.5%，福建、江西、河南、湖北、重庆、四川分别下降 19.5%，山西、辽宁、吉林、安徽、湖南、贵州、云南、陕西分别下降 18%，内蒙古、黑龙江、广西、甘肃、宁夏分别下降 17%，海南、西藏、青海、新疆分别下降 12%。

（二）推动部分区域率先达峰。支持优化开发区域在 2020 年前实现碳排放率先达峰。鼓励其他区域提出峰值目标，明确达峰路线图，在部分发达省市研究探索开展碳排放总量控制。鼓励“中国达峰先锋城市联盟”城市和其他具备条件的城市加大减排力度，完善政策措施，力争提前完成达峰目标。

（三）创新区域低碳发展试点示范。选择条件成熟的限制开发区域和禁止开发区域、生态功能区、工矿区、城镇等开展近零碳排放区示范工程，到 2020 年建设 50 个示范项目。以碳排放峰值和碳排放总量控制为重点，将国家低碳城市试点扩大到 100 个城市。探索产城融合低碳发展模式，将国家低碳城（镇）试点扩大到 30 个城（镇）。深化国家低碳工业园区试点，将试点扩大到 80 个园区，组织创建 20 个国家低碳产业示范园区。推动开展 1000 个左右低碳社区试点，组织创建 100 个国家低碳示范社区。组织开展低碳商业、低碳旅游、低碳企业试点。以投资政策引导、强化金融支持为重点，推动开展气候投融资试点工作。做好各类试点经验总结和推广，形成一批各具特色的低碳发展模式。

（四）支持贫困地区低碳发展。根据区域主体功能，确立不同地区扶贫开发思路。将低碳发展纳入扶贫开发目标任务体系，制定支持贫困地区低碳发展的差别化扶持政策和评价指标体系，形成适合不同地区的差异化低碳发展模式。分片区制定贫困地区产业政策，加快特色产业发展，避免盲目接收高耗能、高污染产业转移。建立扶贫与低碳发展联动工作机制，推动发达地区与贫困地区开展低碳产业和技术协作。推进“低碳扶贫”，倡导企业与贫困村结对开展低碳扶贫活动。鼓励大力开发贫困地区碳减排项目，推动贫困地区碳减排项目进入国内外碳排放权交易市场。改进扶贫资金使用方式和配置模式。

## 六、建设和运行全国碳排放权交易市场

（一）建立全国碳排放权交易制度。出台《碳排放权交易管理条例》及有关实施细则，各地区、各部门根据职能分工制定有关配套管理办法，完善碳排放权交易法规体系。建立碳排放权交易市场国家和地方两级管理体制，将有关工作责任落实至地市级人民政府，完善部门协作机制，各地区、各部门和中央企业集团根据职责制定具体工作实施方案，明确责任目标，落实专项资金，建立专职工作队伍，完善工作体系。制定覆盖石化、化工、建材、钢铁、有色、造纸、电力和航空等 8 个工业行业中年能耗 1 万吨标准煤以上企业的碳排放权总量设定与配额分配方案，实施碳排放配额管控制度。对重点汽车生产企业实行基于新能源汽车生产责任的碳排放配额管理。

（二）启动运行全国碳排放权交易市场。在现有碳排放权交易试点交易机构和温室气体自愿减排交易机构基础上，根据碳排放权交易工作需求统筹确立全国交易机构网络布局，各地区根据国家确定的配额分配方案对本行政区域内重点排放企业开展配额分配。推动区域性碳排放权交易体系向全国碳排放权交易市场顺利过渡，建立碳排放配额市场调节和抵消机制，建立严格的市场风险预警与防控机制，逐步健全交易规则，增加交易品种，探索多元化交易模式，完善企业上线交易条件，2017 年启动全国碳排放权交易市场。到 2020 年力争建成制度完善、交易活跃、监管严格、公开透明的全国碳排放权交易市场，实现稳定、健康、持续发展。

（三）强化全国碳排放权交易基础支撑能力。建设全国碳排放权交易注册登记系统及灾备系统，建立长效、稳定的注册登记系统管理机制。构建国家、地方、企业三级温室气体排放核算、报告与核查工作体系，建设重点企业温室气体排放数据报送系统。整合多方资源培养壮大碳交易专业技术支撑队伍，编制统一培训教材，建立考核评估制度，构建专业咨询服务平台，鼓励有条件的省（区、市）建立全国碳排放权交易能力培训中心。组织条件成熟的地区、行业、企业开展碳排放权交易试点示范，推进相关国际合作。持续开展碳排放权交易重大问题跟踪研究。

## 七、加强低碳科技创新

（一）加强气候变化基础研究。加强应对气候变化基础研究、技术研发和战略政策研究基地建设。深化气候变化的事实、过程、机理研究，加强气候变化影响与风险、减缓与适应的基础研究。加强大数据、云计算等互联网技术与低碳发展融合研究。加强生产消费全过程碳排放计量、核算体系及控排政策研究。开展低碳发展与经济社会、资源环境的耦合效应研究。编制国家应对气候变化科技发展专项规划，评估低碳技术研究进展。编制第四次气候变化国家评估报告。积极参与政府间气候变化专门委员会（IPCC）第六次评估报告相关研究。

（二）加快低碳技术研发与示范。研发能源、工业、建筑、交通、农业、林业、海洋等重点领域经济适用的低碳技术。建立低碳技术孵化器，鼓励利用现有政府投资基金，引导创业投资基金等市场资金，加快推动低碳技术进步。

（三）加大低碳技术推广应用力度。定期更新国家重点节能低碳技术推广目录、节能减排与低碳技术成果转化推广清单。提高核心技术研发、制造、系统集成和产业化能力，对减排效果好、应用前景广阔的关键产品组织规模化生产。加快建立政产学研用有效结合机制，引导企业、高校、科研院所建立低碳技术创新联盟，形成技术研发、示范应用和产业化联动机制。增强大学科技园、企业孵化器、产业化基地、高新区对低碳技术产业化的支持力度。在国家低碳试点和国家可持续发展创新示范区等重点地区，加强低碳技术集中示范应用。

## 八、强化基础能力支撑

（一）完善应对气候变化法律法规和标准体系。推动制订应对气候变化法，适时修订完善应对气候变化相关政策法规。研究制定重点行业、重点产品温室气体排放核算标准、建筑低碳运行标准、碳捕集利用与封存标准等，完善低碳产品标准、标识和认证制度。加强节能监察，强化能效标准实施，促进能效提升和碳减排。

（二）加强温室气体排放统计与核算。加强应对气候变化统计工作，完善应对气候变化统计指标体系和温室气体排放统计制度，强化能源、工业、农业、林业、废弃物处理等相关统计，加强统计基础工作和能力建设。加强热力、电力、煤炭等重点领域温室气体排放因子计算与监测方法研究，完善重点行业企业温室气体排放核算指南。定期编制国家和省级温室气体排放清单，实行重点企（事）业单位温室气体排放数据报告制度，建立温室气体排放数据信息系统。完善温室气体排放计量和监测体系，推动重点排放单位健全能源消费和温室气体排放台账记录。逐步建立完善省市两级行政区域能源碳排放年度核算方法和报告制度，提高数据质量。

（三）建立温室气体排放信息披露制度。定期公布我国低碳发展目标实现及政策行动进展情况，建立温室气体排放数据信息发布平台，研究建立国家应对气候变化公报制度。推动地方温室气体排放数据信息公开。推动建立企业温室气体排放信息披露制度，鼓励企业主动公开温室气体排放信息，国有企业、上市公司、纳入碳排放权交易市场的企业要率先公布温室气体排放信息和控排行动措施。

（四）完善低碳发展政策体系。加大中央及地方预算内资金对低碳发展的支持力度。出台综合配套政策，完善气候投融资机制，更好发挥中国清洁发展机制基金作用，积极运用政府和社会资本合作（PPP）模式及绿色债券等手段，支持应对气候变化和低碳发展工作。发挥政府引导作用，完善涵盖节能、环保、低碳等要求的政府绿色采购制度，开展低碳机关、低碳校园、低碳医院等创建活动。研究有利于低碳发展的税收政策。加快推进能源价格形成机制改革，规范并逐步取消不利于节能减碳的化石能源补贴。完善区域低碳发展协作联动机制。

（五）加强机构和人才队伍建设。编制应对气候变化能力建设方案，加快培养技术研发、产业管理、国际合作、政策研究等各类专业人才，积极培育第三方服务机构和市场中介组织，发展低碳产业联盟和社会团体，加强气候变化研究后备队伍建设。积极推进应对气候变化基础研究、技术研发等各领域的国际合作，加强人员国际交流，实施高层次人才培养和引进计划。强化应对气候变化教育教学内容，开展“低碳进课堂”活动。加强对各级领导干部、企业管理者等培训，增强政策制定者和企业家的低碳战略决策能力。

## 九、广泛开展国际合作

（一）深度参与全球气候治理。积极参与落实《巴黎协定》相关谈判，继续参与各种渠道气候变化对话磋商，坚持“共同但有区别的责任”原则、公平原则和各自能力原则，推动《联合国气候变化框架公约》的全面、有效、持续实施，推动建立广泛参与、各尽所能、务实有效、合作共赢的全球气候治理体系，推动落实联合国《2030年可持续发展议程》，为我国低碳转型提供良好的国际环境。

（二）推动务实合作。加强气候变化领域国际对话交流，深化与各国的合作，广泛开展与国际组织的务实合作。积极参与国际气候和环境资金机构治理，利用相关国际机构优惠资金和先进技术支持国内应对气候变化工作。深入务实推进应对气候变化南南合作，设立并用好中国气候变化南南合作基金，支持发展中国家提高应对气候变化和防灾减灾能力。继续推进清洁能源、防灾减灾、生态保护、气候适应型农业、低碳智慧型城市建设等领域国际合作。结合实施“一带一路”战略、国际产能和装备制造合作，促进低碳项目合作，推动海外投资项目低碳化。

（三）加强履约工作。做好《巴黎协定》国内履约准备工作。按时编制和提交国家信息通报和两年更新报，参与《联合国气候变化框架公约》下的国际磋商和分析进程。加强对国家自主贡献的评估，积极参与2018年促进性对话。研究并向联合国通报我国21世纪中叶长期温室气体低排放发展战略。

## 十、强化保障落实

（一）加强组织领导。发挥好国家应对气候变化领导小组协调联络办公室的统筹协调和监督落实职能。各省（区、市）要将大幅度降低二氧化碳排放强度纳入本地区经济社会发展规划、年度计划和政府工作报告，制定具体工作方案，建立完善工作机制，逐步健全控制温室气体排放的监督和管理体制。各有关部门要根据职责分工，按照相关专项规划和工作方案，切实抓好落实。

（二）强化目标责任考核。要加强对省级人民政府控制温室气体排放目标完成情况的评估、考核，建立责任追究制度。各有关部门要建立年度控制温室气体排放工作任务完成情况的跟踪评估机制。考核评估结果向社会公开，接受舆论监督。建立碳排放控制目标预测预警机制，推动各地方、各部门落实低碳发展工作任务。

（三）加大资金投入。各地区、各有关部门要围绕实现“十三五”控制温室气体排放目标，统筹各种资金来源，切实加大资金投入，确保本方案各项任务的落实。

（四）做好宣传引导。加强应对气候变化国内外宣传和科普教育，利用好全国低碳日、联合国气候变化大会等重要节点和新媒体平台，广泛开展丰富多样的宣传活动，提升全民低碳意识。加强应对气候变化传播培训，提升媒体从业人员报道的专业水平。建立应对气候变化公众参与机制，在政策制定、重大项目工程决策等领域，鼓励社会公众广泛参与，营造积极应对气候变化的良好社会氛围。

# 国务院关于印发“十三五”生态环境保护规划的通知

国发〔2016〕65 号

各省、自治区、直辖市人民政府，国务院各部委、各直属机构：

现将《“十三五”生态环境保护规划》印发给你们，请认真贯彻实施。

国务院

2016 年 11 月 24 日

# “十三五”生态环境保护规划

## 第一章　全国生态环境保护形势

党中央、国务院高度重视生态环境保护工作。“十二五”以来，坚决向污染宣战，全力推进大气、水、土壤污染防治，持续加大生态环境保护力度，生态环境质量有所改善，完成了“十二五”规划确定的主要目标和任务。“十三五”期间，经济社会发展不平衡、不协调、不可持续的问题仍然突出，多阶段、多领域、多类型生态环境问题交织，生态环境与人民群众需求和期待差距较大，提高环境质量，加强生态环境综合治理，加快补齐生态环境短板，是当前核心任务。

### 第一节　生态环境保护取得积极进展

生态文明建设上升为国家战略。党中央、国务院高度重视生态文明建设。习近平总书记多次强调，“绿水青山就是金山银山”，“要坚持节约资源和保护环境的基本国策”，“像保护眼睛一样保护生态环境，像对待生命一样对待生态环境”。李克强总理多次指出，要加大环境综合治理力度，提高生态文明水平，促进绿色发展，下决心走出一条经济发展与环境改善双赢之路。党的十八大以来，党中央、国务院把生态文明建设摆在更加重要的战略位置，纳入“五位一体”总体布局，做出一系列重大决策部署，出台《生态文明体制改革总体方案》，实施大气、水、土壤污染防治行动计划。把发展观、执政观、自然观内在统一起来，融入执政理念、发展理念中，生态文明建设的认识高度、实践深度、推进力度前所未有。

生态环境质量有所改善。2015 年，全国 338 个地级及以上城市细颗粒物（$PM_{2.5}$）年均浓度为 50 微克/米$^3$，首批开展监测的 74 个城市细颗粒物年均浓度比 2013 年下降 23.6%，京津冀、长三角、珠三角分别下降 27.4%、20.9%、27.7%，酸雨区占国土面积比例由历史高峰值的 30%左右降至 7.6%，大气污染防治初见成效。全国 1940 个地表水国控断面Ⅰ～Ⅲ类比例提高至 66%，劣Ⅴ类比例下降至 9.7%，大江大河干流水质明显改善。全国森林覆盖率提高至 21.66%，森林蓄积量达到 151.4 亿立方米，草原综合植被盖度 54%。建成自然保护区 2740 个，占陆地国土面积 14.8%，超过 90%的陆地自然生态系统类型、89%的国家重点保护野生动植物种类以及大多数重要自然遗迹在自然保护区内得到保护，大熊猫、东北虎、朱鹮、藏羚羊、扬子鳄等部分珍稀濒危物种野外种群数量稳中有升。荒漠化和沙化状况连续三个监测周期实现面积“双缩减”。

治污减排目标任务超额完成。到 2015 年，全国脱硫、脱硝机组容量占煤电总装机容量比例分别提高到 99%、92%，完成煤电机组超低排放改造 1.6 亿千瓦。全国城市污水处理率提高到 92%，城市建成区生活垃圾无害化处理率达到 94.1%。7.2 万个村庄实施环境综合整治，1.2 亿多农村人口直接受益。6.1 万家规模化养殖场（小区）建成废弃物处理和资源化利用设施。“十二五”期间，全国化学需氧量和氨氮、二氧化硫、氮氧化物排放总量分别累计下降 12.9%、13%、18%、18.6%。

生态保护与建设取得成效。天然林资源保护、退耕还林还草、退牧还草、防护林体系建设、河湖与湿地保护修复、防沙治沙、水土保持、石漠化治理、野生动植物保护及自然保护区建设等一批重大生态保护与修复工程稳步实施。重点国有林区天然林全部停止商业性采伐。全国受保护的湿地面积增加 525.94 万公顷，自然湿地保护率提高到 46.8%。沙化土地治理 10 万平方千米、水土流失治理 26.6 万平方千米。完成全国生态环境十年变化（2000—2010 年）调查评估，发布《中国生物多样性红色名录》。建立各级森林公园、湿地公园、沙漠公园 4300 多个。16 个省（区、市）开展生态省建设，1000 多个市（县、区）开展生态市（县、区）建设，114 个市（县、区）获得国家生态建设示范区命名。国有林场改革方案及国有林区改革指导意见印发实施，6 个省完成国有林场改革试点任务。

环境风险防控稳步推进。到 2015 年，50 个危险废物、273 个医疗废物集中处置设施基本建成，历史遗留的 670 万吨铬渣全部处置完毕，铅、汞、镉、铬、砷五种重金属污染物排放量比 2007 年下降 27.7%，涉重金属突发环境事件数量大幅减少。科学应对天津港“8·12”特别重大火灾爆炸等事故环境影响。核设施安全水平持续提高，核技术利用管理日趋规范，辐射环境质量保持良好。

生态环境法治建设不断完善。环境保护法、大气污染防治法、放射性废物安全管理条例、环境空气质量标准等完成制修订，生态环境损害责任追究办法等文件陆续出台，生态保护补偿机制进一步健全。深入开展环境保护法实施年活动和环境保护综合督察。全社会生态环境法治观念和意识不断加强。

## 第二节 生态环境是全面建成小康社会的突出短板

污染物排放量大面广，环境污染重。我国化学需氧量、二氧化硫等主要污染物排放量仍然处于2000万吨左右的高位，环境承载能力超过或接近上限。78.4%的城市空气质量未达标，公众反映强烈的重度及以上污染天数比例占3.2%，部分地区冬季空气重污染频发高发。饮用水水源安全保障水平亟须提升，排污布局与水环境承载能力不匹配，城市建成区黑臭水体大量存在，湖库富营养化问题依然突出，部分流域水体污染依然较重。全国土壤点位超标率16.1%，耕地土壤点位超标率19.4%，工矿废弃地土壤污染问题突出。城乡环境公共服务差距大，治理和改善任务艰巨。

山水林田湖缺乏统筹保护，生态损害大。中度以上生态脆弱区域占全国陆地国土面积的55%，荒漠化和石漠化土地占国土面积的近20%。森林系统低质化、森林结构纯林化、生态功能低效化、自然景观人工化趋势加剧，每年违法违规侵占林地约200万亩，全国森林单位面积蓄积量只有全球平均水平的78%。全国草原生态总体恶化局面尚未根本扭转，中度和重度退化草原面积仍占1/3以上，已恢复的草原生态系统较为脆弱。全国湿地面积近年来每年减少约510万亩，900多种脊椎动物、3700多种高等植物生存受到威胁。资源过度开发利用导致生态破坏问题突出，生态空间不断被蚕食侵占，一些地区生态资源破坏严重，系统保护难度加大。

产业结构和布局不合理，生态环境风险高。我国是化学品生产和消费大国，有毒有害污染物种类不断增加，区域性、结构性、布局性环境风险日益凸显。环境风险企业数量庞大、近水靠城，危险化学品安全事故导致的环境污染事件频发。突发环境事件呈现原因复杂、污染物质多样、影响地域敏感、影响范围扩大的趋势。过去十年年均发生森林火灾7600多起，森林病虫害发生面积1.75亿亩以上。近年来，年均截获有害生物达100万批次，动植物传染及检疫性有害生物从国境口岸传入风险高。

### 第三节　生态环境保护面临机遇与挑战

“十三五”期间，生态环境保护面临重要的战略机遇。全面深化改革与全面依法治国深入推进，创新发展和绿色发展深入实施，生态文明建设体制机制逐步健全，为环境保护释放政策红利、法治红利和技术红利。经济转型升级、供给侧结构性改革加快化解重污染过剩产能、增加生态产品供给，污染物新增排放压力趋缓。公众生态环境保护意识日益增强，全社会保护生态环境的合力逐步形成。

同时，我国工业化、城镇化、农业现代化的任务尚未完成，生态环境保护仍面临巨大压力。伴随着经济下行压力加大，发展与保护的矛盾更加突出，一些地方环保投入减弱，进一步推进环境治理和质量改善任务艰巨。区域生态环境分化趋势显现，污染点状分布转向面上扩张，部分地区生态系统稳定性和服务功能下降，统筹协调保护难度大。我国积极应对全球气候变化，推进“一带一路”建设，国际社会尤其是发达国家要求我国承担更多环境责任，深度参与全球环境治理挑战大。

“十三五”期间，生态环境保护机遇与挑战并存，既是负重前行、大有作为的关键期，也是实现质量改善的攻坚期、窗口期。要充分利用新机遇新条件，妥善应对各种风险和挑战，坚定推进生态环境保护，提高生态环境质量。

## 第二章　指导思想、基本原则与主要目标

### 第一节　指导思想

全面贯彻党的十八大和十八届三中、四中、五中、六中全会精神，以邓小平理论、“三个代表”重要思想、科学发展观为指导，深入贯彻习近平总书记系列重要讲话精神和治国理政新理念新思想新战略，统筹推进“五位一体”总体布局和协调推进“四个全面”战略布局，牢固树立和贯彻落实创新、协调、绿色、开放、共享的发展理念，按照党中央、国务院决策部署，以提高环境质量为核心，实施最严格的环境保护制度，打好大气、水、土壤污染防治三大战役，加强生态保护与修复，严密防控生态环境风险，加快推进生态环境领域国家治理体系和治理能力现代化，不断提高生态环境管理系统化、科学化、法治化、精细化、信息化水平，为人民提供更多优质生态产品，为实现“两个一百年”奋斗目标和中华民族伟大复兴的中国梦做出贡献。

### 第二节　基本原则

坚持绿色发展、标本兼治。绿色富国、绿色惠民，处理好发展和保护的关系，协同推进新型工业化、城镇化、信息化、农业现代化与绿色化。坚持立足当前与着眼长远相结合，加强生态环境保护与稳增长、调结构、惠民生、防风险相结合，强化源头防控，推进供给侧结构性改革，优化空间布局，推动形成绿色生产和绿色生活方式，从源头预防生态破坏和环境污染，加大生态环境治理力度，促进人与自然和谐发展。

坚持质量核心、系统施治。以解决生态环境突出问题为导向，分区域、分流域、分阶段明确生态环境质量改善目标任务。统筹运用结构优化、污染治理、污染减排、达标排放、生态保护等多种手段，实施一批重大工程，开展多污染物协同防治，系统推进生态修复与环境治理，确保生态环境质量稳步提升，提高优质生态产品供给能力。

坚持空间管控、分类防治。生态优先，统筹生产、生活、生态空间管理，划定并严守生态保护红线，维护国家生态安全。建立系统完整、责权清晰、监管有效的管理格局，实施差异化管理，分区分类管控，分级分项施策，提升精细化管理水平。

坚持改革创新、强化法治。以改革创新推进生态环境保护，转变环境治理理念和方式，改革生态环境治理基础制度，建立覆盖所有固定污染源的企业排放许可制，实行省以下环保机构监测监察执法垂直管理制度，加快形成系统完整的生态文明制度体系。加强环境立法、环境司法、环境执法，从硬从严，重拳出击，促进全社会遵纪守法。依靠法律和制度加强生态环境保护，实现源头严防、过程严管、后果严惩。

坚持履职尽责、社会共治。建立严格的生态环境保护责任制度，合理划分中央和地方环境保护事权和支出责任，落实生态环境保护“党政同责”、“一岗双责”。落实企业环境治理主体责任，动员全社会积极参与生态环境保护，激励与约束并举，政府与市场“两手发力”，形成政府、企业、公众共治的环境治理体系。

### 第三节　主要目标

到 2020 年，生态环境质量总体改善。生产和生活方式绿色、低碳水平上升，主要污

染物排放总量大幅减少，环境风险得到有效控制，生物多样性下降势头得到基本控制，生态系统稳定性明显增强，生态安全屏障基本形成，生态环境领域国家治理体系和治理能力现代化取得重大进展，生态文明建设水平与全面建成小康社会目标相适应。

**专栏 1 “十三五”生态环境保护主要指标**

| 指 标 | | 2015 年 | 2020 年 | 〔累计〕[1] | 属性 |
|---|---|---|---|---|---|
| 生态环境质量 | | | | | |
| 1.空气质量 | 地级及以上城市[2]空气质量优良天数比率（%） | 76.7 | ＞80 | — | 约束性 |
| | 细颗粒物未达标地级及以上城市浓度下降（%） | — | — | 〔18〕 | 约束性 |
| | 地级及以上城市重度及以上污染天数比例下降（%） | — | — | 〔25〕 | 预期性 |
| 2.水环境质量 | 地表水质量[3]达到或好于III类水体比例（%） | 66 | ＞70 | — | 约束性 |
| | 地表水质量劣V类水体比例（%） | 9.7 | ＜5 | — | 约束性 |
| | 重要江河湖泊水功能区水质达标率（%） | 70.8 | ＞80 | | 预期性 |
| | 地下水质量极差比例（%） | 15.7[4] | 15 左右 | — | 预期性 |
| | 近岸海域水质优良（一、二类）比例（%） | 70.5 | 70 左右 | — | 预期性 |
| 3.土壤环境质量 | 受污染耕地安全利用率（%） | 70.6 | 90 左右 | — | 约束性 |
| | 污染地块安全利用率（%） | — | 90 以上 | — | 约束性 |
| 4.生态状况 | 森林覆盖率（%） | 21.66 | 23.04 | 〔1.38〕 | 约束性 |
| | 森林蓄积量（亿立方米） | 151 | 165 | 〔14〕 | 约束性 |
| | 湿地保有量（亿亩） | — | ≥8 | — | 预期性 |
| | 草原综合植被盖度（%） | 54 | 56 | | 预期性 |
| | 重点生态功能区所属县域生态环境状况指数 | 60.4 | ＞60.4 | — | 预期性 |
| 污染物排放总量 | | | | | |
| 5.主要污染物排放总量减少(%) | 化学需氧量 | — | — | 〔10〕 | 约束性 |
| | 氨氮 | — | — | 〔10〕 | |
| | 二氧化硫 | — | — | 〔15〕 | |
| | 氮氧化物 | — | — | 〔15〕 | |
| 6.区域性污染物排放总量减少（%） | 重点地区重点行业挥发性有机物[5] | — | — | 〔10〕 | 预期性 |
| | 重点地区总氮[6] | — | — | 〔10〕 | 预期性 |
| | 重点地区总磷[7] | — | — | 〔10〕 | |
| 生态保护修复 | | | | | |
| 7.国家重点保护野生动植物保护率（%） | | — | ＞95 | — | 预期性 |
| 8.全国自然岸线保有率（%） | | — | ≥35 | — | 预期性 |

| 指　标 | 2015 年 | 2020 年 | 〔累计〕[1] | 属性 |
|---|---|---|---|---|
| 9.新增沙化土地治理面积（万平方千米） | — | — | 〔10〕 | 预期性 |
| 10.新增水土流失治理面积（万平方千米） | — | — | 〔27〕 | 预期性 |

注：1.〔　〕内为五年累计数。

2.空气质量评价覆盖全国 338 个城市（含地、州、盟所在地及部分省辖县级市，不含三沙和儋州）。

3.水环境质量评价覆盖全国地表水国控断面，断面数量由“十二五”期间的 972 个增加到 1940 个。

4.为 2013 年数据。

5.在重点地区、重点行业推进挥发性有机物总量控制，全国排放总量下降 10%以上。

6.对沿海 56 个城市及 29 个富营养化湖库实施总氮总量控制。

7.总磷超标的控制单元以及上游相关地区实施总磷总量控制。

## 第三章　强化源头防控，夯实绿色发展基础

绿色发展是从源头破解我国资源环境约束瓶颈、提高发展质量的关键。要创新调控方式，强化源头管理，以生态空间管控引导构建绿色发展格局，以生态环境保护推进供给侧结构性改革，以绿色科技创新引领生态环境治理，促进重点区域绿色、协调发展，加快形成节约资源和保护环境的空间布局、产业结构和生产生活方式，从源头保护生态环境。

### 第一节　强化生态空间管控

全面落实主体功能区规划。强化主体功能区在国土空间开发保护中的基础作用，推动形成主体功能区布局。依据不同区域主体功能定位，制定差异化的生态环境目标、治理保护措施和考核评价要求。禁止开发区域实施强制性生态环境保护，严格控制人为因素对自然生态和自然文化遗产原真性、完整性的干扰，严禁不符合主体功能定位的各类开发活动，引导人口逐步有序转移。限制开发的重点生态功能区开发强度得到有效控制，形成环境友好型的产业结构，保持并提高生态产品供给能力，增强生态系统服务功能。限制开发的农产品主产区着力保护耕地土壤环境，确保农产品供给和质量安全。重点开发区域加强环境管理与治理，大幅降低污染物排放强度，减少工业化、城镇化对生态环境的影响，改善人居环境，努力提高环境质量。优化开发区域引导城市集约紧凑、绿色低碳发展，扩大绿色生态空间，优化生态系统格局。实施海洋主体功能区规划，优化海洋资源开发格局。

划定并严守生态保护红线。2017 年底前，京津冀区域、长江经济带沿线各省（市）划定生态保护红线；2018 年底前，其他省（区、市）划定生态保护红线；2020 年底前，全面完成全国生态保护红线划定、勘界定标，基本建立生态保护红线制度。制定生态保护红线管控措施，建立健全生态保护补偿机制，定期发布生态保护红线保护状况信息。建立监控体系与评价考核制度，对各省（区、市）生态保护红线保护成效进行评价考核。全面保障国家生态安全，保护和提升森林、草原、河流、湖泊、湿地、海洋等生态系统功能，提高优质生态产品供给能力。

推动“多规合一”。以主体功能区规划为基础，规范完善生态环境空间管控、生态环境承载力调控、环境质量底线控制、战略环评与规划环评刚性约束等环境引导和管控要求，制定落实生态保护红线、环境质量底线、资源利用上线和环境准入负面清单的技术规范，强化“多规合一”的生态环境支持。以市县级行政区为单元，建立由空间规划、用途管制、

差异化绩效考核等构成的空间治理体系。积极推动建立国家空间规划体系，统筹各类空间规划，推进“多规合一”。研究制定生态环境保护促进“多规合一”的指导意见。自2018年起，启动省域、区域、城市群生态环境保护空间规划研究。

## 第二节 推进供给侧结构性改革

强化环境硬约束推动淘汰落后和过剩产能。建立重污染产能退出和过剩产能化解机制，对长期超标排放的企业、无治理能力且无治理意愿的企业、达标无望的企业，依法予以关闭淘汰。修订完善环境保护综合名录，推动淘汰高污染、高环境风险的工艺、设备与产品。鼓励各地制定范围更宽、标准更高的落后产能淘汰政策，京津冀地区要加大对不能实现达标排放的钢铁等过剩产能淘汰力度。依据区域资源环境承载能力，确定各地区造纸、制革、印染、焦化、炼硫、炼砷、炼油、电镀、农药等行业规模限值。实行新（改、扩）建项目重点污染物排放等量或减量置换。调整优化产业结构，煤炭、钢铁、水泥、平板玻璃等产能过剩行业实行产能等量或减量置换。

严格环保能耗要求促进企业加快升级改造。实施能耗总量和强度“双控”行动，全面推进工业、建筑、交通运输、公共机构等重点领域节能。严格新建项目节能评估审查，加强工业节能监察，强化全过程节能监管。钢铁、有色金属、化工、建材、轻工、纺织等传统制造业全面实施电机、变压器等能效提升、清洁生产、节水治污、循环利用等专项技术改造，实施系统能效提升、燃煤锅炉节能环保综合提升、绿色照明、余热暖民等节能重点工程。支持企业增强绿色精益制造能力，推动工业园区和企业应用分布式能源。

促进绿色制造和绿色产品生产供给。从设计、原料、生产、采购、物流、回收等全流程强化产品全生命周期绿色管理。支持企业推行绿色设计，开发绿色产品，完善绿色包装标准体系，推动包装减量化、无害化和材料回收利用。建设绿色工厂，发展绿色工业园区，打造绿色供应链，开展绿色评价和绿色制造工艺推广行动，全面推进绿色制造体系建设。增强绿色供给能力，整合环保、节能、节水、循环、低碳、再生、有机等产品认证，建立统一的绿色产品标准、认证、标识体系。发展生态农业和有机农业，加快有机食品基地建设和产业发展，增加有机产品供给。到 2020 年，创建百家绿色设计示范企业、百家绿色示范园区、千家绿色示范工厂，绿色制造体系基本建立。

推动循环发展。实施循环发展引领计划，推进城市低值废弃物集中处置，开展资源循环利用示范基地和生态工业园区建设，建设一批循环经济领域国家新型工业化产业示范基地和循环经济示范市县。实施高端再制造、智能再制造和在役再制造示范工程。深化工业固体废物综合利用基地建设试点，建设产业固体废物综合利用和资源再生利用示范工程。依托国家“城市矿产”示范基地，培育一批回收和综合利用骨干企业、再生资源利用产业基地和园区。健全再生资源回收利用网络，规范完善废钢铁、废旧轮胎、废旧纺织品与服装、废塑料、废旧动力电池等综合利用行业管理。尝试建立逆向回收渠道，推广“互联网+回收”、智能回收等新型回收方式，实行生产者责任延伸制度。到 2020 年，全国工业固体废物综合利用率提高到 73%。实现化肥农药零增长，实施循环农业示范工程，推进秸秆高值化和产业化利用。到 2020 年，秸秆综合利用率达到 85%，国家现代农业示范区和粮食主产县基本实现农业资源循环利用。

推进节能环保产业发展。推动低碳循环、治污减排、监测监控等核心环保技术工艺、成套产品、装备设备、材料药剂研发与产业化，尽快形成一批具有竞争力的主导技术和产品。鼓励发展节能环保技术咨询、系统设计、设备制造、工程施工、运营管理等专业化服务。大力发展环境服务业，推进形成合同能源管理、合同节水管理、第三方监测、环境污染第三方治理及环境保护政府和社会资本合作等服务市场，开展小城镇、园区环境综合治理托管服务试点。规范环境绩效合同管理，逐步建立环境服务绩效评价考核机制。发布政府采购环境服务清单。鼓励社会资本投资环保企业，培育一批具有国际竞争力的大型节能环保企业与环保品牌。鼓励生态环保领域大众创业、万众创新。充分发挥环保行业组织、科技社团在环保科技创新、成果转化和产业化过程中的作用。完善行业监管制度，开展环保产业常规调查统计工作，建立环境服务企业诚信档案，发布环境服务业发展报告。

### 第三节　强化绿色科技创新引领

推进绿色化与创新驱动深度融合。把绿色化作为国家实施创新驱动发展战略、经济转型发展的重要基点，推进绿色化与各领域新兴技术深度融合发展。发展智能绿色制造技术，推动制造业向价值链高端攀升。发展生态绿色、高效安全的现代农业技术，深入开展节水农业、循环农业、有机农业、现代林业和生物肥料等技术研发，促进农业提质增效和可持续发展。发展安全、清洁、高效的现代能源技术，推动能源生产和消费革命。发展资源节约循环利用的关键技术，建立城镇生活垃圾资源化利用、再生资源回收利用、工业固体废物综合利用等技术体系。重点针对大气、水、土壤等问题，形成源头预防、末端治理和生态环境修复的成套技术。

加强生态环保科技创新体系建设。瞄准世界生态环境科技发展前沿，立足我国生态环境保护的战略要求，突出自主创新、综合集成创新，加快构建层次清晰、分工明确、运行高效、支撑有力的国家生态环保科技创新体系。重点建立以科学研究为先导的生态环保科技创新理论体系，以应用示范为支撑的生态环保技术研发体系，以人体健康为目标的环境基准和环境标准体系，以提升竞争力为核心的环保产业培育体系，以服务保障为基础的环保科技管理体系。实施环境科研领军人才工程，加强环保专业技术领军人才和青年拔尖人才培养，重点建设一批创新人才培养基地，打造一批高水平创新团队。支持相关院校开展环保基础科学和应用科学研究。建立健全环保职业荣誉制度。

建设生态环保科技创新平台。统筹科技资源，深化生态环保科技体制改革。加强重点实验室、工程技术中心、科学观测研究站、环保智库等科技创新平台建设，加强技术研发推广，提高管理科学化水平。积极引导企业与科研机构加强合作，强化企业创新主体作用，推动环保技术研发、科技成果转移转化和推广应用。推动建立环保装备与服务需求信息平台、技术创新转化交易平台。依托有条件的科技产业园区，集中打造环保科技创新试验区、环保高新技术产业区、环保综合治理技术服务区、国际环保技术合作区、环保高水平人才培养教育区，建立一批国家级环保高新技术产业开发区。

实施重点生态环保科技专项。继续实施水体污染控制与治理国家科技重大专项，实施大气污染成因与控制技术研究、典型脆弱生态修复与保护研究、煤炭清洁高效利用和新型节能技术研发、农业面源和重金属污染农田综合防治与修复技术研发、海洋环境安全保障等重点研发计划专项。在京津冀地区、长江经济带、“一带一路”沿线省（区、市）等重点区域开展环境污染防治和生态修复技术应用试点示范，提出生态环境治理系统性技术解决方案。打造京津冀等区域环境质量提升协同创新共同体，实施区域环境质量提升创新科技工程。创新青藏高原等生态屏障带保护修复技术方法与治理模式，研发生态环境监测预警、生态修复、生物多样性保护、生态保护红线评估管理、生态廊道构建等关键技术，建立一批生态保护与修复科技示范区。支持生态、土壤、大气、温室气体等环境监测预警网络系统及关键技术装备研发，支持生态环境突发事故监测预警及应急处置技术、遥感监测技术、数据分析与服务产品、高端环境监测仪器等研发。开展重点行业危险废物污染特性与环境效应、危险废物溯源及快速识别、全过程风险防控、信息化管理技术等领域研究，加快建立危险废物技术规范体系。建立化学品环境与健康风险评估方法、程序和技术规范体系。加强生态环境管理决策支撑科学研究，开展多污染物协同控制、生态环境系统模拟、污染源解析、生态环境保护规划、生态环境损害评估、网格化管理、绿色国内生产总值核算等技术方法研究应用。

完善环境标准和技术政策体系。研究制定环境基准，修订土壤环境质量标准，完善挥发性有机物排放标准体系，严格执行污染物排放标准。加快机动车和非道路移动源污染物排放标准、燃油产品质量标准的制修订和实施。发布实施船舶发动机排气污染物排放限值及测量方法（中国第一、二阶段）、轻型汽车和重型汽车污染物排放限值及测量方法（中国第六阶段）、摩托车和轻便摩托车污染物排放限值及测量方法（中国第四阶段）、畜禽养殖污染物排放标准。修订在用机动车排放标准，力争实施非道路移动机械国Ⅳ排放标准。完善环境保护技术政策，建立生态保护红线监管技术规范。健全钢铁、水泥、化工等重点行业清洁生产评价指标体系。加快制定完善电力、冶金、有色金属等重点行业以及城乡垃圾处理、机动车船和非道路移动机械污染防治、农业面源污染防治等重点领域技术政策。建立危险废物利用处置无害化管理标准和技术体系。

### 第四节　推动区域绿色协调发展

促进四大区域绿色协调发展。西部地区要坚持生态优先，强化生态环境保护，提升生态安全屏障功能，建设生态产品供给区，合理开发石油、煤炭、天然气等战略性资源和生态旅游、农畜产品等特色资源。东北地区要加强大小兴安岭、长白山等森林生态系统保护和北方防沙带建设，强化东北平原湿地和农用地土壤环境保护，推动老工业基地振兴。中部地区要以资源环境承载能力为基础，有序承接产业转移，推进鄱阳湖、洞庭湖生态经济区和汉江、淮河生态经济带建设，研究建设一批流域沿岸及交通通道沿线的生态走廊，加强水环境保护和治理。东部地区要扩大生态空间，提高环境资源利用效率，加快推动产业升级，在生态环境质量改善等方面走在前列。

推进“一带一路”绿色化建设。加强中俄、中哈以及中国—东盟、上海合作组织等现有多双边合作机制，积极开展澜沧江—湄公河环境合作，开展全方位、多渠道的对话交流活动，加强与沿线国家环境官员、学者、青年的交流和合作，开展生态环保公益活动，实施绿色丝路使者计划，分享中国生态文明、绿色发展理念与实践经验。建立健全绿色投资与绿色贸易管理制度体系，落实对外投资合作环境保护指南。开展环保产业技术合作园区及示范基地建设，推动环保产业“走出去”。树立中国铁路、电力、汽车、通信、新能源、钢铁等优质产能绿色品牌。推进“一带一路”沿线省（区、市）产业结构升级与创新升级，推动绿色产业链延伸；开展重点战略和关键项目环境评估，提高生态环境风险防范与应对能力。编制实施国内“一带一路”沿线区域生态环保规划。

推动京津冀地区协同保护。以资源环境承载能力为基础，优化经济发展和生态环境功能布局，扩大环境容量与生态空间。加快推动天津传统制造业绿色化改造。促进河北有序承接北京非首都功能转移和京津科技成果转化。强化区域环保协作，联合开展大气、河流、湖泊等污染治理，加强区域生态屏障建设，共建坝上高原生态防护区、燕山—太行山生态涵养区，推动光伏等新能源广泛应用。创新生态环境联动管理体制机制，构建区域一体化的生态环境监测网络、生态环境信息网络和生态环境应急预警体系，建立区域生态环保协调机制、水资源统一调配制度、跨区域联合监察执法机制，建立健全区域生态保护补偿机制和跨区域排污权交易市场。到 2020 年，京津冀地区生态环境保护协作机制有效运行，生态环境质量明显改善。

推进长江经济带共抓大保护。把保护和修复长江生态环境摆在首要位置，推进长江经济带生态文明建设，建设水清地绿天蓝的绿色生态廊道。统筹水资源、水环境、水生态，推动上中下游协同发展、东中西部互动合作，加强跨部门、跨区域监管与应急协调联动，把实施重大生态修复工程作为推动长江经济带发展项目的优先选项，共抓大保护，不搞大开发。统筹江河湖泊丰富多样的生态要素，构建以长江干支流为经络，以山水林田湖为有机整体，江湖关系和谐、流域水质优良、生态流量充足、水土保持有效、生物种类多样的生态安全格局。上游区重点加强水源涵养、水土保持功能和生物多样性保护，合理开发利用水资源，严控水电开发生态影响；中游区重点协调江湖关系，确保丹江口水库水质安全；下游区加快产业转型升级，重点加强退化水生态系统恢复，强化饮用水水源保护，严格控制城镇周边生态空间占用，开展河网地区水污染治理。妥善处理江河湖泊关系，实施长江干流及洞庭湖上游“四水”、鄱阳湖上游“五河”的水库群联合调度，保障长江干支流生态流量与两湖生态水位。统筹规划、集约利用长江岸线资源，控制岸线开发强度。强化跨界水质断面考核，推动协同治理。

## 第四章　深化质量管理，大力实施三大行动计划

以提高环境质量为核心，推进联防联控和流域共治，制定大气、水、土壤三大污染防治行动计划的施工图。根据区域、流域和类型差异分区施策，实施多污染物协同控制，提高治理措施的针对性和有效性。实行环境质量底线管理，努力实现分阶段达到环境质量标准、治理责任清单式落地，解决群众身边的突出环境问题。

### 第一节　分区施策改善大气环境质量

实施大气环境质量目标管理和限期达标规划。各省（区、市）要对照国家大气环境质量标准，开展形势分析，定期考核并公布大气环境质量信息。强化目标和任务的过程管理，深入推进钢铁、水泥等重污染行业过剩产能退出，大力推进清洁能源使用，推进机动车和油品标准升级，加强油品等能源产品质量监管，加强移动源污染治理，加大城市扬尘和小微企业分散源、生活源污染整治力度。深入实施《大气污染防治行动计划》，大幅削减二氧化硫、氮氧化物和颗粒物的排放量，全面启动挥发性有机物污染防治，开展大气氨排放控制试点，实现全国地级及以上城市二氧化硫、一氧化碳浓度全部达标，细颗粒物、可吸入颗粒物浓度明显下降，二氧化氮浓度继续下降，臭氧浓度保持稳定、力争改善。实施城

市大气环境质量目标管理，已经达标的城市，应当加强保护并持续改善；未达标的城市，应确定达标期限，向社会公布，并制定实施限期达标规划，明确达标时间表、路线图和重点任务。

加强重污染天气应对。强化各级空气质量预报中心运行管理，提高预报准确性，及时发布空气质量预报信息，实现预报信息全国共享、联网发布。完善重度及以上污染天气的区域联合预警机制，加强东北、西北、成渝和华中区域大气环境质量预测预报能力。健全应急预案体系，制定重污染天气应急预案实施情况评估技术规程，加强对预案实施情况的检查和评估。各省（区、市）和地级及以上城市及时修编重污染天气应急预案，开展重污染天气成因分析和污染物来源解析，科学制定针对性减排措施，每年更新应急减排措施项目清单。及时启动应急响应措施，提高重污染天气应对的有效性。强化监管和督察，对应对不及时、措施不力的地方政府，视情况予以约谈、通报、挂牌督办。

深化区域大气污染联防联控。全面深化京津冀及周边地区、长三角、珠三角等区域大气污染联防联控，建立常态化区域协作机制，区域内统一规划、统一标准、统一监测、统一防治。对重点行业、领域制定实施统一的环保标准、排污收费政策、能源消费政策，统一老旧车辆淘汰和在用车辆管理标准。重点区域严格控制煤炭消费总量，京津冀及山东、长三角、珠三角等区域，以及空气质量排名较差的前 10 位城市中受燃煤影响较大的城市要实现煤炭消费负增长。通过市场化方式促进老旧车辆、船舶加速淘汰以及防污设施设备改造，强化新生产机动车、非道路移动机械环保达标监管。开展清洁柴油机行动，加强高排放工程机械、重型柴油车、农业机械等管理，重点区域开展柴油车注册登记环保查验，对货运车、客运车、公交车等开展入户环保检查。提高公共车辆中新能源汽车占比，具备条件的城市在 2017 年底前基本实现公交新能源化。落实珠三角、长三角、环渤海京津冀水域船舶排放控制区管理政策，靠港船舶优先使用岸电，建设船舶大气污染物排放遥感监测和油品质量监测网点，开展船舶排放控制区内船舶排放监测和联合监管，构建机动车船和油品环保达标监管体系。加快非道路移动源油品升级。强化城市道路、施工等扬尘监管和城市综合管理。

显著削减京津冀及周边地区颗粒物浓度。以北京市、保定市、廊坊市为重点，突出抓好冬季散煤治理、重点行业综合治理、机动车监管、重污染天气应对，强化高架源的治理和监管，改善区域空气质量。提高接受外输电比例，增加非化石能源供应，重点城市实施天然气替代煤炭工程，推进电力替代煤炭，大幅减少冬季散煤使用量，“十三五”期间，北京、天津、河北、山东、河南五省（市）煤炭消费总量下降 10%左右。加快区域内机动车排污监控平台建设，重点治理重型柴油车和高排放车辆。到 2020 年，区域细颗粒物污染形势显著好转，臭氧浓度基本稳定。

明显降低长三角区域细颗粒物浓度。加快产业结构调整，依法淘汰能耗、环保等不达标的产能。“十三五”期间，上海、江苏、浙江、安徽四省（市）煤炭消费总量下降 5%左右，地级及以上城市建成区基本淘汰 35 蒸吨以下燃煤锅炉。全面推进炼油、石化、工业涂装、印刷等行业挥发性有机物综合整治。到 2020 年，长三角区域细颗粒物浓度显著下降，臭氧浓度基本稳定。

大力推动珠三角区域率先实现大气环境质量基本达标。统筹做好细颗粒物和臭氧污染防控，重点抓好挥发性有机物和氮氧化物协同控制。加快区域内产业转型升级，调整和优化能源结构，工业园区与产业聚集区实施集中供热，有条件的发展大型燃气供热锅炉，“十三五”期间，珠三角区域煤炭消费总量下降10%左右。重点推进石化、化工、油品储运销、汽车制造、船舶制造（维修）、集装箱制造、印刷、家具制造、制鞋等行业开展挥发性有机物综合整治。到 2020 年，实现珠三角区域大气环境质量基本达标，基本消除重度及以上污染天气。

## 第二节　精准发力提升水环境质量

实施以控制单元为基础的水环境质量目标管理。依据主体功能区规划和行政区划，划定陆域控制单元，建立流域、水生态控制区、水环境控制单元三级分区体系。实施以控制单元为空间基础、以断面水质为管理目标、以排污许可制为核心的流域水环境质量目标管理。优化控制单元水质断面监测网络，建立控制单元产排污与断面水质响应反馈机制，明确划分控制单元水环境质量责任，从严控制污染物排放量。全面推行“河长制”。在黄河、淮河等流域进行试点，分期分批科学确定生态流量（水位），作为流域水量调度的重要参考。深入实施《水污染防治行动计划》，落实控制单元治污责任，完成目标任务。固定污染源排放为主的控制单元，要确定区域、流域重点水污染物和主要超标污染物排放控制目标，实施基于改善水质要求的排污许可，将治污任务逐一落实到控制单元内的各排污单位（含污水处理厂、设有排放口的规模化畜禽养殖单位）。面源（分散源）污染为主或严重缺水的控制单元，要采用政策激励、加强监管以及确保生态基流等措施改善水生态环境。自 2017 年起，各省份要定期向社会公开控制单元水环境质量目标管理情况。

**专栏 2　各流域需要改善的控制单元**

（一）长江流域（108 个）。

双桥河合肥市控制单元等 40 个单元由Ⅳ类升为Ⅲ类；乌江重庆市控制单元等 7 个单元由Ⅴ类升为Ⅲ类；来河滁州市控制单元等 9 个单元由Ⅴ类升为Ⅳ类；京山河荆门市控制单元等 2 个单元由劣Ⅴ类升为Ⅲ类；沱江内江市控制单元等 4 个单元由劣Ⅴ类升为Ⅳ类；十五里河合肥市控制单元等 24 个单元由劣Ⅴ类升为Ⅴ类；滇池外海昆明市控制单元化学需氧量浓度下降；南淝河合肥市控制单元等 3 个单元氨氮浓度下降；竹皮河荆门市控制单元等 4 个单元氨氮、总磷浓度下降；岷江宜宾市控制单元等 14 个单元总磷浓度下降。

（二）海河流域（75 个）。

洋河张家口市八号桥控制单元等 9 个单元由Ⅳ类升为Ⅲ类；妫水河下段北京市控制单元等 3 个单元由Ⅴ类升为Ⅳ类；潮白河通州区控制单元等 26 个单元由劣Ⅴ类升为Ⅴ类；宣惠河沧州市控制单元等 6 个单元化学需氧量浓度下降；通惠河下段北京市控制单元等 26 个单元氨氮浓度下降；共产主义渠新乡市控制单元等 3 个单元氨氮、总磷浓度下降；海河天津市海河大闸控制单元化学需氧量、氨氮浓度下降；潮白新河天津市控制单元总磷浓度下降。

（三）淮河流域（49 个）。

谷河阜阳市控制单元等 17 个单元由Ⅳ类升为Ⅲ类；东鱼河菏泽市控制单元由Ⅴ类升为Ⅲ类；新濉河宿迁市控制单元等 9 个单元由Ⅴ类升为Ⅳ类；洙赵新河菏泽市控制单元由劣Ⅴ

类升为Ⅲ类；运料河徐州市控制单元由劣Ⅴ类升为Ⅳ类；涡河亳州市岳坊大桥控制单元等16个单元由劣Ⅴ类升为Ⅴ类；包河商丘市控制单元等4个单元氨氮浓度下降。

（四）黄河流域（35个）。

伊洛河洛阳市控制单元等14个单元由Ⅳ类升为Ⅲ类；葫芦河固原市控制单元等4个单元由Ⅴ类升为Ⅳ类；岚河吕梁市控制单元由劣Ⅴ类升为Ⅳ类；大黑河乌兰察布市控制单元等8个单元由劣Ⅴ类升为Ⅴ类；昆都仑河包头市控制单元等8个单元氨氮浓度下降。

（五）松花江流域（12个）。

小兴凯湖鸡西市控制单元等9个单元由Ⅳ类升为Ⅲ类；阿什河哈尔滨市控制单元由劣Ⅴ类升为Ⅴ类；呼伦湖呼伦贝尔市控制单元化学需氧量浓度下降；饮马河长春市靠山南楼控制单元氨氮浓度下降。

（六）辽河流域（13个）。

寇河铁岭市控制单元等6个单元由Ⅳ类升为Ⅲ类；辽河沈阳市巨流河大桥控制单元等3个单元由Ⅴ类升为Ⅳ类；亮子河铁岭市控制单元等2个单元由劣Ⅴ类升为Ⅴ类；浑河抚顺市控制单元总磷浓度下降；条子河四平市控制单元氨氮浓度下降。

（七）珠江流域（17个）。

九洲江湛江市排里控制单元等2个单元由Ⅲ类升为Ⅱ类；潭江江门市牛湾控制单元由Ⅳ类升为Ⅱ类；鉴江茂名市江口门控制单元等4个单元由Ⅳ类升为Ⅲ类；东莞运河东莞市樟村控制单元等2个单元由Ⅴ类升为Ⅳ类；小东江茂名市石碧控制单元由劣Ⅴ类升为Ⅳ类；深圳河深圳市河口控制单元等5个单元由劣Ⅴ类升为Ⅴ类；杞麓湖玉溪市控制单元化学需氧量浓度下降；星云湖玉溪市控制单元总磷浓度下降。

（八）浙闽片河流（25个）。

浦阳江杭州市控制单元等13个单元由Ⅳ类升为Ⅲ类；汀溪厦门市控制单元等3个单元由Ⅴ类升为Ⅲ类；南溪漳州市控制单元等5个单元由Ⅴ类升为Ⅳ类；金清港台州市控制单元等4个单元由劣Ⅴ类升为Ⅴ类。

（九）西北诸河（3个）。

博斯腾湖巴音郭楞蒙古自治州控制单元由Ⅳ类升为Ⅲ类；北大河酒泉市控制单元由劣Ⅴ类升为Ⅲ类；克孜河喀什地区控制单元由劣Ⅴ类升为Ⅴ类。

（十）西南诸河（6个）。

黑惠江大理白族自治州控制单元等4个单元由Ⅳ类升为Ⅲ类；异龙湖红河哈尼族彝族自治州控制单元化学需氧量浓度下降；西洱河大理白族自治州控制单元氨氮浓度下降。

实施流域污染综合治理。实施重点流域水污染防治规划。流域上下游各级政府、各部门之间加强协调配合、定期会商，实施联合监测、联合执法、应急联动、信息共享。长江流域强化系统保护，加大水生生物多样性保护力度，强化水上交通、船舶港口污染防治。实施岷江、沱江、乌江、清水江、长江干流宜昌段总磷污染综合治理，有效控制贵州、四川、湖北、云南等总磷污染。太湖坚持综合治理，增强流域生态系统功能，防范蓝藻暴发，确保饮用水安全；巢湖加强氮、磷总量控制，改善入湖河流水质，修复湖滨生态功能；滇池加强氮、磷总量控制，重点防控城市污水和农业面源污染入湖，分区分步开展生态修复，逐步恢复水生态系统。海河流域突出节水和再生水利用，强化跨界水体治理，重点整治城乡黑臭水体，保障白洋淀、衡水湖、永定河生态需水。淮河流域大幅降低造纸、化肥、酿造等行业污染物排放强度，有效控制氨氮污染，持续改善洪河、涡河、颍河、惠济河、包河等支流水质，切实防控突发污染事件。黄河流域重点控制煤化工、石化企业排放，持续改善汾河、涑水河、总排干、大黑河、乌梁素海、湟水河等支流水质，降低中上游水环境风险。松花江流域持续改善阿什河、伊通河等支流水质，重点解决石化、酿造、制药、造纸等行业污染问题，加大水生态保护力度，进一步增加野生鱼类种群数量，加快恢复湿地生态系统。辽河流域大幅降低石化、造纸、化工、农副食品加工等行业污染物排放强度，持续改善浑河、太子河、条子河、招苏台河等支流水质，显著恢复水生态系统，全面恢复湿地生态系统。珠江流域建立健全广东、广西、云南等联合治污防控体系，重点保障东江、西江供水水质安全，改善珠江三角洲地区水生态环境。

优先保护良好水体。实施从水源到水龙头全过程监管，持续提升饮用水安全保障水平。地方各级人民政府及供水单位应定期监测、检测和评估本行政区域内饮用水水源、供水厂出水和用户水龙头水质等饮水安全状况。地级及以上城市每季度向社会公开饮水安全状况信息，县级及以上城市自 2018 年起每季度向社会公开。开展饮用水水源规范化建设，依法清理饮用水水源保护区内违法建筑和排污口。加强农村饮用水水源保护，实施农村饮水安全巩固提升工程。各省（区、市）应于 2017 年底前，基本完成乡镇及以上集中式饮用水水源保护区划定，开展定期监测和调查评估。到 2020 年，地级及以上城市集中式饮用水水源水质达到或优于Ⅲ类比例高于 93%。对江河源头及现状水质达到或优于Ⅲ类的江河湖库开展生态环境安全评估，制定实施生态环境保护方案，东江、滦河、千岛湖、南四湖等流域于 2017 年底前完成。七大重点流域制定实施水生生物多样性保护方案。

推进地下水污染综合防治。定期调查评估集中式地下水型饮用水水源补给区和污染源周边区域环境状况。加强重点工业行业地下水环境监管，采取防控措施有效降低地下水污染风险。公布地下水污染地块清单，管控风险，开展地下水污染修复试点。到 2020 年，全国地下水污染加剧趋势得到初步遏制，质量极差的地下水比例控制在 15%左右。

大力整治城市黑臭水体。建立地级及以上城市建成区黑臭水体等污染严重水体清单，制定整治方案，细化分阶段目标和任务安排，向社会公布年度治理进展和水质改善情况。建立全国城市黑臭水体整治监管平台，公布全国黑臭水体清单，接受公众评议。各城市在当地主流媒体公布黑臭水体清单、整治达标期限、责任人、整治进展及效果；建立长效机制，开展水体日常维护与监管工作。2017 年底前，直辖市、省会城市、计划单列市建成区基本消除黑臭水体，其他地级城市实现河面无大面积漂浮物、河岸无垃圾、无违法排污口；到 2020 年，地级及以上城市建成区黑臭水体比例均控制在 10%以内，其他城市力争大幅度消除重度黑臭水体。

改善河口和近岸海域生态环境质量。实施近岸海域污染防治方案，加大渤海、东海等近岸海域污染治理力度。强化直排海污染源和沿海工业园区监管，防控沿海地区陆源溢油污染海洋。开展国际航行船舶压载水及污染物治理。规范入海排污口设置，2017 年底前，全面清理非法或设置不合理的入海排污口。到 2020 年，沿海省（区、市）入海河流基本消除劣Ⅴ类的水体。实施蓝色海湾综合治理，重点整治黄河口、长江口、闽江口、珠江口、辽东湾、渤海湾、胶州湾、杭州湾、北部湾等河口海湾污染。严格禁渔休渔措施。控制近海养殖密度，推进生态健康养殖，大力开展水生生物增殖放流，加强人工鱼礁和海洋牧场建设。加强海岸带生态保护与修复，实施“南红北柳”湿地修复工程，严格控制生态敏感地区围填海活动。到 2020 年，全国自然岸线（不包括海岛岸线）保有率不低于 35%，整治修复海岸线 1000 千米。建设一批海洋自然保护区、海洋特别保护区和水产种质资源保护区，实施生态岛礁工程，加强海洋珍稀物种保护。

### 第三节　分类防治土壤环境污染

推进基础调查和监测网络建设。全面实施《土壤污染防治行动计划》，以农用地和重点行业企业用地为重点，开展土壤污染状况详查，2018 年底前查明农用地土壤污染的面积、分布及其对农产品质量的影响，2020 年底前掌握重点行业企业用地中的污染地块分布及其环境风险情况。开展电子废物拆解、废旧塑料回收、非正规垃圾填埋场、历史遗留尾矿库等土壤环境问题集中区域风险排查，建立风险管控名录。统一规划、整合优化土壤环境质量监测点位。充分发挥行业监测网作用，支持各地因地制宜补充增加设置监测点位，增加特征污染物监测项目，提高监测频次。2017 年底前，完成土壤环境质量国控监测点位设置，建成国家土壤环境质量监测网络，基本形成土壤环境监测能力；到 2020 年，实现土壤环境质量监测点位所有县（市、区）全覆盖。

实施农用地土壤环境分类管理。按污染程度将农用地划为三个类别，未污染和轻微污染的划为优先保护类，轻度和中度污染的划为安全利用类，重度污染的划为严格管控类，分别采取相应管理措施。各省级人民政府要对本行政区域内优先保护类耕地面积减少或土壤环境质量下降的县（市、区）进行预警提醒并依法采取环评限批等限制性措施。将符合条件的优先保护类耕地划为永久基本农田，实行严格保护，确保其面积不减少、土壤环境质量不下降。根据土壤污染状况和农产品超标情况，安全利用类耕地集中的县（市、区）要结合当地主要作物品种和种植习惯，制定实施受污染耕地安全利用方案，采取农艺调控、替代种植等措施，降低农产品超标风险。加强对严格管控类耕地的用途管理，依法划定特定农产品禁止生产区域，严禁种植食用农产品，继续在湖南长株潭地区开展重金属污染耕地修复及农作物种植结构调整试点。到 2020 年，重度污染耕地种植结构调整或退耕还林还草面积力争达到 2000 万亩。

加强建设用地环境风险管控。建立建设用地土壤环境质量强制调查评估制度。构建土壤环境质量状况、污染地块修复与土地再开发利用协同一体的管理与政策体系。自 2017 年起，对拟收回土地使用权的有色金属冶炼、石油加工、化工、焦化、电镀、制革等行业企业用地，以及用途拟变更为居住和商业、学校、医疗、养老机构等公共设施的上述企业用地，由土地使用权人负责开展土壤环境状况调查评估；已经收回的，由所在地市、县级人民政府负责开展调查评估。将建设用地土壤环境管理要求纳入城市规划和供地管理，土地开发利用必须符合土壤环境质量要求。暂不开发利用或现阶段不具备治理修复条件的污染地块，由所在地县级人民政府组织划定管控区域，设立标志，发布公告，开展土壤、地表水、地下水、空气环境监测。

开展土壤污染治理与修复。针对典型受污染农用地、污染地块，分批实施 200 个土壤污染治理与修复技术应用试点项目，加快建立健全技术体系。自 2017 年起，各地要逐步建立污染地块名录及其开发利用的负面清单，合理确定土地用途。京津冀、长三角、珠三角、东北老工业基地地区城市和矿产资源枯竭型城市等污染地块集中分布的城市，要规范、有序开展再开发利用污染地块治理与修复。长江中下游、成都平原、珠江流域等污染耕地集中分布的省（区、市），应于 2018 年底前编制实施污染耕地治理与修复方案。2017 年底前，发布土壤污染治理与修复责任方终身责任追究办法。建立土壤污染治理与修复全过程监管制度，严格修复方案审查，加强修复过程监督和检查，开展修复成效第三方评估。

强化重点区域土壤污染防治。京津冀区域以城市“退二进三”遗留污染地块为重点，严格管控建设用地开发利用土壤环境风险，加大污灌区、设施农业集中区域土壤环境监测和监管。东北地区加大黑土地保护力度，采取秸秆还田、增施有机肥、轮作休耕等措施实施综合治理。珠江三角洲地区以化工、电镀、印染等重污染行业企业遗留污染地块为重点，强化污染地块开发利用环境监管。湘江流域地区以镉、砷等重金属污染为重点，对污染耕地采取农艺调控、种植结构调整、退耕还林还草等措施，严格控制农产品超标风险。西南地区以有色金属、磷矿等矿产资源开发过程导致的环境污染风险防控为重点，强化磷、汞、铅等历史遗留土壤污染治理。在浙江台州、湖北黄石、湖南常德、广东韶关、广西河池、贵州铜仁等 6 个地区启动土壤污染综合防治先行区建设。

## 第五章　实施专项治理，全面推进达标排放与污染减排

以污染源达标排放为底线，以骨干性工程推进为抓手，改革完善总量控制制度，推动行业多污染物协同治污减排，加强城乡统筹治理，严格控制增量，大幅度削减污染物存量，降低生态环境压力。

### 第一节　实施工业污染源全面达标排放计划

工业污染源全面开展自行监测和信息公开。工业企业要建立环境管理台账制度，开展自行监测，如实申报，属于重点排污单位的还要依法履行信息公开义务。实施排污口规范化整治，2018 年底前，工业企业要进一步规范排污口设置，编制年度排污状况报告。排污企业全面实行在线监测，地方各级人民政府要完善重点排污单位污染物超标排放和异常报警机制，逐步实现工业污染源排放监测数据统一采集、公开发布，不断加强社会监督，对企业守法承诺履行情况进行监督检查。2019 年底前，建立全国工业企业环境监管信息平台。

排查并公布未达标工业污染源名单。各地要加强对工业污染源的监督检查，全面推进“双随机”抽查制度，实施环境信用颜色评价，鼓励探索实施企业超标排放计分量化管理。对污染物排放超标或者重点污染物排放超总量的企业予以“黄牌”警示，限制生产或停产整治；对整治后仍不能达到要求且情节严重的企业予以“红牌”处罚，限期停业、关闭。自 2017 年起，地方各级人民政府要制订本行政区域工业污染源全面达标排放计划，确定年度工作目标，每季度向社会公布“黄牌”、“红牌”企业名单。环境保护部将加大抽查核查力度，对企业超标现象普遍、超标企业集中地区的地方政府进行通报、挂牌督办。

实施重点行业企业达标排放限期改造。建立分行业污染治理实用技术公开遴选与推广应用机制，发布重点行业污染治理技术。分流域分区域制定实施重点行业限期整治方案，升级改造环保设施，加大检查核查力度，确保稳定达标。以钢铁、水泥、石化、有色金属、玻璃、燃煤锅炉、造纸、印染、化工、焦化、氮肥、农副食品加工、原料药制造、制革、农药、电镀等行业为重点，推进行业达标排放改造。

完善工业园区污水集中处理设施。实行“清污分流、雨污分流”，实现废水分类收集、

分质处理，入园企业应在达到国家或地方规定的排放标准后接入集中式污水处理设施处理，园区集中式污水处理设施总排口应安装自动监控系统、视频监控系统，并与环境保护主管部门联网。开展工业园区污水集中处理规范化改造示范。

### 第二节　深入推进重点污染物减排

改革完善总量控制制度。以提高环境质量为核心，以重大减排工程为主要抓手，上下结合，科学确定总量控制要求，实施差别化管理。优化总量减排核算体系，以省级为主体实施核查核算，推动自主减排管理，鼓励将持续有效改善环境质量的措施纳入减排核算。加强对生态环境保护重大工程的调度，对进度滞后地区及早预警通报，各地减排工程、指标情况要主动向社会公开。总量减排考核服从于环境质量考核，重点审查环境质量未达到标准、减排数据与环境质量变化趋势明显不协调的地区，并根据环境保护督查、日常监督检查和排污许可执行情况，对各省（区、市）自主减排管理情况实施“双随机”抽查。大力推行区域性、行业性总量控制，鼓励各地实施特征性污染物总量控制，并纳入各地国民经济和社会发展规划。

推动治污减排工程建设。各省（区、市）要制定实施造纸、印染等十大重点涉水行业专项治理方案，大幅降低污染物排放强度。电力、钢铁、纺织、造纸、石油石化、化工、食品发酵等高耗水行业达到先进定额标准。以燃煤电厂超低排放改造为重点，对电力、钢铁、建材、石化、有色金属等重点行业，实施综合治理，对二氧化硫、氮氧化物、烟粉尘以及重金属等多污染物实施协同控制。各省（区、市）应于 2017 年底前制定专项治理方案并向社会公开，对治理不到位的工程项目要公开曝光。制定分行业治污技术政策，培育示范企业和示范工程。

**专栏 3　推动重点行业治污减排**

（一）造纸行业。

力争完成纸浆无元素氯漂白改造或采取其他低污染制浆技术，完善中段水生化处理工艺，增加深度治理工艺，进一步完善中控系统。

（二）印染行业。

实施低排水染整工艺改造及废水综合利用，强化清污分流、分质处理、分质回用，完善中段水生化处理，增加强氧化、膜处理等深度治理工艺。

（三）味精行业。

提高生产废水循环利用水平，分离尾液和离交尾液采用絮凝气浮和蒸发浓缩等措施，外排水采取厌氧—好氧二级生化处理工艺；敏感区域应深度处理。

（四）柠檬酸行业。

采用低浓度废水循环再利用技术，高浓度废水采用喷浆造粒等措施。

（五）氮肥行业。

开展工艺冷凝液水解解析技术改造，实施含氰、含氨废水综合治理。

（六）酒精与啤酒行业。

低浓度废水采用物化—生化工艺，预处理后由园区集中处理。啤酒行业采用就地清洗技术。

（七）制糖行业。

采用无滤布真空吸滤机、高压水清洗、甜菜干法输送及压粕水回收，推进废糖蜜、酒精废醪液发酵还田综合利用，鼓励废水生化处理后回用，敏感区域执行特别排放限值。

（八）淀粉行业。

采用厌氧+好氧生化处理技术，建设污水处理设施在线监测和中控系统。

（九）屠宰行业。

强化外排污水预处理，敏感区域执行特别排放限值，有条件的采用膜生物反应器工艺进行深度处理。

（十）磷化工行业。

实施湿法磷酸净化改造，严禁过磷酸钙、钙镁磷肥新增产能。发展磷炉尾气净化合成有机化工产品，鼓励各种建材或建材添加剂综合利用磷渣、磷石膏。

（十一）煤电行业。

加快推进燃煤电厂超低排放和节能改造。强化露天煤场抑尘措施，有条件的实施封闭改造。

（十二）钢铁行业。

完成干熄焦技术改造，不同类型的废水应分别进行预处理。未纳入淘汰计划的烧结机和球团生产设备全部实施全烟气脱硫，禁止设置脱硫设施烟气旁路；烧结机头、机尾、焦炉、高炉出铁场、转炉烟气除尘等设施实施升级改造，露天原料场实施封闭改造，原料转运设施建设封闭皮带通廊，转运站和落料点配套抽风收尘装置。

（十三）建材行业。

原料破碎、生产、运输、装卸等各环节实施堆场及输送设备全封闭、道路清扫等措施，有效控制无组织排放。水泥窑全部实施烟气脱硝，水泥窑及窑磨一体机进行高效除尘改造；平板玻璃行业推进“煤改气”、“煤改电”，禁止掺烧高硫石油焦等劣质原料，未使用清洁能源的浮法玻璃生产线全部实施烟气脱硫，浮法玻璃生产线全部实施烟气高效除尘、脱硝；建筑卫生陶瓷行业使用清洁燃料，喷雾干燥塔、陶瓷窑炉安装脱硫除尘设施，氮氧化物不能稳定达标排放的喷雾干燥塔采取脱硝措施。

（十四）石化行业。

催化裂化装置实施催化再生烟气治理，对不能稳定达标排放的硫磺回收尾气，提高硫磺回收率或加装脱硫设施。

（十五）有色金属行业。

加强富余烟气收集，对二氧化硫含量大于3.5%的烟气，采取两转两吸制酸等方式回收。低浓度烟气和制酸尾气排放超标的必须进行脱硫。规范冶炼企业废气排放口设置，取消脱硫设施旁路。

控制重点地区重点行业挥发性有机物排放。全面加强石化、有机化工、表面涂装、包装印刷等重点行业挥发性有机物控制。细颗粒物和臭氧污染严重省份实施行业挥发性有机污染物总量控制，制定挥发性有机污染物总量控制目标和实施方案。强化挥发性有机物与氮氧化物的协同减排，建立固定源、移动源、面源排放清单，对芳香烃、烯烃、炔烃、醛类、酮类等挥发性有机物实施重点减排。开展石化行业“泄漏检测与修复”专项行动，对无组织排放开展治理。各地要明确时限，完成加油站、储油库、油罐车油气回收治理，油气回收率提高到90%以上，并加快推进原油成品油码头油气回收治理。涂装行业实施低挥发性有机物含量涂料替代、涂装工艺与设备改进，建设挥发性有机物收集与治理设施。印刷行业全面开展低挥发性有机物含量原辅料替代，改进生产工艺。京津冀及周边地区、长三角地区、珠三角地区，以及成渝、武汉及其周边、辽宁中部、陕西关中、长株潭等城市群全面加强挥发性有机物排放控制。

总磷、总氮超标水域实施流域、区域性总量控制。总磷超标的控制单元以及上游相关地区要实施总磷总量控制，明确控制指标并作为约束性指标，制定水质达标改善方案。重点开展100家磷矿采选和磷化工企业生产工艺及污水处理设施建设改造。大力推广磷铵生产废水回用，促进磷石膏的综合加工利用，确保磷酸生产企业磷回收率达到96%以上。沿海地级及以上城市和汇入富营养化湖库的河流，实施总氮总量控制，开展总氮污染来源解析，明确重点控制区域、领域和行业，制定总氮总量控制方案，并将总氮纳入区域总量控制指标。氮肥、味精等行业提高辅料利用效率，加大资源回收力度。印染等行业降低尿素的使用量或使用尿素替代助剂。造纸等行业加快废水处理设施精细化管理，严格控制营养盐投加量。强化城镇污水处理厂生物除磷、脱氮工艺，实施畜禽养殖业总磷、总氮与化学需氧量、氨氮协同控制。

**专栏4　区域性、流域性总量控制地区**

（一）挥发性有机物总量控制。

在细颗粒物和臭氧污染较严重的16个省份实施行业挥发性有机物总量控制，包括北京市、天津市、河北省、辽宁省、上海市、江苏省、浙江省、安徽省、山东省、河南省、湖北省、湖南省、广东省、重庆市、四川省、陕西省等。

（二）总磷总量控制。

总磷超标的控制单元以及上游相关地区实施总磷总量控制，包括天津市宝坻区，黑龙江省鸡西市，贵州省黔南布依族苗族自治州、黔东南苗族侗族自治州，河南省漯河市、鹤壁市、安阳市、新乡市，湖北省宜昌市、十堰市，湖南省常德市、益阳市、岳阳市，江西省南昌市、九江市，辽宁省抚顺市，四川省宜宾市、泸州市、眉山市、乐山市、成都市、资阳市，云南省玉溪市等。

（三）总氮总量控制。

在56个沿海地级及以上城市或区域实施总氮总量控制，包括丹东市、大连市、锦州市、营口市、盘锦市、葫芦岛市、秦皇岛市、唐山市、沧州市、天津市、滨州市、东营市、潍坊市、烟台市、威海市、青岛市、日照市、连云港市、盐城市、南通市、上海市、杭州市、宁波市、温州市、嘉兴市、绍兴市、舟山市、台州市、福州市、平潭综合实验区、厦门市、莆田市、宁德市、漳州市、泉州市、广州市、深圳市、珠海市、汕头市、江门市、湛江市、茂名市、惠州市、汕尾市、阳江市、东莞市、中山市、潮州市、揭阳市、北海市、防城港市、钦州市、海口市、三亚市、三沙市和海南省直辖县级行政区等。

在 29 个富营养化湖库汇水范围内实施总氮总量控制，包括：安徽省巢湖、龙感湖，安徽省、湖北省南漪湖，北京市怀柔水库，天津市于桥水库，河北省白洋淀，吉林省松花湖，内蒙古自治区呼伦湖、乌梁素海，山东省南四湖，江苏省白马湖、高邮湖、洪泽湖、太湖、阳澄湖，浙江省西湖，上海市、江苏省淀山湖，湖南省洞庭湖，广东省高州水库、鹤地水库，四川省鲁班水库、邛海，云南省滇池、杞麓湖、星云湖、异龙湖，宁夏自治区沙湖、香山湖，新疆自治区艾比湖等。

## 第三节　加强基础设施建设

加快完善城镇污水处理系统。全面加强城镇污水处理及配套管网建设，加大雨污分流、清污混流污水管网改造，优先推进城中村、老旧城区和城乡结合部污水截流、收集、纳管，消除河水倒灌、地下水渗入等现象。到 2020 年，全国所有县城和重点镇具备污水收集处理能力，城市和县城污水处理率分别达到 95%和 85%左右，地级及以上城市建成区基本实现污水全收集、全处理。提升污水再生利用和污泥处置水平，大力推进污泥稳定化、无害化和资源化处理处置，地级及以上城市污泥无害化处理处置率达到 90%，京津冀区域达到 95%。控制初期雨水污染，排入自然水体的雨水须经过岸线净化，加快建设和改造沿岸截流干管，控制渗漏和合流制污水溢流污染。因地制宜、一河一策，控源截污、内源污染治理多管齐下，科学整治城市黑臭水体；因地制宜实施城镇污水处理厂升级改造，有条件的应配套建设湿地生态处理系统，加强废水资源化、能源化利用。敏感区域（重点湖泊、重点水库、近岸海域汇水区域）城镇污水处理设施应于 2017 年底前全面达到一级 A 排放标准。建成区水体水质达不到地表水Ⅳ类标准的城市，新建城镇污水处理设施要执行一级 A 排放标准。到 2020 年，实现缺水城市再生水利用率达到 20%以上，京津冀区域达到 30%以上。将港口、船舶修造厂环卫设施、污水处理设施纳入城市设施建设规划，提升含油污水、化学品洗舱水、生活污水等的处置能力。实施船舶压载水管理。

实现城镇垃圾处理全覆盖和处置设施稳定达标运行。加快县城垃圾处理设施建设，实现城镇垃圾处理设施全覆盖。提高城市生活垃圾处理减量化、资源化和无害化水平，全国城市生活垃圾无害化处理率达到 95%以上，90%以上村庄的生活垃圾得到有效治理。大中型城市重点发展生活垃圾焚烧发电技术，鼓励区域共建共享焚烧处理设施，积极发展生物处理技术，合理统筹填埋处理技术，到 2020 年，垃圾焚烧处理率达到 40%。完善收集储运系统，设市城市全面推广密闭化收运，实现干、湿分类收集转运。加强垃圾渗滤液处理处置、焚烧飞灰处理处置、填埋场甲烷利用和恶臭处理，向社会公开垃圾处置设施污染物排放情况。加快建设城市餐厨废弃物、建筑垃圾和废旧纺织品等资源化利用和无害化处理系统。以大中型城市为重点，建设生活垃圾分类示范城市（区）、生活垃圾存量治理示范项目，大中型城市建设餐厨垃圾处理设施。支持水泥窑协同处置城市生活垃圾。

推进海绵城市建设。转变城市规划建设理念，保护和恢复城市生态。老城区以问题为导向，以解决城市内涝、雨水收集利用、黑臭水体治理为突破口，推进区域整体治理，避免大拆大建。城市新区以目标为导向，优先保护生态环境，合理控制开发强度。综合采取“渗、滞、蓄、净、用、排”等措施，加强海绵型建筑与小区、海绵型道路与广场、海绵型公园和绿地、雨水调蓄与排水防涝设施等建设。大力推进城市排水防涝设施的达标建设，加快改造和消除城市易涝点。到 2020 年，能够将 70%的降雨就地消纳和利用的土地面积达到城市建成区面积的 20%以上。加强城镇节水，公共建筑必须采用节水器具，鼓励居民家庭选用节水器具。到 2020 年，地级及以上缺水城市全部达到国家节水型城市标准要求，京津冀、长三角、珠三角等区域提前一年完成。

增加清洁能源供给和使用。优先保障水电和国家“十三五”能源发展相关规划内的风能、太阳能、生物质能等清洁能源项目发电上网，落实可再生能源全额保障性收购政策，到 2020 年，非化石能源装机比重达到 39%。煤炭占能源消费总量的比重降至 58%以下。扩大城市高污染燃料禁燃区范围，提高城市燃气化率，地级及以上城市供热供气管网覆盖的地区禁止使用散煤，京津冀、长三角、珠三角等重点区域、重点城市实施“煤改气”工程，推进北方地区农村散煤替代。加快城市新能源汽车充电设施建设，政府机关、大中型企事业单位带头配套建设，继续实施新能源汽车推广。

大力推进煤炭清洁化利用。加强商品煤质量管理，限制开发和销售高硫、高灰等煤炭资源，发展煤炭洗选加工，到 2020 年，煤炭入洗率提高到 75%以上。大力推进以电代煤、以气代煤和以其他清洁能源代煤，对暂不具备煤炭改清洁燃料条件的地区，积极推进洁净煤替代。建设洁净煤配送中心，建立以县（区）为单位的全密闭配煤中心以及覆盖所有乡镇、村的洁净煤供应网络。加快纯凝（只发电不供热）发电机组供热改造，鼓励热电联产机组替代燃煤小锅炉，推进城市集中供热。到 2017 年，除确有必要保留的外，全国地级及以上城市建成区基本淘汰 10 蒸吨以下燃煤锅炉。

### 第四节　加快农业农村环境综合治理

继续推进农村环境综合整治。继续深入开展爱国卫生运动，持续推进城乡环境卫生整治行动，建设健康、宜居、美丽家园。深化“以奖促治”政策，以南水北调沿线、三峡库区、长江沿线等重要水源地周边为重点，推进新一轮农村环境连片整治，有条件的省份开展全覆盖拉网式整治。因地制宜开展治理，完善农村生活垃圾“村收集、镇转运、县处理”模式，鼓励就地资源化，加快整治“垃圾围村”、“垃圾围坝”等问题，切实防止城镇垃圾向农村转移。整县推进农村污水处理统一规划、建设、管理。积极推进城镇污水、垃圾处理设施和服务向农村延伸，开展农村厕所无害化改造。继续实施农村清洁工程，开展河道清淤疏浚。到 2020 年，新增完成环境综合整治建制村 13 万个。

大力推进畜禽养殖污染防治。划定禁止建设畜禽规模养殖场（小区）区域，加强分区分类管理，以废弃物资源化利用为途径，整县推进畜禽养殖污染防治。养殖密集区推行粪污集中处理和资源化综合利用。2017 年底前，各地区依法关闭或搬迁禁养区内的畜禽养殖场（小区）和养殖专业户。大力支持畜禽规模养殖场（小区）标准化改造和建设。

打好农业面源污染治理攻坚战。优化调整农业结构和布局，推广资源节约型农业清洁生产技术，推动资源节约型、环境友好型、生态保育型农业发展。建设生态沟渠、污水净化塘、地表径流集蓄池等设施，净化农田排水及地表径流。实施环水有机农业行动计划。推进健康生态养殖。实行测土配方施肥。推进种植业清洁生产，开展农膜回收利用，率先实现东北黑土地大田生产地膜零增长。在环渤海京津冀、长三角、珠三角等重点区域，开展种植业和养殖业重点排放源氨防控研究与示范。研究建立农药使用环境影响后评价制度，制定农药包装废弃物回收处理办法。到 2020 年，实现化肥农药使用量零增长，化肥利用率提高到40%以上，农膜回收率达到80%以上；京津冀、长三角、珠三角等区域提前一年完成。

强化秸秆综合利用与禁烧。建立逐级监督落实机制，疏堵结合、以疏为主，完善秸秆收储体系，支持秸秆代木、纤维原料、清洁制浆、生物质能、商品有机肥等新技术产业化发展，加快推进秸秆综合利用；强化重点区域和重点时段秸秆禁烧措施，不断提高禁烧监管水平。

## 第六章　实行全程管控，有效防范和降低环境风险

提升风险防控基础能力，将风险纳入常态化管理，系统构建事前严防、事中严管、事后处置的全过程、多层级风险防范体系，严密防控重金属、危险废物、有毒有害化学品、核与辐射等重点领域环境风险，强化核与辐射安全监管体系和能力建设，有效控制影响健康的生态和社会环境危险因素，守牢安全底线。

### 第一节　完善风险防控和应急响应体系

加强风险评估与源头防控。完善企业突发环境事件风险评估制度，推进突发环境事件风险分类分级管理，严格重大突发环境事件风险企业监管。改进危险废物鉴别体系。选择典型区域、工业园区、流域开展试点，进行废水综合毒性评估、区域突发环境事件风险评估，以此作为行业准入、产业布局与结构调整的基本依据，发布典型区域环境风险评估报告范例。

开展环境与健康调查、监测和风险评估。制定环境与健康工作办法，建立环境与健康调查、监测和风险评估制度，形成配套政策、标准和技术体系。开展重点地区、流域、行业环境与健康调查，初步建立环境健康风险哨点监测工作网络，识别和评估重点地区、流域、行业的环境健康风险，对造成环境健康风险的企业和污染物实施清单管理，研究发布一批利于人体健康的环境基准。

严格环境风险预警管理。强化重污染天气、饮用水水源地、有毒有害气体、核安全等预警工作，开展饮用水水源地水质生物毒性、化工园区有毒有害气体等监测预警试点。

强化突发环境事件应急处置管理。健全国家、省、市、县四级联动的突发环境事件应急管理体系，深入推进跨区域、跨部门的突发环境事件应急协调机制，健全综合应急救援体系，建立社会化应急救援机制。完善突发环境事件现场指挥与协调制度，以及信息报告和公开机制。加强突发环境事件调查、突发环境事件环境影响和损失评估制度建设。

加强风险防控基础能力。构建生产、运输、贮存、处置环节的环境风险监测预警网络，建设“能定位、能查询、能跟踪、能预警、能考核”的危险废物全过程信息化监管体系。建立健全突发环境事件应急指挥决策支持系统，完善环境风险源、敏感目标、环境应急能力及环境应急预案等数据库。加强石化等重点行业以及政府和部门突发环境事件应急预案管理。建设国家环境应急救援实训基地，加强环境应急管理队伍、专家队伍建设，强化环境应急物资储备和信息化建设，增强应急监测能力。推动环境应急装备产业化、社会化，推进环境应急能力标准化建设。

### 第二节　加大重金属污染防治力度

加强重点行业环境管理。严格控制涉重金属新增产能快速扩张，优化产业布局，继续

淘汰涉重金属重点行业落后产能。涉重金属行业分布集中、产业规模大、发展速度快、环境问题突出的地区，制定实施更严格的地方污染物排放标准和环境准入标准，依法关停达标无望、治理整顿后仍不能稳定达标的涉重金属企业。制定电镀、制革、铅蓄电池等行业工业园区综合整治方案，推动园区清洁、规范发展。强化涉重金属工业园区和重点工矿企业的重金属污染物排放及周边环境中的重金属监测，加强环境风险隐患排查，向社会公开涉重金属企业生产排放、环境管理和环境质量等信息。组织开展金属矿采选冶炼、钢铁等典型行业和贵州黔西南布依族苗族自治州等典型地区铊污染排放调查，制定铊污染防治方案。加强进口矿产品中重金属等环保项目质量监管。

深化重点区域分类防控。重金属污染防控重点区域制定实施重金属污染综合防治规划，有效防控环境风险和改善区域环境质量，分区指导、一区一策，实施差别化防控管理，加快湘江等流域、区域突出问题综合整治，“十三五”期间，争取20个左右地区退出重点区域。在江苏靖江市、浙江平阳县等16个重点区域和江西大余县浮江河流域等8个流域开展重金属污染综合整治示范，探索建立区域和流域重金属污染治理与风险防控的技术和管理体系。建立“锰三角”（锰矿开采和生产过程中存在严重环境污染问题的重庆市秀山县、湖南省花垣县、贵州省松桃县三个县）综合防控协调机制，统一制定综合整治规划。优化调整重点区域环境质量监测点位，2018年底前建成全国重金属环境监测体系。

**专栏5　重金属综合整治示范**

（一）区域综合防控（16个）。

泰州靖江市（电镀行业综合整治）、温州平阳县（产业入园升级与综合整治）、湖州长兴县（铅蓄电池行业综合整治）、济源市（重金属综合治理与环境监测）、黄石大冶市及周边地区（铜冶炼治理与历史遗留污染整治）、湘潭竹埠港及周边地区（历史遗留污染治理）、衡阳水口山及周边地区（行业综合整治提升）、郴州三十六湾及周边地区（历史遗留污染整治和环境风险预警监控）、常德石门县雄黄矿地区（历史遗留砷污染治理与风险防控）、河池金城江区（结构调整与历史遗留污染整治）、重庆秀山县（电解锰行业综合治理）、凉山西昌市（有色行业整治及污染地块治理）、铜仁万山区（汞污染综合整治）、红河个旧市（产业调整与历史遗留污染整治）、渭南潼关县（有色行业综合整治）、金昌市金川区（产业升级与历史遗留综合整治）。

（二）流域综合整治（8个）。

赣州大余县浮江河流域（砷）、三门峡灵宝市宏农涧河流域（镉、汞）、荆门钟祥市利河—南泉河流域（砷）、韶关大宝山矿区横石水流域（镉）、河池市南丹县刁江流域（砷、镉）、黔南独山县都柳江流域（锑）、怒江兰坪县沘江流域（铅、镉）、陇南徽县永宁河流域（铅、砷）。

加强汞污染控制。禁止新建采用含汞工艺的电石法聚氯乙烯生产项目，到2020年聚氯乙烯行业每单位产品用汞量在2010年的基础上减少50%。加强燃煤电厂等重点行业汞污染排放控制。禁止新建原生汞矿，逐步停止原生汞开采。淘汰含汞体温计、血压计等添汞产品。

## 第三节　提高危险废物处置水平

合理配置危险废物安全处置能力。各省（区、市）应组织开展危险废物产生、利用处置能力和设施运行情况评估，科学规划并实施危险废物集中处置设施建设规划，将危险废物集中处置设施纳入当地公共基础设施统筹建设。鼓励大型石油化工等产业基地配套建设危险废物利用处置设施。鼓励产生量大、种类单一的企业和园区配套建设危险废物收集贮存、预处理和处置设施，引导和规范水泥窑协同处置危险废物。开展典型危险废物集中处置设施累积性环境风险评价与防控，淘汰一批工艺落后、不符合标准规范的设施，提标改造一批设施，规范管理一批设施。

防控危险废物环境风险。动态修订国家危险废物名录，开展全国危险废物普查，2020年底前，力争基本摸清全国重点行业危险废物产生、贮存、利用和处置状况。以石化和化工行业为重点，打击危险废物非法转移和利用处置违法犯罪活动。加强进口石化和化工产品质量安全监管，打击以原油、燃料油、润滑油等产品名义进口废油等固体废物。继续开展危险废物规范化管理督查考核，以含铬、铅、汞、镉、砷等重金属废物和生活垃圾焚烧飞灰、抗生素菌渣、高毒持久性废物等为重点开展专项整治。制定废铅蓄电池回收管理办法。明确危险废物利用处置二次污染控制要求及综合利用过程环境保护要求，制定综合利用产品中有毒有害物质含量限值，促进危险废物安全利用。

推进医疗废物安全处置。扩大医疗废物集中处置设施服务范围，建立区域医疗废物协同与应急处置机制，因地制宜推进农村、乡镇和偏远地区医疗废物安全处置。实施医疗废物焚烧设施提标改造工程。提高规范化管理水平，严厉打击医疗废物非法买卖等行为，建立医疗废物特许经营退出机制，严格落实医疗废物处置收费政策。

## 第四节　夯实化学品风险防控基础

评估现有化学品环境和健康风险。开展一批现有化学品危害初步筛查和风险评估，评估化学品在环境中的积累和风险情况。2017年底前，公布优先控制化学品名录，严格限制高风险化学品生产、使用、进口，并逐步淘汰替代。加强有毒有害化学品环境与健康风险评估能力建设。

削减淘汰公约管制化学品。到2020年，基本淘汰林丹、全氟辛基磺酸及其盐类和全氟辛基磺酰氟、硫丹等一批《关于持久性有机污染物的斯德哥尔摩公约》管制的化学品。强化对拟限制或禁止的持久性有机污染物替代品、最佳可行技术以及相关监测检测设备的研发。

严格控制环境激素类化学品污染。2017年底前，完成环境激素类化学品生产使用情况调查，监控、评估水源地、农产品种植区及水产品集中养殖区风险，实行环境激素类化学品淘汰、限制、替代等措施。

## 第五节　加强核与辐射安全管理

我国是核能核技术利用大国。“十三五”期间，要强化核安全监管体系和监管能力建设，加快推进核安全法治进程，落实核安全规划，依法从严监管，严防发生放射性污染环境的核事故。

提高核设施、放射源安全水平。持续提高核电厂安全运行水平，加强在建核电机组质量监督，确保新建核电厂满足国际最新核安全标准。加快研究堆、核燃料循环设施安全改进。优化核安全设备许可管理，提高核安全设备质量和可靠性。实施加强放射源安全行动计划。

推进放射性污染防治。加快老旧核设施退役和放射性废物处理处置，进一步提升放射性废物处理处置能力，落实废物最小化政策。推进铀矿冶设施退役治理和环境恢复，加强铀矿冶和伴生放射性矿监督管理。

强化核与辐射安全监管体系和能力建设。加强核与辐射安全监管体制机制建设，将核安全关键技术纳入国家重点研发计划。强化国家、区域、省级核事故应急物资储备和能力建设。建成国家核与辐射安全监管技术研发基地。建立国家核安全监控预警和应急响应平台，完善全国辐射环境监测网络，加强国家、省、地市级核与辐射安全监管能力。

## 第七章 加大保护力度，强化生态修复

贯彻“山水林田湖是一个生命共同体”理念，坚持保护优先、自然恢复为主，推进重点区域和重要生态系统保护与修复，构建生态廊道和生物多样性保护网络，全面提升各类生态系统稳定性和生态服务功能，筑牢生态安全屏障。

### 第一节 维护国家生态安全

系统维护国家生态安全。识别事关国家生态安全的重要区域，以生态安全屏障以及大江大河重要水系为骨架，以国家重点生态功能区为支撑，以国家禁止开发区域为节点，以生态廊道和生物多样性保护网络为脉络，优先加强生态保护，维护国家生态安全。

建设“两屏三带”国家生态安全屏障。建设青藏高原生态安全屏障，推进青藏高原区域生态建设与环境保护，重点保护好多样、独特的生态系统。推进黄土高原—川滇生态安全屏障建设，重点加强水土流失防治和天然植被保护，保障长江、黄河中下游地区生态安全。建设东北森林带生态安全屏障，重点保护好森林资源和生物多样性，维护东北平原生态安全。建设北方防沙带生态安全屏障，重点加强防护林建设、草原保护和防风固沙，对暂不具备治理条件的沙化土地实行封禁保护，保障“三北”地区生态安全。建设南方丘陵山地带生态安全屏障，重点加强植被修复和水土流失防治，保障华南和西南地区生态安全。

构建生物多样性保护网络。深入实施中国生物多样性保护战略与行动计划，继续开展联合国生物多样性十年中国行动，编制实施地方生物多样性保护行动计划。加强生物多样性保护优先区域管理，构建生物多样性保护网络，完善生物多样性迁地保护设施，实现对生物多样性的系统保护。开展生物多样性与生态系统服务价值评估与示范。

### 第二节 管护重点生态区域

深化国家重点生态功能区保护和管理。制定国家重点生态功能区产业准入负面清单，制定区域限制和禁止发展的产业目录。优化转移支付政策，强化对区域生态功能稳定性和提供生态产品能力的评价和考核。支持甘肃生态安全屏障综合示范区建设，推进沿黄生态经济带建设。加快重点生态功能区生态保护与建设项目实施，加强对开发建设活动的生态监管，保护区域内重点野生动植物资源，明显提升重点生态功能区生态系统服务功能。

优先加强自然保护区建设与管理。优化自然保护区布局，将重要河湖、海洋、草原生态系统及水生生物、自然遗迹、极小种群野生植物和极度濒危野生动物的保护空缺作为新建自然保护区重点，建设自然保护区群和保护小区，全面提高自然保护区管理系统化、精细化、信息化水平。建立全国自然保护区“天地一体化”动态监测体系，利用遥感等手段开展监测，国家级自然保护区每年监测两次，省级自然保护区每年监测一次。定期组织自然保护区专项执法检查，严肃查处违法违规活动，加强问责监督。加强自然保护区综合科学考察、基础调查和管理评估。积极推进全国自然保护区范围界限核准和勘界立标工作，开展自然保护区土地确权和用途管制，有步骤地对居住在自然保护区核心区和缓冲区的居民实施生态移民。到 2020 年，全国自然保护区陆地面积占我国陆地国土面积的比例稳定在 15%左右，国家重点保护野生动植物种类和典型生态系统类型得到保护的占 90%以上。

整合设立一批国家公园。加强对国家公园试点的指导，在试点基础上研究制定建立国家公园体制总体方案。合理界定国家公园范围，整合完善分类科学、保护有力的自然保护地体系，更好地保护自然生态和自然文化遗产原真性、完整性。加强风景名胜区、自然文化遗产、森林公园、沙漠公园、地质公园等各类保护地规划、建设和管理的统筹协调，提高保护管理效能。

### 第三节 保护重要生态系统

保护森林生态系统。完善天然林保护制度，强化天然林保护和抚育，健全和落实天然林管护体系，加强管护基础设施建设，实现管护区域全覆盖，全面停止天然林商业性采伐。继续实施森林管护和培育、公益林建设补助政策。严格保护林地资源，分级分类进行林地用途管制。到 2020 年，林地保有量达到 31230 万公顷。

推进森林质量精准提升。坚持保护优先、自然恢复为主，坚持数量和质量并重、质量优先，坚持封山育林、人工造林并举，宜封则封、宜造则造，宜林则林、宜灌则灌、宜草则草，强化森林经营，大力培育混交林，推进退化林修复，优化森林组成、结构和功能。到 2020 年，混交林占比达到 45%，单位面积森林蓄积量达到 95 米$^3$/公顷，森林植被碳储量达到 95 亿吨。

保护草原生态系统。稳定和完善草原承包经营制度，实行基本草原保护制度，落实草畜平衡、禁牧休牧和划区轮牧等制度。严格草原用途管制，加强草原管护员队伍建设，严厉打击非法征占用草原、开垦草原、乱采滥挖草原野生植物等破坏草原的违法犯罪行为。开展草原资源调查和统计，建立草原生产、生态监测预警系统。加强“三化”草原治理，防治鼠虫草害。到 2020 年，治理“三化”草原 3000 万公顷。

保护湿地生态系统。开展湿地生态效益补偿试点、退耕还湿试点。在国际和国家重要湿地、湿地自然保护区、国家湿地公园，实施湿地保护与修复工程，逐步恢复湿地生态功能，扩大湿地面积。提升湿地保护与管理能力。

### 第四节 提升生态系统功能

大规模绿化国土。开展大规模国土绿化行动，加强农田林网建设，建设配置合理、结构稳定、功能完善的城乡绿地，形成沿海、沿江、沿线、沿边、沿湖（库）、沿岛的国土绿化网格，促进山脉、平原、河湖、城市、乡村绿化协同。

继续实施新一轮退耕还林还草和退牧还草。扩大新一轮退耕还林还草范围和规模，在具备条件的25°以上坡耕地、严重沙化耕地和重要水源地15°～25°坡耕地实施退耕还林还草。实施全国退牧还草工程建设规划，稳定扩大退牧还草范围，转变草原畜牧业生产方式，建设草原保护基础设施，保护和改善天然草原生态。

建设防护林体系。加强“三北”、长江、珠江、太行山、沿海等防护林体系建设。“三北”地区乔灌草相结合，突出重点、规模治理、整体推进。长江流域推进退化林修复，提高森林质量，构建“两湖一库”防护林体系。珠江流域推进退化林修复。太行山脉优化林分结构。沿海地区推进海岸基干林带和消浪林建设，修复退化林，完善沿海防护林体系和防灾减灾体系。在粮食主产区营造农田林网，加强村镇绿化，提高平原农区防护林体系综合功能。

建设储备林。在水土光热条件较好的南方省区和其他适宜地区，吸引社会资本参与储备林投资、运营和管理，加快推进储备林建设。在东北、内蒙古等重点国有林区，采取人工林集约栽培、现有林改培、抚育及补植补造等措施，建设以用材林和珍贵树种培育为主体的储备林基地。到2020年，建设储备林1400万公顷，每年新增木材供应能力9500万立方米以上。

培育国土绿化新机制。继续坚持全国动员、全民动手、全社会搞绿化的指导方针，鼓励家庭林场、林业专业合作组织、企业、社会组织、个人开展专业化规模化造林绿化。发挥国有林区和林场在绿化国土中的带动作用，开展多种形式的场外合作造林和森林保育经营，鼓励国有林场担负区域国土绿化和生态修复主体任务。创新产权模式，鼓励地方探索在重要生态区域通过赎买、置换等方式调整商品林为公益林的政策。

### 第五节　修复生态退化地区

综合治理水土流失。加强长江中上游、黄河中上游、西南岩溶区、东北黑土区等重点区域水土保持工程建设，加强黄土高原地区沟壑区固沟保塬工作，推进东北黑土区侵蚀沟治理，加快南方丘陵地带崩岗治理，积极开展生态清洁小流域建设。

推进荒漠化石漠化治理。加快实施全国防沙治沙规划，开展固沙治沙，加大对主要风沙源区、风沙口、沙尘路径区、沙化扩展活跃区等治理力度，加强“一带一路”沿线防沙治沙，推进沙化土地封禁保护区和防沙治沙综合示范区建设。继续实施京津风沙源治理二期工程，进一步遏制沙尘危害。以“一片两江”（滇桂黔石漠化片区和长江、珠江）岩溶地区为重点，开展石漠化综合治理。到2020年，努力建成10个百万亩、100个十万亩、1000个万亩防沙治沙基地。

加强矿山地质环境保护与生态恢复。严格实施矿产资源开发环境影响评价，建设绿色矿山。加大矿山植被恢复和地质环境综合治理，开展病危险尾矿库和“头顶库”（1千米内有居民或重要设施的尾矿库）专项整治，强化历史遗留矿山地质环境恢复和综合治理。推广实施尾矿库充填开采等技术，建设一批“无尾矿山”（通过有效手段实现无尾矿或仅有少量尾矿占地堆存的矿山），推进工矿废弃地修复利用。

## 第六节　扩大生态产品供给

推进绿色产业建设。加强林业资源基地建设，加快产业转型升级，促进产业高端化、品牌化、特色化、定制化，满足人民群众对优质绿色产品的需求。建设一批具有影响力的花卉苗木示范基地，发展一批增收带动能力强的木本粮油、特色经济林、林下经济、林业生物产业、沙产业、野生动物驯养繁殖利用示范基地。加快发展和提升森林旅游休闲康养、湿地度假、沙漠探秘、野生动物观赏等产业，加快林产工业、林业装备制造业技术改造和创新，打造一批竞争力强、特色鲜明的产业集群和示范园区，建立绿色产业和全国重点林产品市场监测预警体系。

构建生态公共服务网络。加大自然保护地、生态体验地的公共服务设施建设力度，开发和提供优质的生态教育、游憩休闲、健康养生养老等生态服务产品。加快建设生态标志系统、绿道网络、环卫、安全等公共服务设施，精心设计打造以森林、湿地、沙漠、野生动植物栖息地、花卉苗木为景观依托的生态体验精品旅游线路，集中建设一批公共营地、生态驿站，提高生态体验产品档次和服务水平。

加强风景名胜区和世界遗产保护与管理。开展风景名胜区资源普查，稳步做好世界自然遗产、自然与文化双遗产培育与申报。强化风景名胜区和世界遗产的管理，实施遥感动态监测，严格控制利用方式和强度。加大保护投入，加强风景名胜区保护利用设施建设。

维护修复城市自然生态系统。提高城市生物多样性，加强城市绿地保护，完善城市绿线管理。优化城市绿地布局，建设绿道绿廊，使城市森林、绿地、水系、河湖、耕地形成完整的生态网络。扩大绿地、水域等生态空间，合理规划建设各类城市绿地，推广立体绿化、屋顶绿化。开展城市山体、水体、废弃地、绿地修复，通过自然恢复和人工修复相结合的措施，实施城市生态修复示范工程项目。加强城市周边和城市群绿化，实施“退工还林”，成片建设城市森林。大力提高建成区绿化覆盖率，加快老旧公园改造，提升公园绿地服务功能。推行生态绿化方式，广植当地树种，乔灌草合理搭配、自然生长。加强古树名木保护，严禁移植天然大树进城。发展森林城市、园林城市、森林小镇。到 2020 年，城市人均公园绿地面积达到 14.6 平方米，城市建成区绿地率达到 38.9%。

## 第七节　保护生物多样性

开展生物多样性本底调查和观测。实施生物多样性保护重大工程，以生物多样性保护优先区域为重点，开展生态系统、物种、遗传资源及相关传统知识调查与评估，建立全国生物多样性数据库和信息平台。到 2020 年，基本摸清生物多样性保护优先区域本底状况。完善生物多样性观测体系，开展生物多样性综合观测站和观测样区建设。对重要生物类群和生态系统、国家重点保护物种及其栖息地开展常态化观测、监测、评价和预警。

实施濒危野生动植物抢救性保护。保护、修复和扩大珍稀濒危野生动植物栖息地、原生境保护区（点），优先实施重点保护野生动物和极小种群野生植物保护工程，开发濒危物种繁育、恢复和保护技术，加强珍稀濒危野生动植物救护、繁育和野化放归，开展长江经济带及重点流域人工种群野化放归试点示范，科学进行珍稀濒危野生动植物再引入。优化全国野生动物救护网络，完善布局并建设一批野生动物救护繁育中心，建设兰科植物等珍稀濒危植物的人工繁育中心。强化野生动植物及其制品利用监管，开展野生动植物繁育利用及其制品的认证标识。调整修订国家重点保护野生动植物名录。

加强生物遗传资源保护。建立生物遗传资源及相关传统知识获取与惠益分享制度，规范生物遗传资源采集、保存、交换、合作研究和开发利用活动，加强与遗传资源相关传统知识保护。开展生物遗传资源价值评估，加强对生物资源的发掘、整理、检测、培育和性状评价，筛选优良生物遗传基因。强化野生动植物基因保护，建设野生动植物人工种群保育基地和基因库。完善西南部生物遗传资源库，新建中东部生物遗传资源库，收集保存国家特有、珍稀濒危及具有重要价值的生物遗传资源。建设药用植物资源、农作物种质资源、野生花卉种质资源、林木种质资源中长期保存库（圃），合理规划和建设植物园、动物园、野生动物繁育中心。

强化野生动植物进出口管理。加强生物遗传资源、野生动植物及其制品进出口管理，建立部门信息共享、联防联控的工作机制，建立和完善进出口电子信息网络系统。严厉打击象牙等野生动植物制品非法交易，构建情报信息分析研究和共享平台，组建打击非法交易犯罪合作机制，严控特有、珍稀、濒危野生动植物种质资源流失。

防范生物安全风险。加强对野生动植物疫病的防护。建立健全国家生态安全动态监测预警体系，定期对生态风险开展全面调查评估。加强转基因生物环境释放监管，开展转基因生物环境释放风险评价和跟踪监测。建设国门生物安全保护网，完善国门生物安全查验机制，严格外来物种引入管理。严防严控外来有害生物物种入侵，开展外来入侵物种普查、监测与生态影响评价，对造成重大生态危害的外来入侵物种开展治理和清除。

## 第八章　加快制度创新，积极推进治理体系和治理能力现代化

统筹推进生态环境治理体系建设，以环保督察巡视、编制自然资源资产负债表、领导干部自然资源资产离任审计、生态环境损害责任追究等落实地方环境保护责任，以环境司法、排污许可、损害赔偿等落实企业主体责任，加强信息公开，推进公益诉讼，强化绿色金融等市场激励机制，形成政府、企业、公众共治的治理体系。

### 第一节　健全法治体系

完善法律法规。积极推进资源环境类法律法规制修订。适时完善水污染防治、环境噪声污染防治、土壤污染防治、生态保护补偿、自然保护区等相关制度。

严格环境执法监督。完善环境执法监督机制，推进联合执法、区域执法、交叉执法，强化执法监督和责任追究。进一步明确环境执法部门行政调查、行政处罚、行政强制等职责，有序整合不同领域、不同部门、不同层次的执法监督力量，推动环境执法力量向基层延伸。

推进环境司法。健全行政执法和环境司法的衔接机制，完善程序衔接、案件移送、申请强制执行等方面规定，加强环保部门与公安机关、人民检察院和人民法院的沟通协调。健全环境案件审理制度。积极配合司法机关做好相关司法解释的制修订工作。

### 第二节　完善市场机制

推行排污权交易制度。建立健全排污权初始分配和交易制度，落实排污权有偿使用制度，推进排污权有偿使用和交易试点，加强排污权交易平台建设。鼓励新建项目污染物排

放指标通过交易方式取得，且不得增加本地区污染物排放总量。推行用能预算管理制度，开展用能权有偿使用和交易试点。

发挥财政税收政策引导作用。开征环境保护税。全面推进资源税改革，逐步将资源税扩展到占用各种自然生态空间范畴。落实环境保护、生态建设、新能源开发利用的税收优惠政策。研究制定重点危险废物集中处置设施、场所的退役费用预提政策。

深化资源环境价格改革。完善资源环境价格机制，全面反映市场供求、资源稀缺程度、生态环境损害成本和修复效益等因素。落实调整污水处理费和水资源费征收标准政策，提高垃圾处理费收缴率，完善再生水价格机制。研究完善燃煤电厂环保电价政策，加大高耗能、高耗水、高污染行业差别化电价水价等政策实施力度。

加快环境治理市场主体培育。探索环境治理项目与经营开发项目组合开发模式，健全社会资本投资环境治理回报机制。深化环境服务试点，创新区域环境治理一体化、环保“互联网+”、环保物联网等污染治理与管理模式，鼓励各类投资进入环保市场。废止各类妨碍形成全国统一市场和公平竞争的制度规定，加强环境治理市场信用体系建设，规范市场环境。鼓励推行环境治理依效付费与环境绩效合同服务。

建立绿色金融体系。建立绿色评级体系以及公益性的环境成本核算和影响评估体系，明确贷款人尽职免责要求和环境保护法律责任。鼓励各类金融机构加大绿色信贷发放力度。在环境高风险领域建立环境污染强制责任保险制度。研究设立绿色股票指数和发展相关投资产品。鼓励银行和企业发行绿色债券，鼓励对绿色信贷资产实行证券化。加大风险补偿力度，支持开展排污权、收费权、购买服务协议抵押等担保贷款业务。支持设立市场化运作的各类绿色发展基金。

加快建立多元化生态保护补偿机制。加大对重点生态功能区的转移支付力度，合理提高补偿标准，向生态敏感和脆弱地区、流域倾斜，推进有关转移支付分配与生态保护成效挂钩，探索资金、政策、产业及技术等多元互补方式。完善补偿范围，逐步实现森林、草原、湿地、荒漠、河流、海洋和耕地等重点领域和禁止开发区域、重点生态功能区等重要区域全覆盖。中央财政支持引导建立跨省域的生态受益地区和保护地区、流域上游与下游的横向补偿机制，推进省级区域内横向补偿。在长江、黄河等重要河流探索开展横向生态保护补偿试点。深入推进南水北调中线工程水源区对口支援、新安江水环境生态补偿试点，推动在京津冀水源涵养区、广西广东九洲江、福建广东汀江—韩江、江西广东东江、云南贵州广西广东西江等开展跨地区生态保护补偿试点。到 2017 年，建立京津冀区域生态保护补偿机制，将北京、天津支持河北开展生态建设与环境保护制度化。

## 第三节　落实地方责任

落实政府生态环境保护责任。建立健全职责明晰、分工合理的环境保护责任体系，加强监督检查，推动落实环境保护党政同责、一岗双责。省级人民政府对本行政区域生态环境和资源保护负总责，对区域流域生态环保负相应责任，统筹推进区域环境基本公共服务均等化，市级人民政府强化统筹和综合管理职责，区县人民政府负责执行落实。

改革生态环境保护体制机制。积极推行省以下环保机构监测监察执法垂直管理制度改革试点，加强对地方政府及其相关部门环保履责情况的监督检查。建立区域流域联防联控和城乡协同的治理模式。建立和完善严格监管所有污染物排放的环境保护管理制度。

推进战略和规划环评。在完成京津冀、长三角、珠三角地区及长江经济带、“一带一路”战略环评基础上，稳步推进省、市两级行政区战略环评。探索开展重大政策环境影响论证试点。严格开展开发建设规划环评，作为规划编制、审批、实施的重要依据。深入开展城市、新区总体规划环评，强化规划环评生态空间保护，完善规划环评会商机制。以产业园区规划环评为重点，推进空间和环境准入的清单管理，探索园区内建设项目环评审批管理改革。加强项目环评与规划环评联动，建设四级环保部门环评审批信息联网系统。地方政府和有关部门要依据战略、规划环评，把空间管制、总量管控和环境准入等要求转化为区域开发和保护的刚性约束。严格规划环评责任追究，加强对地方政府和有关部门规划环评工作开展情况的监督。

编制自然资源资产负债表。探索编制自然资源资产负债表，建立实物量核算账户，建立生态环境价值评估制度，开展生态环境资产清查与核算。实行领导干部自然资源资产离任审计，推动地方领导干部落实自然资源资产管理责任。在完成编制自然资源资产负债表试点基础上，逐步建立健全自然资源资产负债表编制制度，在国家层面探索形成主要自然资源资产价值量核算技术方法。

建立资源环境承载能力监测预警机制。研究制定监测评价、预警指标体系和技术方法，开展资源环境承载能力监测预警与成因解析，对资源消耗和环境容量接近或超过承载能力的地区实行预警提醒和差异化的限制性措施，严格约束开发活动在资源环境承载能力范围内。各省（区、市）应组织开展市、县域资源环境承载能力现状评价，超过承载能力的地区要调整发展规划和产业结构。

实施生态文明绩效评价考核。贯彻落实生态文明建设目标评价考核办法，建立体现生态文明要求的目标体系、考核办法、奖惩机制，把资源消耗、环境损害、生态效益纳入地方各级政府经济社会发展评价体系，对不同区域主体功能定位实行差异化绩效评价考核。

开展环境保护督察。推动地方落实生态环保主体责任，开展环境保护督察，重点检查环境质量呈现恶化趋势的区域流域及整治情况，重点督察地方党委和政府及其有关部门环保不作为、乱作为的情况，重点了解地方落实环境保护党政同责、一岗双责以及严格责任追究等情况，推动地方生态文明建设和环境保护工作，促进绿色发展。

建立生态环境损害责任终身追究制。建立重大决策终身责任追究及责任倒查机制，对在生态环境和资源方面造成严重破坏负有责任的干部不得提拔使用或者转任重要职务，对构成犯罪的依法追究刑事责任。实行领导干部自然资源资产离任审计，对领导干部离任后出现重大生态环境损害并认定其应承担责任的，实行终身追责。

## 第四节　加强企业监管

建立覆盖所有固定污染源的企业排放许可制度。全面推行排污许可，以改善环境质量、防范环境风险为目标，将污染物排放种类、浓度、总量、排放去向等纳入许可证管理范围，企业按排污许可证规定生产、排污。完善污染治理责任体系，环境保护部门对照排污许可证要求对企业排污行为实施监管执法。2017 年底前，完成重点行业及产能过剩行业企业许可证核发，建成全国排污许可管理信息平台。到 2020 年，全国基本完成排污许可管理名录规定行业企业的许可证核发。

激励和约束企业主动落实环保责任。建立企业环境信用评价和违法排污黑名单制度，企业环境违法信息将记入社会诚信档案，向社会公开。建立上市公司环保信息强制性披露机制，对未尽披露义务的上市公司依法予以处罚。实施能效和环保“领跑者”制度，采取财税优惠、荣誉表彰等措施激励企业实现更高标准的环保目标。到 2020 年，分级建立企业环境信用评价体系，将企业环境信用信息纳入全国信用信息共享平台，建立守信激励与失信惩戒机制。

建立健全生态环境损害评估和赔偿制度。推进生态环境损害鉴定评估规范化管理，完善鉴定评估技术方法。2017 年底前，完成生态环境损害赔偿制度改革试点；自 2018 年起，在全国试行生态环境损害赔偿制度；到 2020 年，力争在全国范围内初步建立生态环境损害赔偿制度。

## 第五节　实施全民行动

提高全社会生态环境保护意识。加大生态环境保护宣传教育，组织环保公益活动，开发生态文化产品，全面提升全社会生态环境保护意识。地方各级人民政府、教育主管部门和新闻媒体要依法履行环境保护宣传教育责任，把环境保护和生态文明建设作为践行社会主义核心价值观的重要内容，实施全民环境保护宣传教育行动计划。引导抵制和谴责过度消费、奢侈消费、浪费资源能源等行为，倡导勤俭节约、绿色低碳的社会风尚。鼓励生态文化作品创作，丰富环境保护宣传产品，开展环境保护公益宣传活动。建设国家生态环境教育平台，引导公众践行绿色简约生活和低碳休闲模式。小学、中学、高等学校、职业学校、培训机构等要将生态文明教育纳入教学内容。

推动绿色消费。强化绿色消费意识，提高公众环境行为自律意识，加快衣食住行向绿色消费转变。实施全民节能行动计划，实行居民水、电、气阶梯价格制度，推广节水、节能用品和绿色环保家具、建材等。实施绿色建筑行动计划，完善绿色建筑标准及认证体系，扩大强制执行范围，京津冀地区城镇新建建筑中绿色建筑达到 50%以上。强化政府绿色采购制度，制定绿色产品采购目录，倡导非政府机构、企业实行绿色采购。鼓励绿色出行，改善步行、自行车出行条件，完善城市公共交通服务体系。到 2020 年，城区常住人口 300 万以上城市建成区公共交通占机动化出行比例达到 60%。

强化信息公开。建立生态环境监测信息统一发布机制。全面推进大气、水、土壤等生态环境信息公开，推进监管部门生态环境信息、排污单位环境信息以及建设项目环境影响评价信息公开。各地要建立统一的信息公开平台，健全反馈机制。建立健全环境保护新闻发言人制度。

加强社会监督。建立公众参与环境管理决策的有效渠道和合理机制，鼓励公众对政府环保工作、企业排污行为进行监督。在建设项目立项、实施、后评价等环节，建立沟通协商平台，听取公众意见和建议，保障公众环境知情权、参与权、监督权和表达权。引导新闻媒体，加强舆论监督，充分利用“12369”环保热线和环保微信举报平台。研究推进环境典型案例指导示范制度，推动司法机关强化公民环境诉权的保障，细化环境公益诉讼的法律程序，加强对环境公益诉讼的技术支持，完善环境公益诉讼制度。

## 第六节　提升治理能力

加强生态环境监测网络建设。统一规划、优化环境质量监测点位，建设涵盖大气、水、土壤、噪声、辐射等要素，布局合理、功能完善的全国环境质量监测网络，实现生态环境监测信息集成共享。大气、地表水环境质量监测点位总体覆盖80%左右的区县，人口密集的区县实现全覆盖，土壤环境质量监测点位实现全覆盖。提高大气环境质量预报和污染预警水平，强化污染源追踪与解析，地级及以上城市开展大气环境质量预报。建设国家水质监测预警平台。加强饮用水水源和土壤中持久性、生物富集性以及对人体健康危害大的污染物监测。加强重点流域城镇集中式饮用水水源水质、水体放射性监测和预警。建立天地一体化的生态遥感监测系统，实现环境卫星组网运行，加强无人机遥感监测和地面生态监测。构建生物多样性观测网络。

**专栏6　全国生态环境监测网络建设**

（一）稳步推进环境质量监测事权上收。

对1436个城市大气环境质量自动监测站、96个区域站和16个背景站，2767个国控地表水监测断面、419个近岸海域水环境质量监测点和300个水质自动监测站，40000个土壤环境国家监控点位，承担管理职责，保障运行经费，采取第三方监测服务、委托地方运维管理、直接监测等方式运行，推动环境监测数据联网共享与统一发布。

（二）加快建设生态监测网络。

建立天地一体化的生态遥感监测系统，建立生态功能地面监测站点，加强无人机遥感监测，对重要生态系统服务功能开展统一监测、统一信息公布。建设全国生态保护红线监管平台，建立一批相对固定的生态保护红线监管地面核查点。建立生物多样性观测网络体系，开展重要生态系统和生物类群的常态化监测与观测。新建大气辐射自动监测站400个、土壤辐射监测点163个、饮用水水源地辐射监测点330个。建设森林监测站228个、湿地监测站85个、荒漠监测站108个、生物多样性监测站300个。

加强环境监管执法能力建设。实现环境监管网格化管理，优化配置监管力量，推动环境监管服务向农村地区延伸。完善环境监管执法人员选拔、培训、考核等制度，充实一线执法队伍，保障执法装备，加强现场执法取证能力，加强环境监管执法队伍职业化建设。实施全国环保系统人才双向交流计划，加强中西部地区环境监管执法队伍建设。到2020年，基本实现各级环境监管执法人员资格培训及持证上岗全覆盖，全国县级环境执法机构装备基本满足需求。

加强生态环保信息系统建设。组织开展第二次全国污染源普查，建立完善全国污染源基本单位名录。加强环境统计能力，将小微企业纳入环境统计范围，梳理污染物排放数据，逐步实现各套数据的整合和归真。建立典型生态区基础数据库和信息管理系统。建设和完善全国统一、覆盖全面的实时在线环境监测监控系统。加快生态环境大数据平台建设，实现生态环境质量、污染源排放、环境执法、环评管理、自然生态、核与辐射等数据整合集成、动态更新，建立信息公开和共享平台，启动生态环境大数据建设试点。提高智慧环境管理技术水平，重点提升环境污染治理工艺自动化、智能化技术水平，建立环保数据共享与产品服务业务体系。

专栏 7　加强生态环境基础调查

加大基础调查力度，重点开展第二次全国污染源普查、全国危险废物普查、集中式饮用水水源环境保护状况调查、农村集中式饮用水水源环境保护状况调查、地下水污染调查、土壤污染状况详查、环境激素类化学品调查、生物多样性综合调查、外来入侵物种调查、重点区域河流湖泊底泥调查、国家级自然保护区资源环境本底调查、公民生活方式绿色化实践调查。开展全国生态状况变化（2011—2015 年）调查评估、生态风险调查评估、地下水基础环境状况调查评估、公众生态文明意识调查评估、长江流域生态健康调查评估、环境健康调查、监测和风险评估等。

## 第九章　实施一批国家生态环境保护重大工程

“十三五”期间，国家组织实施工业污染源全面达标排放等 25 项重点工程，建立重大项目库，强化项目绩效管理。项目投入以企业和地方政府为主，中央财政予以适当支持。

专栏 8　环境治理保护重点工程

（一）工业污染源全面达标排放。

限期改造 50 万蒸吨燃煤锅炉、工业园区污水处理设施。全国地级及以上城市建成区基本淘汰 10 蒸吨以下燃煤锅炉，完成燃煤锅炉脱硫脱硝除尘改造、钢铁行业烧结机脱硫改造、水泥行业脱硝改造。对钢铁、水泥、平板玻璃、造纸、印染、氮肥、制糖等行业中不能稳定达标的企业逐一进行改造。限期改造工业园区污水处理设施。

（二）大气污染重点区域气化。

建设完善京津冀、长三角、珠三角和东北地区天然气输送管道、城市燃气管网、天然气储气库、城市调峰站储气罐等基础设施，推进重点城市“煤改气”工程，替代燃煤锅炉 18.9 万蒸吨。

（三）燃煤电厂超低排放改造。

完成 4.2 亿千瓦机组超低排放改造任务，实施 1.1 亿千瓦机组达标改造，限期淘汰 2000 万千瓦落后产能和不符合相关强制性标准要求的机组。

（四）挥发性有机物综合整治。

开展石化企业挥发性有机物治理，实施有机化工园区、医药化工园区及煤化工基地挥发性有机物综合整治，推进加油站、油罐车、储油库油气回收及综合治理。推动工业涂装和包装印刷行业挥发性有机物综合整治。

（五）良好水体及地下水环境保护。

对江河源头及 378 个水质达到或优于Ⅲ类的江河湖库实施严格保护。实施重要江河湖库入河排污口整治工程。完成重要饮用水水源地达标建设，推进备用水源建设、水源涵养和生态修复，探索建设生物缓冲带。加强地下水保护，对报废矿井、钻井、取水井实施封井回填，开展京津冀晋等区域地下水修复试点。

（六）重点流域海域水环境治理。

针对七大流域及近岸海域水环境突出问题，以580个优先控制单元为重点，推进流域水环境保护与综合治理，统筹点源、面源污染防治和河湖生态修复，分类施策，实施流域水环境综合治理工程，加大整治力度，切实改善重点流域海域水环境质量。实施太湖、洞庭湖、滇池、巢湖、鄱阳湖、白洋淀、乌梁素海、呼伦湖、艾比湖等重点湖库水污染综合治理。开展长江中下游、珠三角等河湖内源治理。

（七）城镇生活污水处理设施全覆盖。

以城市黑臭水体整治和343个水质需改善控制单元为重点，强化污水收集处理与重污染水体治理。加强城市、县城和重点镇污水处理设施建设，加快收集管网建设，对污水处理厂升级改造，全面达到一级 A 排放标准。推进再生水回用，强化污泥处理处置，提升污泥无害化处理能力。

（八）农村环境综合整治。

实施农村生活垃圾治理专项行动，推进13万个行政村环境综合整治，实施农业废弃物资源化利用示范工程，建设污水垃圾收集处理利用设施，梯次推进农村生活污水治理，实现90%的行政村生活垃圾得到治理。实施畜禽养殖废弃物污染治理与资源化利用，开展畜禽规模养殖场（小区）污染综合治理，实现75%以上的畜禽养殖场（小区）配套建设固体废物和污水贮存处理设施。

（九）土壤环境治理。

组织开展土壤污染详查，开发土壤环境质量风险识别系统。完成 100 个农用地和 100 个建设用地污染治理试点。建设6个土壤污染综合防治先行区。开展1000万亩受污染耕地治理修复和 4000 万亩受污染耕地风险管控。组织开展化工企业搬迁后污染状况详查，制定综合整治方案，开展治理与修复工程示范，对暂不开发利用的高风险污染地块实施风险管控。全面整治历史遗留尾矿库。实施高风险历史遗留重金属污染地块、河道、废渣污染修复治理工程，完成31块历史遗留无主铬渣污染地块治理修复。

（十）重点领域环境风险防范。

开展生活垃圾焚烧飞灰处理处置，建成区域性废铅蓄电池、废锂电池回收网络。加强有毒有害化学品环境和健康风险评估能力建设，建立化学品危害特性基础数据库，建设国家化学品计算毒理中心和国家化学品测试实验室。建设50个针对大型化工园区、集中饮用水水源地等不同类型风险区域的全过程环境风险管理示范区。建设1个国家环境应急救援实训基地，具备人员实训、物资储备、成果展示、应急救援、后勤保障、科技研发等核心功能，配套建设环境应急演练系统、环境应急模拟训练场以及网络培训平台。建设国家生态环境大数据平台，研制发射系列化的大气环境监测卫星和环境卫星后续星并组网运行。建设全国及重点区域大气环境质量预报预警平台、国家水质监测预警平台、国家生态保护监控平台。加强中西部地区市县两级、东部欠发达地区县级执法机构的调查取证仪器设备配置。

（十一）核与辐射安全保障能力提升。

建成核与辐射安全监管技术研发基地，加快建设早期核设施退役及历史遗留放射性废物处理处置工程，建设5座中低放射性废物处置场和1个高放射性废物处理地下实验室，建设高风险放射源实时监控系统，废旧放射源100%安全收贮。加强国家核事故应急救援队伍建设。

**专栏 9　山水林田湖生态工程**

（一）国家生态安全屏障保护修复。

推进青藏高原、黄土高原、云贵高原、秦巴山脉、祁连山脉、大小兴安岭和长白山、南岭山地地区、京津冀水源涵养区、内蒙古高原、河西走廊、塔里木河流域、滇桂黔喀斯特地区等关系国家生态安全的核心地区生态修复治理。

（二）国土绿化行动。

开展大规模植树增绿活动，集中连片建设森林，加强"三北"、沿海、长江和珠江流域等防护林体系建设，加快建设储备林及用材林基地建设，推进退化防护林修复，建设绿色生态保护空间和连接各生态空间的生态廊道。开展农田防护林建设，开展太行山绿化，开展盐碱地、干热河谷造林试点示范，开展山体生态修复。

（三）国土综合整治。

开展重点流域、海岸带和海岛综合整治，加强矿产资源开发集中地区地质环境治理和生态修复。推进损毁土地、工矿废弃地复垦，修复受自然灾害、大型建设项目破坏的山体、矿山废弃地。加大京杭大运河、黄河明清故道沿线综合治理力度。推进边疆地区国土综合开发、防护和整治。

（四）天然林资源保护。

将天然林和可以培育成为天然林的未成林封育地、疏林地、灌木林地全部划入天然林，对难以自然更新的林地通过人工造林恢复森林植被。

（五）新一轮退耕还林还草和退牧还草。

实施具备条件的25°以上坡耕地、严重沙化耕地和重要水源地15°～25°坡耕地退耕还林还草。稳定扩大退牧还草范围，优化建设内容，适当提高中央投资补助标准。实施草原围栏1000万公顷、退化草原改良267万公顷，建设人工饲草地33万公顷、舍饲棚圈（储草棚、青贮窖）30万户、开展岩溶地区草地治理33万公顷、黑土滩治理7万公顷、毒害草治理12万公顷。

（六）防沙治沙和水土流失综合治理。

实施北方防沙带、黄土高原区、东北黑土区、西南岩溶区以及"一带一路"沿线区域等重点区域水土流失综合防治，以及京津风沙源和石漠化综合治理，推进沙化土地封禁保护、坡耕地综合治理、侵蚀沟整治和生态清洁小流域建设。新增水土流失治理面积27万平方千米。

（七）河湖与湿地保护恢复。

加强长江中上游、黄河沿线及贵州草海等自然湿地保护，对功能降低、生物多样性减少的湿地进行综合治理，开展湿地可持续利用示范。加强珍稀濒危水生生物、重要水产种质资源以及产卵场、索饵场、越冬场、洄游通道等重要渔业水域保护。推进京津冀"六河五湖"、湖北"四湖"、钱塘江上游、草海、梁子湖、汾河、滹沱河、红碱淖等重要河湖和湿地生态保护与修复，推进城市河湖生态化治理。

（八）濒危野生动植物抢救性保护。

保护和改善大熊猫、朱鹮、虎、豹、亚洲象、兰科植物、苏铁类、野生稻等珍稀濒危野生动植物栖息地，建设原生境保护区、救护繁育中心和基因库，开展拯救繁育和野化放归。

加强野外生存繁衍困难的极小种群、野生植物和极度濒危野生动物拯救。开展珍稀濒危野生动植物种质资源调查、抢救性收集和保存，建设种质资源库（圃）。

（九）生物多样性保护。

开展生物多样性保护优先区域生物多样性调查和评估，建设50个生物多样性综合观测站和800个观测样区，建立生物多样性数据库及生物多样性评估预警平台、生物物种查验鉴定平台，完成国家级自然保护区勘界确权，60%以上国家级自然保护区达到规范化建设要求，加强生态廊道建设，有步骤地实施自然保护区核心区、缓冲区生态移民，完善迁地保护体系，建设国家生物多样性博物馆。开展生物多样性保护、恢复与减贫示范。

（十）外来入侵物种防治行动。

选择50个国家级自然保护区开展典型外来入侵物种防治行动。选择云南、广西和东南沿海省份等外来入侵物种危害严重区域，建立50个外来入侵物种防控和资源化利用示范推广区，建设100个天敌繁育基地、1000千米隔离带。建设300个口岸物种查验点，提升50个重点进境口岸的防范外来物种入侵能力。针对已入侵我国的外来物种进行调查，建立外来入侵物种数据库，构建卫星遥感与地面监测相结合的外来入侵物种监测预警体系。

（十一）森林质量精准提升。

加快推进混交林培育、森林抚育、退化林修复、公益林管护和林木良种培育。精准提升大江大河源头、国有林区（场）和集体林区森林质量。森林抚育4000万公顷，退化林修复900万公顷。

（十二）古树名木保护。

严格保护古树名木树冠覆盖区域、根系分布区域，科学设置标牌和保护围栏，对衰弱、濒危古树名木采取促进生长、增强树势措施，抢救古树名木60万株、复壮300万株。

（十三）城市生态修复和生态产品供给。

对城市规划区范围内自然资源和生态空间进行调查评估，综合识别已被破坏、自我恢复能力差、亟须实施修复的区域，开展城市生态修复试点示范。推进绿道绿廊建设，合理规划建设各类公园绿地，加快老旧公园改造，增加生态产品供给。

（十四）生态环境技术创新。

建设一批生态环境科技创新平台，优先推动建设一批专业化环保高新技术开发区。推进水、大气、土壤、生态、风险、智慧环保等重大研究专项，实施京津冀、长江经济带、“一带一路”、东北老工业基地、湘江流域等区域环境质量提升创新工程，实施青藏高原、黄土高原、北方风沙带、西南岩溶区等生态屏障区保护修复创新工程，实施城市废物安全处置与循环利用创新工程、环境风险治理与清洁替代创新工程、智慧环境创新工程。推进环境保护重点实验室、工程技术中心、科学观测站和决策支撑体系建设。建设澜沧江—湄公河水资源合作中心和环境合作中心、“一带一路”信息共享与决策平台。

## 第十章　健全规划实施保障措施

### 第一节　明确任务分工

明确地方目标责任。地方各级人民政府是规划实施的责任主体，要把生态环境保护目标、任务、措施和重点工程纳入本地区国民经济和社会发展规划，制定并公布生态环境保护重点任务和年度目标。各地区对规划实施情况进行信息公开，推动全社会参与和监督，确保各项任务全面完成。

部门协同推进规划任务。有关部门要各负其责，密切配合，完善体制机制，加大资金投入，加大规划实施力度。在大气、水、土壤、重金属、生物多样性等领域建立协作机制，定期研究解决重大问题。环境保护部每年向国务院报告环境保护重点工作进展情况。

### 第二节　加大投入力度

加大财政资金投入。按照中央与地方事权和支出责任划分的要求，加快建立与环保支出责任相适应的财政管理制度，各级财政应保障同级生态环保重点支出。优化创新环保专项资金使用方式，加大对环境污染第三方治理、政府和社会资本合作模式的支持力度。按照山水林田湖系统治理的要求，整合生态保护修复相关资金。

拓宽资金筹措渠道。完善使用者付费制度，支持经营类环境保护项目。积极推行政府和社会资本合作，探索以资源开发项目、资源综合利用等收益弥补污染防治项目投入和社会资本回报，吸引社会资本参与准公益性和公益性环境保护项目。鼓励社会资本以市场化方式设立环境保护基金。鼓励创业投资企业、股权投资企业和社会捐赠资金增加生态环保投入。

### 第三节　加强国际合作

参与国际环境治理。积极参与全球环境治理规则构建，深度参与环境国际公约、核安全国际公约和与环境相关的国际贸易投资协定谈判，承担并履行好同发展中大国相适应的国际责任，并做好履约工作。依法规范境外环保组织在华活动。加大宣传力度，对外讲好中国环保故事。根据对外援助统一部署，加大对外援助力度，创新对外援助方式。

提升国际合作水平。建立完善与相关国家、国际组织、研究机构、民间团体的交流合作机制，搭建对话交流平台，促进生态环保理念、管理制度政策、环保产业技术等方面的国际交流合作，全面提升国际化水平。组织开展一批大气、水、土壤、生物多样性等领域的国际合作项目。落实联合国 2030 年可持续发展议程。加强与世界各国、区域和国际组织在生态环保和核安全领域的对话交流与务实合作。加强南南合作，积极开展生态环保和核安全领域的对外合作。严厉打击化学品非法贸易、固体废物非法越境转移。

### 第四节　推进试点示范

推进国家生态文明试验区建设。以改善生态环境质量、推动绿色发展为目标，以体制创新、制度供给、模式探索为重点，设立统一规范的国家生态文明试验区。积极推进绿色社区、绿色学校、生态工业园区等“绿色细胞”工程。到 2017 年，试验区重点改革任务取得重要进展，形成若干可操作、有效管用的生态文明制度成果；到 2020 年，试验区率先建成较为完善的生态文明制度体系，形成一批可在全国复制推广的重大制度成果。

强化示范引领。深入开展生态文明建设示范区创建，提高创建规范化和制度化水平，注重创建的区域平衡性。加强创建与环保重点工作的协调联动，强化后续监督与管理，开展成效评估和经验总结，宣传推广现有的可复制、可借鉴的创建模式。

深入推进重点政策制度试点示范。开展农村环境保护体制机制综合改革与创新试点。试点划分环境质量达标控制区和未达标控制区，分别按照排放标准和质量约束实施污染源监管和排污许可。推进环境审计、环境损害赔偿、环境服务业和政府购买服务改革试点，强化政策支撑和监管，适时扩大环境污染第三方治理试点地区、行业范围。开展省级生态环境保护综合改革试点。

### 第五节　严格评估考核

环境保护部要会同有关部门定期对各省（区、市）环境质量改善、重点污染物排放、生态环境保护重大工程进展情况进行调度，结果向社会公开。整合各类生态环境评估考核，在 2018 年、2020 年底，分别对本规划执行情况进行中期评估和终期考核，评估考核结果向国务院报告，向社会公布，并作为对领导班子和领导干部综合考核评价的重要依据。

# 国务院关于同意新增部分县（市、区、旗）纳入国家重点生态功能区的批复

国函〔2016〕161 号

各省、自治区、直辖市人民政府，国务院各部委、各直属机构：

国家发展改革委《关于调整国家重点生态功能区范围的请示》（发改规划〔2016〕1381 号）收悉。现批复如下：

一、原则同意国家发展改革委会同有关部门提出的新增纳入国家重点生态功能区的县（市、区、旗）名单。

二、地方各级人民政府、各有关部门要牢固树立绿色发展理念，加强生态保护和修复，根据国家重点生态功能区定位，合理调控工业化城镇化开发内容和边界，保持并提高生态产品供给能力。

三、各有关部门要加大对国家重点生态功能区的财政、投资等政策支持力度，进一步增加相关预算规模，充分调动各地建设重点生态功能区的积极性。

四、地方各级人民政府要严格实行重点生态功能区产业准入负面清单制度，新纳入的县（市、区、旗）要尽快制定产业准入负面清单，确保在享受财政转移支付等优惠政策的同时，严格按照主体功能区定位谋划经济社会发展。

五、国家发展改革委要会同有关部门对相关县（市、区、旗）国家重点生态功能区保护和建设情况开展定期监督检查，建立相应激励和惩戒机制；进一步规范国家重点生态功能区范围调整标准和程序，推进国家重点生态功能区范围调整工作制度化和规范化。

附件：新增纳入国家重点生态功能区的县（市、区、旗）名单

国务院
2016年9月14日

**附件**

## 新增纳入国家重点生态功能区的县（市、区、旗）名单

河北省（22个）：灵寿县、赞皇县、青龙满族自治县、邢台县、阜平县、涞源县、易县、曲阳县、顺平县、宣化区、蔚县、阳原县、怀安县、万全区、怀来县、涿鹿县、赤城县、崇礼区、承德县、兴隆县、滦平县、宽城满族自治县。

内蒙古自治区（8个）：清水河县、固阳县、化德县、东乌珠穆沁旗、西乌珠穆沁旗、阿拉善左旗、阿拉善右旗、额济纳旗。

辽宁省（4个）：新宾满族自治县、本溪满族自治县、桓仁满族自治县、宽甸满族自治县。

吉林省（2个）：东昌区、集安市。

浙江省（11个）：淳安县、文成县、泰顺县、磐安县、常山县、开化县、龙泉市、遂昌县、云和县、庆元县、景宁畲族自治县。

安徽省（9个）：黄山区、歙县、休宁县、黟县、祁门县、青阳县、泾县、绩溪县、旌德县。

福建省（9个）：永泰县、泰宁县、永春县、华安县、武夷山市、屏南县、寿宁县、周宁县、柘荣县。

江西省（17个）：浮梁县、莲花县、芦溪县、修水县、石城县、遂川县、万安县、安福县、永新县、靖安县、铜鼓县、黎川县、南丰县、宜黄县、资溪县、广昌县、婺源县。

山东省（13个）：博山区、沂源县、台儿庄区、山亭区、长岛县、临朐县、曲阜市、泰山区、五莲县、沂水县、费县、平邑县、蒙阴县。

河南省（8个）：卢氏县、西峡县、内乡县、淅川县、桐柏县、浉河区、罗山县、光山县。

湖北省（2个）：通城县、通山县。

湖南省（19个）：茶陵县、南岳区、绥宁县、新宁县、城步苗族自治县、安化县、资兴市、东安县、江永县、江华瑶族自治县、洪江市、沅陵县、会同县、新晃侗族自治县、芷江侗族自治县、靖州苗族侗族自治县、通道侗族自治县、新化县、吉首市。

广东省（10个）：翁源县、新丰县、信宜市、大埔县、丰顺县、陆河县、连州市、阳

山县、连山壮族瑶族自治县、连南瑶族自治县。

广西壮族自治区（11 个）：阳朔县、灌阳县、恭城瑶族自治县、蒙山县、德保县、那坡县、西林县、富川瑶族自治县、罗城仫佬族自治县、环江毛南族自治县、金秀瑶族自治县。

四川省（14 个）：沐川县、峨边彝族自治县、马边彝族自治县、石棉县、宁南县、普格县、布拖县、金阳县、昭觉县、喜德县、越西县、甘洛县、美姑县、雷波县。

贵州省（16 个）：赤水市、习水县、江口县、石阡县、印江土家族苗族自治县、沿河土家族自治县、黄平县、施秉县、锦屏县、剑河县、台江县、榕江县、从江县、雷山县、荔波县、三都水族自治县。

云南省（21 个）：东川区、巧家县、盐津县、大关县、永善县、绥江县、永胜县、宁蒗彝族自治县、景东彝族自治县、镇沅彝族哈尼族拉祜族自治县、孟连傣族拉祜族佤族自治县、西盟佤族自治县、双柏县、大姚县、永仁县、麻栗坡县、景洪市、永平县、漾濞彝族自治县、南涧彝族自治县、巍山彝族回族自治县。

西藏自治区（22 个）：当雄县、定日县、康马县、定结县、仲巴县、亚东县、吉隆县、聂拉木县、萨嘎县、岗巴县、江达县、贡觉县、类乌齐县、丁青县、措美县、洛扎县、隆子县、浪卡子县、嘉黎县、普兰县、札达县、措勤县。

陕西省（3 个）：宜川县、黄龙县、洛南县。

新疆维吾尔自治区（17 个）：乌什县、柯坪县、疏附县、疏勒县、和田县、博乐市、温泉县、博湖县、巩留县、新源县、昭苏县、特克斯县、尼勒克县、塔城市、额敏县、托里县、裕民县。

新疆生产建设兵团（2 个）：北屯市、昆玉市。

重点国有林区林业局：内蒙古、龙江、大兴安岭、吉林、长白山森工（林业）集团所属 87 个林业局。

# 国务院办公厅关于健全生态保护补偿机制的意见

国办发〔2016〕31 号

各省、自治区、直辖市人民政府，国务院各部委、各直属机构：

实施生态保护补偿是调动各方积极性、保护好生态环境的重要手段，是生态文明制度建设的重要内容。近年来，各地区、各有关部门有序推进生态保护补偿机制建设，取得了阶段性进展。但总体看，生态保护补偿的范围仍然偏小、标准偏低，保护者和受益者良性互动的体制机制尚不完善，一定程度上影响了生态环境保护措施行动的成效。为进一步健全生态保护补偿机制，加快推进生态文明建设，经党中央、国务院同意，现提出以下意见：

## 一、总体要求

（一）指导思想。全面贯彻党的十八大和十八届三中、四中、五中全会精神，深入贯彻习近平总书记系列重要讲话精神，坚持“四个全面”战略布局，牢固树立创新、协调、绿色、开放、共享的发展理念，按照党中央、国务院决策部署，不断完善转移支付制度，探索建立多元化生态保护补偿机制，逐步扩大补偿范围，合理提高补偿标准，有效调动全社会参与生态环境保护的积极性，促进生态文明建设迈上新台阶。

（二）基本原则。

权责统一、合理补偿。谁受益、谁补偿。科学界定保护者与受益者权利义务，推进生态保护补偿标准体系和沟通协调平台建设，加快形成受益者付费、保护者得到合理补偿的运行机制。

政府主导、社会参与。发挥政府对生态环境保护的主导作用，加强制度建设，完善法规政策，创新体制机制，拓宽补偿渠道，通过经济、法律等手段，加大政府购买服务力度，引导社会公众积极参与。

统筹兼顾、转型发展。将生态保护补偿与实施主体功能区规划、西部大开发战略和集中连片特困地区脱贫攻坚等有机结合，逐步提高重点生态功能区等区域基本公共服务水平，促进其转型绿色发展。

试点先行、稳步实施。将试点先行与逐步推广、分类补偿与综合补偿有机结合，大胆探索，稳步推进不同领域、区域生态保护补偿机制建设，不断提升生态保护成效。

（三）目标任务。到2020年，实现森林、草原、湿地、荒漠、海洋、水流、耕地等重点领域和禁止开发区域、重点生态功能区等重要区域生态保护补偿全覆盖，补偿水平与经济社会发展状况相适应，跨地区、跨流域补偿试点示范取得明显进展，多元化补偿机制初步建立，基本建立符合我国国情的生态保护补偿制度体系，促进形成绿色生产方式和生活方式。

## 二、分领域重点任务

（四）森林。健全国家和地方公益林补偿标准动态调整机制。完善以政府购买服务为主的公益林管护机制。合理安排停止天然林商业性采伐补助奖励资金。（国家林业局、财政部、国家发展改革委负责）

（五）草原。扩大退牧还草工程实施范围，适时研究提高补助标准，逐步加大对人工饲草地和牲畜棚圈建设的支持力度。实施新一轮草原生态保护补助奖励政策，根据牧区发展和中央财力状况，合理提高禁牧补助和草畜平衡奖励标准。充实草原管护公益岗位。（农业部、财政部、国家发展改革委负责）

（六）湿地。稳步推进退耕还湿试点，适时扩大试点范围。探索建立湿地生态效益补偿制度，率先在国家级湿地自然保护区、国际重要湿地、国家重要湿地开展补偿试点。（国家林业局、农业部、水利部、国家海洋局、环境保护部、住房和城乡建设部、财政部、国家发展改革委负责）

（七）荒漠。开展沙化土地封禁保护试点，将生态保护补偿作为试点重要内容。加强沙区资源和生态系统保护，完善以政府购买服务为主的管护机制。研究制定鼓励社会力量参与防沙治沙的政策措施，切实保障相关权益。（国家林业局、农业部、财政部、国家发展改革委负责）

（八）海洋。完善捕捞渔民转产转业补助政策，提高转产转业补助标准。继续执行海洋伏季休渔渔民低保制度。健全增殖放流和水产养殖生态环境修复补助政策。研究建立国家级海洋自然保护区、海洋特别保护区生态保护补偿制度。（农业部、国家海洋局、水利部、环境保护部、财政部、国家发展改革委负责）

（九）水流。在江河源头区、集中式饮用水水源地、重要河流敏感河段和水生态修复治理区、水产种质资源保护区、水土流失重点预防区和重点治理区、大江大河重要蓄滞洪区以及具有重要饮用水源或重要生态功能的湖泊，全面开展生态保护补偿，适当提高补偿标准。加大水土保持生态效益补偿资金筹集力度。（水利部、环境保护部、住房和城乡建设部、农业部、财政部、国家发展改革委负责）

（十）耕地。完善耕地保护补偿制度。建立以绿色生态为导向的农业生态治理补贴制度，对在地下水漏斗区、重金属污染区、生态严重退化地区实施耕地轮作休耕的农民给予资金补助。扩大新一轮退耕还林还草规模，逐步将 25°以上陡坡地退出基本农田，纳入退耕还林还草补助范围。研究制定鼓励引导农民施用有机肥料和低毒生物农药的补助政策。（国土资源部、农业部、环境保护部、水利部、国家林业局、住房和城乡建设部、财政部、国家发展改革委负责）

## 三、推进体制机制创新

（十一）建立稳定投入机制。多渠道筹措资金，加大生态保护补偿力度。中央财政考虑不同区域生态功能因素和支出成本差异，通过提高均衡性转移支付系数等方式，逐步增加对重点生态功能区的转移支付。中央预算内投资对重点生态功能区内的基础设施和基本公共服务设施建设予以倾斜。各省级人民政府要完善省以下转移支付制度，建立省级生态保护补偿资金投入机制，加大对省级重点生态功能区域的支持力度。完善森林、草原、海洋、渔业、自然文化遗产等资源收费基金和各类资源有偿使用收入的征收管理办法，逐步扩大资源税征收范围，允许相关收入用于开展相关领域生态保护补偿。完善生态保护成效与资金分配挂钩的激励约束机制，加强对生态保护补偿资金使用的监督管理。（财政部、国家发展改革委会同国土资源部、环境保护部、住房和城乡建设部、水利部、农业部、税务总局、国家林业局、国家海洋局负责）

（十二）完善重点生态区域补偿机制。继续推进生态保护补偿试点示范，统筹各类补偿资金，探索综合性补偿办法。划定并严守生态保护红线，研究制定相关生态保护补偿政策。健全国家级自然保护区、世界文化自然遗产、国家级风景名胜区、国家森林公园和国家地质公园等各类禁止开发区域的生态保护补偿政策。将青藏高原等重要生态屏障作为开展生态保护补偿的重点区域。将生态保护补偿作为建立国家公园体制试点的重要内容。（国家发展改革委、财政部会同环境保护部、国土资源部、住房和城乡建设部、水利部、农业部、国家林业局、国务院扶贫办负责）

（十三）推进横向生态保护补偿。研究制定以地方补偿为主、中央财政给予支持的横向生态保护补偿机制办法。鼓励受益地区与保护生态地区、流域下游与上游通过资金补偿、对口协作、产业转移、人才培训、共建园区等方式建立横向补偿关系。鼓励在具有重要生态功能、水资源供需矛盾突出、受各种污染危害或威胁严重的典型流域开展横向生态保护补偿试点。在长江、黄河等重要河流探索开展横向生态保护补偿试点。继续推进南水北调中线工程水源区对口支援、新安江水环境生态补偿试点，推动在京津冀水源涵养区、广西广东九洲江、福建广东汀江—韩江、江西广东东江、云南贵州广西广东西江等开展跨地区生态保护补偿试点。（财政部会同国家发展改革委、国土资源部、环境保护部、住房和城乡建设部、水利部、农业部、国家林业局、国家海洋局负责）

（十四）健全配套制度体系。加快建立生态保护补偿标准体系，根据各领域、不同类型地区特点，以生态产品产出能力为基础，完善测算方法，分别制定补偿标准。加强森林、草原、耕地等生态监测能力建设，完善重点生态功能区、全国重要江河湖泊水功能区、跨省流域断面水量水质国家重点监控点位布局和自动监测网络，制定和完善监测评估指标体系。研究建立生态保护补偿统计指标体系和信息发布制度。加强生态保护补偿效益评估，积极培育生态服务价值评估机构。健全自然资源资产产权制度，建立统一的确权登记系统和权责明确的产权体系。强化科技支撑，深化生态保护补偿理论和生态服务价值等课题研究。（国家发展改革委、财政部会同国土资源部、环境保护部、住房和城乡建设部、水利部、农业部、国家林业局、国家海洋局、国家统计局负责）

（十五）创新政策协同机制。研究建立生态环境损害赔偿、生态产品市场交易与生态保护补偿协同推进生态环境保护的新机制。稳妥有序开展生态环境损害赔偿制度改革试点，加快形成损害生态者赔偿的运行机制。健全生态保护市场体系，完善生态产品价格形成机制，使保护者通过生态产品的交易获得收益，发挥市场机制促进生态保护的积极作用。建立用水权、排污权、碳排放权初始分配制度，完善有偿使用、预算管理、投融资机制，培育和发展交易平台。探索地区间、流域间、流域上下游等水权交易方式。推进重点流域、重点区域排污权交易，扩大排污权有偿使用和交易试点。逐步建立碳排放权交易制度。建立统一的绿色产品标准、认证、标识等体系，完善落实对绿色产品研发生产、运输配送、购买使用的财税金融支持和政府采购等政策。（国家发展改革委、财政部、环境保护部会同国土资源部、住房和城乡建设部、水利部、税务总局、国家林业局、农业部、国家能源局、国家海洋局负责）

（十六）结合生态保护补偿推进精准脱贫。在生存条件差、生态系统重要、需要保护修复的地区，结合生态环境保护和治理，探索生态脱贫新路子。生态保护补偿资金、国家重大生态工程项目和资金按照精准扶贫、精准脱贫的要求向贫困地区倾斜，向建档立卡贫困人口倾斜。重点生态功能区转移支付要考虑贫困地区实际状况，加大投入力度，扩大实施范围。加大贫困地区新一轮退耕还林还草力度，合理调整基本农田保有量。开展贫困地区生态综合补偿试点，创新资金使用方式，利用生态保护补偿和生态保护工程资金使当地有劳动能力的部分贫困人口转为生态保护人员。对在贫困地区开发水电、矿产资源占用集体土地的，试行给原住居民集体股权方式进行补偿。（财政部、国家发展改革委、国务院扶贫办会同国土资源部、环境保护部、水利部、农业部、国家林业局、国家能源局负责）

（十七）加快推进法制建设。研究制定生态保护补偿条例。鼓励各地出台相关法规或规范性文件，不断推进生态保护补偿制度化和法制化。加快推进环境保护税立法。（国家发展改革委、财政部、国务院法制办会同国土资源部、环境保护部、住房和城乡建设部、水利部、农业部、税务总局、国家林业局、国家海洋局、国家统计局、国家能源局负责）

## 四、加强组织实施

（十八）强化组织领导。建立由国家发展改革委、财政部会同有关部门组成的部际协调机制，加强跨行政区域生态保护补偿指导协调，组织开展政策实施效果评估，研究解决生态保护补偿机制建设中的重大问题，加强对各项任务的统筹推进和落实。地方各级人民政府要把健全生态保护补偿机制作为推进生态文明建设的重要抓手，列入重要议事日程，明确目标任务，制定科学合理的考核评价体系，实行补偿资金与考核结果挂钩的奖惩制度。及时总结试点情况，提炼可复制可推广的试点经验。

（十九）加强督促落实。各地区、各有关部门要根据本意见要求，结合实际情况，抓紧制定具体实施意见和配套文件。国家发展改革委、财政部要会同有关部门对落实本意见的情况进行监督检查和跟踪分析，每年向国务院报告。各级审计、监察部门要依法加强审计和监察。切实做好环境保护督察工作，督察行动和结果要同生态保护补偿工作有机结合。对生态保护补偿工作落实不力的，启动追责机制。

（二十）加强舆论宣传。加强生态保护补偿政策解读，及时回应社会关切。充分发挥新闻媒体作用，依托现代信息技术，通过典型示范、展览展示、经验交流等形式，引导全社会树立生态产品有价、保护生态人人有责的意识，自觉抵制不良行为，营造珍惜环境、保护生态的良好氛围。

国务院办公厅

2016 年 4 月 28 日

# 国务院办公厅关于公布辽宁楼子山等 18 处新建国家级自然保护区名单的通知

国办发〔2016〕33 号

各省、自治区、直辖市人民政府，国务院各部委、各直属机构：

辽宁楼子山等 18 处新建国家级自然保护区已经国务院审定，现将名单予以公布。新建国家级自然保护区的面积、范围和功能分区等由环境保护部另行公布。有关地区要按照批准的面积和范围组织勘界，落实自然保护区土地权属，并在规定的时限内标明区界，予以公告。

自然保护区是推进生态文明、建设美丽中国的重要载体。强化自然保护区建设和管理，是贯彻落实创新、协调、绿色、开放、共享新发展理念的具体行动，是保护生物多样性、筑牢生态安全屏障、确保各类自然生态系统安全稳定、改善生态环境质量的有效举措。有关地区和部门要严格执行自然保护区条例等有关规定，认真贯彻《国务院办公厅关于做好自然保护区管理有关工作的通知》（国办发〔2010〕63 号）要求，严格落实生态环境保护责任，加强组织领导和协调配合，加大对涉及自然保护区各类环境违法违规行为的监管执法力度，妥善处理好自然保护区管理与当地经济建设及居民生产生活的关系，确保各项管理措施得到落实，不断提高国家级自然保护区建设和管理水平。

附件：新建国家级自然保护区名单（共计 18 处）

国务院办公厅
2016 年 5 月 2 日

附件：

## 新建国家级自然保护区名单
## （共计 18 处）

**辽宁省**

楼子山国家级自然保护区

**吉林省**

通化石湖国家级自然保护区

**黑龙江省**

北极村国家级自然保护区

公别拉河国家级自然保护区

碧水中华秋沙鸭国家级自然保护区

翠北湿地国家级自然保护区

**安徽省**

古井园国家级自然保护区

**福建省**

峨嵋峰国家级自然保护区

**江西省**

婺源森林鸟类国家级自然保护区

**河南省**

高乐山国家级自然保护区

**湖北省**

巴东金丝猴国家级自然保护区

**广西壮族自治区**

银竹老山资源冷杉国家级自然保护区

**贵州省**

佛顶山国家级自然保护区

**西藏自治区**

麦地卡湿地国家级自然保护区

**陕西省**

丹凤武关河珍稀水生动物国家级自然保护区

黑河珍稀水生野生动物国家级自然保护区

**新疆维吾尔自治区**

霍城四爪陆龟国家级自然保护区

伊犁小叶白蜡国家级自然保护区

# 国务院办公厅关于印发控制污染物排放许可制实施方案的通知

国办发〔2016〕81号

各省、自治区、直辖市人民政府，国务院各部委、各直属机构：

《控制污染物排放许可制实施方案》已经国务院同意，现印发给你们，请认真贯彻执行。

国务院办公厅

2016年11月10日

## 控制污染物排放许可制实施方案

控制污染物排放许可制（以下简称排污许可制）是依法规范企事业单位排污行为的基础性环境管理制度，环境保护部门通过对企事业单位发放排污许可证并依证监管实施排污许可制。近年来，各地积极探索排污许可制，取得初步成效。但总体看，排污许可制定位不明确，企事业单位治污责任不落实，环境保护部门依证监管不到位，使得管理制度效能难以充分发挥。为进一步推动环境治理基础制度改革，改善环境质量，根据《中华人民共和国环境保护法》和《生态文明体制改革总体方案》等，制定本方案。

## 一、总体要求

（一）指导思想。全面贯彻落实党的十八大和十八届三中、四中、五中、六中全会精神，深入学习贯彻习近平总书记系列重要讲话精神，紧紧围绕统筹推进“五位一体”总体布局和协调推进“四个全面”战略布局，牢固树立创新、协调、绿色、开放、共享的发展理念，认真落实党中央、国务院决策部署，加大生态文明建设和环境保护力度，将排污许可制建设成为固定污染源环境管理的核心制度，作为企业守法、部门执法、社会监督的依据，为提高环境管理效能和改善环境质量奠定坚实基础。

（二）基本原则。

精简高效，衔接顺畅。排污许可制衔接环境影响评价管理制度，融合总量控制制度，为排污收费、环境统计、排污权交易等工作提供统一的污染物排放数据，减少重复申报，减轻企事业单位负担，提高管理效能。

公平公正，一企一证。企事业单位持证排污，按照所在地改善环境质量和保障环境安全的要求承担相应的污染治理责任，多排放多担责、少排放可获益。向企事业单位核发排污许可证，作为生产运营期排污行为的唯一行政许可，并明确其排污行为依法应当遵守的环境管理要求和承担的法律责任义务。

权责清晰，强化监管。排污许可证是企事业单位在生产运营期接受环境监管和环境保护部门实施监管的主要法律文书。企事业单位依法申领排污许可证，按证排污，自证守法。环境保护部门基于企事业单位守法承诺，依法发放排污许可证，依证强化事中事后监管，对违法排污行为实施严厉打击。

公开透明，社会共治。排污许可证申领、核发、监管流程全过程公开，企事业单位污染物排放和环境保护部门监管执法信息及时公开，为推动企业守法、部门联动、社会监督创造条件。

（三）目标任务。到 2020 年，完成覆盖所有固定污染源的排污许可证核发工作，全国排污许可证管理信息平台有效运转，各项环境管理制度精简合理、有机衔接，企事业单位环保主体责任得到落实，基本建立法规体系完备、技术体系科学、管理体系高效的排污许可制，对固定污染源实施全过程管理和多污染物协同控制，实现系统化、科学化、法治化、精细化、信息化的“一证式”管理。

## 二、衔接整合相关环境管理制度

（四）建立健全企事业单位污染物排放总量控制制度。改变单纯以行政区域为单元分解污染物排放总量指标的方式和总量减排核算考核办法，通过实施排污许可制，落实企事业单位污染物排放总量控制要求，逐步实现由行政区域污染物排放总量控制向企事业单位污染物排放总量控制转变，控制的范围逐渐统一到固定污染源。环境质量不达标地区，要通过提高排放标准或加严许可排放量等措施，对企事业单位实施更为严格的污染物排放总量控制，推动改善环境质量。

（五）有机衔接环境影响评价制度。环境影响评价制度是建设项目的环境准入门槛，排污许可制是企事业单位生产运营期排污的法律依据，必须做好充分衔接，实现从污染预防到污染治理和排放控制的全过程监管。新建项目必须在发生实际排污行为之前申领排污许可证，环境影响评价文件及批复中与污染物排放相关的主要内容应当纳入排污许可证，其排污许可证执行情况应作为环境影响后评价的重要依据。

## 三、规范有序发放排污许可证

（六）制定排污许可管理名录。环境保护部依法制订并公布排污许可分类管理名录，考虑企事业单位及其他生产经营者，确定实行排污许可管理的行业类别。对不同行业或同一行业内的不同类型企事业单位，按照污染物产生量、排放量以及环境危害程度等因素进行分类管理，对环境影响较小、环境危害程度较低的行业或企事业单位，简化排污许可内容和相应的自行监测、台账管理等要求。

（七）规范排污许可证核发。由县级以上地方政府环境保护部门负责排污许可证核发，地方性法规另有规定的从其规定。企事业单位应按相关法规标准和技术规定提交申请材料，申报污染物排放种类、排放浓度等，测算并申报污染物排放量。环境保护部门对符合要求的企事业单位应及时核发排污许可证，对存在疑问的开展现场核查。首次发放的排污许可证有效期三年，延续换发的排污许可证有效期五年。上级环境保护部门要加强监督抽查，有权依法撤销下级环境保护部门做出的核发排污许可证的决定。环境保护部统一制定排污许可证申领核发程序、排污许可证样式、信息编码和平台接口标准、相关数据格式要求等。各地区现有排污许可证及其管理要按国家统一要求及时进行规范。

（八）合理确定许可内容。排污许可证中明确许可排放的污染物种类、浓度、排放量、排放去向等事项，载明污染治理设施、环境管理要求等相关内容。根据污染物排放标准、总量控制指标、环境影响评价文件及批复要求等，依法合理确定许可排放的污染物种类、浓度及排放量。按照《国务院办公厅关于加强环境监管执法的通知》（国办发〔2014〕56号）要求，经地方政府依法处理、整顿规范并符合要求的项目，纳入排污许可管理范围。地方政府制定的环境质量限期达标规划、重污染天气应对措施中对企事业单位有更加严格的排放控制要求的，应当在排污许可证中予以明确。

（九）分步实现排污许可全覆盖。排污许可证管理内容主要包括大气污染物、水污染物，并依法逐步纳入其他污染物。按行业分步实现对固定污染源的全覆盖，率先对火电、造纸行业企业核发排污许可证，2017 年完成《大气污染防治行动计划》和《水污染防治行动计划》重点行业及产能过剩行业企业排污许可证核发，2020 年全国基本完成排污许可证核发。

## 四、严格落实企事业单位环境保护责任

（十）落实按证排污责任。纳入排污许可管理的所有企事业单位必须按期持证排污、按证排污，不得无证排污。企事业单位应及时申领排污许可证，对申请材料的真实性、准确性和完整性承担法律责任，承诺按照排污许可证的规定排污并严格执行；落实污染物排放控制措施和其他各项环境管理要求，确保污染物排放种类、浓度和排放量等达到许可要

求；明确单位负责人和相关人员环境保护责任，不断提高污染治理和环境管理水平，自觉接受监督检查。

（十一）实行自行监测和定期报告。企事业单位应依法开展自行监测，安装或使用监测设备应符合国家有关环境监测、计量认证规定和技术规范，保障数据合法有效，保证设备正常运行，妥善保存原始记录，建立准确完整的环境管理台账，安装在线监测设备的应与环境保护部门联网。企事业单位应如实向环境保护部门报告排污许可证执行情况，依法向社会公开污染物排放数据并对数据真实性负责。排放情况与排污许可证要求不符的，应及时向环境保护部门报告。

## 五、加强监督管理

（十二）依证严格开展监管执法。依证监管是排污许可制实施的关键，重点检查许可事项和管理要求的落实情况，通过执法监测、核查台账等手段，核实排放数据和报告的真实性，判定是否达标排放，核定排放量。企事业单位在线监测数据可以作为环境保护部门监管执法的依据。按照“谁核发、谁监管”的原则定期开展监管执法，首次核发排污许可证后，应及时开展检查；对有违规记录的，应提高检查频次；对污染严重的产能过剩行业企业加大执法频次与处罚力度，推动去产能工作。现场检查的时间、内容、结果以及处罚决定应记入排污许可证管理信息平台。

（十三）严厉查处违法排污行为。根据违法情节轻重，依法采取按日连续处罚、限制生产、停产整治、停业、关闭等措施，严厉处罚无证和不按证排污行为，对构成犯罪的，依法追究刑事责任。环境保护部门检查发现实际情况与环境管理台账、排污许可证执行报告等不一致的，可以责令做出说明，对未能说明且无法提供自行监测原始记录的，依法予以处罚。

（十四）综合运用市场机制政策。对自愿实施严于许可排放浓度和排放量且在排污许可证中载明的企事业单位，加大电价等价格激励措施力度，符合条件的可以享受相关环保、资源综合利用等方面的优惠政策。与拟开征的环境保护税有机衔接，交换共享企事业单位实际排放数据与纳税申报数据，引导企事业单位按证排污并诚信纳税。排污许可证是排污权的确认凭证、排污交易的管理载体，企事业单位在履行法定义务的基础上，通过淘汰落后和过剩产能、清洁生产、污染治理、技术改造升级等产生的污染物排放削减量，可按规定在市场交易。

## 六、强化信息公开和社会监督

（十五）提高管理信息化水平。2017 年建成全国排污许可证管理信息平台，将排污许可证申领、核发、监管执法等工作流程及信息纳入平台，各地现有的排污许可证管理信息平台逐步接入。在统一社会信用代码基础上适当扩充，制定全国统一的排污许可证编码。通过排污许可证管理信息平台统一收集、存储、管理排污许可证信息，实现各级联网、数据集成、信息共享。形成的实际排放数据作为环境保护部门排污收费、环境统计、污染源排放清单等各项固定污染源环境管理的数据来源。

（十六）加大信息公开力度。在全国排污许可证管理信息平台上及时公开企事业单位自行监测数据和环境保护部门监管执法信息，公布不按证排污的企事业单位名单，纳入企业环境行为信用评价，并通过企业信用信息公示系统进行公示。与环保举报平台共享污染源信息，鼓励公众举报无证和不按证排污行为。依法推进环境公益诉讼，加强社会监督。

## 七、做好排污许可制实施保障

（十七）加强组织领导。各地区要高度重视排污许可制实施工作，统一思想，提高认识，明确目标任务，制订实施计划，确保按时限完成排污许可证核发工作。要做好排污许可制推进期间各项环境管理制度的衔接，避免出现管理真空。环境保护部要加强对全国排污许可制实施工作的指导，制定相关管理办法，总结推广经验，跟踪评估实施情况。将排污许可制落实情况纳入环境保护督察工作，对落实不力的进行问责。

（十八）完善法律法规。加快修订建设项目环境保护管理条例，制定排污许可管理条例。配合修订水污染防治法，研究建立企事业单位守法排污的自我举证、加严对无证或不按证排污连续违法行为的处罚规定。推动修订固体废物污染环境防治法、环境噪声污染防治法，探索将有关污染物纳入排污许可证管理。

（十九）健全技术支撑体系。梳理和评估现有污染物排放标准，并适时修订。建立健全基于排放标准的可行技术体系，推动企事业单位污染防治措施升级改造和技术进步。完善排污许可证执行和监管执法技术体系，指导企事业单位自行监测、台账记录、执行报告、信息公开等工作，规范环境保护部门台账核查、现场执法等行为。培育和规范咨询与监测服务市场，促进人才队伍建设。

（二十）开展宣传培训。加大对排污许可制的宣传力度，做好制度解读，及时回应社会关切。组织各级环境保护部门、企事业单位、咨询与监测机构开展专业培训。强化地方政府环境保护主体责任，树立企事业单位持证排污意识，有序引导社会公众更好参与监督企事业单位排污行为，形成政府综合管控、企业依证守法、社会共同监督的良好氛围。

# 国务院办公厅关于调整河北小五台山等 5 处国家级自然保护区的通知

国办函〔2016〕90 号

河北省、辽宁省、吉林省、黑龙江省人民政府，环境保护部、国家林业局：

《环境保护部关于调整河北小五台山等 5 处国家级自然保护区范围的请示》（环生态〔2016〕133 号）收悉。经国务院批准，现通知如下：

一、国务院同意调整河北小五台山、辽宁大连斑海豹、吉林雁鸣湖、黑龙江五大连池和黑龙江东方红湿地国家级自然保护区的范围，并将黑龙江东方红湿地国家级自然保护区更名为黑龙江东方红国家级自然保护区。调整后保护区的面积、范围和功能分区等由环境保护部予以公布。

二、有关地区要按照批准的调整方案组织勘界，落实自然保护区土地权属，并在规定的时限内标明区界，予以公告。

三、有关地区和部门要严格执行《中华人民共和国自然保护区条例》和《国家级自然保护区调整管理规定》等有关规定，切实加强对自然保护区工作的领导、协调和监督，妥善处理好自然保护区管理与当地经济建设及居民生产生活的关系，确保各项管理措施得到落实。

国务院办公厅

2016 年 11 月 11 日

# 二、环境保护部与有关部委联合发文

## 关于印发《全国环境宣传教育工作纲要（2016—2020 年）》的通知

环宣教〔2016〕38 号

各省、自治区、直辖市、副省级城市环境保护厅（局）、宣传部、文明办、教育厅（教委）、团委、妇联：

为贯彻落实党的十八大和十八届三中、四中、五中全会精神和国家“十三五”环境保护工作部署，环境保护部、中宣部、中央文明办、教育部、共青团中央、全国妇联等六部门联合编制了《全国环境宣传教育工作纲要（2016—2020 年）》，现印发你们。请各地区各部门加强组织领导，相互协调配合，认真贯彻落实。

附件：全国环境宣传教育工作纲要（2016—2020 年）

环境保护部　中宣部　中央文明办
教育部　共青团中央　全国妇联
2016 年 3 月 30 日

附件

## 全国环境宣传教育工作纲要（2016—2020 年）

为进一步加强生态环境保护宣传教育工作，增强全社会生态环境意识，牢固树立绿色发展理念，坚持“绿水青山就是金山银山”重要思想，全面推进生态文明建设，依据党中央、国务院关于推进生态文明建设、加强环境保护的新要求和“十三五”时期环境保护工作的新部署，特制定《全国环境宣传教育工作纲要（2016—2020 年）》。

## 一、“十三五”环境宣传教育工作面临的形势

“十二五”期间，环境宣传教育工作坚持围绕中心、服务大局，全面贯彻落实《全国环境宣传教育行动纲要（2011—2015年）》，进一步加强环境新闻发布和舆论引导，广泛组织形式多样的环境宣传活动，积极开展学校环境教育，扎实推动环境信息公开和公众参与，着力提升社会各界特别是党政领导干部生态文明和环境保护意识，与时俱进，开拓进取，为促进我国环保事业发展做出了积极贡献。

但也要看到，环境宣传教育的现状与环保事业的快速发展还存在一定差距：一是在应对公共事务、与公众有效沟通等方面能力不足；二是对传统媒体和新兴媒体融合发展适应性不足；三是宣传教育手段创新突破不足；四是生态文化产品供给能力不足。

党中央、国务院把生态文明建设和环境保护摆上更加突出的位置，“十三五”环保工作明确以改善环境质量为核心，环境宣传教育工作面临新的挑战：环境改善的复杂性、艰巨性、长期性，环境保护优化经济发展的紧迫性、必要性，需要得到公众的理解和支持；新媒体的快速发展、网络舆论环境日益复杂，环境信息的传播形式和方法亟待调整；人民群众对生态文化产品的需求不断增强，生态文化公共服务体系建设任重道远。

新修订的《中华人民共和国环境保护法》规定，“各级人民政府应当加强环境保护宣传和普及工作”“教育行政部门、学校应当将环境保护知识纳入学校教育内容”“新闻媒体应当开展环境保护法律法规和环境保护知识的宣传，对环境违法行为进行舆论监督”。中共中央、国务院出台的《关于加快推进生态文明建设的意见》提出，“积极培育生态文化、生态道德，使生态文明成为社会主流价值观，成为社会主义核心价值观的重要内容”。《中共中央关于制定国民经济和社会发展第十三个五年规划的建议》提出，“加强资源环境国情和生态价值观教育，培养公民环境意识，推动全社会形成绿色消费自觉”。环境宣传教育工作面临新形势、新部署、新要求，必须进一步增强责任感和使命感，应势而动，顺势而为。

## 二、“十三五”环境宣传教育工作的指导思想和总体要求

### （一）指导思想

“十三五”时期的环境宣传教育工作，要全面贯彻党的十八大和十八届三中、四中、五中全会精神，以马克思列宁主义、毛泽东思想、邓小平理论、“三个代表”重要思想、科学发展观为指导，深入贯彻习近平总书记系列重要讲话精神，紧紧围绕“五位一体”总体布局和“四个全面”战略布局，树立和贯彻创新、协调、绿色、开放、共享的发展理念，以生态文明理念为引领，认真落实党中央、国务院关于生态文明建设和环境保护的部署要求，促进环境宣传教育工作上台阶上水平。

### （二）基本原则

1．围绕中心，服务大局。积极宣传党中央、国务院关于生态文明建设和环境保护工

作的大政方针，宣传生态文明建设和环境保护面临的形势和中心任务，提高全社会的环境意识。

2．正面引导，主动作为。加强环境舆论引导工作，掌握舆论引导的主动权、话语权。弘扬主旋律，传播正能量，对群众关注的热点难点环境问题积极疏导，化解矛盾。

3．统筹推进，形成合力。充分发挥社会各方的积极性和创造性，用好用足社会优质宣传资源，大力弘扬和宣传生态文明主流价值观，形成环境宣传教育工作大格局。

4．与时俱进，改革创新。研究新情况，提出新措施，在落细、落小、落实上下功夫，提高宣传教育的针对性和有效性。适应互联网环境下宣传教育方式的发展变化，拓宽渠道，增加活力。

### （三）主要目标

到 2020 年，全民环境意识显著提高，生态文明主流价值观在全社会顺利推行。构建全民参与环境保护社会行动体系，推动形成自上而下和自下而上相结合的社会共治局面。积极引导公众知行合一，自觉履行环境保护义务，力戒奢侈浪费和不合理消费，使绿色生活方式深入人心。形成与全面建成小康社会相适应，人人、事事、时时崇尚生态文明的社会氛围。

## 三、“十三五”环境宣传教育的主要任务

### （一）加大信息公开力度，增强舆论引导主动性

1．完善环境新闻发布制度。各级环保部门都要设立新闻发言人，建立健全例行新闻发布制度。每月至少召开 1 次例行发布会，组织好重点时段新闻发布会。新闻发布应结合公众关注的热点和现实问题，围绕环保工作重点，提高时效性、规范性、大众性，力求及时准确、通俗易懂。环境政策解读与新闻发布同步进行，积极向公众阐释政策，扩大共识。

2．确立正确、积极的环境舆论导向。新闻媒体要加大环境新闻报道力度。主要报纸、通讯社、广播电台、电视台及新闻网站应积极开设环保专栏，加强环境形势的宣传和政策解读，普及环境保护的科学知识和法律法规，报道先进典型，曝光违法案例。各级环保部门要及时与主要新闻媒体记者沟通交流，提供新闻素材和典型案例。办好环境专业媒体，在新闻报道中体现深度、广度和高度，提高社会影响力。开展新闻业务培训，每年组织环境新闻发言人和记者培训，引导媒体及时、准确、客观报道环境问题。

3．积极引导新媒体参与环境报道。推动环境专业媒体和新媒体融合发展，环保部门主管的报纸、期刊等应开通官方微博和微信公众号，运用新媒体扩大环境信息传播范围，及时准确传递环境资讯。各级环保部门应开通微博、微信等新媒体互动交流平台，加强与关注环保事业的新媒体和网络代表人士的沟通，建立经常性联系渠道。加强线上互动、线下沟通，正确引导公众舆论，提升环保新媒体专业水平和社会公信力。

### （二）加强生态文化建设，努力满足公众对生态环境保护的文化需求

1．加强生态文化理论研究。组织开展马克思主义环境伦理学、社会学、政治学研究，

深入研究和阐释生态文明主流价值观的内涵和外延，挖掘中华传统文化中的生态文化资源，总结中国环境保护实践历程，努力建设中国特色的生态文化理论体系。

2．扶持生态文化作品创作。加强对生态文化作品创作的支持力度，鼓励文化艺术界人士深入了解生态文明建设和环境保护的实践活动，积极参与生态文化作品创作，推出一批反映环境保护、倡导生态文明的优秀作品，繁荣生态文化，满足人民群众对生态文化的精神需求。

3．加强生态文化公共服务体系建设。充分发挥各类图书馆、博物馆、文化馆等在传播生态文化方面的作用。加强自然保护区、风景管理区等的生态文化设施建设和管理，积极推进中小学环境教育社会实践基地建设，使其成为培育、传播生态文化的重要平台。

### （三）加强面向社会的环保宣传工作，形成推动绿色发展的良好风尚

1．做好不同人群的培训工作。抓好党政领导干部的培训，宣传好环境保护“党政同责”、“终身追责”等重要内容，树立科学的发展观和正确的政绩观，提高“关键少数”保护环境的责任意识；抓好企业负责人的培训，做好环境法制宣传，每年开展百人以上“企业环境责任”培训，促使企业履行社会责任，提高排污企业的守法意识；抓好公众的培训，加大科普力度，围绕公众关心的环保热点话题，通过线上线下传播途径，每年组织全民大讨论，面向妇女、青少年组织开展科普宣讲培训；围绕公众关心的热点环境问题，面向环保社会组织每年举办专题研讨班。

2．提高环保宣传品的艺术感染力。围绕环保中心任务和重点工作，结合重点环境纪念日主题，紧扣人民群众广为关注的雾霾、核电、化工、垃圾、辐射、水污染、土壤污染等热点、焦点问题，每年组织编写群众喜闻乐见的宣传材料，策划制作宣传挂图、宣传短片、公益广告、动漫和微电影，不断提升各类环保宣传品的质量，增强艺术性，扩大覆盖面，提高影响力。

3．打造环保公益活动品牌。充分发挥环境日、世界地球日、国际生物多样性日等重大环保纪念日独特的平台作用，精心策划，组织全国联动的大型宣传活动，形成宣传冲击力。深入推进环保进企业、进社区、进乡村、进学校、进家庭活动，每年组织具有较大社会影响力的宣传活动，培育绿色生活方式。进一步贴近实际、贴近生活、贴近群众，努力打造一批环保公益活动品牌。把“绿色中国年度人物”、“中华环境奖”、“中国生态文明奖”评选表彰做大做强。

### （四）推进学校环境教育，培育青少年生态意识

1．培育中小学生保护生态环境的意识。总结各地各部门环境教育立法实践，支持推动地方性环境教育法规的立法工作。适时修订《中小学环境教育专题教育大纲》和《中小学环境教育实施指南（试行）》。中小学相关课程中加强环境教育内容要求，促进环境保护和生态文明知识进课堂、进教材。加强环境教育师资培训，编写环境教育丛书。积极发挥全国中小学环境教育社会实践基地的作用，组织开展环境教育课外实践活动。

2．提高高校环境课程教学水平。加强高等院校环境类学科专业建设，根据学校特点有针对性地培养研究型、应用型人才。加强环境类专业实践环节和教材开发力度。鼓励高校开设环境保护选修课，建设或选用环境保护在线开放课程。积极支持大学生开展环保社

会实践活动。

3．培养环保职业专业人才。发挥环保职业教育教学指导委员会的作用，加强对环保职业教育人才需求预测、专业设置、教材建设、师资队伍、校企合作等方面的指导，培养更多更好的环境保护专业人才。推行全国统一的国家环保职业资格证书制度，健全环保技术技能人才评价体系，完善环保职业岗位规范，全面提高环保职业从业者专业水平。

### （五）积极促进公众参与，壮大环保社会力量

1．保障公众环境保护知情权。规范环境信息公开。提升环境信息和数据通俗性和便民度，帮助公众及时获取政府发布的环境质量状况、重要政策措施、企事业单位的环境信息、企业环境风险及相关应急预案信息、突发环境事件信息等。加强环境信息库建设。推进企业发布环境社会责任报告。

2．拓宽公众参与渠道。完善公众参与的制度程序，引导公众依法、有序地参与环境立法、环境决策、环境执法、环境守法和环境宣传教育等环境保护公共事务，搭建公众参与环境决策的平台。建立环境决策民意调查制度。开展公众开放日活动。制定和实施重大项目环境保护公众参与计划，在建设项目立项、实施、后评价等环节，有序提高公众参与程度。

3．发挥环保社会组织和志愿者积极作用。加强环保社会组织、环保志愿者的能力培训和交流平台建设。支持环保志愿者参与环保公益活动，引导培育环保社会组织专业化成长，鼓励符合条件的环保社会组织依法对污染环境、破坏生态等损害社会公共利益的行为开展公益诉讼。鼓励开展向环保社会组织购买服务。

## 四、保障措施

### （一）加强组织领导

成立《全国环境宣传教育工作纲要（2016—2020 年）》实施工作领导小组，对全国的环境宣传教育工作进行指导。各级环保部门要统筹谋划，定期研究分析环境宣传教育工作面临的形势和任务，加强工作指导和检查。宣传、教育、文明办等部门，工会、共青团、妇联等社会团体要发挥各自优势，共同形成环境宣传教育工作大格局，充分发挥宣传教育促进生态文明建设和环境保护的引导、支撑和保障作用。

### （二）加强能力建设

成立环境宣传教育工作专家委员会，为环境宣传教育工作提供智力支持。定期开展培训和交流，提高宣传教育干部的业务水平和工作能力。加强国际合作，拓宽视野，借鉴国际社会的有益经验和做法。研究环境宣传教育工作的规律和特点，总结实践经验，推进规范化建设。加大资金投入力度，为环境宣传教育工作提供经费保障。

### （三）加强考核激励

依法开展环境宣传教育工作，不断完善环境宣传教育工作评价考核机制，督促各级人

民政府和有关部门履行环境宣传教育工作的法律责任。适时通报各地区、各部门开展环境宣传教育情况。对环境宣传教育工作做出突出贡献的单位和人员予以表彰。

## 关于通报表扬全国自然保护区集体和个人的决定

环生态〔2016〕61 号

各省、自治区、直辖市环境保护厅（局）、国土资源厅（局）、水利（水务）厅（局）、农业厅（局）、林业厅（局）、海洋厅（局），中国科学院华南植物园：

2016 年是中国自然保护区事业发展 60 周年。经过 60 年发展，我国自然保护区建设和管理取得了显著成绩。自然保护区是推进生态文明、建设美丽中国的重要载体，在保护生物多样性、筑牢生态安全屏障、确保各类自然生态系统安全稳定、改善生态环境质量等方面发挥了重要作用。在党中央、国务院和地方各级人民政府的领导下，全国广大自然保护区工作者忠于职守、爱岗敬业、团结一致、艰苦奋斗、无私奉献，涌现出一批成绩卓著、贡献突出的集体和个人。

为树立典型、表扬先进，进一步激励全国自然保护区工作者开拓进取、创先争优、严格执法，不断提高全国自然保护区建设和管理水平，全面推进自然保护区事业的健康可持续发展，经认真研究，环境保护部、国土资源部、水利部、农业部、国家林业局、中国科学院、国家海洋局决定，对在自然保护区工作中表现突出的 42 个自然保护区集体和 102 名自然保护区个人给予通报表扬。

希望受到通报表扬的自然保护区集体和个人珍惜荣誉，发扬成绩，戒骄戒躁，再接再厉。全国自然保护区工作者要以先进典型为榜样，发扬勤勤恳恳、艰苦奋斗、乐于奉献、奋发有为的精神，牢固树立并积极践行创新、协调、绿色、开放、共享新发展理念，努力推进生态文明建设，为全面提高我国自然保护区建设和管理水平，开创自然保护区事业新局面做出新的贡献。

附件：全国自然保护区集体和个人通报表扬名单

环境保护部　国土资源部
水利部　农业部　林业局
中科院　海洋局
2016 年 5 月 19 日

附件

# 全国自然保护区集体和个人通报表扬名单

## 一、全国自然保护区集体（42个）

**北京市**

北京松山国家级自然保护区管理处

**天津市**

天津八仙山国家级自然保护区管理局

**河北省**

河北小五台山国家级自然保护区管理局

**山西省**

山西五鹿山国家级自然保护区管理局

**内蒙古自治区**

内蒙古鄂托克恐龙遗迹化石自然保护区管理局

内蒙古呼伦湖国家级自然保护区管理局

**辽宁省**

辽宁仙人洞国家级自然保护区管理局

**吉林省**

吉林查干湖国家级自然保护区管理局

吉林长白山国家级自然保护区管理局

**黑龙江省**

黑龙江宝清七星河国家级自然保护区管理局

**上海市**

上海市九段沙湿地自然保护区管理署

上海市崇明东滩鸟类自然保护区管理处

**江苏省**

江苏大丰麋鹿国家级自然保护区管理处

**浙江省**

浙江清凉峰国家级自然保护区管理局

**安徽省**

安徽扬子鳄国家级自然保护区管理局

**福建省**

厦门珍稀海洋物种国家级自然保护区管委办

福建武夷山国家级自然保护区管理局

**江西省**

江西桃红岭梅花鹿国家级自然保护区管理局

**山东省**

山东昆嵛山国家级自然保护区管理局

**河南省**

河南董寨国家级自然保护区管理局

**湖北省**

石首麋鹿国家级自然保护区管理处

湖北神农架国家级自然保护区管理局

**湖南省**

湖南八大公山国家级自然保护区管理处

**广东省**

广东湛江红树林国家级自然保护区管理局

广东雷州珍稀海洋生物国家级自然保护区管理局

**广西壮族自治区**

广西木论国家级自然保护区管理局

**海南省**

海南鹦哥岭国家级自然保护区管理站

**重庆市**

重庆缙云山国家级自然保护区管理局

**四川省**

四川唐家河国家级自然保护区管理局

**贵州省**

贵州梵净山国家级自然保护区管理局

**云南省**

云南哀牢山国家级自然保护区无量山国家级自然保护区景东管理局

云南纳板河国家级自然保护区管理局

**西藏自治区**

西藏羌塘国家级自然保护区双湖管理分局

**陕西省**

陕西省渔业局

陕西牛背梁国家级自然保护区管理局

**甘肃省**

甘肃尕海-则岔国家级自然保护区管理局

**青海省**

青海祁连山省级自然保护区管理局

**宁夏回族自治区**

宁夏六盘山国家级自然保护区管理局

**新疆维吾尔自治区**

新疆托木尔峰国家级自然保护区管理局

**农业部**

农业部草原监理中心保护处

**最高人民法院**

环境资源审判庭第三合议庭

**公安部**

治安管理局剧毒与放射性物品安全监管处

## 二、全国自然保护区个人（102 名）

| | |
|---|---|
| 刘　东 | 北京百花山国家级自然保护区管理处 |
| 吴记贵 | 北京松山国家级自然保护区管理处 |
| 刘国泉 | 天津八仙山国家级自然保护区管理局 |
| 尚成海 | 天津北大港湿地自然保护区管理中心 |
| 段新玉 | 河北昌黎黄金海岸国家级自然保护区管理处 |
| 张希军 | 河北雾灵山国家级自然保护区管理局 |
| 李宏凯 | 河北衡水湖国家级自然保护区管理委员会 |
| 王建军 | 山西历山国家级自然保护区管理局 |
| 王洪亮 | 山西芦芽山国家级自然保护区管理局 |
| 张书理 | 内蒙古自治区赤峰市林业局 |
| 包智强 | 内蒙古自治区巴彦淖尔市国土资源局 |
| 布和特木尔 | 内蒙古阿鲁科尔沁国家级自然保护区管理局 |
| 岳继雄 | 内蒙古乌拉特国家级自然保护区管理局 |
| 虞　炜 | 内蒙古包头市南海湿地管理处 |
| 赵长安 | 内蒙古森林工业集团有限责任公司 |
| 唐晓勇 | 内蒙古森林工业集团有限责任公司 |
| 焦凤荣 | 辽宁省海洋与渔业厅 |
| 严梅芳 | 辽宁丹东鸭绿江口湿地国家级自然保护区管理局 |
| 杨树勇 | 辽宁海棠山国家级自然保护区管理局 |
| 李秀国 | 辽宁白狼山国家级自然保护区管理局 |
| 齐科翀 | 吉林省水利厅渔业局 |
| 宋立新 | 吉林伊通火山群国家级自然保护区管理局 |
| 包文军 | 吉林查干湖国家级自然保护区管理局 |
| 李　成 | 吉林黄泥河国家级自然保护区管理局 |
| 王福有 | 吉林汪清国家级自然保护区管理局 |
| 李志宏 | 吉林长白山自然保护管理中心 |
| 黄俊阳 | 黑龙江省林业厅 |
| 杨士凤 | 黑龙江新青白头鹤国家级自然保护区管理局 |

| | |
|---|---|
| 郑志刚 | 黑龙江三江国家级自然保护区管理局 |
| 张春雷 | 黑龙江老爷岭东北虎国家级自然保护区管理局 |
| 李连军 | 黑龙江多布库尔国家级自然保护区管理局 |
| 张君臣 | 黑龙江岭峰省级自然保护区管理处 |
| 钮栋梁 | 上海崇明东滩鸟类自然保护区管理处 |
| 马　强 | 上海崇明东滩鸟类自然保护区管理处 |
| 姚志刚 | 江苏省野生动植物保护站 |
| 孙大明 | 江苏大丰麋鹿国家级自然保护区管理处 |
| 马向东 | 江苏泗洪洪泽湖湿地国家级自然保护区管理处 |
| 蔡厚才 | 浙江南麂列岛国家级自然保护区管理局 |
| 陈声文 | 浙江古田山国家级自然保护区管理局 |
| 叶立新 | 浙江凤阳山—百山祖国家级自然保护区管理局凤阳山管理处 |
| 郑邦友 | 安徽铜陵淡水豚国家级自然保护区管理局 |
| 汪文革 | 安徽鹞落坪国家级自然保护区管委会 |
| 蒲发光 | 安徽天马国家级自然保护区管理局 |
| 王山青 | 安徽清凉峰国家级自然保护区歙县管理站 |
| 杨元增 | 福建君子峰国家级自然保护区管理局 |
| 方柏州 | 福建漳江口红树林国家级自然保护区管理局 |
| 黄兆锋 | 福建梅花山国家级自然保护区管理局 |
| 黄志强 | 江西省野生动植物保护管理局 |
| 姚小华 | 江西官山国家级自然保护区管理局 |
| 赵亚杰 | 山东黄河三角洲国家级自然保护区管理局 |
| 于壮志 | 山东荣成大天鹅国家级自然保护区管理处 |
| 张怀渤 | 山东滨州贝壳堤岛国家级自然保护区管理局 |
| 孙小波 | 河南宝天曼国家级自然保护区管理局 |
| 李培学 | 河南鸡公山国家级自然保护区管理局 |
| 黄治国 | 湖北省林业厅 |
| 胡永国 | 湖北青龙山恐龙蛋化石群国家级自然保护区管理处 |
| 宋春禄 | 湖北七姊妹山国家级自然保护区管理局 |
| 姚　毅 | 湖南东洞庭湖国家级自然保护区管理局 |
| 梅碧球 | 湖南西洞庭湖国家级自然保护区管理局 |
| 陈　军 | 湖南莽山国家级自然保护区管理局 |
| 向国润 | 湖南省张家界市阳江坪村 |
| 张政平 | 广东省韶关市南雄市国土资源局 |
| 陈志明 | 广东南岭国家级自然保护区管理局 |
| 李远球 | 广东石门台国家级自然保护区管理局 |
| 钟平生 | 广东南雄小流坑-青嶂山省级自然保护区管理处 |
| 廖德宝 | 广西花坪国家级自然保护区管理局 |
| 刘晟源 | 广西弄岗国家级自然保护区管理局 |

| | |
|---|---|
| 齐旭明 | 海南霸王岭国家级自然保护区管理局 |
| 廖高峰 | 海南鹦哥岭国家级自然保护区管理站 |
| 张世强 | 重庆大巴山国家级自然保护区管理局 |
| 熊　森 | 重庆开县澎溪河湿地市级自然保护区管理局 |
| 杨永琼 | 四川攀枝花苏铁国家级自然保护区管理局 |
| 赵联军 | 四川王朗国家级自然保护区管理局 |
| 郑维超 | 四川省唐家河国家级自然保护区管理处 |
| 胡明珠 | 四川花萼山国家级自然保护区管理处 |
| 刘玉峰 | 贵州省渔业局 |
| 石　磊 | 贵州梵净山国家级自然保护区管理局 |
| 赵　恒 | 贵州佛顶山国家级自然保护区管理局 |
| 宦国跃 | 云南省会泽黑颈鹤国家级自然保护区管理局 |
| 和晓阳 | 云南高黎贡山国家级自然保护区贡山管理局 |
| 喻智勇 | 云南金平分水岭国家级自然保护区管护局 |
| 姚正扬 | 云南西双版纳国家级自然保护区科研所 |
| 拉巴次仁 | 西藏自治区类乌齐县森林公安局 |
| 晋　美 | 西藏自治区日喀则市林业局 |
| 普布扎西 | 西藏自治区阿里地区革吉县林业局 |
| 来国瑞 | 陕西省林业厅 |
| 马向祖 | 陕西长青国家级自然保护区管理局 |
| 陈馥盛 | 甘肃省农牧厅 |
| 张永虎 | 甘肃兴隆山国家级自然保护区管理局 |
| 杨永伟 | 甘肃安西极旱荒漠国家级自然保护区管理局 |
| 袁峰晓 | 甘肃白水江国家级自然保护区管理局 |
| 赵新录 | 青海可可西里国家级自然保护区索南达杰保护站 |
| 吴　涛 | 宁夏贺兰山国家级自然保护区管理局 |
| 刘高峰 | 宁夏罗山国家级自然保护区管理局 |
| 张　信 | 宁夏云雾山国家级自然保护区管理局 |
| 徐福军 | 新疆阿尔泰山两河源自然保护区管理局 |
| 木太力甫·托乎提 | 新疆帕米尔高原湿地自然保护区管理站 |
| 赵　明 | 新疆生产建设兵团第八师森林公安局 |
| 张金鹏 | 农业部畜牧业司草原处 |
| 唐小平 | 国家林业局调查规划设计院 |
| 杜　华 | 国家林业局自然保护区研究中心 |
| 周国逸 | 中国科学院华南植物园 |

# 关于表扬全国生态环境十年变化（2000—2010 年）遥感调查与评估项目中表现突出的集体和个人的通报

环生态〔2016〕154 号

各省、自治区、直辖市环境保护厅（局），新疆生产建设兵团环境保护局，环境保护部有关直属单位，中科院有关研究院（所、中心）：

由环境保护部和中科院联合实施的全国生态环境十年变化（2000—2010 年）遥感调查与评估项目（以下简称项目）已经顺利完成，项目成果已上报国务院。国务院领导同志做出重要批示，给予充分肯定。项目调查评估成果已在“十三五”生态环境保护规划制定、全国生态保护红线划定以及全国生态功能区划修编等工作中得到应用。

为树立典型、表扬先进，进一步调动和发挥项目任务承担单位和相关人员的积极性和创造性，更好地共同推动我国生态环境保护和生态文明建设，经研究，环境保护部和中科院决定联合对项目实施过程中表现突出、成绩显著的 45 个集体和 158 名个人给予通报表扬。

希望受到通报表扬的集体和个人珍惜荣誉，发扬成绩，为生态环境保护事业再立新功。有关单位和人员要以先进典型为榜样，努力推进全国生态状况调查评估等工作，为加强生态文明建设、开创生态环境保护事业新局面做出新的贡献。

附件：全国生态环境十年变化（2000—2010 年）遥感调查与评估项目通报表扬集体和个人名单

环境保护部
中　科　院
2016 年 10 月 30 日

**附件**

## 全国生态环境十年变化（2000—2010 年）遥感调查与评估项目通报表扬集体和个人名单

### 一、通报表扬集体

北京市环境保护监测中心

天津市环境规划院
河北省环境科学研究院
山西省环境保护厅自然生态与农村环境保护处
内蒙古自治区环境监测中心站
辽宁省环境科学研究院
吉林省环境科学研究院
黑龙江省环境科学研究院
上海市环境科学研究院生态所
江苏省环境监测中心
浙江省环境监测中心
安徽省环境监测中心站
福建师范大学地理研究所
江西省环境保护科学研究院
山东省环境监测中心站
河南省科学院地理研究所
湖北省环境保护厅自然生态与农村环境保护处
湖南省环境监测中心站
广东省环境保护厅生态与农村环境保护处
广西壮族自治区环境保护厅自然生态与农村环境保护处
海南省环境科学研究院（海南省环境监测中心站）
重庆市环境保护局农村环境保护处
四川省环境保护科学研究院环境生态研究所
贵州省环境保护厅自然生态处
云南省环境保护厅自然生态保护处
西藏自治区环境监测中心站
陕西省环境保护厅自然生态保护处
甘肃省环境科学设计研究院
宁夏回族自治区环境监测中心站
新疆维吾尔自治区环境保护科学研究院
新疆生产建设兵团环境监测中心站
中国环境科学研究院生态所
中国环境监测总站生态环境监测室
环境保护部南京环境科学研究所自然保护与生物多样性研究中心
环境保护部华南环境科学研究所环境信息技术研究团队
环境保护部环境规划院生态与农村环境规划部
环境保护部卫星环境应用中心生态环境遥感部
环境保护部卫星环境应用中心运行管理部
中科院生态环境研究中心城市与区域生态国家重点实验室
中科院生态环境研究中心生态系统评价与规划研究组

中科院地理学与资源科学研究所资源与环境信息系统国家重点实验室
中科院东北地理与农业生态研究所科研计划处
中科院动物研究所农业虫害鼠害综合治理研究国家重点实验室
中科院寒区旱区环境与工程研究所中科院沙漠与沙漠化重点实验室
中科院遥感与数字地球研究所数字农业研究室

## 二、通报表扬个人

李　鹏　　北京市环境保护局水和生态环境管理处
姜　磊　　北京市环境保护监测中心
刘春兰　　北京市环境保护科学研究院
张征云　　天津市环境规划院
郭　健　　天津市环境规划院
岳　昂　　天津市环境监测中心
王　伟　　河北省环境科学研究院
万宝春　　河北省环境科学研究院
李霄宇　　河北省环境科学研究院
李光毅　　山西省环境保护厅自然生态与农村环境保护处
党晋华　　山西省环境科学研究院
马晓勇　　山西省环境科学研究院
苏金华　　内蒙古自治区排污权交易管理中心
布仁图雅　内蒙古自治区环境监测中心站生态监测室
高学磊　　内蒙古自治区环境监测中心站生态监测室
李　冬　　辽宁省环境保护厅
吕久俊　　辽宁省环境科学研究院
李　杨　　辽宁省环境监测实验中心
王宏媛　　吉林省环境保护厅
陈明辉　　吉林省环境科学研究院
王　媛　　吉林省环境科学研究院
卢云峰　　黑龙江省环境保护厅自然生态保护处
张显辉　　黑龙江省环境科学研究院
尚艳红　　黑龙江省环境科学研究院
吴劲松　　上海市环境保护局
王　敏　　上海市环境科学研究院
吴　健　　上海市环境科学研究院
戢启宏　　江苏省环境保护厅
牛志春　　江苏省环境监测中心
姜　晟　　江苏省环境监测中心
葛伟华　　浙江省环境保护厅生态处

| | |
|---|---|
| 于海燕 | 浙江省环境监测中心生态监测与评价研究所 |
| 邓劲松 | 浙江大学环境与资源学院 |
| 孙立剑 | 安徽省环境监测中心站 |
| 钱贞兵 | 安徽省环境监测中心站 |
| 徐　升 | 安徽省环境监测中心站 |
| 陈兴伟 | 福建师范大学地理研究所 |
| 林　燊 | 福建省环境保护厅自然生态保护处 |
| 陈良圣 | 福建省环境保护厅自然生态保护处（借用） |
| 彭延治 | 江西省环境保护厅 |
| 廖　兵 | 江西省环境保护科学研究院 |
| 王　伟 | 江西省环境保护科学研究院 |
| 田贵全 | 山东省环境监测中心站 |
| 孟祥亮 | 山东省环境监测中心站 |
| 王兆军 | 济南市环境监测中心站 |
| 曹琼辉 | 河南省环境保护厅 |
| 李　洁 | 河南省环境保护厅 |
| 钱发军 | 河南省科学院地理研究所 |
| 朱　艳 | 湖北省环境保护厅自然生态与农村环境保护处 |
| 王玲玲 | 湖北省环境科学研究院 |
| 廖　琪 | 湖北省环境科学研究院 |
| 曾凡文 | 湖南省环境保护厅自然生态保护处 |
| 易　敏 | 湖南省环境监测中心站 |
| 胡树林 | 湖南省环境监测中心站 |
| 黄优勤 | 广东省环境保护厅固废重金属处 |
| 肖荣波 | 广东省环境科学研究院生态研究所 |
| 庄长伟 | 广东省环境科学研究院生态研究所 |
| 蒋　波 | 广西壮族自治区环境保护厅 |
| 邹绿柳 | 广西壮族自治区林业勘察设计院生态规划所 |
| 于　嵘 | 广西壮族自治区环境保护科学研究院环境规划研究中心 |
| 王清奎 | 海南省生态环境保护厅环境监测与科技标准处 |
| 史建康 | 海南省环境科学研究院（海南省环境监测中心站） |
| 关学彬 | 海南省环境科学研究院（海南省环境监测中心站） |
| 张　晟 | 重庆市环境科学研究院 |
| 杨春华 | 重庆市环境监测中心 |
| 李月臣 | 重庆师范大学 |
| 方自力 | 四川省环境保护科学研究院 |
| 谢　强 | 四川省环境保护科学研究院 |
| 杨　渺 | 四川省环境保护科学研究院 |
| 张　韬 | 贵州省环境保护厅自然生态处 |

刘　春　　贵州省环境保护厅监测处
夏　园　　贵州省环境保护厅自然生态处
吴学灿　　云南省环境科学研究院
周盈涛　　云南省环境科学研究院
胡　箭　　云南省环境保护厅自然生态保护处
加央多吉　西藏自治区措勤县环境保护局
刘丽君　　西藏自治区环境保护厅自然生态保护处
蒋小兰　　西藏自治区环境保护厅自然生态保护处
李旭辉　　陕西省环境保护厅自然生态保护处
丁　强　　陕西省环境监测中心站综合室
罗仪宁　　陕西省环境监测中心站综合室
王　斌　　甘肃省环境保护厅自然生态保护处
王伟红　　甘肃省环境科学设计研究院
孙旭伟　　甘肃省环境科学设计研究院
丁玲玲　　青海省生态环境遥感监测中心
唐文家　　青海省生态环境遥感监测中心
强建宁　　青海省环境监测中心站
王彤贤　　宁夏回族自治区环境保护厅自然生态保护处
王耀宗　　宁夏回族自治区环境监测中心站生态室
刘志鹏　　宁夏回族自治区环境监测中心站生态室
阴俊齐　　新疆维吾尔自治区环境保护科学研究院
朱海涌　　新疆维吾尔自治区环境监测总站
陈　丽　　新疆维吾尔自治区环境保护科学研究院
徐　婕　　新疆生产建设兵团环境保护局自然生态保护处
侯秀玲　　新疆生产建设兵团环境监测中心站
卢响军　　新疆生产建设兵团环境监测中心站
王文杰　　中国环境科学研究院信息所
李岱青　　中国环境科学研究院生态所
王　维　　中国环境科学研究院信息所
徐延达　　中国环境科学研究院生态所
董贵华　　中国环境监测总站生态环境监测室
马广文　　中国环境监测总站生态环境监测室
曹铭昌　　环境保护部南京环境科学研究所
钱者东　　环境保护部南京环境科学研究所
吴　翼　　环境保护部南京环境科学研究所
杨大勇　　环境保护部华南环境科学研究所
于锡军　　环境保护部华南环境科学研究所
宋巍巍　　环境保护部华南环境科学研究所
饶　胜　　环境保护部环境规划院

| | |
|---|---|
| 柴慧霞 | 环境保护部环境规划院 |
| 王　桥 | 环境保护部卫星环境应用中心 |
| 侯　鹏 | 环境保护部卫星环境应用中心 |
| 张　峰 | 环境保护部卫星环境应用中心 |
| 王昌佐 | 环境保护部卫星环境应用中心 |
| 申文明 | 环境保护部卫星环境应用中心 |
| 刘晓曼 | 环境保护部卫星环境应用中心 |
| 李　静 | 环境保护部卫星环境应用中心 |
| 刘慧明 | 环境保护部卫星环境应用中心 |
| 肖　桐 | 环境保护部卫星环境应用中心 |
| 高彦华 | 环境保护部卫星环境应用中心 |
| 屈　冉 | 环境保护部卫星环境应用中心 |
| 李　营 | 环境保护部卫星环境应用中心 |
| 李利军 | 环境保护部卫星环境应用中心 |
| 欧阳志云 | 中科院生态环境研究中心 |
| 郑　华 | 中科院生态环境研究中心 |
| 周伟奇 | 中科院生态环境研究中心 |
| 陈利顶 | 中科院生态环境研究中心 |
| 冯晓明 | 中科院生态环境研究中心 |
| 陈保冬 | 中科院生态环境研究中心 |
| 肖　燚 | 中科院生态环境研究中心 |
| 徐卫华 | 中科院生态环境研究中心 |
| 邓红兵 | 中科院生态环境研究中心 |
| 王效科 | 中科院生态环境研究中心 |
| 马克明 | 中科院生态环境研究中心 |
| 饶恩明 | 中科院生态环境研究中心 |
| 张　路 | 中科院生态环境研究中心 |
| 刘高焕 | 中科院地理学与资源科学研究所 |
| 邵全琴 | 中科院地理学与资源科学研究所 |
| 谢高地 | 中科院地理学与资源科学研究所 |
| 王秋凤 | 中科院地理学与资源科学研究所 |
| 谈明洪 | 中科院地理学与资源科学研究所 |
| 王小丹 | 中科院成都山地灾害与环境研究所 |
| 李爱农 | 中科院成都山地灾害与环境研究所 |
| 唐立娜 | 中科院城市环境研究所 |
| 王宗明 | 中科院东北地理与农业生态研究所 |
| 戈　峰 | 中科院动物研究所 |
| 颜长珍 | 中科院寒区旱区环境与工程研究所 |
| 王学志 | 中科院计算机网络信息中心 |

黄宝荣　　中科院科技政策与管理科学研究所
段学军　　中科院南京地理与湖泊研究所
陈劲松　　中科院深圳先进技术研究院
黄进良　　中科院武汉测量与地球物理研究所
包安明　　中科院新疆生态与地理研究所
吴炳方　　中科院遥感与数字地球研究所
何国金　　中科院遥感与数字地球研究所
焦伟利　　中科院遥感与数字地球研究所
黄振英　　中科院植物研究所
张明阳　　中科院亚热带农业生态研究所

# 关于印发《国家环境保护“十三五”科技发展规划纲要》的通知

环科技〔2016〕160 号

各省、自治区、直辖市环境保护厅（局）、科技厅（科委），新疆生产建设兵团环境保护局、科技局，环境保护部、科技部各直属单位：

为贯彻落实《关于加快推进生态文明建设的意见》和《国家创新驱动发展战略纲要》，提升环境科技创新能力，我们组织编制了《国家环境保护“十三五”科技发展规划纲要》（见附件）。现印发给你们，请参照执行。

附件：国家环境保护“十三五”科技发展规划纲要

环境保护部　科技部
2016 年 11 月 9 日

**附件**

## 国家环境保护“十三五”科技发展规划纲要

### 一、“十三五”环保科技发展的形势与需求

#### （一）《国家环境保护“十二五”科技发展规划》执行情况

党中央、国务院高度重视环境保护和环保科技工作。“十二五”期间，国家继续实施

水体污染控制与治理科技重大专项（以下简称水专项），不断加大公益性行业科研专项、国家科技支撑计划等国家科技计划对环保科技的支持力度，《国家环境保护“十二五”科技发展规划》布局的重点领域有序推进，取得了显著进展。

在水污染防治领域，水专项共设置100个项目、259个课题，开展了流域减负修复关键技术、饮用水安全保障技术和水环境监控预警业务化运行技术研究；在其他科技计划中，开展了全国地下水污染综合调查评价、华北平原典型地区地下水污染防控，以及简易垃圾填埋场、废弃矿井等对地下水污染风险评价和管理等研究。在大气污染防治领域，实施了“清洁空气研究计划”和“蓝天科技工程专项”，开展了大气颗粒物和臭氧等污染物的地区间输送机理、京津冀区域重污染形成过程机理、重点区域大气环境质量改善技术、大气污染预测预警和大气重污染应急技术，以及机动车尾气、挥发性有机物和汞、含氢氯氟烃等控制技术研究。在土壤污染防治领域，开展了农村土壤环境管理与土壤污染风险管控、典型工业污染场地土壤污染风险评估和修复、矿区和油田区土壤污染控制与生态修复、土壤环境保护法律法规和标准制定等研究。在生态保护与建设领域，开展了生态环境基础研究以及重要生态功能区、资源开发区、农村地区、生态脆弱地区等生态风险评估、生态安全监控、环境监管、生态恢复等技术研究。在核与辐射安全领域，开展了大型先进压水堆审评关键技术、环境中低水平放射性气溶胶与碘监测、核电厂安全监督运行执照文件规范化、核与辐射数据交换标准及其应用、福岛核事故后核电厂改进措施等研究。

此外，在固体废物污染防治及化学品管理、环境与健康、环境监管技术、全球环境问题研究，以及绿色经济、清洁生产和循环经济等领域也部署了一批科研项目。通过上述研究，产出了一批环境保护急需的科研成果，有力支撑了污染防治、生态保护和核与辐射安全管理工作，较好地完成了《国家环境保护“十二五”科技发展规划》提出的主要目标和任务。

### （二）“十二五”环保科技取得的主要成就

一是基础研究与创新研究成果丰硕。围绕水、大气、土壤、生态、核与辐射安全、环境健康等领域积极开展应用基础研究，加强技术创新，科技成果丰硕。其中，水专项重点突破了1000余项流域减负修复关键技术、流域水环境监控预警业务化运行技术等，申请国内国际专利2300余项（已获得授权1221项）。“清洁空气研究计划”突破了细颗粒物（$PM_{2.5}$）监测与来源解析、挥发性有机物排放源清单构建、人群健康影响评估、移动源污染控制及重点区域空气质量改善等理论与技术，探索了主要大气污染物环境空气质量标准制修订与人群健康之间的关系，以及人群环境暴露行为模式、重金属污染健康风险分区分级等理论与技术。探索了设施农业土壤环境质量变化与风险控制关键技术，突破了有机物污染土壤及重金属污染土壤的关键修复技术。

截至2015年底，共有675项基础理论类、软科学类和应用技术类成果获得国家环境保护科技成果登记。“有机废物生物强化腐殖化及腐植酸高效提取循环利用技术”获国家技术发明二等奖，“环境一号卫星环境应用系统工程”“湖泊底泥污染控制理论技术与应用”“中国生态交错带生态价值评估与恢复治理关键技术”等获国家科技进步二等奖。310项成果获得环境保护科学技术奖励，其中，一等奖30项、二等奖120项、三等奖158项，科普类奖2项。

二是科技成果有效支撑了环境管理。按照环境管理的需求，建立了“边研究、边产出、边应用”的工作机制。水专项成果支持了一批水环境领域国家政策、标准的制定，支撑了国家《水污染防治行动计划》的编制和实施，提升了国家环境监管能力和水平，有力支撑了国家和地方的污染减排、水质改善和水环境修复。依托“清洁空气研究计划”，先后制定发布《大气细颗粒物（$PM_{2.5}$）源排放清单编制技术指南（试行）》等 8 项技术指南，初步形成了我国大气污染物源排放清单编制技术支撑体系，为污染物总量减排、空气质量达标等提供了核心支撑。国家重大科学仪器设备开发专项成果大大提升了国产化监测仪器的竞争力和市场份额。利用高分一号卫星平台在京津冀、长三角、珠三角等重点区域开展灰霾、大气污染源排放和湖泊水华等遥感监测应用，为南京青奥会、北京亚太经合组织（APEC）领导人非正式会议环境质量保障提供了技术支持。农用地、工业场地土壤环境调查、风险评估和修复等研究成果为我国《污染场地风险评估技术导则》等标准出台以及《土壤环境质量标准》的修订提供了技术基础。物种资源及相关传统知识调查、评价和观测等工作为《生物多样性观测技术导则》《区域生物多样性评价标准》等提供了技术基础。基于分区管理的生态文明建设指标体系和绩效评估方法研究等成果支撑了生态文明示范区建设，我国国土生态安全格局构建关键技术与保护战略研究推动了生态保护红线划定工作。完成了核电厂安全监管运行执照文件规范化研究，依托国家科技重大专项，形成一系列国际先进压水堆安全审评技术，并应用于自主设计的中国先进压水堆核电站（CAP1000）和“华龙一号”的核安全审评工作。

三是环保科研能力得到明显提升。环保系统第一个国家重点实验室——环境基准与风险评估国家重点实验室经科技部批准建设并通过验收，为我国环境基准与风险评估领域的研究搭建了高水平科研平台。“十二五”期间，批准建设了大气复合污染来源与控制、饮用水水源地保护等 14 个国家环境保护重点实验室，以及大气、土壤等领域 19 个国家环境保护工程技术中心。启动国家环境保护科学观测研究站建设，制定并发布《国家环境保护科学观测研究站管理办法（试行）》。发展改革委批复了国家核与辐射安全监管技术研发基地建设，建成核电厂全范围验证模拟机平台，提高了核与辐射安全监管技术支撑能力。环境保护部与科技部联合批准建设了 22 个国家环保科普基地。

创新人才培养取得新进展。“十二五”期间，环保系统新增中国工程院院士 1 名、中组部“万人计划”领军人才 3 名、科技部中青年科技创新领军人才 2 名、科技部重点领域创新团队 2 个、国家杰出青年基金项目获得者 1 名、自然科学基金创新研究群体 1 个、优秀青年基金项目获得者 2 名。发布《环境保护部专业技术领军人才和青年拔尖人才选拔培养办法（试行）》，首批选拔环境保护领军人才 19 名、环境保护青年拔尖人才 54 名。

### （三）环保科技存在的主要问题

一是环保科研前瞻引领不够。部分环保科研工作疲于应对当前的环境管理工作需求，缺乏对环境问题的适度超前预判研究，有时甚至处于被动应对局面。在环境基础理论和基础工作方面，对大气复合污染、地下水污染、土壤重金属污染、电子废物污染、放射性废物污染、环境污染健康影响，以及重大工程引发的环境问题等新型和复杂环境问题的成因、机理和机制研究不足，科技引领有待进一步加强。

二是环保科研整体统筹协调不足。环保科研顶层设计不足，部分科研项目立项、实施和管理存在条块分割、交叉重复现象，缺乏有效的沟通协调机制。一些研究项目在立项过程中对国家环保形势、环保政策分析不够，对国家环保科技需求定位不准，科技支撑能力有待进一步加强。

三是环保科技创新能力仍然薄弱。环保系统科研队伍规模小，环保科技领军人才不足，地方环保科研能力十分薄弱。国家环境保护重点实验室和工程技术中心布局尚不完善，建设与运行资金缺乏保障，环境保护科学观测研究站建设刚刚起步。环保领域技术创新能力不足，环境管理需要的科技创新能力有待进一步加强。

四是环保科技体制机制亟待深化改革。科技投入中竞争性投入比例过大，缺乏对公益性科研机构长期稳定支持，不利于科研工作的系统性和延续性开展。环保科技创新成果转化为实际应用不畅，对环境管理的支撑作用不明显，对环保产业的带动能力不强。人才培养和激励机制有待进一步完善。国家环境保护重点实验室和工程技术中心尚需建立有效的评估和退出机制。

### （四）环保科技发展趋势与需求

1．国际环保科技发展趋势

一是更加关注生态环境风险和人群健康问题。欧美日等发达国家和地区已经过工业化高速发展时期，常规污染问题得到了解决，现阶段重点关注环境风险识别和风险防控问题。主要表现在：更加注重环境污染物和化学品的风险评估和风险控制技术研究。注重过程高效、结果准确、物种本土化的全生命周期毒性测试与预测技术的开发。重视源头上的绿色替代和末端治理的协同控制，以降低环境风险、保护公众健康。

二是更加注重解决复合性、系统性环境问题。地球系统科学研究取得了一系列重要进展，初步建立了以全球变化研究为目的的全球立体观测体系和研究网络，为各级政府提供了科学服务。环境问题需要系统解决，国际上环保科技已从单要素转向多要素综合研究、从局部地区污染防治向区域尺度甚至全球尺度生态环境问题研究转变。主要表现在：环境科学研究进入以地球系统为对象的综合集成研究阶段，开展了天地一体化、多环境要素交互影响的区域生态系统研究，建立了高度发达的环境信息网络，实现了环境要素的长期连续观测，能够在更大程度上揭示人类活动对地球系统的影响机制。

三是更加注重多领域新技术的融合与应用。环保科技将绿色技术融入各行业各领域，从环境问题产生的根源采取措施，寻求可持续的生产和消费方式，促进环境与经济社会协调发展。随着分子技术、生物技术、新材料技术、信息技术、云计算和大数据等在环保领域的应用不断拓展和深入，发达国家突破了一批环境质量改善关键治理技术和管理技术，促进了环境质量监控、预警和环境风险防控技术的创新发展。具体表现在：分子生物技术通过基因杂交、测序来揭示微生物的遗传信息和表现性状，为在生物反应机理上认识环境微生物的遗传特性提供了有力的实验手段。无人机遥感技术向多尺度、多频率、全天候、高精度和高效快速的目标发展，大大提高了环境遥感技术的实时性和运行性。环保科技与新技术的不断融合进一步带动了环保产业大发展。

2．“十三五”我国环境保护科技需求

当前，我国经济社会呈现出从高速增长转为中高速增长，经济结构优化升级，从要素驱动、投资驱动转向创新驱动，环境承载能力已达到或接近上限，环境保护面临着诸多挑战。在面临世界经济深度调整、保护主义抬头、国际绿色贸易壁垒增大、国际履约任务繁重等形势下，国内高污染、高消耗、低附加值产业仍占很大比重，发展模式粗放等问题仍然在一些地区具有“锁定效应”，传统发展模式和路径转型难度大。另一方面，我国已进入环境高风险期，区域性、布局性、结构性环境风险更加突出，环境事故呈高发频发态势，核能核技术利用快速发展，中西部地区部分生态系统稳定性与生态服务功能呈下降趋势，守住环境安全底线的任务尤为艰巨。

“十三五”时期是我国全面建成小康社会的重要时期，是全面深化改革和加快转变经济发展方式的攻坚时期，也是全面推进依法治国的关键时期。建设生态文明迫切需要依靠科技创新突破资源环境瓶颈，环保科技要紧密围绕环保中心工作，大力推动创新发展，为改善环境质量保驾护航。

一是识别环境演变成因，引领国家环境保护方向。充分发挥环保科技的基础性、前瞻性和引领性作用，需要探明水体、大气、土壤污染成因与作用机理，为全国环境保护工作指明方向。今后一段时期，我国环保工作将更加注重环境风险的防控，需要针对重金属、持久性有机污染物等影响公众健康的重大环境问题，研究复合生态毒理效应，探索环境风险评估、控制和监测预警技术，完善支撑绿色发展和全过程污染防治的技术体系。需要针对环境质量标准制订的科学基础，进一步完善环境基准理论、技术与方法以及支撑平台，建立国家环境基准体系。

二是攻克污染治理和生态保护技术，支撑环境质量改善。按照水体、大气、土壤污染治理三大战役要求，为实现环境质量改善的目标，需要突破以环境质量为约束的污染负荷削减、环境修复以及区域联防联控技术。针对生态保护、固体废物和化学品污染防治、核与辐射安全监管，需突破生态系统和生物多样性恢复与重建、综合评估与可持续管理技术方法，建立固体废物和化学品污染的控制与管理技术体系，突破一批核设施安全运行、放射源安全使用、核废物处理处置、辐射与核事故应急等监管技术。面向我国推进“一带一路”、京津冀协同发展和长江经济带战略，需要不断依靠科学技术发展，解决国家相关战略过程中面临的区域环境问题。

三是推进环保科技体制改革，提升环保科技创新能力。针对我国环保科技整体创新能力不足问题，需要完善重点实验室、工程技术中心和科学观测研究站创新机制，建立开放的科研数据共享平台，推动产学研深入融合。加大国际科技合作力度，“引进来”和“走出去”并重，服务绿色“一带一路”建设。进一步加强队伍建设，完善人才培养机制，优化整合人才队伍，加强环保科技创新基地建设，形成与国家环保科技需求相适应的国家环保科技支撑能力。

## 二、指导思想和工作原则

### （一）指导思想

全面贯彻党的十八大和十八届三中、四中、五中、六中全会精神，以邓小平理论、“三个代表”重要思想、科学发展观为指导，深入贯彻习近平总书记系列重要讲话精神，牢固树立创新、协调、绿色、开放、共享的发展理念，全面落实《国家中长期科学和技术发展规划纲要（2006—2020年）》《国家创新驱动发展战略纲要》和《“十三五”国家科技创新规划》。立足全国科技创新大会和生态文明建设要求，以解决损害人民群众健康的生态环境问题为导向，以改善环境质量为核心，以重大科研项目和工程为依托，提升我国环保科技创新能力，为实现全面建成小康社会的奋斗目标提供强有力的环境保护科技支撑。

### （二）工作原则

1．理论创新与技术支撑相结合

通过基础研究和理论创新，探索新型环境问题，深化对现有环境问题成因和机理的认识，引领环保工作的开展。通过环境治理技术研发和环境管理技术研究，突破关键和成套技术，建立环境管理的基础数据、模型和方法，为环境保护和环境管理提供支撑和服务，提升其科学化水平。同时，建立环境治理技术推广机制，培育环保产业发展。

2．目标导向与问题导向相结合

面向国家环境保护目标，围绕污染防治、生态保护和核与辐射安全监管中可能遇到的重大热点、难点问题，加强环境保护和监管体系关键技术研发，促进发展方式的转变，支撑环境质量改善，保障生态安全和公众健康。

3．科技创新与体制创新相结合

环保科技领域的科技创新既要鼓励原始创新，也要注重引进消化吸收再创新和集成创新。同时，要按照全面深化改革和生态文明制度建设总体要求，加强环保科技的体制机制创新，全面推进环保科技体制改革。

## 三、规划目标

满足经济社会可持续发展的环境保护要求，围绕重大区域、流域的环境、生态及核设施安全问题，面向改善环境质量、防范环境风险和保护公众健康目标，深化对典型环境过程的认识，形成针对多污染物及多介质的污染减排、质量改善、风险防范、监督执法、环保产业等科技支撑体系，实现环保科技全方位的跨越发展以及部分领域的赶超引领。

（一）从我国突出的环境问题出发，进一步探明区域、流域环境污染的成因和调控机理，揭示区域、流域生态系统退化与生物多样性保护和修复机理与机制，初步构建我国环境污染物健康风险评估与控制理论体系，夯实符合我国国情和社会发展需要的国家环境基准体系，引领国家中长期环境保护工作重点和方向。

（二）突破天地一体化的环境监测与预警、清洁生产、末端治理和生态修复成套技术100套以上，重要授权专利300项以上。创新流域、区域和行业环境管理模式，形成技术政策30项以上，技术标准100项以上，全面满足国家中长期环境保护技术需求。

（三）新建一批国家环境保护重点实验室和科学观测研究站，建设完善一批国家环境保护工程技术中心，建成环保科技基础数据和信息共享平台。争取新建1～2个国家重点实验室、国家工程技术中心或国家工程实验室。科技人才队伍规模稳步扩大，科技人才的国际国内竞争力显著提高，形成一支结构合理、适应国家环境保护事业发展需要的创新型环保科技人才队伍。

## 四、主要任务

### （一）强化环保应用基础研究，促进环保科学决策

1. 环境污染的成因与环境过程

水环境污染的成因及生态效应。针对我国水环境污染来源与过程研究中的关键科学问题，面向水环境质量改善的目标，分析人类活动和自然变化对流域地表水质和近海水质的影响，揭示氮、磷、持久性有机污染物等污染物的产生、迁移、转化等机制及环境生态效应，为建立流域水质目标管理技术体系建立奠定理论基础。

大气复合污染的成因及反应机理。针对日益严峻的区域大气复合污染问题，进一步阐明不同自然条件下污染排放与空气质量的定量关系。研究我国大气污染形成条件和二次污染形成的化学过程，揭示挥发性有机物等大气复合污染前体物的排放特征，构建我国主要排放源的源成分谱。观测研究典型大气环境下的挥发性有机物大气活性，诊断影响大气中化学活性的关键组分，揭示二次有机气溶胶（SOA）形成的规律及其对区域细颗粒物和大气能见度的影响，量化研究主要大气活性组分对臭氧和细颗粒物形成的贡献，分析我国典型城市群地区大气污染形成的科学机理。研究大气环境对水体和土壤环境的交互影响以及大气污染与气象的双向反馈机制。

土壤污染成因及控制修复原理。针对我国重点区域土壤污染特征和发展态势，研究工业影响区、矿区和高背景值地区土壤污染、地球化学过程和生态效应，揭示区域土壤污染成因规律。研究农用地土壤—生物系统污染物吸收富集、生态效应，揭示土壤中有毒有害重金属和有机物的迁移富集规律、生态毒性效应及其影响机制。开展土壤环境容量与承载力研究。揭示复杂场地条件下土壤及含水层中有机污染物的降解和净化规律，以及重金属价态变化与毒性削减控制因素。研究重金属和有机物复合污染土壤的修复原理及影响机理，以及重金属低积累作物和修复植物筛选的基本原理。

地下水污染过程与迁移规律。针对人为活动对地下水环境的影响和效应，研究地下水系统中污染物赋存与迁移动力学规律，突破地下水污染同位素示踪技术、地下水中溶解性有机物解析技术等，阐明土—水、水—岩界面之间的物质交换，揭示平原地区地下水硝酸盐污染来源、污染机理及阻控途径，岩溶区地下水污染物分布特征及其迁移转化机理，以及再生水补给地下水过程中新兴污染物和重金属的迁移转化规律和环境风险等。研究土壤—地下水系统主要污染物迁移扩散规律和预测模型，制定保护地下水环境质量的土壤环境阈值。

生态系统和生物多样性保护机理。针对我国生态系统类型多样、生态产品供需不平衡、人类活动剧烈等特点，重点开展区域生态格局形成机理和演变规律、生态系统服务与生态格局耦合机制等研究，建立生态系统服务优化和生态安全格局构建的基本理论体系。针对威胁我国生态安全的重大生态环境问题，开展典型地区生物多样性分布格局与演变机理、外来物种入侵与扩散机制、区域环境变化对生物多样性演变的驱动机制、生物入侵对生物多样性的影响机制、生物多样性保护成效评估理论、传统知识对生物多样性保护的促进机制等研究。针对我国森林、草地、湿地、荒漠等主要生态系统类型，研究生态系统动态干扰机理、演替规律、功能与稳定性维持机制以及生态退化机理与驱动因素，阐明生态退化

演变规律和趋势，形成我国退化生态系统恢复重建理论体系。研究生物多样性与气候变化的相互影响机制。

固体废物危害识别与风险控制原理。针对新时期生活源和工业源固体废物变化特征，研究互联网时代消费品物质流动规律，揭示生活源固体废物产生、组成、回收规律。研究水体、大气污染控制条件变化和清洁生产要求条件下工业源固体废物产生、组成和污染规律，识别其环境风险。研究重点工业危险废物的产生特性、污染特性及处置利用特性，揭示工业危险废物环境风险控制的关键原理，建立工业危险废物分级分类管理清单，支持国家危险废物名录的更新。

2．环境污染物的健康影响机理和风险评估

环境污染物人体健康毒理作用与暴露参数。针对我国社会人群特征和环境健康保护中的突出问题，开展区域性、流域性环境健康问题调查和评估研究，结合高通量测序技术、代谢组学和暴露组学技术，研究我国主要高风险污染物和新型污染物快速筛选理论方法，提出健康效应终点评价指标。建立污染物多途径、多介质人群暴露贡献率研究方法、健康毒性数据筛选和评价方法，加强特殊人群暴露参数研究，为制定水、气、土健康基准提供依据。

优控污染物清单与优先序。针对我国区域生态环境、产业结构和污染特征，基于健康风险的区域性、流域性环境问题识别，研发优先控制污染物筛查、生物毒性综合测试、人群早期健康效应检测和早期危害筛查等技术，突破局部区域小概率环境健康效应的调查、判别和风险评估技术。评价环境有害因素（如重金属、抗生素、内分泌干扰物、持久性有机污染物、农药等）对生殖健康、癌症发生及儿童生长发育等的影响。建立环境与健康状况调查技术指南和系列技术规定，研发生物有效态浓度监测评价技术、瞬时暴露和连续暴露动态监测技术。

复合污染环境与健康风险评估与预警。针对我国环境复合型污染特征，研究复合污染的多介质多界面环境行为、健康或毒性效应，研究提出水、气、土环境污染风险控制图，建立复合污染的健康风险评估方法体系及环境管理制度。研究环境健康风险区划和分级技术与方法，建立分区污染控制管理技术体系。研究环境与健康风险预警指标体系、预警分级技术方法，建立支撑环境健康风险管理业务的元数据标准和基本数据集，研发相关的监控预警预报设备。研究环境健康问题的社会风险评价方法，以及基于健康风险的污染控制管理对策。

新型持久性有机污染物和汞毒性效应和风险识别。针对多溴二苯醚、全氟化合物、多氯萘等新型持久性有机污染物，研究其毒性效应、降解和代谢途径、蓄积规律及健康风险，揭示典型工业过程中多种持久性有机污染物协同控制和削减原理。开展含新型持久性有机污染物废物鉴别研究，研发含新型持久性有机污染物废物回收、资源化利用与风险防控机制。研究新型持久性有机污染物排放源清单、排放特征及其控制机理，研究环境介质中汞的形态变化、迁移转化与健康风险，评估汞排放与释放污染特征及环境影响。

3．环境基准

环境基准理论方法学体系。针对我国环境基准研究中的关键科学问题，综合消化吸收国际环境基准制定的成功经验和成熟方法，结合我国的实际环境特征和管理需要，研究适合我国基本国情和区域特征的环境基准理论与方法学体系。开展环境理化参数、人群暴露参数、人群健康效应、生态风险和生态毒性等环境健康与基准的基础数据调查和整编，构建适合中国不同人群的暴露评价模型、健康风险评价模型，建立评价环境质量的多维度综合评价指标体系。开展新型污染物环境基准推导的相关新技术新方法的研发。

保护水生生物水质基准。以保护水生态系统为目标，重点开展保护水生生物的环境基准研究。筛选适合环境基准需求的水生、陆生和两栖的本土物种实验生物，通过引种驯化和长期培育，完成实验室培育和繁殖技术的标准化规范化。研发多组分污染物的累积生态风险和多层次生态风险评价技术等共性关键技术。以保护水生生物和水产养殖用水水质为目标，开展农药等有毒有害污染物的水质基准研究，提出一批水质基准值和技术规范。以保护水源地和饮用水安全为目标，开展感官性状、微生物、放射性物质的水质基准研究。以保护地下水安全为目标，开展地下水环境背景值、地下水水质基准值及沉积物基准研究。

主要污染物土壤环境基准。以保护农产品安全为目标，开展镉、有机氯农药、难降解除草剂等优控污染物农用地土壤基准研究。以保护人群健康为目标，针对我国居住和工商业用地，开展建设用地中重金属、挥发/半挥发性有机污染物、持久性有机污染物的基准研究。

有毒有害大气污染物健康基准。以保护人群健康为目标，开展大气颗粒物（$PM_{10}$、$PM_{2.5}$和 $PM_{0.1}$）、常规气态污染物、多环芳烃等的健康基准研究方法和应用技术规范研究，提出有毒有害大气污染物健康基准。

4．核与辐射安全基础研究

针对我国核与辐射安全研究基础薄弱的问题，研究核电厂严重事故下安全壳内热工水力现象与气体行为等严重事故机理，研发破前漏（LBB）泄漏率测量及其计算模型，研究基于先进压水堆型的整体热工水力性能。研究异种金属焊接工艺、接头性能及断裂力学模型以及核设施重要材料特性及失效机理，研发核电厂可靠性数据库及数据收集分析体系，建立核设施老化安全评价方法。研究核设施数字化仪控系统失效机理、故障模式。研究核电厂液态放射性流出物排放及其对海洋生态系统的长期效应、周边辐射环境水平与核电厂排放源相关性，以及放射性核素在介质中迁移规律等。针对低放射性近地表处置环境评价，开展放射性物质在包气带中迁移模式的研究。针对内陆可能核电厂址开展放射性物质在水体中转移、沉积的研究。

## （二）强化关键技术创新研发，支撑环保高效治理

1．水环境监测及流域水污染治理成套技术

流域水生态环境质量监测技术。针对水质及水生生态系统监测及预警技术开发的重大需求，开展自动分析流路、定量检测等关键技术研究。研发常规水质分析仪器的小型化设计、快速移动式在线检测集成装置和以质谱仪为中心的在线水质挥发性有机物检测仪器等。发展以梯度扩散薄膜（DGT）技术为基础的新型原位水环境监测方法以及新型生态风险评估模型和流程。开展水环境监测技术和设备集成研究，综合集成我国水生态环境监测技术体系。研究海洋生态系统监测关键技术和方法。

流域水污染治理技术。针对我国水体污染控制与治理存在的关键科技瓶颈问题，进一步研发水污染治理的核心技术。开展流域水污染源控制、水体修复技术的综合评估与系统集成，构建针对城镇生活、农业面源污染控制和受污染水体修复的流域水污染治理技术体系，针对湖泊、河流、城市水体等三类受损水体开展技术评估和系统集成，构建应对典型突发性水污染事件的应急处理处置技术体系，集成研制大型化、移动式、多功能、成套化的应急检测和处理装备。深化印染、造纸、皮革、食品加工、钢铁、石化、制药和有色等重点工业行业和

污泥处理行业的清洁生产、资源、能源回收利用与水污染控制的技术集成和应用，建立服务全行业、覆盖全链条的水污染控制和能源、资源回收利用技术体系。针对整体规划、方案设计、工程实施、运行监管、评估考核的全过程，开展相关技术集成与示范研究，建立海绵城市建设与黑臭水体整治监管平台，提升突发性污染事故的应急处理能力。

2．大气环境监测和大气复合污染综合防治关键技术

大气污染物监测技术。根据大气细颗粒物变化特征、形成机理，研发大气细颗粒物多参数和便携式在线分析系统，实现大气细颗粒物质量浓度、粒径谱、化学成分的一体化快速测量。开发大气细颗粒物气态前体物的立体分布监测技术，形成前体物立体分布监测成套技术与装备，研发烟气中低浓度气态污染物及颗粒物采样监测技术和设备。针对气体中重金属、挥发性有机物等污染物的监测和预警，研制适用于空气和废气的具有多元素同步监测能力、灵敏度高、性能稳定的新型重金属在线监测仪器和配套设备，研发工业废气样品采集及前处理新装置、大气挥发性有机物在线监测设备、恶臭气体预处理技术和在线监测设备和多组分气体在线及便携式分析仪器等。

固定源大气污染综合防治技术。针对提升固定源污染减排迫切需求，开发先进高效的烟气多污染物联合控制、资源回收型污染控制、新型大气污染控制等关键技术和设备。针对钢铁、火电、工业锅炉、有色、石化、化工、表面涂装、建材等重点行业细颗粒物、二氧化硫、氮氧化物、重金属、二噁英、挥发性有机物、恶臭、二氧化碳等排放以及农业氨排放，突破多污染物协同控制、污染物回收及高值化利用、非常规污染物控制等核心技术与关键装备。针对我国风沙以及施工和道路扬尘污染严重的问题，开发不同类型扬尘污染监测与防治关键技术和设备。针对我国餐饮服务业的特点，开发餐饮油烟污染监测与防治关键技术和设备。

移动源大气污染综合防治技术。针对更加严格的移动源排放控制的要求，研发蒸发排放挥发性有机物控制的关键技术和新材料、应用于车载诊断系统的电子控制软件和硬件、精密燃油喷射控制技术、各种排放控制传感器技术、移动源环保达标监管关键技术和装备等。突破适合我国柴油品质的颗粒物捕集技术、选择性催化还原等先进柴油车尾气后处理技术，以及适合我国汽油品质的高效汽油车颗粒捕集器等排放后处理技术。开发常规污染物、非二氧化碳温室气体及复合污染关键前体物的移动源排放监测技术以及非常规污染物识别与监测技术。建立移动源从油品检验到排放控制的一系列整体控制关键技术。

3．土壤和地下水环境保护与修复关键技术

土壤和地下水污染监测技术。针对土壤和地下水污染问题，研发土壤和地下水污染的高精度、多功能样品采集和专用监测仪器，建立基于传感器、遥感技术和生物标志物的土壤及地下水环境监测方法，强化卫星遥感技术应用。研发小型化土壤重金属现场监测设备。开展污染场地修复后长期监测方法研究。

农用地和矿区土壤及地下水修复与风险管控技术。针对农用地和矿区土壤及地下水修复与风险管控的重大需求，突破轻度污染农用地土壤环境风险管控、安全利用和修复技术，以及重度污染农用地土壤绿色、可持续、节能低耗的综合治理与修复技术。研发典型矿区土壤污染的复垦、阻控与污染修复一体化的绿色修复技术，研发针对不同污染程度油田污染土壤的综合利用与生物修复技术以及矿山疏干水在地下的储存、利用的修复技术，并进行工程示范。研发页岩气开发中土壤及地下水污染防控关键技术和设备。

污染场地土壤修复技术。针对有色金属冶炼、石油加工、化工、焦化、电镀、皮革等重污染行业的重金属和挥发/半挥发性有机物污染土壤，研发不同污染程度和复合污染土壤关键和共性修复技术，进行综合治理工艺组合工程示范。研发污染土壤的资源化利用、强化降解、脱附净化等修复技术和装备，以及污染土壤修复过程中二次污染防控技术和设备，研制绿色、环境友好修复材料与技术，研发具有缓释功能的氧化/还原修复材料、高效固化/稳定化材料、增容/增流及生物修复强化材料等修复材料，以及土壤污染应急快速修复技术，开展修复全过程环境足迹评估研究和污染场地修复后评估制度研究。

污染场地地下水修复技术。针对高风险污染场地地下水污染修复的技术需求，突破高风险重金属和有机污染物的地下水修复多层抽提、原位定向灌注和复合高效净化等技术，研制可移动、模块化的土壤及地下水修复系列装备。研发用于治理地下水污染的绿色、高效纳米材料和转型生物材料等环境功能材料。研究地下水源地污染源控制技术、污染途径阻断技术、地表水与地下水协同控制技术，以及地下水污染应急修复技术与装备，实现修复技术工程化与设备材料标准化。

4．生态系统监测、保护与恢复关键技术

生态系统监测技术。针对生态监测技术不完善等问题，建立国家生态系统和生物多样性综合监测与评估的方法、标准和规范体系，研发天地一体化的生态系统和生物多样性监测技术和外来物种监测技术，构建大气、水文、土壤和生物多圈层生态环境综合监测体系。研制基于生态要素和生态系统服务功能的数据采集器和无线传感器等设备，构建生态安全监测支撑平台。

生态系统保护与恢复技术。针对构建符合我国国情的生态系统保护与恢复技术体系的重大需求，重点突破生态脆弱区生物多样性恢复、生物多样性保护优先区域综合调控修复、自然保护区关键生境保护与修复、生态廊道建设等关键共性技术。突破提高区域生态承载能力的生态修复关键技术，并进行重点区域示范。研发和集成不同退化生态系统类型和灾害迹地的自然与人工辅助恢复重建、群落物种优化配置，以及生态系统结构调整、服务提升、适应性管理等关键共性技术。

5．固体废物处理处置及有毒有害污染物控制技术

固体废物处理处置技术。针对填埋技术适用性不足和资源性不高等问题，研发适用于中小型填埋场、生活垃圾快速稳定化的准好氧填埋技术，突破填埋气高效收集与利用技术。研发低成本、低能耗、易维护、环境风险可控的村镇生活垃圾处理与资源化利用技术和环境风险可控的生活垃圾焚烧或协同焚烧技术。研究生活垃圾后处置和重点污染源污染控制技术，建立危险废物、生活垃圾填埋设施防渗层渗漏预警系统。

固体废物资源化利用技术。针对有价金属含量高、综合利用潜力大但环境污染严重的有色金属冶炼废物，研发有价金属深度分离、重金属解毒与尾渣高效胶凝固化、尾渣工业窑炉协同处置利用等关键技术。研发化工污泥、化工残渣、脱硫副产物和脱硝催化剂、表面处理废物处置利用，市政污泥干化焚烧处理、高毒持久性有机污染物废物非焚烧解毒和建材利用，以及生活垃圾焚烧飞灰资源化利用关键技术。研发废弃液晶显示器、废锂电池、废晶体硅太阳能电池板、废旧荧光灯、废旧稀土、汽车尾气废催化剂等废物中贵重金属回收和污染控制，以及建筑废物、废塑料、废橡胶和废玻璃等的高附加值资源化循环利用关键技术。研发粉煤灰、煤矸石等有价元素梯级利用技术。研究废物生产者责任延伸制度建

立的关键支撑技术。开发秸秆、餐厨垃圾、园林绿化垃圾、禽畜粪便等生物质固体废物资源化利用关键技术和设备。

新型污染物监测技术和有毒有害污染物控制技术。针对新型污染物的识别和监管，研究典型环境污染物的识别与风险评价技术，建立痕量污染物形态分析、同类物识别、异构体分离的分析技术系统与设备，研制适合新型污染物环境持久性和生物富集性量化表征的仪器。研究基于指纹特征光谱的有机有毒污染物快速分类监测方法与技术，建立有机有毒污染物指纹光谱库。针对化工、农药、兽药、纺织、印染、制革等有毒有害污染物重点行业，开展绿色化工及替代产品与替代技术方法研究，研究行业特征污染物综合毒性评价关键技术，研发相关关键技术、设备、产品和标准。

6．核与辐射安全监测监管关键技术

核与辐射安全监测技术。加强放射性核素监测分析的研究，突破放射性惰性气体采样及测量技术，建立铀、钍等核素的监测分析方法，研究各介质中钚-239、钚-238、浓缩铀、铅-210、钋-210 等监测分析方法以及极低本底辐射监测方法，研究辐射环境监测技术标准体系、核与辐射突发事件应急预警监测及响应、航空应急监测、机器人搜寻和应急监测方法体系。建立直流输电工程电磁环境控制限值及监测方法。

核与辐射安全监管关键技术。集中力量突破一批核与辐射安全关键技术，破解当前制约监管水平和能力提升的瓶颈问题。系统开展核设施老化及运行许可证延续（延寿）研究，突破核设施退役场址清污、环境整治等关键技术，逐步建立我国核设施退役管理及相关技术要求。开展高放废物处理处置源项调查和预测研究，研究高放废液玻璃固化处理和固化体性能，突破后处理厂燃耗信任机制应用技术、乏燃料干式安全贮存评价技术。研究近地表、中等深度和深地层放射性废物处置技术安全全过程系统分析技术，确定需要评价的场景及其评价方法。研究放射性废物处置对环境的影响，建立生态补偿机制。突破核事故状况诊断、事故现场快速重构、辐射环境下长距离无线通信、辐射后果评价技术，完善核事故应急监测与评价管理体系。研究铀矿冶工艺废水及渗水处理、地浸采铀深井处置和地下水修复治理、铀煤压覆矿区污染防治、矿产资源开发利用产生的放射性水平较高废渣处理等技术。

7．天地一体化环境监测与预警技术

水和大气环境遥感监测与预警技术。针对及时监控水和大气环境质量的需求，研究基于高光谱的水体污染物的识别与提取技术，研发拦河工程自动化生态监测技术与设备，研究城市黑臭水体、流域水生态及面源污染、饮用水水源地水安全等水环境遥感监测与预警技术。攻克基于高光谱的大气气溶胶和痕量气体定量遥感反演技术，开展区域灰霾、污染气体、温室气体等大气环境遥感监测与预警技术研究。

环境应急及风险管理的天地一体化监控技术。针对环境应急及环境风险监控的技术需求，突破新型赤潮监测预警技术，开展自然灾害及突发环境事件应急响应、建设项目环评与规划环评等环境监管遥感应用技术研究。攻克多源数据协同的数据预处理和环境指标反演技术，开展无人机环境监管和星空地协同环境监测预警关键技术研究。研发用于企业环境风险源的集物联网、互联网、大数据、云计算、移动终端于一体的连接管理部门、企业与公众的环境风险源管理技术及设备。

8．噪声污染源的识别、防治技术及设备

噪声污染源监测技术。针对噪声污染源较难识别、难以连续监测，以及因噪声不可复现导致的数据质控难的问题，研发噪声监测的一体化手持监测设备。通过对噪声污染源时域频域信息及算法优化的研究，突破噪声污染源自动识别关键技术，研发可自动识别目标噪声源、背景噪声和其他噪声源的连续在线监管设备。

噪声污染源防治技术。针对重要噪声源及振动污染源，进一步研究噪声源治理技术，特别是复杂噪声源的声源追踪定位技术、空气及结构传播固定设备低频噪声的降噪技术等。继续开展新型吸声、隔声材料以及低噪声路面及车辆的研发。

## （三）支撑环境管理改革，创新环境管理方法

1．水环境管理决策支撑技术

流域水质目标管理技术。结合《水污染防治行动计划》实施对环境管理的科技需求，以水体生态环境质量管理与行业污染控制管理为抓手，开展流域水质目标管理技术评估与系统集成，重点突破流域水生态环境功能分区管理、水环境基准向标准综合转化、污染源清单编制、排污许可一证式管理、生态流量管控、农村面源污染防治最佳可行技术评估、风险评估预警、水环境管理制度政策创新等关键技术，加强水生态环境补偿评估技术、重点行业毒性减排技术、总氮控制管理技术的研究，形成规范化、标准化和系列化的流域水质目标管理成套技术，提出排污许可管理以及重点行业环境技术管理体系，实现我国水环境管理技术模式转型。开展重点区域城镇污水处理设施全指标排放情况分析，针对超标因子，提出前端预处理控制要求以及预处理技术、污水集中处理工艺技术改进建议。

水环境监控平台技术。针对《水污染防治行动计划》提出的有关水环境监测与管理新要求，以实现国家流域水环境质量管理信息化为核心，开展流域水环境管理大数据系统建设总体设计，攻克水环境质量预测预警、城市黑臭水体遥感监管等关键技术，构建国家水环境监测监控业务平台、城市黑臭水体遥感监管平台和流域水环境管理大数据平台，在重点流域实现国家水环境监控平台的业务化示范运行，并开展典型流域的水专项研究成果数字化集成和展示平台建设，为流域水质目标管理技术应用提供平台支撑。

近岸海域水环境管理技术。针对近岸海域水环境管理问题，突破不同人类活动对海岸带生态环境影响识别技术，构建近岸海域水生态系统健康评估技术方法体系。开展近岸海域生态承载力研究，研究近岸海域污染负荷削减、生态修复和综合调控技术，大幅提升近岸海水环境管理技术标准化与规范化水平。

2．大气环境管理决策支撑技术

大气环境质量监控预警技术。探讨大气环境约束条件下的产业布局和优化配置，提出相应的重点行业污染源减排策略。围绕排污许可证制度实施，以改善大气环境质量为核心，研究以环境容量表征的大气环境承载力监测预警评估指标体系和技术方法，建立基于风险评估的大气污染重点监控和预警判定技术，提出区域大气环境风险评估指标体系与方法，建立大气重污染天气预警分析技术，大气污染日常预警和事故预警技术，发展高精度监控预测技术。研究基于不同区域尺度大气环境风险源特征的大气环境风险防控技术，构建区域大气污染环境风险全过程管理与应急处置技术方法体系。研究构建大气环境质量状况及其改善的人体健康和生态效应的预测预警技术方法。

环境空气质量规划技术与方法。研究大气复合污染的区划技术，建立主要污染源排放时空分布的获取及更新方法，获取不同行业颗粒物和挥发性有机物等的排放因子及基于组

分的排放清单，开发国家多尺度高分辨率动态排放清单，突破重点污染源颗粒物和挥发性有机物源谱技术，研究重点行业挥发性有机物核查核算及优先控制物质分析技术。研究空气质量规划技术方法和模型。

大气污染全过程监管技术体系。研究建立以环境质量改善为核心的总量控制、排污许可证管理和大气污染全过程监管技术，开展大气污染防治制度与政策设计及示范，推动国家空气质量管理从城市尺度、传统污染物控制向区域尺度、多污染物联合控制的转变。开展基于新空气质量标准的重点污染源排放标准关键问题研究，研究分行业、分区域、分时段的污染物排放限值，评估排放标准实施效果并研究不同行业排放标准限值的协同关系。研究燃煤、燃油、石油焦、生物质燃料、涂料等含挥发性有机物的产品、烟花爆竹以及锅炉等产品的环境保护技术要求。

3．土壤和地下水环境管理支撑技术

土壤环境质量改善和污染风险管控技术。针对土壤环境质量改善和污染风险管控的需要，开展土壤环境质量评价、等级划分和分区管理技术研究，研究确定土壤环境区域背景值和本底值、土壤环境安全阈值和标准，以及建设用地土壤污染风险评估筛选的方法学，研究基于土壤污染源、土壤环境承载力的土壤环境功能分区管理技术方法，建立农用地和建设用地土壤分级分类指标和土壤环境质量综合管理技术体系。研究基于人居环境安全的建设用地和基于农产品质量安全的农用地土壤污染风险评估技术，建立人体健康风险评估关键模型和参数。研究农用地土壤污染与农产品质量响应关系和基于有效生态毒理数据的生态风险评估关键技术，建立面向风险管理的土壤环境安全预测预警关键技术和平台。

土壤环境管理决策支撑体系和制度。开展融合土壤环境监测、风险诊断与评估、修复技术实施、二次污染防治、土壤安全保障等技术的协同创新研究，建立土壤修复综合决策技术支撑体系。开展土壤污染调查、风险诊断与评估、修复模式选择、效果验收与后评估、损害鉴定与赔偿、责任界定、预警预案制定及应急响应管理等相关技术方法研究，构建土壤环境管理政策体系框架，为推进我国土壤污染防治立法提供技术支撑。

地下水环境监控预警技术。突破地下水环境质量分类、分级和区划技术，建立地下水污染预警与风险分级管理技术体系，研究基于地下水风险的地下水模拟预测技术，突破高关注度污染物的高通量筛查与高灵敏分析技术及地下水环境风险诊断方法与污染风险评估技术。开展地下水资源承载力监测预警机制研究，构建地下水资源承载力监测评价和监控预警技术。

4．生态保护与管理支撑技术

生态系统服务优化与生态安全格局构建。针对生态系统保护的需要，开发基于我国大数据的遥感模型、生物地球化学模型等生态评估模型，构建生态安全决策支撑平台。系统开展生态保护红线区、自然保护区、生物多样性保护优先区域、重点生态功能区和气候变化敏感区等重点区域、流域监测评估技术研究。针对“两屏三带”和生态功能区、生态脆弱区等重点区域生态环境保护的战略需求，研究国家和重点区域生态安全格局构建与保障机制，建立生态系统服务优化评估、生态安全格局稳定性评估、生态格局辨识与调控、流域生态健康评估等技术体系。研究城市生态空间格局演化规律，建立城市空间管控、环境治理和区域生态规划技术方法体系。开展“一带一路”资源环境承载力与生态安全研究，研发生态空间优化与国际生态大通道构建技术、重大开发建设活动生态环境风险评估与防控技术。

生物多样性保护综合监管技术。针对生物多样性保护的需要，构建符合我国国情的生物多样性综合监管技术体系，重点突破自然保护区保护有效性评估、遗传资源及传统知识保存和传承、转基因生物的生态风险评价与监测，以及外来入侵物种利用、控制与防除等关键共性技术。

5．固体废物、化学品环境与健康风险管理技术

固体废物环境风险管理技术。针对固体废物环境风险管控的需求，基于固体废物暴露风险识别与评估，建立固体废物多场景、多途径和多受体下的风险评估技术体系。研究固体废物资源化、能源化利用过程及其产品中污染物的迁移转化规律，建立固体废物处置利用环境风险管理技术体系。系统评估危险废物综合利用技术和产品的生态环境效应，研究危险废物综合利用标准体系。开展危险废物突发环境事件风险评估、预警、处置以及损害评估与污染修复等关键技术方法研究，构建全过程风险防范和应急管理技术保障体系。研究重点行业汞排放源清单、含汞废物与污染场地清单，建立汞排放源动态管理技术体系。

化学品环境与健康风险管理技术。针对排放量大、对环境危害严重的环境激素类化学品，研究环境激素类化学品的快速筛查技术。建立多层次多指标的化学品高通量表征技术与快速筛选评价新方法，开发基于我国本土物种的化学品实验生物与相应的测试指标体系。研究化学品环境暴露评估技术，开发化学品多介质环境模拟暴露模型，发展适合不同管理需求的多层次化学品风险评估方法体系。

突发事故环境应急技术。构建环境风险管理框架与技术支撑体系，提出适合于经济社会发展的环境风险管理目标。针对危险品尤其是内河运输危险品的环境风险防控技术严重不足、相关规范和要求缺失的问题，研究危险品交通运输环境风险技术体系。开展化学品突发环境事件风险评估、预警、处置以及损害评估与污染修复等关键技术方法研究。

6．核与辐射安全监管支撑技术

核与辐射安全监管工具和方法。针对提升我国核实施运行和核技术利用安全水平的需求，有针对性地开展核与辐射安全监管方法和工具研发，提升监管的有效性。研发核电厂堆芯物理分析、热工水力、事故分析、屏蔽和源项分析等模型，建立适用于核安全审评的具有自主知识产权的安全分析软件。研发运行核电厂温排水环境影响评价方法，突破中国实验快堆工程（CEFR）、中国先进研究堆（CARR）等大型研究堆的运行以及微堆低浓化条件下的安全技术，研发后处理设施的临界安全技术规范和环境生态风险评价方法，不断完善核设施核与辐射安全监管体系。研发贫化六氟化铀安全管理与处理处置、铀煤等资源共采环境影响等的评价方法，突破铀矿地勘坑井水处理、铀矿地勘及采冶设施退役治理环境保护技术，建立铀矿地勘及采冶退役设施长期监护机制。研究制定广电类建设项目环境影响评价技术规范。研究高风险放射源及射线装置在线监控及放射源快速搜寻、定位和回收技术。

新建核设施核与辐射安全监管技术。针对新建核设施，推进核与辐射安全监管相关技术研究。研发“从设计上实际消除大量放射性物质释放可能性”的安全要求和评价准则，完善新建核设施核与辐射安全目标。研发新建核电厂概率安全评价（PSA）独立审核计算标准模型，研究三代核电厂性能指标（SPI），建立基于绩效的核安全监管体系。研究示范钠冷快堆、加速器驱动次临界洁净核能系统（ADS）和熔盐堆等新型核能系统，以及海上小型堆核动力平台等新型小型模块化反应堆的核安全监管技术要求，突破高温气冷堆核安全及审评技术，建立相应新堆型的审评技术要求。研究核与辐射事故社会问题和公众心理

社会效应。围绕发展我国核燃料循环产业，研究先进燃料和相关组件安全技术、先进乏燃料后处理安全技术，为完善相应监管体系提供支撑。

7．新常态下的环境政策和管理制度

环境法制创新和新型环境治理体系。针对环境治理体系不完善和治理能力不足的现状，开展环境法治、环境经济和环境社会理论方法研究。着重研究生态文明体制和生态环境保护体制改革、环境治理体系和治理能力现代化以及与环境管理战略转型相适应的生态环境保护制度、政策和机制。研究建立推动改善环境质量、防控环境风险和保障公众健康的环境政策法规框架、环境标准框架和评估方法。

新型环境管理制度和技术方法。加强环境保护与经济社会发展相协调的预判性研究。针对建立和完善环境产权、环境成本内部化、规划和政策环评、生态空间和生态保护红线管控、环境承载力监测预警、环境审计和生态环境损害赔偿等制度的需求，研究突破一批支撑制度实施的理论、技术方法和规范等。开展水资源开发利用和水利水电工程建设生态环境保护管理、供给侧绿色升级、可持续消费以及全面覆盖和城乡环境公平的农村环境治理体系等理论和技术方法研究。开展大数据在环境管理决策中的应用研究。

以排污许可为核心的污染源管理技术方法。坚持以改善环境质量为核心，研究基于环境质量改善要求的排污许可分配方法和以排污许可证为核心的污染源“一证式”管理制度。研究基于排污许可管理的行业总量控制技术与方法，研究面源（分散源）排放量监测核算方法以及相关治理措施减排量核算方法。

8．清洁生产、循环经济和环保产业发展政策

清洁生产和循环经济推进机制和政策。针对清洁生产与污染预防的瓶颈问题，研究重点行业多污染物清洁生产与末端治理协同控制机制，研发推广重点区域和行业关键、共性清洁生产技术，建立行业污染物源头综合削减智能化技术平台。开展农业清洁生产管理技术研究与示范。针对工业园区物质利用过程和环境风险管理，研究工业园区尺度物质流监测和物质代谢评估方法，构建工业共生系统物质代谢优化模型。研究不同类型工业园区的环境风险评估预警技术和城市矿产基地环境风险防控技术与策略。开展区域与城市物质流分析研究，建立产业结构、工业布局、资源能源消耗与污染排放、环境质量相互作用的量化模型。开展循环经济发展、工业园区整体清洁生产推进模式和创新政策研究。

环保产业推进机制和政策。针对环保产业技术创新能力和企业运营绩效，探索建立环保产业健康度、环境技术创新能力以及政府和社会资本合作（PPP）运营绩效评价方法，研究适合不同特征的各类环保产业园区的发展模式。基于区域环保服务业与产业协调发展模式，研究建立环境服务业运行绩效模型。突破合同环境服务的技术标准、环境治理工程诊断技术和环境技术验证评价技术。研究重点行业绿色发展政策、推进环保“领跑者”和绿色供应链环境管理的政策措施。

9．其他管理支撑技术

国家环境监测网络优化技术。针对环境质量监测网络优化的需求，研究国家水、大气、土壤、生态环境监测网络点位优化调整技术。开展环境监测任务优化研究，以需求导向性的监测指标体系为基础，构建多手段复合型的监测业务技术体系，支撑《生态环境监测网络建设方案》的实施。试点开展生物监测研究，筛选特征生物指标替代目前繁多检测项目。开展覆盖环境监测全过程的质控体系研究，重点研究健全现场采样与现场监测质量保证和

质量控制（QA/QC）技术体系，解决现场质控手段薄弱问题。完善标准物质的研发方法，提高对环境监测工作的支撑能力。

重大规划及工程生态风险管控技术。针对港口规划可能改变沿海陆域生态系统结构、水电梯级开发规划和路网规划可能造成生境破碎化等重大规划的生态环境问题，研究重大规划生态影响机理和生态环境风险评估方法，建立重大规划生态影响评估与修复技术规范，提出生态补偿对策。针对水利水电资源和大宗矿产资源开发、大型煤电基地建设、调水工程、交通运输和油气输送等重大工程建设以及城市快速扩张所引起的生态系统完整性受损、功能下降等关键问题，开展重大工程建设和资源能源开发等区域、流域的生态环境风险评估方法研究，研究水生生态保护和监测方面的标准和技术规范，研发生态保护、修复与重建关键技术和生态环境风险管控技术。

农业环境污染监管技术。针对我国农业环保监管与污染物防治的关键技术瓶颈问题，开展农业污染物监管与防治研究，重点突破农用化学品使用的环境影响与健康效益评估和检测方法、水产养殖污染监测与预警方法与技术、种植业污染监测方法与技术、畜禽养殖污染监测方法与技术、环境友好型农业生产方式环境效益评估技术，以及农业水、大气、固体废物污染综合防治技术等。

城市噪声与振动污染控制技术。针对城市噪声投诉率居高不下，振动防治技术储备严重不足的现状，开展对噪声与振动污染预警和防治方法的研究，为制定城市发展规划、改善居民生活环境质量提供支撑。研究建立符合我国环境噪声与振动特点的污染源源强预测模型及传播衰减模型，研究大区域噪声与振动地图的快速绘制方法，建立在新城区或大型工程项目建设环境噪声与振动影响预测预警的规范性程序。针对机场、地铁、轻轨和高铁等噪声污染源，开展对人群居住环境和野外生态系统的危害性调查，研究建立多部门联动的防治管理体系。研究建筑群屏蔽效应、城市路网优化设计等方法对改善声环境的有效性，提出通过合理城市规划控制噪声与振动污染的方法指南。研究建筑物室内噪声与振动分析及控制技术。以提高城市声环境舒适度为目的，基于声环境对人主观感受的影响，开展声景观设计研究。

光污染监测与管理技术。针对目前我国光污染监测及防治技术空白的现状，开展对光污染监测管理体系的研究。根据光污染源时空分布特点及污染规律，开展光污染的检测与评价方法和标准研究。以区域夜间光环境监测与评价、玻璃幕墙等眩光检测及评价方法、室外光污染源检测评价方法为重点，研究光污染对城市社会生活以及城市生态系统造成的影响。

### （四）开展环保技术集成示范，促进区域流域环境质量改善

1．重点流域水环境综合调控应用示范

结合国家实施京津冀协同发展重大战略，针对区域人口高度集聚、经济过度开发、环境承载力有限的实际以及面临的水资源短缺、水环境污染、水生态退化等环境问题，以水质目标管理为牵引，重点突破与集成一批针对城市水资源高效利用、污水超净排放、海绵城市建设、黑臭水体治理、河道水环境质量提升、区域水生态修复、饮用水安全保障等的重大关键技术，强化城市水环境承载力评估的技术集成，建立城市水环境承载力监测评价体系，加强城市水环境管理，在流域尺度综合调控示范，大幅降低污染负荷，针对京津冀

水环境特点提出系统的治理和管理技术体系，创新京津冀跨区域水资源、水环境、水生态一体化管理制度和跨区域生态补偿机制，改善和提升流域水生态服务功能。

根据国家长江经济带发展战略和太湖流域水环境综合整治的科技需求，创新并实施太湖流域水环境管理制度，构建政府、企业、公众共同参与的湖泊环境保护模式，提升流域水环境管理水平。以流域内城市为重点，创新工业污染、城市污染、城市水环境和饮用水综合调控技术，进一步提升城市水环境综合整治技术水平。构建水源涵养、入湖河流与湖荡湿地、湖滨带、湖体生境改善的整装成套的太湖水污染治理技术。完善大型浅水湖泊富营养化控制与治理技术体系，支撑太湖流域水质改善工程实施与饮用水安全保障能力提升工程建设。

2．重点区域大气复合污染联防联控技术集成与示范

在京津冀及周边地区、长江三角洲、珠江三角洲等区域，针对区域经济社会发展和大气环境问题的地区差异性，综合考虑细颗粒物、挥发性有机物、氮氧化物、臭氧等多种类型污染物，建立支撑空气质量精细化管理的大气污染源谱及细颗粒物和挥发性有机物清单，摸清区域大气复合污染特征及演变趋势，构建区域空气质量监测和重污染预报预警体系，深化大气污染联防联控协调机制，促进重点地区空气质量得到较大改善。

3．京津冀多介质环境污染协同治理示范

针对推进京津冀一体化过程中的区域多介质复合污染问题，面向 2022 年北京冬奥会环境质量保障需求，系统研究区域尺度环境质量改善和风险控制原理与机制，研究通过环境质量约束倒逼区域产业结构和能源结构优化升级的政策调控体系。突破重化工行业污染源头控制与低耗排放技术、工—农—城多产业废物资源化与能源化利用技术、污染场地/土壤与地下水联合修复技术等区域多介质环境污染协同治理技术瓶颈，开展综合示范，提出区域环境问题整体技术解决方案。

4．长江经济带环境保护技术集成与示范

围绕长江经济带生态环境改善与修复问题，开展长江经济带资源环境承载力研究，建立基于生态保护红线的沿江城镇建设和产业布局的空间优化技术体系，促进长江岸线有序开发。开展天地一体化的多尺度环境监测，构建以重要环境功能区和重大建设工程为核心的环境监测、评估和预警技术体系。以长江源头水源涵养，中游水质改善、水量调控和岸线修复，河口海岸生态保护和灾害预防为重点，建立长江经济带流域水环境和水生态调控技术体系。

### （五）开展创新平台建设，提升环保科技创新能力

1．国家环境保护重点实验室能力建设

以服务国家环境保护决策和监督管理为宗旨，建设一批突破型、引领型、平台型一体的国家环境保护重点实验室，开展环境保护基础研究和应用基础研究，培育优秀科研团队，提升环境基础科研能力。主要建设方向：

水污染防治领域：城市非点源污染模拟与控制、城市水环境可持续发展与保护、农村面源污染模拟与控制、水生态环境安全与恢复等方向。

大气污染防治领域：大气污染过程与综合防治、空气污染预报预警、光化学过程与控制、大气复合污染的生态风险等方向。

土壤和地下水污染防治领域：污染场地土壤污染控制与修复、农用地土壤环境保护等方向。

生态保护和建设领域：生态资产核算与管理、区域生态系统监测评估与风险管理等方向。

固体废物污染防治与化学品管理领域：固体废物资源化和污染控制、危险废物全过程控制、化学品环境与健康风险评估与防控等方向。

环境监测技术领域：环境应急监测与风险预警等方向。

环境基准与健康领域：空气、水质、土壤健康基准，环境污染暴露评价，污染物对人体健康影响及风险评估等方向。

核与辐射安全领域：核电厂热工水力及严重事故、核设施环境安全、核应急与技术、核与辐射健康防护等方向。

其他领域：城市噪声、振动、光污染控制等方向。

2．国家环境保护工程技术中心建设

结合国家未来一个时期内污染控制的工作重点，突破长期制约我国环保工作和环保产业发展的技术瓶颈问题，建设完善一批国家环境保护工程技术中心，开展污染控制技术开发、示范、工程化应用和推广。主要建设方向：

水污染防治领域：膜生物反应器与污水资源化、特种膜、石油化工和煤化工废水处理与资源化、村镇生活污水处理与资源化等方向。

大气污染防治领域：燃煤工业锅炉节能与污染控制、电力工业烟尘治理、工业炉窑烟气脱硝、石油石化行业挥发性有机物污染控制等方向。

土壤和地下水污染防治领域：城市土壤污染控制与修复、工业污染场地及地下水修复等方向。

生态保护和建设领域：创面生态修复等方向。

固体废物污染防治与化学品管理领域：垃圾焚烧处理与资源化、污泥处理处置与资源化、乡镇生活垃圾处理处置、工业副产石膏资源化利用、汞污染防治等方向。

环境监测技术领域：监测仪器、物联网技术研究应用等方向。

行业综合污染防治：铅酸蓄电池生产和回收再生污染防治、畜禽养殖污染防治等方向。

其他类：技术管理与评估等方向。

3．国家环境保护科学观测研究站建设

立足于阐明重大环境问题的成因、机理和机制，以长期观测、试验研究为核心任务，建设一批环境保护科学观测研究站，逐步形成适应生态环境保护科学研究和综合决策需要的科学观测研究网络。主要建设方向：

水环境领域：湖泊环境（太湖、滇池、巢湖等）、重点河流、河口环境（珠江口、长江口、渤海）、典型小流域环境、国家重大涉水工程（如水电开发、南水北调工程）等方向。

大气环境领域：区域大气环境，敏感生态系统酸沉降综合影响，东北、华南、西南和西北边境地区以及华北和华东沿海地区大气环境质量，大气污染物长距离跨界输送等方向。

土壤与地下水领域：典型污染场地、典型污染农用地等方向。

生态保护和建设领域：国家重点生态功能区、生态脆弱区、快速城镇化地区、国家重大生态工程区、生态保护红线区等方向。

区域与全球环境问题领域：东部林带、西北部草地、东部农用地、青藏高原等区域全球变化的生态环境影响方向。

4. 科研数据共享平台建设

针对环境科研数据缺乏共享和数据资源挖掘能力不足，难以适应环境管理需要问题，研究建立生态环境数据资源目录体系，开展数据资源统一管理与共享平台建设。建立数据汇交、共享、质控管理机制，推动部门、地方之间环境科研项目数据资源的互联互通。针对核与辐射安全，研究建立核设施设备可靠性数据、辐射监测数据体系和共享平台。

## 五、重点行动

### （一）继续实施水专项等国家科技重大专项

根据国务院批复的水体污染控制与治理科技重大专项实施方案和重大专项聚焦调整要求，与水污染防治、海绵城市建设、京津冀协同发展、长江经济带发展等国家重大战略和计划结合，重点研发流域水循环系统修复、水污染全过程治理与再生水循环利用、饮用水安全保障、生态服务功能提升和长效管理机制等五位一体核心关键技术，构建集“先进性、系统性、协同性、工程性、普适性”为一体的流域水环境管理、流域水污染治理、饮用水安全保障三大技术体系。以京津冀区域、太湖流域为重点，进行综合调控重点示范。构建流域水环境管理、流域水污染治理、饮用水安全保障技术体系，并将三大技术体系在四个典型流域开展技术应用和推广。

参与实施转基因生物新品种培育科技重大专项，建成规范的生物安全性评价技术体系，确保转基因产品环境安全。参与实施高分辨率对地观测系统科技重大专项，构建高分卫星环境遥感应用技术体系，为建立我国“天空地一体化”环境监测业务化运行系统提供技术基础。参与实施大型先进压水堆及高温气冷堆核电站科技重大专项，不断提升核设施、核活动安全水平，提升核与辐射安全监管技术能力，为我国核与辐射安全提供有力保障。

### （二）实施一批重点研发计划项目

实施大气污染防治、土壤污染防治、生态治理、废物资源化、化学品风险控制、核与辐射安全等领域一批国家重点研发计划重点专项。集中解决一批重大区域生态环境科学理论问题，突破一批关键技术与装备，示范应用一批先进适用技术，形成一批解决区域环境问题的系统性技术解决方案。

### （三）推进京津冀环境综合治理重大科技工程

推进“京津冀环境综合治理”科技重大工程，围绕国家京津冀协同发展战略的实施，构建水、气、土协同治理，工、农、城资源协同循环，区域环境协同管控的核心技术、产业装备、规范政策体系。建成一批综合示范工程，形成京津冀区域环境综合治理系统解决方案。

### （四）鼓励申报国家自然科学基金

鼓励环保科研、高校、企业等单位申报国家自然科学基金，促进环境领域的基础和前沿研究，增强源头创新能力，显著提升环境污染及其健康效应、土壤生物的生态功能与环境效应、地理空间数据挖掘与地学建模等学科领域的国际地位。

### （五）加强基地和人才建设

推进环境保护领域国家重点实验室、国家工程技术中心等建设。加大投入，支持国家环境保护重点实验室、国家环境保护工程技术中心和科学观测研究站等能力建设和运行管理。支持环保科技创新人才队伍建设，在环保领域引进高层次科技人才，培养中青年科技创新领军人才，加强重点领域创新团队和创新人才培养示范基地建设。

## 六、保障措施

### （一）完善环保科技体制机制

完善环保科技管理，提高科技资源配置效益。科研项目立项要充分考虑国家改善环境质量的科技需求，重视项目实施过程中的质量控制，建立科学的成果考核机制，健全科技成果转化机制。建立技术成果信息公开机制，培育环保科技中介服务市场，做好科技示范工作。促进国家统一的科技管理信息系统建设，为环保科技资源的统筹管理和共享服务提供支撑。

以国家事业单位改革和科研体制改革为契机，以国家环保战略需求为导向，建立健全现代科研院所制度，激发环保科研机构的创新活力并提升原始创新能力。以市场为导向，发挥企业技术创新主体作用，完善产学研协同创新机制，建立企业、科研院所、高等院校协同创新的资金投入、技术开发、成果转化与利益共享机制。

### （二）加强环保科技人才队伍建设

深入落实生态环境保护人才发展中长期规划，继续实施国家环境保护专业技术领军人才和青年拔尖人才工程。加强制度建设，推动各级环境科研院所培养和引进环保科技人才。鼓励环保科技人员参与国家“创新人才推进计划”“长江学者奖励计划”“杰出青年基金计划”等，培养一批新的环境科研领军人才。

深化环保人才发展体制机制改革，激发环保科技人才创新创造创业活力。完善环保科技人才选拔和淘汰机制，优化环境学科布局和人员队伍结构。加强科研职业道德建设，开展诚信教育，建立环境科研人员诚信体系和惩戒制度，遏制科学研究中的浮躁风气和学术不良风气。

### （三）拓宽环保科技资金投入渠道

积极争取国家科技资源支持，加大环保公益性基础性研究的投入。争取财政资金，保障环保战略、政策制度及标准研究，支持行业创新平台基础条件建设。积极引导地方政府、企业增加环保科技投入，开展区域性环境问题研究和关键技术研发。充分利用国际合作渠道，积极吸引国际资金或基金用于环保科学研究和技术开发。

（四）深化环保科技合作

鼓励国内环保科技机构与世界一流环保科技机构建立稳定的合作伙伴关系，支持国际高水平科学家来华开展合作研究，提升合作层次和水平。积极参与推动国家科技计划对外开放，吸引海外高层次专家和团队联合承担科研项目。进一步加大对环保国际交流的支持力度，通过技术引进、革新和集成创新进一步提升我国环保科技的整体水平。积极推进“一带一路”战略的环保科技国际合作，建立国际科研合作平台。

（五）加强环保科学普及

以改善环境质量、保障公众健康为切入点，加强污染防治、生态保护、核与辐射安全、绿色消费科学知识的普及力度。不断增强环境保护和生态文明建设的内在动力和良好氛围，形成联合、联动、共享的环保科普工作格局。加大科技成果科普化力度，创作一批公众喜闻乐见的环保科普作品，创建一批国家和地方环保科普基地，构建多层次、多形式的全媒体科普传播模式。积极开展环保科普信息化建设，推动公众的环保科学素质显著提升。

# 关于发布第五批国家环保科普基地名单的通知

环科技〔2016〕168 号

各省、自治区、直辖市环境保护厅（局）、科技厅（委、局），新疆生产建设兵团环境保护局、科技局，各有关单位：

根据《国家环保科普基地申报与评审暂行办法》（环发〔2006〕210 号，以下简称《暂行办法》）的有关要求，经专家评审和公示、环境保护部和科技部审定，现发布第五批国家环保科普基地名单（见附件）。

请获得“国家环保科普基地”称号的单位按照《暂行办法》要求，围绕提高全民科学素质和环保意识，扩大环境保护知识传播范围；创新工作手段和方法，不断提升科普服务能力；发挥示范作用，全面推进环保科普工作的社会化、群众化、经常化，并于每年年底前分别向环境保护部和科技部提交工作总结。

附件：第五批国家环保科普基地名单

环境保护部

科技部

2016 年 11 月 17 日

附件

## 第五批国家环保科普基地名单（按基地首字母拼音排序）

| 基地名称 | 依托单位 |
| --- | --- |
| 成都市锦江区白鹭湾湿地 | 成都白鹭湾湿地管理有限公司 |
| 光大环保能源（苏州）有限公司 | 光大环保能源（苏州）有限公司 |
| 广州市第一资源热力电厂 | 广州环保投资集团有限公司 |
| 国家环境宣传教育示范基地 | 环境保护部宣传教育中心 |
| 黑龙江省农业科学院土壤肥料与环境资源研究所 | 黑龙江省农业科学院土壤肥料与环境资源研究所 |
| 皇明太阳能股份有限公司 | 皇明太阳能股份有限公司 |
| 江苏省泗洪洪泽湖湿地国家级自然保护区 | 江苏省泗洪洪泽湖湿地国家级自然保护区管理处 |
| 连云港辐射环境监测管理站 | 连云港辐射环境监测管理站 |
| 辽宁省环保科学园 | 辽宁省环境科学学会 |
| 柳州工业博物馆 | 柳州工业博物馆 |
| 南宁青秀山风景名胜旅游区 | 南宁青秀山风景名胜旅游区管理委员会 |
| 上海新金桥环保有限公司 | 上海新金桥环保有限公司 |
| 无锡博物院 | 无锡博物院 |
| 雁荡山国家森林公园 | 雁荡山国家森林公园 |
| 张掖湿地博物馆 | 张掖湿地博物馆 |
| 中国杭州低碳科技馆 | 中国杭州低碳科技馆 |
| 中国核工业科技馆 | 中国原子能科学研究院 |

# 关于印发《水污染防治行动计划实施情况考核规定（试行）》的通知

环水体〔2016〕179 号

各省、自治区、直辖市人民政府：

按照《国务院关于印发水污染防治行动计划的通知》（国发〔2015〕17 号）要求，环境保护部会同国务院有关部门制订了《水污染防治行动计划实施情况考核规定（试行）》。现印发给你们，请认真组织落实。

附件：水污染防治行动计划实施情况考核规定（试行）

环境保护部
发展改革委
科技部
工业和信息化部
财政部
国土资源部
住房和城乡建设部
交通运输部
水利部
农业部
卫生计生委
2016 年 12 月 6 日

附件

## 水污染防治行动计划实施情况考核规定（试行）

**第一条** 为严格落实水污染防治工作责任，强化监督管理，加快改善水环境质量，根据《国务院关于印发水污染防治行动计划的通知》（国发〔2015〕17 号）等，制定本规定。

**第二条** 本规定适用于对各省（区、市）人民政府《水污染防治行动计划》（以下简称《水十条》）实施情况及水环境质量管理的年度考核和终期考核。

**第三条** 考核工作坚持统一协调与分工负责相结合、质量优先与兼顾任务相结合、定量评价与定性评估相结合、日常检查与年终抽查相结合、行政考核与社会监督相结合的原则。

**第四条** 考核内容包括水环境质量目标完成情况和水污染防治重点工作完成情况两个方面。以水环境质量目标完成情况作为刚性要求，兼顾水污染防治重点工作完成情况。

水环境质量目标包括：地表水水质优良比例和劣Ⅴ类水体控制比例、地级及以上城市建成区黑臭水体控制比例、地级及以上城市集中式饮用水水源水质达到或优于Ⅲ类比例、地下水质量极差控制比例、近岸海域水质状况等五个方面。

水污染防治重点工作包括：工业污染防治、城镇污染治理、农业农村污染防治、船舶港口污染控制、水资源节约保护、水生态环境保护、强化科技支撑、各方责任及公众参与等八个方面。

考核指标见附 1，指标解释及评分细则见附 2。

**第五条** 考核采用评分法，水环境质量目标完成情况和水污染防治重点工作完成情况满分均为100分，考核结果分为优秀、良好、合格、不合格四个等级。

以水环境质量目标完成情况划分等级，评分90分及以上为优秀、80分（含）至90分为良好、60分（含）至80分为合格、60分以下为不合格（即未通过考核）。

以水污染防治重点工作完成情况进行校核，评分大于60分（含），水环境质量评分等级即为考核结果；评分小于60分，水环境质量评分等级降一档作为考核结果。日常检查情况作为重点工作完成情况考核的基本内容纳入年度考核计分。

遇重大自然灾害（如干旱、洪涝、地震等）或重大工程建设、调度等，对上下游、左右岸水环境质量产生重大影响以及其他重大特殊情形的，可结合重点工作完成情况，综合考虑后最终确定年度考核结果。

2017—2020年，逐年对上年度各地《水十条》实施情况进行年度考核，考核水环境质量目标完成情况和水污染防治重点工作完成情况。

2021年对2020年度进行终期考核，仅考核水环境质量目标完成情况。水环境质量目标完成情况60分以下，或地表水水质优良比例、劣Ⅴ类水体控制比例任何一项未达到目标，终期考核认定为不合格。

**第六条** 地方人民政府是《水十条》实施的责任主体。各省（区、市）人民政府要依据国家确定的水环境质量目标，制定本地区水污染防治工作方案，将目标、任务逐级分解到市（地）、县级人民政府，把重点任务落实到相关部门和企业，确定年度水环境质量目标，合理安排重点任务和治理项目实施进度，明确资金来源、配套政策、责任部门和保障措施等。

**第七条** 考核工作由环境保护部牵头、中央组织部参与。环境保护部会同国务院相关部门组成考核工作组，负责组织实施考核工作。

**第八条** 考核采取以下步骤：

（一）自查评分。各省（区、市）人民政府应按照考核要求，建立包括电子信息在内的工作台账，对《水十条》实施情况进行全面自查和自评打分，于每年1月底前将上年度自查报告报送环境保护部，抄送国务院办公厅和《水十条》各任务牵头单位。自查报告应包括水环境质量目标和水污染防治重点工作等完成情况。

（二）部门审查。《水十条》各任务牵头单位会同参与部门负责相应重点任务的考核，结合日常监督检查情况，对各省（区、市）人民政府自查报告进行审查，形成书面意见于每年3月底前报送环境保护部。

环境保护区域督查机构应将地方政府及其有关部门贯彻落实《水十条》的情况纳入环境保护督察或综合督查、专项督查等环境保护督政工作范畴，有关情况及时报送环境保护部。环境保护部统一汇总后抄送《水十条》各任务牵头单位及相关省级政府。

（三）组织抽查。环境保护部会同有关部门采取"双随机"（随机选派人员、随机抽查部分地区）方式，根据各省（区、市）人民政府的自查报告、各牵头部门的书面意见和环境督查情况，对被抽查的省（区、市）进行实地考核，形成抽查考核报告。

（四）综合评价。环境保护部对相关部门审查和抽查情况进行汇总，做出综合评价，于每年4月底前形成考核结果，5月底前报告国务院。

**第九条** 考核结果经国务院审定后，由环境保护部向各省（区、市）人民政府通报，向社会公开，并交由中央干部主管部门作为对各省（区、市）领导班子和领导干部综合考核评价的重要依据。

对未通过年度考核的地区，由环境保护部会同中央组织部约谈省（区、市）人民政府及其相关部门有关负责人，提出整改意见，予以督促，并暂停审批该地区有关责任城市新增排放重点水污染物的建设项目（民生项目与节能减排项目除外）环境影响评价文件；整改期满后仍达不到要求的，相关部门取消其环境保护模范城市、生态文明建设示范区、节水型城市、园林城市、卫生城市等荣誉称号。

对未通过 2020 年考核的地区，除暂停审批该地区所有新增排放重点水污染物的建设项目（民生项目与节能减排项目除外）环境影响评价文件外，要加大问责力度，必要时由国务院领导同志约谈省（区、市）人民政府主要负责人。落实《党政领导干部生态环境损害责任追究办法（试行）》等要求，依法依纪追究有关领导干部的责任。

对水质改善明显和进步较大的地区进行通报表扬。

中央财政将考核结果作为水污染防治相关资金分配的参考依据。

**第十条** 在考核中对干预、伪造数据和没有完成目标任务的，要依法依纪追究有关单位和人员责任。在考核过程中发现违纪问题需要追究问责的，按相关程序移送纪检监察机关办理。

**第十一条** 各省（区、市）人民政府可根据本规定，结合各自实际情况，对本地区《水十条》实施情况开展考核。

**第十二条** 本规定由环境保护部、中央组织部负责解释。

附 1：考核指标水环境质量目标完成情况（略）

附 2：指标解释及评分细则（略）

# 关于落实《水污染防治行动计划》实施区域差别化环境准入的指导意见

环环评〔2016〕190 号

各省、自治区、直辖市环境保护厅（局）、发展改革委、住房城乡建设厅（建委）、水利（水务）厅（局），新疆生产建设兵团环境保护局、发展改革委、建设局、水利局：

为落实《水污染防治行动计划》严格环境准入的任务，指导地方根据流域水质目标和主体功能区规划要求，制定实施差别化的环境准入政策，提出以下指导意见。

## 一、充分认识实施区域差别化环境准入的意义

按照党中央、国务院对加快生态文明建设的部署，加快改善环境质量，优化国土空间

开发格局，加大生态环境保护力度，是当前重要的工作任务。实施区域差别化环境准入政策，有利于从区域发展源头落实水质改善目标要求，是贯彻《水污染防治行动计划》的客观要求；有利于合理优化开发布局，控制区域开发强度，引导和约束各类开发行为，是强化政府空间管控的内在需要；有利于促进产业结构调整，提升产业绿色化水平，是推进供给侧结构性改革、更好发挥政府作用的重要手段，要积极做好贯彻实施。

## 二、总体要求

### （一）指导思想

坚持以改善水环境质量为核心，以落实主体功能定位为主线，以水资源水环境承载能力为约束，以污染源防控为重点，鼓励地方因地制宜、分区施策，找准当地影响水质改善目标的短板，强化源头防控、严格环境准入，强化水功能区水质达标管理，加快实现水质改善目标，推进绿色发展。

### （二）基本原则

保护优先，改善质量。改善区域、流域环境质量，实行最严格的源头环境保护制度，在环境保护与发展中，把保护放在优先位置。

明确功能，保障落地。根据有关规划、区划确定的流域水质改善目标，针对具体区域的主体功能、主导生态服务功能和水域水体功能，明确保护与发展定位，强化目标导向和问题导向，保障差别化准入要求落地。

结合实际，精准施策。加强区域内产业梳理和筛选，以影响水环境质量的行业为重点，把水质改善目标和主体功能区要求落实到具体行业，分解到具体准入条件上。

依法推进，政策协同。严格依法加强准入管理，强化禁止类、限制类环境准入的刚性约束。充分考虑城乡规划及其他空间性规划的空间管制和准入要求，共同引导规范区域开发建设活动，形成合力。

## 三、不同区域差别化环境准入的指导意见

### （一）禁止开发区

对国家和地方划定的禁止开发区、生态保护红线等进行严格管理，依据相关法律法规和政策规划实施强制性严格保护。严禁不符合主体功能定位和主导生态功能的各类开发活动，区域内新建工业和矿产开发项目不予环境准入，重大线性基础设施项目应优先采取避让措施，强化生态修复和补偿。

### （二）限制开发的重点生态功能区

根据流域生态环境功能，细化主体功能区生态环境保护要求。以主导生态功能的恢复和保育为主要目标，在环境准入中坚持预防为主、保护优先。各类产业园区不得增加水污

染物排放。新、改、扩建金属采选及加工、轻工、纺织品制造、废旧资源加工再生等行业的项目，其主要污染物及有毒有害污染物排放实施倍量或减量置换。各级各类水生生物保护区水域不新建排污口，涉及水生珍稀特有物种重要生境等河段严格水电环境准入。结合重点生态功能区产业准入负面清单，对其中的限制类产业提出严格的环境准入要求。

### （三）限制开发的农产品主产区

以保护和恢复地力为主要目标，加强水和土壤污染的统筹防控。提高有色金属矿采选冶炼、石油开采及加工、化工、焦化、电镀、制革等行业环境准入要求，避免重金属、有机污染物与面源污染叠加，加剧水质改善难度。水库、灌溉、排涝等水利建设应发挥水资源的多种功能，协调好生活、生产和生态用水需求，降低对水生态和水环境的影响。不得进行自然生态系统的开荒以及侵占水面、湿地、林地、草地，控制化肥施用量，严格控制江河、湖泊、水库等水域新增人工养殖，防范水质富营养化。其他优先保护耕地集中区域可参照本区域要求强化准入管理。

### （四）重点开发区

针对区域面临的水质达标、水资源开发程度及水生态保护的形势和压力，严控建设项目污染物排放，新、改、扩建项目主要水污染物及有毒有害污染物排放实施减量置换。内蒙古、江西、河南、湖北、湖南、广东、广西、四川、贵州、云南、陕西、甘肃、新疆等地矿产资源开发活动集中区域，矿产资源开发项目执行重点污染物特别排放限值。对城市存在黑臭水体的区域，应制定更为严格的减量置换措施。合理开发和科学配置水资源，控制水资源消耗总量和强度，加强水资源保护。严格水功能区管理监督，根据重要江河湖泊水功能区水质达标要求，落实污染物达标排放措施，切实监管入河湖排污口，严格控制入河湖排污总量。

冀中南地区。重点落实入园入区发展，新建项目生产工艺、水耗能耗物耗、产排污情况及环境管理等方面达到国际国内先进水平，考虑制定更严格的地方标准；对新建、扩建火电、钢铁、冶炼、水泥以及燃煤锅炉项目，原则上不予环境准入；严格挥发性有机物重点排放行业环境准入；严格区域用水总量管理，合理配置生活、生产和生态用水。

山西中部城市群以及呼包鄂榆、宁夏沿黄等黄河中上游地区。重点行业清洁生产水平、水资源利用效率应达到国际国内先进水平。在保护生态的前提下，科学布局煤化工产业，严格执行煤化工行业环境准入条件。对取用水总量已达到或超过控制指标的地区，暂停审批建设项目新增取水；在地下水超采区，禁止农业、工业建设项目和服务业新增取用地下水，并逐步削减超采量，实现地下水采补平衡。

哈长地区。重点提高石化、食品酿造、制药、制浆造纸等行业环境准入要求，严防饮用水和跨界水环境风险。

东陇海地区、江淮地区和长江中游地区。适时制定火电、钢铁、纺织、化工等产业的地方环境准入标准，严格涉危涉化建设项目环境准入，提高挥发性有机物重点排放行业环境准入要求；实施氮、磷总量控制，防范蓝藻水华暴发和水环境风险，确保饮用水安全。

海峡西岸经济区。资源环境效率应达到国际国内先进水平，加大沿海产业基地环保基础设施和环境风险防范体系建设力度，严格港口特别是危险品码头环境准入，防范近岸海域和海洋环境风险。

中原经济区。大力开展节水和治污，加大钢铁、冶金、化工、建材等产业的绿色改造、升级以及淘汰力度，对高耗水煤化工产业不予环境准入，推动加快改善环境质量。

北部湾地区。重点提高石化、冶金、能源、生物燃料、造纸等产业环境准入门槛，严控自然岸线占用。强化新建项目“以新带老”，着力降低入海污染物排放量。

成渝地区。进一步提高涉重金属和持久性有机污染物排放项目的环境准入要求，冶金、化工、造纸等产业主要污染物排放实施减量置换；严格限制江河上游石化产业环境准入，防范水环境风险。

黔中、滇中地区。进一步严格控制新、改、扩建项目化学需氧量、氨氮和重金属污染物排放量，大幅度提高煤炭、化工、钢铁、电力、造纸、水泥、食品加工等行业环境准入标准。涉及重要生境的河段，严格中小水电环境准入。

藏中南地区。重点提高矿产资源、水电基地开发环境准入要求，严格实施干、支流栖息地保护，确保生态屏障安全。

关中-天水地区、兰州-西宁地区、天山北坡地区。强化水环境、水生态、水资源对开发建设活动的约束，严格石化、冶金、盐化工等产业环境准入，加快淘汰落后产能，在地表水资源超载、地下水超采区，严格限制煤化工等高耗水产业环境准入。

### （五）优化开发区

对确有必要的符合区域功能定位的建设项目，在污染治理水平、环境标准等方面执行最严格的准入条件，清洁生产达到国际先进水平。保护河口和海岸湿地，加强城市重点水源地保护。

环渤海地区。严格保护张家口-承德水源涵养区和滦河、洋河水源地，工业项目水污染物排放实施倍量削减，逐步淘汰搬迁现有污染企业，防范和治理富营养化。对水环境已超载的北三河、子牙河、黑龙港运东水系、京津中心城区、石家庄西部地区、衡水、沧州等区域，实施“以新带老”，有效削减水污染物排放，支撑京津冀地区环境质量改善。

长江三角洲地区。落实《长江经济带取水口排污口和应急水源布局规划》，沿江地区进一步严格石化、化工、印染、造纸等项目环境准入，对干流两岸一定范围内新建相关重污染项目不予环境准入，推进石化化工企业向尚有一定环境容量的沿海地区集中、绿色发展。对太湖流域新建原料化工、燃料、颜料及排放氮磷污染物的工业项目，不予环境准入；实施江、湖一体的氮、磷污染控制，防范和治理江、湖富营养化。严格沿江港口码头项目环境准入，强化环境风险防范措施。

珠江三角洲地区。新建项目应达到清洁生产国际先进水平；水环境质量超标地区，工业项目水污染物排放实施倍量削减，严防涉重金属环境风险。在地方已确定的供水通道敏感区内，对新建化学制浆、印染、鞣革、重化工、电镀、有色、冶炼等重污染项目，不予环境准入，其他区域应提高相应环境准入要求，主要污染物排放实施减量替代。汾江河、淡水河、石马河等重污染河流应制定更严格的流域排放标准。

## 四、保障措施

（一）地方要从落实《水污染防治行动计划》的高度认真做好工作部署，从责任主体、组织实施、工作进度、资金来源等方面明确实施差别化环境准入政策的各项保障措施。鼓励地方通过制定不同区域的开发建设管理目录、深化环境影响评价等多种方式，强化区域生态保护红线、环境质量底线、资源利用上线和环境准入负面清单的约束作用。涉及海洋主体功能的区域，其差别化环境准入政策另行制定。

（二）根据《水污染防治行动计划》统一部署，将地方制定实施区域差别化环境准入政策的落实情况纳入考核。对未完成水环境等环境质量改善任务的地区，督促收严环境准入要求，必要时采取约谈、区域限批等限制性措施。

（三）差别化环境准入政策一经确定，应当向社会公布，严格执行。加强企业自查、政府监督和事中事后监管，对各类建设项目环保要求落实情况，以及环境质量变化、污染物排放情况等实施动态监控，对未落实环境准入要求的建设项目依法严格处罚、督促整改，对问题严重的，依法关停或取缔。

（四）根据有关法律法规规定、环境保护要求以及区域环境质量变化情况等，区域差别化环境准入要求可适时进行调整。

环境保护部<br>
发展改革委<br>
住房和城乡建设部<br>
水利部<br>
2016年12月27日

# 关于印发《畜禽养殖禁养区划定技术指南》的通知

环办水体〔2016〕99号

各省、自治区、直辖市环境保护厅（局）、畜牧兽医（农业、农牧）局（厅、委、办），新疆生产建设兵团环境保护局、畜牧兽医局：

为贯彻落实《畜禽规模养殖污染防治条例》（国务院令第643号）和《水污染防治行动计划》（国发〔2015〕17号），指导各地科学划定畜禽养殖禁养区，环境保护部、农业部制定了《畜禽养殖禁养区划定技术指南》，现印发给你们。请参照本指南抓紧组织开展禁养区划定工作。

附件：畜禽养殖禁养区划定技术指南

环境保护部办公厅
农业部办公厅
2016 年 10 月 24 日

附件

# 畜禽养殖禁养区划定技术指南

为贯彻落实《畜禽规模养殖污染防治条例》《水污染防治行动计划》，指导各地科学划定畜禽养殖禁养区（以下简称禁养区），推进畜禽养殖污染防治，引导畜牧业绿色发展，制定本指南。

## 1 适用范围

本指南适用于主要畜禽禁养区的划定。

## 2 划定依据

（1）《环境保护法》
（2）《畜牧法》
（3）《水污染防治法》
（4）《大气污染防治法》
（5）《畜禽规模养殖污染防治条例》
（6）《水污染防治行动计划》
（7）《饮用水水源保护区划分技术规范》（HJ/T 338—2007）
（8）其他有关法律法规和技术规范

## 3 术语与定义

3.1 畜禽
包括猪、牛、鸡等主要畜禽，其他品种动物由各地依据其规模养殖的环境影响确定。
3.2 畜禽养殖场、养殖小区
指达到省级人民政府确定的养殖规模标准的畜禽集中饲养场所（以下简称养殖场）。
3.3 禁养区
指县级以上地方人民政府依法划定的禁止建设养殖场或禁止建设有污染物排放的养殖场的区域。

## 4 基本要求

以优化畜禽养殖产业布局、控制农业面源污染、保障生态环境安全为目的，以统筹兼顾、科学可行、依法合规、以人为本为基本原则，根据《全国主体功能区划》《全国生态功能区划（修编版）》，综合考虑各区域主体功能定位及生态功能重要性，在与生态保护红线格局相协调前提下，以饮用水水源保护区、自然保护区的核心区和缓冲区、风景名胜区、城镇居民区、文化教育科学研究区等区域为重点，兼顾江河源头区、重要河流岸带、重要湖库周边等对水环境影响较大的区域，科学合理划定禁养区范围，切实加强环境监管，促进环境保护和畜牧业协调发展。

## 5 划定范围

5.1 饮用水水源保护区

包括饮用水水源一级保护区和二级保护区的陆域范围。已经完成饮用水水源保护区划分的，按照现有陆域边界范围执行；未完成饮用水水源保护区划分的，参照《饮用水水源保护区划分技术规范》（HJ/T 338—2007）中各类型饮用水水源保护区划分方法确定。

其中，饮水水源保护一级保护区内禁止建设养殖场。饮用水水源二级保护区禁止建设有污染物排放的养殖场（注：畜禽粪便、养殖废水、沼渣、沼液等经过无害化处理用作肥料还田，符合法律法规要求以及国家和地方相关标准不造成环境污染的，不属于排放污染物）。

5.2 自然保护区

包括国家级和地方级自然保护区的核心区和缓冲区，按照各级人民政府公布的自然保护区范围执行。

自然保护区核心区和缓冲区范围内，禁止建设养殖场。

5.3 风景名胜区

包括国家级和省级风景名胜区，以国务院及省级人民政府批准公布的名单为准，范围按照其规划确定的范围执行。

其中，风景名胜区的核心景区禁止建设养殖场；其他区域禁止建设有污染物排放的养殖场。

5.4 城镇居民区和文化教育科学研究区

根据城镇现行总体规划，动物防疫条件、卫生防护和环境保护要求等，因地制宜，兼顾城镇发展，科学设置边界范围。边界范围内，禁止建设养殖场。

5.5 依照法律法规规定应当划定的区域

法律法规规定的其他禁止建设养殖场的区域。

## 6 工作流程

6.1 摸清底数

县级以上地方环保部门、农牧部门会同有关部门依据国家和地方法律、法规、规章等，结合当地经济社会发展规划、生态环境保护规划、畜牧业发展规划等，识别和初步确定禁养区划定范围。

6.2　核定边界

在初步确定划定范围的基础上，组织开展实地勘察，调查禁养区划定相关基础信息（包括有关地物信息，养殖场分布、养殖规模等），明确拟划定禁养区范围边界拐点，形成禁养区划定初步方案，包括比例尺一般不低于 1∶50000 的畜禽禁养区分布图，以及禁养区划定范围的文字描述等。

6.3　征求意见

禁养区划定初步方案应当征求同级有关部门意见，并向社会公开征求意见。根据反馈意见进行修正，必要的应当进行现场勘核，形成禁养区划定方案（送审稿）。

6.4　报批公布

各地环保部门、农牧部门将禁养区划定方案（送审稿）报上一级地方环保部门、农牧部门进行技术审核后，报请同级人民政府批准并向社会公布。

省级环保部门、农牧部门应当及时掌握本行政区域禁养区划定情况，并定期向环境保护部、农业部报送工作进展情况。

## 7　其他

7.1　禁养区划定后原则上 5 年内不做调整；需要调整的，根据本指南开展工作。

7.2　已完成禁养区划定的、已形成禁养区划定初步方案的，但划定范围与本指南要求不符的，应当根据本指南予以调整。

7.3　禁养区划定工作已明确牵头部门的，可按现有工作机制开展工作；需调整的，可依据本指南对现有工作机制予以调整。

7.4　禁养区划定完成后，地方环保、农牧部门要按照地方政府统一部署，积极配合有关部门，依据《水污染防治法》第五十八条、第五十九条和《畜禽规模养殖污染防治条例》第二十五条等有关法律法规的规定，协助做好禁养区内确需关闭或搬迁的已有养殖场关闭或搬迁工作。

# 关于医疗机构医用辐射场所辐射监测有关问题的通知

环办辐射函〔2016〕274 号

各省、自治区、直辖市环境保护厅（局）、卫生计生委，新疆生产建设兵团环境保护局、卫生局：

根据《放射性污染防治法》《职业病防治法》《放射性同位素与射线装置安全和防护条例》《放射性同位素与射线装置安全和防护管理办法》和《放射诊疗管理规定》等法律法规的要求，从事放射诊疗工作的医疗机构应当定期对其医用辐射场所开展辐射监测（亦称检测，下同），各级环境保护和卫生计生行政部门在各自职责范围内对其辐射监测工作实施监督管理。为避免给医疗机构增加不必要的负担，现对医用辐射场所辐射监测有关问题通知如下：

一、本通知所指“辐射监测”是指医疗机构根据法律法规和技术标准对其医用辐射场所定期进行的监测活动，监测的内容和技术要求应符合有关国家或行业技术标准的规定。

二、承担医疗机构医用辐射场所辐射监测工作的机构应取得检验检测机构资质认定（CMA），并根据法律法规规定取得相关资质。具备以上资质的医疗机构可以自行开展其医用辐射工作场所的辐射监测，不具备相应资质的医疗机构应当委托符合上述条件的机构进行辐射监测。辐射监测工作应同时满足环境保护和卫生计生行政部门相关监督管理要求，避免重复监测。各级环境保护和卫生计生行政部门不应再提出对辐射监测机构其他资质方面的附加要求。

三、各级环境保护和卫生计生行政部门应当按照职责范围加强监督检查，同时加强协调配合，对发现的违法违规行为依法严肃查处，督促各医疗机构严格依法落实其辐射场所的安全责任，并引导各服务机构强化法律意识、责任意识和服务意识，依法依规开展医疗机构医用辐射场所辐射监测工作。

环境保护部办公厅
卫生计生委办公厅
2016 年 2 月 3 日

# 环境保护部 司法部关于公开遴选全国环境损害司法鉴定机构登记评审专家库专家的通知

环办政法函〔2016〕2075 号

为充分发挥专家在环境损害司法鉴定机构评审工作中的作用，根据《司法部 环境保护部关于印发〈环境损害司法鉴定机构登记评审办法〉〈环境损害司法鉴定机构登记评审专家库管理办法〉的通知》（司发通〔2016〕101 号），环境保护部、司法部现面向社会公开遴选全国环境损害司法鉴定机构登记评审专家库（以下简称国家库）专家。现将有关事项通知如下：

## 一、专业领域

国家库下设污染物性质鉴别、地表水和沉积物、环境大气、土壤与地下水、近岸海洋和海岸带、生态系统、环境经济、其他类（主要包括噪声、振动、光、热、电磁辐射、核辐射、环境法等）等 8 个领域的专家库。

## 二、专家条件

入选国家库的专家应具备以下条件：

（一）具有高级专业技术职称或者从事审判、检察、公安等工作并熟悉相关鉴定业务；

（二）从事或参与相关专业工作十年以上；

（三）了解环境保护工作的有关法律、法规和政策，熟悉国家和地方环境损害鉴定评估相关制度与技术规范；

（四）具有良好的科学道德和职业操守；

（五）健康状况良好，可以参加有关评审、评估和培训等活动。

## 三、工作内容

入选国家库专家的工作内容包括：

（一）为环境损害司法鉴定机构的评审提供专家意见；

（二）参加相关技术培训；

（三）承担环境保护主管部门、司法行政机关委托的其他工作。

## 四、其他事项

符合条件的相关领域专家，可自愿向环境保护部提交申请表（见附件）和证明材料，并于 2016 年 12 月 5 日前将纸质版（一式二份）邮寄至环境保护部，电子版请一并发送。

环境保护部将会同司法部开展专家评审工作。

## 五、联系人及联系方式

联系人：环境保护部政策法规司　韩梅、季林云

电话：（010）66556962、66556168

传真：（010）66556167

邮箱：fuyichu@mep.gov.cn

地址：北京市西城区西直门南小街 115 号

邮编：100035

附件：申请表（略）

环境保护部办公厅

司法部办公厅

2016 年 11 月 17 日

# 关于组织做好全国土壤污染状况详查实验室筛选工作的通知

环办土壤函〔2016〕2325号

各省、自治区、直辖市环境保护厅（局）、国土资源厅（局）、农业（农牧、农村经济）厅（局、委），新疆生产建设兵团环境保护局、国土资源局、农业局：

根据《土壤污染防治行动计划》的要求，环境保护部会同国土资源部、农业部等部门组织开展全国土壤污染状况详查工作，由各省（区、市）人民政府实施。为确保高质量完成详查任务，严格详查工作质量管理，环境保护部将会同国土资源部、农业部，组织对参与详查工作的实验室进行统一筛选。请各省（区、市）环境保护厅（局）牵头，国土资源厅（局）、农业厅（局）配合，共同做好实验室筛选的相关工作。现将有关事项通知如下：

## 一、详查实验室分类及组成

详查实验室包括检测实验室和质量控制实验室。检测实验室主要负责详查样品（包括土壤、农产品和地下水）的制备和分析测试工作，应主要由各地省市两级环境保护、国土资源、农业部门中技术能力强、专业水平高、仪器设备齐全、管理严格规范的分析测试实验室组成，必要时可以选择持有《检验检测机构资质认定证书》或中国合格评定国家认可委员会颁发的《实验室认可证书》、总体技术和管理水平高的第三方专业检测实验室。质量控制实验室全面负责本省（区、市）详查工作质量管理，由各省（区、市）在省级环境保护、国土资源、农业部门所属的主要技术支持单位中选定。

## 二、认真组织做好实验室筛选的相关工作

实验室筛选工作要按照《全国土壤污染状况详查实验室筛选技术规定》（见附件，以下简称《规定》）的要求组织开展。

一是开展本行政区域内实验室的初步筛选。各省（区、市）环境保护、国土资源、农业部门要在认真摸排本行政区域内实验室有关情况的基础上，部署开展详查实验室申请工作，并按照《规定》要求，统筹考虑本行政区域详查工作量、检测项目、检测水平的需要，对提出申请的实验室进行初步筛选评审。初步筛选确定的实验室名单，由各省（区、市）环境保护、国土资源、农业部门统一推荐，上报环境保护部、国土资源部、农业部。各省（区、市）推荐的检测实验室原则上控制在12个以内。

二是组织所推荐实验室参加能力考核与复核。环境保护部将会同国土资源部、农业部，

对各省（区、市）推荐的实验室进行检测能力验证样品考核，并组织专家对实验室技术能力进行复核。各省（区、市）环境保护行政主管部门要全程跟踪实验室能力考核与复核过程，确保相关结果能够真实反映实验室水平。

在实验室筛选的基础上，环境保护部将会同国土资源部、农业部发布全国土壤污染状况详查实验室推荐名录，供各省（区、市）在详查工作中选用；各省（区、市）在详查工作中可以选用推荐名录中非本行政区域内的实验室。根据实际工作需要，将适时组织对详查实验室推荐名录进行增补。

## 三、时间安排

（一）2017 年 1 月 20 日前，各省（区、市）组织开展本行政区域详查实验室初步筛选工作，并报送通过初步筛选的检测实验室名单及相关申请材料（包括材料电子件），以及各省（区、市）确定的质量控制实验室名单及相关材料。环境保护部、国土资源部、农业部所属单位申请详查实验室的申请材料，应经相关部委批准后于 2017 年 1 月 15 日前报送环境保护部。

（二）2017 年 1 月 21 日至 3 月 3 日，环境保护部会同国土资源部、农业部组织对各地推荐实验室进行检测能力验证样品考核；组织专家对实验室技术能力进行复核，提出可参加详查的实验室建议名单。

（三）2017 年 3 月中旬，环境保护部、国土资源部、农业部联合公布首批《全国土壤污染状况详查实验室推荐名录》。

## 四、联系人及联系方式

（一）环境保护部

1．国家环境分析测试中心　闫岩

电话：（010）84665760

传真：（010）84634275

电子信箱：xiangcha-lab@edcmep.org.cn。

通信地址：北京市朝阳区育慧南路 1 号，100029

2．土壤环境管理司　王维

电话：（010）66556243

传真：（010）66556244

通信地址：北京市西城区西直门南小街 115 号，100035

（二）国土资源部

科技与国际合作管理司　徐浩

电话：（010）66558427

传真：（010）66127247

通信地址：北京市西城区阜成门内大街 64 号，100812

（三）农业部
农业生态与资源保护总站　黄宏坤
电话：（010）59196361
传真：（010）59196362
通信地址：北京市朝阳区麦子店街 24 号楼，100125

附件：全国土壤污染状况详查实验室筛选技术规定

环境保护部办公厅
国土资源部办公厅
农业部办公厅
2016 年 12 月 23 日

附件

# 全国土壤污染状况详查实验室筛选技术规定

## 1　前言

为了确保参加全国土壤污染状况详查（以下简称详查）的实验室能够提供准确、可靠的实验数据，加强详查样品分析测试质量管理，规范筛选详查实验室技术能力审核工作，特制定本技术规定。

本技术规定提出了申请详查实验室的基本技术要求及筛选评审程序，主要用于申请承担详查分析测试任务的实验室筛选工作。

## 2　编制依据

《检测和校准实验室能力的通用要求》（GB/T 27025—2008）
《检验检测机构资质认定评审准则》（国认实〔2016〕33 号）
《合格评定　能力验证的通用要求》（GB/T 27043—2012）
《全国土壤污染状况详查样品分析测试方法技术规定》
《全国土壤污染状况详查质量保证与质量控制技术规定》

## 3　术语与定义

详查根据实验室职能、工作性质、范围等分为检测实验室和质量控制实验室。

### 3.1　检测实验室

检测实验室负责依据详查有关技术规定和管理要求，开展详查样品（包括土壤、农产品和地下水）的制备、分析测试及内部质量管理和质量控制工作，保存留存样品，并在规定时间内提交检测报告、检测结果统计报表、质控数据和质量评估报告等信息。

3.2 质量控制实验室

质量控制实验室全面负责本省（区、市）详查质量管理工作。负责按照详查有关技术规定和管理要求，组织开展本省（区、市）详查样品采集、制备、保存、流转、分析测试等的全过程质量管理与监督检查工作，负责编写本省（区、市）详查质量保证与质量控制报告，参加环境保护部会同有关部门组织的详查工作质量管理监督检查。

## 4 申请详查实验室的基本要求

4.1 总则

4.1.1 实验室或者其所在的组织应是能够独立承担法律责任的实体，有明确的法律地位，对其出具的检测数据负责，并承担相应法律责任。不具备法人资格的实验室应经所在法人单位授权。

4.1.2 实验室及其人员对其在详查工作中所知悉的国家秘密、商业秘密和技术秘密负有保密义务，并应制定实施相应的保密规定，落实保密责任。

4.1.3 实验室或者其所在的组织，应无检测数据造假等不良信用记录。

4.1.4 实验室应独立承担详查任务，不得转包。

4.2 检测实验室

4.2.1 认证（认可）检测能力

检测实验室应具有并有效运行保证其检测活动独立、公正、科学、诚信的质量管理体系，持有国家或省（区、市）质量技术监督管理部门颁发的《检验检测机构资质认定证书》或中国合格评定国家认可委员会颁发的《实验室认可证书》，且其被批准的检测能力范围应至少涵盖下列两个检测领域：土壤中无机污染物、土壤中有机污染物、土壤理化性质、农产品中污染物。详查计划检测项目和采用的分析方法参见附表 1（略）。

4.2.2 以往业绩与能力证明

4.2.2.1 检测实验室应具有与所申请承担的详查任务相适应的工作经历，在近 3 年内应开展了相关检测活动，检测样品类型和检测项目应能与其申请承担的详查分析测试任务及有关技术规定相吻合。

4.2.2.2 检测实验室应提交过去 3 年内参加的、与所申请承担详查任务相关的能力验证和实验室间比对活动的证明材料。

4.2.3 人员

4.2.3.1 检测实验室应具有与所申请承担详查任务相适应的管理人员和专业技术人员，技术能力和人员数量应能满足详查分析测试任务的需要。关键岗位人员应具备与申请检测领域相关的专业背景，并保证能直接参与详查样品的分析测试工作。

4.2.3.2 检测实验室在所申请检测领域的持证上岗人员不得少于 15 人。检测人员应熟悉《全国土壤污染状况详查样品分析测试方法技术规定》（详见国家环境分析测试中心网站 http://www.cneac.com）中推荐的分析方法，熟悉检测过程中的质控手段，从事相关检测分析工作 3 年以上；质量控制人员应由从事相关检测分析工作 5 年以上的技术人员担任，熟悉并能按照《检验检测机构资质认定评审准则》或《检测和校准实验室能力的通用要求》的要求有效开展实验室内部质量控制工作，具备判断实验室分析数据正确性和方法有效性以及编写实验室质量评估报告的能力。

4.2.3.3 检测实验室管理人员和专业技术人员如果是聘用人员，应提供人员聘用合同及社会保险缴纳证明，保证在承担详查任务期间技术人员基本稳定。

4.2.4 设施和仪器设备

4.2.4.1 检测实验室应具有固定检测场所，其设施条件和环境应满足分析仪器、检测方法、样品制备和样品保存所需的技术要求，并得到有效控制。检测区域应有明显标识，对相互有影响的活动区域进行有效隔离，防止交叉污染。对可能影响检测结果质量的环境条件，应进行识别、监控和记录，保证其符合相关技术要求。

4.2.4.2 检测实验室应配备数量充足、技术指标符合相关分析测试方法要求的各类仪器设备和标准物质。与检测结果的准确性和有效性相关的仪器设备在投入使用前，应进行计量检定和校准，并保持其在有效期内进行使用。

4.2.4.3 检测实验室应提供用于承担所申请详查样品分析任务已具备的仪器设备详细清单（含名称、型号、生产厂家、主要技术指标）和资产归属关系证明材料。各类检测实验室应配备的仪器设备基本要求参见附表 2（略）。

4.2.5 检测方法

检测实验室应能按照《全国土壤污染状况详查样品分析测试方法技术规定》中推荐的分析方法（包括样品前处理方法）完成其承担的详查样品分析测试任务，所选用的分析方法应在本实验室进行方法确认，并形成满足方法检出限、精密度、准确度等质量控制要求的相关记录。

4.2.6 质量保证与质量控制

4.2.6.1 检测实验室应能按照《全国土壤污染状况详查质量保证与质量控制技术规定》（详见国家环境分析测试中心网站 http：//www.cneac.com）对申请承担的详查样品分析任务制订和实施内部质量控制计划，对任务实施全过程进行质量控制，确保工作质量。

4.2.6.2 检测实验室应建立实验数据和检测报告的质量审核制度，指定实验数据审核人员和检测报告的编制、审核及签发人员。

4.2.7 自我声明

检测实验室法定代表人或最高管理者应签署“自我声明”[见附 1（略）]，承诺遵守详查相关技术规定、管理要求和保密规定。

4.3 质量控制实验室

质量控制实验室除应满足 4.2 中规定的有关要求之外，还应满足以下各项要求：

4.3.1 质量控制实验室应是政府所属的公益性事业单位，具有在本省（区、市）内开展实验室质量管理的丰富经验和良好信誉。

4.3.2 质量控制实验室应具备为本省（区、市）详查样品采集、制备、流转、保存和分析测试等提供技术指导、技术培训和技术管理的能力。

4.3.3 质量控制实验室应具备对发生争议的详查外部质控样品分析结果组织开展仲裁分析的能力。

## 5 实验室筛选评审程序

5.1 筛选要求

5.1.1 环境保护部负责牵头组织全国实验室筛选工作，各省（区、市）环境保护部门负责组织本省（区、市）内实验室的初步筛选工作。各省（区、市）只筛选在本省（区、市）注册的实验室，不受理在本省（区、市）无固定检测场所的申请机构。各省（区、市）环境保护部门可根据本省（区、市）详查具体任务量确定需要初步筛选实验室的数量，原则上每个省（市、区）初步筛选出的检测实验室数量不超过 12 个。

5.1.2　质量控制实验室一般由各省（区、市）环境保护部门牵头在省级环境保护、国土资源和农业三部门所属主要技术支持单位中选定，每个省（市、区）限选定质量控制实验室 1 个。

5.2　筛选评审程序

5.2.1　凡符合本技术规定“4.申请详查实验室的基本要求”的单位，均可填写《全国土壤污染状况详查实验室申请书》［见附 2（略）］申请承担详查任务。环境保护部、国土资源部、农业部所属技术支持单位直接向环境保护部提交正式书面申请书，其他单位向所在地省（区、市）环境保护部门提交正式书面申请书。

5.2.2　国家和各省（区、市）环境保护部门会同国土、农业部门按本规定的有关要求，分别组织开展对各自受理的申请单位实验室技术能力进行初步筛选评审。初步筛选评审采用文件资料审查与实验室现场检查相结合的方式组织实施，按照本规定对申请单位进行符合性审查，并对通过符合性审查的申请单位进行综合打分评审［评分表见附 3（略）］。凡存在检测数据造假等不良信用记录、无相关检测领域认证/认可检测能力、无相关领域检测业绩与能力证明或申请材料不实的单位，应直接取消其参评资格。

5.2.3　各省（区、市）环境保护部门负责将初步筛选评审确定的实验室、相关申请材料和评审材料上报环境保护部。

5.2.4　环境保护部牵头对各省（区、市）推荐的检测实验室进行专门的能力验证样品考核，同时组织专家对实验室技术能力进行复核。并根据检测实验室参加专门能力验证样品考核的结果和专家复核结果，综合打分评审确定最终可参加详查的检测实验室。

5.3　筛选结果的发布和利用

环境保护部会同国土资源部、农业部根据全国土壤污染状况详查工作进展情况分批发布《全国土壤污染状况详查实验室推荐名录》，供各省（区、市）在详查工作中选用；各省（区、市）在详查工作中可以选用推荐名录中非本行政区域内的实验室。

# 关于加强二手车环保达标监管工作的通知

环办大气函〔2016〕2373 号

各省、自治区、直辖市环境保护厅（局），商务主管部门：

为进一步贯彻国务院关于简政放权、放管结合、优化服务、便民惠民的重要决策部署，深入落实《国务院办公厅关于促进二手车便利交易的若干意见》（国办发〔2016〕13 号，以下简称《意见》），加强二手车环保达标监管，推进改善大气环境质量，现将有关工作要求通知如下：

一、严格执行《意见》有关规定。《意见》对二手车迁入车辆要求和区域范围均做出明确规定，各地要认真贯彻落实，严格执行相关规定。

二、加强二手车环保达标监管。对于在机动车环保定期检验和安全检验有效期内，并经转入地环保检验，符合转入地在用车排放标准要求的车辆，各地不得设定其他限制措施（国家明确的大气污染防治重点区域和国家要求淘汰的车辆除外）。各级环保部门要建立二手车环保检验信息管理档案和核查机制，加强对二手车环保达标检验的监管工作，严防超标排放车辆造成污染转移。

三、加快推进二手车环保信息联网工作。各地环保部门要按照《关于进一步规范排放检验 加强机动车环境监督管理工作的通知》（国环规大气〔2016〕2 号）要求，加快机动车环保信息联网建设工作进度，充分利用信息系统加强对二手车的环保达标监管。各地应督促机动车排放检验机构严格落实机动车排放检验标准要求，并将排放检验数据和电子检验报告上传环保部门，出具由环保部门统一编码的排放检验报告。各级环保部门要积极配合公安交管部门做好排放检验报告照片核查和排放检验信息核查，二手车转出地环保部门应及时将相关车辆信息移交转入地环保部门；转入地环保部门应对二手车上线排放检验实施在线监控，实现检验数据实时传输、及时分析处理。

四、加强二手车排放检验机构监督管理。环保部门应对排放检验机构实行“双随机、一公开”（随机抽取检查对象、随机选派执法检查人员、及时公开查处结果）的监管方式，重点加强对二手车转入排放检验机构的监督管理，通过现场检查排放检验过程、审查原始检验记录或报告等资料的方式强化执法监管，依法严肃查处违法排放检验机构。

五、各地商务主管部门要按照职能分工，积极配合环境保护部门做好相关工作。有条件的地方要探索推进二手车交易信息和环保信息互联互通，实现信息共享，推动信息向社会公开，便于经营者、消费者和管理部门查询、使用。

本通知自发布之日起实施，此前与本文件规定不符的以本文件为准。

环境保护部办公厅
商务部办公厅
2016 年 12 月 29 日

# 关于公布全国城市黑臭水体排查情况的通知

建办城函〔2016〕125 号

各省、自治区住房城乡建设厅、环境保护厅，直辖市市政管委、水务局、环境保护局，海南省水务厅、环境保护厅：

为落实国务院《水污染防治行动计划》，按照《住房和城乡建设部 环境保护部关于印发城市黑臭水体整治工作指南的通知》（建城〔2015〕130号）、《住房和城乡建设部办公厅 环境保护部办公厅关于进一步加强城市黑臭水体信息报送和公布工作的通知》（建办城函〔2015〕1162号）要求，我们组织对全国地级及以上城市建成区黑臭水体进行了排查。现将排查结果公布如下：

全国295座地级及以上城市中，共有216座城市排查出黑臭水体1811个，其中，河流1545条，占85.4%；湖、塘264个，占14.6%。有79座城市没有发现黑臭水体。各城市黑臭水体名单详见附件（略）。

各省级住房城乡建设、环境保护部门要督促当地城市人民政府继续深化排查工作，及时将新排查发现的黑臭水体通过"全国城市黑臭水体整治监管平台"上报住房和城乡建设部；要于2016年2月底前完成完善黑臭水体整治完成期限、整治责任人等信息工作，逾期未完成的将约谈城市政府负责同志，并作为《水污染防治行动计划》年度考核的扣分项。加快推进黑臭水体整治工作，按照已定整治计划倒排时间表，从控源截污、生态修复、污染治理等方面科学施策，避免采取"调水冲污、引水释污"等措施，确保标本兼治。加大公众监督力度，主动将黑臭水体整治进展情况向社会公开，接受公众监督。省级住房城乡建设、环境保护部门要进一步加强指导和督促，严格实行黑臭水体整治销号制度。

住房和城乡建设部、环境保护部开通了城市黑臭水体整治信息网站（http：//www.hcstzz.com），发布了城市黑臭水体整治手机微信公众监督系统（微信公众号"城市水环境公众参与"），接受公众监督，并将信息实时反馈到"全国城市黑臭水体整治监管平台"；各省级住房城乡建设、环境保护部门要督促辖区内地级及以上城市落实专人，及时对群众举报进行核实，并在7个工作日内提出明确处理意见。同时，住房和城乡建设部、环境保护部还将利用卫星遥感技术加强对城市黑臭水体整治工作的监督。

联系人及联系方式：

住房和城乡建设部城市建设司　陈玮　牛璋彬

电话：010-58933160　010-58934352（传真）

环境保护部污染防治司　高红杰　王谦

电话：010-66556265　010-66556264（传真）

附件：全国地级及以上城市黑臭水体名单（略）

住房和城乡建设部办公厅

环境保护部办公厅

2016年2月5日

# 关于促进绿色消费的指导意见的通知

发改环资〔2016〕353号

各省、自治区、直辖市及计划单列市、新疆生产建设兵团发展改革委、党委宣传部、科技厅（局）、财政厅（局）、环境保护厅（局）、住房和城乡建设厅（局）、商务厅（局）、质量技术监督局（市场监督管理部门）、旅游局、机关事务管理局：

为贯彻党的十八大和十八届三中、四中、五中全会精神，落实绿色发展理念，根据《中共中央 国务院关于加快推进生态文明建设的意见》、《中共中央 国务院关于印发生态文明体制改革总体方案的通知》、《国务院关于积极发挥新消费引领作用加快培育形成新供给新动力的指导意见》等文件要求，促进绿色消费，加快生态文明建设，推动经济社会绿色发展，我们制定了《关于促进绿色消费的指导意见》，现印发你们，请结合实际认真贯彻执行。

附件：《关于促进绿色消费的指导意见》

国家发展改革委
中宣部
科技部
财政部
环境保护部
住房和城乡建设部
商务部
质检总局
旅游局
国管局
2016年2月17日

**附件**

## 关于促进绿色消费的指导意见

为全面贯彻党的十八大和十八届三中、四中、五中全会精神，深入贯彻习近平总书记系列重要讲话精神，落实绿色发展理念，根据《中共中央 国务院关于加快推进生态文明建设的意见》《生态文明体制改革总体方案》《国务院关于积极发挥新消费引领作用加快培育形成新供给新动力的指导意见》等文件要求，促进绿色消费，加快生态文明建设，推动经济社会绿色发展，提出如下意见。

## 一、充分认识绿色消费的重要意义

绿色消费，是指以节约资源和保护环境为特征的消费行为，主要表现为崇尚勤俭节约，减少损失浪费，选择高效、环保的产品和服务，降低消费过程中的资源消耗和污染排放。我国人口众多，资源禀赋不足，环境承载力有限。近年来，随着经济较快发展、人民生活水平不断提高，我国已进入消费需求持续增长、消费拉动经济作用明显增强的重要阶段，绿色消费等新型消费具有巨大发展空间和潜力。与此同时，过度消费、奢侈浪费等现象依然存在，绿色的生活方式和消费模式还未形成，加剧了资源环境瓶颈约束。促进绿色消费，既是传承中华民族勤俭节约传统美德、弘扬社会主义核心价值观的重要体现，也是顺应消费升级趋势、推动供给侧改革、培育新的经济增长点的重要手段，更是缓解资源环境压力、建设生态文明的现实需要。

## 二、总体要求和主要目标

全面贯彻党的十八大和十八届三中、四中、五中全会精神，深入贯彻习近平总书记系列重要讲话精神，按照绿色发展理念和社会主义核心价值观要求，加快推动消费向绿色转型。加强宣传教育，在全社会厚植崇尚勤俭节约的社会风尚，大力推动消费理念绿色化；规范消费行为，引导消费者自觉践行绿色消费，打造绿色消费主体；严格市场准入，增加生产和有效供给，推广绿色消费产品；完善政策体系，构建有利于促进绿色消费的长效机制，营造绿色消费环境。

到 2020 年，绿色消费理念成为社会共识，长效机制基本建立，奢侈浪费行为得到有效遏制，绿色产品市场占有率大幅提高，勤俭节约、绿色低碳、文明健康的生活方式和消费模式基本形成。

## 三、着力培育绿色消费理念

（一）深入开展全民教育。加强资源环境基本国情教育，大力弘扬中华民族勤俭节约传统美德和党的艰苦奋斗优良作风，开展全民绿色消费教育。从娃娃抓起，将勤俭节约、绿色低碳的理念融入家庭教育、学前教育、中小学教育、未成年人思想道德建设教学体系，组织开展第二课堂等社会实践。把绿色消费作为妇女和家庭思想道德教育、学生思想政治教育、职工继续教育和公务员培训的重要内容，纳入文明城市、文明村镇、文明单位、文明家庭、文明校园创建及有关教育示范基地建设要求。

（二）广泛推进主题宣传。深入实施节能减排全民行动、节俭养德全民节约行动，组织开展绿色家庭、绿色商场、绿色景区、绿色饭店、绿色食堂、节约型机关、节约型校园、节约型医院等创建活动，表彰一批先进单位和个人。把绿色消费纳入全国节能宣传周、科普活动周、全国低碳日、环境日等主题宣传活动，充分发挥工会、共青团、妇联以及有关行业协会、环保组织的作用，强化宣传推广。各主要新闻媒体和网络媒体要积极宣传绿色消费的重要性和紧迫性，在黄金时段、重要版面制作发布公益广告，及时宣传报道绿色消费的理念经验和做法，加强舆论监督，曝光奢侈浪费行为，营造良好社会氛围。

## 四、积极引导居民践行绿色生活方式和消费模式

（三）倡导绿色生活方式。合理控制室内空调温度，推行夏季公务活动着便装。开展旧衣“零抛弃”活动，完善居民社区再生资源回收体系，有序推进二手服装再利用。抵制珍稀动物皮毛制品。推广绿色居住，减少无效照明，减少电器设备待机能耗，提倡家庭节约用水用电。鼓励步行、自行车和公共交通等低碳出行。鼓励消费者旅行自带洗漱用品，提倡重拎布袋子、重提菜篮子、重复使用环保购物袋，减少使用一次性日用品。制定发布绿色旅游消费公约和消费指南。支持发展共享经济，鼓励个人闲置资源有效利用，有序发展网络预约拼车、自有车辆租赁、民宿出租、旧物交换利用等，创新监管方式，完善信用体系。在中小学校试点校服、课本循环利用。

（四）鼓励绿色产品消费。继续推广高效节能电机、节能环保汽车、高效照明产品等节能产品，到 2020 年，能效标识 2 级以上的空调、冰箱、热水器等节能家电市场占有率达到 50%以上。加大新能源汽车推广力度，加快电动汽车充电基础设施建设。组织实施“以旧换再”试点，推广再制造发动机、变速箱，建立健全对消费者的激励机制。实施绿色建材生产和应用行动计划，推广使用节能门窗、建筑垃圾再生产品等绿色建材和环保装修材料。推广环境标志产品，鼓励使用低挥发性有机物含量的涂料、干洗剂，引导使用低氨、低挥发性有机污染物排放的农药、化肥。鼓励选购节水龙头、节水马桶、节水洗衣机等节水产品。

（五）扩大绿色消费市场。加快畅通绿色产品流通渠道，鼓励建立绿色批发市场、绿色商场、节能超市、节水超市、慈善超市等绿色流通主体。支持市场、商场、超市、旅游商品专卖店等流通企业在显著位置开设绿色产品销售专区。组织流通企业与绿色产品提供商开展对接，促进绿色产品销售。鼓励大中城市利用群众性休闲场所、公益场地开设跳蚤市场，方便居民交换闲置旧物。完善农村消费基础设施和销售网络，通过电商平台提供面向农村地区的绿色产品，丰富产品服务种类，拓展绿色产品农村消费市场。

## 五、全面推进公共机构带头绿色消费

（六）全面推行绿色办公。提高办公设备和资产使用效率，鼓励纸张双面打印。推进信息系统建设和数据共享共用，积极推行无纸化办公。完善节约型公共机构评价标准，合理制定用水、用电、用油指标，建立健全定额管理制度。使用政府资金建设的公共建筑全面执行绿色建筑标准，凡具备条件的办公区要安装雨水回收系统和中水利用设施。到 2020 年，新增创建 3000 家节约型公共机构示范单位，全部省级机关和 50%以上的省级事业单位建成节水型单位。

（七）完善绿色采购制度。严格执行政府对节能环保产品的优先采购和强制采购制度，扩大政府绿色采购范围，健全标准体系和执行机制，提高政府绿色采购规模。具备条件的公

共机构要利用内部停车场资源规划建设电动汽车专用停车位，比例不低于10%，引进社会资本利用既有停车位参与充电桩建设和提供新能源汽车应用服务。2016 年，公共机构配备更新公务用车总量中新能源汽车的比例达到30%以上，到2020 年实现新能源汽车广泛应用。

## 六、大力推动企业增加绿色产品和服务供给

（八）积极实施创新驱动。引导和支持企业利用大众创业、万众创新平台，加大对绿色产品研发、设计和制造的投入，增加绿色产品和服务有效供给，不断提高产品和服务的资源环境效益。做好绿色技术储备，加快先进技术成果转化应用。大力推广利用“互联网+”促进绿色消费，推动电子商务企业直销或与实体企业合作经营绿色产品和服务，鼓励利用网络销售绿色产品，推动开展二手产品在线交易，满足不同主体多样化的绿色消费需求。鼓励电子商务企业积极开展网购商品包装物减量化和再利用。

（九）强化企业社会责任。健全生产者责任延伸制，推动生产企业减少有毒、有害、难降解、难处理、挥发性强物质的使用，主动披露产品和服务的能效、水效、环境绩效、碳排放等信息，推动实施企业产品标准自我声明公开和监督制度。推动企业能源管理体系建设。鼓励企业推行绿色供应链建设，开展清洁生产审核，降低产品全生命周期的环境影响。鼓励批发市场、大型商业综合体等消费场所进行节能、节水改造。鼓励旅游饭店、景区等推出绿色旅游消费奖励措施。星级宾馆、连锁酒店要逐步减少“六小件”等一次性用品的免费提供，试行按需提供。商场、超市、集贸市场等商品零售场所要严格执行“限塑令”，减少包装物的消耗，鼓励使用生物基材料的环保包装制品。

## 七、深入开展全社会反对浪费行动

（十）开展反过度包装行动。着力整治以奢华包装为代表的奢靡之风，在端午、中秋、春节等重要节日期间，以粽子、月饼、红酒、茶叶、杂粮、化妆品等商品为重点，开展定期专项检查，加大市场监管和打击力度，严厉整治过度包装行为，坚决制止商家在销售奢华包装产品中存在的价格欺诈、不按规定明码标价等违法行为。加强限制商品过度包装标准制修订工作，明确包装空隙率、包装层数和包装成本等方面要求。

（十一）开展反食品浪费行动。贯彻落实关于厉行节约反对食品浪费的意见，杜绝公务活动用餐浪费，在政府机关和国有企事业单位食堂实行健康科学营养配餐，条件具备的地方推进自助点餐计量收费，减少餐厨垃圾产生量。餐饮企业应提示顾客适当点餐，鼓励餐后打包，合理设定自助餐浪费收费标准。倡导婚丧嫁娶等红白喜事从简操办，推行科学文明的餐饮消费模式，提倡家庭按实际需要采购加工食品，争做“光盘族”。加强粮食生产、收购、储存、运输、加工、消费等环节管理，减少粮食损失浪费。

（十二）开展反过度消费行动。严格执行党政机关厉行节约反对浪费条例，严禁超标准配车、超标准接待和高消费娱乐等行为，细化明确各类公务活动标准，严禁浪费。以各级党政机关及党员领导干部为带动，坚决抵制生活奢靡、贪图享乐等不正之风，大力破除讲排场、比阔气等陋习，抵制过度消费，改变“自己掏钱、丰俭由我”的错误观念，形成“节约光荣，浪费可耻”的社会氛围。

## 八、建立健全绿色消费长效机制

（十三）健全法律法规。抓紧修订节能法、循环经济促进法等法律，研究制定节约用水条例、餐厨废弃物管理与资源化利用条例、限制商品过度包装条例、报废机动车回收管理办法、强制回收产品和包装物管理办法等专项法规，增加绿色消费有关要求，明确生产企业、零售企业、消费者、政府机构等主体应依法履行的责任义务。

（十四）完善标准体系。健全绿色产品和服务的标准体系，扩大标准覆盖范围，加快制修订产品生产过程的能耗、水耗、物耗以及终端产品的能效、水效等标准，动态调整并不断提高产品的资源环境准入门槛，做好计量检测、应用评价、对标提升等工作。加快实施能效“领跑者”制度、环保“领跑者”制度，研究建立水效“领跑者”制度。

（十五）健全标识认证体系。修订能效标识管理办法，扩大能效标识范围。落实节能低碳产品认证管理办法，做好认证目录发布和认证结果采信等工作，加快推行低碳、有机产品认证。推进中国环境标志认证。完善绿色建筑和绿色建材标识制度。制修订绿色市场、绿色宾馆、绿色饭店、绿色旅游等绿色服务评价办法。逐步将目前分头设立的环保、节能、节水、循环、低碳、再生、有机等产品统一整合为绿色产品，建立统一的绿色产品认证、标识等体系，加强绿色产品质量监管。

（十六）完善经济政策。对符合条件的节能、节水、环保、资源综合利用项目或产品，可以按规定享受相关税收优惠。把高耗能、高污染产品及部分高档消费品纳入消费税征收范围。落实好新能源汽车充电设施的奖补政策和电动汽车用电价格政策。全面实行保基本、促节约，更好反映市场供求、资源稀缺程度、生态环境损害成本和修复效益的资源阶梯价格政策，完善居民用电、用水、用气阶梯价格。

（十七）加强金融扶持。银行金融业机构要认真落实绿色信贷指引，创新金融产品和服务，积极开展绿色消费信贷业务。研究出台支持节能与新能源汽车、绿色建筑、新能源与可再生能源产品、设施等绿色消费信贷的激励政策，促进金融机构加大信贷支持力度。鼓励开发新能源汽车保险产品，鼓励保险公司为绿色建筑提供保险保障。研究建立绿色消费积分制。

# 国家发展改革委等9部委印发《关于加强资源环境生态红线管控的指导意见》的通知

发改环资〔2016〕1162号

各省、自治区、直辖市及计划单列市、新疆生产建设兵团发展改革委、财政厅（局）、国土资源厅（局）、环境保护厅（局）、水利（水务）厅（局）、农业厅（局、委）、林业厅（局）、能源局（办）、海洋厅（局）：

根据《中共中央、国务院关于加快推进生态文明建设的意见》中关于严守资源环境生态红线的部署要求，我们制定了《关于加强资源环境生态红线管控的指导意见》，现印发给你们，请结合实际贯彻执行。

附件：关于加强资源环境生态红线管控的指导意见

国家发展改革委
财政部
国土资源部
环境保护部
水利部
农业部
林业局
能源局
海洋局
2016 年 5 月 30 日

附件

# 关于加强资源环境生态红线管控的指导意见

为贯彻落实《中共中央、国务院关于加快推进生态文明建设的意见》中严守资源环境生态红线的有关要求，指导红线划定工作，推动建立红线管控制度，加快建设生态文明，提出本意见。

## 一、总体要求和基本原则

### （一）总体要求

统筹考虑资源禀赋、环境容量、生态状况等基本国情，根据我国发展的阶段性特征及全面建成小康社会目标的需要，合理设置红线管控指标，构建红线管控体系，健全红线管控制度，保障国家能源资源和生态环境安全，倒逼发展质量和效益提升，构建人与自然和谐发展的现代化建设新格局。

### （二）基本原则

——严格管控、保障发展。树立底线思维和红线意识，设定并严守资源环境生态红线，并与空间开发保护管理相衔接，实行最严格的管控和保护措施。推动资源环境生态红线管控与经济社会发展相适应，预留必要的发展空间。

——分类管理、因地制宜。根据红线管控不同类型和要素特征，制定科学合理的红线管控政策措施。结合不同地区经济社会发展情况、资源环境现状和主体功能定位等因素，提出差别化、针对性强的管控要求。

——部门协调、上下联动。有关主管部门在红线管控目标设置、政策制定、制度建设等方面，要加强与相关部门的沟通协调，做好与有关法规标准、战略规划、政策措施的衔接。明确部门和地方责任，上下联动、形成合力。

——立足当前、着眼长远。把对当前经济社会发展制约性强的要素优先纳入红线管控，尽快遏制资源无节制消耗、生态环境退化的趋势。根据经济社会发展长远目标，超前研究其他相关红线管控要素，适时纳入管控范围。

## 二、管控内涵及指标设置

资源环境生态红线管控是指划定并严守资源消耗上限、环境质量底线、生态保护红线，强化资源环境生态红线指标约束，将各类经济社会活动限定在红线管控范围以内。

（一）设定资源消耗上限。合理设定全国及各地区资源消耗“天花板”，对能源、水、土地等战略性资源消耗总量实施管控，强化资源消耗总量管控与消耗强度管理的协同。

1．能源消耗。依据经济社会发展水平、产业结构和布局、资源禀赋、环境容量、总量减排和环境质量改善要求等因素，确定能源消费总量控制目标。京津冀、长三角、珠三角和山东省等大气污染治理重点地区及城市，要明确煤炭占能源消费比重、煤炭消费减量控制等指标要求。

2．水资源消耗。依据水资源禀赋、生态用水需求、经济社会发展合理需要等因素，确定用水总量控制目标。严重缺水以及地下水超采地区，要严格设定地下水开采总量指标。

3．土地资源消耗。依据粮食和生态安全、主体功能定位、开发强度、城乡人口规模、人均建设用地标准等因素，划定永久基本农田，严格实施永久保护，对新增建设用地占用耕地规模实行总量控制，落实耕地占补平衡，确保耕地数量不下降、质量不降低。用地供需矛盾特别突出地区，要严格设定城乡建设用地总量控制目标。

（二）严守环境质量底线。以改善环境质量为核心，以保障人民群众身体健康为根本，综合考虑环境质量现状、经济社会发展需要、污染预防和治理技术等因素，与地方限期达标规划充分衔接，分阶段、分区域设置大气、水和土壤环境质量目标，强化区域、行业污染物排放总量控制，严防突发环境事件。环境质量达标地区要努力实现环境质量向更高水平迈进，不达标地区要尽快制定达标规划，实现环境质量达标。

1．大气环境质量。以达到《环境空气质量标准》（GB 3095—2012）为主要目标，与《大气污染防治行动计划》相衔接，地区和区域大气环境质量不低于现状，向更好转变。

2．水环境质量。以水环境质量持续改善为目标，与《水污染防治行动计划》、《国务院关于实行最严格水资源管理制度的意见》相衔接，各地区、各流域水质优良比例不低于现状，向更好转变。

3．土壤环境质量。以农用地土壤镉（Cd）、汞（Hg）、砷（As）、铅（Pb）、铬（Cr）等重金属和多环芳烃、石油烃等有机污染物含量为主要指标，设置农用地土壤环境质量底线指标，与国家有关土壤污染防治计划规划相衔接，各地区农用地土壤环境质量达标率不低于现状，向更好转变。条件成熟地区，应将城市、工矿等污染地块环境质量纳入底线管理。

（三）划定生态保护红线。根据涵养水源、保持水土、防风固沙、调蓄洪水、保护生物多样性，以及保持自然本底、保障生态系统完整和稳定性等要求，兼顾经济社会发展需要，划定并严守生态保护红线。

依法在重点生态功能区、生态环境敏感区和脆弱区等区域划定生态保护红线，实行严格保护，确保生态功能不降低、面积不减少、性质不改变；科学划定森林、草原、湿地、海洋等领域生态红线，严格自然生态空间征（占）用管理，有效遏制生态系统退化的趋势。

## 三、管控制度

加快建立体现资源环境生态红线管控要求的政策机制，形成源头严防、过程严管、责任追究的红线管控制度体系。

（一）建立红线管控目标确定及分解落实机制。根据部门职责和地方实际，国务院主管部门要会同相关部门和地方，在摸清全国资源环境生态现状的基础上，分别确定资源环境生态红线管控目标、分解方案，报经国务院批准后实施。资源环境生态红线确定后原则上不得调整，根据实际情况确需进行调整的，要按程序报批。

（二）完善与红线管控相适应的准入制度。有关部门和各地区要把资源环境生态红线管控要求纳入经济社会发展规划及相关专项规划，鼓励地方出台严于国家要求的红线管控办法。在环境影响评价、排污许可、节能评估审查、用地预审、水土保持方案、入河（湖、海）排污口设置、水资源论证和取水许可等制度完善和实施过程中，强化细化红线管控要求。

（三）加强资源环境生态红线实施监管。加强环评、排污许可、能评、用地许可、水土保持方案审批、入河（湖、海）排污口设置、水资源论证和取水许可等后评估和监督检查，加大违法违规行为的查处力度。强化规划实施期中、期末评估和环境影响跟踪评价，严格落实红线管控要求和规划环境影响评价结论及审查意见。建立资源环境生态红线管控落实情况日常巡查、现场核查等制度，强化红线管控落实情况的执法监督。在节能减排目标责任考核、土地和环保督察、最严格水资源管理制度考核、水资源督察等考核监督中，强化红线管控要求。

（四）加强统计监测能力建设。加快推进资源消耗、环境质量、生态保护红线管控的统计监测核算制度建设，确保国家与地方核算方法、标准、点位等衔接统一，提高数据的准确性、科学性、一致性，加强部门间数据共享。利用信息化、大数据、卫星遥感与无人机等技术手段，建立红线监测网络体系，覆盖管控重点领域。研究建立红线管控第三方评估机制。

（五）建立资源环境承载能力监测预警机制。在资源环境承载能力监测预警机制中充分考虑资源环境生态红线因素，对水土资源、环境容量和海洋资源超载区域，研究提出具有针对性的限制性措施。完善能源消耗晴雨表发布等制度。红线管控事项涉及多个地区的，相关地区要建立区域、流域红线管控预警和联动机制。

（六）建立红线管控责任制。将资源环境生态红线管控纳入地方政府和领导干部政绩考核体系，并作为党政领导干部生态环境损害责任追究的重要内容，对任期内突破红线管控要求并造成资源浪费和生态环境破坏的，按照情节轻重，从决策、实施、监管等环节追究有关人员的责任。

## 四、组织实施

（一）加强组织领导。国务院有关主管部门要根据工作职责，会同相关部门研究制定具体要素的红线管控实施方案，明确红线管控的主要目标、重点任务、制度机制等，加强对各地区的工作指导和监督，重大问题及时向国务院报告。地方有关部门要严格目标管理，明确任务分工，建立协调机制，切实将红线管控要求落到实处。

（二）明确部门工作重点。发展改革部门牵头负责管控能源消耗上限，划定森林、草原、湿地、海洋等领域生态红线；国土资源部门牵头负责管控土地资源消耗上限、划定永久基本农田、自然生态空间征（占）用管理工作；环境保护部门牵头负责管控环境质量底线，依法在重点生态功能区、生态环境敏感区和脆弱区等区域划定生态保护红线；水利部门牵头负责管控水资源消耗上限；海洋部门负责划定海洋生态红线。其他相关部门根据工作职责，参与资源环境生态红线管控方面的政策制定、制度设计、监督管理、考核问责、信息公开等工作。

（三）鼓励公众参与。各部门、各地区要及时准确发布资源环境生态红线有关信息，有效保障公众知情权和参与权。健全公众举报、听证和监督等制度，发挥好民间组织和志愿者的积极作用，形成政府、企业、社会齐抓共管的良好工作局面。

# 关于申报水污染防治领域 PPP 推介项目的通知

财建〔2016〕453 号

各省、自治区、直辖市、计划单列市财政厅（局）、环境保护厅（局），新疆生产建设兵团财务局、环境财务局：

为贯彻落实《水污染防治行动计划》（国发〔2015〕17 号），加快推进水污染防治领域政府和社会资本合作（PPP），通畅合作各方项目对接渠道，助推更多项目实现融资和落地实施，根据《财政部　环境保护部关于推进水污染防治领域政府和社会资本合作的实施意见》（财建〔2015〕90 号）相关要求，现就组织申报水污染防治领域政府和社会资本合作推介项目有关事项通知如下：

## 一、申报范围

按照《水污染防治行动计划》要求，结合地方实际和项目储备情况，遴选下述领域优质项目，作为重点推介对象。

（一）饮用水水源地环境综合整治；

（二）湖泊水体保育、湖滨河滨缓冲带建设、湿地建设等江河湖泊生态环境保护；

（三）流域环境综合整治、重点河口海岸环境综合整治、农村环境综合整治、城市黑臭水体整治；

（四）水环境保护监测体系；

（五）其他水污染防治项目。

国民经济和社会发展规划、水污染防治行动计划、主要污染物减排计划、水污染防治领域专项规划，以及地方相关规划中的项目优先推介。

## 二、申报要求

省级财政、环境保护部门负责组织本行政区域内水污染防治领域 PPP 推介项目申报工作（计划单列市及新疆生产建设兵团可单独申报），组织区域内相关项目执行主体申报项目，并逐级汇总之后，采取有效的程序和方式，遴选出优质项目，联合行文将项目信息报送财政部、环境保护部。各省级财政、环保部门要把好项目质量关，确保项目设计符合财政部关于 PPP 相关规定。各省级单位申报的推介项目数量不应超过 10 个，具体数量自行决定。申报项目需已纳入 PPP 综合信息管理平台管理。

## 三、申报材料

（一）省级财政、环境保护部门联合行文（盖章）向财政部、环境保护部报送。

（二）项目申报汇总表（见附件 1）：由各省级财政、环境保护部门负责填写，并加盖公章。

（三）具体项目材料：项目材料必须按项目进行组织，一个项目一份材料，每个项目材料不超过 10 页。必备内容包括：项目实施方案（见附件 2）和项目基本信息表（见附件 3）。

## 四、申报时间

各省、自治区、直辖市、计划单列市财政厅（局）、环境保护厅（局），新疆生产建设兵团财务局、环境保护局按照上述要求，严格筛选项目，于 2016 年 7 月 15 日前，将申报材料以电子版报送至财政部、环境保护部（省级财政部门将材料电子版上传至财政部内网系统专设端口，环境保护部门将材料电子版发送至环境保护部外网专设邮箱）。

## 五、推介安排

财政部、环境保护部将联合对本批项目进行推介。

（一）将项目推介给 PPP 基金。在符合基金支持范围和相关要求的前提下，由基金按规定程序遴选优质项目进行支持。

（二）在政府和社会资本合作中心官方网站“示范推广”栏目建立“部门推广”子项，上载项目清单（包括项目基本情况、融资需求以及合作意向等项目信息）进行推介。

（三）推荐被推介项目参加第三批 PPP 示范项目统一评选。

## 六、联系人

（一）财政部

经济建设司：

电话：010-68552520

地址：北京市西城区三里河南三巷 3 号，邮编：100820

财政内网平台：财政内网/财政专项建设资金网/PPP 项目推介/水污染防治领域

（二）环境保护部

规划财务司：

电话：010-66556142，010-66556127（传真）

地址：北京市西城区西直门南小街 115 号，邮编：100035

电子邮箱：touzichu@mep.gov.cn

附件 1：省（区、市）水污染防治领域 PPP 推介项目申报汇总表（略）

附件 2：PPP 项目实施方案（略）

附件 3：PPP 项目基本信息表（略）

财政部

环境保护部

2016 年 6 月 27 日

# 关于加强矿山地质环境恢复和综合治理的指导意见

国土资发〔2016〕63 号

各省、自治区、直辖市国土资源、工业和信息化、财政、环境保护、能源主管部门：

矿山地质环境是生态环境的重要组成部分。在党中央、国务院正确领导和各有关方面共同努力下，我国矿山地质环境恢复和综合治理取得积极成效。2001 年以来，相继采取一系列措施，组织开展摸底调查，颁布《矿山地质环境保护规定》，实施《矿山地质环境保护与治理规划》，推进专项治理，开展矿山复绿行动，建设国家矿山公园；建立矿山地质环境治理恢复保证金制度，初步构建起开发补偿保护的经济机制。截至 2015 年，中央和地方及企业投入超过 900 亿元，治理矿山地质环境面积超过 80 万公顷，一批资源枯竭型城市的矿山地质环境得到有效恢复。但总体上看，我国矿山地质环境恢复和综合治理仍不适应新形势要求，粗放开发方式对矿山地质环境造成的影响仍然严重，地面塌陷、土地损毁、植被和地形地貌景观破坏等一系列问题依然突出。

中央高度重视生态文明建设，先后做出一系列重大决策部署。贯彻落实新的发展理念，加快推进生态文明建设，必须把矿山地质环境恢复和综合治理摆在更加突出位置，充分认识进一步加强矿山地质环境恢复和综合治理的重要性和紧迫性，切实增强责任感和使命感，牢固树立尊重自然、顺应自然、保护自然的理念，坚持绿水青山就是金山银山，强化资源管理对自然生态的源头保护作用，组织动员各方面力量，加强矿山地质环境保护，加快矿山地质环境恢复和综合治理，尽快形成开发与保护相互协调的矿产开发新格局。

## 一、总体要求

### （一）指导思想

全面贯彻党的十八大和十八届二中、三中、四中、五中全会精神，以邓小平理论、“三个代表”重要思想和科学发展观为指导，深入贯彻习近平总书记系列重要讲话精神，按照“五位一体”总体布局和“四个全面”战略布局，牢固树立和切实贯彻创新、协调、绿色、开放、共享的新发展理念，严格落实《中共中央　国务院关于加快推进生态文明建设的意见》和《中共中央　国务院关于印发生态文明体制改革总体方案的通知》要求，全面深化改革和依法行政，科学规划、整体推进、突出重点、注重成效，着力完善开发补偿保护经济机制，大力构建政府、企业、社会共同参与的恢复和综合治理新机制，尽快形成在建、生产矿山和历史遗留等“新老问题”统筹解决的恢复和综合治理新局面，全面提高我国矿山地质环境恢复和综合治理水平，为推进生态文明建设、建设美丽中国做出新的贡献。

### （二）基本原则

以“创新、协调、绿色、开放、共享”的新发展理念统领矿山地质环境恢复和综合治理工作，坚决贯彻节约资源和保护环境的基本国策，努力实现国土资源惠民利民新成效。

坚持创新发展理念，破除矿山地质环境恢复和综合治理的投入、政策、科研等机制障碍。创新尾矿残留矿再开发、矿山废弃地复垦利用、集体土地流转利用等政策，引导社会资金、资源、资产要素投入，积极探索利用 PPP 模式、第三方治理方式，充分调动各方面积极性，加快治理。简化管理程序，推进矿山地质环境恢复治理方案和土地复垦方案编制与审查制度改革。鼓励矿山企业与相关机构开展治理恢复技术科技创新。

坚持协调发展理念，加快完善资源开发与环境保护相互协调的矿产资源开发管理制度体系。落实主体功能区战略，统筹保护与开发，把保护放在优先位置，强化矿产开发管理对生态环境的源头保护作用。调整矿产资源勘查开发布局，编制实施矿产资源规划。严格矿产开发准入，严格生产过程监管，严格责任追究，把矿山地质环境恢复和综合治理的责任落实到矿产开发“事前、事中、事后”的全过程。坚持“谁开发、谁治理”，对新建和生产矿山，严格落实矿山企业保护与治理的主体责任。统筹推进历史遗留和新产生的矿山地质环境问题的恢复治理。

坚持绿色发展理念，倡导和培育绿色矿业，构建矿产资源开发与矿山地质环境保护新格局。深入持续开展矿山复绿行动。推进废弃矿山的山、水、田、林、湖综合治理，宜农则农、宜林则林、宜园则园、宜水则水，充分结合全民义务植树等活动，尽快恢复矿区的青山绿水。发展绿色矿业，建设绿色矿山，鼓励矿山企业按照高效利用资源、保护环境、促进矿地和谐的绿色矿业发展要求，编制实施绿色矿山发展规划，加快建设资源节约型和环境友好型企业。

坚持开放发展理念，将矿山地质环境恢复和综合治理与相关产业发展融合推进。鼓励引进国外矿山地质环境恢复和综合治理的新技术和新模式，积极开展国际合作。拓展绿色矿山建设模式，鼓励矿山企业参与矿山地质公园建设、经营和管理。探索矿山地质环境恢复和综合治理与地产开发、旅游、养老疗养、养殖、种植等产业的融合发展。

坚持共享发展理念，实现矿山地质环境恢复和综合治理的惠民利民新成效。鼓励矿山企业留地留技留利于企业职工和矿区群众，总结推广用矿区土地入股分红参与矿山地质环境恢复和综合治理的经验，引导企业职工、矿区群众积极参与矿山地质环境恢复和综合治理，形成人、矿、地和谐发展。加大对贫困地区矿山地质环境恢复和综合治理的支持力度，助力精准扶贫，增加扶贫工作的“含金量”，让企业职工和当地群众通过矿山地质环境改善有更多获得感。

### （三）主要目标

到 2025 年，建立动态监测体系，全面掌握和监控全国矿山地质环境动态变化情况。建立矿业权人履行保护和治理恢复矿山地质环境法定义务的约束机制。矿山地质环境恢复和综合治理的责任全面落实，新建和生产矿山地质环境得到有效保护和及时治理，历史遗留问题综合治理取得显著成效。基本建成制度完善、责任明确、措施得当、管理到位的矿山地质环境恢复和综合治理工作体系，形成“不再欠新账，加快还旧账”的矿山地质环境恢复和综合治理的新局面。

## 二、主要任务

### （一）夯实工作基础

1．全面调查。由省级国土资源主管部门组织，以市、县为主要单元，开展矿山地质环境详细调查，系统查明在建矿山、生产矿山、废弃矿山、政策性关闭矿山地质环境问题的类型、分布、规模和危害程度。

2．明确责任。各级地方国土资源主管部门按以下原则认定“新老”矿山地质环境问题：计划经济时期遗留或者责任人灭失的矿山地质环境问题，为历史遗留问题，由各级地方政府统筹规划和治理恢复，中央财政给予必要支持。在建和生产矿山造成的矿山地质环境问题，由矿山企业负责治理恢复。对于历史遗留损毁土地的认定，依照国家有关土地复垦的法律法规执行。

3．科学规划。根据矿山地质环境调查和责任划分情况，统筹考虑“新老”矿山地质环境问题，以自然保护区、重要景观区、居民集中生活区的周边和重要交通干线、河流湖泊直观可视范围“三区两线”及基本农田保护区等为重点，全面编制国家、省和市、县级矿山地质环境保护与治理规划，明确保护与治理任务和工作进度，统筹部署，分步实施，确保工作目标实现。

4．加强监测。充分利用卫星遥感等先进技术，加强监测力量，加快监测基础设施建设，建立系统完善的包括矿山地质环境在内的国家、省、市、县四级地质环境动态监测体系，全面系统掌握和监控各类矿山地质环境问题的现状和变化情况。

### （二）强化保护预防

1．严格矿山开发准入管理。严格执行矿产资源规划，落实规划分区管理制度。在自然保护区，非经主管部门同意，不得新设与资源环境保护功能不相符合的矿业权。自然保护区内已设置的矿业权按有关规定办理。强化源头管理，全面实行矿产资源开发利用方案和矿山地质环境保护与治理恢复方案、土地复垦方案同步编制、同步审查、同步实施的“三同时”制度和社会公示制度。

2．加强保护与治理恢复方案的实施。切实加强耕地保护，完善矿山地质环境保护与治理恢复方案和土地复垦方案的编制标准，因矿施策，因地制宜，推进建立矿山地质环境保护和治理恢复方案与土地复垦方案合并编制、简便实用的工作制度。落实方案编制、审查和实施的主体责任，确保方案的科学性、合理性和严肃性。

3．加强开发和保护过程监管。将矿山地质环境恢复和综合治理的责任与工作落实情况作为矿山企业信息社会公示的重要内容和抽检的重要方面，强化对采矿权人主体责任的社会监督和执法监管。各级地方国土资源主管部门要加大监督执法力度，提高监督执法频率，督促矿山企业严格按照恢复治理方案边开采边治理。对拒不履行恢复治理义务的在建矿山、生产矿山，要将该矿山企业纳入政府管理相关信息向社会公开，列入矿业权人异常名录或严重违法名单。情节严重的，依法依规严肃处理。

4．加强资源综合利用。推进尾矿和废石综合利用，以尾矿和废石提取有价组分、生产高附加值建筑材料、充填、无害化农用和生态应用为重点，加快先进适用技术装备推广应用，组织实施尾矿和废石综合利用示范工程，不断提高尾矿和废石综合利用比例，扩大综合利用产业规模，减少对生态环境的影响。

### （三）加快历史遗留问题的解决

1．明确任务要求。各地要将矿山地质环境历史遗留问题的解决作为建设美丽中国的重要任务，纳入当地政府生态环境保护的目标任务，明确要求，分工负责，限期完成，严格考核和问责制度。

2．加大财政资金投入。各级地方财政要加大资金投入力度，拓宽资金渠道，为废弃矿山、政策性关闭矿山等历史遗留的矿山地质环境恢复治理提供必要支持。

3．鼓励社会资金参与。按照“谁治理、谁受益”的原则，充分发挥财政资金的引导带动作用，大力探索构建“政府主导、政策扶持、社会参与、开发式治理、市场化运作”的矿山地质环境恢复和综合治理新模式。

4．整合政策与资金。各地可根据本地实际情况，将矿山地质环境恢复治理与新农村建设、棚户区改造、生态移民搬迁、地质灾害治理、土地整治、城乡建设用地增减挂钩、工矿废弃地复垦利用等有机结合起来，加强政策与项目资金的整合与合理利用，形成合力，切实提高矿山地质环境保护和恢复治理成效。对历史原因造成耕地严重破坏且无法恢复的，按照规定，补充相应耕地或调整耕地保有量。

## 三、保障措施

### （一）加强组织保障

1．制定工作方案。各级国土资源主管部门要充分认识加强矿山地质环境恢复和综合治理的重大意义，摸清情况，梳理问题，理清工作思路，突出工作重点，分区分类提出解决问题的办法，形成目标明确、任务落实、保障有力、切实可行的工作方案，纳入本地经济社会发展和生态文明建设总体布局，依靠地方政府和各有关部门协调推进，确保各项工作目标的实现。

2．加强法制建设。各级国土资源主管部门要配合有关部门，积极推进矿山地质环境保护立法，完善矿山地质环境保护和土地复垦等核心制度，建立健全矿山地质环境恢复和综合治理的法规制度及标准与规范体系，为矿山地质环境恢复和综合治理提供坚实有力的法制保障。

3．加强部门协作。各级国土资源、工信、财政、环保、能源等相关部门要在同级人民政府的统一领导下，按照部门职责分工，密切协作，加大矿山地质环境监管力度，扎实推进历史遗留矿山地质环境问题的恢复治理，督促矿山企业切实履行矿山地质环境恢复治理主体责任。

### （二）加强政策支持

1．完善用地政策。根据不同矿种和开发方式，建立差别化、针对性强的矿业用地政策。对因采煤塌陷或其他矿山地质灾害造成的农用地或其他土地损毁，按照土地变更调查工作要求和程序开展实地调查，经审查通过后纳入年度土地变更调查进行变更。涉及农用地变更为未利用地的，按照审查及认定规范和程序报批。符合条件的地区，可结合实际情况纳入城乡建设用地增减挂钩试点，支持存在矿山地质灾害隐患且压覆矿产资源的村庄搬迁或已发生地质灾害的村庄搬迁。深入推进历史遗留工矿废弃地复垦利用。

2．完善矿产资源开发政策。在符合规划、保障安全的前提下，依法开发存量资源，为区域综合治理提供资金保障。合理调整矿产开发布局，对伴生矿优化开采顺序。对采石取土成区连片、问题集中的地方，依法依规进行矿产资源开发整合，落实矿山地质环境问题治理的主体责任。加快推进绿色矿业发展示范区和绿色矿山建设，促进矿产资源开发与生态环境保护协调发展。

3. 鼓励第三方治理。地方政府、矿山企业可采取“责任者付费，专业化治理”的方式，将产生的矿山地质环境问题交由专业机构治理。发挥矿山企业主动性和第三方治理企业活力，提高治理效率和质量，促进科技进步。

4. 强化科技支撑。加强关键技术攻关，加快研究推广先进适用的开采技术，减轻矿产资源开发对地质环境的破坏，推动保护式开采。完善矿山地质环境调查、评价、监测、治理技术标准体系，推广应用国产卫星遥感等先进技术，依靠科技进步，推进矿山地质环境恢复和综合治理。

### （三）鼓励群众参与

1. 加强信息公开。及时准确公开各类矿山地质环境信息，保障群众知情权，及时回应矿山企业、矿区群众和社会公众关切，鼓励群众监督矿山地质环境恢复和综合治理工作，保障企业和群众合法权益。矿山地质环境保护与治理规划由各级国土资源主管部门负责公开。企业制定的矿山地质环境保护与治理恢复方案等相关信息由企业向社会公开。

2. 加强宣传教育。积极培育生态文化，牢固树立矿产资源既是重要自然资源也是重要生态要素的生态文明理念，充分发挥新闻媒体作用，组织好世界地球日、土地日、防灾减灾日等主题宣传活动，树立理性、积极的舆论导向，加强资源环境国情宣传，普及矿山地质环境保护法律法规和科学知识，报道先进典型，曝光反面事例，提高矿产资源开发和利用过程的环境保护意识。

国土资源部
工业和信息化部
财政部
环境保护部
国家能源局
2016 年 7 月 1 日

# 关于构建绿色金融体系的指导意见

银发〔2016〕228 号

目前，我国正处于经济结构调整和发展方式转变的关键时期，对支持绿色产业和经济、社会可持续发展的绿色金融的需求不断扩大。为全面贯彻《中共中央 国务院关于加快推进生态文明建设的意见》和《生态文明体制改革总体方案》精神，坚持创新、协调、绿色、开放、共享的发展理念，落实政府工作报告部署，从经济可持续发展全局出发，建立健全绿色金融体系，发挥资本市场优化资源配置、服务实体经济的功能，支持和促进生态文明建设，经国务院同意，现提出以下意见。

## 一、构建绿色金融体系的重要意义

（一）绿色金融是指为支持环境改善、应对气候变化和资源节约高效利用的经济活动，即对环保、节能、清洁能源、绿色交通、绿色建筑等领域的项目投融资、项目运营、风险管理等所提供的金融服务。

（二）绿色金融体系是指通过绿色信贷、绿色债券、绿色股票指数和相关产品、绿色发展基金、绿色保险、碳金融等金融工具和相关政策支持经济向绿色化转型的制度安排。

（三）构建绿色金融体系主要目的是动员和激励更多社会资本投入绿色产业，同时更有效地抑制污染性投资。构建绿色金融体系，不仅有助于加快我国经济向绿色化转型，支持生态文明建设，也有利于促进环保、新能源、节能等领域的技术进步，加快培育新的经济增长点，提升经济增长潜力。

（四）建立健全绿色金融体系，需要金融、财政、环保等政策和相关法律法规的配套支持，通过建立适当的激励和约束机制解决项目环境外部性问题。同时，也需要金融机构和金融市场加大创新力度，通过发展新的金融工具和服务手段，解决绿色投融资所面临的期限错配、信息不对称、产品和分析工具缺失等问题。

## 二、大力发展绿色信贷

（五）构建支持绿色信贷的政策体系。完善绿色信贷统计制度，加强绿色信贷实施情况监测评价。探索通过再贷款和建立专业化担保机制等措施支持绿色信贷发展。对于绿色信贷支持的项目，可按规定申请财政贴息支持。探索将绿色信贷纳入宏观审慎评估框架，并将绿色信贷实施情况关键指标评价结果、银行绿色评价结果作为重要参考，纳入相关指标体系，形成支持绿色信贷等绿色业务的激励机制和抑制高污染、高能耗和产能过剩行业贷款的约束机制。

（六）推动银行业自律组织逐步建立银行绿色评价机制。明确评价指标设计、评价工作的组织流程及评价结果的合理运用，通过银行绿色评价机制引导金融机构积极开展绿色金融业务，做好环境风险管理。对主要银行先行开展绿色信贷业绩评价，在取得经验的基础上，逐渐将绿色银行评价范围扩大至中小商业银行。

（七）推动绿色信贷资产证券化。在总结前期绿色信贷资产证券化业务试点经验的基础上，通过进一步扩大参与机构范围，规范绿色信贷基础资产遴选，探索高效、低成本抵质押权变更登记方式，提升绿色信贷资产证券化市场流动性，加强相关信息披露管理等举措，推动绿色信贷资产证券化业务常态化发展。

（八）研究明确贷款人环境法律责任。依据我国相关法律法规，借鉴环境法律责任相关国际经验，立足国情探索研究明确贷款人尽职免责要求和环境保护法律责任，适时提出相关立法建议。

（九）支持和引导银行等金融机构建立符合绿色企业和项目特点的信贷管理制度，优化授信审批流程，在风险可控的前提下对绿色企业和项目加大支持力度，坚决取消不合理收费，降低绿色信贷成本。

（十）支持银行和其他金融机构在开展信贷资产质量压力测试时，将环境和社会风险作为重要的影响因素，并在资产配置和内部定价中予以充分考虑。鼓励银行和其他金融机构对环境高风险领域的贷款和资产风险敞口进行评估，定量分析风险敞口在未来各种情景下对金融机构可能带来的信用和市场风险。

（十一）将企业环境违法违规信息等企业环境信息纳入金融信用信息基础数据库，建立企业环境信息的共享机制，为金融机构的贷款和投资决策提供依据。

## 三、推动证券市场支持绿色投资

（十二）完善绿色债券的相关规章制度，统一绿色债券界定标准。研究完善各类绿色债券发行的相关业务指引、自律性规则，明确发行绿色债券筹集的资金专门（或主要）用于绿色项目。加强部门间协调，建立和完善我国统一的绿色债券界定标准，明确发行绿色债券的信息披露要求和监管安排等。支持符合条件的机构发行绿色债券和相关产品，提高核准（备案）效率。

（十三）采取措施降低绿色债券的融资成本。支持地方和市场机构通过专业化的担保和增信机制支持绿色债券的发行，研究制定有助于降低绿色债券融资成本的其他措施。

（十四）研究探索绿色债券第三方评估和评级标准。规范第三方认证机构对绿色债券评估的质量要求。鼓励机构投资者在进行投资决策时参考绿色评估报告。鼓励信用评级机构在信用评级过程中专门评估发行人的绿色信用记录、募投项目绿色程度、环境成本对发行人及债项信用等级的影响，并在信用评级报告中进行单独披露。

（十五）积极支持符合条件的绿色企业上市融资和再融资。在符合发行上市相应法律法规、政策的前提下，积极支持符合条件的绿色企业按照法定程序发行上市。支持已上市绿色企业通过增发等方式进行再融资。

（十六）支持开发绿色债券指数、绿色股票指数以及相关产品。鼓励相关金融机构以绿色指数为基础开发公募、私募基金等绿色金融产品，满足投资者需要。

（十七）逐步建立和完善上市公司和发债企业强制性环境信息披露制度。对属于环境保护部门公布的重点排污单位的上市公司，研究制定并严格执行对主要污染物达标排放情况、企业环保设施建设和运行情况以及重大环境事件的具体信息披露要求。加大对伪造环境信息的上市公司和发债企业的惩罚力度。培育第三方专业机构为上市公司和发债企业提供环境信息披露服务的能力。鼓励第三方专业机构参与采集、研究和发布企业环境信息与分析报告。

（十八）引导各类机构投资者投资绿色金融产品。鼓励养老基金、保险资金等长期资金开展绿色投资，鼓励投资人发布绿色投资责任报告。提升机构投资者对所投资资产涉及的环境风险和碳排放的分析能力，就环境和气候因素对机构投资者（尤其是保险公司）的影响开展压力测试。

## 四、设立绿色发展基金，通过政府和社会资本合作（PPP）模式动员社会资本

（十九）支持设立各类绿色发展基金，实行市场化运作。中央财政整合现有节能环保等专项资金设立国家绿色发展基金，投资绿色产业，体现国家对绿色投资的引导和政策信号作用。鼓励有条件的地方政府和社会资本共同发起区域性绿色发展基金，支持地方绿色产业发展。支持社会资本和国际资本设立各类民间绿色投资基金。政府出资的绿色发展基金要在确保执行国家绿色发展战略及政策的前提下，按照市场化方式进行投资管理。

（二十）地方政府可通过放宽市场准入、完善公共服务定价、实施特许经营模式、落实财税和土地政策等措施，完善收益和成本风险共担机制，支持绿色发展基金所投资的项目。

（二十一）支持在绿色产业中引入 PPP 模式，鼓励将节能减排降碳、环保和其他绿色项目与各种相关高收益项目打捆，建立公共物品性质的绿色服务收费机制。推动完善绿色项目 PPP 相关法规规章，鼓励各地在总结现有 PPP 项目经验的基础上，出台更加具有操作性的实施细则。鼓励各类绿色发展基金支持以 PPP 模式操作的相关项目。

## 五、发展绿色保险

（二十二）在环境高风险领域建立环境污染强制责任保险制度。按程序推动制修订环境污染强制责任保险相关法律或行政法规，由环境保护部门会同保险监管机构发布实施性规章。选择环境风险较高、环境污染事件较为集中的领域，将相关企业纳入应当投保环境污染强制责任保险的范围。鼓励保险机构发挥在环境风险防范方面的积极作用，对企业开展“环保体检”，并将发现的环境风险隐患通报环境保护部门，为加强环境风险监督提供支持。完善环境损害鉴定评估程序和技术规范，指导保险公司加快定损和理赔进度，及时救济污染受害者、降低对环境的损害程度。

（二十三）鼓励和支持保险机构创新绿色保险产品和服务。建立完善与气候变化相关的巨灾保险制度。鼓励保险机构研发环保技术装备保险、针对低碳环保类消费品的产品质量安全责任保险、船舶污染损害责任保险、森林保险和农牧业灾害保险等产品。积极推动保险机构参与养殖业环境污染风险管理，建立农业保险理赔与病死牲畜无害化处理联动机制。

（二十四）鼓励和支持保险机构参与环境风险治理体系建设。鼓励保险机构充分发挥防灾减灾功能，积极利用互联网等先进技术，研究建立面向环境污染责任保险投保主体的环境风险监控和预警机制，实时开展风险监测，定期开展风险评估，及时提示风险隐患，高效开展保险理赔。鼓励保险机构充分发挥风险管理专业优势，开展面向企业和社会公众的环境风险管理知识普及工作。

## 六、完善环境权益交易市场、丰富融资工具

（二十五）发展各类碳金融产品。促进建立全国统一的碳排放权交易市场和有国际影响力的碳定价中心。有序发展碳远期、碳掉期、碳期权、碳租赁、碳债券、碳资产证券化和碳基金等碳金融产品和衍生工具，探索研究碳排放权期货交易。

（二十六）推动建立排污权、节能量（用能权）、水权等环境权益交易市场。在重点流域和大气污染防治重点领域，合理推进跨行政区域排污权交易，扩大排污权有偿使用和交易试点。加强排污权交易制度建设和政策创新，制定完善排污权核定和市场化价格形成机制，推动建立区域性及全国性排污权交易市场。建立和完善节能量（用能权）、水权交易市场。

（二十七）发展基于碳排放权、排污权、节能量（用能权）等各类环境权益的融资工具，拓宽企业绿色融资渠道。在总结现有试点地区银行开展环境权益抵质押融资经验的基础上，确定抵质押物价值测算方法及抵质押率参考范围，完善市场化的环境权益定价机制，建立高效的抵质押登记及公示系统，探索环境权益回购等模式解决抵质押物处置问题，推动环境权益及其未来收益权切实成为合格抵质押物，进一步降低环境权益抵质押物业务办理的合规风险。发展环境权益回购、保理、托管等金融产品。

## 七、支持地方发展绿色金融

（二十八）探索通过再贷款、宏观审慎评估框架、资本市场融资工具等支持地方发展绿色金融。鼓励和支持有条件的地方通过专业化绿色担保机制、设立绿色发展基金等手段撬动更多的社会资本投资于绿色产业。支持地方充分利用绿色债券市场为中长期、有稳定现金流的绿色项目提供融资。支持地方将环境效益显著的项目纳入绿色项目库，并在全国性的资产交易中心挂牌，为利用多种渠道融资提供条件。支持国际金融机构和外资机构与地方合作，开展绿色投资。

## 八、推动开展绿色金融国际合作

（二十九）广泛开展绿色金融领域的国际合作。继续在二十国集团框架下推动全球形成共同发展绿色金融的理念，推广与绿色信贷和绿色投资相关的自愿准则和其他绿色金融领域的最佳经验，促进绿色金融领域的能力建设。通过“一带一路”战略，上海合作组织、中国-东盟等区域合作机制和南南合作，以及亚洲基础设施投资银行和金砖国家新开发银行撬动民间绿色投资的作用，推动区域性绿色金融国际合作，支持相关国家的绿色投资。

（三十）积极稳妥推动绿色证券市场双向开放。支持我国金融机构和企业到境外发行绿色债券。充分利用双边和多边合作机制，引导国际资金投资于我国的绿色债券、绿色股票和其他绿色金融资产。鼓励设立合资绿色发展基金。支持国际金融组织和跨国公司在境内发行绿色债券、开展绿色投资。

（三十一）推动提升对外投资绿色水平。鼓励和支持我国金融机构、非金融企业和我国参与的多边开发性机构在“一带一路”和其他对外投资项目中加强环境风险管理，提高环境信息披露水平，使用绿色债券等绿色融资工具筹集资金，开展绿色供应链管理，探索使用环境污染责任保险等工具进行环境风险管理。

## 九、防范金融风险，强化组织落实

（三十二）完善与绿色金融相关监管机制，有效防范金融风险。加强对绿色金融业务和产品的监管协调，综合运用宏观审慎与微观审慎监管工具，统一和完善有关监管规则和标准，强化对信息披露的要求，有效防范绿色信贷和绿色债券的违约风险，充分发挥股权融资作用，防止出现绿色项目杠杆率过高、资本空转和“洗绿”等问题，守住不发生系统性金融风险底线。

（三十三）相关部门要加强协作、形成合力，共同推动绿色金融发展。人民银行、财政部、发展改革委、环境保护部、银监会、证监会、保监会等部门应当密切关注绿色金融业务发展及相关风险，对激励和监管政策进行跟踪评估，适时调整完善。加强金融信息基础设施建设，推动信息和统计数据共享，建立健全相关分析预警机制，强化对绿色金融资金运用的监督和评估。

（三十四）各地区要从当地实际出发，以解决突出的生态环境问题为重点，积极探索和推动绿色金融发展。地方政府要做好绿色金融发展规划，明确分工，将推动绿色金融发展纳入年度工作责任目标。提升绿色金融业务能力，加大人才培养引进力度。

（三十五）加大对绿色金融的宣传力度。积极宣传绿色金融领域的优秀案例和业绩突出的金融机构和绿色企业，推动形成发展绿色金融的广泛共识。在全社会进一步普及环保意识，倡导绿色消费，形成共建生态文明、支持绿色金融发展的良好氛围。

中国人民银行
财政部
发展改革委
环境保护部
银监会
证监会
保监会
2016 年 8 月 31 日

# 关于进一步加强城市生活垃圾焚烧处理工作的意见

建城〔2016〕227 号

各省、自治区住房城乡建设厅、发展改革委（经信委）、国土资源厅、环境保护厅，直辖市城市管理委（市容园林委、绿化市容局、市政委）、发展改革委、规划国土委（规划局、国土房管局）、环境保护局：

为切实加强城市生活垃圾焚烧处理设施的规划建设管理工作，提高生活垃圾处理水平，改善城市人居环境，现提出以下意见：

## 一、深刻认识城市生活垃圾焚烧处理工作的重要意义

近年来，我国城市生活垃圾处理设施建设明显加快，处理能力和水平不断提高，城市环境卫生有了较大改善。但随着城镇化快速发展，设施处理能力总体不足，普遍存在超负荷运行现象，仍有部分生活垃圾未得到有效处理。生活垃圾焚烧处理技术具有占地较省、减量效果明显、余热可以利用等特点，在发达国家和地区得到广泛应用，在我国也有近 30 年应用历史。目前，垃圾焚烧处理技术装备日趋成熟，产业链条、骨干企业和建设运行管理模式逐步形成，已成为城市生活垃圾处理的重要方式。各地要充分认识垃圾焚烧处理工作的紧迫性、重要性和复杂性，提前谋划，科学评估，规划先行，加快建设，尽快补上城市生活垃圾处理短板。

## 二、明确“十三五”工作目标

贯彻落实创新、协调、绿色、开放、共享的发展理念，按照中央城市工作会议和《中共中央　国务院关于进一步加强城市规划建设管理工作的若干意见》要求，将垃圾焚烧处理设施建设作为维护公共安全、推进生态文明建设、提高政府治理能力和加强城市规划建设管理工作的重点。到 2017 年底，建立符合我国国情的生活垃圾清洁焚烧标准和评价体系。到 2020 年底，全国设市城市垃圾焚烧处理能力占总处理能力 50%以上，全部达到清洁焚烧标准。

## 三、提前谋划，加强焚烧设施选址管理

（一）加强规划引导。牢固树立规划先行理念，遵循城乡发展客观规律，综合考虑经济发展、城乡建设、土地利用以及生态环境影响和公众诉求，科学编制生活垃圾处理设施规划，统筹安排生活垃圾处理设施的布局和用地，并纳入城市总体规划和近期建设规划，做好与土地利用总体规划、生态环境保护规划的衔接，公开相关信息。项目用地纳入城市黄线保护范围，规划用途有明显标示。强化规划刚性，维护政府公信力，严禁擅自占用或者随意改变用途，严格控制设施周边的开发建设活动。根据焚烧厂服务区域现状和预测的垃圾产生量，适度超前确定设施处理规模，推进区域性垃圾焚烧飞灰配套处置工程建设。选择以垃圾焚烧发电作为主要处理方案的地区，要提出垃圾处理的其他备用方案。

（二）统筹解决选址问题。焚烧设施选址应符合相关政策和标准的要求，并重点考虑对周边居民影响、配套设施情况、垃圾运输条件及灰渣处理的便利性等因素。优先安排垃圾焚烧处理设施用地计划指标，地方国土资源管理部门可根据当地实际单列，并合理安排必要的配套项目建设用地，确保项目落地。加强区域统筹，实现焚烧设施共享。鼓励利用现有垃圾处理设施用地改建或扩建焚烧设施。

（三）扩大设施控制范围。可将焚烧设施控制区域分为核心区、防护区和缓冲区。核心区的建设内容为焚烧项目的主体工程、配套工程、生产管理与生活服务设施，占地面积按照《生活垃圾焚烧处理工程项目建设标准》要求核定。防护区为园林绿化等建设内容，占地面积按核心区周边不小于 300 米考虑。

## 四、建设高标准清洁焚烧项目

（一）选择先进适用技术。遵循安全、可靠、经济、环保原则，以垃圾焚烧锅炉、垃圾抓斗起重机、汽轮发电机组、自动控制系统、主变压器为主设备，综合评价焚烧技术装备对自然条件和垃圾特性的适应性、长期运行可靠性、能源利用效率和资源消耗水平、污染物排放水平。应根据环境容量，充分考虑基本工艺达标性、设备可靠性以及运行管理经验等因素，优化污染治理技术的选择，污染物排放应满足国家、地方相关标准及环评批复要求。

（二）推进产业园区建设。积极开展静脉产业园区、循环经济产业园区、静脉特色小镇等建设，统筹生活垃圾、建筑垃圾、餐厨垃圾等不同类型垃圾处理，形成一体化项目群，降低选址难度和建设投入。优化配置焚烧、填埋、生物处理等不同种类处理工艺，整合渗滤液等污染物处理环节，实现各种垃圾在园区内有效治理，提高能源综合利用效率。

（三）严控工程建设质量。生活垃圾焚烧项目建设应满足《生活垃圾焚烧处理工程技术规范》等相关标准规范以及地方标准的要求，落实建设单位主体责任，完善各项管理制度、技术措施及工作程序。项目建设各方要正确处理质量与进度、成本之间的关系，合理控制项目成本和建设周期，实现专业化管理，文明施工。严禁通过降低工程和采购设备质量、缩短工期、以次充好、偷工减料等恶意降低建设成本。

（四）合理确定补贴费用。分析项目投资与运行费用，应明确处理规模、建设期、建设水平、工艺设备配置、垃圾热值、分期建设、运营期限、余热利用方式等边界条件，充分考虑烟气、渗滤液和灰渣的处理要求。垃圾处理补贴评价内容包括工程分析、垃圾处理补贴费用分析、其他成本节约与合法收益分析三部分。工程分析要根据工程技术要求，对主设备质量成本、建设水平、运行数据等进行客观评价。垃圾处理补贴费用分析按《建设项目经济评价方法与参数》进行，其中基准收益率可参照行业平均水平分析计取，以进厂垃圾量计算，吨垃圾售电超过 280 千瓦时的部分按当地标杆电价计算。其他成本节约与合法收益分析应考虑建设期和成本变化等因素影响。

（五）加强飞灰污染防治。在生活垃圾设施规划建设运行过程中，应当充分考虑飞灰处置出路。鼓励跨区域合作，统筹生活垃圾焚烧与飞灰处置设施建设，并开展飞灰资源化利用技术的研发与应用。严格按照危险废物管理制度要求，加强对飞灰产生、利用和处置的执法监管。

## 五、深入细致做好相关工作

（一）深入调研摸清底数。在垃圾焚烧项目前期，要在项目属地入社区、入村广泛开展调研，与村社干部、群众代表等深入交流座谈，认真倾听群众意见，系统分析各方诉求。

对疑虑和误解，应耐心做好沟通解释工作，要充分考虑其合理诉求，积极研究解决措施；对采取不当方式表达不合理要求的，应依法依规坚决予以制止。

（二）周密组织发挥合力。在项目建设过程中，各部门要加强协同配合。项目主管部门做好统筹安排，城市规划、发展改革、国土资源、环境保护等部门各负其责，与项目属地政府统一思想，切实形成合力，市场主体做好相关配合保障。根据建设任务和时间要求，将基本建设程序和开展群众工作紧密结合。要抓好工作细节，注重方式方法的针对性，注重群众工作实效。对推进生活垃圾处理工作不力，影响社会发展和稳定的，要追究有关责任。

（三）广泛发动赢得支持。要围绕群众关注的问题深入开展解疑释惑工作，将考察焚烧厂的所见所闻、焚烧技术装备、污染控制等内容制作成视频宣传片和画册，连续播放、广泛宣传，打消顾虑，争取群众对项目建设的信任和理解。充分发挥学校作用，组织师生学习有关垃圾焚烧处理知识、焚烧厂项目建设有关做法等，建立广泛牢固的群众基础。

## 六、集中整治，提高设施运行水平

（一）集中开展整治工作。结合生活垃圾处理设施的考核评价工作，对现有垃圾焚烧厂的技术工艺、设施设备、运行管理等集中开展专项整治。焚烧炉必须设置烟气净化系统并安装烟气在线监测装置。对未按照《生活垃圾焚烧污染控制标准》要求开展在线监测和焚烧炉运行工况在线监测的焚烧厂，应及时整改到位，并通过企业网站、在厂区周边显著位置设置显示屏等方式对外公开在线监测数据，接受公众监督。对于不能连续稳定达标排放的设施，要及时停产整顿，认真分析存在的问题和原因，采取针对性措施予以解决。对于生产使用中的问题，要按照《生活垃圾焚烧厂运行维护与安全技术规程》要求，严格控制燃烧室内焚烧烟气的温度、停留时间与气流扰动工况，设置活性炭粉等吸附剂喷入装置，有效去除烟气中的污染物。对于设备老化和工艺落后问题，要尽快组织实施改造，保证设施达标排放。对整治后仍不能达标排放的设施，依法进行关停处理。对故意编造、篡改排放数据的违法企业，依法加大处罚力度。

（二）实施精细化运行管理。加强对垃圾焚烧过程中烟气污染物、恶臭、飞灰、渗滤液的产生和排放情况监管，控制二次污染。落实运行管理责任制度和应急管理预案，明确突发状况上报和处理程序，有效应对各种突发事件。建立清洁焚烧评价指标体系，加强设备寿命期管理，推行完好率、合格率与投入率等指标管理，推进节能减排与能源效率管理，达到适宜的水利用率、厂用电率、物料消耗量和能源效率，有效实现碳减排。

（三）构建“邻利型”服务设施。在落实环境防护距离基础上，面向周边居民设立共享区域，因地制宜配套绿化、体育和休闲设施，实施优惠供水、供热、供电服务，安排群众就近就业，将短期补偿转化为长期可持续行为，努力让垃圾焚烧设施与居民、社区形成利益共同体。变“邻避效应”为“邻利效益”，实现共享发展。

## 七、创新方式，全面加强监管

（一）严格招投标管理。加强市场准入管理，严格设定投资建设运行处理企业的技术、人员、业绩等条件。培育公平竞争的市场环境，鼓励推广政府和社会资本合作（PPP）模式。完善市场退出机制，加快信用体系建设，建立失信惩戒和黑名单制度，鼓励和引导专业化规模化企业规范建设和诚信运行。对于中标价格明显低于预期的企业要给予重点关注，加大监管频次。对于中标企业恶意违约或不能履约的情况，依照特许经营合同或相关法律法规，给予严厉的经济惩罚或行政处罚，必要时终止特许经营合同。

（二）加强监管能力建设。建立全过程、多层级风险防范体系，杜绝违法排放和造假行为。焚烧厂运行主体要向社会定期公布运行基本情况，公示污染物排放数据，接受公众监督。通过驻场监管、公众监督、经济杠杆等手段进行监管，采用信息化、"互联网+"、开发APP等方式实现全过程监管。加强全国城镇生活垃圾处理管理信息系统上报工作，所有规划、在建和运行的焚烧项目情况必须将相关信息录入系统并及时更新。强化设施运行监管，按照《生活垃圾焚烧厂运行监管标准》和《生活垃圾焚烧厂评价标准》要求，完善生活垃圾处理设施考核评价工作。

（三）推进实现共同治理。在设施规划建设管理过程中，要落实各有关部门、社会单位和公众以及相关机构的责任，共同开展相关工作。社会单位和公众是产生垃圾的责任主体，要树立节约观念，减少垃圾产生，依法依规参与焚烧厂规划建设运行监督。要积极开展第三方专业机构监管，提高监管的科学水平。依托AAA级垃圾焚烧厂等标杆设施，在保证正常安全运行基础上，完善公众参观通道，开展宣传教育基地建设，向社会公众开放，定期组织中小学生参观学习，形成有效的交流、宣传和咨询平台。充分发挥新闻媒体作用，引导全社会客观认识生活垃圾处理问题，凝聚共识，营造良好舆论氛围。

住房和城乡建设部
国家发展和改革委员会
国土资源部
环境保护部
2016年10月22日

# 司法部 环境保护部关于印发《环境损害司法鉴定机构登记评审办法》《环境损害司法鉴定机构登记评审专家库管理办法》的通知

司发通〔2016〕101号

各省、自治区、直辖市司法厅（局）、环境保护厅（局）：

为贯彻落实《最高人民法院 最高人民检察院 司法部关于将环境损害司法鉴定纳入统

一登记管理范围的通知》（司发通〔2015〕117 号）、《司法部 环境保护部关于规范环境损害司法鉴定管理工作的通知》（司发通〔2015〕118 号），司法部、环境保护部共同研究制定了《环境损害司法鉴定机构登记评审办法》、《环境损害司法鉴定机构登记评审专家库管理办法》，现印发给你们，请结合实际认真贯彻执行。

附件：1.《环境损害司法鉴定机构审核登记评审办法》

2.《环境损害司法鉴定机构审核登记评审专家库管理办法》

司法部

环境保护部

2016 年 10 月 12 日

**附件 1**

## 环境损害司法鉴定机构审核登记评审办法

**第一条** 为规范司法行政机关登记环境损害司法鉴定机构的专家评审工作，根据《司法鉴定机构登记管理办法》（司法部令第 95 号）、《司法部、环境保护部关于规范环境损害司法鉴定管理工作的通知》（司发通〔2015〕118 号）等有关规定，结合环境损害司法鉴定工作实际，制定本办法。

**第二条** 司法行政机关应当加强与人民法院、人民检察院、公安机关和环境保护、国土资源、水利、农业、林业、海洋、地质等有关部门的沟通协调，根据环境损害司法鉴定的实际需求、发展趋势和鉴定资源等情况，合理规划环境损害司法鉴定机构的布局、类别、规模、数量等，适应诉讼活动对环境损害司法鉴定的需要。

**第三条** 环境保护部会同司法部建立全国环境损害司法鉴定机构登记评审专家库，制定管理办法。

省、自治区、直辖市环境保护主管部门会同同级司法行政机关建立本省（区、市）环境损害司法鉴定机构登记评审专家库。

**第四条** 申请从事环境损害司法鉴定业务的法人或者其他组织（以下简称“申请人”），应当符合《司法鉴定机构登记管理办法》规定的条件，同时还应当具备以下条件：

（一）每项鉴定业务至少有 2 名具有相关专业高级专业技术职称的鉴定人。

（二）有不少于一百万元人民币的资金。

**第五条** 申请人申请从事环境损害司法鉴定业务，应当向省（区、市）司法行政机关提交申请材料。司法行政机关决定受理的，应当按照法定的时限和程序进行审核并依照本办法及有关规定组织专家进行评审。

评审时间不计入审核时限。

**第六条** 省（区、市）司法行政机关应当根据申请人的申请执业范围，针对每个鉴定事项成立专家评审组。评审组专家应当从环境损害司法鉴定机构登记评审专家库中选取，人数不少于 3 人，其中国家库中专家不少于 1 人；必要时，可以从其他省（区、市）地方库中选取评审专家。

评审专家与申请人有利害关系的，应当回避。

评审专家不能履行评审工作职责的，司法行政机关应当更换专家。

**第七条** 专家评审组应当按照司法行政机关的统一安排，独立、客观地组织开展评审工作。

**第八条** 专家评审应当坚持科学严谨、客观公正、实事求是的原则，遵守有关法律、法规。

**第九条** 专家评审组开展评审前应当制定评审工作方案，明确评审的实施程序、主要内容、专家分工等事项。

评审的内容包括申请人的场地，仪器、设备等技术条件和专业人员的专业技术能力等。

评审的形式主要包括查阅有关申请材料，实地查看工作场所和环境，现场勘验和评估，听取申请人汇报、答辩，对专业人员的专业技术能力进行考核等。

**第十条** 评审专家组应当提交由评审专家签名的专家评审意见书，专家评审意见书应当包括评审基本情况、评审结论和主要依据等内容。

评审意见书应当明确申请人是否具备相应的技术条件、是否具有相应的专业技术能力、拟同意申请人的执业范围描述等。评审结论应当经专家组三分之二以上专家同意。

**第十一条** 评审专家和工作人员不得向申请人或者其他人员泄露专家的个人意见或者评审意见。

**第十二条** 多个申请人在同一时间段提出申请的，司法行政机关可以针对同一类鉴定事项组织集中评审，开展集中评审的专家评审组人数不得少于 5 人。

**第十三条** 司法行政机关应当按照《司法鉴定机构登记管理办法》及有关规定，结合专家评审意见，做出是否准予登记的决定。

**第十四条** 本办法发布前已经审核登记从事环境损害类司法鉴定业务的司法鉴定机构，应当按照《司法部 环境保护部关于规范环境损害司法鉴定管理工作的通知》（司发通〔2015〕118 号）的规定申请重新登记。

**第十五条** 环境损害司法鉴定机构申请变更业务范围的，司法行政机关应当组织专家评审；申请延续的，由司法行政机关根据实际需要决定是否组织专家评审。

**第十六条** 开展专家评审工作所需的交通、食宿、劳务等费用应当按照《行政许可法》第五十八条规定，列入本行政机关的预算，由本级财政予以保障，不得向申请人收取任何费用。

**第十七条** 本办法自 2016 年 12 月 1 月起施行。

附件 2

# 环境损害司法鉴定机构登记评审专家库管理办法

**第一条** 为充分发挥专家在环境损害司法鉴定机构登记评审工作中的作用，依据《司法部、环境保护部关于规范环境损害司法鉴定管理工作的通知》（司发通〔2015〕118 号）的相关规定，制定本办法。

**第二条** 环境损害司法鉴定机构评审专家库由国家库和地方库组成。环境保护部会同司法部建立全国环境损害司法鉴定机构登记评审专家库。各省、自治区、直辖市环境保护主管部门会同同级司法行政机关建立本省（区、市）环境损害司法鉴定机构登记评审专家库。

**第三条** 国家库下设污染物性质鉴别、地表水和沉积物、环境大气、土壤与地下水、近岸海洋和海岸带、生态系统、环境经济、其他类（主要包括噪声、振动、光、热、电磁辐射、核辐射、环境法等）等 8 个领域的专家库。

各省（区、市）环境保护主管部门会同同级司法行政机关根据当地实际设立管理地方库。

**第四条** 入选国家库的专家应具备以下条件：

（一）具有高级专业技术职称或者从事审判、检察、公安等工作并熟悉相关鉴定业务；

（二）从事或参与相关专业工作十年以上；

（三）了解环境保护工作的有关法律、法规和政策，熟悉国家和地方环境损害鉴定评估相关制度与技术规范；

（四）具有良好的科学道德和职业操守；

（五）健康状况良好，可以参加有关评审、评估和培训等活动。

**第五条** 专家申请进入专家库应当提交申请表和相关证明材料。

环境保护主管部门会同司法行政机关组织开展入库专家遴选工作。

**第六条** 入库专家的工作内容包括：

（一）为环境损害司法鉴定机构的评审提供专家意见；

（二）参加相关技术培训；

（三）承担环境保护主管部门、司法行政机关委托的其他工作。

**第七条** 环境保护主管部门会同司法行政机关对专家库实行动态管理。

专家人数不能满足工作需要的，适时启动遴选工作，增补专家数额。

对不能履行职责的专家，及时调整出库。

**第八条** 环境保护部会同司法部建设环境损害司法鉴定专家库信息平台，统一提供国家库、地方库专家名单查询。

**第九条** 本办法自 2016 年 12 月 1 日起施行。

# 三、环境保护部令

## 放射性物品运输安全监督管理办法

环境保护部令　第 38 号

《放射性物品运输安全监督管理办法》已于 2016 年 1 月 29 日由环境保护部部务会议审议通过，现予公布，自 2016 年 5 月 1 日起施行。

附件：放射性物品运输安全监督管理办法

部长　陈吉宁

2016 年 3 月 14 日

附件

## 放射性物品运输安全监督管理办法

### 第一章　总 则

**第一条**　为加强对放射性物品运输安全的监督管理，依据《放射性物品运输安全管理条例》，制定本办法。

**第二条**　本办法适用于对放射性物品运输和放射性物品运输容器的设计、制造和使用过程的监督管理。

**第三条**　国务院核安全监管部门负责对全国放射性物品运输的核与辐射安全实施监督管理，具体职责为：

（一）负责对放射性物品运输容器的设计、制造和使用等进行监督检查；

（二）负责对放射性物品运输过程中的核与辐射事故应急给予支持和指导；

（三）负责对放射性物品运输安全监督管理人员进行辐射防护与安全防护知识培训。

**第四条** 省、自治区、直辖市环境保护主管部门负责对本行政区域内放射性物品运输的核与辐射安全实施监督管理，具体职责为：

（一）负责对本行政区域内放射性物品运输活动的监督检查；

（二）负责在本行政区域内放射性物品运输过程中的核与辐射事故的应急准备和应急响应工作；

（三）负责对本行政区域内放射性物品运输安全监督管理人员进行辐射防护与安全防护知识培训。

**第五条** 放射性物品运输单位和放射性物品运输容器的设计、制造和使用单位，应当对其活动负责，并配合国务院核安全监管部门和省、自治区、直辖市环境保护主管部门进行监督检查，如实反映情况，提供必要的资料。

**第六条** 监督检查人员应当依法实施监督检查，并为被检查者保守商业秘密。

## 第二章 放射性物品运输容器设计活动的监督管理

**第七条** 放射性物品运输容器设计单位应当具备与设计工作相适应的设计人员、工作场所和设计手段，按照放射性物品运输容器设计的相关规范和标准从事设计活动，并为其设计的放射性物品运输容器的制造和使用单位提供必要的技术支持。从事一类放射性物品运输容器设计的单位应当依法取得设计批准书。

放射性物品运输容器设计单位应当在设计阶段明确首次使用前对运输容器的结构、包容、屏蔽、传热和核临界安全功能进行检查的方法和要求。

**第八条** 放射性物品运输容器设计单位应当加强质量管理，建立健全质量保证体系，编制质量保证大纲并有效实施。

放射性物品运输容器设计单位对其所从事的放射性物品运输容器设计活动负责。

**第九条** 放射性物品运输容器设计单位应当通过试验验证或者分析论证等方式，对其设计的放射性物品运输容器的安全性能进行评价。

安全性能评价应当贯穿整个设计过程，保证放射性物品运输容器的设计满足所有的安全要求。

**第十条** 放射性物品运输容器设计单位应当按照国务院核安全监管部门规定的格式和内容编制设计安全评价文件。

设计安全评价文件应当包括结构评价、热评价、包容评价、屏蔽评价、临界评价、货包（放射性物品运输容器与其放射性内容物）操作规程、验收试验和维修大纲，以及运输容器的工程图纸等内容。

**第十一条** 放射性物品运输容器设计单位对其设计的放射性物品运输容器进行试验验证的，应当在验证开始前至少二十个工作日提请国务院核安全监管部门进行试验见证，并提交下列文件：

（一）初步设计说明书和计算报告；

（二）试验验证方式和试验大纲；

（三）试验验证计划。

国务院核安全监管部门应当及时组织对设计单位的试验验证过程进行见证，并做好相应的记录。

开展特殊形式和低弥散放射性物品设计试验验证的单位，应当依照本条第一款的规定提请试验见证。

**第十二条** 国务院核安全监管部门应当对放射性物品运输容器设计活动进行监督检查。

申请批准一类放射性物品运输容器的设计，国务院核安全监管部门原则上应当对该设计活动进行一次现场检查；对于二类、三类放射性物品运输容器的设计，国务院核安全监管部门应当结合试验见证情况进行现场抽查。

国务院核安全监管部门可以结合放射性物品运输容器的制造和使用情况，对放射性物品运输容器设计单位进行监督检查。

**第十三条** 国务院核安全监管部门对放射性物品运输容器设计单位进行监督检查时，应当检查质量保证大纲和试验验证的实施情况、人员配备、设计装备、设计文件、安全性能评价过程记录、以往监督检查发现问题的整改落实情况等。

**第十四条** 一类放射性物品运输容器设计批准书颁发前的监督检查中，发现放射性物品运输容器设计单位的设计活动不符合法律法规要求的，国务院核安全监管部门应当暂缓或者不予颁发设计批准书。

监督检查中发现经批准的一类放射性物品运输容器设计确有重大设计安全缺陷的，国务院核安全监管部门应当责令停止该型号运输容器的制造或者使用，撤销一类放射性物品运输容器设计批准书。

## 第三章　放射性物品运输容器制造活动的监督管理

**第十五条** 放射性物品运输容器制造单位应当具备与制造活动相适应的专业技术人员、生产条件和检测手段，采用经设计单位确认的设计图纸和文件。一类放射性物品运输容器制造单位应当依法取得一类放射性物品运输容器制造许可证后，方可开展制造活动。

放射性物品运输容器制造单位应当在制造活动开始前，依据设计提出的技术要求编制制造过程工艺文件，并严格执行；采用特种工艺的，应当进行必要的工艺试验或者工艺评定。

**第十六条** 放射性物品运输容器制造单位应当加强质量管理，建立健全质量保证体系，编制质量保证大纲并有效实施。

放射性物品运输容器制造单位对其所从事的放射性物品运输容器制造质量负责。

**第十七条** 放射性物品运输容器制造单位应当按照设计要求和有关标准，对放射性物品运输容器的零部件和整体容器进行质量检验，编制质量检验报告。未经质量检验或者经检验不合格的放射性物品运输容器，不得交付使用。

**第十八条** 一类、二类放射性物品运输容器制造单位，应当按照本办法规定的编码规则，对其制造的一类、二类放射性物品运输容器进行统一编码。

一类、二类放射性物品运输容器制造单位，应当于每年 1 月 31 日前将上一年度制造的运输容器的编码清单报国务院核安全监管部门备案。

三类放射性物品运输容器制造单位，应当于每年 1 月 31 日前将上一年度制造的运输容器的型号及其数量、设计总图报国务院核安全监管部门备案。

**第十九条** 一类放射性物品运输容器制造单位应当在每次制造活动开始前至少三十

日，向国务院核安全监管部门提交制造质量计划。国务院核安全监管部门应当根据制造活动的特点选取检查点并通知制造单位。

一类放射性物品运输容器制造单位应当根据制造活动的实际进度，在国务院核安全监管部门选取的检查点制造活动开始前，至少提前十个工作日书面报告国务院核安全监管部门。

**第二十条** 国务院核安全监管部门应当对放射性物品运输容器的制造过程进行监督检查。

对一类放射性物品运输容器的制造活动应当至少组织一次现场检查；对二类放射性物品运输容器的制造，应当对制造过程进行不定期抽查；对三类放射性物品运输容器的制造，应当根据每年的备案情况进行不定期抽查。

**第二十一条** 国务院核安全监管部门对放射性物品运输容器制造单位进行现场监督检查时，应当检查以下内容：

（一）一类放射性物品运输容器制造单位遵守制造许可证的情况；

（二）质量保证体系的运行情况；

（三）人员资格情况；

（四）生产条件和检测手段与所从事制造活动的适应情况；

（五）编制的工艺文件与采用的技术标准以及有关技术文件的符合情况；

（六）工艺过程的实施情况以及零部件采购过程中的质量保证情况；

（七）制造过程记录；

（八）重大质量问题的调查和处理，以及整改要求的落实情况等。

**第二十二条** 国务院核安全监管部门在监督检查中，发现一类放射性物品运输容器制造单位有不符合制造许可证规定情形的，由国务院核安全监管部门责令限期整改。

监督检查中发现放射性物品运输容器制造确有重大质量问题或者违背设计要求的，由国务院核安全监管部门责令停止该型号运输容器的制造或者使用。

**第二十三条** 一类放射性物品运输容器的使用单位在采购境外单位制造的运输容器时，应当在对外贸易合同中明确运输容器的设计、制造符合我国放射性物品运输安全法律法规要求，以及境外单位配合国务院核安全监管部门监督检查的义务。

采购境外单位制造的一类放射性物品运输容器的使用单位，应当在相应制造活动开始前至少三个月通知国务院核安全监管部门，并配合国务院核安全监管部门对境外单位一类放射性物品运输容器制造活动实施监督检查。

采购境外单位制造的一类放射性物品运输容器成品的使用单位，应当在使用批准书申请时提交相应的文件，证明该容器质量满足设计要求。

## 第四章　放射性物品运输活动的监督管理

**第二十四条** 托运人对放射性物品运输的核与辐射安全和应急工作负责，对拟托运物品的合法性负责，并依法履行各项行政审批手续。托运一类放射性物品的托运人应当依法取得核与辐射安全分析报告批复后方可从事运输活动。托运人应当对直接从事放射性物品运输的工作人员进行运输安全和应急响应知识的培训和考核，并建立职业健康档案。

承运人应当对直接从事放射性物品运输的工作人员进行运输安全和应急响应知识的

培训和考核，并建立职业健康档案。对托运人提交的有关资料，承运人应当进行查验、收存，并配合托运人做好运输过程中的安全保卫和核与辐射事故应急工作。

放射性物品运输应当有明确并且具备核与辐射安全法律法规规定条件的接收人。接收人应当对所接收的放射性物品进行核对验收，发现异常应当及时通报托运人和承运人。

**第二十五条** 托运人应当根据拟托运放射性物品的潜在危害建立健全应急响应体系，针对具体运输活动编制应急响应指南，并在托运前提交承运人。

托运人应当会同承运人定期开展相应的应急演习。

**第二十六条** 托运人应当对每个放射性物品运输容器在制造完成后、首次使用前进行详细检查，确保放射性物品运输容器的包容、屏蔽、传热、核临界安全功能符合设计要求。

**第二十七条** 托运人应当按照运输容器的特点，制定每次启运前检查或者试验程序，并按照程序进行检查。检查时应当核实内容物符合性，并对运输容器的吊装设备、密封性能、温度、压力等进行检测和检查，确保货包的热和压力已达到平衡、稳定状态，密闭性能完好。

对装有易裂变材料的放射性物品运输容器，还应当检查中子毒物和其他临界控制措施是否符合要求。

每次检查或者试验应当由获得托运人授权的操作人员进行，并制作书面记录。

检查不符合要求的，不得启运。

**第二十八条** 托运一类放射性物品的，托运人应当委托有资质的辐射监测机构在启运前对其表面污染和辐射水平实施监测，辐射监测机构应当出具辐射监测报告。

托运二类、三类放射性物品的，托运人应当对其表面污染和辐射水平实施监测，并编制辐射监测报告，存档备查。

监测结果不符合国家放射性物品运输安全标准的，不得托运。

**第二十九条** 托运人应当根据放射性物品运输安全标准，限制单个运输工具上放射性物品货包的数量。

承运人应当按照托运人的要求运输货包。放射性物品运输和中途贮存期间，承运人应当妥善堆放，采取必要的隔离措施，并严格执行辐射防护和监测要求。

**第三十条** 托运人和承运人应当采取措施，确保货包和运输工具外表面的非固定污染不超过放射性物品运输安全标准的要求。

在运输途中货包受损、发生泄漏或者有泄漏可能的，托运人和承运人应当立即采取措施保护现场，限制非专业人员接近，并由具备辐射防护与安全防护知识的专业技术人员按放射性物品运输安全标准要求评定货包的污染程度和辐射水平，消除或者减轻货包泄漏、损坏造成的后果。

经评定，货包泄漏量超过放射性物品运输安全标准要求的，托运人和承运人应当立即报告事故发生地的县级以上环境保护主管部门，并在环境保护主管部门监督下将货包移至临时场所。货包完成修理和去污之后，方可向外发送。

**第三十一条** 放射性物品运输中发生核与辐射安全事故时，托运人和承运人应当根据核与辐射事故应急响应指南的要求，做好事故应急工作，并立即报告事故发生地的县级以上环境保护主管部门。相关部门应当按照应急预案做好事故应急响应工作。

**第三十二条** 一类放射性物品启运前，托运人应当将放射性物品运输的核与辐射安全分析报告批准书、辐射监测报告，报启运地的省、自治区、直辖市环境保护主管部门备案。

启运地的省、自治区、直辖市环境保护主管部门收到托运人的备案材料后，应当将一类放射性物品运输辐射监测备案表及时通报途经地和抵达地的省、自治区、直辖市环境保护主管部门。

**第三十三条** 对一类放射性物品的运输，启运地的省、自治区、直辖市环境保护主管部门应当在启运前对放射性物品运输托运人的运输准备情况进行监督检查。

对运输频次比较高、运输活动比较集中的地区，可以根据实际情况制订监督检查计划，原则上检查频次每月不少于一次；对二类放射性物品的运输，可以根据实际情况开展抽查，原则上检查频次每季度不少于一次；对三类放射性物品的运输，可以根据实际情况实施抽查，原则上检查频次每年不少于一次。

途经地和抵达地的省、自治区、直辖市环境保护主管部门不得中途拦截检查；发生特殊情况的除外。

**第三十四条** 省、自治区、直辖市环境保护主管部门应当根据运输货包的类别和数量，按照放射性物品运输安全标准对本行政区域内放射性物品运输货包的表面污染和辐射水平开展启运前的监督性监测。监督性监测不得收取费用。

辐射监测机构和托运人应当妥善保存原始记录和监测报告，并配合省、自治区、直辖市环境保护主管部门进行监督性监测。

**第三十五条** 放射性物品从境外运抵中华人民共和国境内，或者途经中华人民共和国境内运输的，应当根据放射性物品的分类，分别按照法律法规规定的一类、二类、三类放射性物品运输的核与辐射安全监督管理要求进行运输。

**第三十六条** 放射性物品运输容器使用单位应当按照放射性物品运输安全标准和设计要求制定容器的维修和维护程序，严格按照程序进行维修和维护，并建立维修、维护和保养档案。放射性物品运输容器达到设计使用年限，或者发现放射性物品运输容器存在安全隐患的，应当停止使用，进行处理。

**第三十七条** 一类放射性物品运输容器使用单位应当对其使用的一类放射性物品运输容器每两年进行一次安全性能评价。安全性能评价应当在两年使用期届满前至少三个月进行，并在使用期届满前至少两个月编制定期安全性能评价报告。

定期安全性能评价报告，应当包括运输容器的运行历史和现状、检查和检修及发现问题的处理情况、定期检查和试验等内容。使用单位应当做好接受监督检查的准备。必要时，国务院核安全监管部门可以根据运输容器使用特点和使用情况，选取检查点并组织现场检查。

一类放射性物品运输容器使用单位应当于两年使用期届满前至少三十日，将安全性能评价结果报国务院核安全监管部门备案。

**第三十八条** 放射性物品启运前的监督检查包括以下内容：

（一）运输容器及放射性内容物：检查运输容器的日常维修和维护记录、定期安全性能评价记录（限一类放射性物品运输容器）、编码（限一类、二类放射性物品运输容器）等，确保运输容器及内容物均符合设计的要求；

（二）托运人启运前辐射监测情况，以及随车辐射监测设备的配备；

（三）表面污染和辐射水平；

（四）标记、标志和标牌是否符合要求；

（五）运输说明书，包括特殊的装卸作业要求、安全防护指南、放射性物品的品名、数量、物理化学形态、危害风险以及必要的运输路线的指示等；

（六）核与辐射事故应急响应指南；

（七）核与辐射安全分析报告批准书、运输容器设计批准书等相关证书的持有情况；

（八）直接从事放射性物品运输的工作人员的运输安全、辐射防护和应急响应知识的培训和考核情况；

（九）直接从事放射性物品运输的工作人员的辐射防护管理情况。

对一类、二类放射性物品运输的监督检查，还应当包括卫星定位系统的配备情况。

对重要敏感的放射性物品运输活动，国务院核安全监管部门应当根据核与辐射安全分析报告及其批复的要求加强监督检查。

**第三十九条** 国务院核安全监管部门和省、自治区、直辖市环境保护主管部门在监督检查中发现放射性物品运输活动有不符合国家放射性物品运输安全标准情形的，应当责令限期整改；发现放射性物品运输活动可能对人体健康和环境造成核与辐射危害的，应当责令停止运输。

## 第五章 附 则

**第四十条** 本办法自 2016 年 5 月 1 日起施行。

附

## 放射性物品运输容器统一编码规则

### 1.1 一类、二类放射性物品运输容器编码规则

C N / × × × / × - × × - （NNSA）

其中：

第 1～2 位：国家或地区代码，CN 代表中国。

第 3 位：“/”，隔离符。

第 4～6 位：主管部门为该设计指定的设计批准编号或备案编号。

第 7 位：“/”，隔离符。

第 8 位：批准书类型或容器类型：

一类放射性物品运输容器设计批准书类型：

AF：易裂变 A 型运输容器设计批准书

B（U）：B（U）型运输容器设计批准书

B（U）F：易裂变材料 B（U）型运输容器设计批准书

B（M）：B（M）型运输容器设计批准书

B（M）F：易裂变材料 B（M）型运输容器设计批准书

C：C 型运输容器设计批准书

CF：易裂变材料 C 型运输容器设计批准书

IF：易裂变材料工业运输容器设计批准书

H：非易裂变物质或除六氟化铀以外的易裂变物质运输容器的设计批准书。

二类放射性物品运输容器类型有 A，IP3 等。

第 9 位："-"。

第 10～11 位：依据 IAEA 标准的版本，用年份后 2 位数字表示。如 1996 年版本，则填写 96。

第 12 位："-"。

第 13 位：（NNSA）作为一位，代表国务院核安全监管部门批准的一类放射性物品运输容器和备案的二类放射性物品运输容器。

一类、二类运输容器编码规则，应当在国务院核安全监管部门设计批准或备案编号的基础上增加制造单位名称（用代码表示，按照申请的顺序从 001 开始，依此类推，100 代表境外单位制造）和流水号（No.01、No.02、No.03……依次类推）。

### 1.2 一类、二类放射性物品运输容器编码卡格式

1．字体均为宋体，应当为刻印，不得手写。

2．编码卡材料要适合存档和长期保存。

3．编码卡尺寸可根据容器大小按比例调整尺寸，但应当以便于识别为准。

一类、二类放射性物品运输容器制造编码卡应当至少包括下列内容：

容器名称

容器编码

容器外形尺寸

制造单位

出厂日期

填写说明：

1．容器编码为按一类、二类放射性物品运输容器编码规则进行的编码。

2．容器外形尺寸填写容器的最大形状尺寸。如圆柱体，$\varphi$4 m×10 m，长方体，2 m×3 m×5 m。

3．本卡不能留空，不清楚的项目填"未知"。

## 国家危险废物名录

环境保护部令 第 39 号

《国家危险废物名录》已于 2016 年 3 月 30 日由环境保护部部务会议修订通过，现予公布，自 2016 年 8 月 1 日起施行。原环境保护部、国家发展和改革委员会发布的《国家

危险废物名录》（环境保护部、国家发展和改革委员会令第 1 号）同时废止。

环境保护部部长　陈吉宁
发展改革委主任　徐绍史
公安部部长　郭声琨
2016 年 6 月 14 日

附件

# 国家危险废物名录

**第一条**　根据《中华人民共和国固体废物污染环境防治法》的有关规定，制定本名录。

**第二条**　具有下列情形之一的固体废物（包括液态废物），列入本名录：

（一）具有腐蚀性、毒性、易燃性、反应性或者感染性等一种或者几种危险特性的；

（二）不排除具有危险特性，可能对环境或者人体健康造成有害影响，需要按照危险废物进行管理的。

**第三条**　医疗废物属于危险废物。医疗废物分类按照《医疗废物分类目录》执行。

**第四条**　列入《危险化学品目录》的化学品废弃后属于危险废物。

**第五条**　列入本名录附录《危险废物豁免管理清单》中的危险废物，在所列的豁免环节，且满足相应的豁免条件时，可以按照豁免内容的规定实行豁免管理。

**第六条**　危险废物与其他固体废物的混合物，以及危险废物处理后的废物的属性判定，按照国家规定的危险废物鉴别标准执行。

**第七条**　本名录中有关术语的含义如下：

（一）废物类别，是在《控制危险废物越境转移及其处置巴塞尔公约》划定的类别基础上，结合我国实际情况对危险废物进行的分类。

（二）行业来源，是指危险废物的产生行业。

（三）废物代码，是指危险废物的唯一代码，为 8 位数字。其中，第 1～3 位为危险废物产生行业代码（依据《国民经济行业分类》（GB/T 4754—2011）确定），第 4～6 位为危险废物顺序代码，第 7～8 位为危险废物类别代码。

（四）危险特性，包括腐蚀性（Corrosivity，C）、毒性（Toxicity，T）、易燃性（Ignitability，I）、反应性（Reactivity，R）和感染性（Infectivity，In）。

**第八条**　对不明确是否具有危险特性的固体废物，应当按照国家规定的危险废物鉴别标准和鉴别方法予以认定。

经鉴别具有危险特性的，属于危险废物，应当根据其主要有害成分和危险特性确定所属废物类别，并按代码“900-000-××”（××为危险废物类别代码）进行归类管理。

经鉴别不具有危险特性的，不属于危险废物。

**第九条**　本名录自 2016 年 8 月 1 日起施行。2008 年 6 月 6 日环境保护部、国家发展和改革委员会发布的《国家危险废物名录》（环境保护部、国家发展和改革委员会令第 1 号）同时废止。

附表：国家危险废物名录

**附表**

# 国家危险废物名录

| 废物类别 | 行业来源 | 废物代码 | 危险废物 | 危险特性 |
|---|---|---|---|---|
| HW01<br>医疗废物 | 卫生 | 831-001-01 | 感染性废物 | In |
| | | 831-002-01 | 损伤性废物 | In |
| | | 831-003-01 | 病理性废物 | In |
| | | 831-004-01 | 化学性废物 | T |
| | | 831-005-01 | 药物性废物 | T |
| | 非特定行业 | 900-001-01 | 为防治动物传染病而需要收集和处置的废物 | In |
| HW02<br>医药废物 | 化学药品<br>原料药制造 | 271-001-02 | 化学合成原料药生产过程中产生的蒸馏及反应残余物 | T |
| | | 271-002-02 | 化学合成原料药生产过程中产生的废母液及反应基废物 | T |
| | | 271-003-02 | 化学合成原料药生产过程中产生的废脱色过滤介质 | T |
| | | 271-004-02 | 化学合成原料药生产过程中产生的废吸附剂 | T |
| | | 271-005-02 | 化学合成原料药生产过程中的废弃产品及中间体 | T |
| | 化学药品<br>制剂制造 | 272-001-02 | 化学药品制剂生产过程中的原料药提纯精制、再加工产生的蒸馏及反应残余物 | T |
| | | 272-002-02 | 化学药品制剂生产过程中的原料药提纯精制、再加工产生的废母液及反应基废物 | T |
| | | 272-003-02 | 化学药品制剂生产过程中产生的废脱色过滤介质 | T |
| | | 272-004-02 | 化学药品制剂生产过程中产生的废吸附剂 | T |
| | 兽用药品制造 | 272-005-02 | 化学药品制剂生产过程中产生的废弃产品及原料药 | T |
| | | 275-001-02 | 使用砷或有机砷化合物生产兽药过程中产生的废水处理污泥 | T |
| | | 275-002-02 | 使用砷或有机砷化合物生产兽药过程中蒸馏工艺产生的蒸馏残余物 | T |
| | | 275-003-02 | 使用砷或有机砷化合物生产兽药过程中产生的废脱色过滤介质及吸附剂 | T |
| | | 275-004-02 | 其他兽药生产过程中产生的蒸馏及反应残余物 | T |

| 废物类别 | 行业来源 | 废物代码 | 危险废物 | 危险特性 |
| --- | --- | --- | --- | --- |
| HW02<br>医药废物 | 兽用药品制造 | 275-005-02 | 其他兽药生产过程中产生的废脱色过滤介质及吸附剂 | T |
| | | 275-006-02 | 兽药生产过程中产生的废母液、反应基和培养基废物 | T |
| | | 275-007-02 | 兽药生产过程中产生的废吸附剂 | T |
| | | 275-008-02 | 兽药生产过程中产生的废弃产品及原料药 | T |
| | 生物药品制造 | 276-001-02 | 利用生物技术生产生物化学药品、基因工程药物过程中产生的蒸馏及反应残余物 | T |
| | | 276-002-02 | 利用生物技术生产生物化学药品、基因工程药物过程中产生的废母液、反应基和培养基废物（不包括利用生物技术合成氨基酸、维生素过程中产生的培养基废物） | T |
| | | 276-003-02 | 利用生物技术生产生物化学药品、基因工程药物过程中产生的废脱色过滤介质（不包括利用生物技术合成氨基酸、维生素过程中产生的废脱色过滤介质） | T |
| | | 276-004-02 | 利用生物技术生产生物化学药品、基因工程药物过程中产生的废吸附剂 | T |
| | | 276-005-02 | 利用生物技术生产生物化学药品、基因工程药物过程中产生的废弃产品、原料药和中间体 | T |
| HW03<br>废药物、药品 | 非特定行业 | 900-002-03 | 生产、销售及使用过程中产生的失效、变质、不合格、淘汰、伪劣的药物和药品（不包括HW01、HW02、900-999-49类） | T |
| HW04<br>农药废物 | 农药制造 | 263-001-04 | 氯丹生产过程中六氯环戊二烯过滤产生的残余物；氯丹氯化反应器的真空汽提产生的废物 | T |
| | | 263-002-04 | 乙拌磷生产过程中甲苯回收工艺产生的蒸馏残渣 | T |
| | | 263-003-04 | 甲拌磷生产过程中二乙基二硫代磷酸过滤产生的残余物 | T |
| | | 263-004-04 | 2,4,5-三氯苯氧乙酸生产过程中四氯苯蒸馏产生的重馏分及蒸馏残余物 | T |
| | | 263-005-04 | 2,4-二氯苯氧乙酸生产过程中产生的含 2,6-二氯苯酚残余物 | T |
| | | 263-006-04 | 乙烯基双二硫代氨基甲酸及其盐类生产过程中产生的过滤、蒸发和离心分离残余物及废水处理污泥；产品研磨和包装工序集（除）尘装置收集的粉尘和地面清扫废物 | T |
| | | 263-007-04 | 溴甲烷生产过程中反应器产生的废水和酸干燥器产生的废硫酸；生产过程中产生的废吸附剂和废水分离器产生的废物 | T |

| 废物类别 | 行业来源 | 废物代码 | 危险废物 | 危险特性 |
| --- | --- | --- | --- | --- |
| HW04<br>农药废物 | 农药制造 | 263-008-04 | 其他农药生产过程中产生的蒸馏及反应残余物 | T |
| | | 263-009-04 | 农药生产过程中产生的废母液与反应罐及容器清洗废液 | T |
| | | 263-010-04 | 农药生产过程中产生的废滤料和吸附剂 | T |
| | | 263-011-04 | 农药生产过程中产生的废水处理污泥 | T |
| | | 263-012-04 | 农药生产、配制过程中产生的过期原料及废弃产品 | T |
| | 非特定行业 | 900-003-04 | 销售及使用过程中产生的失效、变质、不合格、淘汰、伪劣的农药产品 | T |
| HW05<br>木材防腐剂废物 | 木材加工 | 201-001-05 | 使用五氯酚进行木材防腐过程中产生的废水处理污泥，以及木材防腐处理过程中产生的沾染该防腐剂的废弃木材残片 | T |
| | | 201-002-05 | 使用杂酚油进行木材防腐过程中产生的废水处理污泥，以及木材防腐处理过程中产生的沾染该防腐剂的废弃木材残片 | T |
| | | 201-003-05 | 使用含砷、铬等无机防腐剂进行木材防腐过程中产生的废水处理污泥，以及木材防腐处理过程中产生的沾染该防腐剂的废弃木材残片 | T |
| | 专用化学产品制造 | 266-001-05 | 木材防腐化学品生产过程中产生的反应残余物、废弃滤料及吸附剂 | T |
| | | 266-002-05 | 木材防腐化学品生产过程中产生的废水处理污泥 | T |
| | | 266-003-05 | 木材防腐化学品生产、配制过程中产生的废弃产品及过期原料 | T |
| | 非特定行业 | 900-004-05 | 销售及使用过程中产生的失效、变质、不合格、淘汰、伪劣的木材防腐化学品 | T |
| HW06<br>废有机溶剂与含有机溶剂废物 | 非特定行业 | 900-401-06 | 工业生产中作为清洗剂或萃取剂使用后废弃的含卤素有机溶剂，包括四氯化碳、二氯甲烷、1,1-二氯乙烷、1,2-二氯乙烷、1,1,1-三氯乙烷、1,1,2-三氯乙烷、三氯乙烯、四氯乙烯 | T，I |
| | | 900-402-06 | 工业生产中作为清洗剂或萃取剂使用后废弃的有毒有机溶剂，包括苯、苯乙烯、丁醇、丙酮 | T，I |
| | | 900-403-06 | 工业生产中作为清洗剂或萃取剂使用后废弃的易燃易爆有机溶剂，包括正己烷、甲苯、邻二甲苯、间二甲苯、对二甲苯、1,2,4-三甲苯、乙苯、乙醇、异丙醇、乙醚、丙醚、乙酸甲酯、乙酸乙酯、乙酸丁酯、丙酸丁酯、苯酚 | I |

| 废物类别 | 行业来源 | 废物代码 | 危险废物 | 危险特性 |
|---|---|---|---|---|
| HW06 废有机溶剂与含有机溶剂废物 | 非特定行业 | 900-404-06 | 工业生产中作为清洗剂或萃取剂使用后废弃的其他列入《危险化学品目录》的有机溶剂 | T/I |
| | | 900-405-06 | 900-401-06 中所列废物再生处理过程中产生的废活性炭及其他过滤吸附介质 | T |
| | | 900-406-06 | 900-402-06 和 900-404-06 中所列废物再生处理过程中产生的废活性炭及其他过滤吸附介质 | T |
| | | 900-407-06 | 900-401-06 中所列废物分馏再生过程中产生的高沸物和釜底残渣 | T |
| | | 900-408-06 | 900-402-06 和 900-404-06 中所列废物分馏再生过程中产生的釜底残渣 | T |
| | | 900-409-06 | 900-401-06 中所列废物再生处理过程中产生的废水处理浮渣和污泥（不包括废水生化处理污泥） | T |
| | | 900-410-06 | 900-402-06 和 900-404-06 中所列废物再生处理过程中产生的废水处理浮渣和污泥（不包括废水生化处理污泥） | T |
| HW07 热处理含氰废物 | 金属表面处理及热处理加工 | 336-001-07 | 使用氰化物进行金属热处理产生的淬火池残渣 | T |
| | | 336-002-07 | 使用氰化物进行金属热处理产生的淬火废水处理污泥 | T |
| | | 336-003-07 | 含氰热处理炉维修过程中产生的废内衬 | T |
| | | 336-004-07 | 热处理渗碳炉产生的热处理渗碳氰渣 | T |
| | | 336-005-07 | 金属热处理工艺盐浴槽釜清洗产生的含氰残渣和含氰废液 | R，T |
| | | 336-049-07 | 氰化物热处理和退火作业过程中产生的残渣 | T |
| HW08 废矿物油与含矿物油废物 | 石油开采 | 071-001-08 | 石油开采和炼制产生的油泥和油脚 | T，I |
| | | 071-002-08 | 以矿物油为连续相配制钻井泥浆用于石油开采所产生的废弃钻井泥浆 | T |
| | 天然气开采 | 072-001-08 | 以矿物油为连续相配制钻井泥浆用于天然气开采所产生的废弃钻井泥浆 | T |
| | 精炼石油产品制造 | 251-001-08 | 清洗矿物油储存、输送设施过程中产生的油/水和烃/水混合物 | T |
| | | 251-002-08 | 石油初炼过程中储存设施、油-水-固态物质分离器、积水槽、沟渠及其他输送管道、污水池、雨水收集管道产生的含油污泥 | T，I |

| 废物类别 | 行业来源 | 废物代码 | 危险废物 | 危险特性 |
| --- | --- | --- | --- | --- |
| HW08<br>废矿物油<br>与含矿物油<br>废物 | 精炼石油<br>产品制造 | 251-003-08 | 石油炼制过程中隔油池产生的含油污泥，以及汽油提炼工艺废水和冷却废水处理污泥（不包括废水生化处理污泥） | T |
| | | 251-004-08 | 石油炼制过程中溶气浮选工艺产生的浮渣 | T，I |
| | | 251-005-08 | 石油炼制过程中产生的溢出废油或乳剂 | T，I |
| | | 251-006-08 | 石油炼制换热器管束清洗过程中产生的含油污泥 | T |
| | | 251-010-08 | 石油炼制过程中澄清油浆槽底沉积物 | T，I |
| | | 251-011-08 | 石油炼制过程中进油管路过滤或分离装置产生的残渣 | T，I |
| | | 251-012-08 | 石油炼制过程中产生的废过滤介质 | T |
| | 非特定行业 | 900-199-08 | 内燃机、汽车、轮船等集中拆解过程产生的废矿物油及油泥 | T，I |
| | | 900-200-08 | 珩磨、研磨、打磨过程产生的废矿物油及油泥 | T，I |
| | | 900-201-08 | 清洗金属零部件过程中产生的废弃煤油、柴油、汽油及其他由石油和煤炼制生产的溶剂油 | T，I |
| | | 900-203-08 | 使用淬火油进行表面硬化处理产生的废矿物油 | T |
| | | 900-204-08 | 使用轧制油、冷却剂及酸进行金属轧制产生的废矿物油 | T |
| | | 900-205-08 | 镀锡及焊锡回收工艺产生的废矿物油 | T |
| | | 900-209-08 | 金属、塑料的定型和物理机械表面处理过程中产生的废石蜡和润滑油 | T，I |
| | | 900-210-08 | 油/水分离设施产生的废油、油泥及废水处理产生的浮渣和污泥（不包括废水生化处理污泥） | T，I |
| | | 900-211-08 | 橡胶生产过程中产生的废溶剂油 | T，I |
| | | 900-212-08 | 锂电池隔膜生产过程中产生的废白油 | T |
| | | 900-213-08 | 废矿物油再生净化过程中产生的沉淀残渣、过滤残渣、废过滤吸附介质 | T，I |
| | | 900-214-08 | 车辆、机械维修和拆解过程中产生的废发动机油、制动器油、自动变速器油、齿轮油等废润滑油 | T，I |
| | | 900-215-08 | 废矿物油裂解再生过程中产生的裂解残渣 | T，I |
| | | 900-216-08 | 使用防锈油进行铸件表面防锈处理过程中产生的废防锈油 | T，I |
| | | 900-217-08 | 使用工业齿轮油进行机械设备润滑过程中产生的废润滑油 | T，I |
| | | 900-218-08 | 液压设备维护、更换和拆解过程中产生的废液压油 | T，I |

| 废物类别 | 行业来源 | 废物代码 | 危险废物 | 危险特性 |
|---|---|---|---|---|
| HW08 废矿物油与含矿物油废物 | 非特定行业 | 900-219-08 | 冷冻压缩设备维护、更换和拆解过程中产生的废冷冻机油 | T，I |
| | | 900-220-08 | 变压器维护、更换和拆解过程中产生的废变压器油 | T，I |
| | | 900-221-08 | 废燃料油及燃料油储存过程中产生的油泥 | T，I |
| | | 900-222-08 | 石油炼制废水气浮、隔油、絮凝沉淀等处理过程中产生的浮油和污泥 | T |
| | | 900-249-08 | 其他生产、销售、使用过程中产生的废矿物油及含矿物油废物 | T，I |
| HW09 油/水、烃/水混合物或乳化液 | 非特定行业 | 900-005-09 | 水压机维护、更换和拆解过程中产生的油/水、烃/水混合物或乳化液 | T |
| | | 900-006-09 | 使用切削油和切削液进行机械加工过程中产生的油/水、烃/水混合物或乳化液 | T |
| | | 900-007-09 | 其他工艺过程中产生的油/水、烃/水混合物或乳化液 | T |
| HW10 多氯（溴）联苯类废物 | 非特定行业 | 900-008-10 | 含多氯联苯（PCBs）、多氯三联苯（PCTs）、多溴联苯（PBBs）的电容器、变压器 | T |
| | | 900-009-10 | 含有 PCBs、PCTs 和 PBBs 的电力设备的清洗液 | T |
| | | 900-010-10 | 含有 PCBs、PCTs 和 PBBs 的电力设备中废弃的介质油、绝缘油、冷却油及导热油 | T |
| | | 900-011-10 | 含有或沾染 PCBs、PCTs 和 PBBs 的废弃包装物及容器 | T |
| HW11 精（蒸）馏残渣 | 精炼石油产品制造 | 251-013-11 | 石油精炼过程中产生的酸焦油和其他焦油 | T |
| | 炼焦 | 252-001-11 | 炼焦过程中蒸氨塔产生的残渣 | T |
| | | 252-002-11 | 炼焦过程中澄清设施底部的焦油渣 | T |
| | | 252-003-11 | 炼焦副产品回收过程中萘、粗苯精制产生的残渣 | T |
| | | 252-004-11 | 炼焦和炼焦副产品回收过程中焦油储存设施中的焦油渣 | T |
| | | 252-005-11 | 煤焦油精炼过程中焦油储存设施中的焦油渣 | T |
| | | 252-006-11 | 煤焦油分馏、精制过程中产生的焦油渣 | T |
| | | 252-007-11 | 炼焦副产品回收过程中产生的废水池残渣 | T |
| | | 252-008-11 | 轻油回收过程中蒸馏、澄清、洗涤工序产生的残渣 | T |
| | | 252-009-11 | 轻油精炼过程中的废水池残渣 | T |
| | | 252-010-11 | 炼焦及煤焦油加工利用过程中产生的废水处理污泥（不包括废水生化处理污泥） | T |

| 废物类别 | 行业来源 | 废物代码 | 危险废物 | 危险特性 |
| --- | --- | --- | --- | --- |
| HW11 精（蒸）馏残渣 | 炼焦 | 252-011-11 | 焦炭生产过程中产生的酸焦油和其他焦油 | T |
| | | 252-012-11 | 焦炭生产过程中粗苯精制产生的残渣 | T |
| | | 252-013-11 | 焦炭生产过程中产生的脱硫废液 | T |
| | | 252-014-11 | 焦炭生产过程中煤气净化产生的残渣和焦油 | T |
| | | 252-015-11 | 焦炭生产过程中熄焦废水沉淀产生的焦粉及筛焦过程中产生的粉尘 | T |
| | | 252-016-11 | 煤沥青改质过程中产生的闪蒸油 | T |
| | 燃气生产和供应业 | 450-001-11 | 煤气生产行业煤气净化过程中产生的煤焦油渣 | T |
| | | 450-002-11 | 煤气生产过程中产生的废水处理污泥（不包括废水生化处理污泥） | T |
| | | 450-003-11 | 煤气生产过程中煤气冷凝产生的煤焦油 | T |
| | 基础化学原料制造 | 261-007-11 | 乙烯法制乙醛生产过程中产生的蒸馏残渣 | T |
| | | 261-008-11 | 乙烯法制乙醛生产过程中产生的蒸馏次要馏分 | T |
| | | 261-009-11 | 苄基氯生产过程中苄基氯蒸馏产生的蒸馏残渣 | T |
| | | 261-010-11 | 四氯化碳生产过程中产生的蒸馏残渣和重馏分 | T |
| | | 261-011-11 | 表氯醇生产过程中精制塔产生的蒸馏残渣 | T |
| | | 261-012-11 | 异丙苯法生产苯酚和丙酮过程中产生的蒸馏残渣 | T |
| | | 261-013-11 | 萘法生产邻苯二甲酸酐过程中产生的蒸馏残渣和轻馏分 | T |
| | | 261-014-11 | 邻二甲苯法生产邻苯二甲酸酐过程中产生的蒸馏残渣和轻馏分 | T |
| | | 261-015-11 | 苯硝化法生产硝基苯过程中产生的蒸馏残渣 | T |
| | | 261-016-11 | 甲苯二异氰酸酯生产过程中产生的蒸馏残渣和离心分离残渣 | T |
| | | 261-017-11 | 1,1,1-三氯乙烷生产过程中产生的蒸馏残渣 | T |
| | | 261-018-11 | 三氯乙烯和四氯乙烯联合生产过程中产生的蒸馏残渣 | T |
| | | 261-019-11 | 苯胺生产过程中产生的蒸馏残渣 | T |
| | | 261-020-11 | 苯胺生产过程中苯胺萃取工序产生的蒸馏残渣 | T |
| | | 261-021-11 | 二硝基甲苯加氢法生产甲苯二胺过程中干燥塔产生的反应残余物 | T |
| | | 261-022-11 | 二硝基甲苯加氢法生产甲苯二胺过程中产品精制产生的轻馏分 | T |
| | | 261-023-11 | 二硝基甲苯加氢法生产甲苯二胺过程中产品精制产生的废液 | T |
| | | 261-024-11 | 二硝基甲苯加氢法生产甲苯二胺过程中产品精制产生的重馏分 | T |
| | | 261-025-11 | 甲苯二胺光气化法生产甲苯二异氰酸酯过程中溶剂回收塔产生的有机冷凝物 | T |
| | | 261-026-11 | 氯苯生产过程中的蒸馏及分馏残渣 | T |

| 废物类别 | 行业来源 | 废物代码 | 危险废物 | 危险特性 |
|---|---|---|---|---|
| HW11<br>精（蒸）<br>馏残渣 | 基础化学<br>原料制造 | 261-027-11 | 使用羧酸肼生产 1,1-二甲基肼过程中产品分离产生的残渣 | T |
| | | 261-028-11 | 乙烯溴化法生产二溴乙烯过程中产品精制产生的蒸馏残渣 | T |
| | | 261-029-11 | α-氯甲苯、苯甲酰氯和含此类官能团的化学品生产过程中产生的蒸馏残渣 | T |
| | | 261-030-11 | 四氯化碳生产过程中的重馏分 | T |
| | | 261-031-11 | 二氯乙烯单体生产过程中蒸馏产生的重馏分 | T |
| | | 261-032-11 | 氯乙烯单体生产过程中蒸馏产生的重馏分 | T |
| | | 261-033-11 | 1,1,1-三氯乙烷生产过程中蒸汽汽提塔产生的残余物 | T |
| | | 261-034-11 | 1,1,1-三氯乙烷生产过程中蒸馏产生的重馏分 | T |
| | | 261-035-11 | 三氯乙烯和四氯乙烯联合生产过程中产生的重馏分 | T |
| | | 261-100-11 | 苯和丙烯生产苯酚和丙酮过程中产生的重馏分 | T |
| | | 261-101-11 | 苯泵式消化生产硝基苯过程中产生的重馏分 | T |
| | | 261-102-11 | 铁粉还原硝基苯生产苯胺过程中产生的重馏分 | T |
| | | 261-103-11 | 苯胺、乙酸酐或乙酰苯胺为原料生产对硝基苯胺过程中产生的重馏分 | T |
| | | 261-104-11 | 对氯苯胺氨解生产对硝基苯胺过程中产生的重馏分 | T |
| | | 261-105-11 | 氨化法、还原法生产邻苯二胺过程中产生的重馏分 | T |
| | | 261-106-11 | 苯和乙烯直接催化、乙苯和丙烯共氧化、乙苯催化脱氢生产苯乙烯过程中产生的重馏分 | T |
| | | 261-107-11 | 二硝基甲苯还原催化生产甲苯二胺过程中产生的重馏分 | T |
| | | 261-108-11 | 对苯二酚氧化生产二甲氧基苯胺过程中产生的重馏分 | T |
| | | 261-109-11 | 萘磺化生产萘酚过程中产生的重馏分 | T |
| | | 261-110-11 | 苯酚、三甲苯水解生产 4,4′-二羟基二苯砜过程中产生的重馏分 | T |
| | | 261-111-11 | 甲苯硝基化合物羰基化法、甲苯碳酸二甲酯法生产甲苯二异氰酸酯过程中产生的重馏分 | T |
| | | 261-112-11 | 苯直接氯化生产氯苯过程中产生的重馏分 | T |
| | | 261-113-11 | 乙烯直接氯化生产二氯乙烷过程中产生的重馏分 | T |
| | | 261-114-11 | 甲烷氯化生产甲烷氯化物过程中产生的重馏分 | T |
| | | 261-115-11 | 甲醇氯化生产甲烷氯化物过程中产生的釜底残液 | T |
| | | 261-116-11 | 乙烯氯醇法、氧化法生产环氧乙烷过程中产生的重馏分 | T |

| 废物类别 | 行业来源 | 废物代码 | 危险废物 | 危险特性 |
| --- | --- | --- | --- | --- |
| HW11<br>精（蒸）<br>馏残渣 | 基础化学<br>原料制造 | 261-117-11 | 乙炔气相合成、氧氯化生产氯乙烯过程中产生的重馏分 | T |
| | | 261-118-11 | 乙烯直接氯化生产三氯乙烯、四氯乙烯过程中产生的重馏分 | T |
| | | 261-119-11 | 乙烯氧氯化法生产三氯乙烯、四氯乙烯过程中产生的重馏分 | T |
| | | 261-120-11 | 甲苯光气法生产苯甲酰氯产品精制过程中产生的重馏分 | T |
| | | 261-121-11 | 甲苯苯甲酸法生产苯甲酰氯产品精制过程中产生的重馏分 | T |
| | | 261-122-11 | 甲苯连续光氯化法、无光热氯化法生产氯化苄过程中产生的重馏分 | T |
| | | 261-123-11 | 偏二氯乙烯氢氯化法生产 1,1,1-三氯乙烷过程中产生的重馏分 | T |
| | | 261-124-11 | 醋酸丙烯酯法生产环氧氯丙烷过程中产生的重馏分 | T |
| | | 261-125-11 | 异戊烷（异戊烯）脱氢法生产异戊二烯过程中产生的重馏分 | T |
| | | 261-126-11 | 化学合成法生产异戊二烯过程中产生的重馏分 | T |
| | | 261-127-11 | 碳五馏分分离生产异戊二烯过程中产生的重馏分 | T |
| | | 261-128-11 | 合成气加压催化生产甲醇过程中产生的重馏分 | T |
| | | 261-129-11 | 水合法、发酵法生产乙醇过程中产生的重馏分 | T |
| | | 261-130-11 | 环氧乙烷直接水合生产乙二醇过程中产生的重馏分 | T |
| | | 261-131-11 | 乙醛缩合加氢生产丁二醇过程中产生的重馏分 | T |
| | | 261-132-11 | 乙醛氧化生产醋酸蒸馏过程中产生的重馏分 | T |
| | | 261-133-11 | 丁烷液相氧化生产醋酸过程中产生的重馏分 | T |
| | | 261-134-11 | 电石乙炔法生产醋酸乙烯酯过程中产生的重馏分 | T |
| | | 261-135-11 | 氢氰酸法生产原甲酸三甲酯过程中产生的重馏分 | T |
| | | 261-136-11 | β-苯胺乙醇法生产靛蓝过程中产生的重馏分 | T |
| | 常用有色金属冶炼 | 321-001-11 | 有色金属火法冶炼过程中产生的焦油状残余物 | T |
| | 环境治理 | 772-001-11 | 废矿物油再生过程中产生的酸焦油 | T |
| | 非特定行业 | 900-013-11 | 其他精炼、蒸馏和热解处理过程中产生的焦油状残余物 | T |

| 废物类别 | 行业来源 | 废物代码 | 危险废物 | 危险特性 |
| --- | --- | --- | --- | --- |
| HW12<br>染料、涂料废物 | 涂料、油墨、颜料及类似产品制造 | 264-002-12 | 铬黄和铬橙颜料生产过程中产生的废水处理污泥 | T |
| | | 264-003-12 | 钼酸橙颜料生产过程中产生的废水处理污泥 | T |
| | | 264-004-12 | 锌黄颜料生产过程中产生的废水处理污泥 | T |
| | | 264-005-12 | 铬绿颜料生产过程中产生的废水处理污泥 | T |
| | | 264-006-12 | 氧化铬绿颜料生产过程中产生的废水处理污泥 | T |
| | | 264-007-12 | 氧化铬绿颜料生产过程中烘干产生的残渣 | T |
| | | 264-008-12 | 铁蓝颜料生产过程中产生的废水处理污泥 | T |
| | | 264-009-12 | 使用含铬、铅的稳定剂配制油墨过程中，设备清洗产生的洗涤废液和废水处理污泥 | T |
| | | 264-010-12 | 油墨的生产、配制过程中产生的废蚀刻液 | T |
| | | 264-011-12 | 其他油墨、染料、颜料、油漆（不包括水性漆）生产过程中产生的废母液、残渣、中间体废物 | T |
| | | 264-012-12 | 其他油墨、染料、颜料、油漆（不包括水性漆）生产过程中产生的废水处理污泥、废吸附剂 | T |
| | | 264-013-12 | 油漆、油墨生产、配制和使用过程中产生的含颜料、油墨的有机溶剂废物 | T |
| | 纸浆制造 | 221-001-12 | 废纸回收利用处理过程中产生的脱墨渣 | T |
| | 非特定行业 | 900-250-12 | 使用有机溶剂、光漆进行光漆涂布、喷漆工艺过程中产生的废物 | T，I |
| | | 900-251-12 | 使用油漆（不包括水性漆）、有机溶剂进行阻挡层涂敷过程中产生的废物 | T，I |
| | | 900-252-12 | 使用油漆（不包括水性漆）、有机溶剂进行喷漆、上漆过程中产生的废物 | T，I |
| | | 900-253-12 | 使用油墨和有机溶剂进行丝网印刷过程中产生的废物 | T，I |
| | | 900-254-12 | 使用遮盖油、有机溶剂进行遮盖油的涂敷过程中产生的废物 | T，I |
| | | 900-255-12 | 使用各种颜料进行着色过程中产生的废颜料 | T |
| | | 900-256-12 | 使用酸、碱或有机溶剂清洗容器设备过程中剥离下的废油漆、染料、涂料 | T |
| | | 900-299-12 | 生产、销售及使用过程中产生的失效、变质、不合格、淘汰、伪劣的油墨、染料、颜料、油漆 | T |

| 废物类别 | 行业来源 | 废物代码 | 危险废物 | 危险特性 |
| --- | --- | --- | --- | --- |
| HW13<br>有机树脂类废物 | 合成材料制造 | 265-101-13 | 树脂、乳胶、增塑剂、胶水/胶合剂生产过程中产生的不合格产品 | T |
| | | 265-102-13 | 树脂、乳胶、增塑剂、胶水/胶合剂生产过程中合成、酯化、缩合等工序产生的废母液 | T |
| | | 265-103-13 | 树脂、乳胶、增塑剂、胶水/胶合剂生产过程中精馏、分离、精制等工序产生的釜底残液、废过滤介质和残渣 | T |
| | | 265-104-13 | 树脂、乳胶、增塑剂、胶水/胶合剂生产过程中产生的废水处理污泥（不包括废水生化处理污泥） | T |
| | 非特定行业 | 900-014-13 | 废弃的黏合剂和密封剂 | T |
| | | 900-015-13 | 废弃的离子交换树脂 | T |
| | | 900-016-13 | 使用酸、碱或有机溶剂清洗容器设备剥离下的树脂状、黏稠杂物 | T |
| | | 900-451-13 | 废覆铜板、印刷线路板、电路板破碎分选回收金属后产生的废树脂粉 | T |
| HW14<br>新化学物质废物 | 非特定行业 | 900-017-14 | 研究、开发和教学活动中产生的对人类或环境影响不明的化学物质废物 | T/C/I/R |
| HW15<br>爆炸性废物 | 炸药、火工及焰火产品制造 | 267-001-15 | 炸药生产和加工过程中产生的废水处理污泥 | R |
| | | 267-002-15 | 含爆炸品废水处理过程中产生的废活性炭 | R |
| | | 267-003-15 | 生产、配制和装填铅基起爆药剂过程中产生的废水处理污泥 | T，R |
| | | 267-004-15 | 三硝基甲苯生产过程中产生的粉红水、红水，以及废水处理污泥 | R |
| | 非特定行业 | 900-018-15 | 报废机动车拆解后收集的未引爆的安全气囊 | R |
| HW16<br>感光材料废物 | 专用化学产品制造 | 266-009-16 | 显（定）影剂、正负胶片、像纸、感光材料生产过程中产生的不合格产品和过期产品 | T |
| | | 266-010-16 | 显（定）影剂、正负胶片、像纸、感光材料生产过程中产生的残渣及废水处理污泥 | T |
| | 印刷 | 231-001-16 | 使用显影剂进行胶卷显影，定影剂进行胶卷定影，以及使用铁氰化钾、硫代硫酸盐进行影像减薄（漂白）产生的废显（定）影剂、胶片及废像纸 | T |
| | | 231-002-16 | 使用显影剂进行印刷显影、抗蚀图形显影，以及凸版印刷产生的废显（定）影剂、胶片及废像纸 | T |
| | 电子元件制造 | 397-001-16 | 使用显影剂、氢氧化物、偏亚硫酸氢盐、醋酸进行胶卷显影产生的废显（定）影剂、胶片及废像纸 | T |

| 废物类别 | 行业来源 | 废物代码 | 危险废物 | 危险特性 |
| --- | --- | --- | --- | --- |
| HW16 感光材料废物 | 电影 | 863-001-16 | 电影厂产生的废显（定）影剂、胶片及废像纸 | T |
| | 其他专业技术服务业 | 749-001-16 | 摄影扩印服务行业产生的废显（定）影剂、胶片及废像纸 | T |
| | 非特定行业 | 900-019-16 | 其他行业产生的废显（定）影剂、胶片及废像纸 | T |
| HW17 表面处理废物 | 金属表面处理及热处理加工 | 336-050-17 | 使用氯化亚锡进行敏化处理产生的废渣和废水处理污泥 | T |
| | | 336-051-17 | 使用氯化锌、氯化铵进行敏化处理产生的废渣和废水处理污泥 | T |
| | | 336-052-17 | 使用锌和电镀化学品进行镀锌产生的废槽液、槽渣和废水处理污泥 | T |
| | | 336-053-17 | 使用镉和电镀化学品进行镀镉产生的废槽液、槽渣和废水处理污泥 | T |
| | | 336-054-17 | 使用镍和电镀化学品进行镀镍产生的废槽液、槽渣和废水处理污泥 | T |
| | | 336-055-17 | 使用镀镍液进行镀镍产生的废槽液、槽渣和废水处理污泥 | T |
| | | 336-056-17 | 使用硝酸银、碱、甲醛进行敷金属法镀银产生的废槽液、槽渣和废水处理污泥 | T |
| | | 336-057-17 | 使用金和电镀化学品进行镀金产生的废槽液、槽渣和废水处理污泥 | T |
| | | 336-058-17 | 使用镀铜液进行化学镀铜产生的废槽液、槽渣和废水处理污泥 | T |
| | | 336-059-17 | 使用钯和锡盐进行活化处理产生的废渣和废水处理污泥 | T |
| | | 336-060-17 | 使用铬和电镀化学品进行镀黑铬产生的废槽液、槽渣和废水处理污泥 | T |
| | | 336-061-17 | 使用高锰酸钾进行钻孔除胶处理产生的废渣和废水处理污泥 | T |
| | | 336-062-17 | 使用铜和电镀化学品进行镀铜产生的废槽液、槽渣和废水处理污泥 | T |
| | | 336-063-17 | 其他电镀工艺产生的废槽液、槽渣和废水处理污泥 | T |
| | | 336-064-17 | 金属和塑料表面酸（碱）洗、除油、除锈、洗涤、磷化、出光、化抛工艺产生的废腐蚀液、废洗涤液、废槽液、槽渣和废水处理污泥 | T/C |
| | | 336-066-17 | 镀层剥除过程中产生的废液、槽渣及废水处理污泥 | T |
| | | 336-067-17 | 使用含重铬酸盐的胶体、有机溶剂、黏合剂进行漩流式抗蚀涂布产生的废渣及废水处理污泥 | T |
| | | 336-068-17 | 使用铬化合物进行抗蚀层化学硬化产生的废渣及废水处理污泥 | T |

| 废物类别 | 行业来源 | 废物代码 | 危险废物 | 危险特性 |
|---|---|---|---|---|
| HW17<br>表面处理废物 | 金属表面处理及热处理加工 | 336-069-17 | 使用铬酸镀铬产生的废槽液、槽渣和废水处理污泥 | T |
| | | 336-101-17 | 使用铬酸进行塑料表面粗化产生的废槽液、槽渣和废水处理污泥 | T |
| HW18<br>焚烧处置残渣 | 环境治理业 | 772-002-18 | 生活垃圾焚烧飞灰 | T |
| | | 772-003-18 | 危险废物焚烧、热解等处置过程产生的底渣、飞灰和废水处理污泥（医疗废物焚烧处置产生的底渣除外） | T |
| | | 772-004-18 | 危险废物等离子体、高温熔融等处置过程产生的非玻璃态物质和飞灰 | T |
| | | 772-005-18 | 固体废物焚烧过程中废气处理产生的废活性炭 | T |
| HW19<br>含金属羰基化合物废物 | 非特定行业 | 900-020-19 | 金属羰基化合物生产、使用过程中产生的含有羰基化合物成分的废物 | T |
| HW20<br>含铍废物 | 基础化学原料制造 | 261-040-20 | 铍及其化合物生产过程中产生的熔渣、集（除）尘装置收集的粉尘和废水处理污泥 | T |
| HW21<br>含铬废物 | 毛皮鞣制及制品加工 | 193-001-21 | 使用铬鞣剂进行铬鞣、复鞣工艺产生的废水处理污泥 | T |
| | | 193-002-21 | 皮革切削工艺产生的含铬皮革废碎料 | T |
| | 基础化学原料制造 | 261-041-21 | 铬铁矿生产铬盐过程中产生的铬渣 | T |
| | | 261-042-21 | 铬铁矿生产铬盐过程中产生的铝泥 | T |
| | | 261-043-21 | 铬铁矿生产铬盐过程中产生的芒硝 | T |
| | | 261-044-21 | 铬铁矿生产铬盐过程中产生的废水处理污泥 | T |
| | | 261-137-21 | 铬铁矿生产铬盐过程中产生的其他废物 | T |
| | | 261-138-21 | 以重铬酸钠和浓硫酸为原料生产铬酸酐过程中产生的含铬废液 | T |
| | 铁合金冶炼 | 315-001-21 | 铬铁硅合金生产过程中集（除）尘装置收集的粉尘 | T |
| | | 315-002-21 | 铁铬合金生产过程中集（除）尘装置收集的粉尘 | T |
| | | 315-003-21 | 铁铬合金生产过程中金属铬冶炼产生的铬浸出渣 | T |
| | 金属表面处理及热处理加工 | 336-100-21 | 使用铬酸进行阳极氧化产生的废槽液、槽渣及废水处理污泥 | T |
| | 电子元件制造 | 397-002-21 | 使用铬酸进行钻孔除胶处理产生的废渣和废水处理污泥 | T |
| HW22<br>含铜废物 | 玻璃制造 | 304-001-22 | 使用硫酸铜进行敷金属法镀铜产生的废槽液、槽渣及废水处理污泥 | T |
| | 常用有色金属冶炼 | 321-101-22 | 铜火法冶炼烟气净化产生的收尘渣、压滤渣 | T |
| | | 321-102-22 | 铜火法冶炼电除雾除尘产生的废水处理污泥 | T |

| 废物类别 | 行业来源 | 废物代码 | 危险废物 | 危险特性 |
|---|---|---|---|---|
| HW22<br>含铜废物 | 电子元件制造 | 397-004-22 | 线路板生产过程中产生的废蚀铜液 | T |
| | | 397-005-22 | 使用酸进行铜氧化处理产生的废液及废水处理污泥 | T |
| | | 397-051-22 | 铜板蚀刻过程中产生的废蚀刻液及废水处理污泥 | T |
| HW23<br>含锌废物 | 金属表面处理及热处理加工 | 336-103-23 | 热镀锌过程中产生的废熔剂、助熔剂和集（除）尘装置收集的粉尘 | T |
| | 电池制造 | 384-001-23 | 碱性锌锰电池、锌氧化银电池、锌空气电池生产过程中产生的废锌浆 | T |
| | 非特定行业 | 900-021-23 | 使用氢氧化钠、锌粉进行贵金属沉淀过程中产生的废液及废水处理污泥 | T |
| HW24<br>含砷废物 | 基础化学原料制造 | 261-139-24 | 硫铁矿制酸过程中烟气净化产生的酸泥 | T |
| HW25<br>含硒废物 | 基础化学原料制造 | 261-045-25 | 硒及其化合物生产过程中产生的熔渣、集（除）尘装置收集的粉尘和废水处理污泥 | T |
| HW26<br>含镉废物 | 电池制造 | 384-002-26 | 镍镉电池生产过程中产生的废渣和废水处理污泥 | T |
| HW27<br>含锑废物 | 基础化学原料制造 | 261-046-27 | 锑金属及粗氧化锑生产过程中产生的熔渣和集（除）尘装置收集的粉尘 | T |
| | | 261-048-27 | 氧化锑生产过程中产生的熔渣 | T |
| HW28<br>含碲废物 | 基础化学原料制造 | 261-050-28 | 碲及其化合物生产过程中产生的熔渣、集（除）尘装置收集的粉尘和废水处理污泥 | T |
| HW29<br>含汞废物 | 天然气开采 | 072-002-29 | 天然气除汞净化过程中产生的含汞废物 | T |
| | 常用有色金属矿采选 | 091-003-29 | 汞矿采选过程中产生的尾砂和集（除）尘装置收集的粉尘 | T |
| | 贵金属矿采选 | 092-002-29 | 混汞法提金工艺产生的含汞粉尘、残渣 | T |
| | 印刷 | 231-007-29 | 使用显影剂、汞化合物进行影像加厚（物理沉淀）以及使用显影剂、氨氯化汞进行影像加厚（氧化）产生的废液及残渣 | T |
| | 基础化学原料制造 | 261-051-29 | 水银电解槽法生产氯气过程中盐水精制产生的盐水提纯污泥 | T |
| | | 261-052-29 | 水银电解槽法生产氯气过程中产生的废水处理污泥 | T |
| | | 261-053-29 | 水银电解槽法生产氯气过程中产生的废活性炭 | T |
| | | 261-054-29 | 卤素和卤素化学品生产过程中产生的含汞硫酸钡污泥 | T |
| | 合成材料制造 | 265-001-29 | 氯乙烯生产过程中含汞废水处理产生的废活性炭 | T，C |
| | | 265-002-29 | 氯乙烯生产过程中吸附汞产生的废活性炭 | T，C |
| | | 265-003-29 | 电石乙炔法聚氯乙烯生产过程中产生的废酸 | T，C |

| 废物类别 | 行业来源 | 废物代码 | 危险废物 | 危险特性 |
|---|---|---|---|---|
| HW29<br>含汞废物 | 合成材料制造 | 265-004-29 | 电石乙炔法生产氯乙烯单体过程中产生的废水处理污泥 | T |
| | 常用有色金属冶炼 | 321-103-29 | 铜、锌、铅冶炼过程中烟气制酸产生的废甘汞，烟气净化产生的废酸及废酸处理污泥 | T |
| | 电池制造 | 384-003-29 | 含汞电池生产过程中产生的含汞废浆层纸、含汞废锌膏、含汞废活性炭和废水处理污泥 | T |
| | 照明器具制造 | 387-001-29 | 含汞电光源生产过程中产生的废荧光粉和废活性炭 | T |
| | 通用仪器仪表制造 | 401-001-29 | 含汞温度计生产过程中产生的废渣 | T |
| | 非特定行业 | 900-022-29 | 废弃的含汞催化剂 | T |
| | | 900-023-29 | 生产、销售及使用过程中产生的废含汞荧光灯管及其他废含汞电光源 | T |
| | | 900-024-29 | 生产、销售及使用过程中产生的废含汞温度计、废含汞血压计、废含汞真空表和废含汞压力计 | T |
| | | 900-452-29 | 含汞废水处理过程中产生的废树脂、废活性炭和污泥 | T |
| HW30<br>含铊废物 | 基础化学原料制造 | 261-055-30 | 铊及其化合物生产过程中产生的熔渣、集（除）尘装置收集的粉尘和废水处理污泥 | T |
| HW31<br>含铅废物 | 玻璃制造 | 304-002-31 | 使用铅盐和铅氧化物进行显像管玻璃熔炼过程中产生的废渣 | T |
| | 电子元件制造 | 397-052-31 | 线路板制造过程中电镀铅锡合金产生的废液 | T |
| | 炼钢 | 312-001-31 | 电炉炼钢过程中集（除）尘装置收集的粉尘和废水处理污泥 | T |
| | 电池制造 | 384-004-31 | 铅蓄电池生产过程中产生的废渣、集（除）尘装置收集的粉尘和废水处理污泥 | T |
| | 工艺美术品制造 | 243-001-31 | 使用铅箔进行烤钵试金法工艺产生的废烤钵 | T |
| | 废弃资源综合利用 | 421-001-31 | 废铅蓄电池拆解过程中产生的废铅板、废铅膏和酸液 | T |
| | 非特定行业 | 900-025-31 | 使用硬脂酸铅进行抗黏涂层过程中产生的废物 | T |
| HW32<br>无机氟化物废物 | 非特定行业 | 900-026-32 | 使用氢氟酸进行蚀刻产生的废蚀刻液 | T，C |
| HW33<br>无机氰化物废物 | 贵金属矿采选 | 092-003-33 | 采用氰化物进行黄金选矿过程中产生的氰化尾渣和含氰废水处理污泥 | T |
| | 金属表面处理及热处理加工 | 336-104-33 | 使用氰化物进行浸洗过程中产生的废液 | R，T |
| | 非特定行业 | 900-027-33 | 使用氰化物进行表面硬化、碱性除油、电解除油产生的废物 | R，T |
| | | 900-028-33 | 使用氰化物剥落金属镀层产生的废物 | R，T |
| | | 900-029-33 | 使用氰化物和双氧水进行化学抛光产生的废物 | R，T |

| 废物类别 | 行业来源 | 废物代码 | 危险废物 | 危险特性 |
| --- | --- | --- | --- | --- |
| HW34<br>废酸 | 精炼石油产品制造 | 251-014-34 | 石油炼制过程产生的废酸及酸泥 | C |
| | 涂料、油墨、颜料及类似产品制造 | 264-013-34 | 硫酸法生产钛白粉（二氧化钛）过程中产生的废酸 | C |
| | 基础化学原料制造 | 261-057-34 | 硫酸和亚硫酸、盐酸、氢氟酸、磷酸和亚磷酸、硝酸和亚硝酸等的生产、配制过程中产生的废酸及酸渣 | C |
| | | 261-058-34 | 卤素和卤素化学品生产过程中产生的废酸 | C |
| | 钢压延加工 | 314-001-34 | 钢的精加工过程中产生的废酸性洗液 | C，T |
| | 金属表面处理及热处理加工 | 336-105-34 | 青铜生产过程中浸酸工序产生的废酸液 | C |
| | 电子元件制造 | 397-005-34 | 使用酸进行电解除油、酸蚀、活化前表面敏化、催化、浸亮产生的废酸液 | C |
| | | 397-006-34 | 使用硝酸进行钻孔蚀胶处理产生的废酸液 | C |
| | | 397-007-34 | 液晶显示板或集成电路板的生产过程中使用酸浸蚀剂进行氧化物浸蚀产生的废酸液 | C |
| | 非特定行业 | 900-300-34 | 使用酸进行清洗产生的废酸液 | C |
| | | 900-301-34 | 使用硫酸进行酸性碳化产生的废酸液 | C |
| | | 900-302-34 | 使用硫酸进行酸蚀产生的废酸液 | C |
| | | 900-303-34 | 使用磷酸进行磷化产生的废酸液 | C |
| | | 900-304-34 | 使用酸进行电解除油、金属表面敏化产生的废酸液 | C |
| | | 900-305-34 | 使用硝酸剥落不合格镀层及挂架金属镀层产生的废酸液 | C |
| | | 900-306-34 | 使用硝酸进行钝化产生的废酸液 | C |
| | | 900-307-34 | 使用酸进行电解抛光处理产生的废酸液 | C |
| | | 900-308-34 | 使用酸进行催化（化学镀）产生的废酸液 | C |
| | | 900-349-34 | 生产、销售及使用过程中产生的失效、变质、不合格、淘汰、伪劣的强酸性擦洗粉、清洁剂、污迹去除剂以及其他废酸液及酸渣 | C |
| HW35<br>废碱 | 精炼石油产品制造 | 251-015-35 | 石油炼制过程产生的废碱液及碱渣 | C，T |
| | 基础化学原料制造 | 261-059-35 | 氢氧化钙、氨水、氢氧化钠、氢氧化钾等的生产、配制中产生的废碱液、固态碱及碱渣 | C |
| | 毛皮鞣制及制品加工 | 193-003-35 | 使用氢氧化钙、硫化钠进行浸灰产生的废碱液 | C |
| | 纸浆制造 | 221-002-35 | 碱法制浆过程中蒸煮制浆产生的废碱液 | C，T |
| | 非特定行业 | 900-350-35 | 使用氢氧化钠进行煮炼过程中产生的废碱液 | C |
| | | 900-351-35 | 使用氢氧化钠进行丝光处理过程中产生的废碱液 | C |

| 废物类别 | 行业来源 | 废物代码 | 危险废物 | 危险特性 |
| --- | --- | --- | --- | --- |
| HW35<br>废碱 | 非特定行业 | 900-352-35 | 使用碱进行清洗产生的废碱液 | C |
| | | 900-353-35 | 使用碱进行清洗除蜡、碱性除油、电解除油产生的废碱液 | C |
| | | 900-354-35 | 使用碱进行电镀阻挡层或抗蚀层的脱除产生的废碱液 | C |
| | | 900-355-35 | 使用碱进行氧化膜浸蚀产生的废碱液 | C |
| | | 900-356-35 | 使用碱溶液进行碱性清洗、图形显影产生的废碱液 | C |
| | | 900-399-35 | 生产、销售及使用过程中产生的失效、变质、不合格、淘汰、伪劣的强碱性擦洗粉、清洁剂、污迹去除剂以及其他废碱液、固态碱及碱渣 | C |
| HW36<br>石棉废物 | 石棉及其他非金属矿采选 | 109-001-36 | 石棉矿选矿过程中产生的废渣 | T |
| | 基础化学原料制造 | 261-060-36 | 卤素和卤素化学品生产过程中电解装置拆换产生的含石棉废物 | T |
| | 石膏、水泥制品及类似制品制造 | 302-001-36 | 石棉建材生产过程中产生的石棉尘、废石棉 | T |
| | 耐火材料制品制造 | 308-001-36 | 石棉制品生产过程中产生的石棉尘、废石棉 | T |
| | 汽车零部件及配件制造 | 366-001-36 | 车辆制动器衬片生产过程中产生的石棉废物 | T |
| | 船舶及相关装置制造 | 373-002-36 | 拆船过程中产生的石棉废物 | T |
| | 非特定行业 | 900-030-36 | 其他生产过程中产生的石棉废物 | T |
| | | 900-031-36 | 含有石棉的废绝缘材料、建筑废物 | T |
| | | 900-032-36 | 含有隔膜、热绝缘体等石棉材料的设施保养拆换及车辆制动器衬片的更换产生的石棉废物 | T |
| HW37<br>有机磷化合物废物 | 基础化学原料制造 | 261-061-37 | 除农药以外其他有机磷化合物生产、配制过程中产生的反应残余物 | T |
| | | 261-062-37 | 除农药以外其他有机磷化合物生产、配制过程中产生的废过滤吸附介质 | T |
| | | 261-063-37 | 除农药以外其他有机磷化合物生产过程中产生的废水处理污泥 | T |
| | 非特定行业 | 900-033-37 | 生产、销售及使用过程中产生的废弃磷酸酯抗燃油 | T |
| HW38<br>有机氰化物废物 | 基础化学原料制造 | 261-064-38 | 丙烯腈生产过程中废水汽提器塔底的残余物 | R，T |
| | | 261-065-38 | 丙烯腈生产过程中乙腈蒸馏塔底的残余物 | R，T |
| | | 261-066-38 | 丙烯腈生产过程中乙腈精制塔底的残余物 | T |

| 废物类别 | 行业来源 | 废物代码 | 危险废物 | 危险特性 |
|---|---|---|---|---|
| HW38<br>有机氰化物废物 | 基础化学原料制造 | 261-067-38 | 有机氰化物生产过程中产生的废母液及反应残余物 | T |
| | | 261-068-38 | 有机氰化物生产过程中催化、精馏和过滤工序产生的废催化剂、釜底残余物和过滤介质 | T |
| | | 261-069-38 | 有机氰化物生产过程中产生的废水处理污泥 | T |
| | | 261-140-38 | 废腈纶高温高压水解生产聚丙烯腈-铵盐过程中产生的过滤残渣 | T |
| HW39<br>含酚废物 | 基础化学原料制造 | 261-070-39 | 酚及酚类化合物生产过程中产生的废母液和反应残余物 | T |
| | | 261-071-39 | 酚及酚类化合物生产过程中产生的废过滤吸附介质、废催化剂、精馏残余物 | T |
| HW40<br>含醚废物 | 基础化学原料制造 | 261-072-40 | 醚及醚类化合物生产过程中产生的醚类残液、反应残余物、废水处理污泥（不包括废水生化处理污泥） | T |
| HW45<br>含有机卤化物废物 | 基础化学原料制造 | 261-078-45 | 乙烯溴化法生产二溴乙烯过程中废气净化产生的废液 | T |
| | | 261-079-45 | 乙烯溴化法生产二溴乙烯过程中产品精制产生的废吸附剂 | T |
| | | 261-080-45 | 芳烃及其衍生物氯代反应过程中氯气和盐酸回收工艺产生的废液和废吸附剂 | T |
| | | 261-081-45 | 芳烃及其衍生物氯代反应过程中产生的废水处理污泥 | T |
| | | 261-082-45 | 氯乙烷生产过程中的塔底残余物 | T |
| | | 261-084-45 | 其他有机卤化物的生产过程中产生的残液、废过滤吸附介质、反应残余物、废水处理污泥、废催化剂（不包括上述 HW06、HW39 类别的废物） | T |
| | | 261-085-45 | 其他有机卤化物的生产过程中产生的不合格、淘汰、废弃的产品（不包括上述 HW06、HW39 类别的废物） | T |
| | | 261-086-45 | 石墨作阳极隔膜法生产氯气和烧碱过程中产生的废水处理污泥 | T |
| | 非特定行业 | 900-036-45 | 其他生产、销售及使用过程中产生的含有机卤化物废物（不包括 HW06 类） | T |
| HW46<br>含镍废物 | 基础化学原料制造 | 261-087-46 | 镍化合物生产过程中产生的反应残余物及不合格、淘汰、废弃的产品 | T |
| | 电池制造 | 394-005-46 | 镍氢电池生产过程中产生的废渣和废水处理污泥 | T |
| | 非特定行业 | 900-037-46 | 废弃的镍催化剂 | T |

| 废物类别 | 行业来源 | 废物代码 | 危险废物 | 危险特性 |
| --- | --- | --- | --- | --- |
| HW47<br>含钡废物 | 基础化学原料制造 | 261-088-47 | 钡化合物（不包括硫酸钡）生产过程中产生的熔渣、集（除）尘装置收集的粉尘、反应残余物、废水处理污泥 | T |
| | 金属表面处理及热处理加工 | 336-106-47 | 热处理工艺中产生的含钡盐浴渣 | T |
| HW48<br>有色金属冶炼废物 | 常用有色金属矿采选 | 091-001-48 | 硫化铜矿、氧化铜矿等铜矿物采选过程中集（除）尘装置收集的粉尘 | T |
| | | 091-002-48 | 硫砷化合物（雌黄、雄黄及硫砷铁矿）或其他含砷化合物的金属矿石采选过程中集（除）尘装置收集的粉尘 | T |
| | 常用有色金属冶炼 | 321-002-48 | 铜火法冶炼过程中集（除）尘装置收集的粉尘和废水处理污泥 | T |
| | | 321-003-48 | 粗锌精炼加工过程中产生的废水处理污泥 | T |
| | | 321-004-48 | 铅锌冶炼过程中，锌焙烧矿常规浸出法产生的浸出渣 | T |
| | | 321-005-48 | 铅锌冶炼过程中，锌焙烧矿热酸浸出黄钾铁矾法产生的铁矾渣 | T |
| | | 321-006-48 | 硫化锌矿常压氧浸或加压氧浸产生的硫渣（浸出渣） | T |
| | | 321-007-48 | 铅锌冶炼过程中，锌焙烧矿热酸浸出针铁矿法产生的针铁矿渣 | T |
| | | 321-008-48 | 铅锌冶炼过程中，锌浸出液净化产生的净化渣，包括锌粉-黄药法、砷盐法、反向锑盐法、铅锑合金锌粉法等工艺除铜、锑、镉、钴、镍等杂质过程中产生的废渣 | T |
| | | 321-009-48 | 铅锌冶炼过程中，阴极锌熔铸产生的熔铸浮渣 | T |
| | | 321-010-48 | 铅锌冶炼过程中，氧化锌浸出处理产生的氧化锌浸出渣 | T |
| | | 321-011-48 | 铅锌冶炼过程中，鼓风炉炼锌锌蒸气冷凝分离系统产生的鼓风炉浮渣 | T |
| | | 321-012-48 | 铅锌冶炼过程中，锌精馏炉产生的锌渣 | T |
| | | 321-013-48 | 铅锌冶炼过程中，提取金、银、铋、镉、钴、铟、锗、铊、碲等金属过程中产生的废渣 | T |
| | | 321-014-48 | 铅锌冶炼过程中，集（除）尘装置收集的粉尘 | T |
| | | 321-016-48 | 粗铅精炼过程中产生的浮渣和底渣 | T |
| | | 321-017-48 | 铅锌冶炼过程中，炼铅鼓风炉产生的黄渣 | T |
| | | 321-018-48 | 铅锌冶炼过程中，粗铅火法精炼产生的精炼渣 | T |
| | | 321-019-48 | 铅锌冶炼过程中，铅电解产生的阳极泥及阳极泥处理后产生的含铅废渣和废水处理污泥 | T |

| 废物类别 | 行业来源 | 废物代码 | 危险废物 | 危险特性 |
| --- | --- | --- | --- | --- |
| HW48<br>有色金属<br>冶炼废物 | 常用有色<br>金属冶炼 | 321-020-48 | 铅锌冶炼过程中，阴极铅精炼产生的氧化铅渣及碱渣 | T |
| | | 321-021-48 | 铅锌冶炼过程中，锌焙烧矿热酸浸出黄钾铁矾法、热酸浸出针铁矿法产生的铅银渣 | T |
| | | 321-022-48 | 铅锌冶炼过程中产生的废水处理污泥 | T |
| | | 321-023-48 | 电解铝过程中电解槽维修及废弃产生的废渣 | T |
| | | 321-024-48 | 铝火法冶炼过程中产生的初炼炉渣 | T |
| | | 321-025-48 | 电解铝过程中产生的盐渣、浮渣 | T |
| | | 321-026-48 | 铝火法冶炼过程中产生的易燃性撇渣 | I |
| | | 321-027-48 | 铜再生过程中集（除）尘装置收集的粉尘和废水处理污泥 | T |
| | | 321-028-48 | 锌再生过程中集（除）尘装置收集的粉尘和废水处理污泥 | T |
| | | 321-029-48 | 铅再生过程中集（除）尘装置收集的粉尘和废水处理污泥 | T |
| | | 321-030-48 | 汞再生过程中集（除）尘装置收集的粉尘和废水处理污泥 | T |
| | 稀有稀土<br>金属冶炼 | 323-001-48 | 仲钨酸铵生产过程中碱分解产生的碱煮渣（钨渣）、除钼过程中产生的除钼渣和废水处理污泥 | T |
| HW49<br>其他废物 | 石墨及其他<br>非金属矿物<br>制品制造 | 309-001-49 | 多晶硅生产过程中废弃的三氯化硅和四氯化硅 | R/C |
| | 非特定行业 | 900-039-49 | 化工行业生产过程中产生的废活性炭 | T |
| | | 900-040-49 | 无机化工行业生产过程中集（除）尘装置收集的粉尘 | T |
| | | 900-041-49 | 含有或沾染毒性、感染性危险废物的废弃包装物、容器、过滤吸附介质 | T/In |
| | | 900-042-49 | 由危险化学品、危险废物造成的突发环境事件及其处理过程中产生的废物 | T/C/I/R/In |
| | | 900-044-49 | 废弃的铅蓄电池、镉镍电池、氧化汞电池、汞开关、荧光粉和阴极射线管 | T |
| | | 900-045-49 | 废电路板（包括废电路板上附带的元器件、芯片、插件、贴脚等） | T |
| | | 900-046-49 | 离子交换装置再生过程中产生的废水处理污泥 | T |
| | | 900-047-49 | 研究、开发和教学活动中，化学和生物实验室产生的废物（不包括 HW03、900-999-49） | T/C/I/R |
| | | 900-999-49 | 未经使用而被所有人抛弃或者放弃的；淘汰、伪劣、过期、失效的；有关部门依法收缴以及接收的公众上交的危险化学品 | T |

| 废物类别 | 行业来源 | 废物代码 | 危险废物 | 危险特性 |
| --- | --- | --- | --- | --- |
| HW50<br>废催化剂 | 精炼石油产品制造 | 251-016-50 | 石油产品加氢精制过程中产生的废催化剂 | T |
| | | 251-017-50 | 石油产品催化裂化过程中产生的废催化剂 | T |
| | | 251-018-50 | 石油产品加氢裂化过程中产生的废催化剂 | T |
| | | 251-019-50 | 石油产品催化重整过程中产生的废催化剂 | T |
| | 基础化学原料制造 | 261-151-50 | 树脂、乳胶、增塑剂、胶水/胶合剂生产过程中合成、酯化、缩合等工序产生的废催化剂 | T |
| | | 261-152-50 | 有机溶剂生产过程中产生的废催化剂 | T |
| | | 261-153-50 | 丙烯腈合成过程中产生的废催化剂 | T |
| | | 261-154-50 | 聚乙烯合成过程中产生的废催化剂 | T |
| | | 261-155-50 | 聚丙烯合成过程中产生的废催化剂 | T |
| | | 261-156-50 | 烷烃脱氢过程中产生的废催化剂 | T |
| | | 261-157-50 | 乙苯脱氢生产苯乙烯过程中产生的废催化剂 | T |
| | | 261-158-50 | 采用烷基化反应（歧化）生产苯、二甲苯过程中产生的废催化剂 | T |
| | | 261-159-50 | 二甲苯临氢异构化反应过程中产生的废催化剂 | T |
| | | 261-160-50 | 乙烯氧化生产环氧乙烷过程中产生的废催化剂 | T |
| | | 261-161-50 | 硝基苯催化加氢法制备苯胺过程中产生的废催化剂 | T |
| | | 261-162-50 | 乙烯和丙烯为原料，采用茂金属催化体系生产乙丙橡胶过程中产生的废催化剂 | T |
| | | 261-163-50 | 乙炔法生产醋酸乙烯酯过程中产生的废催化剂 | T |
| | | 261-164-50 | 甲醇和氨气催化合成、蒸馏制备甲胺过程中产生的废催化剂 | T |
| | | 261-165-50 | 催化重整生产高辛烷值汽油和轻芳烃过程中产生的废催化剂 | T |
| | | 261-166-50 | 采用碳酸二甲酯法生产甲苯二异氰酸酯过程中产生的废催化剂 | T |
| | | 261-167-50 | 合成气合成、甲烷氧化和液化石油气氧化生产甲醇过程中产生的废催化剂 | T |
| | | 261-168-50 | 甲苯氯化水解生产邻甲酚过程中产生的废催化剂 | T |
| | | 261-169-50 | 异丙苯催化脱氢生产α-甲基苯乙烯过程中产生的废催化剂 | T |
| | | 261-170-50 | 异丁烯和甲醇催化生产甲基叔丁基醚过程中产生的废催化剂 | T |
| | | 261-171-50 | 甲醇空气氧化法生产甲醛过程中产生的废催化剂 | T |
| | | 261-172-50 | 邻二甲苯氧化法生产邻苯二甲酸酐过程中产生的废催化剂 | T |

| 废物类别 | 行业来源 | 废物代码 | 危险废物 | 危险特性 |
|---|---|---|---|---|
| HW50<br>废催化剂 | 基础化学<br>原料制造 | 261-173-50 | 二氧化硫氧化生产硫酸过程中产生的废催化剂 | T |
| | | 261-174-50 | 四氯乙烷催化脱氯化氢生产三氯乙烯过程中产生的废催化剂 | T |
| | | 261-175-50 | 苯氧化法生产顺丁烯二酸酐过程中产生的废催化剂 | T |
| | | 261-176-50 | 甲苯空气氧化生产苯甲酸过程中产生的废催化剂 | T |
| | | 261-177-50 | 羟丙腈氨化、加氢生产 3-氨基-1-丙醇过程中产生的废催化剂 | T |
| | | 261-178-50 | β-羟基丙腈催化加氢生产 3-氨基-1-丙醇过程中产生的废催化剂 | T |
| | | 261-179-50 | 甲乙酮与氨催化加氢生产 2-氨基丁烷过程中产生的废催化剂 | T |
| | | 261-180-50 | 苯酚和甲醇合成 2,6-二甲基苯酚过程中产生的废催化剂 | T |
| | | 261-181-50 | 糠醛脱羰制备呋喃过程中产生的废催化剂 | T |
| | | 261-182-50 | 过氧化法生产环氧丙烷过程中产生的废催化剂 | T |
| | | 261-183-50 | 除农药以外其他有机磷化合物生产过程中产生的废催化剂 | T |
| | 农药制造 | 263-013-50 | 农药生产过程中产生的废催化剂 | T |
| | 化学药品<br>原料药制造 | 271-006-50 | 化学合成原料药生产过程中产生的废催化剂 | T |
| | 兽用药品制造 | 275-009-50 | 兽药生产过程中产生的废催化剂 | T |
| | 生物药品制造 | 276-006-50 | 生物药品生产过程中产生的废催化剂 | T |
| | 环境治理 | 772-007-50 | 烟气脱硝过程中产生的废钒钛系催化剂 | T |
| | 非特定行业 | 900-048-50 | 废液体催化剂 | T |
| | | 900-049-50 | 废汽车尾气净化催化剂 | T |

附录

# 危险废物豁免管理清单

本目录各栏目说明：

1.“序号”指列入本目录危险废物的顺序编号；

2.“废物类别/代码”指列入本目录危险废物的类别或代码；

3.“危险废物”指列入本目录危险废物的名称；

4.“豁免环节”指可不按危险废物管理的环节；

5.“豁免条件”指可不按危险废物管理应具备的条件；

6.“豁免内容”指可不按危险废物管理的内容。

| 序号 | 废物类别/代码 | 危险废物 | 豁免环节 | 豁免条件 | 豁免内容 |
| --- | --- | --- | --- | --- | --- |
| 1 | 家庭源危险废物 | 家庭日常生活中产生的废药品及其包装物、废杀虫剂和消毒剂及其包装物、废油漆和溶剂及其包装物、废矿物油及其包装物、废胶片及废像纸、废荧光灯管、废温度计、废血压计、废镍镉电池和氧化汞电池以及电子类危险废物等 | 全部环节 | 未分类收集 | 全过程不按危险废物管理 |
| | | | 收集 | 分类收集 | 收集过程不按危险废物管理 |
| 2 | 193-002-21 | 含铬皮革废碎料 | 利用 | 用于生产皮件、再生革或静电植绒 | 利用过程不按危险废物管理 |
| 3 | 252-014-11 | 煤气净化产生的煤焦油 | 利用 | 满足《煤焦油标准》（YB/T 5075—2010），且作为原料深加工制取萘、洗油、蒽油等 | 利用过程不按危险废物管理 |
| 4 | 772-002-18 | 生活垃圾焚烧飞灰 | 处置 | 满足《生活垃圾填埋场污染控制标准》（GB 16889—2008）中6.3条要求，进入生活垃圾填埋场填埋 | 填埋过程不按危险废物管理 |
| | | | | 满足《水泥窑协同处置固体废物污染控制标准》（GB 30485—2013），进入水泥窑协同处置 | 水泥窑协同处置过程不按危险废物管理 |
| 5 | 772-003-18 | 医疗废物焚烧飞灰 | 处置 | 满足《生活垃圾填埋场污染控制标准》（GB 16889—2008）中6.3条要求，进入生活垃圾填埋场填埋 | 填埋过程不按危险废物管理 |
| 6 | 772-003-18 | 危险废物焚烧产生的废金属 | 利用 | 用于金属冶炼 | 利用过程不按危险废物管理 |
| 7 | 900-451-13 | 采用破碎分选回收废覆铜板、印刷线路板、电路板中金属后的废树脂粉 | 运输 | 运输工具满足防雨、防渗漏、防遗撒要求 | 不按危险废物进行运输 |
| | | | 处置 | 进入生活垃圾填埋场填埋 | 处置过程不按危险废物管理 |

| 序号 | 废物类别/代码 | 危险废物 | 豁免环节 | 豁免条件 | 豁免内容 |
| --- | --- | --- | --- | --- | --- |
| 8 | 900-041-49 | 农药废弃包装物 | 收集 | 村、镇农户分散产生的农药废弃包装物的收集活动 | 收集过程不按危险废物管理 |
| 9 | 900-041-49 | 废弃的含油抹布、劳保用品 | 全部环节 | 混入生活垃圾 | 全过程不按危险废物管理 |
| 10 | 900-042-49 | 由危险化学品、危险废物造成的突发环境事件及其处理过程中产生的废物 | 转移 | 经接受地县级以上环境保护主管部门同意，按事发地县级以上地方环境保护主管部门提出的应急处置方案进行转移 | 转移过程不按危险废物管理 |
| | | | 处置 | 按事发地县级以上地方环境保护主管部门提出的应急处置方案进行处置或利用 | 处置或利用过程可不按危险废物进行管理 |
| 11 | 900-044-49 | 阴极射线管含铅玻璃 | 运输 | 运输工具满足防雨、防渗漏、防遗撒要求 | 不按危险废物进行运输 |
| 12 | 900-045-49 | 废弃电路板 | 运输 | 运输工具满足防雨、防渗漏、防遗撒要求 | 不按危险废物进行运输 |
| 13 | HW01 | 医疗废物 | 收集 | 从事床位总数在 19 张以下（含 19 张）的医疗机构产生的医疗废物的收集活动 | 收集过程不按危险废物管理 |
| 14 | 831-001-01 | 感染性废物 | 处置 | 按照《医疗废物高温蒸汽集中处理工程技术规范》（HJ/T 276—2006）或《医疗废物化学消毒集中处理工程技术规范》（HJ/T 228—2006）或《医疗废物微波消毒集中处理工程技术规范》（HJ/T 229—2006）进行处理后 | 进入生活垃圾填埋场填埋处置或进入生活垃圾焚烧厂焚烧处置，处置过程不按危险废物管理 |
| 15 | 831-002-01 | 损伤性废物 | 处置 | 按照《医疗废物高温蒸汽集中处理工程技术规范》（HJ/T 276—2006）或《医疗废物化学消毒集中处理工程技术规范》（HJ/T 228—2006）或《医疗废物微波消毒集中处理工程技术规范》（HJ/T 229—2006）进行处理后 | 进入生活垃圾填埋场填埋处置或进入生活垃圾焚烧厂焚烧处置，处置过程不按危险废物管理 |

| 序号 | 废物类别/代码 | 危险废物 | 豁免环节 | 豁免条件 | 豁免内容 |
|---|---|---|---|---|---|
| 16 | 831-003-01 | 病理性废物（人体器官和传染性的动物尸体等除外） | 处置 | 按照《医疗废物化学消毒集中处理工程技术规范》（HJ/T 228—2006）或《医疗废物微波消毒集中处理工程技术规范》（HJ/T 229—2006）进行处理后 | 进入生活垃圾焚烧厂焚烧处置，处置过程不按危险废物管理 |

# 关于废止部分环保部门规章和规范性文件的决定

环境保护部令　第 40 号

《关于废止部分环保部门规章和规范性文件的决定》已于 2016 年 6 月 30 日由环境保护部部务会议审议通过，现予公布，自公布之日起施行。

附件：关于废止部分环保部门规章和规范性文件的决定

环境保护部部长　陈吉宁
2016 年 7 月 13 日

附件

## 关于废止部分环保部门规章和规范性文件的决定

根据《国务院办公厅关于做好行政法规部门规章和文件清理工作有关事项的通知》（国办函〔2016〕12 号），我部决定对下列 10 件规章和 121 件规范性文件予以废止：

### 一、决定予以废止的规章

1．城市放射性废物管理办法（1987 年 7 月 16 日，（87）环放字第 239 号）
2．废物进口环境保护管理暂行规定（1996 年 4 月 1 日，环控〔1996〕204 号）
3．关于废物进口环境保护管理暂行规定的补充规定（1996 年 7 月 26 日，环控〔1996〕629 号）

4. 秸秆禁烧和综合利用管理办法（1999 年 4 月 16 日，环发〔1999〕98 号）
5. 污染源监测管理办法（1999 年 11 月 2 日，环发〔1999〕246 号）
6. 畜禽养殖污染防治管理办法（2001 年 5 月 9 日，原国家环境保护总局令　第 9 号）
7. 淮河和太湖流域排放重点水污染物许可证管理办法（试行）（2001 年 7 月 2 日，原国家环境保护总局令　第 11 号）
8. 废弃危险化学品污染环境防治办法（2005 年 8 月 30 日，原国家环境保护总局令　第 27 号）
9. 限期治理管理办法（试行）（2009 年 7 月 8 日，环境保护部令　第 6 号）
10. 危险化学品环境管理登记办法（试行）（2012 年 10 月 11 日，环境保护部令　第 22 号）

## 二、决定予以废止的规范性文件

1. 关于执行建设项目环境影响评价制度有关问题的通知（1999 年 4 月 29 日，环发〔1999〕107 号）
2. 关于建设项目环境保护设施竣工验收监测管理有关问题的通知（2000 年 2 月 23 日，环发〔2000〕38 号）
3. 关于发布《2000 年机动车环保达标车型名录》实施《轻型汽车污染物排放标准》的通知（2000 年 7 月 4 日，环发〔2000〕135 号）
4. 关于印发《地方机动车大气污染物排放标准审批办法》的通知（2001 年 2 月 22 日，环发〔2001〕21 号）
5. 关于公布《建设项目竣工环境保护申请报告》等四种文件格式的通知（2001 年 12 月 31 日，环发〔2001〕214 号）
6. 国家计委、国家环境保护总局关于规范环境影响咨询收费有关问题的通知（2002 年 1 月 31 日，计价格〔2002〕125 号）
7. 关于执行《国家计委、国家环境保护总局关于规范环境影响咨询收费有关问题的通知》有关问题的通知（2002 年 3 月 28 日，环发〔2002〕54 号）
8. 关于对新车（机）型排放达标申报审核工作进行调整的通知（2002 年 7 月 12 日，环办函〔2002〕233 号）
9. 关于核定建设项目主要污染物排放总量控制指标有关问题的通知（2003 年 3 月 25 日，环办〔2003〕25 号）
10. 关于建设项目竣工环境保护验收实行公示的通知（2003 年 3 月 28 日，环办〔2003〕26 号）
11. 关于高压送变电设施环境影响评价适用标准的复函（2004 年 8 月 4 日，环函〔2004〕253 号）
12. 关于印发《环境影响评价工程师职业资格登记管理暂行办法》的通知（2005 年 2 月 24 日，环发〔2005〕24 号）
13. 关于环境影响评价工程师职业资格登记工作有关事项的公告（2005 年 11 月 21 日，原国家环境保护总局公告　2005 年第 52 号）

14. 关于执行《建设项目环境影响评价资质管理办法》有关问题的通知（2005 年 11 月 23 日，环办〔2005〕126 号）
15. 关于印发全国生态县、生态市创建工作考核方案的通知（2005 年 12 月 13 日，环办〔2005〕137 号）
16. 关于病原微生物实验室项目环境影响评价资质有关问题的通知（2006 年 2 月 14 日，环办〔2006〕14 号）
17. 关于开展国家生态县、生态市考核验收工作的通知（2006 年 3 月 15 日，环办〔2006〕28 号）
18. 关于印发《环境保护行政主管部门突发环境事件信息报告办法（试行）》的通知（2006 年 3 月 31 日，环发〔2006〕50 号）
19. 关于印发《新生产机动车排放污染申报检测机构管理办法》的通知（2006 年 4 月 24 日，环发〔2006〕59 号）
20. 关于明确《放射性同位素与射线装置安全许可管理办法》有关问题的通知（2006 年 6 月 7 日，环函〔2006〕224 号）
21. 关于实行甲级建设项目环境影响评价机构评价范围分级管理的公告（2006 年 7 月 26 日，原国家环境保护总局公告　2006 年第 36 号）
22. 关于开展电磁辐射设备（设施）申报登记工作的通知（2006 年 12 月 5 日，环办〔2006〕138 号）
23. 关于印发《环保总局突发环境事件应急工作暂行办法》的通知（2006 年 12 月 26 日，环发〔2006〕205 号）
24. 关于印发《中央财政主要污染物减排专项资金项目管理暂行办法》的通知（2007 年 5 月 11 日，环发〔2007〕67 号）
25. 关于印发《环境影响评价工程师继续教育暂行规定》的通知（2007 年 6 月 25 日，环发〔2007〕97 号）
26. 关于高压输变电建设项目环评适用标准等有关问题的复函（2007 年 11 月 28 日，环办函〔2007〕881 号）
27. 关于 35 千伏送、变电系统建设项目环境管理有关问题的复函（2007 年 11 月 30 日，环办函〔2007〕886 号）
28. 关于印发《国家生态工业示范园区管理办法（试行）》的通知（2007 年 12 月 10 日，环发〔2007〕188 号）
29. 关于发布《禁止进口固体废物目录》、《限制进口类可用作原料的固体废物目录》和《自动许可进口类可用作原料的固体废物目录》的公告（2008 年 2 月 4 日，原国家环境保护总局公告　2008 年第 11 号）
30. 关于进一步做好国控重点污染源自动监控能力建设项目实施工作的通知（2008 年 2 月 22 日，环发〔2008〕25 号）
31. 关于加强上市公司环境保护监督管理工作的指导意见（2008 年 2 月 22 日，环发〔2008〕24 号）
32. 关于加强放射性同位素与射线装置辐射安全和防护工作的通知（2008 年 4 月 14 日，环发〔2008〕13 号）

33．关于加强核设施核安全管理工作的通知（2008 年 4 月 16 日，国核安函〔2008〕26 号）
34．关于加强铀矿冶设施安全管理工作的通知（2008 年 4 月 25 日，环办函〔2008〕119 号）
35．关于加强核设施运行管理工作的通知（2008 年 5 月 15 日，国核安发〔2008〕43 号）
36．关于加强土壤污染防治工作的意见（2008 年 6 月 6 日，环发〔2008〕48 号）
37．关于执行《水污染防治法》第 73 条和第 74 条“应缴纳排污费数额”规定有关问题的通知（2008 年 6 月 13 日，环发〔2008〕52 号）
38．关于印发《上市公司环保核查行业分类管理名录》的通知（2008 年 6 月 24 日，环办函〔2008〕373 号）
39．关于加强国控重点污染源监督性监测的通知（2008 年 7 月 11 日，环办〔2008〕53 号）
40. 关于加强环境影响评价机构及从业人员管理的通知(2008 年 7 月 24 日,环发〔2008〕69 号）
41．关于环境监测数据公开范围有关问题的复函（2008 年 7 月 29 日，环函〔2008〕157 号）
42．关于开展排污费征收稽查试点工作的通知（2008 年 8 月 1 日，环办〔2008〕57 号）
43．关于开展医疗废物环境管理检查工作的通知（2008 年 8 月 4 日，环办函〔2008〕539 号）
44．关于环境影响评价工程师职业资格再次登记的公告（2008 年 9 月 9 日，环境保护部公告　2008 年第 43 号）
45．关于深化企业环境监督员制度试点工作的通知（2008 年 9 月 18 日，环发〔2008〕89 号）
46. 关于加强不合格奶制品销毁环境监管工作的通知(2008 年 10 月 20 日,环办〔2008〕81 号）
47. 关于高压输变电建设项目环境监管问题的复函(2008 年 11 月 6 日,环办函〔2008〕789 号）
48．关于同意将 C.I.活性黄 107 等 101 种化学物质列入《已在中国境内生产或者进口的化学物质名单》的复函（2008 年 12 月 26 日，环办函〔2008〕944 号）
49．关于发布《中国严格限制进出口的有毒化学品目录》(2009 年）的公告（2008 年 12 月 31 日，环境保护部、海关总署公告　2008 年第 66 号）
50．关于加快国控重点污染源自动监控能力建设项目核心应用软件部署工作的通知（2009 年 1 月 19 日，环函〔2009〕17 号）
51．关于发布《环境保护部直接审批环境影响评价文件的建设项目目录》及《环境保护部委托省级环境保护部门审批环境影响评价文件的建设项目目录》的公告（2009 年 2 月 20 日，环境保护部公告　2009 年第 7 号）
52．关于公布新化学物质登记测试机构名单的公告（2009 年 3 月 23 日，环境保护部

公告　2009 年第 14 号）

53. 关于环境影响评价工程师职业资格登记管理有关问题的公告（2009 年 4 月 8 日，环境保护部公告　2009 年第 20 号）

54. 关于印发《建设项目环境影响评价岗位证书管理办法》的通知（2009 年 4 月 13 日，环办〔2009〕45 号）

55. 关于印发《中央农村环境保护专项资金环境综合整治项目管理暂行办法》的通知（2009 年 4 月 21 日，环发〔2009〕48 号）

56. 关于进一步加强危险废物管理防范事故风险的紧急通知（2009 年 4 月 24 日，环办〔2009〕51 号）

57. 关于开展办理铀矿山采矿许可证阶段环境影响评价工作有关问题的复函（2009 年 4 月 29 日，环办函〔2009〕397 号）

58. 关于进一步加大对医疗废物和医疗废水监管力度的紧急通知（2009 年 4 月 30 日，环办〔2009〕53 号）

59. 关于高压输变电建设项目环境影响评价执行标准问题的复函（2009 年 5 月 14 日，环办函〔2009〕465 号）

60. 关于环境影响评价工程师职业资格注销登记事项的公告（2009 年 5 月 22 日，环境保护部公告　2009 年第 27 号）

61. 关于输变电设施电磁辐射环境监管问题的复函（2009 年 6 月 8 日，环办函〔2009〕578 号）

62. 关于公布环境保护部审批的建设项目竣工环境保护验收调查推荐单位名单（2009 年）的公告（2009 年 6 月 9 日，环境保护部公告　2009 年第 28 号）

63. 关于贯彻落实家电以旧换新政策加强废旧家电拆解处理环境管理的指导意见（2009 年 7 月 1 日，环发〔2009〕73 号）

64. 关于调整进口废物管理目录的公告（2009 年 7 月 3 日，环境保护部公告　2009 年第 36 号）

65. 关于印发《机动车环保检验合格标志管理规定》的通知（2009 年 7 月 22 日，环发〔2009〕87 号）

66. 关于发布 2009 年进口废五金电器、废电线电缆和废电机定点加工利用单位名单的公告（2009 年 8 月 3 日，环境保护部公告　2009 年第 40 号）

67. 关于开展上市公司环保后督查工作的通知（2009 年 8 月 3 日，环办函〔2009〕777 号）

68. 关于印发《环境保护部核事故应急预案》和《环境保护部辐射事故应急预案》的通知（2009 年 10 月 12 日，环办函〔2009〕1045 号）

69. 关于贯彻落实抑制部分行业产能过剩和重复建设引导产业健康发展的通知（2009 年 11 月 2 日，环发〔2009〕127 号）

70. 关于同意将 2-溴己酸等 53 种化学物质列入《已在中国境内生产或者进口的化学物质名单》的复函（2009 年 11 月 5 日，环办函〔2009〕1147 号）

71. 关于高压输变电工程环评审批有关问题的复函（2009 年 11 月 10 日，环核函〔2009〕81 号）

72．关于发布《进口废钢铁环境保护管理规定（试行）》的公告（2009 年 12 月 11 日，环境保护部公告　2009 年第 66 号）

73．关于发布《中国严格限制进出口的有毒化学品目录》（2010 年）的公告（2009 年 12 月 28 日，环境保护部公告　2009 年第 76 号）

74．关于《进口废物管理目录》变更部分海关商品编号和海关商品名称的公告（2009 年 12 月 31 日，环境保护部公告　2009 年第 78 号）

75．关于印发《国家重点监控企业污染源自动监测设备监督考核合格标志使用办法》的通知（2010 年 3 月 2 日，环办〔2010〕25 号）

76．关于同意 4,6-二氯嘧啶等 24 种化学物质列入《已在中国境内生产或者进口的化学物质名单》的复函（2010 年 3 月 15 日，环办函〔2010〕265 号）

77．关于实行差别排污收费政策 提高落后产能和重金属排放企业排污费征收标准的函（2010 年 5 月 28 日，环函〔2010〕161 号）

78．关于环境影响评价工程师职业资格注销登记有关事项的公告（2010 年 6 月 8 日，环境保护部公告　2010 年第 47 号）

79．关于进一步严格上市环保核查管理制度加强上市公司环保核查后督查工作的通知（2010 年 7 月 8 日，环发〔2010〕78 号）

80．关于同意将 4-（反-4-乙基环己基）溴苯等 149 种化学物质进入《已在中国境内生产或者进口的化学物质名单》的复函（2010 年 8 月 12 日，环办函〔2010〕859 号）

81．关于同意三（氨基磺酸）钇等 74 种化学物质列入《已在中国境内生产或者进口的化学物质名单》的复函（2010 年 9 月 15 日，环办函〔2010〕997 号）

82．关于发布《中国严格限制进出口的有毒化学品目录》（2011 年）的公告（2010 年 12 月 29 日，环境保护部、海关总署公告　2010 年第 101 号）

83．关于印发《固体废物进口管理办法》有关情况的函（2010 年 12 月 30 日，环办函〔2010〕1446 号）

84．关于同意 4-氨基-5-氨甲基-2-甲基嘧啶等 150 种化学物质列入《已在中国境内生产或者进口的化学物质名单》的复函（2011 年 1 月 6 日，环办函〔2011〕13 号）

85．关于钢压延加工及铁合金等项目环评审批有关问题的复函（2011 年 1 月 18 日，环办函〔2011〕57 号）

86．关于进一步规范监督管理 严格开展上市公司环保核查工作的通知（2011 年 2 月 14 日，环办〔2011〕14 号）

87．关于外商投资项目环境影响评价文件审批权限问题的复函（2011 年 2 月 15 日，环办函〔2011〕157 号）

88．关于水泥粉磨站项目环评审批有关问题的复函（2011 年 2 月 18 日，环办函〔2011〕180 号）

89．《进口可用作原料的固体废物环境保护管理规定》（2011 年 3 月 14 日，环境保护部公告　2011 年第 23 号）

90．关于做好“十二五”时期规划环境影响评价工作的通知（2011 年 4 月 15 日，环发〔2011〕43 号）

91. 关于进一步做好污染源自动监测数据有效性审核工作的通知（2011 年 9 月 20 日，环办函〔2011〕1117 号）
92. 关于废杂铜生产电解铜项目环评审批权限的复函（2011 年 11 月 21 日，环办函〔2011〕1363 号）
93. 关于明确养殖场项目环境影响评价有关问题的复函（2011 年 12 月 5 日，环函〔2011〕337 号）
94. 关于发布《中国严格限制进出口的有毒化学品目录》（2012 年）的公告（2011 年 12 月 28 日，环境保护部、海关总署 公告 2011 年第 91 号）
95. 关于《进口废物管理目录》变更部分海关商品编号和海关商品名称的公告（2011 年 12 月 30 日，环境保护部公告 2011 年第 93 号）
96. 关于同意碳酸镧（Ⅲ）等 78 种化学物质进入《已在中国境内生产或者进口的化学物质名单》的复函（2012 年 1 月 5 日，环办函〔2012〕4 号）
97. 关于铁路建设项目变更环境影响评价有关问题的通知（2012 年 1 月 13 日，环办〔2012〕13 号）
98. 关于合成氨及尿素项目环评审批有关问题的复函（2012 年 3 月 20 日，环办函〔2012〕337 号）
99. 关于同意 3,5-二氯溴苯等 208 种化学物质进入《已在中国境内生产或者进口的化学物质名单》的复函（2012 年 4 月 28 日，环办函〔2012〕481 号）
100. 关于印发《“十二五”主要污染物总量减排监察系数核算办法》的通知（2012 年 5 月 16 日，环办〔2012〕79 号）
101. 关于加强化工园区环境保护工作的意见（2012 年 5 月 17 日，环发〔2012〕54 号）
102. 关于进一步明确部分民用核安全设备类别许可范围的通知（2012 年 6 月 25 日，国核安发〔2012〕106 号）
103. 关于加强化学品全过程环境管理 着力维护公共安全的通知（2012 年 8 月 16 日，环办〔2012〕109 号）
104. 关于进一步优化调整上市环保核查制度的通知（2012 年 10 月 8 日，环发〔2012〕118 号）
105. 关于电池制造项目环评类别问题的复函（2013 年 1 月 25 日，环办函〔2013〕86 号）
106. 关于《进口废物管理目录》变更部分海关商品编号和海关商品名称的公告（2013 年 1 月 31 日，环境保护部公告 2013 年第 7 号）
107. 关于发布《危险化学品生产使用环境管理登记申请表》等四项《危险化学品环境管理登记办法（试行）》配套文件的通知（2013 年 3 月 22 日，环办〔2013〕28 号）
108. 关于多金属复杂金精矿综合回收项目环评审批权限的意见复函（2013 年 6 月 25 日，环办函〔2013〕709 号）
109. 关于印发《省级化学品环境管理能力建设标准》的通知（2013 年 7 月 5 日，环发〔2013〕70 号）
110. 关于印发《重点环境管理危险化学品及其特征化学污染物释放与转移报告表》和《重点环境管理危险化学品环境风险防控管理计划》的通知（2013 年 7 月 15

日，环办〔2013〕75 号）

111. 关于下放和加强进口废五金类废物加工利用企业认定工作的通知（2013 年 8 月 5 日，环函〔2013〕176 号）

112. 关于继续实施持久性有机污染物统计报表制度的通知（2013 年 9 月 22 日，环办〔2013〕89 号）

113. 关于对机动车环保标志管理规定有关问题的复函（2013 年 9 月 22 日，环办函〔2013〕1074 号）

114. 关于商品混凝土搅拌站项目列入《建设项目环境影响评价分类管理名录》意见的复函（2013 年 11 月 6 日，环办函〔2013〕1274 号）

115. 关于“圈区管理”区内企业进口废五金类许可证有效期自动延期的函（2014 年 1 月 26 日，环办函〔2014〕93 号）

116. 关于进一步加强环境影响评价机构管理的意见（2014 年 3 月 4 日，环办〔2014〕24 号）

117. 关于发布《重点环境管理危险化学品目录》的通知（2014 年 4 月 4 日，环办〔2014〕33 号）

118. 关于水泥项目环境影响评价文件审批权限的复函（2014 年 7 月 30 日，环办函〔2014〕929 号）

119. 关于改革调整上市环保核查工作制度的通知（2014 年 10 月 20 日，环发〔2014〕149 号）

120. 关于铁矿开发项目环境影响评价文件审批权限的复函（2015 年 1 月 6 日，环办函〔2015〕22 号）

121. 关于调整《建设项目环境影响评价文件内部审查分类目录》的通知（2015 年 3 月 18 日，环办〔2015〕31 号）

# 建设项目环境影响登记表备案管理办法

环境保护部令 第 41 号

《建设项目环境影响登记表备案管理办法》已于 2016 年 11 月 2 日由环境保护部部务会议审议通过，现予公布，自 2017 年 1 月 1 日起施行。

附件：建设项目环境影响登记表备案管理办法

环境保护部部长 陈吉宁

2016 年 11 月 16 日

附件

# 建设项目环境影响登记表备案管理办法

**第一条** 为规范建设项目环境影响登记表备案，依据《环境影响评价法》和《建设项目环境保护管理条例》，制定本办法。

**第二条** 本办法适用于按照《建设项目环境影响评价分类管理名录》规定应当填报环境影响登记表的建设项目。

**第三条** 填报环境影响登记表的建设项目，建设单位应当依照本办法规定，办理环境影响登记表备案手续。

**第四条** 填报环境影响登记表的建设项目应当符合法律法规、政策、标准等要求。

建设单位对其填报的建设项目环境影响登记表内容的真实性、准确性和完整性负责。

**第五条** 县级环境保护主管部门负责本行政区域内的建设项目环境影响登记表备案管理。

按照国家有关规定，县级环境保护主管部门被调整为市级环境保护主管部门派出分局的，由市级环境保护主管部门组织所属派出分局开展备案管理。

**第六条** 建设项目的建设地点涉及多个县级行政区域的，建设单位应当分别向各建设地点所在地的县级环境保护主管部门备案。

**第七条** 建设项目环境影响登记表备案采用网上备案方式。

对国家规定需要保密的建设项目，建设项目环境影响登记表备案采用纸质备案方式。

**第八条** 环境保护部统一布设建设项目环境影响登记表网上备案系统（以下简称网上备案系统）。

省级环境保护主管部门在本行政区域内组织应用网上备案系统，通过提供地址链接方式，向县级环境保护主管部门分配网上备案系统使用权限。

县级环境保护主管部门应当向社会公告网上备案系统地址链接信息。

各级环境保护主管部门应当将环境保护法律、法规、规章以及规范性文件中与建设项目环境影响登记表备案相关的管理要求，及时在其网站的网上备案系统中公开，为建设单位办理备案手续提供便利。

**第九条** 建设单位应当在建设项目建成并投入生产运营前，登录网上备案系统，在网上备案系统注册真实信息，在线填报并提交建设项目环境影响登记表。

**第十条** 建设单位在办理建设项目环境影响登记表备案手续时，应当认真查阅、核对《建设项目环境影响评价分类管理名录》，确认其备案的建设项目属于按照《建设项目环境影响评价分类管理名录》规定应当填报环境影响登记表的建设项目。

对按照《建设项目环境影响评价分类管理名录》规定应当编制环境影响报告书或者报告表的建设项目，建设单位不得擅自降低环境影响评价等级，填报环境影响登记表并办理备案手续。

**第十一条** 建设单位填报建设项目环境影响登记表时，应当同时就其填报的环境影响登记表内容的真实、准确、完整做出承诺，并在登记表中的相应栏目由该建设单位的法定代表人或者主要负责人签署姓名。

**第十二条** 建设单位在线提交环境影响登记表后，网上备案系统自动生成备案编号和回执，该建设项目环境影响登记表备案即为完成。

建设单位可以自行打印留存其填报的建设项目环境影响登记表及建设项目环境影响登记表备案回执。

建设项目环境影响登记表备案回执是环境保护主管部门确认收到建设单位环境影响登记表的证明。

**第十三条** 建设项目环境影响登记表备案完成后，建设单位或者其法定代表人或者主要负责人在建设项目建成并投入生产运营前发生变更的，建设单位应当依照本办法规定再次办理备案手续。

**第十四条** 建设项目环境影响登记表备案完成后，建设单位应当严格执行相应污染物排放标准及相关环境管理规定，落实建设项目环境影响登记表中填报的环境保护措施，有效防治环境污染和生态破坏。

**第十五条** 建设项目环境影响登记表备案完成后，县级环境保护主管部门通过其网站的网上备案系统同步向社会公开备案信息，接受公众监督。对国家规定需要保密的建设项目，县级环境保护主管部门严格执行国家有关保密规定，备案信息不公开。

县级环境保护主管部门应当根据国务院关于加强环境监管执法的有关规定，将其完成备案的建设项目纳入有关环境监管网格管理范围。

**第十六条** 公民、法人和其他组织发现建设单位有以下行为的，有权向环境保护主管部门或者其他负有环境保护监督管理职责的部门举报：

（一）环境影响登记表存在弄虚作假的；

（二）有污染环境和破坏生态行为的；

（三）对按照《建设项目环境影响评价分类管理名录》规定应当编制环境影响报告书或者报告表的建设项目，建设单位擅自降低环境影响评价等级，填报环境影响登记表并办理备案手续的。

举报应当采取书面形式，有明确的被举报人，并提供相关事实和证据。

**第十七条** 环境保护主管部门或者其他负有环境保护监督管理职责的部门可以采取抽查、根据举报进行检查等方式，对建设单位遵守本办法规定的情况开展监督检查，并根据监督检查认定的事实，按照以下情形处理：

（一）构成行政违法的，依照有关环境保护法律法规和规定，予以行政处罚；

（二）构成环境侵权的，依法承担环境侵权责任；

（三）涉嫌构成犯罪的，依法移送司法机关。

**第十八条** 建设单位未依法备案建设项目环境影响登记表的，由县级环境保护主管部门根据《环境影响评价法》第三十一条第三款的规定，责令备案，处五万元以下的罚款。

**第十九条** 违反本办法规定，建设单位违反承诺，在填报建设项目环境影响登记表时弄虚作假，致使备案内容失实的，由县级环境保护主管部门将该建设单位违反承诺情况记入其环境信用记录，向社会公布。

**第二十条** 违反本办法规定，对按照《建设项目环境影响评价分类管理名录》应当编制环境影响报告书或者报告表的建设项目，建设单位擅自降低环境影响评价等级，填报环境影响登记表并办理备案手续，经查证属实的，县级环境保护主管部门认定建设单位已经取得的备案无效，向社会公布，并按照以下规定处理：

（一）未依法报批环境影响报告书或者报告表，擅自开工建设的，依照《环境保护法》第六十一条和《环境影响评价法》第三十一条第一款的规定予以处罚、处分。

（二）未依法报批环境影响报告书或者报告表，擅自投入生产或者经营的，分别依照《环境影响评价法》第三十一条第一款和《建设项目环境保护管理条例》的有关规定做出相应处罚。

**第二十一条** 对依照本办法第十八条、第二十条规定处理的建设单位，由县级环境保护主管部门将该建设单位违法失信信息记入其环境信用记录，向社会公布。

**第二十二条** 本办法自 2017 年 1 月 1 日起施行。

附：建设项目环境影响登记表（略）

# 污染地块土壤环境管理办法（试行）

环境保护部令　第 42 号

《污染地块土壤环境管理办法（试行）》已于 2016 年 12 月 27 日由环境保护部部务会议审议通过，现予公布，自 2017 年 7 月 1 日起施行。

环境保护部部长　陈吉宁

2016 年 12 月 31 日

## 污染地块土壤环境管理办法

## （试行）

### 第一章　总　则

**第一条** 为了加强污染地块环境保护监督管理，防控污染地块环境风险，根据《中华人民共和国环境保护法》等法律法规和国务院发布的《土壤污染防治行动计划》，制定本办法。

**第二条** 本办法所称疑似污染地块，是指从事过有色金属冶炼、石油加工、化工、焦化、电镀、制革等行业生产经营活动，以及从事过危险废物贮存、利用、处置活动的用地。

按照国家技术规范确认超过有关土壤环境标准的疑似污染地块，称为污染地块。

本办法所称疑似污染地块和污染地块相关活动，是指对疑似污染地块开展的土壤环境初步调查活动，以及对污染地块开展的土壤环境详细调查、风险评估、风险管控、治理与修复及其效果评估等活动。

**第三条** 拟收回土地使用权的，已收回土地使用权的，以及用途拟变更为居住用地和商业、学校、医疗、养老机构等公共设施用地的疑似污染地块和污染地块相关活动及其环境保护监督管理，适用本办法。

不具备本条第一款情形的疑似污染地块和污染地块土壤环境管理办法另行制定。

放射性污染地块环境保护监督管理，不适用本办法。

**第四条** 环境保护部对全国土壤环境保护工作实施统一监督管理。

地方各级环境保护主管部门负责本行政区域内的疑似污染地块和污染地块相关活动的监督管理。

按照国家有关规定，县级环境保护主管部门被调整为设区的市级环境保护主管部门派出分局的，由设区的市级环境保护主管部门组织所属派出分局开展疑似污染地块和污染地块相关活动的监督管理。

**第五条** 环境保护部制定疑似污染地块和污染地块相关活动方面的环境标准和技术规范。

**第六条** 环境保护部组织建立全国污染地块土壤环境管理信息系统（以下简称污染地块信息系统）。

县级以上地方环境保护主管部门按照环境保护部的规定，在本行政区域内组织建设和应用污染地块信息系统。

疑似污染地块和污染地块的土地使用权人应当按照环境保护部的规定，通过污染地块信息系统，在线填报并提交疑似污染地块和污染地块相关活动信息。

县级以上环境保护主管部门应当通过污染地块信息系统，与同级城乡规划、国土资源等部门实现信息共享。

**第七条** 任何单位或者个人有权向环境保护主管部门举报未按照本办法规定开展疑似污染地块和污染地块相关活动的行为。

**第八条** 环境保护主管部门鼓励和支持社会组织，对造成土壤污染、损害社会公共利益的行为，依法提起环境公益诉讼。

## 第二章　各方责任

**第九条** 土地使用权人应当按照本办法的规定，负责开展疑似污染地块和污染地块相关活动，并对上述活动的结果负责。

**第十条** 按照“谁污染，谁治理”原则，造成土壤污染的单位或者个人应当承担治理与修复的主体责任。

责任主体发生变更的，由变更后继承其债权、债务的单位或者个人承担相关责任。

责任主体灭失或者责任主体不明确的，由所在地县级人民政府依法承担相关责任。

土地使用权依法转让的，由土地使用权受让人或者双方约定的责任人承担相关责任。

土地使用权终止的，由原土地使用权人对其使用该地块期间所造成的土壤污染承担相关责任。

土壤污染治理与修复实行终身责任制。

**第十一条** 受委托从事疑似污染地块和污染地块相关活动的专业机构，或者受委托从事治理与修复效果评估的第三方机构，应当遵守有关环境标准和技术规范，并对相关活动的调查报告、评估报告的真实性、准确性、完整性负责。

受委托从事风险管控、治理与修复的专业机构，应当遵守国家有关环境标准和技术规范，按照委托合同的约定，对风险管控、治理与修复的效果承担相应责任。

受委托从事风险管控、治理与修复的专业机构，在风险管控、治理与修复等活动中弄虚作假，造成环境污染和生态破坏，除依照有关法律法规接受处罚外，还应当依法与造成环境污染和生态破坏的其他责任者承担连带责任。

## 第三章 环境调查与风险评估

**第十二条** 县级环境保护主管部门应当根据国家有关保障工业企业场地再开发利用环境安全的规定，会同工业和信息化、城乡规划、国土资源等部门，建立本行政区域疑似污染地块名单，并及时上传污染地块信息系统。

疑似污染地块名单实行动态更新。

**第十三条** 对列入疑似污染地块名单的地块，所在地县级环境保护主管部门应当书面通知土地使用权人。

土地使用权人应当自接到书面通知之日起六个月内完成土壤环境初步调查，编制调查报告，及时上传污染地块信息系统，并将调查报告主要内容通过其网站等便于公众知晓的方式向社会公开。

土壤环境初步调查应当按照国家有关环境标准和技术规范开展，调查报告应当包括地块基本信息、疑似污染地块是否为污染地块的明确结论等主要内容，并附具采样信息和检测报告。

**第十四条** 设区的市级环境保护主管部门根据土地使用权人提交的土壤环境初步调查报告建立污染地块名录，及时上传污染地块信息系统，同时向社会公开，并通报各污染地块所在地县级人民政府。

对列入名录的污染地块，设区的市级环境保护主管部门应当按照国家有关环境标准和技术规范，确定该污染地块的风险等级。

污染地块名录实行动态更新。

**第十五条** 县级以上地方环境保护主管部门应当对本行政区域具有高风险的污染地块，优先开展环境保护监督管理。

**第十六条** 对列入污染地块名录的地块，设区的市级环境保护主管部门应当书面通知土地使用权人。

土地使用权人应当在接到书面通知后，按照国家有关环境标准和技术规范，开展土壤环境详细调查，编制调查报告，及时上传污染地块信息系统，并将调查报告主要内容通过其网站等便于公众知晓的方式向社会公开。

土壤环境详细调查报告应当包括地块基本信息，土壤污染物的分布状况及其范围，以及对土壤、地表水、地下水、空气污染的影响情况等主要内容，并附具采样信息和检测报告。

**第十七条** 土地使用权人应当按照国家有关环境标准和技术规范，在污染地块土壤环境详细调查的基础上开展风险评估，编制风险评估报告，及时上传污染地块信息系统，并将评估报告主要内容通过其网站等便于公众知晓的方式向社会公开。

风险评估报告应当包括地块基本信息、应当关注的污染物、主要暴露途径、风险水平、风险管控以及治理与修复建议等主要内容。

## 第四章 风险管控

**第十八条** 污染地块土地使用权人应当根据风险评估结果，并结合污染地块相关开发利用计划，有针对性地实施风险管控。

对暂不开发利用的污染地块，实施以防止污染扩散为目的的风险管控。

对拟开发利用为居住用地和商业、学校、医疗、养老机构等公共设施用地的污染地块，实施以安全利用为目的的风险管控。

**第十九条** 污染地块土地使用权人应当按照国家有关环境标准和技术规范，编制风险管控方案，及时上传污染地块信息系统，同时抄送所在地县级人民政府，并将方案主要内容通过其网站等便于公众知晓的方式向社会公开。

风险管控方案应当包括管控区域、目标、主要措施、环境监测计划以及应急措施等内容。

**第二十条** 土地使用权人应当按照风险管控方案要求，采取以下主要措施：

（一）及时移除或者清理污染源；

（二）采取污染隔离、阻断等措施，防止污染扩散；

（三）开展土壤、地表水、地下水、空气环境监测；

（四）发现污染扩散的，及时采取有效补救措施。

**第二十一条** 因采取风险管控措施不当等原因，造成污染地块周边的土壤、地表水、地下水或者空气污染等突发环境事件的，土地使用权人应当及时采取环境应急措施，并向所在地县级以上环境保护主管部门和其他有关部门报告。

**第二十二条** 对暂不开发利用的污染地块，由所在地县级环境保护主管部门配合有关部门提出划定管控区域的建议，报同级人民政府批准后设立标识、发布公告，并组织开展土壤、地表水、地下水、空气环境监测。

## 第五章 治理与修复

**第二十三条** 对拟开发利用为居住用地和商业、学校、医疗、养老机构等公共设施用地的污染地块，经风险评估确认需要治理与修复的，土地使用权人应当开展治理与修复。

**第二十四条** 对需要开展治理与修复的污染地块，土地使用权人应当根据土壤环境详细调查报告、风险评估报告等，按照国家有关环境标准和技术规范，编制污染地块治理与修复工程方案，并及时上传污染地块信息系统。

土地使用权人应当在工程实施期间，将治理与修复工程方案的主要内容通过其网站等便于公众知晓的方式向社会公开。

工程方案应当包括治理与修复范围和目标、技术路线和工艺参数、二次污染防范措施等内容。

**第二十五条** 污染地块治理与修复期间，土地使用权人或者其委托的专业机构应当采取措施，防止对地块及其周边环境造成二次污染；治理与修复过程中产生的废水、废气和固体废物，应当按照国家有关规定进行处理或者处置，并达到国家或者地方规定的环境标准和要求。

治理与修复工程原则上应当在原址进行；确需转运污染土壤的，土地使用权人或者其委托的专业机构应当将运输时间、方式、线路和污染土壤数量、去向、最终处置措施等，提前五个工作日向所在地和接收地设区的市级环境保护主管部门报告。

修复后的土壤再利用应当符合国家或者地方有关规定和标准要求。

治理与修复期间，土地使用权人或者其委托的专业机构应当设立公告牌和警示标识，公开工程基本情况、环境影响及其防范措施等。

**第二十六条** 治理与修复工程完工后，土地使用权人应当委托第三方机构按照国家有关环境标准和技术规范，开展治理与修复效果评估，编制治理与修复效果评估报告，及时上传污染地块信息系统，并通过其网站等便于公众知晓的方式公开，公开时间不得少于两个月。

治理与修复效果评估报告应当包括治理与修复工程概况、环境保护措施落实情况、治理与修复效果监测结果、评估结论及后续监测建议等内容。

**第二十七条** 污染地块未经治理与修复，或者经治理与修复但未达到相关规划用地土壤环境质量要求的，有关环境保护主管部门不予批准选址涉及该污染地块的建设项目环境影响报告书或者报告表。

**第二十八条** 县级以上环境保护主管部门应当会同城乡规划、国土资源等部门，建立和完善污染地块信息沟通机制，对污染地块的开发利用实行联动监管。

污染地块经治理与修复，并符合相应规划用地土壤环境质量要求后，可以进入用地程序。

## 第六章 监督管理

**第二十九条** 县级以上环境保护主管部门及其委托的环境监察机构，有权对本行政区域内的疑似污染地块和污染地块相关活动进行现场检查。被检查单位应当予以配合，如实反映情况，提供必要的资料。实施现场检查的部门、机构及其工作人员应当为被检查单位保守商业秘密。

**第三十条** 县级以上环境保护主管部门对疑似污染地块和污染地块相关活动进行监督检查时，有权采取下列措施：

（一）向被检查单位调查、了解疑似污染地块和污染地块的有关情况；

（二）进入被检查单位进行现场核查或者监测；

（三）查阅、复制相关文件、记录以及其他有关资料；

（四）要求被检查单位提交有关情况说明。

**第三十一条** 设区的市级环境保护主管部门应当于每年的 12 月 31 日前，将本年度本行政区域的污染地块环境管理工作情况报省级环境保护主管部门。

省级环境保护主管部门应当于每年的 1 月 31 日前，将上一年度本行政区域的污染地块环境管理工作情况报环境保护部。

**第三十二条** 违反本办法规定，受委托的专业机构在编制土壤环境初步调查报告、土壤环境详细调查报告、风险评估报告、风险管控方案、治理与修复方案过程中，或者受委托的第三方机构在编制治理与修复效果评估报告过程中，不负责任或者弄虚作假致使报告失实的，由县级以上环境保护主管部门将该机构失信情况记入其环境信用记录，并通过企业信用信息公示系统向社会公开。

### 第七章 附 则

**第三十三条** 本办法自 2017 年 7 月 1 日起施行。

# 环境保护档案管理办法

环境保护部令 第 43 号

《环境保护档案管理办法》已于 2016 年 10 月 18 日由环境保护部部务会议修订通过，现予公布，自 2017 年 3 月 1 日起施行。原国家环境保护局、国家档案局发布的《环境保护档案管理办法》（原国家环境保护局 国家档案局令 第 13 号）同时废止。

环境保护部部长 陈吉宁
国家档案局局长 李明华
2016 年 12 月 27 日

## 环境保护档案管理办法

### 第一章 总 则

**第一条** 为了加强环境保护档案的形成、管理和保护工作，开发利用环境保护档案信息资源，根据《中华人民共和国档案法》及其实施办法、《中华人民共和国环境保护法》等相关法律法规，结合环境保护工作实际，制定本办法。

**第二条** 本办法所称环境保护档案，是指各级环境保护主管部门及其派出机构、直属单位（以下简称环境保护部门），在环境保护各项工作和活动中形成的，对国家、社会和单位具有利用价值、应当归档保存的各种形式和载体的历史记录，主要包括文书档案、音像（照片、录音、录像）档案、科技档案、会计档案、人事档案、基建档案及电子档案等。

**第三条** 环境保护档案工作是环境保护部门的重要职责，实行统一领导、分级管理。

**第四条** 国务院环境保护主管部门对环境保护档案管理工作实行监督和指导，在业务上接受国家档案行政管理部门的监督和指导。

地方各级环境保护主管部门对本行政区域内环境保护档案管理工作实行监督和指导，在业务上接受同级档案行政管理部门和上级环境保护主管部门的监督和指导。

## 第二章 环境保护部门档案工作职责

**第五条** 环境保护部门应当加强对档案工作的领导，完善档案工作管理体制，建立档案管理机构，配备政治可靠、责任心强、具备档案管理及环境保护相关专业知识和业务技能的正式专职档案管理人员。环境保护部门办公厅（室）档案管理机构归口负责本部门档案管理工作。

**第六条** 环境保护部门应当将档案工作纳入本部门发展规划和年度工作计划，列入工作考核检查内容，及时研究并协调解决档案工作中的重大问题，确保档案工作与本部门整体工作同步协调发展。

**第七条** 环境保护部门应当按照部门预算编制和管理的有关规定，科学合理核定档案工作经费，并列入同级财政预算，加强对档案工作经费的审计和绩效考核，确保科学使用、专款专用。

**第八条** 环境保护部门应当按照国家有关档案管理的规定，确定文件材料的具体接收范围，包括本部门在各项工作和活动中形成的具有利用价值、应当归档保存的各种形式和载体的历史记录，以及与本部门有关的撤销或者合并部门的全部档案。

**第九条** 环境保护部门应当将档案信息化建设纳入本部门信息化建设同步实施，推进文档一体化管理，实现资源数字化、利用网络化、管理智能化。

**第十条** 环境保护部门应当为开展档案管理工作提供必要条件。档案管理人员办公室、档案库房、阅档室和档案整理间应当分开。

**第十一条** 环境保护部门应当加强档案基础设施建设，改善档案安全管理条件，提供符合设计规范的专用库房，配备防盗、防火、防潮、防水、防尘、防光、防鼠、防虫等安全设施，以及计算机、复印机、打印机、扫描仪、照相机、摄像机、防磁柜等工作设备。

**第十二条** 环境保护部门应当将档案管理人员培训、交流、使用列入干部培养和选拔任用统一规划，统筹安排，为档案管理人员学习培训、挂职锻炼、交流任职等创造条件。档案管理人员的职务晋升或者职称评定、业务能力考核，按照国家有关规定执行，并享有专业人员的同等待遇。

**第十三条** 环境保护部门应当按照《中华人民共和国保守国家秘密法》等有关法律法规，确保环境保护档案安全保密和有效利用。

## 第三章　档案管理机构、文件（项目）承办单位职责

**第十四条**　环境保护部门的档案管理机构应当履行下列职责：

（一）贯彻执行国家档案法律法规和工作方针、政策。经国家档案行政管理部门同意，国务院环境保护主管部门的档案管理机构负责研究制定环境保护档案管理规章制度、行业标准和技术规范并组织实施。地方各级环境保护主管部门的档案管理机构依据上级环境保护主管部门和档案行政管理部门的相关制度要求，制定本行政区域内环境保护档案管理工作制度并组织实施。

（二）负责本部门档案的统一管理，地方各级环境保护主管部门的档案管理机构对本行政区域内环境保护档案管理工作进行监督和指导。

（三）负责编制本部门档案管理经费年度预算，将档案资料收集整理、保管保护、开发利用，设备购置和运行维护，信息化建设，以及档案宣传培训等项目经费列入预算。

（四）负责本部门档案信息化工作，参与本部门电子文件全过程管理工作，组织实施本部门档案数字化加工、电子文件归档和电子档案管理以及重要档案异地、异质备份工作。

（五）负责对本部门重点工作、重大会议和活动、重大建设项目、重大科研项目、重大生态保护项目等归档工作进行监督和指导，参与重大科研项目成果验收、重大建设项目工程竣工和重要设备仪器开箱的文件材料验收工作。

（六）负责制定本部门文件（项目）材料的归档范围和保管期限，指导本部门的文件收集、整理、归档工作，组织档案信息资源的编研，科学合理开发利用，安全保管档案并按照有关规定向档案馆移交档案。

（七）国务院环境保护主管部门的档案管理机构，负责汇总统计地方环境保护主管部门，本部门及其派出机构、直属单位档案工作基本情况的数据，并报送国家档案行政管理部门。地方各级环境保护主管部门的档案管理机构，负责汇总统计本行政区域内环境保护档案工作基本情况数据，并报送同级档案行政管理部门和上级环境保护主管部门。

（八）负责开展环境保护部门档案工作业务交流，组织档案管理人员专业培训。

（九）各级环境保护主管部门的档案管理机构负责组织实施同级档案行政管理部门布置的相关工作，并协调环境保护部门的档案管理机构与其他部门档案管理机构之间的档案工作。

**第十五条**　环境保护部门的文件（项目）承办单位在本部门档案管理机构的指导下，履行下列职责：

（一）负责本单位文件（项目）材料的收集、整理和归档。

（二）负责督促指导文件（项目）承办人分类整理文件材料，做到齐全完整、分类清楚、排列有序，并按照规定向本部门档案管理机构移交。

（三）重大建设项目、重大科研项目、重大生态保护项目承办单位负责制定专项档案管理规定、归档范围和保管期限，报环境保护部门的档案管理机构同意后，由项目承办单位组织实施。

## 第四章　文件材料的归档

**第十六条**　环境保护文件材料归档范围应当全面、系统地反映综合管理和政策法规、科学技术、环境影响评价、环境监测、污染防治、生态保护、核与辐射安全监管、环境监察执法等业务活动。

**第十七条**　环境保护部门在部署污染源普查、环境质量调查等专项工作时，应当明确文件材料的归档要求；在检查专项工作进度时，应当检查文件材料的收集、整理情况；重大建设项目、重大科研项目和重大生态保护项目文件材料不符合归档要求的，不得进行项目鉴定、验收和申报奖项。

**第十八条**　环境保护文件材料归档工作一般应于次年 3 月底前完成。文件（项目）承办单位根据下列情形，按要求将应归档文件及电子文件同步移交本部门档案管理机构进行归档，任何人不得据为己有或者拒绝归档：

（一）文书材料应当在文件办理完毕后及时归档；

（二）重大会议和活动等文件材料，应当在会议和活动结束后一个月内归档；

（三）科研项目、建设项目文件材料应当在成果鉴定和项目验收后两个月内归档，周期较长的科研项目、建设项目可以按完成阶段分期归档；

（四）一般仪器设备随机文件材料，应当在开箱验收或者安装调试后七日内归档，重要仪器设备开箱验收应当由档案管理人员现场监督随机文件材料归档。

## 第五章　档案的管理

**第十九条**　环境保护部门应当加强对不同门类、各种形式和载体档案的管理，确保环境保护档案真实、齐全、完整。

**第二十条**　环境保护档案的分类、著录、标引，依照《中国档案分类法 环境保护档案分类表》《环境保护档案著录细则》《环境保护档案管理规范》等文件的有关规定执行，其相应的电子文件材料应当按照有关要求同步归档。

文书材料的整理归档，依照《归档文件整理规则》（DA/T 22—2015）的有关规定执行。

照片资料的整理归档，依照《照片档案管理规范》（GB/T 11821—2002）的有关规定执行。

录音、录像资料的整理归档，依照录音、录像管理的有关规定执行。

科技文件的整理归档，依照《科学技术档案案卷构成的一般要求》（GB/T 11822—2008）的有关规定执行。

会计资料的整理归档，依照《会计档案管理办法》（财政部、国家档案局令　第 79 号）的有关规定执行。

人事文件材料的整理归档，依照《干部档案工作条例》（组通字〔1991〕13 号）、《干部档案整理工作细则》（组通字〔1991〕11 号）、《干部人事档案材料收集归档规定》（中组发〔2009〕12 号）等文件的有关规定执行。

电子文件的整理归档，依照《电子文件归档与电子档案管理规范》（GB/T 18894—2016）、《CAD 电子文件光盘存储、归档与档案管理要求》（GB/T 17678.1—1999）等文件的有关规定执行。重要电子文件应当与纸质文件材料一并归档。

**第二十一条**　环境保护部门的档案管理机构应当定期检查档案保管状态，调试库房温度、湿度，及时对破损或者变质的档案进行修复。

**第二十二条**　环境保护档案的鉴定应当定期进行。

环境保护部门成立环境保护档案鉴定小组进行鉴定工作，鉴定小组由环境保护部门分管档案工作的负责人、办公厅（室）负责人，以及档案管理机构、保密部门和文件（项目）承办单位有关人员组成。

对保管期限变动、密级调整和需要销毁的档案，应当提请本部门环境保护档案鉴定小组鉴定。鉴定工作结束后，环境保护档案鉴定小组应当形成鉴定报告，提出鉴定意见。

**第二十三条**　环境保护档案的销毁应当按照相关规定办理，并履行销毁批准手续。未经鉴定、未履行批准销毁手续的档案，严禁销毁。

对经过环境保护档案鉴定小组鉴定确认无保存价值需要销毁的档案，应当进行登记造册，报本部门分管档案工作负责人批准后销毁。档案销毁清册永久保存。

环境保护档案的销毁由档案管理机构组织实施。销毁档案时，档案管理机构与保密部门应当分别指派人员共同进行现场监督，并在销毁清册上签字确认。档案销毁后，应当及时调整档案柜（架），并在目录及检索工具中注明。

**第二十四条**　环境保护部门撤销或者变动时，应当妥善保管环境保护档案，向相关接收部门或者同级档案管理部门移交，并向上级环境保护主管部门报告。

**第二十五条**　文件（项目）承办单位的工作人员退休或者工作岗位变动时，应当及时对属于归档范围的文件材料进行整理、归档，并办理移交手续，不得带走或者毁弃。

## 第六章　档案的利用

**第二十六条**　环境保护部门的档案管理机构应当积极开发环境保护档案信息资源，并根据环境保护工作实际需要，对现有档案信息资源进行综合加工和深度开发，为环境保护工作提供服务。

**第二十七条**　环境保护部门应当积极开展环境保护档案的利用工作，建立健全档案利用制度，明确相应的利用范围和审批程序，确保档案合理利用。

**第二十八条**　环境保护档案一般以数字副本代替档案原件提供利用。档案原件原则上不得带出档案室。

利用环境保护档案的单位或者个人应当负责所利用档案的安全和保密，不得擅自转借，不得对档案原件进行折叠、剪贴、抽取、拆散，严禁在档案原件上勾画、涂抹、填注、加字、改字，或者以其他方式损毁档案。

## 第七章　奖励与处罚

**第二十九条**　有下列事迹之一的，依照国家有关规定给予表扬、表彰或者奖励：

（一）在环境保护档案的收集、整理或者开发利用等方面做出显著成绩的；

（二）对环境保护档案的保护和现代化管理做出显著成绩的；

（三）将个人所有的具有重要或者珍贵价值的环境保护档案捐赠给国家的；

（四）执行档案法律法规表现突出的。

**第三十条** 在环境保护档案工作中有违法违纪行为的，依法依规给予处分；情节严重，涉嫌构成犯罪的，依法移送司法机关追究刑事责任。

## 第八章 附 则

**第三十一条** 地方各级环境保护主管部门可以根据本办法，结合本地实际情况，联合同级档案行政管理部门制定实施细则，并报上级档案行政管理部门和环境保护主管部门备案。

**第三十二条** 本办法自 2017 年 3 月 1 日起施行。1994 年 10 月 6 日公布的《环境保护档案管理办法》（原国家环境保护局 国家档案局令 第 13 号）同时废止。

# 四、环境保护部规范性文件

## 关于印发《民用核燃料循环设施分类原则与基本安全要求（试行）》的通知

国环规辐射〔2016〕1号

各有关单位：

为贯彻落实《民用核设施安全监督管理条例》，完善我国核燃料循环设施监管的法规体系，强化核燃料循环设施的分类管理，我部组织制定了《民用核燃料循环设施分类原则与基本安全要求（试行）》。现印发给你们，请遵照执行。

附件：民用核燃料循环设施分类原则与基本安全要求（试行）

环境保护部

2016年6月13日

附件

## 民用核燃料循环设施分类原则与基本安全要求（试行）

### 1 引言

1.1 目的

本文件根据《中华人民共和国民用核设施安全监督管理条例》规定了民用核燃料循环设施分类原则和各类民用核燃料循环设施的基本安全要求，以实现对民用核燃料循环设施的分类管理。

1.2 范围

1.2.1 本文件中民用核燃料循环设施包括铀纯化、铀转化、铀浓缩、核燃料元件制造、乏燃料离堆贮存和乏燃料后处理等设施，也包括核燃料循环研究和试验设施以及放射性废物处理、贮存和处置设施等。

1.2.2 本文件规定的分类原则与基本安全要求适用于民用核燃料循环设施的选址、设计、建造和运行。

## 2 安全目标与纵深防御

### 2.1 安全目标

2.1.1 核燃料循环设施安全总目标是建立并保持对电离辐射的有效防御，以保护人和环境免于电离辐射的危害。

2.1.2 辐射防护目标：将核燃料循环设施内所有运行状态下的辐射照射，以及由该设施任何计划排放放射性物质引起的辐射照射，保持在低于国家规定限值并处于可合理达到的尽量低水平，确保减轻事故的辐射后果。

2.1.3 技术安全目标：采取一切合理可行的措施预防事故的发生，并在一旦发生事故时减轻其辐射后果和化学危害后果；对于在设计中考虑过的所有可能事故，包括概率很低的事故，要以高可信度保证辐射后果和化学危害后果低于国家规定限值且尽可能小，并保证有严重辐射后果的事故发生的概率极低。

### 2.2 纵深防御

2.2.1 纵深防御应贯彻于核燃料循环设施安全有关的全部活动，包括与组织、人员行为或设计等有关方面，以保证这些活动均置于多重防御措施之下。即使有故障发生，它也将由适当措施予以探测、补偿或纠正。

2.2.2 设计应采用纵深防御，以提高多层次防御（固有特性、设备及规程）能力。为预防设施内部设备故障、人为失误以及外部事件引起的事件或事故可能对人员和环境产生的有害影响，应贯彻预防与缓解平衡的安全理念，以保证在防护失效的情况下，可以通过采取适当措施减轻事故后果，以保护人类和环境。

2.2.3 纵深防御通常分为五个层次。每一独立有效层次的防御都是纵深防御的基本组成部分。应确保与安全相关的活动能够纳入独立的纵深防御层次。

第一层次防御的目的是防止偏离正常运行及防止系统失效。

第二层次防御的目的是探测和纠正偏离正常运行状态。

第三层次防御的目的是将事故控制在设计基准范围内。

第四层次防御的目的是控制超设计基准事故，包括阻止事故的发展和缓解事故后果。

第五层次防御的目的是减轻放射性物质大量释放造成的放射性后果。

## 3 核燃料循环设施分类

3.1 核燃料循环设施根据放射性物质总量、形态和潜在事故风险或后果进行分类。按照合理、简化方法，核燃料循环设施分为如下四类：

一类：具有潜在厂外显著辐射风险或后果，如后处理设施、高放废液集中处理、贮存设施等；

二类：具有潜在厂内显著辐射风险或后果，并具有高度临界危害，如离堆乏燃料贮存设施和混合氧化物（MOX）元件制造设施等；

三类：具有潜在厂内显著辐射风险或后果，或具有临界危害，如铀浓缩设施、铀燃料元件制造设施、中低放废液集中处理、贮存设施等；

四类：仅具有厂房内辐射风险或后果，或具有常规工业风险，如天然铀纯化/转化设施、天然铀重水堆元件制造设施等。

具体分类见附表。

3.2 核燃料循环研究和试验设施种类多，规模和潜在事故辐射后果大小不同，应按照本文件 3.1 条规定的分类原则，针对每个设施的特点进行分析，确定设施类别。如核燃料循环研究设施可根据其是否有临界危害划分为三类或四类设施。

3.3 固体废物处理贮存处置设施依照《放射性废物安全管理条例》进行分类管理。

## 4 基本安全要求

4.1 一般要求

4.1.1 核燃料循环设施的选址、设计、建造和运行应满足安全目标。对核燃料循环设施实行分类管理，安全要求应与分类相适应。

4.1.2 核燃料循环设施纵深防御层次及每一层纵深防御的程度（独立性、多样性和冗余性）应与设施的潜在危害相适应，具体措施可通过安全分析进行评价和确定。

4.1.3 核燃料循环设施设计应确定属于安全重要物项的所有建（构）筑物、系统和部件。安全重要物项依据其执行的安全功能和安全重要性分级，其设计、建造和维护应使其质量和可靠性与其分级相适应。

4.1.4 核燃料循环设施营运单位对设施全寿期内安全负有全面责任，应当建立并维持一套合格的、持续改进的组织管理体系，综合考虑安全、健康、环保、质量和经济等因素。应建立和保持适当的职责分明的安全管理机构，并配备称职的负责人和足够数量的合格工作人员。

4.1.5 核燃料循环设施营运单位应制定和有效地实施核燃料循环设施的质量保证大纲及执行程序，确保质量保证体系的有效运行。质量保证大纲应包括为使物项或服务达到规定质量所必需的活动，验证规定的质量是否已达到、客观证据是否已有效产生所必需的活动。

4.1.6 核燃料循环设施营运单位应明确承诺，构建自身的核安全保障机构，将良好的核安全文化融入生产和管理的各个环节；加大核安全文化的资源投入力度，定期对本单位的安全文化培育状况、工作进展及安全绩效进行自我评估，保证核安全文化建设在本单位得到有效落实。

4.1.7 核燃料循环设施厂址应避开地震高风险带、活动构造带，及伴随地震活动可能出现地表破裂和变形的危险区。核燃料循环设施营运单位应调查和评价极端外部事件（如洪水）及次生灾害对厂址安全和设施安全可能产生的影响，采取必要的安全防范措施。

4.1.8 核燃料循环设施营运单位应按照国家相关规定针对核燃料循环设施可能发生的事故预先制订应急计划。

4.1.9 核燃料循环设施营运单位应落实故障安全理念和双偶然原则，在设计中尽可能通过工程措施提高设施的固有安全性，并在运行中高度重视临界安全的行政管理，确保易裂变物质的操作、加工、处理和贮存的临界安全。在可能发生临界事故的场所，应设置足够灵敏和可靠的临界事故探测与报警系统。

4.1.10 核燃料循环设施营运单位应在设计和运行中采取工程措施和管理措施保证实现辐射防护目标和技术安全目标，确定合理的剂量约束和潜在照射危险约束，制定辐射防护大纲、流出物监测和辐射环境监测大纲，实施辐射防护最优化。

4.1.11 核燃料循环设施的建设应考虑放射性废物的最终处置，避免给后代造成不应有的负担。核燃料循环设施的设计和运行应采取先进成熟的工艺和合理可行的措施，确保废物安全，实现放射性废物最小化。核燃料循环设施营运单位应及时处理放射性废液。气、液态流出物的排放应低于排放管理控制值并且可合理达到尽量低水平。核燃料循环设施营运单位应制定放射性废物管理大纲，并在运行期间定期修订。

4.1.12 核燃料循环设施的设计和运行应考虑便于退役。

4.1.13 核燃料循环设施营运单位应按照国家相关规定，加强毒害、腐蚀、爆炸、燃烧、助燃等危险化学品的安全管理。

4.1.14 对于多设施厂址，应按其规划进行厂址选择和评价，确定规划限制区和应急计划区。制定应急计划时，应考虑多设施同时发生事故的情景。设施的设计、建造和运行，应考虑设施间的相互影响。

4.2 各类设施的基本安全要求

4.2.1 一类设施

（1）厂址选择和评价应考虑设施正常运行和事故工况对环境的影响、外部事件对设施安全的影响、环境相容性和应急计划实施的可行性，以确定厂址条件的适宜性。

（2）核燃料设施营运单位应结合厂址及周围区域的自然和社会环境特征，对可能影响设施安全的外部事件进行调查和评价，以确定设施抵御外部事件的设计基准。外部事件包括地震、地质、洪水、气象等外部自然事件和危险品爆炸等外部人为事件。设施中抗震I类物项的抗震设计基准按万年一遇考虑。设施防洪设计按可能最大洪水考虑。

（3）应急状态一般分为应急待命、厂房应急、场区应急和场外应急。

（4）规划限制区的范围应与设施风险相适应。应制定规划限制区的适当控制措施，以保证规划限制区内的建设项目不影响核设施的安全运行以及应急计划执行的有效性。

（5）核燃料循环设施营运单位应采取有效措施尽量降低设施发生临界事故的可能性。

（6）核燃料循环设施营运单位应通过辐射分区、辐射屏蔽、密封、通风过滤、出入口控制和辐射监测等措施，控制放射性物质对人体的辐射照射和沾污。应设置设备和管道、热室或手套箱、建（构）筑物等多道实体屏障，确保放射性物质的有效包容。应设置充分有效的辐射屏蔽，确保对外照射的有效防护。

4.2.2 二类设施

（1）厂址选择和评价应考虑设施正常运行和事故工况对环境的影响、外部事件对设施安全的影响、环境相容性和应急计划实施的可行性，以确定厂址条件的适宜性。

（2）核燃料设施营运单位应结合厂址及周围区域的自然和社会环境特征，对可能影响设施安全的外部事件进行调查和评价，以确定设施抵御外部事件的设计基准。外部事件包括地震、地质、洪水、气象等外部自然事件和危险品爆炸等外部人为事件。设施中抗震I类物项的抗震设计基准按万年一遇考虑，MOX元件制造设施中抗震I类物项可按50年超越概率10%地震作用进行弹性设计。设施防洪设计按可能最大洪水考虑。

（3）应急状态原则上分为应急待命、厂房应急和场区应急。

（4）核燃料循环设施营运单位应采取有效措施尽量降低设施发生临界事故的可能性，应在设计中采取有效措施确保离堆乏燃料贮存设施不会发生临界事故。

（5）核燃料循环设施营运单位应通过辐射分区、辐射屏蔽、密封、通风过滤、出入口控制和辐射监测等措施，控制放射性物质对人体的辐射照射和沾污。离堆乏燃料贮存设施应设置充分有效的辐射屏蔽，确保对外照射的有效防护。MOX 元件制造设施应设置设备和管道、热室或手套箱、建（构）筑物等多道实体屏障，确保放射性物质的有效包容。

4.2.3 三类设施

（1）厂址选择和评价应考虑设施正常运行和事故工况对环境的影响、外部事件对设施安全的影响和环境相容性，以确定厂址条件的适宜性。

（2）重要建（构）筑物抗震设防类别应按特殊设防类执行，即 50 年超越概率 63%地震作用的两倍进行弹性设计，50 年超越概率 2%～3%地震作用的两倍进行弹塑性验算。设施防洪设计按不低于五百年一遇洪水考虑。

（3）应急状态一般分为应急待命和厂房应急，也可能包括局部区域场区应急。

（4）核燃料循环设施营运单位应采取有效措施尽量降低设施发生临界事故的可能性。

（5）核燃料循环设施营运单位应根据设施特点，通过辐射分区、辐射屏蔽、密封、通风过滤、出入口控制和辐射监测等措施，控制放射性物质对人体的辐射照射和沾污。

4.2.4 四类设施

（1）厂址选择和评价应考虑设施正常运行和事故工况对环境的影响、外部事件对设施安全的影响和环境相容性，以确定厂址条件的适宜性。

（2）重要建（构）筑物抗震设计基准按不低于建筑工程重点设防类执行。设施防洪设计按不低于二百年一遇洪水考虑。

（3）核燃料循环设施营运单位应根据事故评价结果制定有效的应急预案。

（4）核燃料循环设施营运单位应根据设施特点，通过辐射分区、辐射屏蔽、密封、通风过滤、出入口控制和辐射监测等措施，控制放射性物质对人体的辐射照射和沾污。

## 5 已有设施的安全评价

5.1 核燃料循环设施应定期进行综合性安全评价，以确定：该设施满足现行安全标准和实践的程度；保持许可证发放依据仍然有效的程度；在下一次定期安全审查之前或寿期末保持该设施安全的各项安排的充分性；为解决已确定的安全问题需要实施的安全改进。

5.2 在影响安全的因素发生重大变化时，应根据设施安全特性、运行现状（特别是放射性存量），结合具体的厂址特征，采用现实假设对核设施进行安全评估，采取一事一议的方式，确定整改和运行方案。如果影响安全的因素涉及设施可靠性和建（构）筑物抗震性能，安全评估应包括对设施进行可靠性鉴定和对建（构）筑物进行抗震性能鉴定。

5.3 对于无法采取有效措施确保运行安全的设施，应停止运行，制定退役方案并尽快实施。退役前应加强安全管理，必要时实施整改，以确保满足安全要求。

5.4 对于已经停止运行且不满足安全要求的设施，应制定退役方案并尽快实施。退役前应加强安全管理，必要时实施整改，以确保满足安全要求。

附表

## 核燃料循环设施分类举例

| 类别 | 设施举例 |
| --- | --- |
| 一类 | 后处理设施，高放废液集中处理、贮存设施 |
| 二类 | 离堆乏燃料贮存设施，混合氧化物（MOX）元件制造设施 |
| 三类 | 铀浓缩设施，铀燃料元件制造设施，中低放废液集中处理、贮存设施，具有临界危害的核燃料循环研究设施 |
| 四类 | 天然铀纯化/转化设施，天然铀重水堆元件制造设施，不具有临界危害的核燃料循环研究设施 |

# 关于进一步规范排放检验加强机动车环境监督管理工作的通知

国环规大气〔2016〕2号

各省、自治区、直辖市环境保护厅（局）、公安厅（局）、质量技术监督局（市场监督管理部门），各计划单列市、省会城市环境保护局、公安局、质量技术监督局（市场监督管理部门）：

为贯彻落实2015年8月29日全国人大常委会修订后的《大气污染防治法》（以下简称《大气法》），进一步规范机动车排放检验，推进黄标车和老旧车淘汰，加快提升机动车环境监督管理水平，现将有关要求通知如下：

## 一、总体要求

认真贯彻落实《大气法》，按照简政放权、放管结合、优化服务、便民惠民的要求，以降低机动车污染排放水平、改善环境质量为核心，严格实施国家机动车排放标准，全面推行机动车环保信息公开；严格规范新生产机动车和在用车排放检验，加快推进机动车排放检验信息联网；严格监管执法，加强对高排放车辆的环保达标监管，促进黄标车和老旧车淘汰，加快推进机动车环境管理的系统化、科学化、法治化、精细化和信息化。

## 二、有效衔接机动车排放检验和安全技术检验制度

（一）严格执行机动车排放检验制度。环境保护部门依照《大气法》建立并规范机动

车排放检验制度，机动车生产企业和机动车所有人应当依法进行机动车排放检验。机动车排放检验机构应当严格落实机动车排放检验标准要求，并将排放检验数据和电子检验报告上传环保部门，出具由环保部门统一编码的排放检验报告。环保部门不再核发机动车环保检验合格标志。机动车安全技术检验机构将排放检验合格报告拍照后，通过机动车安全技术检验监管系统上传公安交管部门，对未经定期排放检验合格的机动车，不予出具安全技术检验合格证明。公安交管部门对无定期排放检验合格报告的机动车，不予核发安全技术检验合格标志。

（二）优化机动车排放和安全技术检验流程。环境保护、认证认可监管部门要加强协作，促进机动车检验机构空间布局优化、合理有序发展。鼓励机动车排放检验机构和安全技术检验机构设在同一地点，整合优化检验流程、共享检验信息，提供一站式便民服务。检验机构要严格按照价格主管部门规定的收费标准收取检验费用，在业务大厅明显位置公示收费依据和标准，并在收费凭证上分别注明安全技术检验和排放检验收费金额。纯电动汽车免于尾气排放检验。

（三）加强排放检验信息联网核查。机动车排放检验周期应与机动车安全技术检验周期一致，免于安全检验上线检测的车辆不进行排放检验。环保部门要加快推进与机动车排放检验机构、公安交管部门信息联网，建立机动车排放检验信息核查机制。

（四）推行机动车排放异地检验。地市范围内机动车所有人可以自主选择检验机构检验，不得以城区、郊区、县市划分检验区域或者指定检验机构。推行机动车异地检验，在全省（区、市）范围内异地检验，无须办理委托手续。试行机动车跨省（区、市）异地检验，在已实现国家、省、市三级机动车排污监管平台联网的省份，允许机动车所有人在车辆所在地进行检验（黄标车除外）。

（五）大力推行便民检验服务。鼓励检验机构通过微信或短信平台、电话、网络等方式，开展预约检验业务，开设专门的预约检验通道、窗口，做到随到随检。机动车排放检验机构要完善服务指示标志、办事流程指南、大厅服务设施，设置引导指示标志，公示业务流程，增加免费导办人员，维护良好检测秩序，杜绝非法中介扰民行为。各地环保部门要通过政府网络平台向社会公布本地机动车排放检验机构名称、地址、咨询电话等相关信息，方便群众就近验车。

## 三、加强在用机动车环保监督管理

（六）加快淘汰黄标车和老旧车。各地环保部门要提请人民政府结合本地实际，出台鼓励、引导黄标车和老旧车提前报废更新政策措施，加大对国家鼓励淘汰和要求淘汰的黄标车和老旧车污染排放的监督管理力度，确保完成国家确定的年度淘汰工作任务，实现2017年底前基本淘汰黄标车。研究制定便民服务措施，采取提前告知、简化流程、开辟绿色通道等措施，方便车主淘汰黄标车和老旧车。

（七）强化在用机动车环保监督抽测工作。环保部门要在车辆集中停放地、维修地重点加强对货运车、公交车、出租车、长途客运车、旅游车等车辆的监督抽测工作。公安交管部门在不影响正常通行的情况下，要支持配合环保部门采用遥感监测等技术手段对在道路上行驶的机动车进行监督抽测。对监督抽测不合格的车辆，环保部门要通知车主予以改正并复检，及时公开逾期不复检车辆的车牌、车型等信息。公安交管部门要依法查处无安全技术检验合格标志机动车上道路行驶的违法行为。

（八）严格落实机动车强制报废标准规定。严格执行《机动车强制报废标准规定》，对达到国家强制报废规定的，一律按要求报废。各地公安交管部门要严格查处报废车辆上路行驶违法行为。对达到国家强制报废标准逾期不办理注销登记的机动车，公安交管部门应当及时公告机动车登记证书、号牌、行驶证作废。

## 四、强化机动车排放检验机构监督管理

（九）强化新生产机动车排放检验机构监督管理。环境保护部不再对新生产机动车排放污染申报检测机构进行核准。新生产机动车排放检验机构应当依法通过资质认定（计量认证），使用经依法检定合格的机动车排放检验设备，按照国家标准和规范进行排放检验，与环境保护部机动车排污监控中心联网，并在 2016 年底前实现新生产机动车排放检验信息和污染控制技术信息实时传送。

（十）推进在用车排放检验机构规范化联网。省级环保部门应按照《大气法》和国家有关规定，对在用车排放检验机构不再进行委托，对机构数量和布局不再控制。在用车排放检验机构申请与环保部门联网时，应向当地地级城市环保部门主动提交通过资质认定（计量认证）、设备依法检定合格的相关材料，地级城市环保部门对符合环境保护部机动车环保信息联网规范等要求的检验机构应予联网，并公开已联网的检验机构名单。

（十一）加强排放检验机构监督管理。环保部门可通过现场检查排放检验过程、审查原始检验记录或报告等资料、审核年度工作报告、组织检验能力比对实验、检测过程及数据联网监控等方式加强检验机构监管，推进检验机构规范化运营。认证认可监管部门应加强检验机构资质认定监督管理，重点加强技术能力有效维持以及管理体系有效性的监管，确保检验数据质量。环境保护和认证认可监管部门对排放检验机构实行“双随机、一公开”（随机抽取检查对象、随机选派执法检查人员、及时公开查处结果）的监管方式，依法严肃查处违法的排放检验机构。

（十二）强化排放检验机构主体责任。排放检验机构应按照《大气法》要求通过资质认定（计量认证），使用经依法检定或校准合格的设备，定期进行设备维护保养，按照相关规范标准进行机动车排放检验，对检验结果承担法律责任，接受社会监督和责任倒查。排放检验机构应对受检车辆的污染控制装置进行查验，重点加强营运车辆及重型柴油车环保配置查验。对伪造检验结果、出具虚假报告的检验机构，环保部门暂停网络联接和检验报告打印功能，并依照《大气法》有关条款予以处罚；违反资质认定相关规定的，认证认可监管部门依据资质认定有关规定对排放检验机构进行处罚，情节严重的撤销其资质认定证书。省市环保部门应将在用车排放检验机构守法情况纳入企业征信系统，并将有关情况向社会公开。

（十三）加强检验数据统计分析。各地环保部门应加强机动车排放检验数据分析，核查检验数据异常情况，分析查找原因。对于排放检验中发现的排放超标数量大、比例偏高的车型，地级城市环保部门应逐级上报。省级环保部门应视具体情况启动调查机制，确认该车型新生产车辆是否超标排放，依法进行处理，并报告环境保护部。

（十四）严格执行政府部门不准经办检验机构等企业的规定。要正确处理政府与市场的关系，全面推进排放检验机构社会化，严格执行党中央、国务院关于严禁党政机关和党政干部经商、办企业等规定。环保部门及其所属企事业单位、社会团体一律不得开办检验机构、参与检验机构经营。对已经开办、参与或者变相参与经营的，要立即停办、彻底脱钩或者退出投资、依法清退转让股份。

## 五、加快机动车环保监管能力和队伍建设

（十五）加强机动车环境监管能力建设。加快推进机动车环境管理机构标准化，提高机动车污染防治能力和水平。各省、自治区、直辖市以及大气污染防治重点城市环保部门，应按照《全国机动车环境管理能力建设标准》中关于机动车环境管理机构硬件设备标准和综合业务平台建设标准要求，逐步提高机动车污染防治监管水平。加大业务培训力度，提高监管执法人员业务技能。

（十六）加快推进全国机动车环保信息联网。各地环保部门要加快机动车环保信息联网建设工作进度，对在用车排放检验实施在线监控，实现检验数据实时传输、及时分析处理。2016 年底前，各排放检验机构应与环保部门实现数据联网，京津冀及周边地区、长三角、珠三角等重点区域要率先实现国家、省、市三级联网。2017 年底前，建成国家、省、市三级联网的机动车排污监控平台。

本通知自发布之日起实施，此前与本文件规定不符的以本文件为准。环境保护部《关于印发〈机动车环保检验管理规定〉的通知》（环发〔2013〕38 号）同时废止。

环境保护部
公安部
国家认监委
2016 年 7 月 21 日

# 关于开展机动车和非道路移动机械环保信息公开工作的公告

国环规大气〔2016〕3 号

为贯彻落实《大气污染防治法》，加快推进机动车和非道路移动机械环境管理的系统化、科学化、法治化、精细化和信息化，根据国务院关于简政放权、放管结合、优化服务、便民惠民的决策部署要求，我部决定依法开展新生产机动车和非道路移动机械环保信息公

开工作。现将有关要求公告如下：

## 一、信息公开主体

按照《大气污染防治法》规定，机动车和非道路移动机械生产、进口企业，应当向社会公开其生产、进口机动车和非道路移动机械的环保信息，包括排放检验信息和污染控制技术信息，并对信息公开的真实性、准确性、及时性、完整性负责。

## 二、信息公开内容

（一）机动车和非道路移动机械生产、进口企业基本信息；

（二）机动车和非道路移动机械污染控制技术信息，具体内容详见附件 1；

（三）机动车和非道路移动机械排放检验信息：型式检验、生产一致性检验、在用符合性检验和出厂检验信息，包括检测结果、检验条件、仪器设备、检测机构信息等，具体检验项目详见附件 2。

## 三、信息公开时间和方式

（一）机动车生产、进口企业应在产品出厂或货物入境前，以随车清单的方式公开主要环保信息，具体要求见附件 3。

非道路移动机械生产、进口企业应在产品出厂或货物入境前，在机身明显位置粘贴环保信息标签，公开主要环保信息，具体要求见附件 4。

（二）机动车和非道路移动机械生产、进口企业应在产品出厂或货物入境前，在本企业官方网站公开机动车和非道路移动机械环保信息，并同步上传至环境保护部机动车和非道路移动机械环保信息公开平台（网址：www.vecc-mep.org.cn），供政府有关部门、公众和企业查询使用。

暂不具备在本企业官方网站公开机动车和非道路移动机械环保信息条件的生产、进口企业，应在产品出厂或者货物入境前，在环境保护部机动车和非道路移动机械环保信息公开平台上公开环保信息。

## 四、实施时间

（一）自 2016 年 9 月 1 日起，环境保护部机动车和非道路移动机械环保信息公开平台开始试运行，请各有关企业积极参与调试。

（二）自 2017 年 1 月 1 日起，机动车生产、进口企业应将新生产、进口机动车的环保信息，按照本公告第三条规定的时间和方式予以公开。

（三）自 2017 年 7 月 1 日起，非道路移动机械生产、进口企业应将新生产、进口非道路移动机械的环保信息，按照本公告第三条规定的时间和方式予以公开。

## 五、监督管理

各省级环境保护主管部门应建立机动车和非道路移动机械检验信息核查机制，通过现场检查、抽样检查等方式，加强对机动车和非道路移动机械环保信息公开工作的监督管理，督促机动车生产企业和非道路移动机械生产、进口企业按要求进行信息公开。

鼓励社会公众对机动车和非道路移动机械生产、进口企业公开的环保信息进行监督，依法通过环保举报平台反映有关问题，各省级环境保护主管部门要及时查处举报反映的问题。

对未按照本公告要求真实、准确、及时、完整公开机动车和非道路移动机械环保信息的，各省级环境保护主管部门应依照《大气污染防治法》对相关企业予以处罚，处罚结果要及时向社会公开，并同步上传至环境保护部机动车和非道路移动机械环保信息公开平台。

我部将对各机动车和非道路移动机械生产、进口企业环保信息公开工作开展情况，以及各省级环境保护主管部门监管执法情况加大监督检查力度。

## 六、有关要求

（一）环境保护部机动车和非道路移动机械环保信息公开平台免费向企业提供机动车和非道路移动机械环保信息上传和查询服务，免费向社会公众和政府有关部门提供信息查询服务，任何单位和个人不得以任何理由收取任何费用。

（二）地方各级环保部门可以直接查询、使用环境保护部机动车和非道路移动机械环保信息公开平台，不得再以任何理由要求生产、进口企业通过其他途径重复报送或提供类似信息。

（三）环境保护部机动车和非道路移动机械环保信息公开平台主要为企业、公众和政府有关部门提供信息公开服务，不对机动车和非道路移动机械的排放检验和污染控制技术信息进行人工审核、修改等处理。机动车和非道路移动机械生产、进口企业对所公开环保信息的真实性、准确性、及时性和完整性负责，确需对已公开信息进行更正的，应先发布信息更正公告或通知，再及时更正环境保护部机动车和非道路移动机械环保信息公开平台相关内容，并做出说明。

（四）我部委托环境保护部机动车排污监控中心建设、运行、维护机动车和非道路移动机械环保信息公开平台。

（五）发动机和其他机动车和非道路移动机械环保关键零部件生产、进口企业可以参照本公告要求进行环保信息公开。

## 七、联系人及联系方式

联系人：环境保护部大气环境管理司　崔明明

电话：（010）66556297

联系人：环境保护部机动车排污监控中心　季欧

电话：（010）84916280-8104

特此公告。

附件：1. 污染控制技术信息要求
2. 各类机动车和非道路移动机械的具体检验项目
3. 机动车环保信息随车清单（略）
4. 非道路移动机械环保信息标签要求（试行）（略）

环境保护部
2016 年 8 月 24 日

附件 1

## 污染控制技术信息要求

根据《轻型汽车污染物排放限值及测量方法（中国第五阶段）》（GB 18352.5—2013）、《轻型汽车污染物排放限值及测量方法（中国Ⅲ、Ⅳ阶段）》（GB 18352.3—2005）、《车用压燃式、气体燃料点燃式发动机与汽车排气污染物排放限值及测量方法（中国Ⅲ、Ⅳ、Ⅴ阶段）》（GB 17691—2005）、《重型车用汽油发动机与汽车排气污染物排放限值及测量方法（中国Ⅲ、Ⅳ阶段）》（GB 14762—2008）、《摩托车污染物排放限值及测量方法（工况法，中国第Ⅲ阶段）》（GB 14622—2007）、《轻便摩托车污染物排放限值及测量方法（工况法，中国第Ⅲ阶段）》（GB 18176—2007）、《非道路移动机械用柴油机排气污染物排放限值及测量方法（中国第三、四阶段）》（GB 20891—2014）、《非道路移动机械用小型点燃式发动机排气污染物排放限值与测量方法（中国第一、二阶段）》（GB 26133—2010）和《三轮汽车和低速货车用柴油机排气污染物排放限值及测量方法（中国Ⅰ、Ⅱ阶段）》（GB 19756—2005）等机动车排放标准规定，机动车和非道路移动机械污染控制技术信息应包括车机型基本参数、动力系信息、污染控制信息、传动系信息和其他相关信息。

附件 2

## 各类机动车和非道路移动机械的具体检验项目

附表 1　轻型车检验项目表

| 车类 | 标准 | 检验项目 |
| --- | --- | --- |
| 轻型汽油车、轻型两用燃料车和混合动力车 | 《轻型汽车污染物排放限值及测量方法（中国Ⅲ、Ⅳ阶段）》（GB 18352.3—2005）、《轻型汽车污染物排放限值及测量方法（中国第五阶段）》（GB 18352.5—2013） | 常温下冷启动后排气污染物排放试验（Ⅰ型试验）、双怠速试验（Ⅱ型试验）、曲轴箱污染物排放试验（Ⅲ型试验）、蒸发污染物排放试验（Ⅳ型试验）、污染控制装置耐久性试验（Ⅴ型试验）、低温下冷启动后排气中 CO 和 THC 排放试验（Ⅵ型试验）、车载诊断（OBD）系统试验、后处理装置贵金属含量检测 |

| 车类 | 标准 | 检验项目 |
| --- | --- | --- |
| 轻型汽油车、轻型两用燃料车和混合动力车 | 《点燃式发动机汽车排气污染物排放限值及测量方法（双怠速法及简易工况法）》（GB 18285—2005） | 双怠速试验 |
| | 《汽车加速行驶车外噪声限值及测量方法》（GB 1495—2002） | 加速行驶车外噪声试验 |
| | 《轻型汽车燃料消耗量试验方法》（GB/T 19233—2008） | 轻型汽车燃料消耗量试验 |
| | 《乘用车内空气质量评价指南》（GB/T27630—2011） | 乘用车内空气质量（M1 类车） |
| 轻型燃气车（单一气体燃料车） | 《轻型汽车污染物排放限值及测量方法（中国III、IV阶段）》（GB 18352.3—2005）、《轻型汽车污染物排放限值及测量方法（中国第五阶段）》（GB 18352.5—2013） | 常温下冷启动后排气污染物排放试验（Ⅰ型试验）、双怠速试验（Ⅱ型试验）、曲轴箱污染物排放试验（III型试验）、蒸发污染物排放试验（Ⅳ型试验）、污染控制装置耐久性试验（Ⅴ型试验）、车载诊断（OBD）系统试验、后处理装置贵金属含量检测 |
| | 《点燃式发动机汽车排气污染物排放限值及测量方法（双怠速法及简易工况法）》（GB 18285—2005） | 双怠速试验 |
| | 《汽车加速行驶车外噪声限值及测量方法》（GB 1495—2002） | 加速行驶车外噪声试验 |
| | 《乘用车内空气质量评价指南》（GB/T 27630—2011） | 乘用车内空气质量（M1 类车） |
| | 《轻型汽车污染物排放限值及测量方法（中国III、IV阶段）》（GB 18352.3—2005）、《轻型汽车污染物排放限值及测量方法（中国第五阶段）》（GB 18352.5—2013） | 常温下冷起动后排气污染物排放试验（Ⅰ型试验）、污染控制装置耐久性试验（Ⅴ型试验）、车载诊断（OBD）系统试验、后处理装置贵金属含量检测 |
| 轻型柴油车和混合动力车 | 《车用压燃式发动机和压燃式发动机汽车排气烟度排放限值及测量方法》（GB 3847—2005） | 自由加速法排气烟度试验 |
| | 《汽车加速行驶车外噪声限值及测量方法》（GB 1495—2002） | 加速行驶车外噪声试验 |
| | 《轻型汽车燃料消耗量试验方法》（GB/T 19233—2008） | 轻型汽车燃料消耗量试验 |
| | 《乘用车内空气质量评价指南》（GB/T 27630—2011） | 乘用车内空气质量（M1 类车） |
| 轻型电动汽车 | 《汽车加速行驶车外噪声限值及测量方法》（GB 1495—2002） | 加速行驶车外噪声试验 |
| | 《乘用车内空气质量评价指南》（GB/T 27630—2011） | 乘用车内空气质量（M1 类车） |

**附表 2　重型车检验项目**

| 车类 | 标准 | 检验项目 |
|---|---|---|
| 重型柴油车 | 《车用压燃式、气体燃料点燃式发动机与汽车排气污染物排放限值及测量方法（中国Ⅲ、Ⅳ、Ⅴ阶段）》(GB 17691—2005) | 发动机稳态循环试验（ESC 试验）、发动机负荷烟度试验（ELR 试验）、发动机瞬态循环试验（ETC 试验）、车载诊断（OBD）系统试验、排放控制系统耐久性试验 |
| | 《车用压燃式发动机和压燃式发动机汽车排气烟度排放限值及测量方法》(GB 3847—2005) | 全负荷稳定转速排气烟度试验、自由加速排气烟度试验 |
| | 《汽车加速行驶车外噪声限值及测量方法》（GB 1495—2002） | 加速行驶车外噪声试验 |
| | 《城市车辆用柴油发动机排气污染物排放限值及测量方法（WHTC 工况法）》（HJ 689—2014） | 世界统一瞬态循环试验（WHTC 试验） |
| | 《乘用车内空气质量评价指南》（GB/T 27630—2011） | 乘用车内空气质量（M1 类车） |
| 重型燃气汽车 | 《车用压燃式、气体燃料点燃式发动机与汽车排气污染物排放限值及测量方法（中国Ⅲ、Ⅳ、Ⅴ阶段）》（GB 17691—2005) | 发动机瞬态循环试验（ETC 试验）、车载诊断（OBD）系统试验、排放控制系统耐久性试验 |
| | 《点燃式发动机汽车排气污染物排放限值及测量方法（双怠速法及简易工况法）》（GB 18285—2005） | 双怠速试验 |
| | 《装用点燃式发动机重型汽车曲轴箱污染物排放限值及测量方法》（GB 11340—2005） | 曲轴箱污染物排放试验 |
| | 《汽车加速行驶车外噪声限值及测量方法》（GB 1495—2002） | 加速行驶车外噪声试验 |
| | 《乘用车内空气质量评价指南》（GB/T 27630—2011） | 乘用车内空气质量（M1 类车） |
| 重型汽油车 | 《重型车用汽油发动机与汽车排气污染物排放限值及测量方法（中国Ⅲ、Ⅳ阶段）》（GB 14762—2008） | 重型汽油机瞬态循环发动机试验、车载诊断（OBD）系统试验 |
| | 《重型汽车排气污染物排放控制系统耐久性要求及试验方法》（GB 20890—2007） | 排放控制系统耐久性试验 |
| | 《装用点燃式发动机重型汽车燃油蒸发污染物排放限值及测量方法（收集法）》（GB 14763—2005） | 燃油蒸发污染物排放试验 |
| | 《点燃式发动机汽车排气污染物排放限值及测量方法（双怠速法及简易工况法）》（GB 18285—2005） | 双怠速试验 |
| | 《装用点燃式发动机重型汽车曲轴箱污染物排放限值及测量方法》（GB 11340—2005） | 曲轴箱污染物排放试验 |
| | 《汽车加速行驶车外噪声限值及测量方法》（GB 1495—2002） | 加速行驶车外噪声试验 |
| | 《乘用车内空气质量评价指南》（GB/T 27630—2011） | 乘用车内空气质量（M1 类车） |

| 车类 | 标准 | 检验项目 |
|---|---|---|
| 重型电动汽车 | 《汽车加速行驶车外噪声限值及测量方法》（GB 1495—2002） | 加速行驶车外噪声试验 |
| | 《乘用车内空气质量评价指南》（GB/T 27630—2011） | 乘用车内空气质量（M1 类车） |

**附表 3　摩托车、轻便摩托车检验项目**

| 车类 | 标准 | 检验项目 |
|---|---|---|
| 摩托车 | 《摩托车污染物排放限值及测量方法（工况法，中国第III阶段）》（GB 14622—2007） | 常温下冷启动后排气污染物排放试验（I 型试验）、曲轴箱污染物排放试验（III型试验）、污染控制装置耐久性试验（V 型试验） |
| | 《摩托车和轻便摩托车燃油蒸发污染物排放限值及测量方法》（GB 20998—2007） | 燃油蒸发污染物排放试验 |
| | 《摩托车和轻便摩托车排气污染物排放限值及测量方法（双怠速法）》（GB 14621—2011） | 双怠速试验 |
| | 《摩托车和轻便摩托车排气烟度排放限值及测量方法》（GB 19758—2005） | 急加速烟度试验 |
| | 《摩托车和轻便摩托车加速行驶噪声限值及测量方法》（GB 16169—2005） | 加速行驶噪声试验 |
| 轻便摩托车 | 《轻便摩托车污染物排放限值及测量方法（工况法，中国第III阶段）》（GB 18176—2007） | 常温冷启动后排气污染物排放试验（I 型试验）、曲轴箱污染物排放试验（III型试验）、污染控制装置耐久性试验（V 型试验） |
| | 《摩托车和轻便摩托车燃油蒸发污染物排放限值及测量方法》（GB 20998—2007） | 燃油蒸发污染物排放试验 |
| | 《摩托车和轻便摩托车排气污染物排放限值及测量方法（双怠速法）》（GB 14621—2011） | 双怠速试验 |
| | 《摩托车和轻便摩托车排气烟度排放限值及测量方法》（GB 19758—2005） | 急加速烟度试验 |
| | 《摩托车和轻便摩托车加速行驶噪声限值及测量方法》（GB 16169—2005） | 加速行驶噪声试验 |

**附表 4　三轮汽车和低速货车检验项目**

| 车类 | 标准 | 检验项目 |
|---|---|---|
| 三轮汽车和低速货车 | 《三轮汽车和低速货车用柴油机排气污染物排放限值及测量方法（中国 I 、II 阶段）》（GB 19756—2005） | 排气污染物试验 |
| | 《农用运输车自由加速烟度排放限值及测量方法》（GB 18322—2002） | 自由加速烟度试验 |
| | 《三轮汽车和低速货车加速行驶车外噪声限值及测量方法（中国 I 、II 阶段）》（GB 19757—2005） | 加速行驶车外噪声试验 |

附表 5　非道路移动机械检验项目

| 车类 | 标准 | 检验项目 |
| --- | --- | --- |
| 非道路移动机械用柴油机 | 《非道路移动机械用柴油机排气污染物排放限值及测量方法（中国第三、四阶段）》（GB 20891—2014） | 排气污染物试验、排放控制系统耐久性试验 |
| 非道路移动机械用小型点燃式发动机 | 《非道路移动机械用小型点燃式发动机排气污染物排放限值与测量方法（中国第一、二阶段）》（GB 26133—2010） | 排气污染物试验、排放控制系统耐久性试验 |

注：机动车和非道路移动机械的具体检验项目和适用范围应符合生产、进口时有效的国家标准要求。

# 五、环境保护部公告

## 关于发布国家环境保护标准《环境影响评价技术导则　地下水环境》的公告

环境保护部公告　2016年第1号

为贯彻《中华人民共和国环境保护法》和《中华人民共和国环境影响评价法》，保护环境，防治污染，规范建设项目环境管理工作，现批准《环境影响评价技术导则　地下水环境》为国家环境保护标准，并予发布。标准名称、编号如下：

环境影响评价技术导则　地下水环境（HJ 610—2016）

以上标准自发布之日起实施，由中国环境出版社出版，标准内容可在环境保护部网站（bz.mep.gov.cn）查询。

特此公告。

环境保护部

2016年1月7日

## 关于发布地方环境质量标准和污染物排放标准备案信息的公告

环境保护部公告　2016年第2号

为贯彻《中华人民共和国环境保护法》《中华人民共和国大气污染防治法》和《中华人民共和国水污染防治法》等法律法规，保护环境，防治污染，根据《地方环境质量标准和污染物排放标准备案管理办法》（环境保护部令 第 9 号），现公布符合备案要求、现行有效的地方环境质量标准和污染物排放标准信息，统计截止时间为 2015 年 12 月 31 日。

特此公告。

附件：符合备案要求、现行有效的地方环境质量标准和污染物排放标准（截至 2015 年 12 月 31 日）

环境保护部

2016 年 1 月 11 日

附件

## 符合备案要求、现行有效的地方环境质量标准和污染物排放标准

（截至 2015 年 12 月 31 日）

| 序号 | 报备地方 | 标准名称 | 标准编号 | 标准实施时间 |
|---|---|---|---|---|
| 1 | 北京市 | 汽油车双怠速污染物排放限值及测量方法 | DB 11/044—2014 | 2014 年 7 月 1 日 |
| 2 | 北京市 | 柴油车自由加速烟度排放限值及测量方法 | DB 11/045—2014 | 2014 年 7 月 1 日 |
| 3 | 北京市 | 摩托车和轻便摩托车双怠速污染物排放限值及测量方法 | DB 11/120—2014 | 2014 年 7 月 1 日 |
| 4 | 北京市 | 锅炉大气污染物排放标准 | DB 11/ 139—2015 | 2015 年 7 月 1 日 |
| 5 | 北京市 | 在用非道路柴油机械烟度排放限值及测量方法 | DB 11/184—2013 | 2013 年 7 月 1 日 |
| 6 | 北京市 | 非道路机械用柴油机排气污染物限值及测量方法 | DB 11/185—2013 | 2013 年 7 月 1 日 |
| 7 | 北京市 | 炼油与石油化学工业大气污染物排放标准 | DB 11/ 447—2015 | 2015 年 7 月 1 日 |
| 8 | 北京市 | 在用柴油车加载减速烟度排放限值及测量方法 | DB 11/121—2010 | 2010 年 6 月 1 日 |
| 9 | 北京市 | 在用汽油车稳态加载污染物排放限值及测量方法 | DB 11/122—2010 | 2010 年 6 月 1 日 |
| 10 | 北京市 | 在用三轮汽车和低速货车加载减速烟度排放限值及测量方法 | DB 11/183—2010 | 2010 年 6 月 1 日 |
| 11 | 北京市 | 大气污染物综合排放标准 | DB 11/501—2007 | 2008 年 1 月 1 日 |
| 12 | 北京市 | 生活垃圾焚烧大气污染物排放标准 | DB 11/502—2008 | 2008 年 7 月 24 日 |
| 13 | 北京市 | 铸锻工业大气污染物排放标准 | DB 11/914—2012 | 2013 年 1 月 1 日 |
| 14 | 北京市 | 水污染物综合排放标准 | DB 11/ 307—2013 | 2014 年 1 月 1 日 |
| 15 | 北京市 | 轻型汽油车简易瞬态工况污染物排放标准 | DB 11/123—2000 | 2001 年 1 月 1 日 |
| 16 | 北京市 | 危险废物焚烧大气污染物排放标准 | DB 11/503—2007 | 2008 年 1 月 1 日 |
| 17 | 北京市 | 储油库油气排放控制和限值 | DB 11/206—2010 | 2010 年 7 月 1 日 |
| 18 | 北京市 | 油罐车油气排放控制和限值 | DB 11/207—2010 | 2010 年 7 月 1 日 |
| 19 | 北京市 | 加油站油气排放控制和限值 | DB 11/208—2010 | 2010 年 7 月 1 日 |
| 20 | 北京市 | 在用柴油汽车排气烟度限值及测量方法（遥测法） | DB 11/832—2011 | 2012 年 1 月 1 日 |
| 21 | 北京市 | 固定式燃气轮机大气污染物排放标准 | DB 11/847—2011 | 2012 年 2 月 1 日 |

| 序号 | 报备地方 | 标准名称 | 标准编号 | 标准实施时间 |
|---|---|---|---|---|
| 22 | 北京市 | 城镇污水处理厂水污染物排放标准 | DB 11/890—2012 | 2012 年 7 月 1 日 |
| 23 | 北京市 | 车用压燃式、气体燃料点燃式发动机与汽车排气污染物限值及测量方法（台架工况法） | DB 11/964—2013 | 2013 年 3 月 1 日 |
| 24 | 北京市 | 重型汽车排气污染物排放限值及测量方法（车载法） | DB 11/965—2013 | 2013 年 7 月 1 日 |
| 25 | 北京市 | 水泥工业大气污染物排放标准 | DB 11/1054—2013 | 2014 年 1 月 1 日 |
| 26 | 北京市 | 防水卷材行业大气污染物排放标准 | DB 11/1055—2013 | 2014 年 1 月 1 日 |
| 27 | 北京市 | 固定式内燃机大气污染物排放标准 | DB 11/1056—2013 | 2014 年 1 月 1 日 |
| 28 | 北京市 | 木质家具制造业大气污染物排放标准 | DB 11/ 1202—2015 | 2015 年 7 月 1 日 |
| 29 | 北京市 | 火葬场大气污染物排放标准 | DB 11/ 1203—2015 | 2015 年 7 月 1 日 |
| 30 | 北京市 | 印刷业挥发性有机物排放标准 | DB 11/1201—2015 | 2015 年 7 月 1 日 |
| 31 | 天津市 | 污水综合排放标准 | DB 12/356—2008 | 2008 年 2 月 18 日 |
| 32 | 天津市 | 锅炉大气污染物排放标准 | DB 12/151—2003 | 2003 年 10 月 1 日 |
| 33 | 天津市 | 工业企业挥发性有机物排放控制标准 | DB 12/524—2014 | 2014 年 8 月 1 日 |
| 34 | 天津市 | 天津市工业炉窑大气污染物排放标准 | DB 12/556—2015 | 2015 年 2 月 5 日 |
| 35 | 天津市 | 恶臭污染物排放标准 | DB 12/059—95 | 1996 年 1 月 1 日 |
| 36 | 天津市 | 天津市中新天津生态城污染水体沉积物修复限值 | DB 12/499—2013 | 2013 年 11 月 1 日 |
| 37 | 天津市 | 天津市在用非道路柴油机械烟度排放限值及测量方法 | DB 12/588—2015 | 2015 年 7 月 1 日 |
| 38 | 天津市 | 天津市在用点燃式发动机轻型汽车排气污染物排放限值及测量方法（稳态工况法） | DB 12/589—2015 | 2015 年 7 月 1 日 |
| 39 | 河北省 | 钢铁工业大气污染物排放标准 | DB 13/2169—2015 | 2015 年 3 月 1 日 |
| 40 | 河北省 | 氯化物排放标准 | DB 13/831—2006 | 2007 年 1 月 1 日 |
| 41 | 河北省 | 工业炉窑大气污染物排放标准 | DB 13/1640—2012 | 2013 年 4 月 1 日 |
| 42 | 河北省 | 灰尘自然沉降量环境质量标准（试行） | DB 13/339—1997 | 1998 年 5 月 1 日 |
| 43 | 河北省 | 石灰行业大气污染物排放标准 | DB 13/1641—2012 | 2013 年 4 月 1 日 |
| 44 | 河北省 | 环境空气质量　非甲烷总烃限值 | DB 13/1577—2012 | 2012 年 8 月 15 日 |
| 45 | 河北省 | 在用压燃式发动机汽车排气烟度排放限值及测量方法 | DB 13/1800—2013 | 2014 年 1 月 1 日 |
| 46 | 河北省 | 在用点燃式发动机汽车排气污染物排放限值及测量方法 | DB 13/1801—2013 | 2014 年 1 月 1 日 |
| 47 | 河北省 | 水泥工业大气污染物排放标准 | DB 13/2167—2015 | 2015 年 3 月 1 日 |
| 48 | 河北省 | 平板玻璃工业大气污染物排放标准 | DB 13/2168—2015 | 2015 年 3 月 1 日 |
| 49 | 河北省 | 燃煤锅炉氮氧化物排放标准 | DB 13/2170— 2015 | 2015 年 3 月 1 日 |
| 50 | 河北省 | 农村生活污水排放标准 | DB 13/2171— 2015 | 2015 年 3 月 1 日 |
| 51 | 河北省 | 青霉素类制药挥发性有机物和恶臭特征污染物排放标准 | DB 13/2208— 2015 | 2015 年 7 月 21 日 |
| 52 | 河北省 | 燃煤电厂大气污染物排放标准 | DB 13/2209— 2015 | 2015 年 7 月 21 日 |
| 53 | 山西省 | 山西省农村生活污染水处理设施污染物排放标准 | DB 14/726—2013 | 2013 年 7 月 30 日 |
| 54 | 辽宁省 | 污水综合排放标准 | DB 21/1627—2008 | 2008 年 8 月 1 日 |
| 55 | 黑龙江省 | 糠醛工业水污染物排放标准 | DB 23/1341—2009 | 2009 年 8 月 1 日 |

| 序号 | 报备地方 | 标准名称 | 标准编号 | 标准实施时间 |
|---|---|---|---|---|
| 56 | 黑龙江省 | 糠醛工业大气污染物排放标准 | DB 23/395—2010 | 2010 年 9 月 1 日 |
| 57 | 黑龙江省 | 点燃式发动机在用汽车排气污染物排放限值及测量方法（稳态加载工况法） | DB 23/1061—2013 | 2014 年 6 月 1 日 |
| 58 | 上海市 | 在用点燃式发动机轻型汽车简易瞬态工况法排气污染物排放限值 | DB 31/357—2015 | 2015 年 9 月 1 日 |
| 59 | 上海市 | 锅炉大气污染物排放标准 | DB 31/387—2014 | 2014 年 10 月 1 日 |
| 60 | 上海市 | 生物制药行业污染物排放标准 | DB 31/373—2010 | 2010 年 7 月 1 日 |
| 61 | 上海市 | 污水综合排放标准 | DB 31/199—2009 | 2009 年 10 月 1 日 |
| 62 | 上海市 | 上海市液化石油气发动机助力车怠速污染物排放标准 | DB 31/236—1999 | 2000 年 1 月 1 日 |
| 63 | 上海市 | 半导体行业污染物排放标准 | DB 31/374—2006 | 2007 年 2 月 1 日 |
| 64 | 上海市 | 铅蓄电池行业大气污染物排放标准 | DB 31/603—2012 | 2012 年 8 月 1 日 |
| 65 | 上海市 | 危险废物焚烧大气污染物排放标准 | DB 31/767—2013 | 2014 年 1 月 1 日 |
| 66 | 上海市 | 生活垃圾焚烧大气污染物排放标准 | DB 31/768—2013 | 2014 年 1 月 1 日 |
| 67 | 上海市 | 在用压燃式发动机汽车加载减速法排气烟度排放限值 | DB 31/379—2015 | 2015 年 9 月 1 日 |
| 68 | 上海市 | 餐饮业油烟排放标准 | DB 31/844—2014 | 2015 年 5 月 1 日 |
| 69 | 上海市 | 汽车制造业（涂装）大气污染物排放标准 | DB 31/859—2014 | 2015 年 2 月 1 日 |
| 70 | 上海市 | 工业炉窑大气污染物排放标准 | DB 31/860—2014 | 2015 年 2 月 1 日 |
| 71 | 上海市 | 印刷业大气污染物排放标准 | DB 31/872—2015 | 2015 年 3 月 1 日 |
| 72 | 上海市 | 涂料、油墨及其类似产品制造工业大气污染物排放标准 | DB 31/881—2015 | 2015 年 5 月 1 日 |
| 73 | 浙江省 | 酸洗废水排放总铁浓度限值 | DB 33/844—2011 | 2012 年 4 月 1 日 |
| 74 | 浙江省 | 工业企业废水氮、磷污染物间接排放限值 | DB 33/887—2013 | 2013 年 4 月 19 日 |
| 75 | 浙江省 | 在用压燃式发动机汽车加载减速法排气烟度排放限值 | DB 33/843—2011 | 2012 年 6 月 1 日 |
| 76 | 浙江省 | 在用点燃式发动机轻型汽车简易瞬态工况法排气污染物排放限值 | DB 33/660—2008 | 2008 年 6 月 9 日 |
| 77 | 浙江省 | 生物制药工业污染物排放标准 | DB 33/923—2014 | 2014 年 5 月 1 日 |
| 78 | 浙江省 | 纺织染整工业大气污染物排放标准 | DB 33/ 962—2015 | 2015 年 4 月 1 日 |
| 79 | 浙江省 | 农村生活污水处理设施水污染物排放标准 | DB 33/973—2015 | 2015 年 7 月 1 日 |
| 80 | 福建省 | 厦门市水污染物排放标准 | DB 35/322—2011 | 2012 年 1 月 1 日 |
| 81 | 福建省 | 厦门市大气污染物排放标准 | DB 35/323—2011 | 2012 年 1 月 1 日 |
| 82 | 福建省 | 制浆造纸工业水污染物排放标准 | DB 35/1310—2013 | 2013 年 4 月 1 日 |
| 83 | 福建省 | 在用点燃式发动机轻型汽车简易瞬态工况法排气污染物排放限值 | DB 35/1300—2012 | 2015 年 1 月 1 日 |
| 84 | 福建省 | 在用压燃式发动机汽车加载减速法排气烟度排放限值 | DB 35/1301—2012 | 2015 年 1 月 1 日 |
| 85 | 福建省 | 水泥工业大气污染物排放标准 | DB 35/1311—2013 | 2013 年 4 月 1 日 |
| 86 | 江西省 | 鄱阳湖生态经济区水污染物排放标准 | DB 36/852—2015 | 2015 年 10 月 1 日 |
| 87 | 江西省 | 在用点燃式发动机轻型汽车简易瞬态工况法排气污染物排放限值 | DB 36/617—2011 | 2011 年 8 月 1 日 |
| 88 | 江西省 | 在用压燃式发动机汽车加载减速法排气烟度排放限值 | DB 36/618—2011 | 2011 年 8 月 1 日 |

| 序号 | 报备地方 | 标准名称 | 标准编号 | 标准实施时间 |
|---|---|---|---|---|
| 89 | 山东省 | 山东省钢铁工业污染物排放标准 | DB 37/990—2013 | 2013 年 9 月 1 日 |
| 90 | 山东省 | 造纸工业水污染物排放标准 | DB 37/336—2003 | 2003 年 5 月 1 日 |
| 91 | 山东省 | 山东省半岛流域水污染物综合排放标准 | DB 37/676—2007 | 2007 年 10 月 1 日 |
| 92 | 山东省 | 山东省海河流域水污染物综合排放标准 | DB 37/675—2007 | 2007 年 7 月 1 日 |
| 93 | 山东省 | 山东省小清河流域水污染物综合排放标准 | DB 37/656—2006 | 2007 年 4 月 1 日 |
| 94 | 山东省 | 山东省南水北调沿线水污染物综合排放标准 | DB 37/599—2006 | 2006 年 3 月 1 日 |
| 95 | 山东省 | 淀粉加工工业水污染物排放标准 | DB 37/595—2006 | 2006 年 1 月 10 日 |
| 96 | 山东省 | 纺织染整工业水污染物排放标准 | DB 37/533—2005 | 2005 年 5 月 1 日 |
| 97 | 山东省 | 山东省氧化铝工业污染物排放标准 | DB 37/1919—2011 | 2011 年 10 月 1 日 |
| 98 | 山东省 | 山东省固定源大气颗粒物综合排放标准 | DB 37/1996—2011 | 2012 年 1 月 1 日 |
| 99 | 山东省 | 山东省区域性大气污染物综合排放标准 | DB 37/2376—2013 | 2013 年 9 月 1 日 |
| 100 | 山东省 | 山东省建材工业大气污染物排放标准 | DB 37/2373—2013 | 2013 年 9 月 1 日 |
| 101 | 山东省 | 山东省锅炉大气污染物排放标准 | DB 37/2374—2013 | 2013 年 9 月 1 日 |
| 102 | 山东省 | 山东省工业炉窑大气污染物排放标准 | DB 37/2375—2013 | 2013 年 9 月 1 日 |
| 103 | 山东省 | 饮食业油烟排放标准 | DB 37/597—2006 | 2006 年 1 月 10 日 |
| 104 | 山东省 | 畜禽养殖业污染物排放标准 | DB 37/534—2005 | 2005 年 5 月 1 日 |
| 105 | 山东省 | 山东省点燃式发动机在用轻型汽车排气污染物排放限值 | DB 37/657—2011 | 2011 年 10 月 1 日 |
| 106 | 山东省 | 山东省压燃式发动机在用轻型汽车排气烟度排放限值 | DB 37/1945—2011 | 2011 年 10 月 1 日 |
| 107 | 山东省 | 山东省火电厂大气污染物排放标准 | DB 37/664—2013 | 2013 年 9 月 1 日 |
| 108 | 河南省 | 合成氨工业水污染物排放标准 | DB 41/538—2008 | 2009 年 1 月 1 日 |
| 109 | 河南省 | 蟒沁河流域水污染物排放标准 | DB 41/776—2012 | 2013 年 3 月 1 日 |
| 110 | 河南省 | 省辖海河流域水污染物排放标准 | DB 41/777—2013 | 2013 年 3 月 1 日 |
| 111 | 河南省 | 清潩河流域水污染物排放标准 | DB 41/790—2013 | 2013 年 7 月 1 日 |
| 112 | 河南省 | 河南省贾鲁河流域水污染物排放标准 | DB 41/908—2014 | 2014 年 6 月 26 日 |
| 113 | 河南省 | 河南省惠济河流域水污染物排放标准 | DB 41/918—2014 | 2014 年 10 月 1 日 |
| 114 | 河南省 | 啤酒工业水污染物排放标准 | DB 41/681—2011 | 2011 年 11 月 1 日 |
| 115 | 河南省 | 铅冶炼工业污染物排放标准 | DB 41/684—2011 | 2013 年 1 月 1 日 |
| 116 | 河南省 | 盐业、碱业氯化物排放标准 | DB 41/276—2011 | 2012 年 5 月 1 日 |
| 117 | 河南省 | 化学合成类制药工业水污染物间接排放标准 | DB 41/756—2012 | 2013 年 1 月 1 日 |
| 118 | 河南省 | 发酵类制药工业水污染物间接排放标准 | DB 41/758—2012 | 2013 年 1 月 1 日 |
| 119 | 湖南省 | 工业废水铊污染物排放标准 | DB 43/ 968—2014 | 2015 年 1 月 1 日 |
| 120 | 湖南省 | 在用点燃式发动机汽车排气污染物排放限值（稳态工况法） | DB 43/ 645—2011 | 2011 年 6 月 9 日 |
| 121 | 湖南省 | 在用压燃式发动机汽车排气烟度排放限值（加载减速工况法） | DB 43/646—2011 | 2011 年 6 月 9 日 |
| 122 | 广东省 | 水污染物排放限值 | DB 44/26—2001 | 2002 年 1 月 1 日 |
| 123 | 广东省 | 大气污染物排放限值 | DB 44/27—2001 | 2002 年 1 月 1 日 |
| 124 | 广东省 | 锅炉大气污染物排放标准 | DB 44/765—2010 | 2010 年 11 月 1 日 |
| 125 | 广东省 | 畜禽养殖业污染物排放标准 | DB 44/613—2009 | 2009 年 8 月 1 日 |
| 126 | 广东省 | 在用点燃式发动机汽车排气污染物排放限值及测量方法（稳态工况法） | DB 44/592—2009 | 2009 年 6 月 1 日 |

| 序号 | 报备地方 | 标准名称 | 标准编号 | 标准实施时间 |
|---|---|---|---|---|
| 127 | 广东省 | 在用压燃式发动机汽车排气烟度排放限值及测量方法（加载减速工况法） | DB 44/593—2009 | 2009 年 6 月 1 日 |
| 128 | 广东省 | 在用点燃式发动机轻型汽车排气污染物排放限值（简易瞬态工况法） | DB 44/632—2009 | 2009 年 12 月 1 日 |
| 129 | 广东省 | 家具制造行业挥发性有机化合物排放标准 | DB 44/814—2010 | 2010 年 11 月 1 日 |
| 130 | 广东省 | 印刷行业挥发性有机化合物排放标准 | DB 44/815—2010 | 2010 年 11 月 1 日 |
| 131 | 广东省 | 表面涂装（汽车制造业）挥发性有机化合物排放标准 | DB 44/816—2010 | 2010 年 11 月 1 日 |
| 132 | 广东省 | 制鞋行业挥发性有机化合物排放标准 | DB 44/817—2010 | 2010 年 11 月 1 日 |
| 133 | 广东省 | 汾江河流域水污染物排放标准 | DB 44/1366—2014 | 2014 年 8 月 1 日 |
| 134 | 广东省 | 电镀水污染物排放标准 | DB 44/1597—2015 | 2015 年 8 月 20 日 |
| 135 | 广西壮族自治区 | 甘蔗制糖工业水污染物排放标准 | DB 45/893—2013 | 2013 年 10 月 1 日 |
| 136 | 海南省 | 在用压燃式发动机汽车排气烟度排放限值（加载减速工况法） | DB 46/230—2012 | 2012 年 11 月 1 日 |
| 137 | 海南省 | 在用点燃式发动机汽车排气污染物排放限值（稳态工况法） | DB 46/231—2012 | 2012 年 11 月 1 日 |
| 138 | 重庆市 | 化工园区主要水污染物排放标准 | DB 50/457—2012 | 2012 年 9 月 1 日 |
| 139 | 重庆市 | 锶盐工业污染物排放标准 | DB 50/247—2007 | 2007 年 2 月 1 日 |
| 140 | 重庆市 | 重庆市大气污染物综合排放标准 | DB 50/418—2012 | 2012 年 12 月 1 日 |
| 141 | 重庆市 | 点燃式发动机在用汽车稳态工况法排气污染物排放限值 | DB 50/344—2010 | 2010 年 3 月 1 日 |
| 142 | 重庆市 | 压燃式发动机在用汽车加载减速法排气烟度排放限值 | DB 50/345—2010 | 2010 年 3 月 1 日 |
| 143 | 重庆市 | 餐饮船舶生活污水污染物排放标准 | DB 50/391—2011 | 2011 年 10 月 1 日 |
| 144 | 重庆市 | 汽车整车制造表面涂装大气污染物排放标准 | DB 50/ 577—2015 | 2015 年 3 月 1 日 |
| 145 | 贵州省 | 贵州省一般工业固体废物贮存、处置场污染控制标准 | DB 52/865—2013 | 2014 年 1 月 1 日 |
| 146 | 贵州省 | 贵州省环境污染物排放标准 | DB 52/864—2013 | 2014 年 1 月 1 日 |
| 147 | 陕西省 | 黄河流域（陕西段）污水综合排放标准 | DB 61/224—2011 | 2011 年 5 月 1 日 |
| 148 | 陕西省 | 西安市燃煤锅炉烟尘和二氧化硫排放限值 | DB 61/534—2011 | 2012 年 6 月 1 日 |

# 关于2015年第6批新化学物质环境管理登记证注销的公告

环境保护部公告　2016 年第 3 号

根据《新化学物质环境管理办法》（环境保护部令　第 7 号，以下简称《办法》），我部收到住化分析技术（上海）有限公司等单位提交的 66 份简易申报《新化学物质环境管理登记证》（以下简称登记证）注销的申请材料。

根据《办法》第四十条以及《新化学物质申报登记指南》第六章有关登记证注销的规定，我部对上述申请材料进行了形式审查，结合年度报告对未进行活动和停止活动的申请进行了核实和确认，批准登记证注销（见附件）。

注销后的原登记证持有人五年内不得对同一新化学物质进行再次申报。

特此公告。

附件：新化学物质环境管理登记证注销申请批准一览表

环境保护部

2016 年 1 月 12 日

附件

# 新化学物质环境管理登记证注销申请批准一览表

| 序号 | 申请单位 | 申请注销登记证号 | 注销情形 | 注销理由 |
|---|---|---|---|---|
| 1 | 住化分析技术（上海）有限公司 | 新简登 J-120315 | 未进行进口活动 | 申报人的市场发展策略发生变化 |
| 2 | 上海兰迪商务咨询有限公司 | 新简登 T-120933 | 未进行进口活动 | 申报人的市场业务变化 |
| 3 | 迪爱生合成树脂（中山）有限公司 | 新简登 T-120807 | 未进行进口/生产活动 | 申报人的市场业务变化 |
| 4 | 耐涂可涂料化工（青岛）有限公司 | 新简登 T-113968 | 未进行进口活动 | 申报人的市场业务变化 |
| 5 | 上海沂庆贸易有限公司 | 新简登 T-113426 | 未进行进口活动 | 申报人的市场业务变化 |
| 6 | 帝斯曼（中国）有限公司 | 新简登 T-121996 | 未进行进口活动 | 申报人的市场业务变化 |
| 7 | 帝斯曼（中国）有限公司 | 新简登 T-121943 | 未进行进口活动 | 申报人的市场业务变化 |
| 8 | 好富顿（上海）高级工业介质有限公司 | 新简登 T-151481 | 未进行进口活动 | 申报人的市场业务变化 |
| 9 | 阿克苏诺贝尔新劲汽车修补漆（苏州）有限公司 | 新简登 T-111702 | 未进行进口活动 | 申报人的市场业务变化 |
| 10 | 阿克苏诺贝尔新劲汽车修补漆（苏州）有限公司 | 新简登 T-111703 | 未进行进口活动 | 申报人的市场业务变化 |
| 11 | 阿克苏诺贝尔新劲汽车修补漆（苏州）有限公司 | 新简登 T-114336 | 未进行进口活动 | 申报人的市场业务变化 |
| 12 | 阿克苏诺贝尔新劲汽车修补漆（苏州）有限公司 | 新简登 T-121564 | 未进行进口活动 | 申报人的市场业务变化 |

| 序号 | 申请单位 | 申请注销登记证号 | 注销情形 | 注销理由 |
| --- | --- | --- | --- | --- |
| 13 | 阿克苏诺贝尔新劲汽车修补漆（苏州）有限公司 | 新简登 T-122094 | 未进行进口活动 | 申报人的市场业务变化 |
| 14 | 阿克苏诺贝尔新劲汽车修补漆（苏州）有限公司 | 新简登 T-122346 | 未进行进口活动 | 申报人的市场业务变化 |
| 15 | 阿克苏诺贝尔新劲汽车修补漆（苏州）有限公司 | 新简登 T-131268 | 未进行进口活动 | 申报人的市场业务变化 |
| 16 | 阿克苏诺贝尔新劲汽车修补漆（苏州）有限公司 | 新简登 T-140428 | 未进行进口活动 | 申报人的市场业务变化 |
| 17 | 阿克苏诺贝尔新劲汽车修补漆（苏州）有限公司 | 新简登 T-141064 | 未进行进口活动 | 申报人的市场业务变化 |
| 18 | 阿克苏诺贝尔新劲汽车修补漆（苏州）有限公司 | 新简登 T-132341 | 未进行进口活动 | 申报人的市场业务变化 |
| 19 | 阿克苏诺贝尔新劲汽车修补漆（苏州）有限公司 | 新简登 T-131694 | 未进行进口活动 | 申报人的市场业务变化 |
| 20 | 阿克苏诺贝尔新劲汽车修补漆（苏州）有限公司 | 新简登 T-140922 | 未进行进口活动 | 申报人的市场业务变化 |
| 21 | 阿克苏诺贝尔新劲汽车修补漆（苏州）有限公司 | 新简登 T-141443 | 未进行进口活动 | 申报人的市场业务变化 |
| 22 | 阿克苏诺贝尔新劲汽车修补漆（苏州）有限公司 | 新简登 T-141472 | 未进行进口活动 | 申报人的市场业务变化 |
| 23 | 阿克苏诺贝尔新劲汽车修补漆（苏州）有限公司 | 新简登 T-141471 | 未进行进口活动 | 申报人的市场业务变化 |
| 24 | 中国化工信息中心 | 新简登 T-112161 | 停止进口活动 | 申报人的市场发展策略发生变化 |
| 25 | 住化分析技术（上海）有限公司 | 新简登 T-122037 | 停止进口活动 | 申报人的市场发展策略发生变化 |
| 26 | 住化分析技术（上海）有限公司 | 新简登 T-130421 | 停止进口活动 | 申报人的市场发展策略发生变化 |
| 27 | 住化分析技术（上海）有限公司 | 新简登 T-131544 | 停止进口活动 | 申报人的市场发展策略发生变化 |
| 28 | 上海兰迪商务咨询有限公司 | 新简登 T-122638 | 停止进口活动 | 申报人的市场业务变化 |
| 29 | 上海兰迪商务咨询有限公司 | 新简登 T-131105 | 停止进口活动 | 申报人的市场业务变化 |
| 30 | 上海兰迪商务咨询有限公司 | 新简登 T-131106 | 停止进口活动 | 申报人的市场业务变化 |
| 31 | 上海兰迪商务咨询有限公司 | 新简登 T-131132 | 停止进口活动 | 申报人的市场业务变化 |
| 32 | 上海兰迪商务咨询有限公司 | 新简登 T-131356 | 停止进口活动 | 申报人的市场业务变化 |
| 33 | 上海兰迪商务咨询有限公司 | 新简登 T-132038 | 停止进口活动 | 申报人的市场业务变化 |
| 34 | 上海兰迪商务咨询有限公司 | 新简登 T-132039 | 停止进口活动 | 申报人的市场业务变化 |

| 序号 | 申请单位 | 申请注销登记证号 | 注销情形 | 注销理由 |
| --- | --- | --- | --- | --- |
| 35 | 上海兰迪商务咨询有限公司 | 新简登 T-132040 | 停止进口活动 | 申报人的市场业务变化 |
| 36 | 上海兰迪商务咨询有限公司 | 新简登 T-140903 | 停止进口活动 | 申报人的市场业务变化 |
| 37 | 上海兰迪商务咨询有限公司 | 新简登 T-140904 | 停止进口活动 | 申报人的市场业务变化 |
| 38 | 上海兰迪商务咨询有限公司 | 新简登 T-141565 | 停止进口活动 | 申报人的市场业务变化 |
| 39 | 上海兰迪商务咨询有限公司 | 新简登 T-141847 | 停止进口活动 | 申报人的市场业务变化 |
| 40 | 三菱商事（上海）有限公司 | 新简登 T-113396 | 停止进口活动 | 申报人的市场业务变化 |
| 41 | 欧文斯科宁复合材料（北京）有限公司 | 新简登 T-131296 | 停止进口活动 | 申报人的市场业务变化 |
| 42 | 住友商事（中国）商业有限公司 | 新简登 T-112862 | 停止进口活动 | 申报人的市场业务变化 |
| 43 | 住友商事（中国）商业有限公司 | 新简登 T-111968 | 停止进口活动 | 申报人的市场业务变化 |
| 44 | 住友商事（中国）商业有限公司 | 新简登 T-111858 | 停止进口活动 | 申报人的市场业务变化 |
| 45 | 阿克苏诺贝尔新劲汽车修补漆（苏州）有限公司 | 新简登 T-111701 | 停止进口活动 | 申报人的市场业务变化 |
| 46 | 阿克苏诺贝尔新劲汽车修补漆（苏州）有限公司 | 新简登 T-111704 | 停止进口活动 | 申报人的市场业务变化 |
| 47 | 阿克苏诺贝尔新劲汽车修补漆（苏州）有限公司 | 新简登 T-111705 | 停止进口活动 | 申报人的市场业务变化 |
| 48 | 阿克苏诺贝尔新劲汽车修补漆（苏州）有限公司 | 新简登 T-111706 | 停止进口活动 | 申报人的市场业务变化 |
| 49 | 阿克苏诺贝尔新劲汽车修补漆（苏州）有限公司 | 新简登 T-111620 | 停止进口活动 | 申报人的市场业务变化 |
| 50 | 阿克苏诺贝尔新劲汽车修补漆（苏州）有限公司 | 新简登 T-112209 | 停止进口活动 | 申报人的市场业务变化 |
| 51 | 阿克苏诺贝尔新劲汽车修补漆（苏州）有限公司 | 新简登 T-112210 | 停止进口活动 | 申报人的市场业务变化 |
| 52 | 阿克苏诺贝尔新劲汽车修补漆（苏州）有限公司 | 新简登 T-114051 | 停止进口活动 | 申报人的市场业务变化 |
| 53 | 阿克苏诺贝尔新劲汽车修补漆（苏州）有限公司 | 新简登 T-114052 | 停止进口活动 | 申报人的市场业务变化 |
| 54 | 阿克苏诺贝尔新劲汽车修补漆（苏州）有限公司 | 新简登 T-114053 | 停止进口活动 | 申报人的市场业务变化 |
| 55 | 阿克苏诺贝尔新劲汽车修补漆（苏州）有限公司 | 新简登 T-114054 | 停止进口活动 | 申报人的市场业务变化 |
| 56 | 阿克苏诺贝尔新劲汽车修补漆（苏州）有限公司 | 新简登 T-113479 | 停止进口活动 | 申报人的市场业务变化 |

| 序号 | 申请单位 | 申请注销登记证号 | 注销情形 | 注销理由 |
|---|---|---|---|---|
| 57 | 阿克苏诺贝尔新劲汽车修补漆（苏州）有限公司 | 新简登 T-120624 | 停止进口活动 | 申报人的市场业务变化 |
| 58 | 阿克苏诺贝尔新劲汽车修补漆（苏州）有限公司 | 新简登 T-121265 | 停止进口活动 | 申报人的市场业务变化 |
| 59 | 阿克苏诺贝尔新劲汽车修补漆（苏州）有限公司 | 新简登 T-121655 | 停止进口活动 | 申报人的市场业务变化 |
| 60 | 阿克苏诺贝尔新劲汽车修补漆（苏州）有限公司 | 新简登 T-122341 | 停止进口活动 | 申报人的市场业务变化 |
| 61 | 阿克苏诺贝尔新劲汽车修补漆（苏州）有限公司 | 新简登 T-122807 | 停止进口活动 | 申报人的市场业务变化 |
| 62 | 阿克苏诺贝尔新劲汽车修补漆（苏州）有限公司 | 新简登 T-130474 | 停止进口活动 | 申报人的市场业务变化 |
| 63 | 阿克苏诺贝尔新劲汽车修补漆（苏州）有限公司 | 新简登 T-140941 | 停止进口活动 | 申报人的市场业务变化 |
| 64 | 阿克苏诺贝尔新劲汽车修补漆（苏州）有限公司 | 新简登 T-140777 | 停止进口活动 | 申报人的市场业务变化 |
| 65 | 阿克苏诺贝尔新劲汽车修补漆（苏州）有限公司 | 新简登 T-141444 | 停止进口活动 | 申报人的市场业务变化 |
| 66 | 克鲁勃润滑产品（上海）有限公司 | 新简登 T-130314 | 停止生产活动 | 申报人的市场发展策略发生变化 |

# 关于实施第五阶段机动车排放标准的公告

环境保护部公告　2016 年第 4 号

为贯彻《中华人民共和国大气污染防治法》，严格控制机动车污染，全面实施《轻型汽车污染物排放限值及测量方法（中国第五阶段）》（GB 18352.5—2013）和《车用压燃式、气体燃料点燃式发动机与汽车排气污染物排放限值及测量方法（中国Ⅲ、Ⅳ、Ⅴ阶段）》（GB 17691—2005）中第五阶段排放标准（以下简称国五标准）要求，经国务院同意，现就有关事宜公告如下：

一、根据油品升级进程，分区域实施机动车国五标准。

（一）东部 11 省市（北京市、天津市、河北省、辽宁省、上海市、江苏省、浙江省、福建省、山东省、广东省和海南省）自 2016 年 4 月 1 日起，所有进口、销售和注册登记的轻型汽油车、轻型柴油客车、重型柴油车（仅公交、环卫、邮政用途），须符合国五标准要求。

（二）全国自 2017 年 1 月 1 日起，所有制造、进口、销售和注册登记的轻型汽油车、重型柴油车（客车和公交、环卫、邮政用途），须符合国五标准要求。

（三）全国自 2017 年 7 月 1 日起，所有制造、进口、销售和注册登记的重型柴油车，须符合国五标准要求。

（四）全国自 2018 年 1 月 1 日起，所有制造、进口、销售和注册登记的轻型柴油车，须符合国五标准要求。

二、汽车生产、进口企业作为环保生产一致性管理的责任主体，应按新修订的《大气污染防治法》和有关规定，向社会公布其生产、进口机动车车型的排放检验信息和污染控制技术信息，检验合格方可出厂销售，确保实际生产、销售的车辆达到排放标准要求。

三、环境保护部会同有关部门依法开展机动车环保达标监督检查，对新生产、销售不符合排放标准要求车辆的，严格依法处罚；并积极配合有关部门加强车用燃油管理，推动油品升级，确保燃油质量。

本公告自发布之日起实施。

环境保护部

工业信息化部

2016 年 1 月 14 日

# 关于实施国家第三阶段非道路移动机械用柴油机排气污染物排放标准的公告

环境保护部公告　2016 年第 5 号

为推进非道路机械污染减排，改善大气环境质量，根据《中华人民共和国大气污染防治法》和《大气污染防治行动计划》要求，现就实施《非道路移动机械用柴油机排气污染物排放限值及测量方法（中国第三、四阶段）》（GB 20891—2014）（以下简称《非道路标准》）有关事项公告如下：

一、分步实施《非道路标准》第三阶段标准。

（一）自 2015 年 10 月 1 日起，所有制造和销售的非道路移动机械用柴油机，其排气污染物排放必须符合本标准第三阶段要求。

（二）自 2016 年 4 月 1 日起，所有制造、进口和销售的非道路移动机械不得装用不符合《非道路标准》第三阶段要求的柴油机（农用机械除外）。

（三）自 2016 年 12 月 1 日起，所有制造、进口和销售的农用机械不得装用不符合《非道路标准》第三阶段要求的柴油机。

二、非道路移动机械生产企业作为环保生产一致性管理的责任主体，应确保实际生产、销售的机械达到《非道路标准》相应要求。同时，按照《中华人民共和国大气污染防治法》将相关环保信息进行公开。

三、环境保护部将加强生产、销售环节监督检查，严厉打击违法生产销售不达标产品行为。对生产、进口、销售不符合《非道路标准》要求的，环境保护部会同有关部门依法进行处罚。

环境保护部

2016年1月14日

# 关于授予上海市崇明县、广东省珠海市等22个市、县（市、区）“国家生态市、县（市、区）”称号的公告

环境保护部公告 2016年第6号

为贯彻落实党中央、国务院关于加快推进生态文明建设的决策部署，上海市崇明县、广东省珠海市等22个市、县（市、区）积极开展国家生态市、县创建，目前已经达到国家生态市、县（市、区）考核指标要求。根据《国家生态建设示范区管理规程》等规定，我部决定授予其“国家生态市、县（市、区）”称号。

希望获得称号的市、县（市、区）珍惜荣誉，再接再厉，崇尚创新、注重协调、倡导绿色、厚植开放、推进共享，争当绿水青山就是金山银山的践行者和引领者，全面加强生态环境保护，不断提升生态文明水平，为促进区域经济、社会和环境的全面、协调、可持续发展，建设美丽中国做出新的贡献。

特此公告。

附件：国家生态市、县（市、区）名单

环境保护部

2016年1月22日

附件

## 国家生态市、县（市、区）名单

**上海市** 崇明县
**江苏省** 淮安市清浦区，金湖县
**浙江省** 杭州市余杭区，淳安县，宁海县，仙居县，庆元县
**安徽省** 岳西县
**福建省** 永泰县，厦门市海沧区，泉州市洛江区，南安市，东山县
**江西省** 靖安县，婺源县
**河南省** 新县
**湖南省** 长沙县
**广东省** 珠海市，珠海市斗门区，珠海市金湾区
**陕西省** 凤县

# 关于发布《危险废物产生单位管理计划制定指南》的公告

环境保护部公告 2016年第7号

为落实《固体废物污染环境防治法》关于产生危险废物的单位必须按照国家有关规定制订危险废物管理计划的规定，指导危险废物产生单位制订管理计划，我部制定了《危险废物产生单位管理计划制定指南》。现予以公布，自发布之日起施行。

特此公告。

附件：危险废物产生单位管理计划制定指南

环境保护部
2016年1月25日

附件

## 危险废物产生单位管理计划制定指南

为贯彻落实《固体废物污染环境防治法》（以下简称《固体法》）关于产生危险废物的

单位必须按照国家有关规定制定危险废物管理计划的规定，指导危险废物产生单位制订危险废物管理计划（以下简称管理计划），特制定本指南。

## 一、适用范围

本指南适用于中华人民共和国境内危险废物产生单位（以下简称产废单位）。

## 二、基本原则

（一）依法制定，严格落实。产废单位应依据国家相关法律法规和标准规范的有关要求制定管理计划，并严格按照管理计划加强危险废物全生命周期的环境管理。

（二）源头减量，过程控制。管理计划应注重减少危险废物的产生量和危害性，并采取防范措施避免危险废物在贮存、利用、处置等过程中的环境风险。

（三）因地制宜，切合实际。以本指南为基础，在确保管理计划真实和可操作的前提下，企业可以结合实际情况，商所在地县级以上人民政府环境保护主管部门调整相关内容。

## 三、基本要求

（一）制定单位

管理计划应由具有独立法人资格的产废单位制定。对拥有子公司（具有独立法人资格）、分公司（不具有独立法人资格）或者生产基地的集团公司（统称集团公司），按以下规则进行制定：

1．子公司单独制定。

2．分公司或者生产基地（统称所属单位），按照属地管理原则划分制定单位。所属单位可与集团公司一起制定，也可分别单独制定。原则上，所属单位与集团公司不在同一设区的市的，应当分别单独制定。

（二）制定形式

管理计划应以书面形式制定并装订成册，封面和正文的排版使用既定格式（封面可增加企业标志）。按照填表说明填写《危险废物管理计划》[见附 1（略）]，并附《危险废物管理计划备案登记表》[见附 2（略）]。

（三）制定时限

原则上管理计划按年度制定，并存档 5 年以上。鼓励产废单位制定中长期（如 5～10 年）管理计划。制订中长期管理计划的，应当按年度制订实施计划。

## 四、主要内容

（一）基本信息

基本内容主要包括：单位名称、法定代表人、单位注册地址、生产设施地址、行业类别与代码、总投资、总产值、企业规模、联系人以及联系方式等。

管理体系主要包括：危险废物管理部门及负责人、技术人员相关情况、制度制定及落实情况、管理组织框架等。

（二）过程管理

1．危险废物产生环节

产品生产情况主要包括：原辅材料及消耗量、生产设备及数量、产品及产量、生产工艺流程图及工艺说明等。

危险废物产生情况主要包括：产生的危险废物名称、代码、废物类别、有害物质名称、物理性状、危险特性、本年度计划产生量、上年度实际产生量、来源及产生工序等。

危险废物源头减量计划和措施：产废单位根据自身产品生产和危险废物产生情况，在借鉴同行业发展水平和经验的基础上，提出减少危险废物产生量和危害性的计划，明确改进原料、工艺、技术、管理等方面的具体措施。

2．危险废物转移环节

危险废物贮存情况：产废单位应明确危险废物贮存设施现状，包括设施名称、数量、类型、面积及贮存能力，掌握贮存危险废物的类别、名称、数量及贮存原因，提出危险废物贮存过程的污染防治和事故预防措施等内容。

危险废物运输情况：危险废物运输应遵守危险货物运输管理的相关规定，按照危险废物特性分类运输。自行运输危险废物的应描述拟采用运输工具状况，包括工具种类、载重量、使用年限、危险货物运输资质、污染防治和事故预防措施等；委托外单位运输危险废物的，应描述委托运输具体状况，包括委托运输单位、危险货物运输资质等。

危险废物转移情况：产废单位需要将危险废物转移出厂区的，应制订转移计划，其内容包括：危险废物数量、种类；拟接收危险废物的经营单位等。

3．危险废物利用处置环节

危险废物自行利用处置情况主要包括：设施名称、利用处置废物方式、总投资、设计能力、设计使用年限、投入运行时间、运行费用、主要设备及数量、利用处置效果、利用处置废物的名称和数量、工艺流程、二次环境污染控制和事故预防措施等。

危险废物委托利用处置情况主要包括：委托利用处置单位名称、经营单位的许可证编号、委托利用处置危险废物的名称、利用处置方式、本年度计划委托量和上年度委托量等。

（三）环境监测

产废单位应对危险废物自行利用处置设施运行的相关参数、环境质量、污染物排放等进行监测。如危险废物焚烧设施运行的工艺参数、焚烧残渣热灼减率、活性炭和燃料油等主要原辅材料消耗情况等；污染物监测指标（如废水、废气的特征污染物和主要污染物，噪声等）及监测频率和时间安排等。

自行开展环境监测的，应当具有相应的监测仪器和设备，并制定有监测仪器的维护和标定方案，监测人员应当具备相关资质；不具备自行监测能力的，应当与有监测资质（通过计量认证）的单位签订委托监测合同。

（四）上年度计划实施情况回顾

产废单位应对上年度管理计划实施情况进行总结，内容主要包括：上年度企业接受环保部门检查和环境监测情况，危险废物相关信息的社会公开情况；上年度危险废物实际产生数量、种类、贮存、利用处置等情况，并与管理计划中预期结果进行比较分析；上年度危险废物相关管理制度执行情况。

### 五、建立台账

产废单位要结合自身的实际情况，与生产记录相衔接，建立危险废物台账[见附3(略)]，如实记载产生危险废物的种类、数量、流向、贮存、利用处置等信息。鼓励产废单位采用信息化手段建立危险废物台账。产废单位应在台账工作的基础上如实向所在地县级以上人民政府环境保护主管部门申报危险废物的种类、产生量、流向、贮存、处置等有关资料。

附1：危险废物管理计划

附2：危险废物管理计划备案登记表

附3：危险废物产生单位建立台账的要求

## 关于建设项目环境影响评价资质审查结果（2016年第一批）的公告

环境保护部公告　2016年第8号

根据《建设项目环境影响评价资质管理办法》（环境保护部令　第36号）及相关文件的规定，我部对申请建设项目环境影响评价资质（以下简称资质）的相关机构进行了审查。现将审查结果（2016年第一批）公告如下：

一、批准菏泽市牡丹区环境保护科学研究所等13家机构资质证书中的机构名称变更。

二、批准江苏绿源工程设计研究有限公司等4家机构调整评价范围。

三、批准中海油天津化工研究设计院等83家机构资质延续。其中，不予批准重庆工商大学环境保护研究所延续原有部分评价范围。

四、批准宜昌市环境保护研究所等17家机构资质证书中的法定代表人或住所变更。

五、不予批准南京普信环保科技有限公司调整评价范围。

六、批准伊春市环境保护科学研究所等7家机构注销资质。

审查结果的具体情况详见附件。第一至四项中的机构请于60日内携带原资质证书正、副本原件，到我部行政审批大厅换领证书。自本公告发布之日起，第一至四项和第六项中的机构原资质证书正、副本原件同时作废；第一项机构中进入更名后机构的环境影响评价工程师登记编号予以重新核发，第一项机构中未进入更名后机构的环境影响评价工程师和第六项机构中的环境影响评价工程师登记编号予以注销。

上述机构不服本公告决定的，可在接到本公告之日起60日内向我部申请行政复议，也可在接到本公告之日起6个月内依法提起行政诉讼。在未获延续的评价范围内或注销资质前，已承接的环境影响报告书需继续完成的，应在本公告发布之日起 15 日内，将有关情况连同编制委托合同等证明材料报我部审核。

行政审批大厅地址：北京市西城区西直门南小街 115 号（邮编：100035）。

联系人：环境保护部环境影响评价司　朱美

电话：（010）66556045

附件：建设项目环境影响评价资质审查结果（2016 年第一批）

环境保护部

2016 年 1 月 26 日

附件

## 建设项目环境影响评价资质审查结果（2016 年第一批）

| 序号 | 机构名称 | 资质证书编号 | 申请事项 | 审查结果 |
|---|---|---|---|---|
| 1 | 菏泽市牡丹区环境保护科学研究所 | 国环评证乙字第 2456 号 | 更名（环保系统环评机构脱钩）、法定代表人变更、住所变更 | 批准资质证书中的机构名称变更为山东中慧咨询管理有限公司。资质有效期四年。批准资质证书中的法定代表人和住所变更 |
| 2 | 宜昌市环境保护研究所 | 国环评证乙字第 2606 号 | 更名（环保系统环评机构脱钩）、住所变更 | 批准资质证书中的机构名称变更为湖北正江环保科技有限公司。评价范围为轻工纺织化纤、化工石化医药、冶金机电环境影响报告书乙级类别和一般项目环境影响报告表类别。资质有效期四年。批准资质证书中的住所变更。因相应类别人数不足，不予批准采掘、社会服务环境影响报告书乙级类别评价范围 |
| 3 | 怀化市环境保护科学研究所 | 国环评证乙字第 2706 号 | 更名（环保系统环评机构脱钩）、法定代表人变更、住所变更 | 批准资质证书中的机构名称变更为湖南绿鸿环境科技有限责任公司。资质有效期四年。批准资质证书中的法定代表人和住所变更 |
| 4 | 郴州市环境保护科学研究所 | 国环评证乙字第 2723 号 | 更名（环保系统环评机构脱钩）、法定代表人变更、住所变更 | 批准资质证书中的机构名称变更为湖南大自然环保科技有限公司。资质有效期四年。批准资质证书中的法定代表人和住所变更 |
| 5 | 深圳市环境科学研究院 | 国环评证甲字第 2806 号 | 更名（环保系统环评机构脱钩）、法定代表人变更、住所变更 | 批准资质证书中的机构名称变更为深圳市汉宇环境科技有限公司。资质有效期四年。批准资质证书中的法定代表人变更和住所变更 |
| 6 | 来宾市环境保护科学研究所 | 国环评证乙字第 2905 号 | 更名（环保系统环评机构脱钩）、法定代表人变更 | 批准资质证书中的机构名称变更为广西来环环保科技有限公司。资质有效期四年。批准资质证书中的法定代表人变更 |

| 序号 | 机构名称 | 资质证书编号 | 申请事项 | 审查结果 |
|---|---|---|---|---|
| 7 | 钦州市环境科学研究所 | 国环评证乙字第 2913 号 | 更名（环保系统环评机构脱钩）、法定代表人变更、住所变更 | 批准资质证书中的机构名称变更为广西钦天境环境科技有限公司。资质有效期四年。批准资质证书中的法定代表人和住所变更 |
| 8 | 丽江市环境科学研究所 | 国环评证乙字第 3422 号 | 更名（环保系统环评机构脱钩）、法定代表人变更、住所变更 | 批准资质证书中的机构名称变更为丽江智德环境咨询有限公司。资质有效期四年。批准资质证书中的法定代表人和住所变更 |
| 9 | 中海油天津化工研究设计院 | 国环评证乙字第 1101 号 | 更名、资质延续 | 批准资质证书中的机构名称变更为中海油天津化工研究设计院有限公司。批准资质延续，评价范围为轻工纺织化纤、化工石化医药、冶金机电、社会服务环境影响报告书乙级类别和一般项目环境影响报告表类别。资质有效期自 2016 年 1 月 17 日至 2016 年 12 月 31 日 |
| 10 | 吉林省兴环环境技术服务有限公司 | 国环评证乙字第 1610 号 | 更名、资质延续、法定代表人变更 | 批准资质证书中的机构名称变更为吉林省境环景然科技有限公司。批准资质延续，评价范围为轻工纺织化纤、冶金机电、采掘、社会服务环境影响报告书乙级类别和一般项目环境影响报告表类别。资质有效期自 2016 年 1 月 17 日至 2016 年 12 月 31 日。批准资质证书中的法定代表人变更 |
| 11 | 浙江省电力设计院 | 国环评证乙字第 2010 号 | 更名 | 批准资质证书中的机构名称变更为中国能源建设集团浙江省电力设计院有限公司 |
| 12 | 四川省有色冶金研究院 | 国环评证乙字第 3212 号 | 更名、资质延续 | 批准资质证书中的机构名称变更为四川省有色科技集团有限责任公司。评价范围为冶金机电、采掘、社会服务类环境影响报告书类别和一般项目环境影响报告表类别。资质有效期自 2016 年 1 月 17 日至 2016 年 12 月 31 日 |
| 13 | 甘肃省核与辐射安全局 | 国环评证乙字第 3714 号 | 更名、资质延续、法定代表人变更 | 批准资质证书中的机构名称变更为甘肃省核与辐射安全中心。批准资质延续，评价范围为一般项目和核与辐射项目环境影响报告表类别。资质有效期自 2016 年 1 月 17 日至 2016 年 6 月 30 日。批准资质证书中的法定代表人变更 |
| 14 | 江苏绿源工程设计研究有限公司 | 国环评证乙字第 1951 号 | 调整评价范围、资质延续 | 批准资质延续，评价范围为化工石化医药、社会服务环境影响报告书乙级类别和一般项目环境影响报告表类别；批准增加轻工纺织化纤、冶金机电、交通运输环境影响报告书乙级类别评价范围。资质有效期四年 |
| 15 | 南京普信环保科技有限公司 | 国环评证乙字第 1991 号 | 调整评价范围 | 因相应类别环评工程师人数及业绩不足，不予批准增加冶金机电环境影响报告书乙级类别 |

| 序号 | 机构名称 | 资质证书编号 | 申请事项 | 审查结果 |
| --- | --- | --- | --- | --- |
| 16 | 杭州市环境保护有限公司 | 国环评证乙字第 2028 号 | 调整评价范围 | 批准增加冶金机电、社会服务环境影响报告书乙级类别评价范围 |
| 17 | 山东新达环境保护技术咨询有限责任公司 | 国环评证乙字第 2453 号 | 调整评价范围、资质延续、住所变更 | 批准资质延续，评价范围为一般项目环境影响报告表类别；批准增加化工石化医药、冶金机电环境影响报告书乙级类别评价范围。资质有效期四年。批准资质证书中的住所变更 |
| 18 | 青岛洁瑞环保技术服务有限公司 | 国环评证乙字第 2480 号 | 调整评价范围 | 批准增加冶金机电、社会服务环境影响报告书乙级类别评价范围。 |
| 19 | 北京中油建设项目劳动安全卫生预评价有限公司 | 国环评证甲字第 1025 号 | 资质延续 | 批准资质延续，评价范围为采掘、交通运输环境影响报告书甲级类别和一般项目环境影响报告表类别。资质有效期至 2016 年 12 月 31 日 |
| 20 | 核工业二〇三研究所 | 国环评证甲字第 3608 号 | 资质延续 | 批准资质延续（评价范围：建材火电、采掘环境影响报告书甲级类别；冶金机电、农林水利、社会服务、核工业环境影响报告书乙级类别；一般项目和核与辐射项目环境影响报告表类别）。资质有效期至 2016 年 12 月 31 日 |
| 21 | 煤炭科学技术研究院有限公司 | 国环评证乙字第 1034 号 | 资质延续、法定代表人变更 | 批准资质延续，评价范围为化工石化医药、采掘、社会服务环境影响报告书乙级类别和一般项目环境影响报告表类别。资质有效期自 2016 年 1 月 17 日至 2016 年 12 月 31 日。批准资质证书中的法定代表人变更 |
| 22 | 国核电力规划设计研究院 | 国环评证乙字第 1053 号 | 资质延续 | 批准资质延续，评价范围为一般项目和核与辐射项目环境影响报告表类别。资质有效期自 2016 年 1 月 17 日至 2016 年 12 月 31 日 |
| 23 | 天津市五洲华风科技有限公司 | 国环评证乙字第 1102 号 | 资质延续 | 批准资质延续，评价范围为冶金机电、交通运输、社会服务环境影响报告书乙级类别和一般项目环境影响报告表类别。资质有效期自 2016 年 1 月 17 日至 2016 年 12 月 31 日 |
| 24 | 水利部海河水利委员会水资源保护科学研究所 | 国环评证乙字第 1106 号 | 资质延续 | 批准资质延续，评价范围为农林水利、社会服务环境影响报告书乙级类别和一般项目环境影响报告表类别。资质有效期自 2016 年 1 月 17 日至 2016 年 12 月 31 日 |
| 25 | 河北省气候中心 | 国环评证乙字第 1210 号 | 资质延续 | 批准资质延续，评价范围为冶金机电、交通运输、社会服务环境影响报告书乙级类别和一般项目环境影响报告表类别。资质有效期自 2016 年 1 月 17 日至 2016 年 12 月 31 日 |
| 26 | 河北省环境地质勘查院 | 国环评证乙字第 1213 号 | 资质延续 | 批准资质延续，评价范围为轻工纺织化纤、化工石化医药、农林水利、采掘、社会服务环境影响报告书乙级类别和一般项目环境影响报告表类别。资质有效期自 2016 年 1 月 17 日至 2016 年 12 月 31 日 |

| 序号 | 机构名称 | 资质证书编号 | 申请事项 | 审查结果 |
|---|---|---|---|---|
| 27 | 河北洁源安评环保咨询有限公司 | 国环评证乙字第 1235 号 | 资质延续 | 批准资质延续，评价范围为一般项目环境影响报告表类别。资质有效期至 2016 年 12 月 31 日 |
| 28 | 大同市环境保护研究所 | 国环评证乙字第 1301 号 | 资质延续、住所变更 | 批准资质延续，评价范围为轻工纺织化纤、化工石化医药、采掘、社会服务环境影响报告书乙级类别和一般项目环境影响报告表类别。资质有效期自 2016 年 1 月 17 日至 2016 年 6 月 30 日。批准资质证书中的住所变更 |
| 29 | 山西煤炭管理干部学院 | 国环评证乙字第 1309 号 | 资质延续、住所变更 | 批准资质延续，评价范围为化工石化医药、冶金机电、采掘环境影响报告书乙级类别和一般项目环境影响报告表类别。资质有效期自 2016 年 1 月 17 日至 2016 年 12 月 31 日。批准资质证书中的住所变更 |
| 30 | 中国科学院山西煤炭化学研究所 | 国环评证乙字第 1310 号 | 资质延续 | 批准资质延续，评价范围为化工石化医药、冶金机电环境影响报告书乙级类别和一般项目环境影响报告表类别。资质有效期自 2016 年 1 月 17 日至 2016 年 12 月 31 日 |
| 31 | 赛鼎工程有限公司 | 国环评证乙字第 1311 号 | 资质延续 | 批准资质延续，评价范围为轻工纺织化纤、化工石化医药环境影响报告书乙级类别和一般项目环境影响报告表类别。资质有效期自 2016 年 1 月 17 日至 2016 年 12 月 31 日 |
| 32 | 中核新能核工业工程有限责任公司 | 国环评证乙字第 1320 号 | 资质延续 | 批准资质延续（评价范围：轻工纺织化纤、化工石化医药、输变电及广电通信环境影响报告书乙级类别；一般项目和核与辐射项目环境影响报告表类别）。资质有效期自 2016 年 1 月 17 日至 2016 年 12 月 31 日 |
| 33 | 包头市环境科学研究院 | 国环评证乙字第 1409 号 | 资质延续 | 批准资质延续，评价范围为冶金机电、建材火电、社会服务环境影响报告书乙级类别和一般项目环境影响报告表类别。资质有效期自 2016 年 1 月 17 日至 2016 年 12 月 31 日 |
| 34 | 包头市核新环保技术有限责任公司 | 国环评证乙字第 1424 号 | 资质延续 | 批准资质延续，评价范围为一般项目和核与辐射项目环境影响报告表类别。资质有效期自 2016 年 1 月 17 日至 2016 年 12 月 31 日 |
| 35 | 大连市环境保护有限公司 | 国环评证乙字第 1501 号 | 资质延续 | 批准资质延续，评价范围为轻工纺织化纤、化工石化医药、冶金机电、建材火电、采掘、交通运输、社会服务环境影响报告书乙级类别和一般项目环境影响报告表类别。资质有效期至 2016 年 12 月 31 日 |
| 36 | 大连经环建科技服务有限公司 | 国环评证乙字第 1502 号 | 资质延续 | 批准资质延续，评价范围为冶金机电、农林水利、社会服务环境影响报告书乙级类别和一般项目环境影响报告表类别。资质有效期至 2016 年 12 月 31 日 |

| 序号 | 机构名称 | 资质证书编号 | 申请事项 | 审查结果 |
|---|---|---|---|---|
| 37 | 大连机工机械环保研究所 | 国环评证乙字第 1503 号 | 资质延续 | 批准资质延续，评价范围为冶金机电、社会服务环境影响报告书乙级类别和一般项目环境影响报告表类别。资质有效期至 2016 年 12 月 31 日 |
| 38 | 沈阳中科生态环评有限公司 | 国环评证乙字第 1504 号 | 资质延续 | 批准资质延续，评价范围为一般项目环境影响报告表类别。资质有效期至 2016 年 12 月 31 日 |
| 39 | 沈阳沈铁环宇工程咨询有限公司 | 国环评证乙字第 1515 号 | 资质延续 | 批准资质延续，评价范围为交通运输、社会服务环境影响报告书乙级类别和一般项目环境影响报告表类别。资质有效期至 2016 年 12 月 31 日 |
| 40 | 吉林省龙桥辐射环境工程有限公司 | 国环评证乙字第 1619 号 | 资质延续 | 批准资质延续（评价范围：冶金机电、社会服务、输变电及广电通信、核工业环境影响报告书乙级类别；一般项目和核与辐射项目环境影响报告表类别）。资质有效期自 2016 年 1 月 17 日至 2016 年 12 月 31 日 |
| 41 | 吉林省环科环保技术有限公司 | 国环评证乙字第 1623 号 | 资质延续 | 批准资质延续，评价范围为轻工纺织化纤、建材火电、农林水利、社会服务环境影响报告书乙级类别和一般项目环境影响报告表类别。资质有效期自 2016 年 1 月 17 日至 2016 年 12 月 31 日 |
| 42 | 哈尔滨师范大学 | 国环评证乙字第 1711 号 | 资质延续 | 批准资质延续，评价范围为一般项目环境影响报告表类别。资质有效期自 2016 年 1 月 17 日至 2016 年 12 月 31 日 |
| 43 | 宝钢工程技术集团有限公司 | 国环评证乙字第 1808 号 | 资质延续 | 批准资质延续，评价范围为冶金机电、社会服务环境影响报告书乙级类别和一般项目环境影响报告表类别。资质有效期至 2016 年 12 月 31 日 |
| 44 | 上海环境节能工程有限公司 | 国环评证乙字第 1809 号 | 资质延续 | 批准资质延续，评价范围为化工石化医药、冶金机电、交通运输、社会服务环境影响报告书乙级类别和一般项目环境影响报告表类别。资质有效期至 2016 年 12 月 31 日 |
| 45 | 上海顺茂环境影响评价技术服务有限公司 | 国环评证乙字第 1815 号 | 资质延续 | 批准资质延续，评价范围为交通运输环境影响报告书乙级类别和一般项目环境影响报告表类别。资质有效期至 2016 年 12 月 31 日 |
| 46 | 上海格林曼环境技术有限公司 | 国环评证乙字第 1823 号 | 资质延续 | 批准资质延续，评价范围为化工石化医药、冶金机电、社会服务环境影响报告书乙级类别和一般项目环境影响报告表类别。资质有效期至 2016 年 12 月 31 日 |
| 47 | 绍兴市环球环境保护科学设计研究院有限公司 | 国环评证乙字第 2005 号 | 资质延续 | 批准资质延续，评价范围为轻工纺织化纤环境影响报告书乙级类别和一般项目环境影响报告表类别。资质有效期至 2016 年 12 月 31 日 |

| 序号 | 机构名称 | 资质证书编号 | 申请事项 | 审查结果 |
|---|---|---|---|---|
| 48 | 浙江省水利水电勘测设计院 | 国环评证乙字第 2009 号 | 资质延续 | 批准资质延续，评价范围为农林水利、社会服务、海洋工程环境影响报告书乙级类别和一般项目环境影响报告表类别。资质有效期至 2016 年 12 月 31 日 |
| 49 | 浙江冶金环境保护设计研究有限公司 | 国环评证乙字第 2011 号 | 资质延续 | 批准资质延续，评价范围为轻工纺织化纤、化工石化医药、冶金机电、建材火电、社会服务环境影响报告书乙级类别和一般项目环境影响报告表类别。资质有效期至 2016 年 12 月 31 日 |
| 50 | 嘉兴市环境科学研究所有限公司 | 国环评证乙字第 2016 号 | 资质延续 | 批准资质延续，评价范围为轻工纺织化纤、化工石化医药、冶金机电、社会服务环境影响报告书乙级类别和一般项目环境影响报告表类别。资质有效期至 2016 年 12 月 31 日 |
| 51 | 杭州博盛环保科技有限公司 | 国环评证乙字第 2030 号 | 资质延续 | 批准资质延续，评价范围为轻工纺织化纤、冶金机电、交通运输环境影响报告书乙级类别和一般项目环境影响报告表类别。资质有效期至 2016 年 12 月 31 日 |
| 52 | 浙江瑞阳环保科技有限公司 | 国环评证乙字第 2035 号 | 资质延续 | 批准资质延续，评价范围为轻工纺织化纤、冶金机电、采掘、社会服务环境影响报告书乙级类别和一般项目环境影响报告表类别。资质有效期至 2016 年 12 月 31 日 |
| 53 | 福建闽科环保技术开发有限公司 | 国环评证乙字第 2225 号 | 资质延续 | 批准资质延续，评价范围为轻工纺织化纤、化工石化医药、冶金机电、交通运输、社会服务环境影响报告书乙级类别和一般项目环境影响报告表类别。资质有效期至 2016 年 12 月 31 日 |
| 54 | 福州闽涵环保工程有限公司 | 国环评证乙字第 2232 号 | 资质延续 | 批准资质延续，评价范围为一般项目环境影响报告表类别。资质有效期至 2016 年 12 月 31 日 |
| 55 | 江西省水利规划设计院 | 国环评证乙字第 2302 号 | 资质延续 | 批准资质延续，评价范围为交通运输、社会服务环境影响报告书乙级类别和一般项目环境影响报告表类别。资质有效期自 2016 年 1 月 17 日至 2016 年 12 月 31 日 |
| 56 | 南昌市环境保护研究设计院有限公司 | 国环评证乙字第 2304 号 | 资质延续 | 批准资质延续，评价范围为轻工纺织化纤、化工石化医药、冶金机电、社会服务环境影响报告书乙级类别和一般项目环境影响报告表类别。资质有效期自 2016 年 1 月 17 日至 2016 年 12 月 31 日 |
| 57 | 江西农业大学 | 国环评证乙字第 2321 号 | 资质延续 | 批准资质延续，评价范围为一般项目环境影响报告表类别。资质有效期自 2016 年 1 月 17 日至 2016 年 12 月 31 日 |
| 58 | 山东农业大学 | 国环评证乙字第 2402 号 | 资质延续 | 批准资质延续，评价范围为轻工纺织化纤、化工石化医药、冶金机电、社会服务环境影响报告书乙级类别和一般项目环境影响报告表类别。资质有效期至 2016 年 12 月 31 日 |

| 序号 | 机构名称 | 资质证书编号 | 申请事项 | 审查结果 |
| --- | --- | --- | --- | --- |
| 59 | 山东省化工研究院 | 国环评证乙字第 2404 号 | 资质延续 | 批准资质延续，评价范围为轻工纺织化纤、化工石化医药、社会服务环境影响报告书乙级类别和一般项目环境影响报告表类别。资质有效期至 2016 年 12 月 31 日 |
| 60 | 国家海洋局第一海洋研究所 | 国环评证乙字第 2412 号 | 资质延续 | 批准资质延续，评价范围为交通运输、社会服务、海洋工程环境影响报告书乙级类别和一般项目环境影响报告表类别。资质有效期至 2016 年 12 月 31 日 |
| 61 | 临沂市环境保护科学研究所有限公司 | 国环评证乙字第 2425 号 | 资质延续 | 批准资质延续（评价范围：轻工纺织化纤、化工石化医药、冶金机电、建材火电、社会服务环境影响报告书乙级类别一般项目和核与辐射项目环境影响报告表类别）。资质有效期四年 |
| 62 | 泰安市环境保护科学研究所 | 国环评证乙字第 2434 号 | 资质延续 | 批准资质延续，评价范围为轻工纺织化纤、化工石化医药、冶金机电、建材火电环境影响报告书乙级类别和一般项目环境影响报告表类别。资质有效期至 2016 年 6 月 30 日 |
| 63 | 聊城市环境科学工程设计院 | 国环评证乙字第 2440 号 | 资质延续 | 批准资质延续（评价范围：轻工纺织化纤、化工石化医药、冶金机电、建材火电、社会服务环境影响报告书乙级类别；一般项目和核与辐射项目环境影响报告表类别）。资质有效期至 2016 年 6 月 30 日 |
| 64 | 山东海美侬项目咨询有限公司 | 国环评证乙字第 2452 号 | 资质延续 | 批准资质延续（评价范围：轻工纺织化纤、化工石化医药、冶金机电、建材火电、社会服务环境影响报告书乙级类别一般项目和核与辐射项目环境影响报告表类别）。资质有效期至 2016 年 12 月 31 日 |
| 65 | 山东民通环境安全科技有限公司 | 国环评证乙字第 2454 号 | 资质延续 | 批准资质延续，评价范围为轻工纺织化纤冶金机电、建材火电、社会服务环境影响报告书乙级类别和一般项目环境影响报告表类别。资质有效期至 2016 年 12 月 31 日 |
| 66 | 河南省冶金研究所有限责任公司 | 国环评证乙字第 2509 号 | 资质延续 | 批准资质延续，评价范围为化工石化医药、冶金机电环境影响报告书乙级类别和一般项目环境影响报告表类别。资质有效期四年。 |
| 67 | 商丘市环境保护科学研究所 | 国环评证乙字第 2516 号 | 资质延续、法定代表人变更 | 批准资质延续，评价范围为轻工纺织化纤、农林水利、社会服务环境影响报告书乙级类别和一般项目环境影响报告表类别。资质有效期自 2016 年 1 月 17 日至 2016 年 6 月 30 日。批准资质证书中的法定代表人变更 |
| 68 | 煤炭工业郑州设计研究院股份有限公司 | 国环评证乙字第 2519 号 | 资质延续 | 批准资质延续，评价范围为轻工纺织化纤、采掘、交通运输环境影响报告书乙级类别和一般项目环境影响报告表类别。资质有效期自 2016 年 1 月 17 日至 2016 年 12 月 31 日 |

| 序号 | 机构名称 | 资质证书编号 | 申请事项 | 审查结果 |
| --- | --- | --- | --- | --- |
| 69 | 河南省地质测绘总院 | 国环评证乙字第 2550 号 | 资质延续 | 批准延续，评价范围为一般项目环境影响报告表类别。资质有效期自 2015 年 5 月 6 日至 2016 年 12 月 31 日 |
| 70 | 华中科技大学 | 国环评证乙字第 2604 号 | 资质延续、法定代表人变更 | 批准资质延续，评价范围为一般项目环境影响报告表类别。资质有效期自 2016 年 1 月 17 日至 2016 年 12 月 31 日。批准资质证书中的法定代表人变更 |
| 71 | 中冶长天国际工程有限责任公司 | 国环评证乙字第 2705 号 | 资质延续 | 批准资质延续，评价范围为冶金机电、采掘、社会服务环境影响报告书乙级类别和一般项目环境影响报告表类别。资质有效期自 2016 年 1 月 17 日至 2016 年 12 月 31 日 |
| 72 | 湖南有色金属研究院 | 国环评证乙字第 2711 号 | 资质延续 | 批准资质延续，评价范围为化工石化医药、冶金机电、采掘、社会服务环境影响报告书乙级类别和一般项目环境影响报告表类别。资质有效期自 2016 年 1 月 17 日至 2016 年 12 月 31 日 |
| 73 | 常德市双赢环境咨询服务有限公司 | 国环评证乙字第 2721 号 | 资质延续 | 批准资质延续，评价范围为轻工纺织化纤、化工石化医药、社会服务环境影响报告书乙级类别和一般项目环境影响报告表类别。资质有效期自 2016 年 1 月 17 日至 2016 年 12 月 31 日 |
| 74 | 湖南省职业病防治院 | 国环评证乙字第 2729 号 | 资质延续 | 批准资质延续，评价范围为一般项目和核与辐射项目环境影响报告表类别。资质有效期自 2016 年 1 月 17 日至 2016 年 12 月 31 日 |
| 75 | 广东省环境保护职业技术学校 | 国环评证乙字第 2802 号 | 资质延续 | 批准资质延续，评价范围为轻工纺织化纤、化工石化医药、冶金机电、建材火电、交通运输、社会服务环境影响报告书乙级类别和一般项目环境影响报告表类别。资质有效期自 2016 年 1 月 17 日至 2016 年 6 月 30 日 |
| 76 | 深圳市环境工程科学技术中心有限公司 | 国环评证乙字第 2831 号 | 资质延续 | 批准资质延续，评价范围为化工石化医药、冶金机电、交通运输、社会服务环境影响报告书乙级类别和一般项目环境影响报告表类别。资质有效期自 2016 年 1 月 17 日至 2016 年 12 月 31 日 |
| 77 | 广东省环境科学研究院 | 国环评证乙字第 2836 号 | 资质延续 | 批准资质延续（评价范围：轻工纺织化纤、化工石化医药、冶金机电、建材火电、交通运输、社会服务、输变电及广电通信、核工业环境影响报告书乙级类别；一般项目和核与辐射项目环境影响报告表类别）。资质有效期自 2016 年 1 月 17 日至 2016 年 6 月 30 日 |

| 序号 | 机构名称 | 资质证书编号 | 申请事项 | 审查结果 |
|---|---|---|---|---|
| 78 | 博罗县环境科学研究所 | 国环评证乙字第 2839 号 | 资质延续 | 批准资质延续，评价范围为一般项目环境影响报告表类别。资质有效期自 2016 年 1 月 17 日至 2016 年 6 月 30 日 |
| 79 | 广州环发环保工程有限公司 | 国环评证乙字第 2854 号 | 资质延续 | 批准资质延续，评价范围为化工石化医药、采掘、社会服务环境影响报告书乙级类别和一般项目环境影响报告表类别。资质有效期自 2016 年 1 月 17 日至 2016 年 12 月 31 日 |
| 80 | 重庆大学 | 国环评证乙字第 3103 号 | 资质延续 | 批准资质延续（评价范围：化工石化医药冶金机电、采掘、社会服务环境影响报告书乙级类别；一般项目和核与辐射项目环境影响报告表类别）。资质有效期自 2016 年 1 月 17 日至 2016 年 12 月 31 日 |
| 81 | 重庆工商大学环境保护研究所 | 国环评证乙字第 3107 号 | 资质延续 | 批准资质延续，评价范围为一般项目环境影响报告表类别。资质有效期自 2016 年 1 月 17 日至 2016 年 12 月 31 日。因环评工程师数量不足，不予批准延续化工石化医药、冶金机电环境影响报告书乙级类别 |
| 82 | 武隆县乌江环保咨询有限责任公司 | 国环评证乙字第 3127 号 | 资质延续、法定代表人变更 | 批准资质延续，评价范围为一般项目环境影响报告表类别。资质有效期自 2016 年 1 月 17 日至 2016 年 12 月 31 日。批准资质证书中的法定代表人变更 |
| 83 | 乐山市环境科学研究院 | 国环评证乙字第 3205 号 | 资质延续 | 批准资质延续，评价范围为轻工纺织化纤、化工石化医药、冶金机电环境影响报告书乙级类别和一般项目环境影响报告表类别。资质有效期自 2016 年 1 月 17 日至 2016 年 12 月 31 日 |
| 84 | 西南交通大学 | 国环评证乙字第 3232 号 | 资质延续 | 批准资质延续（评价范围为交通运输、社会服务环境影响报告书乙级类别；一般项目和核与辐射项目环境影响报告表类别）。资质有效期自 2016 年 1 月 17 日至 2016 年 12 月 31 日 |
| 85 | 贵州大学 | 国环评证乙字第 3302 号 | 资质延续 | 批准资质延续，评价范围为化工石化医药、采掘、社会服务环境影响报告书乙级类别和一般项目环境影响报告表类别。资质有效期至 2016 年 12 月 31 日 |
| 86 | 贵州省交通科学研究院股份有限公司 | 国环评证乙字第 3306 号 | 资质延续 | 批准资质延续，评价范围为交通运输、社会服务环境影响报告书乙级类别和一般项目环境影响报告表类别。资质有效期至 2016 年 12 月 31 日 |
| 87 | 贵州省劳动保护科学技术研究院 | 国环评证乙字第 3308 号 | 资质延续 | 批准资质延续，评价范围为采掘、社会服务环境影响报告书乙级类别和一般项目环境影响报告表类别。资质有效期至 2016 年 12 月 31 日 |

| 序号 | 机构名称 | 资质证书编号 | 申请事项 | 审查结果 |
|---|---|---|---|---|
| 88 | 贵州省煤矿设计研究院 | 国环评证乙字第 3311 号 | 资质延续 | 批准资质延续，评价范围为农林水利、采掘、社会服务环境影响报告书乙级类别和一般项目环境影响报告表类别。资质有效期至 2016 年 12 月 31 日 |
| 89 | 云南绿色环境科技开发有限公司 | 国环评证乙字第 3409 号 | 资质延续 | 批准资质延续，评价范围为轻工纺织化纤、化工石化医药、建材火电、农林水利、交通运输环境影响报告书乙级类别和一般项目环境影响报告表类别。资质有效期自 2016 年 1 月 17 日至 2016 年 12 月 31 日 |
| 90 | 云南省普洱市环境科学研究所 | 国环评证乙字第 3425 号 | 资质延续 | 批准资质延续，评价范围为一般项目环境影响报告表类别。资质有效期自 2016 年 1 月 17 日至 2016 年 12 月 31 日 |
| 91 | 宝鸡市环境影响评价所 | 国环评证乙字第 3605 号 | 资质延续 | 批准资质延续，评价范围为化工石化医药、社会服务环境影响报告书乙级类别和一般项目环境影响报告表类别。资质有效期自 2016 年 1 月 17 日至 2016 年 12 月 31 日 |
| 92 | 陕西省现代建筑设计研究院 | 国环评证乙字第 3606 号 | 资质延续 | 批准资质延续，评价范围为轻工纺织化纤、化工石化医药、冶金机电、建材火电、采掘、交通运输、社会服务环境影响报告书乙级类别和一般项目环境影响报告表类别。资质有效期自 2016 年 1 月 17 日至 2016 年 12 月 31 日 |
| 93 | 陕西省国防科技工业环境监测科研所 | 国环评证乙字第 3612 号 | 资质延续 | 批准资质延续，评价范围为化工石化医药、冶金机电、社会服务环境影响报告书乙级类别和一般项目环境影响报告表类别。资质有效期自 2016 年 1 月 17 日至 2016 年 12 月 31 日 |
| 94 | 巴州绿环环境科学技术研究所 | 国环评证乙字第 4012 号 | 资质延续 | 批准资质延续，评价范围为社会服务环境影响报告书乙级类别和一般项目环境影响报告表类别。资质有效期自 2016 年 1 月 17 日至 2016 年 12 月 31 日 |
| 95 | 新疆维吾尔自治区阿克苏地区环境科技咨询服务中心 | 国环评证乙字第 4016 号 | 资质延续 | 批准资质延续，评价范围为一般项目环境影响报告表类别。资质有效期自 2016 年 1 月 17 日至 2016 年 12 月 31 日 |
| 96 | 伊春市环境保护科学研究所 | 国环评证乙字第 1704 号 | 注销资质 | 批准注销资质 |
| 97 | 佳木斯市环境科学研究院 | 国环评证乙字第 1709 号 | 注销资质 | 批准注销资质 |
| 98 | 哈尔滨市环境保护科学研究院 | 国环评证乙字第 1710 号 | 注销资质 | 批准注销资质 |
| 99 | 衢州市环境保护科学研究所 | 国环评证乙字第 2013 号 | 注销资质 | 批准注销资质 |
| 100 | 舟山市三益环保科技服务有限公司 | 国环评证乙字第 2017 号 | 注销资质 | 批准注销资质 |

| 序号 | 机构名称 | 资质证书编号 | 申请事项 | 审查结果 |
| --- | --- | --- | --- | --- |
| 101 | 浙江商达环保有限公司 | 国环评证乙字第 2027 号 | 注销资质 | 批准注销资质 |
| 102 | 东莞市环境保护技术服务中心 | 国环评证乙字第 2822 号 | 注销资质 | 批准注销资质 |

# 关于发布国家环境保护标准《烧碱、聚氯乙烯工业废水处理工程技术规范》的公告

环境保护部公告　2016 年第 9 号

为贯彻《中华人民共和国环境保护法》和《中华人民共和国水污染防治法》，规范烧碱、聚氯乙烯工业废水处理工程的建设与运行，防治环境污染，现批准《烧碱、聚氯乙烯工业废水处理工程技术规范》为国家环境保护标准，并予发布。

标准名称、编号如下：

《烧碱、聚氯乙烯工业废水处理工程技术规范》（HJ 2051—2016）

以上标准自 2016 年 3 月 1 日起实施，由中国环境出版社出版，标准内容可在环境保护部网站（bz.mep.gov.cn）查询。

环境保护部

2016 年 2 月 1 日

# 关于发布《固体废物　22 种金属元素的测定 电感耦合等离子体发射光谱法》等四项国家环境保护标准的公告

环境保护部公告　2016 年第 10 号

为贯彻《中华人民共和国环境保护法》，保护环境，保障人体健康，规范环境监测工作，现批准《固体废物　22 种金属元素的测定　电感耦合等离子体发射光谱法》等四项标准为国家环境保护标准，并予发布。

标准名称、编号如下：

一、《固体废物 22 种金属元素的测定 电感耦合等离子体发射光谱法》（HJ 781—2016）；

二、《固体废物 有机物的提取 加压流体萃取法》（HJ 782—2016）；

三、《土壤和沉积物 有机物的提取 加压流体萃取法》（HJ 783—2016）；

四、《土壤和沉积物 多环芳烃的测定 高效液相色谱法》（HJ 784—2016）。

以上标准自 2016 年 3 月 1 日起实施，由中国环境出版社出版，标准内容可在环境保护部网站（bz.mep.gov.cn）查询。

特此公告。

环境保护部

2016 年 2 月 1 日

# 关于注销 42 家机构建设项目环境影响评价资质的公告

环境保护部公告 2016 年第 11 号

根据《建设项目环境影响评价资质管理办法》（环境保护部令 第 36 号）的有关规定，我部对建设项目环境影响评价资质（以下简称资质）证书有效期满未申请延续的 42 家机构资质予以注销。具体名单详见附件。

上述机构应于本公告发布之日起 10 个工作日内将资质证书正、副本原件交（寄）回我部。上述机构不服本公告决定的，可在收到本公告之日起 60 日内向我部申请行政复议，也可在收到本公告之日起 6 个月内依法提起行政诉讼。

根据《建设项目环境影响评价资质管理办法》（环境保护部令 第 36 号）规定：资质证书有效期届满，环评机构需要继续从事环境影响报告书（表）编制工作的，应当在有效期届满 90 个工作日前申请资质延续。资质有效期届满未申请延续的，我部予以注销资质。请各环评机构在规定期限内及时向我部提交资质延续申请材料。

附件：注销资质的机构名单

环境保护部

2016 年 1 月 29 日

附件：

# 注销资质的机构名单

| 编　号 | 机构名称 | 原资质证书编号 | 相关情形 |
| --- | --- | --- | --- |
| 1 | 天津市预防医学研究所 | 国环评证乙字第 1104 号 | 资质证书有效期(2016 年 1 月 16 日）满未申请延续 |
| 2 | 阳泉市环境科学研究所 | 国环评证乙字第 1321 号 | 资质证书有效期(2016 年 1 月 16 日）满未申请延续 |
| 3 | 长治市环境科学研究院 | 国环评证乙字第 1323 号 | 资质证书有效期(2016 年 1 月 16 日）满未申请延续 |
| 4 | 呼伦贝尔市环境科学研究所 | 国环评证乙字第 1407 号 | 资质证书有效期(2016 年 1 月 16 日）满未申请延续 |
| 5 | 内蒙古自治区环境地质研究所 | 国环评证乙字第 1419 号 | 资质证书有效期(2016 年 1 月 16 日）满未申请延续 |
| 6 | 牡丹江市环境科学研究所 | 国环评证乙字第 1707 号 | 资质证书有效期(2016 年 1 月 16 日）满未申请延续 |
| 7 | 马鞍山市环境科学研究所 | 国环评证乙字第 2101 号 | 资质证书有效期(2016 年 1 月 16 日）满未申请延续 |
| 8 | 铜陵市环境保护科学研究所 | 国环评证乙字第 2118 号 | 资质证书有效期(2016 年 1 月 16 日）满未申请延续 |
| 9 | 黄山市环境科学研究所 | 国环评证乙字第 2121 号 | 资质证书有效期(2016 年 1 月 16 日）满未申请延续 |
| 10 | 景德镇市环境科学研究所 | 国环评证乙字第 2308 号 | 资质证书有效期(2016 年 1 月 16 日）满未申请延续 |
| 11 | 江西省农业科学院 | 国环评证乙字第 2318 号 | 资质证书有效期(2016 年 1 月 16 日）满未申请延续 |
| 12 | 郑州市环境保护科学研究所 | 国环评证乙字第 2512 号 | 资质证书有效期(2016 年 1 月 16 日）满未申请延续 |
| 13 | 信阳市环境保护科学研究所 | 国环评证乙字第 2513 号 | 资质证书有效期(2016 年 1 月 16 日）满未申请延续 |
| 14 | 漯河市环境科学技术研究所 | 国环评证乙字第 2521 号 | 资质证书有效期(2016 年 1 月 16 日）满未申请延续 |
| 15 | 鹤壁市环境保护科学研究所 | 国环评证乙字第 2523 号 | 资质证书有效期(2016 年 1 月 16 日）满未申请延续 |
| 16 | 河南省科技咨询服务中心 | 国环评证乙字第 2530 号 | 资质证书有效期(2016 年 1 月 16 日）满未申请延续 |
| 17 | 鄂州市环境保护研究所 | 国环评证乙字第 2611 号 | 资质证书有效期(2016 年 1 月 16 日）满未申请延续 |
| 18 | 湖北省辐射环境管理站 | 国环评证乙字第 2624 号 | 资质证书有效期(2016 年 1 月 16 日）满未申请延续 |
| 19 | 广东省气候中心 | 国环评证乙字第 2804 号 | 资质证书有效期(2016 年 1 月 16 日）满未申请延续 |
| 20 | 珠海市环境科学研究所 | 国环评证乙字第 2812 号 | 资质证书有效期(2016 年 1 月 16 日）满未申请延续 |

| 编 号 | 机构名称 | 原资质证书编号 | 相关情形 |
| --- | --- | --- | --- |
| 21 | 河源市环境科学研究所 | 国环评证乙字第 2825 号 | 资质证书有效期(2016 年 1 月 16 日)满未申请延续 |
| 22 | 深圳市龙岗区环保科技服务中心 | 国环评证乙字第 2845 号 | 资质证书有效期(2016 年 1 月 16 日)满未申请延续 |
| 23 | 汕头市澄海区环境科学研究所 | 国环评证乙字第 2848 号 | 资质证书有效期(2016 年 1 月 16 日)满未申请延续 |
| 24 | 普宁市环境科学研究所 | 国环评证乙字第 2850 号 | 资质证书有效期(2016 年 1 月 16 日)满未申请延续 |
| 25 | 佛山市高明区环境保护科学研究所 | 国环评证乙字第 2855 号 | 资质证书有效期(2016 年 1 月 16 日)满未申请延续 |
| 26 | 揭东县环境科学研究所 | 国环评证乙字第 2857 号 | 资质证书有效期(2016 年 1 月 16 日)满未申请延续 |
| 27 | 奉节县环境保护科技服务中心 | 国环评证乙字第 3112 号 | 资质证书有效期(2016 年 1 月 16 日)满未申请延续 |
| 28 | 成都土壤肥料测试中心 | 国环评证乙字第 3215 号 | 资质证书有效期(2016 年 1 月 16 日)满未申请延续 |
| 29 | 自贡市环境科学研究所 | 国环评证乙字第 3218 号 | 资质证书有效期(2016 年 1 月 16 日)满未申请延续 |
| 30 | 南充市环境科学研究院 | 国环评证乙字第 3220 号 | 资质证书有效期(2016 年 1 月 16 日)满未申请延续 |
| 31 | 德阳市环境保护科学研究所 | 国环评证乙字第 3222 号 | 资质证书有效期(2016 年 1 月 16 日)满未申请延续 |
| 32 | 达州市环境科学研究所 | 国环评证乙字第 3225 号 | 资质证书有效期(2016 年 1 月 16 日)满未申请延续 |
| 33 | 中国华西工程设计建设有限公司 | 国环评证乙字第 3236 号 | 资质证书有效期(2016 年 1 月 16 日)满未申请延续 |
| 34 | 中国飞行试验研究院 | 国环评证乙字第 3601 号 | 资质证书有效期(2016 年 1 月 16 日)满未申请延续 |
| 35 | 咸阳市环境科学研究所 | 国环评证乙字第 3613 号 | 资质证书有效期(2016 年 1 月 16 日)满未申请延续 |
| 36 | 长庆石油勘探局西安环境保护研究所 | 国环评证乙字第 3622 号 | 资质证书有效期(2016 年 1 月 16 日)满未申请延续 |
| 37 | 庆阳市环境保护研究所 | 国环评证乙字第 3715 号 | 资质证书有效期(2016 年 1 月 16 日)满未申请延续 |
| 38 | 青海省环境影响评价服务中心 | 国环评证乙字第 3907 号 | 资质证书有效期(2016 年 1 月 16 日)满未申请延续 |
| 39 | 格尔木市绿创环保科技咨询服务部 | 国环评证乙字第 3912 号 | 资质证书有效期(2016 年 1 月 16 日)满未申请延续 |
| 40 | 大通县环境科技咨询服务部 | 国环评证乙字第 3913 号 | 资质证书有效期(2016 年 1 月 16 日)满未申请延续 |
| 41 | 新疆维吾尔自治区建筑材料工业设计院 | 国环评证乙字第 4005 号 | 资质证书有效期(2016 年 1 月 16 日)满未申请延续 |
| 42 | 昌吉回族自治州水利科学技术研究所 | 国环评证乙字第 4006 号 | 资质证书有效期(2016 年 1 月 16 日)满未申请延续 |

# 关于建设项目环境影响评价资质审查结果（2016年第二批）的公告

环境保护部公告　2016年第12号

根据《建设项目环境影响评价资质管理办法》（环境保护部令　第36号）及相关文件的规定，我部对申请建设项目环境影响评价资质（以下简称资质）的相关机构进行了审查。现将审查结果（2016年第二批）公告如下：

一、批准橙志（上海）环保技术有限公司等3家机构资质申请。

二、批准泊头市环境保护研究所等16家机构资质证书中的机构名称变更。

三、批准吉林省林昌环境技术服务有限公司等4家机构调整评价范围。

四、批准中核第四研究设计工程有限公司等81家机构资质延续。

五、批准上海化工研究院等38家机构资质证书中的法定代表人或住所变更。

六、不予批准华侨大学资质等2家机构资质延续。

七、批准淮北市环境科学研究所等5家机构注销资质。

审查结果的具体情况详见附件。第一至五项中的机构请于60日内携带原资质证书正、副本原件，到我部行政审批大厅换领证书。自本公告发布之日起，第二至七项中的机构原资质证书正、副本原件同时作废；第二项机构中进入更名后机构的环境影响评价工程师登记编号予以重新核发，第二项机构中未进入更名后机构的环境影响评价工程师和第七项机构中的环境影响评价工程师登记编号予以注销。

上述机构不服本公告决定的，可在接到本公告之日起60日内向我部申请行政复议，也可在接到本公告之日起6个月内依法提起行政诉讼。在未获延续的评价范围内或注销资质前，已承接的环境影响报告书需继续完成的，应在本公告发布之日起15日内，将有关情况连同编制委托合同等证明材料报我部审核。

行政审批大厅地址：北京市西城区西直门南小街115号（邮编：100035）

联系人：朱美

电话：（010）66556045

附件：建设项目环境影响评价资质审查结果（2016年第二批）

环境保护部

2016年2月18日

附件

# 建设项目环境影响评价资质审查结果

（2016 年第二批）

| 序号 | 机构名称 | 资质证书编号 | 申请事项 | 审查结果 |
|---|---|---|---|---|
| 1 | 橙志（上海）环保技术有限公司 | 国环评证乙字第 1833 号 | 首次申请 | 批准乙级资质（评价范围：社会服务环境影响报告书乙级类别；一般项目和核与辐射项目环境影响报告表类别）。资质有效期四年 |
| 2 | 苏州清泉环保科技有限公司 | 国环评证乙字第 1994 号 | 首次申请 | 批准乙级资质，评价范围为化工石化医药环境影响报告书乙级类别和一般项目环境影响报告表类别。资质有效期四年 |
| 3 | 郑州洁神环境保护信息咨询有限公司 | 国环评证乙字第 2560 号 | 首次申请 | 批准乙级资质，评价范围为一般项目环境影响报告表类别。资质有效期四年。<br>因相应类别人数及业绩不足，不予批准冶金机电、社会服务环境影响报告书乙级类别评价范围 |
| 4 | 泊头市环境保护研究所 | 国环评证乙字第 1228 号 | 更名（环保系统环评机构脱钩）、法定代表人变更 | 批准资质证书中的机构名称变更为河北德源环保科技有限公司。评价范围为一般项目环境影响报告表类别。批准资质证书中的法定代表人变更。资质有效期四年 |
| 5 | 浙江省舟山漫鄰环保技术服务有限公司 | 国环评证乙字第 2023 号 | 更名（环保系统环评机构脱钩）、法定代表人变更、住所变更 | 批准资质证书中的机构名称变更为浙江舟环环境工程设计有限公司。评价范围为冶金机电、交通运输、社会服务、海洋工程环境影响报告书乙级类别和一般项目环境影响报告表类别。批准资质证书中的法定代表人和住所变更。资质有效期四年 |
| 6 | 宜春市环境保护科学研究所 | 国环评证乙字第 2314 号 | 更名（环保系统环评机构脱钩）、法定代表人变更 | 批准资质证书中的机构名称变更为宜春市益鑫环保科技有限公司。评价范围为轻工纺织化纤、化工石化医药、社会服务环境影响报告书乙级类别和一般项目环境影响报告表类别。批准资质证书中的法定代表人变更。资质有效期四年。<br>因相应类别环评工程师人数不足，不予批准冶金机电环境影响报告书乙级类别评价范围 |
| 7 | 山东省波尔辐射环境技术中心 | 国环评证乙字第 2433 号 | 更名（环保系统环评机构脱钩）、法定代表人变更、住所变更 | 批准资质证书中的机构名称变更为山东君恒环保科技有限公司。评价范围：输变电及广电通信环境影响报告书乙级类别；一般项目、核与辐射项目环境影响报告表类别。批准资质证书中的法定代表人和住所变更。资质有效期四年 |

| 序号 | 机构名称 | 资质证书编号 | 申请事项 | 审查结果 |
| --- | --- | --- | --- | --- |
| 8 | 黄石市环境保护研究所 | 国环评证乙字第 2612 号 | 更名（环保系统环评机构脱钩）、法定代表人变更、住所变更 | 批准资质证书中的机构名称变更为黄石市绿创环保科技有限公司。评价范围为冶金机电、采掘、社会服务环境影响报告书乙级类别和一般项目环境影响报告表类别。批准资质证书中的法定代表人和住所变更。资质有效期四年。因相应类别环评工程师人数不足，不予批准化工石化医药环境影响报告书乙级类别评价范围 |
| 9 | 咸宁市环境科学研究院 | 国环评证乙字第 2620 号 | 更名（环保系统环评机构脱钩）、法定代表人变更、住所变更 | 批准资质证书中的机构名称变更为湖北慧智环境科学研究有限公司。评价范围为轻工纺织化纤、化工石化医药、社会服务环境影响报告书乙级类别和一般项目环境影响报告表类别。批准资质证书中的法定代表人和住所变更。资质有效期四年 |
| 10 | 随州市环境科学研究所 | 国环评证乙字第 2625 号 | 更名（环保系统环评机构脱钩）、住所变更 | 批准资质证书中的机构名称变更为湖北景宜环保科技有限公司。评价范围为社会服务环境影响报告书乙级类别和一般项目环境影响报告表类别。批准资质证书中的住所变更。资质有效期四年 |
| 11 | 潜江市环境保护工程院 | 国环评证乙字第 2630 号 | 更名（环保系统环评机构脱钩）、法定代表人变更、住所变更 | 批准资质证书中的机构名称变更为湖北星瑞环保科技有限公司。评价范围为一般项目环境影响报告表类别。批准资质证书中的法定代表人和住所变更。资质有效期四年 |
| 12 | 惠州市环境科学研究所 | 国环评证乙字第 2814 号 | 更名（环保系统环评机构脱钩）、法定代表人变更、住所变更 | 批准资质证书中的机构名称变更为惠州市环科环境科技有限公司。评价范围为轻工纺织化纤、化工石化医药、冶金机电、社会服务环境影响报告书乙级类别和一般项目环境影响报告表类别。资质有效期四年。批准资质证书中的法定代表人和住所变更 |
| 13 | 泸州市环境科学技术研究所 | 国环评证乙字第 3227 号 | 更名（环保系统环评机构脱钩）、法定代表人变更、住所变更 | 批准资质证书中的机构名称变更为泸州工投格林环保科技有限公司。评价范围为一般项目环境影响报告表类别。批准资质证书中的法定代表人变更和住所变更。资质有效期四年 |
| 14 | 兰州市环境保护研究所 | 国环评证乙字第 3704 号 | 更名（环保系统环评机构脱钩）、法定代表人变更、住所变更 | 批准资质证书中的机构名称变更为兰州环科环境评价有限公司。评价范围为一般项目环境影响报告表类别。批准资质证书中的法定代表人变更和住所变更。资质有效期四年 |
| 15 | 杭州联强环境工程技术有限公司 | 国环评证乙字第 2031 号 | 更名、资质延续、住所变更 | 批准资质证书中的机构名称变更为浙江联强环境工程技术有限公司。批准资质延续，评价范围为轻工纺织化纤、化工石化医药、建材火电、交通运输、社会服务环境影响报告书乙级类别和一般项目环境影响报告表类别。资质有效期自 2016 年 2 月 17 日至 2016 年 12 月 31 日。批准资质证书中的住所变更 |

| 序号 | 机构名称 | 资质证书编号 | 申请事项 | 审查结果 |
|---|---|---|---|---|
| 16 | 安徽祥源安全环境科学技术有限公司 | 国环评证乙字第 2129 号 | 更名 | 批准资质证书中的机构名称变更为安徽祥源科技股份有限公司 |
| 17 | 厦门新绿色环境发展有限公司 | 国环评证乙字第 2224 号 | 更名、资质延续、法定代表人变更 | 批准资质证书中的机构名称变更为中环华诚（厦门）环保科技有限公司。批准资质延续，评价范围为化工石化医药、社会服务环境影响报告书乙级类别和一般项目环境影响报告表类别。资质有效期自 2016 年 2 月 17 日至 2016 年 12 月 31 日。批准资质证书中的法定代表人变更 |
| 18 | 衡阳市环境科学研究所 | 国环评证乙字第 2715 号 | 更名、资质延续、法定代表人变更 | 批准资质证书中的机构名称变更为衡阳市环境保护科学研究所。批准资质延续，评价范围为一般项目环境影响报告表类别。批准资质证书中的法定代表人变更。资质有效期自 2016 年 1 月 17 日至 2016 年 6 月 30 日。因环评工程师人数不足，不予批准化工石化医药、冶金机电、社会服务环境影响报告书乙级评价范围 |
| 19 | 云南亚太环境工程设计研究有限公司 | 国环评证乙字第 3428 号 | 更名 | 批准资质证书中的机构名称变更为亚太环保股份有限公司 |
| 20 | 吉林省林昌环境技术服务有限公司 | 国环评证乙字第 1631 号 | 调整评价范围 | 批准增加轻工纺织化纤、社会服务环境影响报告书乙级类别评价范围 |
| 21 | 德州天洁环境影响评价有限公司 | 国环评证乙字第 2462 号 | 调整评价范围、资质延续 | 批准资质延续，评价范围为一般项目环境影响报告表类别。批准增加化工石化医药、社会服务环境影响报告书乙级类别评价范围。资质有效期四年 |
| 22 | 河南九州环保工程有限公司 | 国环评证乙字第 2545 号 | 调整评价范围 | 批准增加交通运输环境影响报告书乙级类别评价范围和核与辐射项目环境影响报告表类别评价范围 |
| 23 | 河南首创环保科技有限公司 | 国环评证乙字第 2554 号 | 调整评价范围 | 批准增加交通运输、轻工纺织化纤环境影响报告书乙级类别评价范围 |
| 24 | 中核第四研究设计工程有限公司 | 国环评证甲字第 1208 号 | 资质延续 | 批准资质延续（评价范围：核工业环境影响报告书甲级类别；一般项目和核与辐射项目环境影响报告表类别）。资质有效期自 2016 年 1 月 17 日至 2016 年 12 月 31 日 |
| 25 | 广西环科院环保有限公司 | 国环评证甲字第 2902 号 | 资质延续 | 批准资质延续（评价范围：冶金机电、建材火电、农林水利、交通运输、社会服务环境影响报告书甲级类别；轻工纺织化纤、化工石化医药环境影响报告书乙级类别和一般项目环境影响报告表类别）。资质有效期自 2016 年 1 月 1 日至 2016 年 6 月 30 日 |

| 序号 | 机构名称 | 资质证书编号 | 申请事项 | 审查结果 |
|---|---|---|---|---|
| 26 | 天津市水利勘测设计院 | 国环评证乙字第 1103 号 | 资质延续 | 批准资质延续，评价范围为一般项目环境影响报告表类别。资质有效期自 2016 年 1 月 17 日至 2016 年 12 月 31 日 |
| 27 | 中水北方勘测设计研究有限责任公司 | 国环评证乙字第 1105 号 | 资质延续 | 批准资质延续，评价范围为农林水利、社会服务环境影响报告书乙级类别和一般项目环境影响报告表类别。资质有效期自 2016 年 1 月 17 日至 2016 年 12 月 31 日 |
| 28 | 农业部环境保护科研监测所 | 国环评证乙字第 1107 号 | 资质延续 | 批准资质延续，评价范围为轻工纺织化纤、农林水利、交通运输、社会服务环境影响报告书乙级类别和一般项目环境影响报告表类别。资质有效期自 2016 年 1 月 17 日至 2016 年 12 月 31 日 |
| 29 | 天津天发源环境保护事务代理中心有限公司 | 国环评证乙字第 1110 号 | 资质延续 | 批准资质延续，评价范围为轻工纺织化纤、化工石化医药、冶金机电、社会服务环境影响报告书乙级类别和一般项目环境影响报告表类别。资质有效期自 2016 年 1 月 17 日至 2016 年 12 月 31 日 |
| 30 | 核工业理化工程研究院 | 国环评证乙字第 1111 号 | 资质延续 | 批准资质延续，评价范围为一般项目和核与辐射环境影响报告表类别。资质有效期自 2016 年 1 月 17 日至 2016 年 12 月 31 日 |
| 31 | 河北省电力勘测设计研究院 | 国环评证乙字第 1211 号 | 资质延续、法定代表人变更 | 批准资质延续，评价范围为一般项目和核与辐射项目环境影响报告表类别。批准资质证书中的法定代表人变更。资质有效期自 2016 年 1 月 17 日至 2016 年 12 月 31 日 |
| 32 | 张家口市环境科学研究院 | 国环评证乙字第 1217 号 | 资质延续 | 批准资质延续，评价范围为轻工纺织化纤、建材火电、农林水利、采掘、交通运输、社会服务环境影响报告书乙级类别和一般项目环境影响报告表类别。资质有效期自 2016 年 1 月 17 日至 2016 年 6 月 30 日 |
| 33 | 保定市益达环境工程技术有限公司 | 国环评证乙字第 1238 号 | 资质延续 | 批准资质延续，评价范围为轻工纺织化纤、社会服务环境影响报告书乙级类别和一般项目环境影响报告表类别。资质有效期至 2016 年 12 月 31 日 |
| 34 | 山西大学 | 国环评证乙字第 1302 号 | 资质延续 | 批准资质延续，评价范围为化工石化医药、建材火电、采掘、社会服务环境影响报告书乙级类别和一般项目环境影响报告表类别。资质有效期自 2016 年 1 月 17 日至 2016 年 12 月 31 日。<br>因相应类别人数不足，不予批准轻工纺织化纤类别环境影响报告书乙级类别评价范围 |
| 35 | 山西省化工设计院 | 国环评证乙字第 1303 号 | 资质延续 | 批准资质延续，评价范围为轻工纺织化纤、化工石化医药、冶金机电、农林水利、社会服务环境影响报告书乙级类别和一般项目环境影响报告表类别。资质有效期自 2016 年 1 月 17 日至 2016 年 12 月 31 日 |

| 序号 | 机构名称 | 资质证书编号 | 申请事项 | 审查结果 |
|---|---|---|---|---|
| 36 | 山西省煤炭规划设计院 | 国环评证乙字第 1327 号 | 资质延续 | 批准资质延续，评价范围为一般项目环境影响报告表类别。资质有效期自 2016 年 1 月 17 日至 2016 年 12 月 31 日 |
| 37 | 赤峰市环境科学研究院 | 国环评证乙字第 1411 号 | 资质延续 | 批准资质延续，评价范围为轻工纺织化纤、化工石化医药、冶金机电、建材火电、农林水利、采掘、交通运输、社会服务环境影响报告书乙级类别和一般项目环境影响报告表类别。资质有效期自 2016 年 1 月 17 日至 2016 年 12 月 31 日 |
| 38 | 呼和浩特市环境科学研究所 | 国环评证乙字第 1412 号 | 资质延续 | 批准资质延续，评价范围为轻工纺织化纤、化工石化医药、冶金机电、社会服务环境影响报告书乙级类别和一般项目环境影响报告表类别。资质有效期自 2016 年 1 月 17 日至 2016 年 12 月 31 日 |
| 39 | 辽宁省水利水电勘测设计研究院 | 国环评证乙字第 1510 号 | 资质延续 | 批准资质延续，评价范围为农林水利、社会服务环境影响报告书乙级类别和一般项目环境影响报告表类别。资质有效期自 2016 年 2 月 17 日至 2016 年 12 月 31 日 |
| 40 | 核工业二四〇研究所科技开发部 | 国环评证乙字第 1528 号 | 资质延续 | 批准资质延续，评价范围为一般项目和核与辐射项目环境影响报告表类别。资质有效期自 2016 年 2 月 17 日至 2016 年 12 月 31 日 |
| 41 | 大连市环境技术开发中心 | 国环评证乙字第 1529 号 | 资质延续（化工石化医药、冶金机电、社会服务环境影响报告书乙级类别和一般项目环境影响报告表类别）、住所变更 | 批准资质延续，评价范围为化工石化医药、冶金机电、社会服务环境影响报告书乙级类别和一般项目环境影响报告表类别。资质有效期自 2016 年 2 月 17 日至 2016 年 12 月 31 日。批准资质证书中的住所变更 |
| 42 | 长春黄金研究院 | 国环评证乙字第 1612 号 | 资质延续 | 批准资质延续，评价范围为冶金机电、采掘、社会服务环境影响报告书乙级类别和一般项目环境影响报告表类别。资质有效期自 2016 年 1 月 17 日至 2016 年 12 月 31 日 |
| 43 | 华东理工大学 | 国环评证乙字第 1817 号 | 资质延续（一般项目环境影响报告表） | 批准资质延续，评价范围为一般项目环境影响报告表类别。资质有效期至 2016 年 12 月 31 日 |
| 44 | 中煤科工集团南京设计研究院有限公司 | 国环评证乙字第 1912 号 | 资质延续 | 批准资质延续，评价范围为采掘、交通运输、社会服务环境影响报告书乙级类别和一般项目环境影响报告表类别。资质有效期自 2016 年 2 月 17 日至 2016 年 12 月 31 日 |
| 45 | 江苏省水利勘测设计研究院有限公司 | 国环评证乙字第 1919 号 | 资质延续 | 批准资质延续，评价范围为一般项目环境影响报告表类别。资质有效期自 2016 年 2 月 17 日至 2016 年 12 月 31 日 |
| 46 | 扬州市江都区环境保护科学研究所 | 国环评证乙字第 1923 号 | 资质延续 | 批准资质延续，评价范围为一般项目环境影响报告表类别。资质有效期 2016 年 2 月 17 日至 2016 年 6 月 30 日 |

| 序号 | 机构名称 | 资质证书编号 | 申请事项 | 审查结果 |
| --- | --- | --- | --- | --- |
| 47 | 无锡市锡山区环境科学研究所有限公司 | 国环评证乙字第 1935 号 | 资质延续 | 批准资质延续，评价范围为一般项目环境影响报告表类别。资质有效期自 2016 年 2 月 17 日至 2016 年 12 月 31 日 |
| 48 | 南京赛特环境工程有限公司 | 国环评证乙字第 1964 号 | 资质延续 | 批准资质延续，评价范围为轻工纺织化纤、化工石化医药、冶金机电、社会服务环境影响报告书乙级类别和一般项目环境影响报告表类别。资质有效期自 2016 年 2 月 17 日至 2016 年 12 月 31 日 |
| 49 | 江苏中瑞咨询有限公司 | 国环评证乙字第 1965 号 | 资质延续 | 批准资质延续，评价范围为轻工纺织化纤、化工石化医药、冶金机电、社会服务环境影响报告书乙级类别和一般项目环境影响报告表类别。资质有效期自 2016 年 2 月 17 日至 2016 年 12 月 31 日 |
| 50 | 江苏宏宇环境科技有限公司 | 国环评证乙字第 1970 号 | 资质延续、法定代表人变更 | 批准资质延续，评价范围为化工石化医药、社会服务环境影响报告书乙级类别和一般项目环境影响报告表类别。资质有效期自 2016 年 2 月 17 日至 2016 年 12 月 31 日。批准资质证书中的法定代表人变更 |
| 51 | 南京博环环保有限公司 | 国环评证乙字第 1973 号 | 资质延续 | 批准资质延续，评价范围为轻工纺织化纤、化工石化医药、交通运输、社会服务环境影响报告书乙级类别和一般项目环境影响报告表类别。资质有效期自 2016 年 2 月 17 日至 2016 年 12 月 31 日 |
| 52 | 江苏科易达环保科技有限公司 | 国环评证乙字第 1974 号 | 资质延续、法定代表人变更、住所变更 | 批准资质延续，评价范围为轻工纺织化纤、化工石化医药、冶金机电、交通运输、社会服务环境影响报告书乙级类别和一般项目环境影响报告表类别。资质有效期自 2016 年 2 月 17 日至 2016 年 12 月 31 日。批准资质证书中的法定代表人变更和住所变更 |
| 53 | 金华市环境科学研究院 | 国环评证乙字第 2018 号 | 资质延续 | 批准资质延续，评价范围为轻工纺织化纤、化工石化医药、冶金机电、社会服务环境影响报告书乙级类别和一般项目环境影响报告表类别。资质有效期自 2016 年 2 月 17 日至 2016 年 6 月 30 日 |
| 54 | 浙江省水利河口研究院 | 国环评证乙字第 2032 号 | 资质延续 | 批准资质延续，评价范围为农林水利环境影响报告书乙级类别和一般项目环境影响报告表类别。资质有效期自 2016 年 2 月 17 日至 2016 年 12 月 31 日 |
| 55 | 安徽省工业工程设计院 | 国环评证乙字第 2107 号 | 资质延续 | 批准资质延续，评价范围为一般项目环境影响报告表类别。资质有效期自 2016 年 1 月 17 日至 2016 年 12 月 31 日 |
| 56 | 安徽通济环保科技有限公司 | 国环评证乙字第 2120 号 | 资质延续 | 批准资质延续，评价范围为轻工纺织化纤、化工石化医药、冶金机电、采掘、社会服务环境影响报告书乙级类别和一般项目环境影响报告表类别。已完成环保系统环评机构脱钩，资质有效期四年 |

| 序号 | 机构名称 | 资质证书编号 | 申请事项 | 审查结果 |
| --- | --- | --- | --- | --- |
| 57 | 华侨大学 | 国环评证乙字第 2201 号 | 资质延续 | 因该机构提供虚假材料，不予批准该机构资质延续，且一年内不得再次申请资质。程珊影、赵军、黄天禄、许广桂、龚慧娟、康聪成、陈虹丽、林荣珍、张劲、杨飞龙、王桂蓉、鹿贞彬、范琼梅、贾文豪、龙平沅、黄秀琼等 16 名环境影响评价工程师三年内不得作为资质申请时配备的环境影响评价工程师、环境影响报告书（表）的编制主持人或者主要编制人员。2016 年 2 月 16 日有效期届满，注销资质 |
| 58 | 莆田市环境保护科学研究所 | 国环评证乙字第 2203 号 | 资质延续 | 批准资质延续，评价范围为轻工纺织化纤、冶金机电、农林水利、交通运输环境影响报告书乙级类别和一般项目环境影响报告表类别。资质有效期自 2016 年 2 月 17 日至 2016 年 6 月 30 日 |
| 59 | 福建省化学工业科学技术研究所 | 国环评证乙字第 2208 号 | 资质延续、法定代表人变更 | 批准资质延续，评价范围为化工石化医药、社会服务环境影响报告书乙级类别和一般项目环境影响报告表类别。资质有效期自 2016 年 2 月 17 日至 2016 年 12 月 31 日。批准资质证书中的法定代表人变更 |
| 60 | 福建省冶金工业研究所 | 国环评证乙字第 2212 号 | 资质延续 | 批准资质延续（评价范围为冶金机电、采掘环境影响报告书乙级类别；一般项目和核与辐射项目环境影响报告表类别）。资质有效期自 2016 年 2 月 17 日至 2016 年 12 月 31 日 |
| 61 | 福建省华厦能源设计研究院有限公司 | 国环评证乙字第 2215 号 | 资质延续、法定代表人变更 | 批准资质延续，评价范围为冶金机电、农林水利、采掘、社会服务环境影响报告书乙级类别和一般项目环境影响报告表类别。资质有效期自 2016 年 2 月 17 日至 2016 年 12 月 31 日。批准资质证书中的法定代表人变更。因相应类别人数不足，不予批准轻工纺织化纤类别环境影响报告书乙级类别评价范围 |
| 62 | 九江市环境科学研究所 | 国环评证乙字第 2301 号 | 资质延续 | 批准资质延续，评价范围为轻工纺织化纤、化工石化医药、冶金机电、采掘、社会服务环境影响报告书乙级类别和一般项目环境影响报告表类别。资质有效期自 2016 年 1 月 17 日至 2016 年 6 月 30 日 |
| 63 | 南昌大学 | 国环评证乙字第 2303 号 | 资质延续 | 批准资质延续，评价范围为轻工纺织化纤、化工石化医药、冶金机电环境影响报告书乙级类别和一般项目环境影响报告表类别。资质有效期自 2016 年 1 月 17 日至 2016 年 12 月 31 日 |
| 64 | 江西核工业环境保护中心 | 国环评证乙字第 2306 号 | 资质延续 | 因环评工程师总人数不足，不予批准资质延续，注销资质 |

| 序号 | 机构名称 | 资质证书编号 | 申请事项 | 审查结果 |
|---|---|---|---|---|
| 65 | 新余市环境保护工程研究设计院 | 国环评证乙字第 2309 号 | 资质延续（一般项目环境影响报告表类别） | 批准资质延续，评价范围为一般项目环境影响报告表类别。资质有效期自 2016 年 1 月 17 日至 2016 年 6 月 30 日 |
| 66 | 上饶市环境科学研究所 | 国环评证乙字第 2311 号 | 资质延续、法人变更、住所变更 | 批准资质延续，评价范围为轻工纺织化纤、社会服务环境影响报告书乙级类别和一般项目环境影响报告表类别。资质有效期自 2016 年 1 月 17 日至 2016 年 6 月 30 日。批准资质证书中的法定代表人变更和住所变更 |
| 67 | 抚州市环境保护科学研究所 | 国环评证乙字第 2313 号 | 资质延续、法定代表人变更 | 批准资质延续，评价范围为一般项目环境影响报告表类别。资质有效期自 2016 年 1 月 17 日至 2016 年 6 月 30 日。批准资质证书中的法定代表人变更 |
| 68 | 核工业二七〇研究所 | 国环评证乙字第 2316 号 | 资质延续 | 批准资质延续（评价范围：输变电及广电通信环境影响报告书乙级类别；一般项目和核与辐射项目环境影响报告表类别）。资质有效期自 2016 年 1 月 17 日至 2016 年 12 月 31 日 |
| 69 | 江西省地质矿产勘查开发局实验测试中心 | 国环评证乙字第 2320 号 | 资质延续 | 批准资质延续，评价范围为采掘环境影响报告书乙级类别和一般项目环境影响报告表类别。资质有效期自 2016 年 1 月 17 日至 2016 年 12 月 31 日 |
| 70 | 山东师范大学 | 国环评证乙字第 2403 号 | 资质延续、法定代表人变更 | 批准资质延续，评价范围为轻工纺织化纤、化工石化医药、社会区域环境影响报告书乙级类别和一般项目环境影响报告表类别。资质有效期自 2016 年 2 月 17 日至 2016 年 12 月 31 日。批准资质证书中的法定代表人变更 |
| 71 | 青岛市环境保护科学研究设计中心 | 国环评证乙字第 2414 号 | 资质延续 | 批准资质延续，评价范围为轻工纺织化纤、化工石化医药、冶金机电、建材火电、农林水利、交通运输、社会服务环境影响报告书乙级类别和一般项目环境影响报告表类别。资质有效期自 2016 年 2 月 17 日至 2016 年 6 月 30 日 |
| 72 | 河南建筑材料研究设计院有限责任公司 | 国环评证乙字第 2506 号 | 资质延续 | 批准资质延续，评价范围为建材火电、采掘、社会服务环境影响报告书乙级类别和一般项目环境影响报告表类别。资质有效期自 2016 年 1 月 17 日至 2016 年 12 月 31 日 |
| 73 | 南阳市环境保护科学研究所有限公司 | 国环评证乙字第 2514 号 | 资质延续 | 批准资质延续，评价范围为轻工纺织化纤、社会服务环境影响报告书乙级类别和一般项目环境影响报告表类别。资质有效期自 2016 年 1 月 17 日至 2016 年 12 月 31 日。因相应类别人数不足，不予批准化工石化医药类别环境影响报告书乙级类别评价范围 |

| 序号 | 机构名称 | 资质证书编号 | 申请事项 | 审查结果 |
| --- | --- | --- | --- | --- |
| 74 | 河南蓝森环保科技有限公司 | 国环评证乙字第2537号 | 资质延续、法定代表人变更 | 批准资质延续（评价范围为轻工纺织化纤、化工石化医药、冶金机电、农林水利、采掘、交通运输、社会服务环境影响报告书乙级类别；一般项目和核与辐射项目环境影响报告表类别）。资质有效期至2016年12月31日。批准资质证书中的法定代表人变更 |
| 75 | 中国地质大学（武汉） | 国环评证乙字第2602号 | 资质延续 | 批准资质延续，评价范围为一般项目环境影响报告表类别。资质有效期自2016年1月17日至2016年12月31日。<br>因环评工程师总人数不足，不予批准农林水利、社会服务环境影响报告书乙级评价范围 |
| 76 | 湖北理工学院 | 国环评证乙字第2613号 | 资质延续、法定代表人变更 | 批准资质延续，评价范围为冶金机电、社会服务环境影响报告书乙级类别和一般项目环境影响报告表类别。资质有效期自2016年1月17日至2016年12月31日。批准资质证书中的法定代表人变更 |
| 77 | 中煤科工集团武汉设计研究院有限公司 | 国环评证乙字第2616号 | 资质延续 | 批准资质延续，评价范围为采掘、交通运输、社会服务环境影响报告书乙级类别和一般项目环境影响报告表类别。资质有效期自2016年1月17日至2016年12月31日 |
| 78 | 武汉工程大学 | 国环评证乙字第2627号 | 资质延续 | 批准资质延续，评价范围为轻工纺织化纤、化工石化医药、采掘环境影响报告书乙级类别和一般项目环境影响报告表类别。资质有效期自2016年1月17日至2016年12月31日 |
| 79 | 中机国际工程设计研究院有限责任公司 | 国环评证乙字第2704号 | 资质延续 | 批准资质延续，评价范围为轻工纺织化纤、冶金机电、社会服务环境影响报告书乙级类别和一般项目环境影响报告表类别。资质有效期自2016年1月17日至2016年12月31日 |
| 80 | 株洲市环境保护研究院 | 国环评证乙字第2710号 | 资质延续 | 批准资质延续，评价范围为化工石化医药、冶金机电、建材火电、农林水利、交通运输、社会服务环境影响报告书乙级类别和一般项目环境影响报告表类别。资质有效期自2016年1月17日至2016年6月30日 |
| 81 | 湖南省气象局 | 国环评证乙字第2712号 | 资质延续 | 批准资质延续，评价范围为建材火电、交通运输、社会服务环境影响报告书乙级类别和一般项目环境影响报告表类别。资质有效期自2016年1月17日至2016年12月31日 |
| 82 | 湘潭市环境保护科学研究院 | 国环评证乙字第2714号 | 资质延续 | 批准资质延续，评价范围为冶金机电、社会服务环境影响报告书乙级类别和一般项目环境影响报告表类别。资质有效期自2016年1月17日至2016年6月30日 |

| 序号 | 机构名称 | 资质证书编号 | 申请事项 | 审查结果 |
|---|---|---|---|---|
| 83 | 娄底市环境保护科学研究所 | 国环评证乙字第 2724 号 | 资质延续 | 批准资质延续，评价范围为化工石化医药、冶金机电、采掘、社会服务环境影响报告书乙级类别和一般项目环境影响报告表类别。资质有效期自 2016 年 1 月 17 日至 2016 年 6 月 30 日 |
| 84 | 永州市环境保护科研所 | 国环评证乙字第 2725 号 | 资质延续 | 批准资质延续，评价范围为轻工纺织化纤、农林水利、社会服务环境影响报告书乙级类别和一般项目环境影响报告表类别。资质有效期自 2016 年 1 月 17 日至 2016 年 6 月 30 日 |
| 85 | 益阳市环境保护科学研究所 | 国环评证乙字第 2727 号 | 资质延续、住所变更 | 批准资质延续，评价范围为轻工纺织化纤、建材火电环境影响报告书乙级类别和一般项目环境影响报告表类别。资质有效期自 2016 年 1 月 17 日至 2016 年 6 月 30 日。批准资质证书中的住所变更。因相应类别人数不足，不予批准化工石化医药环境影响报告书乙级类别评价范围 |
| 86 | 湖南省湘电试验研究院有限公司 | 国环评证乙字第 2728 号 | 资质延续 | 批准资质延续（评价范围：建材火电、社会服务、输变电及广电通信环境影响报告书乙级类别；一般项目和核与辐射项目环境影响报告表类别）。资质有效期自 2016 年 2 月 17 日至 2016 年 12 月 31 日 |
| 87 | 汕头市环境保护研究所 | 国环评证乙字第 2806 号 | 资质延续 | 批准资质延续，评价范围为轻工纺织化纤、农林水利、社会服务环境影响报告书乙级类别和一般项目环境影响报告表类别。资质有效期自 2016 年 1 月 17 日至 2016 年 6 月 30 日 |
| 88 | 肇庆市环境科学研究所 | 国环评证乙字第 2817 号 | 资质延续 | 批准资质延续，评价范围为轻工纺织化纤、冶金机电、社会服务环境影响报告书乙级类别和一般项目环境影响报告表类别。资质有效期自 2016 年 1 月 17 日至 2016 年 6 月 30 日 |
| 89 | 广东核力工程勘察院 | 国环评证乙字第 2852 号 | 资质延续 | 批准资质延续（评价范围：采掘、输变电及广电通信环境影响报告书乙级类别；一般和核与辐射项目环境影响报告表类别）。资质有效期自 2016 年 1 月 17 日至 2016 年 12 月 31 日 |
| 90 | 南宁市环境保护科学研究所 | 国环评证乙字第 2911 号 | 资质延续 | 批准资质延续，评价范围为轻工纺织化纤、化工石化医药、冶金机电环境影响报告书乙级类别和一般项目环境影响报告表类别。资质有效期自 2016 年 1 月 17 日至 2016 年 12 月 31 日 |

| 序号 | 机构名称 | 资质证书编号 | 申请事项 | 审查结果 |
| --- | --- | --- | --- | --- |
| 91 | 广西壮族自治区辐射环境监督管理站 | 国环评证乙字第 2923 号 | 资质延续 | 批准资质延续，评价范围一般项目和核与辐射项目环境影响报告表类别。资质有效期自 2016 年 1 月 17 日至 2016 年 6 月 30 日 |
| 92 | 重庆两江源环境影响评价有限公司 | 国环评证乙字第 3117 号 | 资质延续 | 批准资质延续，评价范围为一般项目环境影响报告表类别。资质有效期自 2016 年 1 月 17 日至 2016 年 12 月 31 日 |
| 93 | 重庆市江津区成硕环保工程有限公司 | 国环评证乙字第 3120 号 | 资质延续 | 批准资质延续，评价范围为一般项目环境影响报告表类别。资质有效期自 2016 年 1 月 17 日至 2016 年 12 月 31 日 |
| 94 | 忠县巴王环境咨询服务中心 | 国环评证乙字第 3129 号 | 资质延续、法定代表人变更、住所变更 | 批准资质延续，评价范围为一般项目环境影响报告表类别。资质有效期自 2016 年 1 月 17 日至 2016 年 12 月 31 日。批准资质证书中的法定代表人和住所变更 |
| 95 | 重庆宏伟环保工程有限公司 | 国环评证乙字第 3132 号 | 资质延续 | 批准资质延续（评价范围：交通运输、社会服务、输变电及广电通信环境影响报告书乙级类别；一般项目和核与辐射项目环境影响报告表类别）。资质有效期自 2016 年 1 月 17 日至 2016 年 12 月 31 日 |
| 96 | 中国科学院成都分院 | 国环评证乙字第 3202 号 | 资质延续（一般项目环境影响报告表类别） | 批准资质延续，评价范围为一般项目环境影响报告表类别。资质有效期自 2016 年 1 月 17 日至 2016 年 12 月 31 日 |
| 97 | 攀枝花市环境保护科学研究所 | 国环评证乙字第 3214 号 | 资质延续、住所变更 | 批准资质延续，评价范围为化工石化医药环境影响报告书乙级类别和一般项目环境影响报告表类别。资质有效期自 2016 年 1 月 17 日至 2016 年 12 月 31 日。批准资质证书中的住所变更 |
| 98 | 成都市环境保护科学研究院 | 国环评证乙字第 3216 号 | 资质延续、法定代表人变更 | 批准资质延续，评价范围为化工石化医药、冶金机电、社会服务环境影响报告书乙级类别和一般项目环境影响报告表类别。资质有效期自 2016 年 1 月 17 日至 2016 年 12 月 31 日。批准资质证书中的法定代表人变更 |
| 99 | 贵州省水利水电勘测设计研究院 | 国环评证乙字第 3305 号 | 资质延续 | 批准资质延续，评价范围为农林水利、社会服务环境影响报告书乙级类别和一般项目环境影响报告表类别。资质有效期自 2016 年 2 月 17 日至 2016 年 12 月 31 日 |
| 100 | 云南省水利水电勘测设计研究院 | 国环评证乙字第 3403 号 | 资质延续 | 批准资质延续，评价范围为农林水利、交通运输、社会服务环境影响报告书乙级类别和一般项目环境影响报告表类别。资质有效期自 2016 年 1 月 17 日至 2016 年 12 月 31 日 |
| 101 | 玉溪市环境科学研究所 | 国环评证乙字第 3410 号 | 资质延续 | 批准资质延续，评价范围为化工石化医药、冶金机电、建材火电、社会服务环境影响报告书乙级类别和一般项目环境影响报告表类别。资质有效期自 2016 年 1 月 17 日至 2016 年 12 月 31 日 |

| 序号 | 机构名称 | 资质证书编号 | 申请事项 | 审查结果 |
|---|---|---|---|---|
| 102 | 文山州环境科学研究所 | 国环评证乙字第 3421 号 | 资质延续 | 批准资质延续，评价范围为一般项目环境影响报告表类别。资质有效期自 2016 年 1 月 17 日至 2016 年 12 月 31 日 |
| 103 | 昆明绿岛环境科技有限公司 | 国环评证乙字第 3431 号 | 资质延续 | 批准资质延续，评价范围为一般项目环境影响报告表类别。资质有效期自 2016 年 1 月 17 日至 2016 年 12 月 31 日 |
| 104 | 陇南市环境科学技术研究所 | 国环评证乙字第 3710 号 | 资质延续、住所变更 | 批准资质延续，评价范围为一般项目环境影响报告表类别。资质有效期自 2016 年 1 月 17 日至 2016 年 12 月 31 日。批准资质证书中的住所变更 |
| 105 | 新疆化工设计研究院有限责任公司 | 国环评证乙字第 4003 号 | 资质延续 | 批准资质延续，评价范围为轻工纺织化纤、化工石化医药、冶金机电、建材火电、社会服务环境影响报告书乙级类别和一般项目环境影响报告表类别。资质有效期自 2016 年 1 月 17 日至 2016 年 12 月 31 日 |
| 106 | 新疆维吾尔自治区辐射环境监督站 | 国环评证乙字第 4010 号 | 资质延续 | 批准资质延续，评价范围为一般项目和核与辐射项目环境影响报告表类别。资质有效期自 2016 年 1 月 17 日至 2016 年 6 月 30 日 |
| 107 | 淮北市环境科学研究所 | 国环评证乙字第 2116 号 | 注销资质 | 批准注销资质 |
| 108 | 赣州市环境科学研究所 | 国环评证乙字第 2310 号 | 注销资质 | 批准注销资质 |
| 109 | 三门峡市环境保护科学研究院 | 国环评证乙字第 2507 号 | 注销资质 | 批准注销资质 |
| 110 | 驻马店市环境保护研究所 | 国环评证乙字第 2510 号 | 注销资质 | 批准注销资质 |
| 111 | 邵阳市环境保护研究所 | 国环评证乙字第 2707 号 | 注销资质 | 批准注销资质 |
| 112 | 上海化工研究院 | 国环评证甲字第 1806 号 | 法定代表人变更 | 批准资质证书中的法定代表人变更 |
| 113 | 河北水美环保科技有限公司 | 国环评证乙字第 1244 号 | 住所变更 | 批准资质证书中的住所变更 |
| 114 | 江苏绿源工程设计研究有限公司 | 国环评证乙字第 1951 号 | 住所变更 | 批准资质证书中的住所变更 |
| 115 | 浙江工业大学 | 国环评证乙字第 2006 号 | 法定代表人变更 | 批准资质证书中的法定代表人变更 |
| 116 | 福建省环境保护股份公司 | 国环评证乙字第 2218 号 | 法定代表人变更 | 批准资质证书中的法定代表人变更 |
| 117 | 湖北安源安全环保科技有限公司 | 国环评证乙字第 2634 号 | 法定代表人变更 | 批准资质证书中的法定代表人变更 |
| 118 | 佛山科学技术学院 | 国环评证乙字第 2859 号 | 法定代表人变更 | 批准资质证书中的法定代表人变更 |
| 119 | 四川大成环保科技有限公司 | 国环评证乙字第 3238 号 | 住所变更 | 批准资质证书中的住所变更 |

# 关于 2015 年下半年新化学物质环境管理科学研究备案情况的公告

环境保护部公告 2016 年第 14 号

根据《新化学物质环境管理办法》（环境保护部令 第 7 号）第二十二条规定，现将 2015 年 7—12 月收到的 592 份新化学物质科学研究备案情况予以公告。（详见附件）

附件：2015 年 7—12 月新化学物质科学研究备案情况表（592 份）（略）

环境保护部

2016 年 2 月 22 日

# 关于 2015 年下半年新化学物质环境管理登记批准情况的公告

环境保护部公告 2016 年第 15 号

根据《新化学物质环境管理办法》（环境保护部令 第 7 号）第二十三条规定，现将 2015 年 7—12 月批准的《新化学物质环境管理登记证》情况予以公告。

附件：1．2015 年 7—12 月新化学物质环境管理登记证常规申报批准情况表（略）

2．2015 年 7—12 月批准的常规申报登记证变更明细表

3．2015 年 7—12 月新化学物质环境管理登记证简易申报基本情形批准情况表（略）

4．2015 年 7—12 月新化学物质环境管理登记证简易申报特殊情形批准情况表（略）

环境保护部

2016 年 2 月 22 日

附件 2

# 2015 年 7—12 月批准的常规申报登记证变更明细表

| 序号 | 申请单位 | 登记证号 | | 申请变更项 | | 变更理由 |
|---|---|---|---|---|---|---|
| | | 变更前 | 变更后 | 变更前 | 变更后 | |
| 1 | ANGUS Chemical ompany<br>亚卢化学贸易（上海）有限公司 | 新常登 C-13002（变 1） | 新常登 C-13002（变 2） | 申报人：Dow Chemical Pacific Limited<br>持有人：陶氏化学（中国）投资有限公司 | 申报人：ANGUS Chemical Company<br>持有人：亚卢化学贸易（上海）有限公司 | 资产收购 |
| 2 | 绍兴民生医药有限公司 | 新常登 C（L）-15038（1/2） | 新常登 C（L）-15038（1/2）（变 1） | 登记量：1 吨/年 | 登记量：4.9 吨/年 | 业务调整 |
| 3 | 吉林凯莱英医药化学有限公司 | 新常登 C（L）-15038（2/2） | 新常登 C（L）-15038（2/2）（变 1） | 登记量：8.9 吨/年 | 登记量：5 吨/年 | 业务调整 |
| 4 | 中节能万润股份有限公司 | 新常登 C-14041（变 1） | 新常登 C-14041（变 2） | 申报人：烟台万润精细化工股份有限公司<br>持有人：烟台万润精细化工股份有限公司 | 申报人：中节能万润股份有限公司<br>持有人：中节能万润股份有限公司 | 公司更名 |
| 5 | Infineum Singapore Pte.Ltd.<br>杭州瑞旭产品技术有限公司 | 新常登 C-14045 | 新常登 C-14045（变 1） | 登记量：99.8 吨/年 | 登记量：49.5 吨/年 | 贸易计划调整 |
| 6 | 常州强力先端电子材料有限公司 | 新常登 C-13016 | 新常登 C-13016（变 1） | 申报量：9.98 吨/年 | 申报量：6.98 吨/年 | 贸易调整 |
| 7 | Milliken & Company.<br>美利肯商贸（上海）有限公司 | 新常登 C（L）-14074（1/2） | 新常登 C（L）-14074（1/2）（变 1） | 申报量：189 吨/年 | 申报量：389 吨/年 | 市场需求增加 |
| 8 | Milliken & Company.<br>美利肯商贸（上海）有限公司 | 新常登 C（L）-15002（1/3） | 新常登 C（L）-15002（1/3）（变 1） | 申报量：20 吨/年 | 申报量：59 吨/年 | 市场需求增加 |
| 9 | Mitsui Chemicals & SKC Polyurethanes Inc.<br>福州瑞驰化学科技有限公司 | 新常登 C-14103 | 新常登 C-14103（变 1） | 申报人名称：Mitsui Chemicals，Inc. | 申报人名称：Mitsui Chemicals & SKC Polyurethanes Inc. | 公司合并 |

# 关于注销31家机构建设项目环境影响评价资质的公告

环境保护部公告　2016年第16号

根据《建设项目环境影响评价资质管理办法》（环境保护部令　第36号）的有关规定，我部决定对建设项目环境影响评价资质（以下简称资质）证书有效期满未申请延续的31家机构资质予以注销。具体名单详见附件。

上述机构应于本公告发布之日起10个工作日内将资质证书正、副本原件交（寄）回我部。上述机构如不服本公告决定的，可在收到本公告之日起60日内向我部申请行政复议，也可在收到本公告之日起6个月内依法提起行政诉讼。

根据《建设项目环境影响评价资质管理办法》（环境保护部令　第36号）规定，资质证书有效期届满，环评机构需要继续从事环境影响报告书（表）编制工作的，应当在有效期届满90个工作日前申请资质延续。资质有效期届满未申请延续的，我部予以注销资质。请各环评机构在规定期限内及时向我部提交资质延续申请材料。

附件：注销资质的机构名单

环境保护部

2016年3月2日

**附件**

## 注销资质的机构名单

| 编　号 | 机构名称 | 原资质证书编号 | 相关情形 |
| --- | --- | --- | --- |
| 1 | 鞍山市环境保护研究所 | 国环评证乙字第1521号 | 资质证书有效期（2016年2月16日）满未申请延续 |
| 2 | 东北大学 | 国环评证乙字第1530号 | 资质证书有效期（2016年2月16日）满未申请延续 |
| 3 | 泰州市环境科学研究所 | 国环评证乙字第1908号 | 资质证书有效期（2016年2月16日）满未申请延续 |
| 4 | 淮安市淮源环保科技有限公司 | 国环评证乙字第1911号 | 资质证书有效期（2016年2月16日）满未申请延续 |
| 5 | 江苏省水文水资源勘测局（江苏省水利网络数据中心） | 国环评证乙字第1917号 | 资质证书有效期（2016年2月16日）满未申请延续 |

| 编 号 | 机构名称 | 原资质证书编号 | 相关情形 |
| --- | --- | --- | --- |
| 6 | 宿迁国环环境科技有限公司 | 国环评证乙字第 1922 号 | 资质证书有效期（2016 年 2 月 16 日）满未申请延续 |
| 7 | 大丰市南金环保科技有限公司 | 国环评证乙字第 1926 号 | 资质证书有效期（2016 年 2 月 16 日）满未申请延续 |
| 8 | 盐城市盐都环境科学研究所 | 国环评证乙字第 1928 号 | 资质证书有效期（2016 年 2 月 16 日）满未申请延续 |
| 9 | 江阴市经纬科技信息咨询有限公司 | 国环评证乙字第 1929 号 | 资质证书有效期（2016 年 2 月 16 日）满未申请延续 |
| 10 | 海门市环境科学研究所 | 国环评证乙字第 1933 号 | 资质证书有效期（2016 年 2 月 16 日）满未申请延续 |
| 11 | 扬州市邗江区环境科学研究所 | 国环评证乙字第 1937 号 | 资质证书有效期（2016 年 2 月 16 日）满未申请延续 |
| 12 | 东台市环境科学研究所 | 国环评证乙字第 1939 号 | 资质证书有效期（2016 年 2 月 16 日）满未申请延续 |
| 13 | 无锡市滨湖环境科学研究所有限公司 | 国环评证乙字第 1941 号 | 资质证书有效期（2016 年 2 月 16 日）满未申请延续 |
| 14 | 苏州启迪环境科技有限公司 | 国环评证乙字第 1944 号 | 资质证书有效期（2016 年 2 月 16 日）满未申请延续 |
| 15 | 兴化市环境工程技术服务所 | 国环评证乙字第 1945 号 | 资质证书有效期（2016 年 2 月 16 日）满未申请延续 |
| 16 | 扬中市海润环境科学研究所 | 国环评证乙字第 1946 号 | 资质证书有效期（2016 年 2 月 16 日）满未申请延续 |
| 17 | 泰州市绿缘环境科学研究有限公司 | 国环评证乙字第 1948 号 | 资质证书有效期（2016 年 2 月 16 日）满未申请延续 |
| 18 | 常州市常大环境安全研究院有限公司 | 国环评证乙字第 1954 号 | 资质证书有效期（2016 年 2 月 16 日）满未申请延续 |
| 19 | 泉州市环境保护科学技术研究所 | 国环评证乙字第 2202 号 | 资质证书有效期（2016 年 2 月 16 日）满未申请延续 |
| 20 | 宁德市环境保护科学研究所 | 国环评证乙字第 2210 号 | 资质证书有效期（2016 年 2 月 16 日）满未申请延续 |
| 21 | 福建省龙岩市环境科学研究所 | 国环评证乙字第 2211 号 | 资质证书有效期（2016 年 2 月 16 日）满未申请延续 |
| 22 | 漳州市环境科学研究所 | 国环评证乙字第 2217 号 | 资质证书有效期（2016 年 2 月 16 日）满未申请延续 |
| 23 | 永安市环保技术服务公司 | 国环评证乙字第 2222 号 | 资质证书有效期（2016 年 2 月 16 日）满未申请延续 |
| 24 | 山东省地质环境监测总站 | 国环评证乙字第 2406 号 | 资质证书有效期（2016 年 2 月 16 日）满未申请延续 |
| 25 | 东营市环境保护科学研究所 | 国环评证乙字第 2411 号 | 资质证书有效期（2016 年 2 月 16 日）满未申请延续 |
| 26 | 烟台市环境保护科学研究所 | 国环评证乙字第 2419 号 | 资质证书有效期（2016 年 2 月 16 日）满未申请延续 |
| 27 | 淄博市环境保护科研所 | 国环评证乙字第 2420 号 | 资质证书有效期（2016 年 2 月 16 日）满未申请延续 |

| 编 号 | 机构名称 | 原资质证书编号 | 相关情形 |
|---|---|---|---|
| 28 | 山东省气候中心 | 国环评证乙字第 2424 号 | 资质证书有效期（2016 年 2 月 16 日）满未申请延续 |
| 29 | 青岛大学 | 国环评证乙字第 2444 号 | 资质证书有效期（2016 年 2 月 16 日）满未申请延续 |
| 30 | 六盘水市环境科学研究所 | 国环评证乙字第 3315 号 | 资质证书有效期（2016 年 2 月 16 日）满未申请延续 |
| 31 | 新疆生产建设兵团环境保护科学研究所 | 国环评证乙字第 4013 号 | 资质证书有效期（2016 年 2 月 16 日）满未申请延续 |

# 关于建设项目环境影响评价资质审查结果（2016 年第三批）的公告

环境保护部公告　2016 年第 17 号

根据《建设项目环境影响评价资质管理办法》（环境保护部令　第 36 号）及相关文件的规定，我部对申请建设项目环境影响评价资质（以下简称资质）的相关机构进行了审查。现将审查结果（2016 年第三批）公告如下：

一、批准安徽皖欣科环环境科技有限公司等 3 家机构乙级资质。

二、批准中铁工程设计咨询集团有限公司资质晋级。

三、批准七台河市环境保护科学研究所等 8 家机构资质证书中的机构名称变更。其中，不予批准中山市环境保护科学研究院更名后机构部分评价范围。

四、批准浦华环保有限公司等 38 家机构资质延续。其中，不予批准北京工业大学等 3 家机构延续原有部分评价范围。

五、批准阜阳市格瑞环保科技咨询有限公司等 16 家机构资质证书中的法定代表人或住所变更。

六、不予批准上海同济应用技术研究所有限公司资质。

七、批准遵义市环境科学研究所等 5 家机构注销资质。

八、汉中市环境工程规划设计有限公司完成脱钩。

审查结果的具体情况详见附件。第一至五项和第八项中的机构请于 60 日内携带单位证明，到我部行政审批大厅领取资质证书，其中第二至五项和第八项中的机构应在领取资质证书时携带原资质证书正、副本原件。第七项中的机构请于 10 日内将原资质证书正、副本原件寄回我部行政审批大厅。自本公告发布之日起，第二至五项和第七、八项中的机构原资质证书正、副本原件同时作废；第二项机构中的环境影响评价工程师和第三项机构中进入更名后机构的环境影响评价工程师登记编号予以重新核发，第三项机构中未进入更名后机构的环境影响评价工程师和第七项机构中的环境影响评价工程师登记编号予以注销。

上述机构如不服本公告决定的，可在接到本公告之日起60日内向我部申请行政复议，也可在接到本公告之日起6个月内依法提起行政诉讼。在未获延续的评价范围内，已承接的环境影响报告书需继续完成的，应在本公告发布之日起 15 日内，将有关情况连同编制委托合同等证明材料报我部审核。

行政审批大厅地址：北京市西城区西直门南小街115号（邮编：100035）

联系人：朱美

电话：（010）66556045

附件：建设项目环境影响评价资质审查结果（2016年第三批）

环境保护部

2016年3月2日

**附件**

# 建设项目环境影响评价资质审查结果（2016年第三批）

| 序号 | 机构名称 | 资质证书编号 | 申请事项 | 审查结果 |
|---|---|---|---|---|
| 1 | 安徽皖欣科环环境科技有限公司 | 国环评证乙字第2136号 | 首次申请 | 批准乙级资质（评价范围：化工石化医药环境影响报告书乙级类别；一般项目和核与辐射项目环境影响报告表类别）。资质有效期四年 |
| 2 | 云南览境环境工程咨询有限公司 | 国环评证乙字第3440号 | 首次申请 | 批准乙级资质，评价范围为一般项目环境影响报告表类别。资质有效期四年。<br>因相应类别业绩不足，不予批准采掘环境影响报告书乙级类别评价范围 |
| 3 | 陕西优和安环工程咨询有限公司 | 国环评证乙字第3630号 | 首次申请 | 批准乙级资质，评价范围为一般项目环境影响报告表类别。资质有效期四年。<br>因相应类别业绩不足，不予批准农林水利环境影响报告书乙级类别评价范围 |
| 4 | 中铁工程设计咨询集团有限公司 | 国环评证甲字第1061号（原证书编号为国环评证乙字第1052号） | 资质晋级 | 批准资质晋级（评价范围：交通运输环境影响报告书甲级类别；社会服务环境影响报告书乙级类别和一般项目环境影响报告表类别）。资质有效期四年 |
| 5 | 七台河市环境保护科学研究所 | 国环评证乙字第1701号 | 环保系统环评机构脱钩更名、住所变更、法定代表人变更 | 批准资质证书中的机构名称变更为黑龙江省清泽环境科技有限公司。评价范围为建材火电、采掘、社会服务环境影响报告书乙级类别和一般项目环境影响报告表类别。资质有效期四年。批准资质证书中的住所变更和法定代表人变更 |

| 序号 | 机构名称 | 资质证书编号 | 申请事项 | 审查结果 |
|---|---|---|---|---|
| 6 | 阜阳市格瑞环保科技咨询有限公司 | 国环评证乙字第 2119 号 | 环保系统环评机构脱钩更名、法定代表人变更 | 批准资质证书中的机构名称变更为安徽锦美环保科技有限公司。评价范围为轻工纺织化纤、交通运输、社会服务环境影响报告书乙级类别和一般项目环境影响报告表类别。资质有效期四年。批准资质证书中的法定代表人变更 |
| 7 | 黄冈市环境保护科学研究所 | 国环评证乙字第 2621 号 | 环保系统环评机构脱钩更名、住所变更、法定代表人变更 | 批准资质证书中的机构名称变更为湖北苇杭环保科技有限公司。评价范围为轻工纺织化纤、化工石化医药、社会服务环境影响报告书乙级类别和一般项目环境影响报告表类别。资质有效期四年。批准资质证书中的住所变更和法定代表人变更 |
| 8 | 中山市环境保护科学研究院 | 国环评证乙字第 2821 号 | 环保系统环评机构脱钩更名、住所变更、法定代表人变更 | 批准资质证书中的机构名称变更为中山市环境保护科学研究院有限公司。评价范围为轻工纺织化纤、化工石化医药、冶金机电、交通运输环境影响报告书乙级类别和一般项目环境影响报告表类别。资质有效期四年。批准资质证书中的住所和法定代表人变更。因相应类别环评工程师人数不足，不批准社会服务类环境影响报告书乙级类别 |
| 9 | 清华大学 | 国环评证甲字第 1022 号 | 改制更名、住所变更、法定代表人变更 | 批准资质证书中的机构名称变更为北京国环清华环境工程设计研究院有限公司。评价范围为化工石化医药、交通运输、社会服务环境影响报告书甲级类别；建材火电、核工业环境影响报告书乙级类别；一般项目和核与辐射项目环境影响报告表类别。资质有效期四年。批准资质证书中的住所变更及法定代表人变更 |
| 10 | 湖南省国际工程咨询中心 | 国环评证乙字第 2731 号 | 改制更名、住所变更、法定代表人变更 | 批准资质证书中的机构名称变更为湖南省国际工程咨询中心有限公司。评价范围为化工石化医药、农林水利、交通运输、社会服务环境影响报告书乙级类别和一般项目环境影响报告表类别。资质有效期四年。批准资质证书中的住所变更和法定代表人变更 |
| 11 | 浦华环保有限公司 | 国环评证乙字第 1027 号 | 更名、资质延续 | 批准资质证书中的机构名称变更为浦华环保股份有限公司。批准资质延续，评价范围为化工石化医药、社会服务环境影响报告书乙级类别和一般项目环境影响报告表类别。资质有效期自 2016 年 1 月 17 日至 2016 年 12 月 31 日 |
| 12 | 中国能源建设集团山西省电力勘测设计院 | 国环评证乙字第 1306 号 | 更名、资质延续 | 批准资质证书中的机构名称变更为中国能源建设集团山西省电力勘测设计院有限公司。批准资质延续，评价范围为一般项目和核与辐射项目环境影响报告表类别。资质有效期自 2016 年 1 月 17 日至 2016 年 12 月 31 日 |
| 13 | 中国原子能科学研究院 | 国环评证甲字第 1054 号 | 资质延续 | 批准资质延续（评价范围为核工业环境影响报告书甲级类别；一般项目和核与辐射项目环境影响报告表类别）。资质有效期至 2016 年 12 月 31 日 |

| 序号 | 机构名称 | 资质证书编号 | 申请事项 | 审查结果 |
|---|---|---|---|---|
| 14 | 抚顺环科石油化工技术开发有限公司 | 国环评证甲字第 1510 号 | 资质延续 | 批准资质延续，评价范围为化工石化医药、交通运输环境影响报告书甲级类别和一般项目环境影响报告表类别。资质有效期至 2016 年 12 月 31 日 |
| 15 | 北京工业大学 | 国环评证乙字第 1008 号 | 资质延续 | 批准资质延续（评价范围：社会服务环境影响报告书乙级类别，一般项目和核与辐射项目环境影响报告表类别）。资质有效期自 2016 年 1 月 17 日至 2016 年 12 月 31 日。因环评工程师人数不足，不予批准输变电及广电通信环境影响报告书乙级类别 |
| 16 | 中国船舶重工集团公司第七一八研究所 | 国环评证乙字第 1201 号 | 资质延续 | 批准资质延续，评价范围为轻工纺织化纤、社会服务环境影响报告书乙级类别和一般项目环境影响报告表类别。资质有效期自 2016 年 1 月 17 日至 2016 年 12 月 31 日 |
| 17 | 邯郸市环境保护研究所 | 国环评证乙字第 1206 号 | 资质延续 | 批准资质延续，评价范围为轻工纺织化纤、化工石化医药、冶金机电、社会服务环境影响报告书乙级类别和一般项目环境影响报告表类别。资质有效期自 2016 年 1 月 17 日至 2016 年 6 月 30 日 |
| 18 | 河北科技大学 | 国环评证乙字第 1215 号 | 资质延续、法定代表人变更 | 批准资质延续，评价范围为轻工纺织化纤、化工石化医药、冶金机电、建材火电、社会服务环境影响报告书乙级类别和一般项目环境影响报告表类别。资质有效期自 2016 年 1 月 17 日至 2016 年 12 月 31 日。批准资质证书中的法定代表人变更 |
| 19 | 秦皇岛市环境保护科学研究所 | 国环评证乙字第 1216 号 | 资质延续、住所变更 | 批准资质延续，评价范围为采掘、交通运输、社会服务环境影响报告书乙级类别和一般项目环境影响报告表类别。资质有效期自 2016 年 1 月 17 日至 2016 年 6 月 30 日。批准资质证书中的住所变更 |
| 20 | 河北星之光环境科技有限公司 | 国环评证乙字第 1257 号 | 资质延续 | 批准资质延续，评价范围为冶金机电、农林水利、采掘、社会服务环境影响报告书乙级类别和一般项目环境影响报告表类别。资质有效期自 2016 年 2 月 17 日至 2016 年 12 月 31 日 |
| 21 | 乌海市环境保护科学研究所 | 国环评证乙字第 1401 号 | 资质延续 | 批准资质延续，评价范围为化工石化医药、冶金机电、社会服务环境影响报告书乙级类别和一般项目环境影响报告表类别。资质有效期自 2016 年 1 月 17 日至 2016 年 12 月 31 日 |
| 22 | 通辽市环境科学研究所 | 国环评证乙字第 1408 号 | 资质延续、法定代表人变更 | 批准资质延续，评价范围为轻工纺织化纤、化工石化医药、社会服务环境影响报告书乙级类别和一般项目环境影响报告表类别。资质有效期自 2016 年 1 月 17 日至 2016 年 12 月 31 日。批准资质证书中的法定代表人变更 |

| 序号 | 机构名称 | 资质证书编号 | 申请事项 | 审查结果 |
|---|---|---|---|---|
| 23 | 锦州环境工程技术公司 | 国环评证乙字第 1520 号 | 资质延续 | 批准资质延续，评价范围为轻工纺织化纤、化工石化医药、冶金机电、建材火电、社会服务环境影响报告书乙级类别和一般项目环境影响报告表类别。资质有效期自 2016 年 2 月 17 日至 2016 年 6 月 30 日 |
| 24 | 黑龙江省化工研究院 | 国环评证乙字第 1716 号 | 资质延续 | 批准资质延续，评价范围为轻工纺织化纤、化工石化医药、社会服务环境影响报告书乙级类别和一般项目环境影响报告表类别。资质有效期自 2016 年 1 月 17 日至 2016 年 12 月 31 日 |
| 25 | 江苏新清源环保有限公司 | 国环评证乙字第 1915 号 | 资质延续、住所变更、法定代表人变更 | 批准资质延续，评价范围为化工石化医药、社会服务环境影响报告书乙级类别和一般项目环境影响报告表类别。资质有效期自 2016 年 2 月 17 日至 2020 年 2 月 16 日。批准资质证书中的住所和法定代表人变更 |
| 26 | 中国能源建设集团浙江省电力设计院有限公司 | 国环评证乙字第 2010 号 | 资质延续 | 批准资质延续（评价范围：输变电及广电通信环境影响报告书乙级类别；一般项目和核与辐射项目环境影响报告表类别）。资质有效期自 2016 年 2 月 17 日至 2016 年 12 月 31 日 |
| 27 | 浙江省环境工程有限公司 | 国环评证乙字第 2012 号 | 资质延续 | 批准资质延续，评价范围为轻工纺织化纤、化工石化医药、交通运输、社会服务环境影响报告书乙级类别和一般项目环境影响报告表类别。资质有效期至 2016 年 6 月 30 日 |
| 28 | 杭州市环境保护有限公司 | 国环评证乙字第 2028 号 | 资质延续 | 批准资质延续，评价范围为冶金机电、社会服务环境影响报告书乙级类别和一般项目环境影响报告表类别。资质有效期自 2016 年 2 月 17 日至 2020 年 2 月 16 日 |
| 29 | 温州瑞林环保科技有限公司 | 国环评证乙字第 2041 号 | 资质延续 | 批准资质延续，评价范围为一般项目环境影响报告表类别。资质有效期至 2016 年 12 月 31 日 |
| 30 | 中钢集团马鞍山矿山研究院有限公司 | 国环评证乙字第 2112 号 | 资质延续、住所变更 | 批准资质延续，评价范围为化工石化医药、冶金机电、采掘环境影响报告书乙级类别和一般项目环境影响报告表类别。资质有效期自 2016 年 1 月 17 日至 2016 年 12 月 31 日。批准资质证书中的住所变更。 |
| 31 | 福建省水利水电勘测设计研究院 | 国环评证乙字第 2209 号 | 资质延续 | 批准资质延续，评价范围为农林水利、交通运输、社会服务环境影响报告书乙级类别和一般项目环境影响报告表类别。资质有效期自 2016 年 2 月 17 日至 2016 年 12 月 31 日 |
| 32 | 南昌航空大学 | 国环评证乙字第 2305 号 | 资质延续、法定代表人变更 | 批准资质延续，评价范围为一般项目环境影响报告表类别。资质有效期自 2016 年 1 月 17 日至 2016 年 12 月 31 日。批准资质证书中的法定代表人变更 |

| 序号 | 机构名称 | 资质证书编号 | 申请事项 | 审查结果 |
| --- | --- | --- | --- | --- |
| 33 | 山东省科学院 | 国环评证乙字第2408号 | 资质延续 | 批准资质延续（评价范围：化工石化医药、社会服务环境影响报告书乙级类别；一般项目和核与辐射项目环境影响报告表类别）。资质有效期自2016年2月17日至2016年12月31日。因环评工程师人数不足，不予批准轻工纺织化纤环境影响报告书乙级类别 |
| 34 | 青岛理工大学 | 国环评证乙字第2415号 | 资质延续 | 批准资质延续，评价范围为轻工纺织化纤、化工石化医药、冶金机电、社会服务环境影响报告书乙级类别和一般项目环境影响报告表类别。资质有效期自2016年2月17日至2016年12月31日 |
| 35 | 山东华瑞环保咨询有限公司 | 国环评证乙字第2443号 | 资质延续 | 批准资质延续，评价范围为化工石化医药、冶金机电、社会服务环境影响报告书乙级类别和一般项目环境影响报告表类别。资质有效期自2016年2月17日至2016年12月31日 |
| 36 | 河南恩湃高科集团有限公司 | 国环评证乙字第2532号 | 资质延续 | 批准资质延续（评价范围为输变电及广电通信环境影响报告书乙级类别；一般项目和核与辐射环境影响报告表类别）。资质有效期自2016年1月17日至2020年1月16日 |
| 37 | 广西壮族自治区水利电力勘测设计研究院 | 国环评证乙字第2901号 | 资质延续、法定代表人变更 | 批准资质延续，评价范围为农林水利、社会服务环境影响报告书乙级类别和一般项目环境影响报告表类别。资质有效期自2016年1月17日至2016年12月31日。批准资质证书中的法定代表人变更 |
| 38 | 海南省建设项目规划设计研究院 | 国环评证乙字第3006号 | 资质延续、法定代表人变更 | 批准资质延续，评价范围为一般项目环境影响报告表类别。资质有效期自2016年1月17日至2016年12月31日。批准资质证书中的法定代表人变更 |
| 39 | 四川省辐射环境评价治理有限责任公司 | 国环评证乙字第3223号 | 资质延续 | 批准资质延续，评价范围为一般项目和核与辐射项目环境影响报告表类别。资质有效期自2016年1月17日至2016年6月30日 |
| 40 | 四川中环立新环保工程咨询有限公司 | 国环评证乙字第3234号 | 资质延续 | 批准资质延续，评价范围为一般项目环境影响报告表类别。资质有效期自2016年1月17日至2016年12月31日 |
| 41 | 贵州省安顺环境保护科学研究所有限公司 | 国环评证乙字第3320号 | 资质延续、住所变更 | 批准资质延续，评价范围为一般项目环境影响报告表类别。资质有效期自2016年2月17日至2016年12月31日。批准资质证书中的住所变更 |
| 42 | 西北大学 | 国环评证乙字第3610号 | 资质延续、法定代表人变更 | 批准资质延续，评价范围为一般项目环境影响报告表类别。资质有效期自2016年1月17日至2016年12月31日。批准资质证书中的法定代表人变更 |
| 43 | 兰州煤矿设计研究院 | 国环评证乙字第3707号 | 资质延续 | 批准资质延续，评价范围为农林水利、采掘、社会服务环境影响报告书乙级类别和一般项目环境影响报告表类别。资质有效期自2016年1月17日至2016年12月31日 |

| 序号 | 机构名称 | 资质证书编号 | 申请事项 | 审查结果 |
|---|---|---|---|---|
| 44 | 国网宁夏电力公司 | 国环评证乙字第 3808 号 | 资质延续 | 批准资质延续，评价范围为冶一般项目和核与辐射项目环境影响报告表类别。资质有效期自 2016 年 1 月 17 日至 2016 年 12 月 31 日 |
| 45 | 中国科学院新疆生态与地理研究所 | 国环评证乙字第 4001 号 | 资质延续 | 批准资质延续，评价范围为采掘、交通运输环境影响报告书乙级类别和一般项目环境影响报告表类别。资质有效期自 2016 年 1 月 17 日至 2016 年 12 月 31 日 |
| 46 | 新疆煤炭设计研究院有限责任公司 | 国环评证乙字第 4008 号 | 资质延续 | 批准资质延续，评价范围为轻工纺织化纤、采掘、社会服务环境影响报告书乙级类别和一般项目环境影响报告表类别。资质有效期自 2016 年 1 月 17 日至 2016 年 12 月 31 日 |
| 47 | 乌鲁木齐市环境保护科学研究所 | 国环评证乙字第 4011 号 | 资质延续 | 批准资质延续，评价范围为冶金机电、建材火电、交通运输环境影响报告书乙级类别和一般项目环境影响报告表类别。资质有效期自 2016 年 1 月 17 日至 2016 年 12 月 31 日。<br>因相应类别环评工程师人数不足，不予批准轻工纺织化纤、化工石化医药、社会服务环境影响报告书乙级类别 |
| 48 | 新疆旭日环境保护咨询有限公司 | 国环评证乙字第 4017 号 | 资质延续 | 批准资质延续，评价范围为一般项目环境影响报告表类别。资质有效期自 2016 年 2 月 17 日至 2016 年 12 月 31 日 |
| 49 | 上海同济应用技术研究所有限公司 |  | 首次申请 | 该机构申报的环评工程师李殿勋，实为外单位工作人员，因在资质申请中隐瞒有关情况和提供虚假资料，不予批准资质且一年内不得再次申请资质。环评工程师李殿勋三年内不得作为资质申请时配备的环境影响评价工程师，环境影响报告书（表）的编制主持人或者主要编制人员 |
| 50 | 遵义市环境科学研究所 | 国环评证乙字第 3321 号 | 注销资质 | 批准注销资质 |
| 51 | 北京华路达环保工程有限公司 | 国环评证乙字第 1025 号 |  | 有效期届满，注销资质 |
| 52 | 克拉玛依市环境保护科学研究所 | 国环评证乙字第 4015 号 |  | 有效期届满，注销资质 |
| 53 | 桂林理工大学高技术研究所 | 国环评证乙字第 2921 号 |  | 有效期届满，注销资质 |
| 54 | 重庆太恒环保工程有限公司 | 国环评证乙字第 3108 号 |  | 有效期届满，注销资质 |
| 55 | 汉中市环境工程规划设计有限公司 | 国环评证乙字第 3608 号 | 环保系统环评机构脱钩 | 已完成环保系统环评机构脱钩。资质有效期四年 |

# 关于注册核安全工程师、环境影响评价工程师和注册环保工程师等三项职业资格考试收费标准的公告

环境保护部公告　2016 年第 18 号

根据《国家发展和改革委员会 财政部关于改革全国性职业资格考试收费标准管理方式的通知》（发改价格〔2015〕1217 号）的要求，我部制定了注册核安全工程师、环境影响评价工程师和注册环保工程师考试收费标准公告，现予以公告（详见附件）。

本公告自印发之日起执行。

附件：注册核安全工程师、环境影响评价工程师和注册环保工程师考试收费标准

环境保护部

2016 年 3 月 7 日

附件

## 注册核安全工程师、环境影响评价工程师和注册环保工程师考试收费标准

| 考试类别 | 科目类型 | 科目 | 收费标准（元/科） | | |
|---|---|---|---|---|---|
| | | | 考务费 | 考试费 | 合计 |
| 注册核安全工程师 | 客观题 | 核安全法律法规 | 20 | 50 | 70 |
| | 客观题 | 核安全综合知识 | 20 | 50 | 70 |
| | 客观题 | 核安全专业实务 | 20 | 50 | 70 |
| | 主观题 | 核安全案例分析 | 25 | 50 | 75 |
| 环境影响评价工程师 | 客观题 | 环境影响评价法律法规 | 11 | — | 11 |
| | 客观题 | 环境影响评价导则标准 | 11 | — | 11 |
| | 客观题 | 环境影响评价技术方法 | 11 | — | 11 |
| | 主观题 | 环境影响评价案例分析 | 15 | — | 15 |
| 注册环保工程师 | 客观题 | 专业知识上 | 20 | — | 20 |
| | 客观题 | 专业知识下 | 20 | — | 20 |
| | 主观题 | 专业案例上 | 25 | — | 25 |
| | 主观题 | 专业案例下 | 25 | — | 25 |

# 关于放射性同位素与射线装置豁免备案证明文件（第一批）的公告

环境保护部公告　2016 年第 19 号

根据《放射性同位素与射线装置安全和防护管理办法》（环境保护部令 第 18 号）第五十四条的相关规定，我部将各有关省份已获得豁免备案证明文件的活动或活动中的射线装置、放射源或者非密封放射性物质（第一批）予以公告，详细内容见附件 1 和附件 2。

经我部公告的活动或活动中的射线装置、放射源或者非密封放射性物质，其豁免备案证明文书在全国有效，可不再逐一办理豁免备案证明文件。

附件：1．2011—2015 年已获各省豁免备案证明文件的放射性同位素汇总表（略）

2．2011—2015 年已获各省豁免备案证明文件的射线装置汇总表（略）

环境保护部

2016 年 3 月 8 日

# 关于增补《中国现有化学物质名录》的公告

环境保护部公告　2016 年第 20 号

根据《关于新化学物质环境管理登记有关衔接事项的通知》（环办〔2010〕123 号）相关要求，我部组织对部分已登记新化学物质进行了审查，现将 31 种符合要求的已登记新化学物质增补列入《中国现有化学物质名录》。

上述已登记新化学物质列入《中国现有化学物质名录》后，按现有化学物质管理。

特此公告。

附件：31 种符合要求的已登记新化学物质

环境保护部

2016 年 3 月 8 日

附件

# 31 种符合要求的已登记新化学物质

| 序号 | 中文名称 | 中文别名 | 英文名称 | 英文别名 | 分子式 | CAS 号或流水号 | 环境管理类别 | 备注 |
|---|---|---|---|---|---|---|---|---|
| 1 | 3-(十二烷基硫代)-1-(2,6,6-三甲基-3-环己烯-1-基)-1-丁酮 | | 3-(dodecylthio)-1-(2,6,6-trimethyl-3-cyclohexen-1-yl)-1-butanone | | $C_{25}H_{46}OS$ | 543724-31-8 | 危险类 | |
| 2 | (3Z)-1-(2-丁烯氧基)-3-己烯 | | 3-Hexene,1-(2-butenyloxy)-,(3Z)- | | $C_{10}H_{18}O$ | 888744-18-1 | 危险类 | |
| 3 | 5-氯-2-环丙基-6-羟基-4-嘧啶羧酸 | | 5-Chloro-2-cyclopropyl-6-hydroxy-4-pyrimidine-carboxylicacid | | $C_8H_7ClN_2O_3$ | 858956-26-0 | 重点环境管理危险类 | 用作除草剂的中间体 |
| 4 | (S,R/R,S)2-[1-(3,3-二甲基环己基)乙氧基]-2-甲基-丙基环丙烷羧酸酯与(S,S/R,R)2-[1-(3,3-二甲基环己基)乙氧基]-2-甲基-丙基环丙烷羧酸酯的混合物(72%～82%：10%～15%) | | Mixture of(S,R/R,S)2-[1-(3,3-Dimethylcyclohexyl)ethoxy]-2-methylpropylcyclopropanecarboxylate and(S,S/R,R)2-[1-(3,3-Dimethylcyclohexyl)ethoxy]-2-methylpropylcyclopropanecarboxylate(72%～82%：10%～15%) | | $C_{18}H_{32}O_3$ | 477218-42-1 | 危险类 | |
| 5 | (5E)-3-甲基环十四烷-5-烯-1-酮和(5Z)-3-甲基环十四烷-5-烯-1-酮的混合物(62%～68%：24%～26%) | | 3-Methylcyclotetradec-5-en-1-one(5E) mixture with3-Methylcyclotetradec-5-en-1-one(5Z)(62%～68%：24%～26%) | | $C_{15}H_{26}O$ | 9474 | 重点环境管理危险类 | 用作香料组分 |
| 6 | 7-(3-甲基丁基)-1,5-苯并二氧杂环代-3-酮 | | 7-(3-methylbutyl)-1,5-benzodioxepin-3-one | | $C_{14}H_{18}O_3$ | 362467-67-2 | 危险类 | |
| 7 | 1-螺(4,5)-7-癸烯-7-基-4-戊烯-1-酮和 1-螺(4,5)-6-癸烯-7-基-4-戊烯-1-酮的混合物(40%～60%：30%～50%) | | Mixture of1-spiro(4,5)-7-decen-7-yl-4-penten-1-one and1-spiro(4,5)-6-decen-7-yl-4-penten-1-one(40%～60%：30%～50%) | | $C_{15}H_{22}O$ | 9475 | 重点环境管理危险类 | 用作香料组分 |
| 8 | (E)9-十一碳腈与(Z)-9-十一碳腈和 10-十一碳腈的混合物(45%～55%：23%～33%：10%～20%) | | (E)-9-Undecenenitrile mixturewith(Z)-9-Undecenenitrile and10-Undecenenitrile(45%～55%：23-33%：10%～20%) | | $C_{11}H_{19}N$ | 9476 | 重点环境管理危险类 | 用作香料组分 |

| 序号 | 中文名称 | 中文别名 | 英文名称 | 英文别名 | 分子式 | CAS 号或流水号 | 环境管理类别 | 备注 |
| --- | --- | --- | --- | --- | --- | --- | --- | --- |
| 9 | 1-环丙基甲基-4-甲氧基苯 | | cyclopropylmethyl-4-methoxybenzene | | $C_{11}H_{14}O$ | 16510-27-3 | 重点环境管理危险类 | 用作香料组分 |
| 10 | 2,3,3-三甲基-1-茚酮 | | 2,3,3-Trimethyl-1-indanone | | $C_{12}H_{14}O$ | 54440-17-4 | 重点环境管理危险类 | 用作香料组分 |
| 11 | (E,E)-5,6,7-三甲基-八-2,5-二烯-4-酮和(E,Z)-5,6,7-三甲基-八-2,5-二烯-4-酮的混合物(75.7%：21%) | | 5,6,7-Trimethylocta-2,5-dien-4-one(E,E)-isomer mixture with5,6,7-trimethylocta-2,5-dien-4-one(E,Z)-isomer（75.7%：21%） | | $C_{11}H_{18}O_2$ | 358331-95-0 | 重点环境管理危险类 | 用作香料组分 |
| 12 | 2-环己基-1,6-庚二烯-3-酮 | | 2-Cyclohexyl-1,6-heptadien-3-one | | $C_{13}H_{20}O$ | 313973-37-4 | 重点环境管理危险类 | 用作香料的组分 |
| 13 | 2-甲基戊二酸二甲酯 | | Dimethyl 2-methylglutarate | | $C_8H_{14}O_4$ | 14035-94-0 | 危险类 | |
| 14 | 1,1′-偶氮二-环己烷基甲酸-二甲酯 | | Cyclohexanecarboxylic acid,1,1′-azobis-,dimethyl ester | | $C_{16}H_{26}N_2O_4$ | 54862-74-7 | 重点环境管理危险类 | 用作硅橡胶生产中的发泡剂 |
| 15 | 2,4,6,8-四甲基-2-(2-三甲氧基甲硅烷基)乙基环四硅氧烷 | | Cyclotetrasiloxane,2,4,6,8-tetramethyl-2[2-(trimethoxy sily)ethyl]- | | $C_9H_{28}O_7Si_5$ | 138248-99-4 | 一般类 | |
| 16 | 5-[(2-羟基-3,7-二磺基-1-萘基)偶氮]-1H-1,2,4-三唑-3-羧酸钠镍络合物 | | Nickel,5-[(2-hydroxy-3,7-disulfo-1-naphthalenyl)azo]-1H-1,2,4-triazole-3-carboxylate sodium complexes | | | 738587-10-5 | 一般类 | |
| 17 | N-甲基异丙胺 | | N-Methylisopropylamine | | $C_4H_{11}N$ | 4747-21-1 | 危险类 | |
| 18 | N-[3,5-双-(2,2-二甲基丙酰胺基)-苯基]-2,2-二甲基丙酰胺 | | N-[3,5-Bis-(2,2-Dimethyl-propionylamino)-phenyl]-2,2-dimethyl-propionamide | | $C_{21}H_{33}N_3O_3$ | 745070-61-5 | 危险类 | |
| 19 | 2-丙基庚基辛酸酯 | | 2-Propylheptyl caprylate | | $C_{18}H_{36}O_2$ | 868839-23-0 | 一般类 | |

| 序号 | 中文类名 | 英文类名 | 流水号 | 环境管理类别 | 备注 |
|---|---|---|---|---|---|
| 1 | 偶氮钠盐红色活性染料 | Azo sodium salt reactive red | 9466 | 危险类 | |
| 2 | [（二氢-二氧代-多环基）偶氮]-二氢-羟基-烷基-氧代-烷基-杂单环基甲腈与烷基-[(二氢-二氧代-1-多环基）偶氮]-二氢-羟基-烷基-氧代-杂单环基甲腈和[（二氢-二氧代-多环基）偶氮]-烷基-二氢-羟基-烷基-氧代-杂单环基甲腈的混合物 | The mixture of heteromonocycliccarbonitrile，[（dihydro-dioxo-carbopolycyclic）azo]-dihydro-hydroxy-alkyl-oxo-alkyl- and heteromonocycliccarbonitrile，alkyl-[（dihydro-dioxo-carbopolycyclic）azo]-dihydro-hydroxy-alkyl-oxo-，and heteromonocycliccarbonitrile，[（dihydro-dioxo-carbopolycyclic）azo]-alkyl-dihydro-hydroxy-alkyl-oxo | 9467 | 危险类 | |
| 3 | N,N′-烷基-双-3-二异辛氧基磷基硫基硫代酰胺 | N,N′-alkyl-bis-3-（diisooctoxyphosphinothioylthioamide） | 9468 | 一般类 | |
| 4 | 硼酸三烷基酯 | Boric acid，trisalkyl ester | 9469 | 危险类 | |
| 5 | 芳香族氨基烷基酸 | Aromatic amino alkyl acid | 9470 | 一般类 | |
| 6 | 二硫代（芳香族亚氨基）二（烷基）酸 | Dithio（aromatic imino）bis（alkyl）acid | 9471 | 一般类 | |
| 7 | 不饱和烷基胺与二羧基酐反应产物 | Unsaturated alkylamines reaction products withdicarboxylic anhydride | 9472 | 一般类 | |
| 8 | 环氧类化合物 | Epoxy compound | 9473 | 一般类 | |
| 9 | 环烷基氨基链烷磺酸 | Cycloalkylaminoalkanesulfonic acid | 9477 | 一般类 | |
| 10 | 二取代三嗪基羟基苯氧基丙酸烷基酯 | Disubstitutedtriazinylhydroxyphenoxypropanoicacid，alkyl ester | 9478 | 危险类 | |
| 11 | 2-取代丙酸烷基酯与三[1,3-苯二酚]三嗪的反应产物 | Propanoic acid，2-substituted-，alkyl ester，reactionproducts with triazine，tris[1,3-benzenediol]- | 9479 | 一般类 | |
| 12 | 全氟烷氧基树脂 | Perfluoro-alkoxy resin | 9480 | 一般类 | |

# 关于建设项目环境影响评价资质审查结果（2016 年第四批）的公告

环境保护部公告　2016 年第 21 号

根据《建设项目环境影响评价资质管理办法》（环境保护部令　第 36 号）及相关文件的规定，我部对申请建设项目环境影响评价资质（以下简称资质）的相关机构进行了审查。现将审查结果（2016 年第四批）公告如下：

一、批准江苏辐环环境科技有限公司等 2 家机构乙级资质。

二、批准苏州市苏城环境科技有限责任公司等 12 家环保系统环评机构脱钩。其中，不予批准镇江市环境科学研究所等 5 家脱钩后机构部分评价范围。

三、批准湖北省安全环境技术科学研究院有限公司等 2 家机构资质证书中的机构名称变更。

四、批准北京市劳动保护科学研究所缩减评价范围；批准济南浩宏伟业技术咨询有限公司调整评价范围。

五、批准延边朝鲜族自治州环境保护研究所等 54 家机构资质延续。其中，不予批准内蒙古煤炭建设生态环境研究院有限责任公司等 7 家机构延续原有部分评价范围。

六、批准苏州市苏城环境科技有限责任公司等 32 家机构资质证书中的法定代表人或住所变更。

七、不予批准北京聚泉环境科技有限公司资质。

八、不予批准国家海洋局海洋环境保护研究所调整评价范围。

九、不予批准陕西航天机电环境工程设计院有限责任公司资质延续并注销资质。

审查结果的具体情况详见附件。第一至六项中的机构请于 60 日内携带单位证明，到我部行政审批大厅领取资质证书，其中第二至六项中的机构应在领取资质证书时携带原资质证书正、副本原件。第九项中的机构请于 10 日内将原资质证书正、副本原件寄回我部行政审批大厅。自本公告发布之日起，第二至六项和第九项中的机构原资质证书正、副本原件同时作废；第二、三项机构中进入更名后机构的环境影响评价工程师登记编号予以重新核发，第二、三项机构中未进入更名后机构的环境影响评价工程师和第九项机构中的环境影响评价工程师登记编号予以注销。

上述机构如不服本公告决定的，可在接到本公告之日起 60 日内向我部申请行政复议，也可在接到本公告之日起 6 个月内依法提起行政诉讼。在未获延续的评价范围内，已承接的环境影响报告书需继续完成的，应在本公告发布之日起 15 日内，将有关情况连同编制委托合同等证明材料报我部审核。

行政审批大厅地址：北京市西城区西直门南小街 115 号（邮编：100035）

联系人：朱美
电话：（010）66556045

附件：建设项目环境影响评价资质审查结果（2016 年第四批）

环境保护部
2016 年 3 月 16 日

**附件**

## 建设项目环境影响评价资质审查结果
## （2016 年第四批）

| 序号 | 机构名称 | 资质证书编号 | 申请事项 | 审查结果 |
|---|---|---|---|---|
| 1 | 江苏辐环环境科技有限公司 | 国环评证乙字第 1995 号 | 首次申请 | 批准乙级资质（评价范围：输变电及广电通信环境影响报告书乙级类别；一般项目和核与辐射项目环境影响报告表类别）。资质有效期四年 |
| 2 | 江西省奕博环境设备工程有限公司 | 国环评证乙字第 2325 号 | 首次申请 | 批准乙级资质，评价范围为冶金机电、社会服务环境影响报告书乙级类别和一般项目环境影响报告表类别。资质有效期四年 |
| 3 | 苏州市苏城环境科技有限责任公司 | 国环评证乙字第 1904 号 | 环保系统环评机构脱钩、机构名称变更、住所变更、法定代表人变更 | 批准资质证书中的机构名称变更为自然人出资成立的苏州市环科环保技术发展有限公司。评价范围为化工石化医药、冶金机电、交通运输、社会服务环境影响报告书乙级类别和一般项目环境影响报告表类别。资质有效期四年。批准资质证书中的住所变更和法定代表人变更。<br>因相应类别环评工程师人数不足，不予批准更名后机构建材火电环境影响报告书乙级类别评价范围 |
| 4 | 镇江市环境科学研究所 | 国环评证乙字第 1913 号 | 环保系统环评机构脱钩、机构名称变更、法定代表人变更 | 批准资质证书中的机构名称变更为自然人出资成立的江苏环球嘉惠环境科学研究有限公司。评价范围为化工石化医药、冶金机电、社会服务环境影响报告书乙级类别和一般项目环境影响报告表类别。资质有效期四年。批准资质证书中的法定代表人变更。<br>因相应类别环评工程师人数不足，不予批准更名后机构轻工纺织化纤、建材火电环境影响报告书乙级类别评价范围 |
| 5 | 常熟市环境科学研究所 | 国环评证乙字第 1930 号 | 环保系统环评机构脱钩、机构名称变更、住所变更、法定代表人变更 | 批准资质证书中的机构名称变更为自然人出资成立的常熟市常诚环境技术有限公司。评价范围为一般项目环境影响报告表类别。资质有效期四年。批准资质证书中的住所变更和法定代表人变更 |

| 序号 | 机构名称 | 资质证书编号 | 申请事项 | 审查结果 |
|---|---|---|---|---|
| 6 | 安庆市环境保护科学研究所 | 国环评证乙字第 2105 号 | 环保系统环评机构脱钩、机构名称变更、住所变更、法定代表人变更 | 批准资质证书中的机构名称变更为自然人出资成立的安庆市环信环保技术有限公司。评价范围为轻工纺织化纤、化工石化医药、冶金机电环境影响报告书乙级类别和一般项目环境影响报告表类别。资质有效期四年。批准资质证书中的住所变更和法定代表人变更。<br>因相应类别环评工程师人数不足，不予批准更名后机构农林水利、社会服务环境影响报告书乙级类别和核与辐射项目环境影响报告表类别评价范围 |
| 7 | 鹰潭市环境保护科研设计所 | 国环评证乙字第 2315 号 | 环保系统环评机构脱钩、机构名称变更、住所变更 | 批准资质证书中的机构名称变更为自然人出资成立的江西鑫南风环评有限公司。评价范围为一般项目环境影响报告表类别。资质有效期四年。批准资质证书中的住所变更。 |
| 8 | 济宁市环境保护科学研究所 | 国环评证乙字第 2426 号 | 环保系统环评机构脱钩、机构名称变更、住所变更 | 批准资质证书中的机构名称变更为济宁市人民政府国有资产监督管理委员会出资成立的济宁市环境保护科学研究所有限责任公司。评价范围为轻工纺织化纤、化工石化医药、农林水利、交通运输环境影响报告书乙级类别和一般项目环境影响报告表类别。资质有效期四年。批准资质证书中的住所变更。<br>因相应类别环评工程师人数不足，不予批准更名后机构社会服务环境影响报告书乙级类别评价范围 |
| 9 | 肥城市龙山环保科研所 | 国环评证乙字第 2445 号 | 环保系统环评机构脱钩、机构名称变更、住所变更 | 批准资质证书中的机构名称变更为自然人出资成立的山东伟峰环境科学研究院有限公司。评价范围为一般项目环境影响报告表类别。资质有效期四年。批准资质证书中的住所变更 |
| 10 | 湛江市环境科学技术研究所 | 国环评证乙字第 2815 号 | 环保系统环评机构脱钩、机构名称变更、住所变更 | 批准资质证书中的机构名称变更为自然人出资成立的湛江天和环保有限公司。评价范围为化工石化医药环境影响报告书乙级类别和一般项目环境影响报告表类别。资质有效期四年。批准资质证书中的住所变更。<br>因相应类别环评工程师人数不足，不予批准更名后机构轻工纺织化纤、社会服务环境影响报告书乙级类别评价范围 |
| 11 | 连州市环境科学研究所 | 国环评证乙字第 2840 号 | 环保系统环评机构脱钩、机构名称变更、住所变更、法定代表人变更 | 批准资质证书中的机构名称变更为连州市公共资产管理中心出资成立的连州市嘉源环保咨询有限公司。评价范围为一般项目环境影响报告表类别。资质有效期四年。批准资质证书中的住所变更和法定代表人变更 |
| 12 | 河池市环境保护科学研究所 | 国环评证乙字第 2907 号 | 环保系统环评机构脱钩、机构名称变更、住所变更、法定代表人变更 | 批准资质证书中的机构名称变更为河池市人民政府国有资产监督管理委员会出资成立的广西河池市青秀环保工程咨询服务有限公司。评价范围为一般项目环境影响报告表类别。资质有效期四年。批准资质证书中的住所变更和法定代表人变更 |

| 序号 | 机构名称 | 资质证书编号 | 申请事项 | 审查结果 |
|---|---|---|---|---|
| 13 | 重庆市万州区环境保护科研所 | 国环评证乙字第 3105 号 | 环保系统环评机构脱钩、机构名称变更、住所变更、法定代表人变更 | 批准资质证书中的机构名称变更为自然人出资成立的重庆大润环境科学研究院有限公司。评价范围为化工石化医药、社会服务环境影响报告书乙级类别和一般项目环境影响报告表类别。资质有效期四年。批准资质证书中的住所变更和法定代表人变更 |
| 14 | 杭州市环境保护科学研究设计有限公司 | 国环评证乙字第 2040 号 | 环保系统环评机构脱钩 | 批准脱钩，整体划转至杭州市人民政府国有资产监督管理委员会出资成立的杭州市城市建设投资集团有限公司。评价范围为冶金机电、交通运输、社会服务环境影响报告书乙级类别和一般项目环境影响报告表类别。资质有效期四年 |
| 15 | 湖北省安全环境技术科学研究院有限公司 | 国环评证甲字第 2606 号 | 机构名称变更 | 批准资质证书中的机构名称变更为中南安全环境技术研究院有限公司 |
| 16 | 延边朝鲜族自治州环境保护研究所 | 国环评证乙字第 1611 号 | 机构名称变更、资质延续、住所变更、法定代表人变更 | 批准资质证书中的机构名称变更为延边朝鲜族自治州环境污染监控信息中心。批准资质延续，评价范围为轻工纺织化纤、化工石化医药环境影响报告书乙级类别和一般项目环境影响报告表类别。资质有效期 2016 年 1 月 17 日至 2016 年 6 月 30 日。批准资质证书中的住所变更和法定代表人变更 |
| 17 | 北京市劳动保护科学研究所 | 国环评证乙字第 1026 号 | 缩减评价范围 | 批准缩减冶金机电类别环境影响报告书乙级类别评价范围 |
| 18 | 济南浩宏伟业技术咨询有限公司 | 国环评证乙字第 2472 号 | 调整评价范围 | 批准增加采掘、交通运输环境影响报告书乙级类别和核与辐射项目环境影响报告表类别评价范围。因相应类别环评工程师人数不足，缩减冶金机电、建材火电环境影响报告书乙级类别评价范围 |
| 19 | 中辉国环（北京）科技发展有限公司 | 国环评证乙字第 1023 号 | 资质延续 | 批准资质延续，评价范围为社会服务环境影响报告书乙级类别和一般项目环境影响报告表类别。资质有效期 2016 年 1 月 17 日至 2016 年 12 月 31 日 |
| 20 | 核工业北京地质研究院 | 国环评证甲字第 1057 号 | 资质延续 | 批准资质延续（评价范围：采掘、核工业环境影响报告书甲级类别；社会服务环境影响报告书乙级类别；一般项目和核与辐射项目环境影响报告表类别）。资质有效期 2016 年 3 月 15 日至 2016 年 12 月 31 日 |
| 21 | 天津生态城环境技术咨询有限公司 | 国环评证甲字第 1108 号 | 资质延续 | 批准资质延续，评价范围为社会区域环境影响报告书甲级类别和一般项目环境影响报告表类别。资质有效期 2016 年 2 月 18 日至 2016 年 12 月 31 日 |
| 22 | 东北师范大学环境科学研究所 | 国环评证甲字第 1610 号 | 资质延续 | 批准资质延续（评价范围：建材火电、交通运输环境影响报告书甲级类别；轻工纺织化纤、采掘、社会服务环境影响报告书乙级类别；一般项目环境影响报告表类别）。资质有效期至 2016 年 12 月 31 日 |

| 序号 | 机构名称 | 资质证书编号 | 申请事项 | 审查结果 |
| --- | --- | --- | --- | --- |
| 23 | 北京市水文总站 | 国环评证乙字第1010号 | 资质延续 | 批准资质延续，评价范围为一般项目环境影响报告表类别。资质有效期2016年1月17日至2016年12月31日 |
| 24 | 北京京城环保股份有限公司 | 国环评证乙字第1013号 | 资质延续、法定代表人变更 | 批准资质延续，评价范围为一般项目环境影响报告表类别。资质有效期2016年1月17日至2016年12月31日。批准资质证书中的法定代表人变更 |
| 25 | 邢台市环境科学研究院 | 国环评证乙字第1223号 | 资质延续 | 批准资质延续，评价范围为轻工纺织化纤、化工石化医药、冶金机电、社会服务环境影响报告书乙级类别和一般项目环境影响报告表类别。资质有效期2016年1月17日至2016年6月30日 |
| 26 | 石家庄经济学院 | 国环评证乙字第1225号 | 资质延续、法定代表人变更 | 批准资质延续，评价范围为一般项目环境影响报告表类别。资质有效期自2016年1月17日至2016年12月31日。批准资质证书中的法定代表人变更 |
| 27 | 嘉诚环保工程有限公司 | 国环评证乙字第1236号 | 资质延续 | 批准资质延续，评价范围为轻工纺织化纤、冶金机电、社会服务环境影响报告书乙级类别和一般项目环境影响报告表类别。资质有效期2016年3月15日至2016年12月31日 |
| 28 | 鄂尔多斯市环境科学研究所 | 国环评证乙字第1402号 | 资质延续（采掘、交通运输环境影响报告书乙级类别和一般项目环境影响报告表类别） | 批准资质延续，评价范围为采掘、交通运输环境影响报告书乙级类别和一般项目环境影响报告表类别。资质有效期2016年1月17日至2016年12月31日 |
| 29 | 内蒙古煤炭建设生态环境研究院有限责任公司 | 国环评证乙字第1413号 | 资质延续 | 批准资质延续，评价范围为建材火电、采掘环境影响报告书乙级类别和一般项目环境影响报告表类别。资质有效期2016年1月17日至2016年12月31日。<br>因相应类别环评工程师人数不足，不予批准延续社会服务环境影响报告书乙级类别评价范围 |
| 30 | 内蒙古绿洁环保有限公司 | 国环评证乙字第1426号 | 资质延续 | 批准资质延续，评价范围为建材火电、采掘、社会服务环境影响报告书乙级类别和一般项目环境影响报告表类别。资质有效期至2016年12月31日 |
| 31 | 锦西化工研究院有限公司 | 国环评证乙字第1522号 | 资质延续 | 批准资质延续，评价范围为一般项目环境影响报告表类别。资质有效期2016年2月17日至2016年12月31日 |
| 32 | 辽宁省冶金地质勘查局地质勘查研究院 | 国环评证乙字第1534号 | 资质延续 | 批准资质延续，评价范围为一般项目环境影响报告表类别。资质有效期2016年2月17日至2016年12月31日 |
| 33 | 吉林省冶金研究院 | 国环评证乙字第1617号 | 资质延续 | 批准资质延续，评价范围为冶金机电、采掘、社会服务环境影响报告书乙级类别和一般项目环境影响报告表类别。资质有效期2016年1月17日至2016年12月31日 |

| 序号 | 机构名称 | 资质证书编号 | 申请事项 | 审查结果 |
| --- | --- | --- | --- | --- |
| 34 | 黑龙江环盛环保科技开发有限公司 | 国环评证乙字第 1719 号 | 资质延续 | 批准资质延续，评价范围为一般项目和核与辐射项目环境影响报告表类别。资质有效期 2016 年 2 月 17 日至 2016 年 12 月 31 日 |
| 35 | 上海市气候中心 | 国环评证乙字第 1803 号 | 资质延续（一般项目环境影响报告表类别） | 批准资质延续，评价范围为一般项目环境影响报告表类别。资质有效期 2016 年 3 月 15 日至 2016 年 12 月 31 日 |
| 36 | 上海师范大学 | 国环评证乙字第 1807 号 | 资质延续（一般项目环境影响报告表类别） | 批准资质延续，评价范围为一般项目环境影响报告表类别。资质有效期 2016 年 2 月 17 日至 2016 年 12 月 31 日 |
| 37 | 盐城市环境保护科学研究所 | 国环评证乙字第 1909 号 | 资质延续、住所变更、法人变更 | 批准资质延续，评价范围为化工石化医药、交通运输、社会服务环境影响报告书乙级类别和一般项目环境影响报告表类别。资质有效期 2016 年 2 月 17 日至 2016 年 6 月 30 日。批准资质证书中的住所变更和法定代表人。<br>因环评工程师人数不足，不予批准延续轻工纺织化纤环境影响报告书乙级类别评价范围 |
| 38 | 张家港市远创环境技术有限公司 | 国环评证乙字第 1921 号 | 资质延续、法定代表人变更 | 批准资质延续，评价范围为一般项目环境影响报告表类别。资质有效期 2016 年 2 月 17 日至 2016 年 12 月 31 日。批准资质证书中法定代表人变更 |
| 39 | 宝应县环境保护科学研究所 | 国环评证乙字第 1938 号 | 资质延续 | 批准资质延续，评价范围为一般项目环境影响报告表类别。资质有效期 2016 年 2 月 17 日至 2016 年 6 月 30 日 |
| 40 | 丹阳市环境保护科技咨询服务中心 | 国环评证乙字第 1943 号 | 资质延续、法定代表人变更 | 批准资质延续，评价范围为一般项目环境影响报告表类别。资质有效期 2016 年 2 月 17 日至 2016 年 6 月 30 日。批准资质证书中的法定代表人变更 |
| 41 | 苏州新视野环境工程有限公司 | 国环评证乙字第 1952 号 | 资质延续 | 批准资质延续，评价范围为冶金机电、社会服务环境影响报告书乙级类别和一般项目环境影响报告表类别。资质有效期2016年3月15日至2016年 12 月 31 日 |
| 42 | 南通天虹环境科学研究所有限公司 | 国环评证乙字第 1962 号 | 资质延续 | 批准资质延续，评价范围为一般项目环境影响报告表类别。资质有效期 2016 年 2 月 17 日至 2016 年 12 月 31 日 |
| 43 | 江苏南大环保科技有限公司 | 国环评证乙字第 1976 号 | 资质延续 | 批准资质延续，评价范围为轻工纺织化纤、化工石化医药、冶金机电、社会服务环境影响报告书乙级类别和一般项目环境影响报告表类别。资质有效期 2016 年 2 月 17 日至 2016 年 6 月 30 日 |
| 44 | 台州市环境科学设计研究院 | 国环评证乙字第 2002 号 | 资质延续 | 批准资质延续，评价范围为轻工纺织化纤、化工石化医药、冶金机电、交通运输、社会服务环境影响报告书乙级类别和一般项目环境影响报告表类别。资质有效期 2016 年 2 月 17 日至 2016 年 6 月 30 日 |

| 序号 | 机构名称 | 资质证书编号 | 申请事项 | 审查结果 |
| --- | --- | --- | --- | --- |
| 45 | 宁波甬绿环境保护技术工程有限公司 | 国环评证乙字第 2024 号 | 资质延续 | 批准资质延续，评价范围为冶金机电、社会服务环境影响报告书乙级类别和一般项目环境影响报告表类别。资质有效期 2016 年 2 月 17 日至 2016 年 6 月 30 日 |
| 46 | 宁波市鄞州兴达环保工程有限公司 | 国环评证乙字第 2034 号 | 资质延续 | 批准资质延续，评价范围为一般项目环境影响报告表类别。资质有效期 2016 年 2 月 17 日至 2016 年 12 月 31 日 |
| 47 | 合肥市环境保护科学研究所 | 国环评证乙字第 2104 号 | 资质延续、法定代表人变更 | 批准资质延续，评价范围为轻工纺织化纤、化工石化医药、冶金机电、交通运输、社会服务环境影响报告书乙级类别和一般项目环境影响报告表类别。资质有效期 2016 年 1 月 17 日至 2016 年 6 月 30 日。批准资质证书中的法定代表人变更 |
| 48 | 福建师范大学 | 国环评证乙字第 2206 号 | 资质延续、法定代表人变更 | 批准资质延续，评价范围为冶金机电、社会服务环境影响报告书乙级类别和一般项目环境影响报告表类别。资质有效期 2016 年 2 月 17 日至 2016 年 12 月 31 日。批准资质证书中的法定代表人变更 |
| 49 | 厦门阳光环境保护科技有限公司 | 国环评证乙字第 2227 号 | 资质延续、住所变更 | 批准资质延续，评价范围为一般项目环境影响报告表类别。资质有效期 2016 年 2 月 17 日至 2016 年 12 月 31 日。批准资质证书中住所变更 |
| 50 | 江西省辐射环境监督站 | 国环评证乙字第 2319 号 | 资质延续 | 批准资质延续，评价范围为一般项目和核与辐射项目环境影响报告表类别。资质有效期 2016 年 1 月 17 日至 2016 年 6 月 30 日 |
| 51 | 枣庄市环境保护科学研究所 | 国环评证乙字第 2413 号 | 资质延续、住所变更、法定代表人变更 | 批准资质延续，评价范围为轻工纺织化纤、化工石化医药、社会服务环境影响报告书乙级类别和一般项目环境影响报告表类别。资质有效期 2016 年 2 月 17 日至 2016 年 6 月 30 日。批准资质证书中的住所变更和法定代表人变更 |
| 52 | 山东省冶金设计院股份有限公司 | 国环评证乙字第 2407 号 | 资质延续 | 批准资质延续，评价范围为化工石化医药、冶金机电、采掘环境影响报告书乙级类别和一般项目环境影响报告表类别。资质有效期 2016 年 2 月 17 日至 2016 年 12 月 31 日 |
| 53 | 滨州市环境保护科学技术研究所 | 国环评证乙字第 2409 号 | 资质延续 | 批准资质延续，评价范围为轻工纺织化纤、化工石化医药环境影响报告书乙级类别和一般项目环境影响报告表类别。资质有效期 2016 年 2 月 17 日至 2016 年 6 月 30 日。<br>因相应类别环评工程师人数不足，不予批准延续冶金机电、社会服务环境影响报告书乙级类别评价范围 |
| 54 | 胜利油田检测评价研究有限公司 | 国环评证乙字第 2418 号 | 资质延续 | 批准资质延续，评价范围为采掘、交通运输、社会服务环境影响报告书乙级类别和一般项目环境影响报告表类别。资质有效期 2016 年 2 月 17 日至 2016 年 12 月 31 日。<br>因相应类别环评工程师人数不足，不予批准延续化工石化医药环境影响报告书乙级类别评价范围 |

| 序号 | 机构名称 | 资质证书编号 | 申请事项 | 审查结果 |
|---|---|---|---|---|
| 55 | 菏泽市环境保护科学研究所 | 国环评证乙字第 2427 号 | 资质延续（一般项目环境影响报告表类别） | 批准资质延续，评价范围为一般项目环境影响报告表类别。资质有效期 2016 年 2 月 17 日至 2016 年 6 月 30 日 |
| 56 | 山东省煤田地质规划勘察研究院 | 国环评证乙字第 2432 号 | 资质延续、住所变更 | 批准资质延续，评价范围为采掘、社会服务环境影响报告书乙级类别和一般项目环境影响报告表类别。资质有效期 2016 年 2 月 17 日至 2016 年 12 月 31 日。批准资质证书中住所变更 |
| 57 | 周口市环境评价所 | 国环评证乙字第 2505 号 | 资质延续 | 批准资质延续，评价范围为轻工纺织化纤环境影响报告书乙级类别和一般项目环境影响报告表类别。资质有效期 2016 年 1 月 17 日至 2016 年 6 月 30 日 |
| 58 | 湖北省气象服务中心 | 国环评证乙字第 2615 号 | 资质延续 | 批准资质延续，评价范围为一般项目环境影响报告表类别。资质有效期 2016 年 1 月 17 日至 2016 年 12 月 31 日。<br>因环评工程师总人数不足，不予批准延续化工石化医药、社会服务环境影响报告书乙级类别评价范围 |
| 59 | 武汉大学 | 国环评证乙字第 2618 号 | 资质延续 | 批准资质延续，评价范围为一般项目环境影响报告表类别。资质有效期 2016 年 1 月 17 日至 2016 年 12 月 31 日 |
| 60 | 孝感市环境保护科学研究所 | 国环评证乙字第 2623 号 | 资质延续 | 批准资质延续，评价范围为一般项目环境影响报告表类别。资质有效期 2016 年 1 月 17 日至 2016 年 6 月 30 日。<br>因相应类别环评工程师人数不足，不予批准延续轻工纺织化纤、社会服务环境影响报告书乙级类别评价范围 |
| 61 | 岳阳市环境保护科学研究所 | 国环评证乙字第 2709 号 | 资质延续、法定代表人变更 | 批准资质延续，评价范围为化工石化医药、冶金机电、建材火电、社会服务环境影响报告书乙级类别和一般项目环境影响报告表类别。资质有效期 2016 年 1 月 17 日至 2016 年 6 月 30 日。批准资质证书中的法定代表人变更 |
| 62 | 深圳市宝安区环境科学研究所 | 国环评证乙字第 2830 号 | 资质延续 | 批准资质延续，评价范围为一般项目环境影响报告表类别。资质有效期 2016 年 1 月 17 日至 2016 年 6 月 30 日 |
| 63 | 汕头市潮阳区环境科学研究所 | 国环评证乙字第 2843 号 | 资质延续 | 批准资质延续，评价范围为一般项目环境影响报告表类别。资质有效期 2016 年 1 月 17 日至 2016 年 6 月 30 日 |
| 64 | 惠州大亚湾经济技术开发区环保咨询中心 | 国环评证乙字第 2849 号 | 资质延续 | 批准资质延续，评价范围为一般项目环境影响报告表类别。资质有效期 2016 年 1 月 17 日至 2016 年 6 月 30 日 |
| 65 | 广东省生态环境与土壤研究所 | 国环评证乙字第 2864 号 | 资质延续 | 批准资质延续，评价范围为农林水利、社会服务环境影响报告书乙级类别和一般项目环境影响报告表类别。资质有效期至 2016 年 12 月 31 日 |

| 序号 | 机构名称 | 资质证书编号 | 申请事项 | 审查结果 |
| --- | --- | --- | --- | --- |
| 66 | 百色市环境保护科学研究所 | 国环评证乙字第 2902 号 | 资质延续 | 批准资质延续，评价范围为冶金机电环境影响报告书乙级类别；一般项目环境影响报告表类别。资质有效期 2016 年 1 月 17 日至 2016 年 12 月 31 日。因环评工程师人数不足，不予批准延续采掘环境影响报告书乙级类别评价范围 |
| 67 | 重庆市固体废物管理服务中心 | 国环评证乙字第 3130 号 | 资质延续、法定代表人变更 | 批准资质延续，评价范围为一般项目环境影响报告表类别。资质有效期 2016 年 1 月 17 日至 2016 年 6 月 30 日。批准资质证书中的法定代表人变更 |
| 68 | 贵州江航环保科技有限公司 | 国环评证乙字第 3301 号 | 资质延续 | 批准资质延续，评价范围为化工石化医药、冶金机电、采掘、社会服务环境影响报告书乙级类别和一般项目环境影响报告表类别。资质有效期 2016 年 2 月 17 日至 2016 年 12 月 31 日 |
| 69 | 贵阳市生态环境科学研究院 | 国环评证乙字第 3318 号 | 资质延续 | 批准资质延续，评价范围为轻工纺织化纤、交通运输、社会服务环境影响报告书乙级类别和一般项目环境影响报告表类别。资质有效期 2016 年 2 月 17 日至 2016 年 12 月 31 日 |
| 70 | 曲靖市环境科学研究所 | 国环评证乙字第 3411 号 | 资质延续 | 批准资质延续，评价范围为化工石化医药、农林水利、采掘、社会服务环境影响报告书乙级类别和一般项目环境影响报告表类别。资质有效期 2016 年 1 月 17 日至 2016 年 12 月 31 日 |
| 71 | 保山益兴环境科技咨询有限公司 | 国环评证乙字第 3419 号 | 资质延续、住所变更、法定代表人变更 | 批准资质延续，评价范围为一般项目环境影响报告表类别。资质有效期 2016 年 2 月 17 日至 2016 年 12 月 31 日。批准资质证书中的住所变更和法定代表人变更 |
| 72 | 北京中环瑞德环境工程技术有限公司 | 国环评证乙字第 1056 号 | 住所变更、法定代表人变更 | 批准资质证书中的住所变更和法定代表人变更 |
| 73 | 中冶东方控股有限公司 | 国环评证甲字第 1402 号 | 法定代表人变更 | 批准资质证书中的法定代表人变更 |
| 74 | 江苏苏辰环保科技有限公司 | 国环评证乙字第 1988 号 | 住所变更 | 批准资质证书中的住所变更 |
| 75 | 广州市环境保护工程设计院有限公司 | 国环评证乙字第 2834 号 | 法定代表人变更 | 批准资质证书中的法定代表人变更 |
| 76 | 四川省顺蓝天环保科技咨询有限公司 | 国环评证乙字第 3229 号 | 法定代表人变更 | 批准资质证书中的法定代表人变更 |
| 77 | 云南天启环境工程有限公司 | 国环评证乙字第 3436 号 | 住所变更法定代表人变更 | 批准资质证书中的住所变更和法定代表人变更 |
| 78 | 中国轻工业西安设计工程有限责任公司 | 国环评证乙字第 3627 号 | 法定代表人变更 | 批准资质证书中的法定代表人变更 |

| 序号 | 机构名称 | 资质证书编号 | 申请事项 | 审查结果 |
|---|---|---|---|---|
| 79 | 北京聚泉环境科技有限公司 | | 首次申请 | 因隐瞒有关人员情况和提供虚假人员资料，不予批准资质且一年内不得再次申请资质。相关环评工程师杨彬（实为浙江大学人员）、张爱超（实为临沂市环境监察支队人员）三年内不得作为资质申请时配备的环境影响评价工程师，环境影响报告书（表）的编制主持人或者主要编制人员 |
| 80 | 国家海洋局海洋环境保护研究所 | 国环评证乙字第 1516 号 | 调整评价范围 | 根据《建设项目环境影响评价资质管理办法》第七条规定和配套文件关于事业单位改制的要求，因法人类型不符，不予批准调整评价范围 |
| 81 | 陕西航天机电环境工程设计院有限责任公司 | 国环评证乙字第 3620 号 | 资质延续、住所变更 | 因该机构环评工程师总人数不足，不予批准资质延续和住所变更。注销资质 |

# 环境保护部政府信息公开工作 2015 年度报告

环境保护部公告　2016 年第 22 号

按照《政府信息公开条例》（国务院令　第 492 号）和《环境信息公开办法（试行）》（原国家环境保护总局令　第 35 号）要求，我部编制了《环境保护部政府信息公开工作 2015 年度报告》，现予公布。

附件：环境保护部政府信息公开工作 2015 年度报告

环境保护部

2016 年 3 月 23 日

**附件**

## 环境保护部政府信息公开工作 2015 年度报告

根据《政府信息公开条例》（以下简称《条例》）、《环境信息公开办法（试行）》（以下简称《办法》）有关规定，编制本报告。

## 一、概述

2015年，环境保护部认真落实党的十八大、十八届三中、四中、五中全会精神，深入贯彻习近平总书记系列重要讲话精神，紧紧围绕党中央、国务院关于推进生态文明建设的决策部署，按照国务院办公厅《2015年政府信息公开工作要点》（以下简称《工作要点》）和部党组部署安排，加大环境信息公开力度，围绕环境质量、环保审批、企业污染治理、环境监管执法等信息公开重点领域，大力推进空气质量、水环境质量、污染物排放、污染源减排、建设项目环评、重点监管对象目录、区域环境质量状况等信息公开。加强信息发布、政策解读和回应关切，强化制度机制和平台建设，不断拓展公开范围、增强公开实效，提高政府信息公开工作服务水平，切实保障人民群众的知情权、参与权、监督权和表达权。

## 二、落实《工作要点》推进环境信息公开工作情况

### （一）推进重点领域信息公开

1. 实时发布空气质量信息。自2015年1月1日起，全国338个地级及以上城市共1436个点位全部按新标准开展空气质量监测，实时发布可吸入颗粒物、细颗粒物、二氧化硫、二氧化氮、臭氧和一氧化碳等6项指标监测数据和空气质量指数（AQI）等信息。

2. 及时发布重点区域空气质量预报预警信息。相继建成京津冀、长三角、珠三角区域空气质量预报预警系统。自2014年12月28日起，通过部政府网站、中国环境监测总站网站向社会发布京津冀、长三角及珠三角重点区域空气质量预报和重污染天气预报信息，为人民群众及时防范空气重污染提供信息指导。

3. 发布水质监测信息。实时发布全国主要水系149个重点断面水质自动监测站pH值、溶解氧、高锰酸盐指数和氨氮四项指标监测数据。发布全国主要流域重点断面水质自动监测周报和全国地表水水质月报。向社会公开《重点流域水污染防治规划（2011—2015年）》实施情况、考核结果。

4. 污染源监测信息。督促各地继续推进国控重点污染源企业自测、监督性监测信息公开工作。在部政府网站公开国家重点监控企业污染源自动监控数据传输有效率考核结果。自2015年起，要求地方每季度上报“企业自行监测结果公布率、监督性监测结果公布率”信息公开情况，组织核查各地信息，并定期通报。

5. 环境影响评价信息。实施《建设项目环境影响评价政府信息公开指南（试行）》，定期对建设项目环境影响评价文件、建设项目竣工环境保护验收和建设项目环境影响评价资质申报情况在部政府网站公示受理情况、发布拟审查公示和审批决定公告，做到了环评信息主动、及时、全面公开。在部政府网站首页设立环评资质管理专栏，实现环评资质受理、审查、审批信息和审查程序、审查内容信息以及环评机构和环评人员基本信息全公开。开展建设项目环评公众参与政策研究。督导检查各省（区、市）环评信息公开情况。

6. 污染减排信息。按时公开环境统计年报信息，主动公开全国环境统计公报、环境统计年报摘要信息。公布2014年机动车污染防治年报。发布2014年度全国主要污染物总

量减排考核公告，向社会公告各省（区、市）和八家中央企业 2014 年度主要污染物总量减排考核结果及 2015 年上半年全国主要污染物排放量数据。发布 2015 年上半年各省（区、市）主要污染物排放量数据公报。公布 2015 年国家重点监控企业名单，其中，国家重点监控排放废水企业 2937 家、废气企业 3268 家、污水处理厂 3788 家、规模化畜禽养殖场（小区）52 家、重金属企业 3432 家、危险废物企业 1443 家，共 14920 家企业。公布《"十二五"主要污染物总量减排目标责任书》中要求 2015 年完成的减排项目。

7. 环境监管和执法信息。印发《关于 2015 年 1—8 月全国〈环境保护法〉配套办法实施情况的通报》，要求各地环保部门做出行政处罚决定、责令改正违法行为决定后，在 10 个工作日内填报我部环境行政处罚案件办理信息系统，并在 7 个工作日内通过环保部门政府网站或当地主要新闻媒体向社会公开。根据《污染源环境监管信息公开目录（第一批）》要求，各省（区、市）均已公开国家重点监控企业名单和省级重点监控企业名单。及时公开排污收费信息、行政处罚信息。

8. 突发环境事件与投诉举报信息。督导突发环境事件信息发布，指导地方政府第一时间向社会发布信息，正确引导舆论。运用新媒体拓宽突发环境事件信息公开渠道，开通"环境应急"微信公众订阅号，向公众推送环境应急理论、突发环境事件典型案例、环境应急科普知识等。定期公开"12369"电话和网上举报受理事项处理情况，全年"12369"环保举报热线受理群众电话及网上举报 1145 件，"12369"环保微信举报收到并办理公众举报 13719 件。检查抽查各省级环保部门网站突发环境事件信息公开情况。

9. 核与辐射安全监管信息。完善核与辐射安全监管信息主动发布机制，修订《环境保护部（国家核安全局）核与辐射安全监管信息公开方案》，督促涉核企业公开环境信息。全面公开辐射环境监测信息，发布全国辐射环境自动监测站 12 小时均值数据。

### （二）加强政策解读和回应关切

做好党中央、国务院关于加强生态环境保护重要精神贯彻落实的宣传报道，建立和完善信息发布、解读、回应及舆论引导机制，突出对环境保护重大方针政策、重要法规规章的解读。全年共组织新闻发布会、通气会、解读会 20 多场，发布新闻通稿 169 篇，组织有关负责同志和专家深度解读重大环境政策 17 次。加强与公众互动交流，在部政府网站设立"部长信箱"，听取公众对环境保护工作的意见建议。

### （三）加强信息公开平台和制度建设

围绕"信息公开、在线服务、政民互动"三大功能，努力建成内容丰富、信息全面、查找快捷、界面友好的服务型政府网站，充分发挥政府网站信息公开"第一平台"重要作用。完善部政府网站"网上办事"资源整合，推进网上预受理和预审查系统平台建设，在部政府网站设置"网上办事"统一入口，基本具备行政审批项目网上预受理、预审查。正在修订《环境信息公开办法（试行）》，强化环境信息公开制度建设。

### （四）及时公开建议提案办理情况

按照公开是常态、不公开是例外的原则，积极推进建议提案答复公开。2015 年，环境保护部承办议案 56 件、建议 386 件、提案 295 件，共 737 件，占全国人大建议和政协提案总数的5.2%。其中，主办件（含独办件、分办件）242件，会办件328件，参阅及转信111件。公开建议提案主办件办理复文151件，公开率达62.4%。

## 三、政府信息主动公开情况

### （一）公开的主要内容

2015年，环境保护部主要通过部政府网站、《中国环境报》和《环境保护部公报》等媒介公开财政经费、政策法规、人事任免、科技标准、总量减排、环评审批、环境监测、污染防治、生态保护、核与辐射安全、环境监察、国际交流、突发环境事件等政府信息。

### （二）公开载体

1．环境保护部政府网站。2015年主动公开政府公文1528篇，发布各类信息16949篇。部网站总访问页面浏览量达6.4亿次，总访问人次达7.8千万次，月均页面浏览量近5400万次，月均访问人次近660万次。部网站对热点环境问题、环境事件、环境政策法规等开设专题专栏，及时向社会公开各类环境信息，方便公众网上查询。部网站英文版同步公开部领导重要活动及讲话、环境要闻等信息，月均页面浏览量近736万次，总访问人次近109万次。

| 序号 | 名称 | 生成日期 | 文号 |
|---|---|---|---|
| 1 | 环境保护部完善创新环评制度加强全过程监管推动绿色发展 | 2016年02月24日 | |
| 2 | 关于规划环境影响评价加强空间管制、总量管控和环境准入的指导意见（试行） | 2016年02月24日 | 环办环评[2016]14号 |
| 3 | 环境保护部通报2016年元宵节期间全国城市空气质量状况 全国环境空气质量总体较好 | 2016年02月23日 | |
| 4 | 关于解除天津市静海区双塘高档五金制品产业园等6起环境违法案挂牌督办的通知 | 2016年02月23日 | 环办环监函[2016]338号 |
| 5 | 关于批准辽宁红沿河核电厂1、2号机组18个月换料改造项目相关执照文件升版的通知 | 2016年02月23日 | 国核安发[2016]32号 |
| 6 | 关于2015年下半年新化学物质环境管理登记批准情况的公告 | 2016年02月23日 | 公告 2016年 第15号 |
| 7 | 关于2015年下半年新化学物质环境管理科学研究备案情况的公告 | 2016年02月23日 | 公告 2016年 第14号 |
| 8 | 内蒙古党委、政府全面落实环境保护“党政同责”“一岗双责”主体责任 | 2016年02月22日 | |
| 9 | 环境保护部通报山东省“10.21”案件侦破和应急处置工作情况 | 2016年02月22日 | |
| 10 | 关于颁发原型微型中子源反应堆等四座反应堆（临界装置）运行许可证的通知 | 2016年02月22日 | 国核安发[2016]31号 |
| 11 | 关于颁发岷江试验堆等三座反应堆（临界装置）运行许可证的通知 | 2016年02月22日 | 国核安发[2016]30号 |
| 12 | 关于征求国家环境保护标准《磷肥工业废水治理工程技术规范》（征求意见稿）意见... | 2016年02月19日 | 环办科技函[2016]321号 |
| 13 | 关于建设项目环境影响评价资质审查结果（2016年第二批）的公告 | 2016年02月19日 | 公告 2016年 第12号 |
| 14 | 关于同意国家环境保护重金属污染监测重点实验室通过验收的通知 | 2016年02月18日 | 环科技函[2016]30号 |
| 15 | 关于开展2016年度环境保护科学技术奖项目申报的通知 | 2016年02月18日 | 环办科技函[2016]291号 |
| 16 | 关于解除污染减排存在问题企业挂牌督办的通知 | 2016年02月18日 | 环办总量函[2016]303号 |
| 17 | 关于征求国家环境保护标准《火电厂烟气脱硫工程技术规范 烟气循环流化床法》（... | 2016年02月17日 | 环办科技函[2016]288号 |
| 18 | 关于征求《废电池污染防治技术政策》（征求意见稿）意见的函 | 2016年02月16日 | 环办科技函[2016]280号 |
| 19 | 关于征求《水泥窑协同处置废物污染防治技术政策》（征求意见稿）意见的函 | 2016年02月16日 | 环办科技函[2016]279号 |
| 20 | 环境保护部“12369”环保举报热线2015年11月群众举报案件处理情况 | 2016年02月15日 | |

政务公开

- 【环评项目审批】2016年2月23日环境保护部关于黄盖...
- 【人事信息】环境保护部华南核与辐射安全监督...
- 【环评项目审批】环境保护部关于2016年2月14日拟作...
- 【环评项目审批】环境保护部关于2016年2月1日－201...
- 【人事信息】环境保护部2016年招考公务员和参...
- 【环评项目审批】环境保护部关于2016年1月16日－20...
- 【环评项目审批】2016年1月26日环境保护部关于迁建...
- 【环评项目审批】环境保护部关于2016年1月18日拟作...
- 【环评项目审批】环境保护部关于2015年12月31日－2...
- 【环评项目审批】2016年1月13日环境保护部关于对内...

建设项目环境影响评价

受 理　　审 批

- 环境保护部关于2016年1月18日－2016年1月22日建设...
- 环境保护部关于2016年1月11日－2016年1月14日建设...
- 环境保护部关于2015年12月28日－2015年12月31日建...
- 环境保护部关于2015年12月11日－2015年12月18日建...
- 环境保护部关于2015年12月7日－2015年12月11日建设...
- 环境保护部关于2015年11月27日－2015年12月4日建设...

2.《中国环境报》。通过设置公示、公告专版，公开环保政策法规、领导重要讲话、政府文件、公示公告、环境标准、行政许可和行政审批事项等内容，周一至周五出版，面向全国发行。同步制作报纸电子版，拓展信息公开载体渠道。

3.《环境保护部公报》。刊登环境保护政策法规、环境保护部令、公告、通知、环境保护行业标准、规范性文件及其他重要文件，向社会公开。2015 年出版《环境保护部公报》12 期，每月免费发放 8800 册，并在部政府网站同步刊登电子版，方便公众阅读使用。

环境保护部公报　>>>>>

|  |  |
|---|---|
| 中华人民共和国环境保护部公报2016年第1期 | [2016-02-16] |
| 中华人民共和国环境保护部公报2015年第12期 | [2015-12-22] |
| 中华人民共和国环境保护部公报2015年第11期 | [2015-12-22] |
| 中华人民共和国环境保护部公报2015年第10期 | [2015-12-22] |
| 中华人民共和国环境保护部公报2015年第9期 | [2015-10-23] |
| 中华人民共和国环境保护部公报2015年第8期 | [2015-09-08] |
| 中华人民共和国环境保护部公报2015年第7期 | [2015-08-06] |
| 中华人民共和国环境保护部公报2015年第6期 | [2015-06-26] |
| 中华人民共和国环境保护部公报2015年第5期 | [2015-06-26] |
| 中华人民共和国环境保护部公报2015年第4期 | [2015-05-14] |
| 中华人民共和国环境保护部公报2015年第3期 | [2015-05-14] |
| 中华人民共和国环境保护部公报2015年第2期 | [2015-03-03] |
| 中华人民共和国环境保护部公报2015年第1期 | [2015-03-03] |
| 中华人民共和国环境保护部公报2014年第12期 | [2015-01-19] |
| 中华人民共和国环境保护部公报2014年第11期 | [2015-01-19] |
| 中华人民共和国环境保护部公报2014年第10期 | [2014-11-28] |
| 中华人民共和国环境保护部公报2014年第9期 | [2014-10-09] |
| 中华人民共和国环境保护部公报2014年第8期 | [2014-10-09] |
| 中华人民共和国环境保护部公报2014年第7期 | [2014-08-28] |
| 中华人民共和国环境保护部公报2014年第6期 | [2014-07-10] |
| 中华人民共和国环境保护部公报2014年第5期 | [2014-07-10] |
| 中华人民共和国环境保护部公报2014年第4期 | [2014-06-06] |
| 中华人民共和国环境保护部公报2014年第3期 | [2014-03-28] |
| 中华人民共和国环境保护部公报2014年第2期 | [2014-03-10] |
| 中华人民共和国环境保护部公报2014年第1期 | [2014-02-18] |
| 中华人民共和国环境保护部公报2013年第12期 | [2014-01-06] |

共3页　首页　上一页　1 2 3　下一页　尾页　转到第 1 页　提交

环境保护部不断拓宽信息公开形式，通过政务服务大厅、新闻发布会、报刊、广播、电视、宣传栏及微博微信等多渠道主动公开政府信息，增强政府工作透明度。

## 四、依申请公开政府信息情况

2015 年，环境保护部共收到政府信息公开申请 682 件，全部按规定予以答复。申请内容主要涉及环境监测、项目环评、科技标准、污染防治、生态保护、政策法规、环境监察执法等方面。其中，信函形式申请 374 件，占 54.84%；电子邮件形式申请 169 件，占 24.78%；网站在线申请 121 件，占 17.74%；以其他形式申请 18 件，占 2.64%。

## 五、行政复议和诉讼情况

2015 年，环境保护部受理政府信息公开行政复议申请共 45 件。其中，针对环境保护部政府信息公开事项 25 件，针对地方环保部门政府信息公开事项 20 件。应对政府信息公开行政诉讼案件 5 件。

## 六、政府信息公开收费情况

2015 年，环境保护部未向申请人收取政府信息公开费用。

## 七、主要问题和改进措施

2015 年，环境保护部政府信息公开工作取得积极成效，但与公众日益增长的环境信息需求还有差距。随着公众对环境保护的高度关注以及信息传播方式的快速变革，政府信息公开范围需要继续拓展，内容仍需深入细化，载体还需丰富完善。2016 年需要重点做好以下几方面工作：

（一）以改善环境质量为核心，继续推进和细化空气、水环境质量、建设项目环境影响评价、环境监管与执法、污染减排、核与辐射安全、突发环境事件、环境举报和反馈等重点领域信息公开工作，推进全国重点区域及主要城市空气质量预报信息公开。

（二）督导各级环保部门政府网站完善信息发布工作，推进环境信息公开平台建设，推动各地加大主动公开力度，促进环境信息公开工作深入有序开展。

（三）加强主动宣传，完善新闻发布制度，健全信息发布、政策解读、回应关切及舆论引导机制，尤其对环境保护重大方针政策、重要法规规章发布后，要及时跟进，做好政策解读，为公众释疑解惑，对社会热点和公众关心的问题，及时回应社会关切。

## 八、说明

本报告电子版可登录环境保护部网站(www.mep.gov.cn)下载。

## 关于发布《固定污染源废气 硫酸雾的测定 离子色谱法》等五项国家环境保护标准的公告

环境保护部公告 2016年第23号

为贯彻《中华人民共和国环境保护法》，保护环境，保障人体健康，规范环境监测工作，现批准《固定污染源废气 硫酸雾的测定 离子色谱法》等五项标准为国家环境保护标准，并予发布。

标准名称、编号如下：

一、《固定污染源废气 硫酸雾的测定 离子色谱法》（HJ 544—2016）；

二、《固体废物 铅、锌和镉的测定 火焰原子吸收分光光度法》（HJ 786—2016）；

三、《固体废物 铅和镉的测定 石墨炉原子吸收分光光度法》（HJ 787—2016）；

四、《水质 乙腈的测定 吹扫捕集/气相色谱法》（HJ 788—2016）；

五、《水质 乙腈的测定 直接进样/气相色谱法》（HJ 789—2016）。

以上标准自2016年5月1日起实施，由中国环境出版社出版，标准内容可在环境保护部网站（bz.mep.gov.cn）查询。

特此公告。

环境保护部

2016年3月29日

## 关于发布《电子直线加速器工业CT辐射安全技术规范》等两项国家环境保护标准的公告

环境保护部公告 2016年第24号

为贯彻《中华人民共和国环境保护法》和《中华人民共和国放射性污染防治法》，保护环境，保障人体健康，加强放射性污染防治工作，现批准《电子直线加速器工业CT辐射安全技术规范》等两项标准为国家环境保护标准，并予发布。

标准名称、编号如下：

一、《电子直线加速器工业 CT 辐射安全技术规范》（HJ 785—2016）；

二、《辐射环境保护管理导则 核技术利用建设项目 环境影响评价文件的内容和格式》（HJ 10.1—2016）。

以上标准自 2016 年 4 月 1 日起实施，由中国环境出版社出版，标准内容可在环境保护部网站（bz.mep.gov.cn）查询。

自以上标准实施之日起，《辐射环境保护管理导则　核技术应用项目环境影响报告书（表）的内容和格式》（HJ/T 10.1—1995）停止实施。

特此公告。

环境保护部

2016 年 3 月 29 日

# 关于发布《建设项目竣工环境保护验收技术规范 涤纶》等三项国家环境保护标准的公告

环境保护部公告　2016 年第 25 号

为贯彻《中华人民共和国环境保护法》和《中华人民共和国环境影响评价法》，保护环境，规范和指导建设项目竣工环境保护验收工作，现批准《建设项目竣工环境保护验收技术规范 涤纶》等三项标准为国家环境保护标准，并予发布。

标准名称、编号如下：

《建设项目竣工环境保护验收技术规范 涤纶》（HJ 790－2016）

《建设项目竣工环境保护验收技术规范 粘胶纤维》（HJ 791－2016）

《建设项目竣工环境保护验收技术规范 制药》（HJ 792－2016）

该标准自 2016 年 7 月 1 日起实施，由中国环境出版社出版，标准内容可在环境保护部网站（bz.mep.gov.cn）查询。

特此公告。

环境保护部

2016 年 3 月 29 日

# 关于授予内蒙古自治区扎兰屯市等20个市（县、区/旗）“国家生态县（市、区）”称号的公告

环境保护部公告　2016年第26号

为贯彻落实党中央、国务院关于加快推进生态文明建设的决策部署，内蒙古自治区扎兰屯市等20个市（县、区、旗）积极开展国家生态县（市、区）创建，目前已经达到国家生态县（市、区）考核指标要求。根据《国家生态建设示范区管理规程》等规定，我部决定授予扎兰屯市等20个市（县、区、旗）“国家生态县（市、区）”称号。

希望获得称号的市（县、区、旗）珍惜荣誉，再接再厉，贯彻落实创新、协调、绿色、开放、共享五大发展理念，争当绿水青山就是金山银山的“两山”理论践行者和引领者，全面加强生态环境保护，不断提升生态文明水平，为促进区域经济社会和环境的全面、协调、可持续发展，早日实现天蓝、地绿、水清的美丽中国做出新的贡献。

特此公告。

附件：国家生态市（县、区、旗）名单

环境保护部

2016年3月30日

附件

## 国家生态市（县、区、旗）名单

| | |
|---|---|
| 内蒙古自治区 | 扎兰屯市，鄂温克旗 |
| 江苏省 | 南京市六合区，南通市通州区，泰州市海陵区 |
| 浙江省 | 杭州市余杭区，杭州市江干区，象山县，新昌县，湖州市吴兴区 |
| 福建省 | 福州市马尾区，安溪县，福清市，长乐市、厦门市翔安区，厦门市集美区，厦门市同安区 |
| 江西省 | 南昌市湾里区，浮梁县，铜鼓县 |

# 关于建设项目环境影响评价资质审查结果（2016 年第五批）的公告

环境保护部公告 2016 年第 27 号

根据《建设项目环境影响评价资质管理办法》（环境保护部令 第 36 号）及相关文件的规定，我部对申请建设项目环境影响评价资质（以下简称资质）的相关机构进行了审查。现将审查结果（2016 年第五批）公告如下：

一、批准北京新国之光环境科技有限公司乙级资质。

二、批准铁岭市天祥环境科技有限公司等 7 家环保系统环评机构脱钩。其中，不予批准济南市环境保护规划设计研究院等 2 家脱钩后机构部分评价范围。

三、批准中国气象科学研究院等 2 家机构资质证书中的机构名称变更。

四、批准河北省众联能源环保科技有限公司等 7 家机构调整评价范围。

五、批准内蒙古电力勘测设计院有限责任公司等 24 家机构资质延续。其中，不予批准青岛环海海洋工程勘察研究院等 2 家机构延续原有部分评价范围。

六、批准上海大学等 14 家机构资质证书中的法定代表人或住所变更。

七、批准中国人民解放军军事医学科学院等 4 家机构注销资质。

八、不予批准苏州金棕榈环境工程有限公司等 2 家机构资质。

九、不予批准北京万澈环境科学与工程技术有限责任公司资质晋级。

十、不予批准佛山市南海区环境科学研究所资质证书中的机构名称变更，注销资质。

十一、不予批准北京中安质环技术评价中心有限公司等 2 家机构资质延续，注销资质。

审查结果的具体情况详见附件。第一至六项中的机构请于 60 日内携带单位证明，到我部行政审批大厅领取资质证书，其中第二至六项中的机构应在领取资质证书时携带原资质证书正、副本原件。第七、十、十一项中的机构请于 10 日内将原资质证书正、副本原件寄回我部行政审批大厅。自本公告发布之日起，第二至六项和第七、十、十一项中的机构原资质证书正、副本原件同时作废；第二、三项机构中进入更名后机构的环境影响评价工程师登记编号予以重新核发，第二、三项机构中未进入更名后机构的环境影响评价工程师和第七、十、十一项机构中的环境影响评价工程师登记编号予以注销。

上述机构如不服本公告决定的，可在接到本公告之日起 60 日内向我部申请行政复议，也可在接到本公告之日起 6 个月内依法提起行政诉讼。在未获延续的评价范围内，已承接的环境影响报告书（表）需继续完成的，应在本公告发布之日起 15 日内，将有关情况连同编制委托合同等证明材料报我部审核。注销资质前已承接的环境影响报告书（表）需继续完成的，参照《关于环评机构注销资质后继续完成已承接环评项目有关问题的复函》（环办环评函〔2016〕484 号）执行。

行政审批大厅地址：北京市西城区西直门南小街 115 号（邮编：100035）
联系人：朱美
电话：（010）66556045

附件：建设项目环境影响评价资质审查结果（2016 年第五批）

环境保护部
2016 年 3 月 30 日

附件

# 建设项目环境影响评价资质审查结果

## （2016 年第五批）

| 序号 | 机构名称 | 资质证书编号 | 申请事项 | 审查结果 |
|---|---|---|---|---|
| 1 | 北京新国之光环境科技有限公司 | 国环评证乙字第 1067 号 | 首次申请 | 批准乙级资质，评价范围为冶金机电、交通运输、社会服务环境影响报告书乙级类别和一般项目环境影响报告表类别。资质有效期自本公告发布之日起四年 |
| 2 | 铁岭市天祥环境科技有限公司 | 国环评证乙字第 1518 号 | 环保系统环评机构脱钩、法定代表人变更 | 批准脱钩，已完成股权变更至自然人。评价范围为轻工纺织化纤、化工石化医药、冶金机电、建材火电环境影响报告书乙级类别和一般项目环境影响报告表类别。资质有效期自本公告发布之日起四年。批准资质证书中的法定代表人变更 |
| 3 | 葫芦岛赛恩斯环境工程有限公司 | 国环评证乙字第 1526 号 | 环保系统环评机构脱钩 | 批准脱钩，已完成股权变更至自然人。评价范围为化工石化医药、冶金机电、采掘、社会服务环境影响报告书乙级类别和一般项目环境影响报告表类别。资质有效期自本公告发布之日起四年 |
| 4 | 三明市环境保护科学研究所 | 国环评证乙字第 2207 号 | 环保系统环评机构脱钩、机构名称变更、住所变更、法定代表人变更 | 批准资质证书中的机构名称变更为三明市国有资产投资经营公司出资成立的三明市国投环境科技研究有限公司。评价范围为轻工纺织化纤、化工石化医药、采掘、社会服务环境影响报告书乙级类别和一般项目环境影响报告表类别。资质有效期自本公告发布之日起四年。批准资质证书中的住所变更和法定代表人变更 |
| 5 | 日照市环境保护科学研究所 | 国环评证乙字第 2410 号 | 环保系统环评机构脱钩、机构名称变更、住所变更、法定代表人变更 | 批准资质证书中的机构名称变更为自然人出资成立的日照市环境保护科学研究所有限公司。评价范围为轻工纺织化纤、化工石化医药、冶金机电、建材火电、社会服务环境影响报告书乙级类别和一般项目环境影响报告表类别。资质有效期自本公告发布之日起四年。批准资质证书中的住所变更和法定代表人变更 |

| 序号 | 机构名称 | 资质证书编号 | 申请事项 | 审查结果 |
|---|---|---|---|---|
| 6 | 济南市环境保护规划设计研究院 | 国环评证乙字第 2435 号 | 环保系统环评机构脱钩、机构名称变更、住所变更、法定代表人变更 | 批准资质证书中的机构名称变更为自然人出资成立的山东优纳特环境科技有限公司。评价范围为轻工纺织化纤、化工石化医药、冶金机电、农林水利环境影响报告书乙级类别和一般项目环境影响报告表类别。资质有效期自本公告发布之日起四年。批准资质证书中的住所变更和法定代表人变更。<br>因相应类别环评工程师人数不足，不予批准社会服务环境影响报告书乙级类别和核与辐射项目环境影响报告表类别评价范围 |
| 7 | 德州市环境保护科学研究所 | 国环评证乙字第 2422 号 | 环保系统环评机构脱钩、机构名称变更、法定代表人变更 | 批准资质证书中的机构名称变更为自然人出资成立的德州市环境保护科学研究所有限公司。评价范围为轻工纺织化纤、化工石化医药、冶金机电、交通运输、社会服务环境影响报告书乙级类别和一般项目环境影响报告表类别。资质有效期自本公告发布之日起四年。批准资质证书中的法定代表人变更。<br>因相应类别环评工程师人数不足，不予批准建材火电环境影响报告书乙级类别评价范围 |
| 8 | 济宁富美环境研究设计院 | 国环评证乙字第 2451 号 | 环保系统环评机构脱钩、机构名称变更、住所变更、法定代表人变更 | 批准资质证书中的机构名称变更为山东公用控股有限公司出资成立的济宁富美环境研究设计院有限公司。评价范围为一般项目环境影响报告表类别。资质有效期自本公告发布之日起四年。批准资质证书中的住所变更和法定代表人变更 |
| 9 | 中国气象科学研究院 | 国环评证甲字第 1003 号 | 机构名称变更（改制）、住所变更、法定代表人变更 | 批准资质证书中的名称变更为北京中气京诚环境科技有限公司。评价范围为建材火电环境影响报告书甲级类别；社会服务环境影响报告书乙级类别；一般项目环境影响报告表类别。资质有效期自本公告发布之日起四年。批准资质证书中的住所变更和法定代表人变更 |
| 10 | 山东省环境保护学校 | 国环评证乙字第 2437 号 | 机构名称变更、资质延续、法定代表人变更 | 批准资质证书中的名称变更为山东城市建设职业学院。批准资质延续，评价范围为轻工纺织化纤、化工石化医药环境影响报告书乙级类别和一般项目环境影响报告表类别。资质有效期自 2016 年 2 月 17 日至 2016 年 12 月 31 日。批准资质证书中的法定代表人变更 |
| 11 | 河北省众联能源环保科技有限公司 | 国环评证甲字第 1209 号 | 调整评价范围 | 批准将化工石化医药、建材火电、采掘环境影响报告书乙级类别调整为甲级类别 |
| 12 | 南京大学环境规划设计研究院有限公司 | 国环评证甲字第 1906 号 | 调整评价范围 | 批准将化工石化医药、冶金机电环境影响报告书乙级类别调整为甲级类别 |
| 13 | 中国电建集团昆明勘测设计研究院有限公司 | 国环评证甲字第 3402 号 | 调整评价范围 | 批准增加交通运输环境影响报告书乙级类别评价范围 |

| 序号 | 机构名称 | 资质证书编号 | 申请事项 | 审查结果 |
|---|---|---|---|---|
| 14 | 河北辐和环境科技有限公司 | 国环评证乙字第 1221 号 | 调整评价范围 | 批准增加输变电及广电通信环境影响报告书乙级类别评价范围 |
| 15 | 辽宁唐龙技术咨询有限公司 | 国环评证乙字第 1546 号 | 调整评价范围 | 批准增加化工石化医药、采掘环境影响报告书乙级类别评价范围 |
| 16 | 巢湖中环环境科学研究有限公司 | 国环评证乙字第 2124 号 | 调整评价范围 | 批准增加轻工纺织化纤环境影响报告书乙级类别评价范围 |
| 17 | 广西天德环保咨询有限公司 | 国环评证乙字第 2927 号 | 调整评价范围 | 批准增加采掘、交通运输环境影响报告书乙级类别评价范围 |
| 18 | 内蒙古电力勘测设计院有限责任公司 | 国环评证甲字第 1403 号 | 资质延续、法定代表人变更 | 批准资质延续（评价范围：建材火电、输变电及广电通信环境影响报告书甲级类别；一般项目和核与辐射项目环境影响报告表类别）。资质有效期自 2016 年 3 月 15 日至 2016 年 12 月 31 日。批准资质证书中的法定代表人变更 |
| 19 | 四川天宇石油环保安全技术咨询服务有限公司 | 国环评证甲字第 3203 号 | 资质延续 | 批准资质延续，评价范围为采掘、交通运输环境影响报告书甲级类别和一般项目环境影响报告表类别。资质有效期自 2016 年 3 月 15 日至 2016 年 12 月 31 日 |
| 20 | 河北博鳌项目管理有限公司 | 国环评证乙字第 1237 号 | 资质延续 | 批准资质延续，评价范围为冶金机电、采掘、社会服务环境影响报告书乙级类别和一般项目环境影响报告表类别。资质有效期自 2016 年 3 月 15 日至 2016 年 12 月 31 日 |
| 21 | 山西中天安环科技有限公司 | 国环评证乙字第 1328 号 | 资质延续 | 批准资质延续，评价范围为一般项目环境影响报告表类别。资质有效期自本公告发布之日起至 2016 年 12 月 31 日 |
| 22 | 内蒙古新创环境科技有限公司 | 国环评证乙字第 1425 号 | 资质延续（化工石化医药、采掘、交通运输、社会服务环境影响报告书乙级类别和一般项目环境影响报告表） | 批准资质延续，评价范围为化工石化医药、采掘、交通运输、社会服务环境影响报告书乙级类别和一般项目环境影响报告表类别。资质有效期自 2016 年 3 月 15 日至 2016 年 12 月 31 日 |
| 23 | 阜新市鑫源环境保护有限公司 | 国环评证乙字第 1517 号 | 资质延续 | 批准资质延续，评价范围为轻工纺织化纤、化工石化医药、采掘、社会服务环境影响报告书乙级类别和一般项目环境影响报告表类别。资质有效期自 2016 年 2 月 17 日至 2016 年 6 月 30 日 |
| 24 | 上海大学 | 国环评证乙字第 1801 号 | 资质延续、法定代表人变更 | 批准资质延续，评价范围为一般项目环境影响报告表类别。资质有效期自 2016 年 3 月 15 日至 2016 年 12 月 31 日。批准资质证书中的法定代表人变更 |
| 25 | 上海寰球工程有限公司 | 国环评证乙字第 1802 号 | 资质延续 | 批准资质延续，评价范围为化工石化医药、社会服务环境影响报告书乙级类别和一般项目环境影响报告表类别。资质有效期自 2016 年 3 月 15 日至 2016 年 12 月 31 日 |

| 序号 | 机构名称 | 资质证书编号 | 申请事项 | 审查结果 |
| --- | --- | --- | --- | --- |
| 26 | 上海市机电设计研究院有限公司 | 国环评证乙字第 1804 号 | 资质延续 | 批准资质延续，评价范围为轻工纺织化纤、冶金机电环境影响报告书乙级类别和一般项目环境影响报告表类别。资质有效期自 2016 年 3 月 15 日至 2016 年 12 月 31 日 |
| 27 | 上海环境研究中心有限公司 | 国环评证乙字第 1814 号 | 资质延续、住所变更、法定代表人变更 | 批准资质延续，评价范围为一般项目环境影响报告表类别。资质有效期自 2016 年 3 月 15 日至 2016 年 12 月 31 日。批准资质证书中的住所变更和法定代表人变更 |
| 28 | 泰兴市寰宇环境科技有限公司 | 国环评证乙字第 1936 号 | 资质延续 | 批准资质延续，评价范围为轻工纺织化纤、化工石化医药、冶金机电、社会服务环境影响报告书乙级类别和一般项目环境影响报告表类别。资质有效期自 2016 年 2 月 18 日至 2016 年 6 月 30 日 |
| 29 | 东海县环境科学研究所 | 国环评证乙字第 1960 号 | 资质延续、住所变更 | 批准资质延续，评价范围为一般项目环境影响报告表类别。资质有效期自 2016 年 2 月 17 日至 2016 年 6 月 30 日。批准资质证书中的住所变更 |
| 30 | 江苏省环境保护工业工程总公司 | 国环评证乙字第 1982 号 | 资质延续 | 批准资质延续，评价范围为冶金机电、社会服务环境影响报告书乙级类别和一般项目环境影响报告表类别。资质有效期自本公告发布之日起四年 |
| 31 | 浙江东天虹环保工程有限公司 | 国环评证乙字第 2026 号 | 资质延续 | 批准资质延续，评价范围为轻工纺织化纤、化工石化医药、冶金机电、交通运输、社会服务、海洋工程环境影响报告书乙级类别和一般项目环境影响报告表类别。资质有效期自 2016 年 2 月 17 日至 2016 年 12 月 31 日 |
| 32 | 福州大学 | 国环评证乙字第 2205 号 | 资质延续 | 批准资质延续，评价范围为一般项目环境影响报告表类别。资质有效期自 2016 年 2 月 17 日至 2016 年 12 月 31 日 |
| 33 | 福建高科环保研究院有限公司 | 国环评证乙字第 2223 号 | 资质延续 | 批准资质延续，评价范围为轻工纺织化纤、冶金机电、交通运输、社会服务环境影响报告书乙级类别和一般项目环境影响报告表类别。资质有效期自 2016 年 3 月 15 日至 2016 年 12 月 31 日 |
| 34 | 威海市环境保护科学研究所有限公司 | 国环评证乙字第 2416 号 | 资质延续 | 批准资质延续，评价范围为轻工纺织化纤、化工石化医药、冶金机电、建材火电、社会服务环境影响报告书乙级类别和一般项目环境影响报告表类别。资质有效期自 2016 年 2 月 17 日至 2016 年 12 月 31 日 |
| 35 | 青岛环海海洋工程勘察研究院 | 国环评证乙字第 2436 号 | 资质延续 | 批准资质延续，评价范围为一般项目环境影响报告表类别。资质有效期自 2016 年 2 月 17 日至 2016 年 12 月 31 日。<br>因环评工程师总人数不足，不予批准海洋工程环境影响报告书乙级类别评价范围 |
| 36 | 山东同济环境工程设计院有限公司 | 国环评证乙字第 2461 号 | 资质延续、住所变更 | 批准资质延续，评价范围为轻工纺织化纤、化工石化医药、冶金机电、交通运输、社会服务环境影响报告书乙级类别和一般项目环境影响报告表类别。资质有效期自 2016 年 3 月 15 日至 2016 年 12 月 31 日。批准资质证书中的住所变更 |

| 序号 | 机构名称 | 资质证书编号 | 申请事项 | 审查结果 |
| --- | --- | --- | --- | --- |
| 37 | 山东海岳环境科学技术有限公司 | 国环评证乙字第 2463 号 | 资质延续（冶金机电、交通运输环境影响报告书乙级类别和一般项目环境影响报告表类别） | 批准资质延续，评价范围为冶金机电、交通运输环境影响报告书乙级类别和一般项目环境影响报告表类别。资质有效期自本公告发布之日起至 2016 年 12 月 31 日 |
| 38 | 胜利油田森诺胜利工程有限公司 | 国环评证乙字第 2465 号 | 资质延续 | 批准资质延续，评价范围为化工石化医药、采掘、交通运输、社会服务环境影响报告书乙级类别和一般项目环境影响报告表类别。资质有效期自本公告发布之日起至 2016 年 12 月 31 日 |
| 39 | 长江勘测规划设计研究有限责任公司 | 国环评证乙字第 2633 号 | 资质延续 | 批准资质延续，评价范围为农林水利、社会服务环境影响报告书乙级类别和一般项目环境影响报告表类别。资质有效期自 2016 年 1 月 17 日至 2016 年 12 月 31 日 |
| 40 | 北海市环境保护科学研究所 | 国环评证乙字第 2909 号 | 资质延续 | 批准资质延续，评价范围为一般项目环境影响报告表类别。资质有效期自 2016 年 1 月 17 日至 2016 年 12 月 31 日。因环评工程师总人数不足，不予批准轻工纺织化纤、社会服务环境影响报告书乙级类别评价范围 |
| 41 | 昆明市环境科学研究院 | 国环评证乙字第 3412 号 | 资质延续 | 批准资质延续（评价范围：化工石化医药、冶金机电、交通运输、社会服务、输变电及广电通信环境影响报告书乙级类别；一般项目和核与辐射项目环境影响报告表类别）。资质有效期自 2016 年 2 月 17 日至 2016 年 12 月 31 日 |
| 42 | 河南鑫垚环境技术有限公司 | 国环评证乙字第 2546 号 | 住所变更 | 批准资质证书中的住所变更 |
| 43 | 中国人民解放军军事医学科学院 | 国环评证乙字第 1001 号 | 注销资质 | 批准注销资质 |
| 44 | 镇江市丹徒区环境科学研究所 | 国环评证乙字第 1956 号 | 注销资质 | 批准注销资质 |
| 45 | 盐城师院环境科技有限公司 | 国环评证乙字第 1979 号 |  | 资质有效期届满（2016 年 2 月 25 日），注销资质 |
| 46 | 宁夏回族自治区辐射环境监督站 | 国环评证乙字第 3810 号 |  | 资质有效期届满（2014 年 8 月 4 日），注销资质 |
| 47 | 苏州金棕榈环境工程有限公司 |  | 首次申请 | 在资质审查及现场核查过程中，该机构不如实反映环评工程师情况并提供虚假材料，不予批准资质且一年内不得再次申请 |
| 48 | 四川省华地新能源环保科技有限责任公司 |  | 首次申请 | 因在资质申请中隐瞒有关情况和提供虚假资料，不予批准资质且一年内不得再次申请资质。环评工程师万迎峰、石振华、谢治国、余少波三年内不得作为资质申请时配备的环境影响评价工程师，环境影响报告书（表）的编制主持人或者主要编制人员 |

| 序号 | 机构名称 | 资质证书编号 | 申请事项 | 审查结果 |
|---|---|---|---|---|
| 49 | 北京万澈环境科学与工程技术有限责任公司 | 国环评证乙字第 1021 号 | 资质晋级 | 该机构具备环境影响评价工作质量保证体系，但在实施中存在部分环评文件三级审核不落实；项目负责人对项目现状、现场调查情况及报告书内容不了解；业务承接和分公司管理不规范等问题，不予批准资质晋级 |
| 50 | 佛山市南海区环境科学研究所 | 国环评证乙字第 2810 号 | 机构名称变更（改制）、法定代表人变更、住所变更 | 因行政复议，重新审查情况如下：因该机构资质申请时，已经佛山市南海区机构编制委员会批准并入佛山市南海区环境技术中心，其主要职责包含了建设项目环境影响评价技术评估，根据资质管理有关规定，不符合环评机构准入条件，注销资质，不予批准改制更名、住所变更、法定代表人变更。作为改制后机构环评工程师的杨东，曾于 2008 年 1 月至 2013 年 1 月在深圳中广核工程设计公司工作期间长期将其环评工程师证书挂靠其他环评机构，其从业申报过程中存在弄虚作假行为，环评工程师杨东三年内不得作为资质申请时配备的环境影响评价工程师、环境影响报告书（表）的编制主持人或者主要编制人员 |
| 51 | 北京中安质环技术评价中心有限公司 | 国环评证乙字第 1029 号 | 资质延续 | 因在资质申请中隐瞒有关情况和提供虚假资料，不予批准资质延续且一年内不得再次申请资质，注销资质。环评工程师张小栋（实为西安航空发动机（集团）有限公司人员）三年内不得作为资质申请时配备的环境影响评价工程师，环境影响报告书（表）的编制主持人或者主要编制人员 |
| 52 | 建湖县蓝天环境科学研究所 | 国环评证乙字第 1958 号 | 资质延续 | 因环评工程师总人数不足，不予批准资质延续。注销资质 |

# 关于建设项目环境影响评价资质审查结果（2016 年第六批）的公告

环境保护部公告　2016 年第 28 号

根据《建设项目环境影响评价资质管理办法》（环境保护部令　第 36 号）及相关文件的规定，我部对申请建设项目环境影响评价资质（以下简称资质）的相关机构进行了审查。现将审查结果（2016 年第六批）公告如下：

一、批准江西省核工业地质局测试研究中心等 2 家机构乙级资质。

二、批准山西晋环科源环境资源科技有限公司等 10 家环保系统环评机构脱钩。其中，不予批准江苏省环科咨询股份有限公司等 2 家脱钩后机构部分评价范围。

三、批准上海环境节能工程有限公司资质证书中的机构名称变更。

四、批准南京国环科技股份有限公司等 6 家机构调整评价范围。

五、批准上海市环境保护科技咨询服务中心等 4 家机构资质延续。其中，不予批准洛阳青华环保科技有限公司延续原有部分评价范围。

六、批准常州龙环环境科技有限公司等 9 家机构资质证书中的住所变更或法定代表人变更。

七、批准补发江苏叶萌环境技术有限公司资质证书正本。

审查结果的具体情况详见附件。第一至七项中的机构请于 60 日内携带单位证明，到我部行政审批大厅领取资质证书，其中第二至六项中的机构应在领取资质证书时携带原资质证书正、副本原件。自本公告发布之日起，第二至六项中的机构原资质证书正、副本原件同时作废。

上述机构如不服本公告决定的，可在接到本公告之日起 60 日内向我部申请行政复议，也可在接到本公告之日起 6 个月内依法提起行政诉讼。在未获延续的评价范围内，已承接的环境影响报告书（表）需继续完成的，应在本公告发布之日起 15 日内，将有关情况连同编制委托合同等证明材料报我部审核。

行政审批大厅地址：北京市西城区西直门南小街 115 号（邮编：100035）

联系人：朱美

电话：（010）66556045

附件：建设项目环境影响评价资质审查结果（2016 年第六批）

环境保护部

2016 年 3 月 30 日

附件

# 建设项目环境影响评价资质审查结果

## （2016 年第六批）

| 序号 | 机构名称 | 资质证书编号 | 申请事项 | 审查结果 |
| --- | --- | --- | --- | --- |
| 1 | 江西省核工业地质局测试研究中心 | 国环评证乙字第 2306 号 | 首次申请 | 批准乙级资质（评价范围：采掘、输变电及广电通信、核工业环境影响报告书乙级类别；一般项目及核与辐射项目环境影响报告表类别）。资质有效期自本公告发布之日起四年 |
| 2 | 湖北衡平环境评价有限公司 | 国环评证乙字第 2644 号 | 首次申请 | 批准乙级资质，评价范围为交通运输环境影响报告书乙级类别和一般项目环境影响报告表类别。资质有效期自本公告发布之日起四年 |
| 3 | 山西晋环科源环境资源科技有限公司 | 国环评证甲字第 1301 号 | 环保系统环评机构脱钩 | 批准脱钩，已完成股权变更至由太原晋科源环境咨询中心（有限合伙）和自然人。评价范围为化工石化医药、冶金机电、建材火电、采掘、交通运输、社会服务环境影响报告书甲级类别和一般项目环境影响报告表类别。资质有效期自本公告发布之日起四年 |

| 序号 | 机构名称 | 资质证书编号 | 申请事项 | 审查结果 |
|---|---|---|---|---|
| 4 | 沈阳环境科学研究院 | 国环评证甲字第1504号 | 环保系统环评机构脱钩、机构名称变更、住所变更、法定代表人变更 | 批准资质证书中的机构名称变更为沈阳环博股权投资合伙企业（有限合伙）、沈阳环科股权投资合伙企业（有限合伙）、沈阳环众股权投资合伙企业（有限合伙）和自然人共同出资成立的沈阳绿恒环境咨询有限公司。评价范围为轻工纺织化纤、化工石化医药、冶金机电、建材火电、交通运输、社会服务、输变电及广电通信环境影响报告书甲级类别；采掘环境影响报告书乙级类别；一般项目和核与辐射项目环境影响报告表类别。批准资质证书中的住所变更和法定代表人变更。资质有效期自本公告发布之日起四年 |
| 5 | 江苏省环科咨询股份有限公司 | 国环评证甲字第1902号 | 环保系统环评机构脱钩、机构名称变更、住所变更、法定代表人变更 | 批准资质证书中的机构名称变更为自然人出资成立的江苏环保产业技术研究院股份公司。评价范围为轻工纺织化纤、化工石化医药、冶金机电、建材火电、交通运输、社会服务环境影响报告书甲级类别和一般项目环境影响报告表类别。批准资质证书中的住所变更和法定代表人变更。资质有效期自本公告发布之日起四年。<br>因相应类别环评工程师人数不足，不予批准核与辐射项目环境影响报告表类别评价范围 |
| 6 | 承德晟源环保技术服务有限公司 | 国环评证乙字第1208号 | 环保系统环评机构脱钩、机构名称变更、住所变更、法定代表人变更 | 批准资质证书中的机构名称变更为自然人出资成立的河北圣泓环保科技有限责任公司。评价范围为轻工纺织化纤、冶金机电、采掘、社会服务环境影响报告书乙级类别和一般项目环境影响报告表类别。批准资质证书中的住所变更和法定代表人变更。资质有效期自本公告发布之日起四年 |
| 7 | 晋中市环境科学研究所 | 国环评证乙字第1318号 | 环保系统环评机构脱钩、机构名称变更、住所变更、法定代表人变更 | 批准资质证书中的机构名称变更为自然人出资成立的山西德新天环保科技有限公司。评价范围为一般项目环境影响报告表类别。批准资质证书中的住所变更和法定代表人变更。资质有效期自本公告发布之日起四年 |
| 8 | 长春市威宇环保科技咨询有限公司 | 国环评证乙字第1632号 | 环保系统环评机构脱钩 | 批准脱钩，已完成股权变更至自然人。评价范围为冶金机电、交通运输、社会服务环境影响报告书乙级类别和一般项目环境影响报告表类别。资质有效期自本公告发布之日起四年 |
| 9 | 金华市环境科学研究院 | 国环评证乙字第2018号 | 环保系统环评机构脱钩、机构名称变更、住所变更、法定代表人变更 | 批准资质证书中的机构名称变更为自然人出资成立的金华市环科环境技术有限公司。评价范围为轻工纺织化纤、化工石化医药、冶金机电、社会服务环境影响报告书乙级类别和一般项目环境影响报告表类别。批准资质证书中的住所变更和法定代表人变更。资质有效期自本公告发布之日起四年 |
| 10 | 青岛市环境保护科学研究设计中心 | 国环评证乙字第2414号 | 环保系统环评机构脱钩、机构名称变更、住所变更 | 批准资质证书中的机构名称变更为自然人出资成立的青岛华益环保科技有限公司。评价范围为化工石化医药、冶金机电、建材火电、农林水利、交通运输、社会服务环境影响报告书乙级类别和一般项目环境影响报告表类别。批准资质证书中的住所变更。资质有效期自本公告发布之日起四年。<br>因相应类别环评工程师人数不足，不予批准轻工纺织化纤环境影响报告书乙级类别评价范围 |

| 序号 | 机构名称 | 资质证书编号 | 申请事项 | 审查结果 |
| --- | --- | --- | --- | --- |
| 11 | 泰安市环境保护科学研究所 | 国环评证乙字第 2434 号 | 环保系统环评机构脱钩、机构名称变更、住所变更、法定代表人变更 | 批准资质证书中的机构名称变更为自然人出资成立的山东环泰环保科技有限公司。评价范围为轻工纺织化纤、化工石化医药、冶金机电、建材火电环境影响报告书乙级类别和一般项目环境影响报告表类别。批准资质证书中的住所变更和法定代表人变更。资质有效期自本公告发布之日起四年 |
| 12 | 海口市环境科学研究院 | 国环评证乙字第 3001 号 | 环保系统环评机构脱钩、机构名称变更、住所变更 | 批准资质证书中的机构名称变更为自然人出资成立的海口海环院环评有限公司。评价范围为轻工纺织化纤、化工石化医药、交通运输、社会服务环境影响报告书乙级类别和一般项目环境影响报告表类别。批准资质证书中的住所变更。资质有效期自本公告发布之日起四年 |
| 13 | 上海环境节能工程有限公司 | 国环评证乙字第 1809 号 | 机构名称变更 | 批准资质证书中的机构名称变更为上海环境节能工程股份有限公司 |
| 14 | 南京国环科技股份有限公司 | 国环评证甲字第 1901 号 | 调整评价范围 | 批准农林水利环境影响报告书乙级类别调整为甲级类别；增加输变电及广电通信环境影响报告书乙级类别评价范围 |
| 15 | 包头市汇众环保科技有限公司 | 国环评证乙字第 1430 号 | 调整评价范围 | 批准增加核与辐射环境影响报告表类别评价范围。因相应类别环评工程师人数不足，缩减建材火电环境影响报告书乙级类别评价范围 |
| 16 | 南京普信环保科技有限公司 | 国环评证乙字第 1991 号 | 调整评价范围 | 批准增加化工石化医药、冶金机电、交通运输环境影响报告书乙级类别评价范围 |
| 17 | 河南金环环境影响评价有限公司 | 国环评证乙字第 2551 号 | 调整评价范围 | 批准增加轻工纺织化纤、农林水利环境影响报告书乙级类别评价范围 |
| 18 | 成都宁沣环保技术有限公司 | 国环评证乙字第 3224 号 | 调整评价范围 | 批准增加交通运输环境影响报告书乙级类别和核与辐射环境影响报告表类别评价范围。因相应类别环评工程师人数不足，缩减轻工纺织化纤环境影响报告书乙级类别评价范围 |
| 19 | 新疆绿佳源环保科技有限公司 | 国环评证乙字第 4020 号 | 调整评价范围 | 批准增加采掘、社会服务环境影响报告书乙级类别评价范围 |
| 20 | 上海市环境保护科技咨询服务中心 | 国环评证乙字第 1806 号 | 资质延续 | 批准资质延续，评价范围为冶金机电、社会服务环境影响报告书乙级类别和一般项目环境影响报告表类别。资质有效期自 2016 年 3 月 15 日至 2016 年 6 月 30 日 |
| 21 | 江苏省交通规划设计院股份有限公司 | 国环评证乙字第 1983 号 | 资质延续 | 批准资质延续，评价范围为交通运输、社会服务环境影响报告书乙级类别和一般项目环境影响报告表类别。资质有效期自本公告发布之日起至 2016 年 12 月 31 日 |
| 22 | 福建省环境保护股份公司 | 国环评证乙字第 2218 号 | 资质延续 | 批准资质延续，评价范围为轻工纺织化纤、交通运输、社会服务环境影响报告书乙级类别和一般项目环境影响报告表类别。资质有效期自本公告发布之日起四年 |

| 序号 | 机构名称 | 资质证书编号 | 申请事项 | 审查结果 |
|---|---|---|---|---|
| 23 | 洛阳青华环保科技有限公司 | 国环评证乙字第 2515 号 | 资质延续 | 批准资质延续，评价范围为采掘、社会服务环境影响报告书乙级类别和一般项目环境影响报告表类别。资质有效期自本公告发布之日起至 2016 年 12 月 31 日。<br>因相应类别环评工程师人数不足，不予批准延续化工石化医药环境影响报告书乙级类别评价范围 |
| 24 | 常州龙环环境科技有限公司 | 国环评证乙字第 1910 号 | 住所变更 | 批准资质证书中的住所变更 |
| 25 | 江苏叶萌环境技术有限公司 | 国环评证乙字第 1985 号 | 证书正本遗失补办 | 补办资质证书正本 |

# 关于环境保护主管部门不再进行建设项目试生产审批的公告

环境保护部公告　2016 年第 29 号

2015 年 10 月 11 日，国务院发布了《关于第一批取消 62 项中央指定地方实施行政审批事项的决定》（国发〔2015〕57 号，以下简称《决定》），其中第 25 项取消了省、市、县级环境保护行政主管部门实施的建设项目试生产审批。《决定》要求，对以部门规章、规范性文件等形式设定的具有行政许可性质的审批事项进行清理，原则上 2015 年底前全部取消。

建设项目试生产审批目前的主要依据是 2001 年 12 月 27 日原国家环境保护总局发布的《建设项目竣工环境保护验收管理办法》（原国家环境保护总局令　第 13 号）。

根据《决定》的要求以及环境保护部 2016 年 3 月 30 日部务会议精神，现公告如下：

自本公告发布之日起，省、市、县级环境保护主管部门不再受理建设项目试生产申请，也不再进行建设项目试生产审批。

特此公告。

环境保护部

2016 年 4 月 8 日

# 关于取消新生产机动车排放污染申报检测机构核准的公告

环境保护部公告 2016年第30号

为贯彻2015年新修订的《大气污染防治法》，防治机动车污染排放，提高机动车环保管理工作效率，现就取消新生产机动车排放污染申报检测机构核准有关事宜公告如下：

一、我部对新生产机动车排放污染申报检测机构不再进行核准。

二、废止《新生产机动车排放污染申报检测机构管理办法》（环发〔2006〕59号）和《关于新生产机动车排放污染检测单位资质认可工作有关事项的通知》（环办〔2000〕116号），撤销已经发布的检测机构目录（核准发文目录见附件）。

三、机动车排放检验机构应当依法通过计量认证，使用经依法检定合格的机动车排放检验设备，按照国务院环境保护主管部门制定的规范，对机动车进行排放检验，并与环境保护主管部门联网，实现检验数据实时共享。机动车排放检验机构及其负责人对检验数据的真实性和准确性负责。

四、本公告自发布之日起实施。

特此公告。

附件：废止核准文件一览表

环境保护部

2016年4月11日

附件

## 废止核准文件一览表

| 序号 | 发文名称 | 文 号 |
| --- | --- | --- |
| 1 | 关于核准天津汽车检测中心等8家机构增加新生产机动车排放污染控制性能检测项目的公告 | 环境保护部公告 2014年第13号 |
| 2 | 关于核准重庆中交机动车检测中心（国家客车质量监督检验中心）增加新生产机动车排放污染检测项目的公告 | 环境保护部公告 2011年第69号 |
| 3 | 关于核准厦门环境保护机动车污染控制技术中心新生产汽车排放污染检测项目的公告 | 环境保护部公告 2011年第66号 |

| 序号 | 发文名称 | 文　号 |
| --- | --- | --- |
| 4 | 关于核准北京市机动车排放管理中心新生产汽车排放污染检测项目的公告 | 环境保护部公告　2010 年第 53 号 |
| 5 | 关于核准天津汽车检测中心等 8 单位增加新生产机动车排放污染检测项目的公告 | 环境保护部公告　2010 年第 7 号 |
| 6 | 关于核准长春汽车检测中心等 14 家单位新生产机动车排放污染申报检测项目的公告 | 原国家环境保护总局公告　2007 年第 82 号 |
| 7 | 关于核准天津汽车检测中心等 16 单位新生产机动车排放污染申报检测项目的公告 | 原国家环境保护总局公告　2007 年第 5 号 |
| 8 | 关于核准长春汽车检测中心等 13 个新生产机动车排放污染申报检测机构的公告 | 原国家环境保护总局公告　2006 年第 65 号 |
| 9 | 关于 12 家新生产机动车排放污染检测机构增加检测业务的通知 | 原国家环境保护总局办公厅文件（环办〔2005〕13 号） |
| 10 | 关于公布新生产机动车排放污染检测单位的通知 | 原国家环境保护总局文件（环发〔2001〕33 号） |

# 关于发布国家环境保护标准《建设项目竣工环境保护验收技术规范医疗机构》的公告

环境保护部公告　2016 年第 31 号

为贯彻《中华人民共和国环境保护法》《中华人民共和国环境影响评价法》和《建设项目环境保护管理条例》，规范医疗机构建设项目竣工环保验收工作，现批准《建设项目竣工环境保护验收技术规范　医疗机构》为国家环境保护标准，并予发布。

标准名称、编号如下：

《建设项目竣工环境保护验收技术规范　医疗机构》（HJ 794—2016）

以上标准自 2016 年 8 月 1 日起实施，由中国环境出版社出版，标准内容可在环境保护部网站（bz.mep.gov.cn）查询。

特此公告。

环境保护部

2016 年 4 月 25 日

# 关于建设项目环境影响评价资质审查结果（2016年第七批）的公告

环境保护部公告　2016年第32号

根据《建设项目环境影响评价资质管理办法》（环境保护部令　第36号）及相关文件的规定，我部对申请建设项目环境影响评价资质（以下简称资质）的相关机构进行了审查。现将审查结果（2016年第七批）公告如下：

一、批准宁波市环境保护科学研究设计院等9家环保系统环评机构脱钩。其中，不予批准汕头市环境保护研究所脱钩后机构部分评价范围。

二、批准南京普信环保科技有限公司资质证书中的机构名称变更。

三、批准山西新科联环境技术有限公司等4家机构调整评价范围。其中，不予批准宁夏智诚安环科技发展股份有限公司部分评价范围。

四、批准北京博诚立新环境科技有限公司等10家机构资质延续。

五、批准宁波市环境保护科学研究设计院等10家机构资质证书中的住所变更或法定代表人变更。

六、批准盘锦市环境科学研究院等3家机构注销资质。

七、撤销郑州洁神环境保护信息咨询有限公司资质。

审查结果的具体情况详见附件。第一至五项中的机构请于60日内携带原资质证书正、副本原件和单位证明，到我部行政审批大厅领取资质证书。第六、七项中的机构请于10日内将原资质证书正、副本原件寄回我部行政审批大厅。自本公告发布之日起，第一至七项中的机构原资质证书正、副本原件同时作废。

上述机构如不服本公告决定的，可在接到本公告之日起60日内向我部申请行政复议，也可在接到本公告之日起6个月内依法提起行政诉讼。在未获延续的评价范围内，已承接的环境影响报告书（表）需继续完成的，应在本公告发布之日起15日内，将有关情况连同编制委托合同等证明材料报我部审核。第六项中的机构注销资质前已承接的环境影响报告书（表）需继续完成的，参照《关于环评机构注销资质后继续完成已承接环评项目有关问题的复函》（环办环评函〔2016〕484号）执行。

行政审批大厅地址：北京市西城区西直门南小街115号（邮编：100035）

联系人：朱美

电话：（010）66556045

附件：建设项目环境影响评价资质审查结果（2016年第七批）

环境保护部

2016年4月27日

附件：

# 建设项目环境影响评价资质审查结果（2016 年第七批）

| 序号 | 机构名称 | 资质证书编号 | 申请事项 | 审查结果 |
|---|---|---|---|---|
| 1 | 宁波市环境保护科学研究设计院 | 国环评证甲字第 2004 号 | 环保系统环评机构脱钩、机构名称变更、住所变更、法定代表人变更 | 批准资质证书中的机构名称变更为自然人出资成立的浙江仁欣环科院有限责任公司。批准资质证书中的住所变更和法定代表人变更。资质有效期自本公告发布之日起四年 |
| 2 | 湖南省环境保护科学研究院 | 国环评证甲字第 2702 号 | 环保系统环评机构脱钩、机构名称变更、住所变更、法定代表人变更 | 批准资质证书中的机构名称变更为自然人出资成立的湖南葆华环保有限公司。批准资质证书中的住所变更和法定代表人变更。资质有效期自本公告发布之日起四年 |
| 3 | 本溪市环境科学研究所 | 国环评证乙字第 1509 号 | 环保系统环评机构脱钩、机构名称变更、住所变更、法定代表人变更 | 批准资质证书中的机构名称变更为本溪政通资产管理服务有限公司出资成立的本溪市环保科技研究有限公司。批准资质证书中的住所变更和法定代表人变更。资质有效期自本公告发布之日起四年 |
| 4 | 辽宁英瑞环境科技工程有限公司 | 国环评证乙字第 1512 号 | 环保系统环评机构脱钩、住所变更、法定代表人变更 | 批准脱钩，已完成股权变更至自然人。批准资质证书中的住所变更和法定代表人变更。资质有效期自本公告发布之日起四年 |
| 5 | 台州市环境科学设计研究院 | 国环评证乙字第 2002 号 | 环保系统环评机构脱钩、机构名称变更、住所变更 | 批准资质证书中的机构名称变更为自然人出资成立的浙江泰诚环境科技有限公司。批准资质证书中的住所变更。资质有效期自本公告发布之日起四年 |
| 6 | 九江市环境科学研究所 | 国环评证乙字第 2301 号 | 环保系统环评机构脱钩、机构名称变更、法定代表人变更 | 批准资质证书中的机构名称变更为自然人出资成立的江西景瑞祥环保科技有限公司。批准资质证书中的法定代表人变更资质有效期自本公告发布之日起四年 |
| 7 | 枣庄市环境保护科学研究所 | 国环评证乙字第 2413 号 | 环保系统环评机构脱钩、机构名称变更、住所变更、法定代表人变更 | 批准资质证书中的机构名称变更为枣庄市国有资产经营有限公司出资成立的枣庄市环境保护科学研究所有限公司。批准资质证书中的住所变更和法定代表人变更。资质有效期自本公告发布之日起四年 |
| 8 | 汕头市环境保护研究所 | 国环评证乙字第 2806 号 | 环保系统环评机构脱钩、机构名称变更、住所变更、法定代表人变更 | 批准资质证书中的机构名称变更为自然人出资成立的汕头市康逸环保科技有限公司。评价范围为轻工纺织化纤、社会服务环境影响报告书乙级类别和一般项目环境影响报告表类别。批准资质证书中的住所变更和法定代表人变更。资质有效期自本公告发布之日起四年。因相应类别环评工程师人数不足，不予批准农林水利环境影响报告书乙级类别评价范围 |
| 9 | 茂名市环科技术咨询有限公司 | 国环评证乙字第 2809 号 | 环保系统环评机构脱钩、机构名称变更、住所变更、法定代表人变更 | 批准资质证书中的机构名称变更为广东国信工程监理有限公司和广东汇淼企业管理咨询有限公司出资成立的广东环科技术咨询有限公司。批准资质证书中的住所变更和法定代表人变更。资质有效期自本公告发布之日起四年 |

| 序号 | 机构名称 | 资质证书编号 | 申请事项 | 审 查 结 果 |
| --- | --- | --- | --- | --- |
| 10 | 南京普信环保科技有限公司 | 国环评证乙字第 1991 号 | 机构名称变更 | 批准资质证书中的机构名称变更为南京普信环保股份有限公司 |
| 11 | 山西新科联环境技术有限公司 | 国环评证乙字第 1338 号 | 调整评价范围 | 批准增加农林水利、交通运输、社会服务环境影响报告书乙级类别评价范围 |
| 12 | 郑州泓腾环保咨询有限公司 | 国环评证乙字第 2544 号 | 调整评价范围 | 批准增加轻工纺织化纤、社会服务环境影响报告书乙级类别评价范围 |
| 13 | 河南省正德环保科技有限公司 | 国环评证乙字第 2548 号 | 调整评价范围 | 批准增加化工石化医药、交通运输环境影响报告书乙级类别和核与辐射项目环境影响报告表类别评价范围 |
| 14 | 宁夏智诚安环科技发展股份有限公司 | 国环评证乙字第 3804 号 | 调整评价范围、资质延续 | 批准资质延续，评价范围为轻工纺织化纤、冶金机电、交通运输环境影响报告书乙级类别和一般项目环境影响报告表类别。批准增加农林水利、采掘环境影响报告书乙级类别和核与辐射项目环境影响报告表类别评价范围。资质有效期自 2016 年 1 月 17 日至 2016 年 12 月 31 日。<br>因相应类别环评工程师人数不足，不予批准化工石化医药、社会服务环境影响报告书乙级类别评价范围 |
| 15 | 北京博诚立新环境科技有限公司 | 国环评证乙字第 1048 号 | 资质延续、住所变更 | 批准资质延续（评价范围：轻工纺织化纤、化工石化医药、冶金机电、社会服务环境影响报告书乙级类别和一般项目环境影响报告表类别）。批准资质证书中的住所变更。资质有效期自本公告发布之日起至 2016 年 12 月 31 日 |
| 16 | 河北鑫旺工程建设服务有限公司 | 国环评证乙字第 1239 号 | 资质延续 | 批准资质延续（评价范围：轻工纺织化纤、化工石化医药、冶金机电、采掘、社会服务环境影响报告书乙级类别和一般项目环境影响报告表类别）。资质有效期自 2016 年 4 月 5 日至 2016 年 12 月 31 日 |
| 17 | 上海市环境保护事业发展有限公司 | 国环评证乙字第 1805 号 | 资质延续 | 批准资质延续（评价范围：冶金机电、社会服务环境影响报告书乙级类别和一般项目环境影响报告表类别）。资质有效期自本公告发布之日起至 2016 年 12 月 31 日 |
| 18 | 福建省水产研究所 | 国环评证乙字第 2233 号 | 资质延续 | 批准资质延续（评价范围：交通运输、社会服务、海洋工程环境影响报告书乙级类别和一般项目环境影响报告表类别）。资质有效期自本公告发布之日起至 2016 年 12 月 31 日 |
| 19 | 河南佳昱环境科技有限公司 | 国环评证乙字第 2538 号 | 资质延续（采掘环境影响报告书乙级类别和一般项目环境影响报告表类别） | 批准资质延续（评价范围：采掘环境影响报告书乙级类别和一般项目环境影响报告表类别）。资质有效期自本公告发布之日起四年 |

| 序号 | 机构名称 | 资质证书编号 | 申请事项 | 审 查 结 果 |
|---|---|---|---|---|
| 20 | 深圳鹏达信环保科技有限公司 | 国环评证乙字第 2862 号 | 资质延续 | 批准资质延续（评价范围：轻工纺织化纤、农林水利、交通运输、社会服务环境影响报告书乙级类别和一般项目环境影响报告表类别）。资质有效期自 2016 年 4 月 5 日至 2016 年 12 月 31 日 |
| 21 | 深圳市市政设计研究院有限公司 | 国环评证乙字第 2865 号 | 资质延续 | 批准资质延续（评价范围：交通运输、社会服务环境影响报告书乙级类别和一般项目环境影响报告表类别）。资质有效期自本公告发布之日起四年 |
| 22 | 重庆地质矿产研究院 | 国环评证乙字第 3137 号 | 资质延续 | 批准资质延续（评价范围：农林水利、采掘、社会服务环境影响报告书乙级类别和一般项目环境影响报告表类别）。资质有效期自本公告发布之日起至 2016 年 12 月 31 日 |
| 23 | 中国轻工业成都设计工程有限公司 | 国环评证乙字第 3256 号 | 资质延续（轻工纺织化纤、化工石化医药环境影响报告书乙级类别和一般项目环境影响报告表类别） | 批准资质延续（评价范围：轻工纺织化纤、化工石化医药环境影响报告书乙级类别和一般项目环境影响报告表类别）。资质有效期自本公告发布之日起至 2016 年 12 月 31 日 |
| 24 | 盘锦市环境科学研究院 | 国环评证乙字第 1524 号 | | 资质有效期届满（2016 年 3 月 14 日），注销资质 |
| 25 | 朝阳市环境科学研究院 | 国环评证乙字第 1525 号 | | 资质有效期届满（2016 年 3 月 14 日），注销资质 |
| 26 | 河北正奇环境科技有限公司 | 国环评证乙字第 1241 号 | | 资质有效期届满（2016 年 4 月 4 日），注销资质 |
| 27 | 郑州洁神环境保护信息咨询有限公司 | 国环评证乙字第 2560 号 | | 该公司曾于 2015 年 12 月 7 日向我部首次申请资质，我部于 2016 年 2 月 18 日批准其乙级资质，期间收到举报，反映该公司资质申请中存在借用外单位人员作为环评专职技术人员问题。经核实，资质申请时申报的环评工程师周晓燕实为淮南市环境监测站事业编制人员。根据《建设项目环境影响评价资质管理办法》（环境保护部令　第 36 号）第十九条第二款规定，撤销该公司环境影响评价资质，且三年内不得再次申请资质；环评工程师周晓燕三年内不得作为资质申请时配备的环评工程师和环境影响报告书（表）编制主持人或者主要编制人员 |

# 关于发布国家环境保护标准《钢铁工业烧结机烟气脱硫工程技术规范 湿式石灰石/石灰-石膏法》的公告

环境保护部公告 2016 年第 33 号

为贯彻《中华人民共和国环境保护法》和《中华人民共和国大气污染防治法》，规范钢铁工业烧结机烟气脱硫工程建设和运行管理，防治环境污染，现批准《钢铁工业烧结机烟气脱硫工程技术规范 湿式石灰石/石灰-石膏法》为国家环境保护标准，并予发布。

标准名称、编号如下：

《钢铁工业烧结机烟气脱硫工程技术规范 湿式石灰石/石灰-石膏法》（HJ 2052—2016）。

以上标准自 2016 年 8 月 1 日起实施，由中国环境出版社出版，标准内容可在环境保护部网站（bz.mep.gov.cn）查询。

特此公告。

环境保护部

2016 年 4 月 29 日

# 关于建设项目环境影响评价资质审查结果（2016 年第八批）的公告

环境保护部公告 2016 年第 34 号

根据《建设项目环境影响评价资质管理办法》（环境保护部令 第 36 号）及相关文件的规定，我部对申请建设项目环境影响评价资质（以下简称资质）的相关机构进行了审查。现将审查结果（2016 年第八批）公告如下：

一、批准河南省豫启宇源环保科技有限公司乙级资质。

二、批准辽阳市环境保护科学研究所等 9 家环保系统环评机构脱钩。其中，不予批准海南省环境科学研究院脱钩后机构部分评价范围。

三、批准中国工程物理研究院资质证书中的机构名称变更。

四、批准江苏润环环境科技有限公司等5家机构调整评价范围。

五、批准新疆鼎耀工程咨询有限公司等4家机构资质延续。

六、批准北京飞燕石化环保科技发展有限公司等21家机构资质证书中的住所变更或法定代表人变更。

七、批准宁波甬绿环境保护技术工程有限公司注销资质。

八、不予批准安徽禾美环保科技有限公司等2家机构资质。

审查结果的具体情况详见附件。第一至六项中的机构请于60日内携带单位证明，到我部行政审批大厅领取资质证书，其中第二至六项中的机构应在领取资质证书时携带原资质证书正、副本原件。第七项中的机构请于10日内将原资质证书正、副本原件寄回我部行政审批大厅。自本公告发布之日起，第二至七项中的机构原资质证书正、副本原件同时作废。

上述机构如不服本公告决定的，可在接到本公告之日起60日内向我部申请行政复议，也可在接到本公告之日起6个月内依法提起行政诉讼。在未获延续的评价范围内，已承接的环境影响报告书（表）需继续完成的，应在本公告发布之日起15日内，将有关情况连同编制委托合同等证明材料报我部审核。

行政审批大厅地址：北京市西城区西直门南小街115号（邮编：100035）

联系人：关雎

电话：（010）66556045

附件：建设项目环境影响评价资质审查结果（2016年第八批）

环境保护部

2016年5月3日

**附件**

# 建设项目环境影响评价资质审查结果

## （2016年第八批）

| 序号 | 机构名称 | 资质证书编号 | 申请事项 | 审查结果 |
|---|---|---|---|---|
| 1 | 河南省豫启宇源环保科技有限公司 | 国环评证乙字第2561号 | 首次申请 | 批准乙级资质，评价范围为采掘环境影响报告书乙级类别和一般项目环境影响报告表类别。资质有效期自本公告发布之日起四年 |
| 2 | 辽阳市环境保护科学研究所 | 国环评证乙字第1511号 | 环保系统环评机构脱钩、机构名称变更、住所变更、法定代表人变更 | 批准资质证书中的机构名称变更为辽阳市人民政府国有资产监督管理委员会出资成立的辽阳市环境保护科学研究有限责任公司。批准资质证书中的住所变更和法定代表人变更。资质有效期自本公告发布之日起四年 |

| 序号 | 机构名称 | 资质证书编号 | 申请事项 | 审查结果 |
| --- | --- | --- | --- | --- |
| 3 | 海南省环境科学研究院 | 国环评证甲字第 3001 号 | 环保系统环评机构脱钩、机构名称变更、住所变更、法定代表人变更 | 批准资质证书中的机构名称变更为自然人出资成立的海南国为亿科环境有限公司。评价范围为化工石化医药环境影响报告书甲级类别；建材火电、交通运输、社会服务环境影响报告书乙级类别；一般项目环境影响报告表类别。批准资质证书中的住所变更和法定代表人变更。资质有效期自本公告发布之日起四年。<br>因相应类别环评工程师人数不足，不予批准社会服务甲级类别、轻工纺织化纤、农林水利乙级类别评价范围 |
| 4 | 宁夏环境科学研究院（有限责任公司） | 国环评证甲字第 3801 号 | 环保系统环评机构脱钩、住所变更 | 批准脱钩，整体划转至宁夏回族自治区人民政府国有资产监督管理委员会。批准资质证书中的住所变更。资质有效期自本公告发布之日起四年 |
| 5 | 新余市环境保护工程研究设计院 | 国环评证乙字第 2309 号 | 环保系统环评机构脱钩、机构名称变更、住所变更、法定代表人变更 | 批准资质证书中的机构名称变更为自然人出资成立的江西鑫环科创环保科技有限公司。批准资质证书中的住所变更和法定代表人变更。资质有效期自本公告发布之日起四年 |
| 6 | 南昌市环境科学研究院有限公司 | 国环评证乙字第 2324 号 | 环保系统环评机构脱钩、法定代表人变更 | 批准脱钩，已完成股权变更至自然人。批准资质证书中的法定代表人变更资质有效期自本公告发布之日起四年 |
| 7 | 菏泽市环境保护科学研究所 | 国环评证乙字第 2427 号 | 环保系统环评机构脱钩、机构名称变更、住所变更、法定代表人变更 | 批准资质证书中的机构名称变更为自然人出资成立的山东泰昌环境科技有限公司。批准资质证书中的住所变更和法定代表人变更。资质有效期自本公告发布之日起四年 |
| 8 | 株洲市环境保护研究院 | 国环评证乙字第 2710 号 | 环保系统环评机构脱钩、机构名称变更、住所变更、法定代表人变更 | 批准资质证书中的机构名称变更为自然人出资成立的湖南景玺环保科技有限公司。批准资质证书中的住所变更和法定代表人变更。资质有效期自本公告发布之日起四年 |
| 9 | 韶关市环境保护科学技术研究所 | 国环评证乙字第 2818 号 | 环保系统环评机构脱钩、机构名称变更、住所变更、法定代表人变更 | 批准资质证书中的机构名称变更为自然人出资成立的广东韶科环保科技有限公司。批准资质证书中的住所变更和法定代表人变更。资质有效期自本公告发布之日起四年 |
| 10 | 云南省普洱市环境科学研究所 | 国环评证乙字第 3425 号 | 环保系统环评机构脱钩、机构名称变更、住所变更、法定代表人变更 | 批准资质证书中的机构名称变更为自然人出资成立的普洱恒德环境咨询有限公司。批准资质证书中的住所变更和法定代表人变更。资质有效期自本公告发布之日起四年 |
| 11 | 中国工程物理研究院 | 国环评证甲字第 3212 号 | 机构名称变更、资质延续（核工业环境影响报告书甲级类别；化工石化医药、输变电及广电通信环境影响报告书乙级类别；一般项目和核与辐射项目环境影响报告表类别）、法定代表人变更 | 批准资质证书中的机构名称变更为四川省科学城环境安全职业卫生检测与评价中心（中国工程物理研究院环境安全职业卫生检测与评价中心）。批准资质延续（评价范围：核工业环境影响报告书甲级类别；化工石化医药、输变电及广电通信环境影响报告书乙级类别；一般项目和核与辐射项目环境影响报告表类别）。批准资质证书中的法定代表人变更资质有效期自 2016 年 3 月 15 日起至 2020 年 3 月 14 日 |

| 序号 | 机构名称 | 资质证书编号 | 申请事项 | 审查结果 |
| --- | --- | --- | --- | --- |
| 12 | 江苏润环环境科技有限公司 | 国环评证甲字第 1907 号 | 调整评价范围 | 批准化工石化医药、交通运输环境影响报告书乙级类别调整为甲级类别 |
| 13 | 杭州环保科技咨询有限公司 | 国环评证乙字第 2049 号 | 调整评价范围 | 批准增加轻工纺织化纤、冶金机电环境影响报告书乙级类别评价范围 |
| 14 | 湖北睿龙工程技术有限责任公司 | 国环评证乙字第 2635 号 | 资质延续、调整评价范围 | 批准资质延续，评价范围为一般项目环境影响报告表类别。批准增加采掘、社会服务环境影响报告书乙级类别和核与辐射环境影响报告表类别评价范围。资质有效期自本公告发布之日起至四年 |
| 15 | 广州市番禺环境工程有限公司 | 国环评证乙字第 2846 号 | 调整评价范围 | 批准增加交通运输环境影响报告书乙级类别评价范围 |
| 16 | 巴州绿环环境科学技术研究所 | 国环评证乙字第 4012 号 | 调整评价范围 | 批准增加采掘环境影响报告书乙级类别评价范围 |
| 17 | 新疆鼎耀工程咨询有限公司 | 国环评证甲字第 4005 号 | 资质延续 | 批准资质延续（评价范围：建材火电、输变电及广电通信环境影响报告书甲级类别；农林水利环境影响报告书乙级类别；一般项目和核与辐射项目环境影响报告表类别）。资质有效期自本公告发布之日起四年 |
| 18 | 新乡市鸿源环保科技咨询有限公司 | 国环评证乙字第 2539 号 | 资质延续、住所变更 | 批准资质延续，评价范围为一般项目环境影响报告表类别。批准资质证书中的住所变更。资质有效期自本公告发布之日起至 2016 年 12 月 31 日 |
| 19 | 北京飞燕石化环保科技发展有限公司 | 国环评证甲字第 1010 号 | 法定代表人变更 | 批准资质证书中的法定代表人变更 |
| 20 | 北京中咨华宇环保技术有限公司 | 国环评证甲字第 1051 号 | 住所变更 | 批准资质证书中的住所变更 |
| 21 | 中国船舶重工集团公司第七一八研究所 | 国环评证乙字第 1201 号 | 法定代表人变更 | 批准资质证书中的法定代表人变更 |
| 22 | 山西智威环保科技咨询有限公司 | 国环评证乙字第 1337 号 | 法定代表人变更 | 批准资质证书中的法定代表人变更 |
| 23 | 沈阳化工研究院设计工程有限公司 | 国环评证乙字第 1507 号 | 法定代表人变更 | 批准资质证书中的法定代表人变更 |
| 24 | 江苏省邮电规划设计院有限责任公司 | 国环评证乙字第 1989 号 | 住所变更、法定代表人变更 | 批准资质证书中的住所变更和法定代表人变更 |
| 25 | 国家海洋局第一海洋研究所 | 国环评证乙字第 2412 号 | 法定代表人变更 | 批准资质证书中的法定代表人变更 |

| 序号 | 机构名称 | 资质证书编号 | 申请事项 | 审查结果 |
|---|---|---|---|---|
| 26 | 烟台鲁达环境影响评价有限公司 | 国环评证乙字第 2484 号 | 法定代表人变更 | 批准资质证书中的法定代表人变更 |
| 27 | 柳州柳环环保技术有限公司 | 国环评证乙字第 2912 号 | 住所变更 | 批准资质证书中的住所变更 |
| 28 | 新疆奥邦科技有限公司 | 国环评证乙字第 4025 号 | 法定代表人变更 | 批准资质证书中的法定代表人变更 |
| 29 | 宁波甬绿环境保护技术工程有限公司 | 国环评证乙字第 2024 号 | 注销资质 | 批准注销资质 |
| 30 | 安徽禾美环保科技有限公司 | | 首次申请 | 因在资质申请中隐瞒有关情况和提供虚假资料，不予批准资质且一年内不得再次申请资质。环评工程师卓君臣（实为外机构人员）三年内不得作为资质申请时配备的环境影响评价工程师，环境影响报告书（表）的编制主持人或者主要编制人员。将该机构及环评工程师卓君臣记入诚信记录 |
| 31 | 湖南中环龙威环保科技有限公司 | | 首次申请 | 因在资质申请中隐瞒有关情况和提供虚假资料，不予批准资质且一年内不得再次申请资质。环评工程师袁高群（实为娄底市环境监测站人员）、雷坚志（实为娄底市环境监测站人员）、武力（实为永州市凤凰园经济开发区规划建设环境保护局人员）三年内不得作为资质申请时配备的环境影响评价工程师，环境影响报告书（表）的编制主持人或者主要编制人员。将该机构及环评工程师袁高群、雷坚志、武力记入诚信记录 |

# 关于发布《生物多样性观测技术导则　水生维管植物》等两项国家环境保护标准的公告

环境保护部公告　2016 年第 35 号

为贯彻《中华人民共和国环境保护法》《中华人民共和国野生植物保护条例》和《中国生物多样性保护战略与行动计划》(2011—2030 年)，规范我国生物多样性观测工作，现批准《生物多样性观测技术导则 水生维管植物》《生物多样性观测技术导则 蜜蜂类》等两项标准为国家环境保护标准。

标准名称、编号如下：

一、《生物多样性观测技术导则 水生维管植物》（HJ 710.12—2016）

二、《生物多样性观测技术导则 蜜蜂类》（HJ 710.13—2016）

以上标准自 2016 年 8 月 1 日起实施，由中国环境出版社出版，标准内容可在环境保护部网站（bz.mep.gov.cn）查询。

特此公告。

环境保护部

2016 年 5 月 4 日

# 关于发布国家环境保护标准《总铬水质自动在线监测仪技术要求及检测方法》的公告

环境保护部公告　2016 年第 36 号

为贯彻《中华人民共和国环境保护法》，保护环境，保障人体健康，规范环境监测工作，现批准《总铬水质自动在线监测仪技术要求及检测方法》为国家环境保护标准，并予发布。

标准名称、编号如下：

总铬水质自动在线监测仪技术要求及检测方法（HJ 798—2016）。

该标准自 2016 年 8 月 1 日起实施，由中国环境出版社出版，标准内容可在环境保护部网站（bz.mep.gov.cn）查询。

特此公告。

环境保护部

2016 年 5 月 4 日

# 关于建设项目环境影响评价资质审查结果（2016年第九批）的公告

环境保护部公告　2016年第37号

根据《建设项目环境影响评价资质管理办法》（环境保护部令　第36号）及相关文件的规定，我部对申请建设项目环境影响评价资质（以下简称资质）的相关机构进行了审查。现将审查结果（2016年第九批）公告如下：

一、不予批准安徽闰天环保科技有限公司资质。

二、不予批准中铁第五勘察设计院集团有限公司资质晋级。

三、不予批准重庆德和环境工程有限公司资质延续，并注销资质。

审查结果的具体情况详见附件。第三项中的机构请于10日内将原资质证书正、副本原件寄回我部行政审批大厅。

上述机构如不服本公告决定的，可在接到本公告之日起60日内向我部申请行政复议，也可在接到本公告之日起6个月内依法提起行政诉讼。

行政审批大厅地址：北京市西城区西直门南小街115号（邮编：100035）

联系人：关雎

电话：（010）66556045

附件：建设项目环境影响评价资质审查结果（2016年第九批）

环境保护部

2016年5月11日

附件

## 建设项目环境影响评价资质审查结果（2016年第九批）

| 序号 | 机构名称 | 资质证书编号 | 申请事项 | 审查结果 |
|---|---|---|---|---|
| 1 | 安徽闰天环保科技有限公司 |  | 首次申请 | 因在资质申请中隐瞒有关情况和提供虚假资料，不予批准资质且一年内不得再次申请资质。环评工程师庄锐（实为淮北矿工总医院职工）三年内不得作为资质申请时配备的环境影响评价工程师，环境影响报告书（表）的编制主持人或者主要编制人员。将该机构及环评工程师庄锐记入诚信记录 |

| 序号 | 机构名称 | 资质证书编号 | 申请事项 | 审查结果 |
|---|---|---|---|---|
| 2 | 中铁第五勘察设计院集团有限公司 | 国环评证乙字第 1051 号 | 资质晋级 | 因该机构的环评质量控制制度落实不到位，抽取的环评报告存在质量问题，不予批准资质晋级 |
| 3 | 重庆德和环境工程有限公司 | 国环评证乙字第 3125 号 | 资质延续 | 因在资质申请中隐瞒有关情况和提供虚假资料，不予批准资质延续且一年内不得再次申请资质，2016 年 1 月 16 日有效期已届满，注销资质。环评工程师易飞（实为四川化工职业技术学院人员）三年内不得作为资质申请时配备的环境影响评价工程师，环境影响报告书（表）的编制主持人或者主要编制人员。将该机构及环评工程师易飞记入诚信记录 |

# 关于发布《固定污染源废气　氯化氢的测定　硝酸银容量法》等六项国家环境保护标准的公告

环境保护部公告　2016 年第 39 号

为贯彻《中华人民共和国环境保护法》，保护环境，保障人体健康，规范环境监测工作，现批准《固定污染源废气 氯化氢的测定 硝酸银容量法》等六项标准为国家环境保护标准，并予发布。

标准名称、编号如下：

一、《固定污染源废气　氯化氢的测定　硝酸银容量法》（HJ 548—2016）；

二、《环境空气和废气　氯化氢的测定　离子色谱法》（HJ 549—2016）；

三、《水质　二氧化氯和亚氯酸盐的测定　连续滴定碘量法》（HJ 551—2016）；

四、《环境空气　颗粒物中水溶性阴离子（$F^-$、$Cl^-$、$Br^-$、$NO_2^-$、$NO_3^-$、$PO_4^{3-}$、$SO_3^{2-}$、$SO_4^{2-}$）的测定　离子色谱法》（HJ 799—2016）；

五、《环境空气　颗粒物中水溶性阳离子（$Li^+$、$Na^+$、$NH_4^+$、$K^+$、$Ca^{2+}$、$Mg^{2+}$）的测定　离子色谱法》（HJ 800—2016）；

六、《环境空气和废气　酰胺类化合物的测定　液相色谱法》（HJ 801—2016）。

以上标准自 2016 年 8 月 1 日起实施，由中国环境出版社出版，标准内容可在环境保护部网站（bz.mep.gov.cn）查询。

自以上标准实施之日起，下列国家环境保护标准废止，标准名称、编号如下：

一、《固定污染源废气　氯化氢的测定　硝酸银容量法（暂行）》（HJ 548—2009）；

二、《环境空气和废气　氯化氢的测定　离子色谱法（暂行）》（HJ 549—2009）；

三、《水质 二氧化氯的测定 碘量法（暂行）》（HJ 551—2009）。

特此公告。

环境保护部
2016年5月13日

# 关于公开2016年第一季度主要污染物排放严重超标的国家重点监控企业名单的公告

环境保护部公告　2016年第40号

为贯彻落实《中共中央关于制定国民经济和社会发展第十三个五年规划的建议》提出的“实施工业污染源全面达标排放计划”的有关要求，我部根据国家重点监控企业主要污染物排放自动监控数据汇总整理了2016年第一季度排放严重超标的国家重点监控企业名单（以下简称名单，见附件），现予以公布。

一、列入名单的国家重点监控企业应按照《环境保护法》的要求，采取有效措施防止污染和危害，及时改正违法排污行为，主动履行环境保护义务，落实遵守环境保护法律法规的主体责任。

企业所在地的环境保护主管部门应核实企业超标排放情况，并依照环境保护法律法规及《关于定期公布主要污染物排放严重超标的国家重点监控企业名单的通知》要求，对严重超标企业及时依法处理。

二、今后我部将每季度公布主要污染物排放严重超标的国家重点监控企业名单，并同时公布上季度严重超标的企业处理处置及整改进展情况，对连续两季度严重超标排放的企业，我部将予以挂牌督办。

三、欢迎社会各界监督举报企业超标排放违法行为。

特此公告。

附件：2016年第一季度主要污染物排放严重超标的国家重点监控企业名单

环境保护部
2016年5月17日

附件

# 2016年第一季度主要污染物排放严重超标的国家重点监控企业名单

表1　严重超标排放废水的国家重点监控企业（共2家）

| 省份 | 企业名称 |
| --- | --- |
| 河南省 | 平煤集团开封市兴化精细化工厂 |
| 湖北省 | 襄樊新四五印染有限责任公司 |

表2　严重超标排放废气的国家重点监控企业（共73家）

| 省份 | 企业名称 |
| --- | --- |
| 河北省 | 唐山市汇丰炼焦制气有限公司 |
|  | 河北永顺实业集团有限公司 |
|  | 中国耀华玻璃集团公司（秦皇岛耀华玻璃工业园有限责任公司） |
|  | 涿州亿力达热电有限公司 |
| 山西省 | 山西焦化股份有限公司 |
|  | 交城县华鑫煤炭实业有限公司 |
|  | 山西东方资源发展有限公司 |
|  | 山西河坡发电有限责任公司 |
|  | 长治市瑞达焦业有限公司 |
|  | 太谷县恒达煤焦化公司 |
|  | 山西安泰集团股份有限公司焦化厂 |
| 内蒙古自治区 | 神华乌海能源有限责任公司西来峰煤化工分公司焦化厂 |
|  | 赤峰热电厂 |
|  | 鄂托克旗鑫洲供热有限责任公司 |
|  | 内蒙古大雁矿业集团有限责任公司雁南热电厂 |
|  | 鄂伦春光明热电有限责任公司 |
|  | 内蒙古大雁矿业集团有限责任公司雁中热电厂 |
|  | 突泉鑫光热力有限公司 |
|  | 内蒙古庆华集团庆华煤化有限责任公司 |
| 辽宁省 | 沈阳炼焦煤气有限公司 |
|  | 沈阳石蜡化工有限公司 |
|  | 大化集团有限责任公司（热电厂） |
|  | 中国石油天然气股份有限公司大连石化分公司 |
|  | 鞍钢集团矿业公司齐大山铁矿 |
|  | 鞍山盛盟煤气化有限公司 |
|  | 抚顺热电厂 |
|  | 本溪满族自治县供热公司 |
|  | 国电葫芦岛润泽热力有限公司 |

| 省份 | 企业名称 |
| --- | --- |
| 吉林省 | 中国石油天然气股份有限公司吉林石化分公司动力一厂 |
| | 洮南市热电有限责任公司 |
| | 延吉市集中供热有限责任公司 |
| 黑龙江省 | 中国石油天然气股份有限公司大庆石化分公司炼油厂 |
| | 中煤龙化哈尔滨煤化工有限公司 |
| | 华电能源股份有限公司富拉尔基发电厂 |
| | 华电能源股份有限公司富拉尔基热电厂 |
| | 鸡西矿业（集团）有限责任公司矸石热电厂 |
| | 中国石油天然气股份有限公司大庆石化分公司热电厂 |
| | 佳木斯中恒热电有限公司 |
| 江苏省 | 中国石化集团南京化学工业有限公司连云港碱厂 |
| 江西省 | 丰城矿务局电业有限责任公司 |
| | 萍乡萍钢钢铁有限公司 |
| 山东省 | 烟台华力热电供应有限公司 |
| 河南省 | 洛阳香江万基铝业有限公司 |
| | 洛阳义安电力有限公司 |
| | 安阳钢铁集团有限责任公司 |
| | 河南豫龙焦化有限公司 |
| | 河南利源煤焦集团有限公司 |
| | 河南鑫磊能源有限公司 |
| | 河南省顺成集团煤焦有限公司 |
| | 林州新达焦化有限公司 |
| | 中国平煤神马集团平顶山朝川焦化有限公司 |
| 湖北省 | 久大（应城）盐矿有限公司 |
| | 久大应城制盐有限公司 |
| | 中盐长江有限公司 |
| | 中盐宏博有限公司 |
| 广东省 | 中山火力发电有限公司 |
| 贵州省 | 贵州黔桂天能焦化有限责任公司 |
| 陕西省 | 榆林市金龙北郊热电有限责任公司 |
| | 神木县恒升煤化工有限责任公司 |
| | 陕西煤业化工集团神木电化发展有限公司 |
| | 府谷县恒源冶焦发电有限公司 |
| 青海省 | 青海桥头铝电股份有限公司 |
| | 青海发投碱业有限公司 |
| | 青海盐湖工业股份有限公司化工分公司 |
| | 青海五彩碱业有限公司 |
| 宁夏回族自治区 | 平罗县供热公司 |
| | 宁夏庆华煤化工有限公司 |
| | 中冶美利纸业股份有限公司 |
| | 宁夏宝丰能源集团股份有限公司（焦化厂） |
| | 宁夏宝丰能源集团股份有限公司甲醇厂（自备电厂） |
| 新疆维吾尔自治区 | 新疆盐湖制盐有限责任公司 |
| | 新疆钢铁雅满苏矿业有限责任公司（哈密球团） |
| | 新疆昕昊达矿业有限责任公司 |

表 3　严重超标排放的污水处理厂（共 20 家）

| 省份 | 企业名称 |
| --- | --- |
| 河北省 | 辛集市水处理中心 |
| | 昌黎县贾河污水处理有限公司 |
| 山西省 | 阳泉市污水处理厂 |
| 内蒙古自治区 | 林西县中水污水处理管理中心 |
| | 东达集团通辽水务有限公司 |
| | 通辽环亚水务科技有限公司宝龙山分公司 |
| | 通辽环亚水务科技有限公司库伦旗分公司 |
| | 杭锦旗污水处理厂 |
| | 东乌旗乌里雅斯太镇污水处理厂 |
| 辽宁省 | 鞍山腾鳌污水处理有限公司 |
| 山东省 | 莱州市宏泽水务有限公司 |
| 湖北省 | 武汉科亮污水处理有限公司 |
| 陕西省 | 榆林市污水处理厂 |
| 甘肃省 | 夏官营污水处理厂 |
| | 金昌市排水管理处 |
| | 白银市平川区清源污水处理厂 |
| 青海省 | 西宁市第一污水处理厂 |
| 宁夏回族自治区 | 彭阳县污水处理厂 |
| 新疆维吾尔自治区 | 叶城县污水处理厂 |
| | 伊宁市联创城市建设（集团）排水公司（西区） |

注：1．统计范围：2016 年第一季度实施自动监控的国家重点监控企业，废水企业及污水处理厂统计超标排放因子为化学需氧量、氨氮，废气企业统计超标排放因子为二氧化硫、氮氧化物；

2．废水企业、废气企业及污水处理厂任一排放因子自动监控日均浓度数据超标均计入该企业的超标天数统计。

# 关于建设项目环境影响评价资质审查结果（2016 年第十批）的公告

环境保护部公告　2016 年第 41 号

根据《建设项目环境影响评价资质管理办法》（环境保护部令　第 36 号）及相关文件的规定，我部对申请建设项目环境影响评价资质（以下简称资质）的相关机构进行了审查。现将审查结果（2016 年第十批）公告如下：

一、批准吉林省汇众益环科技开发公司等 12 家环保系统环评机构脱钩。其中，不予批准上海市环境科学研究院等3家脱钩后机构部分评价范围。

二、批准中国地质调查局西安地质调查中心等2家机构资质证书中的机构名称变更。

三、批准北京文华东方环境科技有限公司等3家机构调整评价范围。

四、批准中国林业科学研究院森林生态环境与保护研究所等3家机构资质延续。

五、批准吉林省汇众益环科技开发公司等 14 家机构资质证书中的住所变更或法定代表人变更。

六、批准山西新科源环保科技有限公司缩减评价范围。

七、批准甘肃省核与辐射安全中心注销资质。

八、不予批准北京中油建设项目劳动安全卫生预评价有限公司调整评价范围。

审查结果的具体情况详见附件。第一至六项中的机构请于60日内携带原资质证书正、副本原件和单位证明，到我部行政审批大厅领取资质证书；第七项中的机构请于 10 日内将原资质证书正、副本原件寄回我部行政审批大厅。自本公告发布之日起，第一至七项中的机构原资质证书正、副本原件同时作废。

上述机构如不服本公告决定的，可在接到本公告之日起60日内向我部申请行政复议，也可在接到本公告之日起6个月内依法提起行政诉讼。在未获延续的评价范围内，已承接的环境影响报告书（表）需继续完成的，应在本公告发布之日起 15 日内，将有关情况连同编制委托合同等证明材料报我部审核。

行政审批大厅地址：北京市西城区西直门南小街115号（邮编：100035）

联系人：关睢

电话：（010）66556045

附件：建设项目环境影响评价资质审查结果（2016年第十批）

环境保护部

2016年5月25日

附件

# 建设项目环境影响评价资质审查结果

# （2016年第十批）

| 序号 | 机构名称 | 资质证书编号 | 申请事项 | 审查结果 |
|---|---|---|---|---|
| 1 | 吉林省汇众益环科技开发公司 | 国环评证甲字第1604号 | 环保系统环评机构脱钩、机构名称变更、住所变更、法定代表人变更 | 批准资质证书中的机构名称变更为自然人出资成立的吉林省正源环保科技有限公司。评价范围为交通运输环境影响报告书甲级类别；化工石化医药、冶金机电、采掘、社会服务环境影响报告书乙级类别和一般项目环境影响报告表类别。批准资质证书中的住所变更和法定代表人变更。资质有效期四年。<br>因相应类别环评工程师人数不足，不予批准轻工纺织化纤环境影响报告书乙级类别评价范围 |

| 序号 | 机构名称 | 资质证书编号 | 申请事项 | 审查结果 |
| --- | --- | --- | --- | --- |
| 2 | 上海市环境科学研究院 | 国环评证甲字第1801号 | 环保系统环评机构脱钩、机构名称变更、住所变更、法定代表人变更 | 批准资质证书中的机构名称变更为上海上实（集团）有限公司出资成立的上海环科环境评估咨询有限公司。评价范围为化工石化医药、冶金机电、建材火电、交通运输、社会服务环境影响报告书甲级类别；轻工纺织化纤环境影响报告书乙级类别和一般项目环境影响报告表类别。批准资质证书中的住所变更和法定代表人变更。资质有效期四年。<br>因相应类别环评工程师人数不足，不予批准农林水利环境影响报告书乙级类别评价范围 |
| 3 | 新疆天合环境技术咨询有限公司 | 国环评证甲字第4004号 | 环保系统环评机构脱钩 | 批准脱钩，整体划转至国有资产监督管理委员会。评价范围为建材火电、采掘、交通运输环境影响报告书甲级类别；轻工纺织化纤、化工石化医药、冶金机电环境影响报告书乙级类别和一般项目环境影响报告表类别。资质有效期四年 |
| 4 | 廊坊市绿杉环保技术服务有限公司 | 国环评证乙字第1222号 | 环保系统环评机构脱钩 | 批准脱钩，已完成股权变更至自然人。评价范围为化工石化医药、建材火电、社会服务环境影响报告书乙级类别和一般项目环境影响报告表类别。资质有效期四年。因相应类别环评工程师人数不足，不予批准轻工纺织化纤环境影响报告书乙级类别评价范围 |
| 5 | 邢台市环境科学研究院 | 国环评证乙字1223号 | 环保系统环评机构脱钩、机构名称变更、住所变更、法定代表人变更 | 批准资质证书中的机构名称变更为自然人出资成立的河北兴襄环保科技有限公司。评价范围为轻工纺织化纤、化工石化医药、冶金机电、社会服务环境影响报告书乙级类别和一般项目环境影响报告表类别。批准资质证书中的住所变更和法定代表人变更。资质有效期四年 |
| 6 | 无锡市智慧环保技术监测研究院有限公司 | 国环评证乙字第1902号 | 环保系统环评机构脱钩、法定代表人变更 | 批准脱钩，已完成股权变更至自然人。评价范围为化工石化医药、冶金机电、社会服务环境影响报告书乙级类别和一般项目环境影响报告表类别。批准资质证书中的法定代表人变更资质有效期四年 |
| 7 | 扬州市江都区环境保护科学研究所 | 国环评证乙字第1923号 | 环保系统环评机构脱钩、机构名称变更、住所变更、法定代表人变更 | 批准资质证书中的机构名称变更为扬州市鑫源产业投资集团有限公司（江都市国有资产管理所独资）出资成立的扬州市集美环境科技有限公司。评价范围为一般项目环境影响报告表类别。批准资质证书中的住所变更和法定代表人变更。资质有效期四年 |
| 8 | 丹阳市环境保护科技咨询服务中心 | 国环评证乙字第1943号 | 环保系统环评机构脱钩、机构名称变更、法定代表人变更 | 批准资质证书中的机构名称变更为自然人出资成立的丹阳市正德环保科技有限公司。评价范围为一般项目环境影响报告表类别。批准资质证书中的法定代表人变更资质有效期四年 |
| 9 | 常州市常武环境科技有限公司 | 国环评证乙字第1953号 | 环保系统环评机构脱钩、住所变更、法定代表人变更 | 批准脱钩，已完成股权变更至国资委。评价范围为一般项目环境影响报告表类别。批准资质证书中的住所变更和法定代表人变更。资质有效期四年 |
| 10 | 孝感市环境保护科学研究所 | 国环评证乙字第2623号 | 环保系统环评机构脱钩、机构名称变更、住所变更、法定代表人变更 | 批准资质证书中的机构名称变更为自然人出资成立的湖北孝环环境技术有限公司。评价范围为一般项目环境影响报告表类别。批准资质证书中的住所变更和法定代表人变更。资质有效期四年 |

| 序号 | 机构名称 | 资质证书编号 | 申请事项 | 审查结果 |
| --- | --- | --- | --- | --- |
| 11 | 湘西土家族苗族自治州环境保护科学研究所 | 国环评证乙字第 1068 号（原证书编号国环评证乙字第 2722 号） | 环保系统环评机构脱钩、机构名称变更、住所变更、法定代表人变更 | 批准资质证书中的机构名称变更为自然人出资成立的北京市华清佰利环保工程有限公司。评价范围为一般项目环境影响报告表类别。批准资质证书中的住所变更和法定代表人变更。资质有效期四年 |
| 12 | 三亚市环境科学研究所 | 国环评证乙字第 3004 号 | 环保系统环评机构脱钩、机构名称变更、住所变更、法定代表人变更 | 批准资质证书中的机构名称变更为自然人出资成立的海南深鸿亚环保科技有限公司。评价范围为一般项目环境影响报告表类别。批准资质证书中的住所变更和法定代表人变更。资质有效期四年 |
| 13 | 中国地质调查局西安地质调查中心 | 国环评证甲字第 3610 号 | 改制更名、住所变更、法定代表人变更 | 批准资质证书中的机构名称变更为西安中地环境科技有限公司。评价范围为化工石化医药、冶金机电、采掘、交通运输、社会服务环境影响报告书甲级类别；建材火电环境影响报告书乙级类别；一般项目和核与辐射项目环境影响报告表类别。批准资质证书中的住所变更和法定代表人变更。资质有效期四年 |
| 14 | 保山益兴环境科技咨询有限公司 | 国环评证乙字第 3419 号 | 机构名称变更、住所变更 | 批准资质证书中的机构名称变更为云南保兴环境科技咨询有限公司。批准资质证书中的住所变更 |
| 15 | 北京文华东方环境科技有限公司 | 国环评证乙字第 1055 号 | 调整评价范围 | 批准增加冶金机电环境影响报告书乙级类别和核与辐射项目环境影响报告表类别评价范围 |
| 16 | 河南可人科技有限公司 | 国环评证乙字第 2559 号 | 调整评价范围 | 批准增加农林水利、交通运输环境影响报告书乙级类别和核与辐射项目环境影响报告表类别评价范围 |
| 17 | 广州市思创环保工程有限公司 | 国环评证乙字第 2882 号 | 调整评价范围 | 批准增加化工石化医药、冶金机电环境影响报告书乙级类别评价范围 |
| 18 | 中国林业科学研究院森林生态环境与保护研究所 | 国环评证甲字第 1005 号 | 资质延续 | 批准资质延续（评价范围：轻工纺织化纤、农林水利环境影响报告书甲级类别；交通运输、社会服务、输变电及广电通信环境影响报告书乙级类别；一般项目和核与辐射项目环境影响报告表类别）。资质有效期至 2016 年 12 月 31 日 |
| 19 | 西北矿冶研究院 | 国环评证甲字第 3703 号 | 资质延续、法定代表人变更 | 批准资质延续（评价范围：冶金机电、采掘环境影响报告书甲级类别；化工石化医药环境影响报告书乙级类别和一般项目环境影响报告表类别）。批准资质证书中的法定代表人变更资质有效期至 2016 年 12 月 31 日 |
| 20 | 江西诚达工程咨询监理有限公司 | 国环评证乙字第 2323 号 | 资质延续 | 批准资质延续，评价范围为一般项目环境影响报告表类别。资质有效期至 2016 年 12 月 31 日 |
| 21 | 山西新科源环保科技有限公司 | 国环评证乙字第 1319 号 |  | 环评工程师人数不足，缩减输变电及广电通信环境影响报告书乙级类别评价范围 |

| 序号 | 机构名称 | 资质证书编号 | 申请事项 | 审查结果 |
|---|---|---|---|---|
| 22 | 甘肃省核与辐射安全中心 | 国环评证乙字第3714号 | 注销资质 | 批准注销资质 |
| 23 | 北京中油建设项目劳动安全卫生预评价有限公司 | 国环评证甲字第1025号 | 调整评价范围、住所变更、法定代表人变更 | 因未提交相应类别业绩，不予批准增加化工石化医药环境影响报告书乙级类别评价范围。批准资质证书中的住所变更和法定代表人变更 |

# 关于表彰中国生态文明奖先进集体和先进个人的公告

环境保护部公告　2016年第42号

党的十八大以来，北京林业大学林学院等19个集体认真贯彻党中央、国务院关于生态文明建设的决策部署，结合本地实际不断探索实践，大力推进生态文明建设，积极推动区域经济转型升级和生态环境质量改善提升，发挥了引领作用，具有典型示范意义；王海玉等33名个人长期工作在生态文明建设一线，认真履职尽责，把党中央、国务院关于生态文明建设的要求落到实处，勤于奉献、勇于担当，在不同的岗位上做出了显著成绩和突出贡献。

根据《中国生态文明奖评选表彰办法（暂行）》（环发〔2015〕69号），我部决定授予北京林业大学林学院等19个集体“中国生态文明奖先进集体”称号，授予王海玉等33名个人“中国生态文明奖先进个人”称号。

希望获得表彰的先进集体和先进个人充分发挥典型示范作用，珍惜荣誉，再接再厉，认真贯彻落实创新、协调、绿色、开放、共享新发展理念，为全面建成小康社会、建设美丽中国做出新的更大的贡献。

附件：中国生态文明奖先进集体和先进个人名单

环境保护部

2016年5月30日

附件

# 中国生态文明奖先进集体和先进个人名单

## 一、先进集体（19 个）

北京林业大学林学院
北京市延庆区环境保护局
中新天津生态城建设局
内蒙古自治区阿拉善沙漠世界地质公园管理局
江苏省张家港市生态文明建设工作领导小组
浙江省安吉县生态县建设工作领导小组
安徽省宁国市生态文明与环境保护委员会办公室
福建省长汀县生态县建设领导小组
福建省永春县生态县建设领导小组
山东省微山县环境保护局
河南省栾川县生态文明示范县建设工作指挥部办公室
武汉大学梁子湖湖泊生态系统国家野外科学观测研究站
湖南省长沙县生态文明建设办公室
广东省珠海市创建全国生态文明示范市领导小组办公室
四川省洪雅县生态文明建设委员会
贵州省遵义县枫香镇人民政府
云南省西双版纳州景洪市勐罕镇人民政府
陕西省西安浐灞生态区生态管理局
水利部水资源司水资源保护处

## 二、先进个人（33 名）

| | |
|---|---|
| 王海玉 | 北京市密云区密云水库联合执法队 |
| 张佩环（女） | 天津市北辰区引河里幼儿园 |
| 井学辉（女） | 河北省承德市环境保护局生态文明建设办公室 |
| 孙立新 | 辽宁蛇岛老铁山国家级自然保护区管理局 |
| 李金功 | 吉林省长白山自然保护管理中心保护科 |
| 贾茹君（女） | 黑龙江省鹤岗市萝北县环境保护局 |
| 冯伟忠 | 上海外高桥第三发电有限责任公司 |
| 陆　蓉（女） | 江苏省南京市江宁区 |
| 周　斌 | 江苏省常州市武进区 |

| | |
|---|---|
| 杜光旻 | 浙江省丽水市庆元县 |
| 忻　皓 | 浙江省绿色科技文化促进会 |
| 程卫华 | 安徽省岳西县环境保护局 |
| 张元明 | 福建省三明市泰宁县 |
| 查仲祥 | 江西省婺源县环境保护局 |
| 李洪法 | 山东泉林纸业有限责任公司 |
| 武维星 | 河南省郑州市环境保护局自然生态与农村环境管理处 |
| 余东岳 | 湖北省大冶市环境保护志愿者协会 |
| 周贵生 | 湖南省江华瑶族自治县环境保护局 |
| 欧阳云燕（女） | 广东省惠州市环境保护局生态保护科 |
| 黄　颖（女） | 广西壮族自治区环境保护厅自然生态与农村环境保护处 |
| 陶凤交（女） | 海南省昌江黎族自治县昌化镇昌化村 |
| 谈　赟（女） | 重庆市环境保护局生态环境保护处 |
| 周思源 | 四川省成都市锦江区 |
| 雷月琴（女） | 贵州省贵阳市生态文明基金会 |
| 杨金富 | 云南省昆明市石林彝族自治县阿乌村委会 |
| 周　坤（女，傣族） | 云南省西双版纳州勐海县环境保护局 |
| 普布丹巴（藏族） | 西藏自治区环境保护厅自然生态保护处 |
| 多　加（藏族） | 青海省玉树藏族自治州环境保护局 |
| 尹伟康 | 宁夏回族自治区银川市环境保护局 |
| 娜　仁（女，蒙古族） | 新疆维吾尔自治区克拉玛依市克拉玛依区环境保护局 |
| 王　玮 | 民政部一零一研究所 |
| 刘宏斌 | 中国农业科学院农业资源与农业区划研究所 |
| 陈允涛 | 中央电视台新闻中心 |

# 关于建设项目环境影响评价资质审查结果（2016年第十一批）的公告

环境保护部公告　2016年第43号

根据《建设项目环境影响评价资质管理办法》（环境保护部令　第36号）及相关文件的规定，我部对申请建设项目环境影响评价资质（以下简称资质）的相关机构进行了审查。现将审查结果（2016年第十一批）公告如下：

一、批准江苏智环科技有限公司等2家机构资质。

二、批准山西省交通环境保护中心站资质晋级。

三、批准河北省环境科学研究院等 19 家环保系统环评机构脱钩。其中，不予批准四川省环科院科技咨询有限责任公司等 4 家脱钩后机构部分评价范围。

四、批准中石化上海工程有限公司等 4 家机构调整评价范围。

五、批准山西清源环境咨询有限公司等 6 家机构资质延续。

六、批准中海油研究总院等 30 家机构资质证书中的住所变更或法定代表人变更。

七、批准宣城市环境保护科学研究所等 2 家机构注销资质。

八、不予批准重庆金丰环境监测治理有限公司资质。

审查结果的具体情况详见附件。第一至六项中的机构请于 60 日内携带单位证明，到我部行政审批大厅领取资质证书，其中第二至六项中的机构应在领取资质证书时携带原资质证书正、副本原件；第七项中的机构请于 10 日内将原资质证书正、副本原件寄回我部行政审批大厅。自本公告发布之日起，第二至七项中的机构原资质证书正、副本原件同时作废。

上述机构如不服本公告决定的，可在接到本公告之日起 60 日内向我部申请行政复议，也可在接到本公告之日起 6 个月内依法提起行政诉讼。在未获延续的评价范围内，已承接的环境影响报告书（表）需继续完成的，应在本公告发布之日起 15 日内，将有关情况连同编制委托合同等证明材料报我部审核。

行政审批大厅地址：北京市西城区西直门南小街 115 号（邮编：100035）

联系人：关睢

电话：（010）66556045

附件：建设项目环境影响评价资质审查结果（2016 年第十一批）

环境保护部

2016 年 5 月 31 日

**附件**

# 建设项目环境影响评价资质审查结果

# （2016 年第十一批）

| 序号 | 机构名称 | 资质证书编号 | 申请事项 | 审查结果 |
|---|---|---|---|---|
| 1 | 江苏智环科技有限公司 | 国环评证乙字第 1996 号 | 首次申请 | 批准乙级资质。评价范围为化工石化医药、冶金机电环境影响报告书乙级类别和一般项目环境影响报告表类别。资质有效期自本公告发布之日起四年 |
| 2 | 武汉华咨同惠科技有限公司 | 国环评证乙字第 2645 号 | 首次申请 | 批准乙级资质。评价范围为一般项目环境影响报告表类别。资质有效期自本公告发布之日起四年 |
| 3 | 山西省交通环境保护中心站 | 国环评证甲字第 1305 号（原证书编号国环评证乙字第 1329 号） | 改制更名、资质晋级、调整评价范围、住所变更 | 批准资质证书中的机构名称变更为山西省交通环境保护中心站（有限公司）。批准资质晋级和增加社会服务环境影响报告书乙级类别评价范围。评价范围为交通运输环境影响报告书甲级类别；社会服务环境影响报告书乙级类别和一般项目环境影响报告表类别。批准资质证书中的住所变更。资质有效期自本公告发布之日起四年 |

| 序号 | 机构名称 | 资质证书编号 | 申请事项 | 审查结果 |
|---|---|---|---|---|
| 4 | 河北省环境科学研究院 | 国环评证甲字第 1203 号 | 环保系统环评机构脱钩、机构名称变更、住所变更、法定代表人变更 | 批准资质证书中的机构名称变更为自然人出资成立的河北正润环境科技有限公司。评价范围为轻工纺织化纤、化工石化医药、冶金机电、建材火电、交通运输、社会服务环境影响报告书甲级类别和一般项目环境影响报告表类别。批准资质证书中的住所变更和法定代表人变更。资质有效期自本公告发布之日起四年 |
| 5 | 黑龙江兴业环保科技有限公司 | 国环评证甲字第 1703 号 | 环保系统环评机构脱钩 | 批准脱钩，已完成股权变更至自然人。评价范围为建材火电、交通运输、社会服务环境影响报告书甲级类别；化工石化医药、采掘环境影响报告书乙级类别和一般项目环境影响报告表类别。资质有效期自本公告发布之日起四年 |
| 6 | 福建省环境科学研究院 | 国环评证甲字第 2202 号 | 环保系统环评机构脱钩、机构名称变更、住所变更、法定代表人变更 | 批准资质证书中的机构名称变更为福建省政府国资委下属的福建省轻纺（控股）有限责任公司出资成立的福建省金皇环保科技有限公司。评价范围为建材火电、交通运输环境影响报告书甲级类别；轻工纺织化纤、化工石化医药、冶金机电、社会服务、海洋工程环境影响报告书乙级类别；一般项目和核与辐射项目环境影响报告表类别。批准资质证书中的住所变更和法定代表人变更。资质有效期自本公告发布之日起四年 |
| 7 | 广西环科院环保有限公司 | 国环评证甲字第 2902 号 | 环保系统环评机构脱钩、机构名称变更、住所变更、法定代表人变更 | 批准资质证书中的机构名称变更为广西博世科环保科技股份有限公司和自然人共同出资成立的广西博环环境咨询服务有限公司。评价范围为冶金机电、建材火电、农林水利、交通运输、社会服务环境影响报告书甲级类别；轻工纺织化纤、化工石化医药环境影响报告书乙级类别和一般项目环境影响报告表类别。批准资质证书中的住所变更和法定代表人变更。资质有效期自本公告发布之日起四年 |
| 8 | 四川省环科院科技咨询有限责任公司 | 国环评证甲字第 3205 号 | 环保系统环评机构脱钩、机构名称变更、住所变更、法定代表人变更 | 批准资质证书中的机构名称变更为自然人出资成立的四川省环科源科技有限公司。评价范围为轻工纺织化纤、化工石化医药、冶金机电、建材火电、农林水利环境影响报告书甲级类别；采掘、交通运输、社会服务环境影响报告书乙级类别和一般项目环境影响报告表类别。批准资质证书中的住所变更和法定代表人变更。资质有效期自本公告发布之日起四年。<br>因相应类别环评工程师人数不足，不予批准社会服务环境影响报告书甲级类别评价范围 |

| 序号 | 机构名称 | 资质证书编号 | 申请事项 | 审查结果 |
| --- | --- | --- | --- | --- |
| 9 | 贵州省环境科学研究设计院 | 国环评证甲字第 3302 号 | 环保系统环评机构脱钩、机构名称变更、住所变更、法定代表人变更 | 批准资质证书中的机构名称变更为贵州环科环保咨询有限公司和中节能中咨环境投资管理有限公司共同出资成立的贵州中咨环科科技有限公司。评价范围为化工石化医药、建材火电环境影响报告书甲级类别；轻工纺织化纤、农林水利环境影响报告书乙级类别和一般项目环境影响报告表类别。批准资质证书中的住所变更和法定代表人变更。资质有效期自本公告发布之日起四年。<br>因相应类别环评工程师人数不足，不予批准轻工纺织化纤环境影响报告书甲级类别；冶金机电、采掘、交通运输、社会服务、输变电及广电通信环境影响报告书乙级类别和核与辐射项目环境影响报告表类别评价范围 |
| 10 | 沧州市环境保护科学研究院 | 国环评证乙字第 1218 号 | 环保系统环评机构脱钩、机构名称变更、住所变更、法定代表人变更 | 批准资质证书中的机构名称变更为自然人出资成立的河北欣众环保科技有限公司。评价范围为轻工纺织化纤、化工石化医药、社会服务环境影响报告书乙级类别和一般项目环境影响报告表类别。批准资质证书中的住所变更和法定代表人变更。资质有效期自本公告发布之日起四年 |
| 11 | 唐山市环境保护研究所 | 国环评证乙字第 1219 号 | 环保系统环评机构脱钩、机构名称变更、住所变更、法定代表人变更（申请评价范围：一般项目环境影响报告表类别） | 批准资质证书中的机构名称变更为唐山曹妃甸发展投资集团有限公司、曹妃甸港集团有限公司、北京联合智业控股有限公司共同出资成立的唐山曹妃甸协同发展研究院有限公司。评价范围为一般项目环境影响报告表类别。批准资质证书中的住所变更和法定代表人变更。资质有效期自本公告发布之日起四年 |
| 12 | 衡水市环境科学研究院 | 国环评证乙字第 1220 号 | 环保系统环评机构脱钩、机构名称变更、住所变更、法定代表人变更 | 批准资质证书中的机构名称变更为自然人出资成立的衡水江成环保科技开发有限公司。评价范围为一般项目环境影响报告表类别。批准资质证书中的住所变更和法定代表人变更。资质有效期自本公告发布之日起四年。<br>因相应类别环评工程师人数不足，不予批准轻工纺织化纤、社会服务环境影响报告书乙级类别评价范围 |
| 13 | 保定市清澜环保技术咨询有限公司 | 国环评证乙字第 1226 号 | 环保系统环评机构脱钩、机构名称变更、住所变更、法定代表人变更 | 批准资质证书中的机构名称变更为自然人出资成立的保定市新澜环保技术咨询有限公司。评价范围为轻工纺织化纤、化工石化医药、交通运输、社会服务环境影响报告书乙级类别和一般项目环境影响报告表类别。批准资质证书中的住所变更和法定代表人变更。资质有效期自本公告发布之日起四年 |
| 14 | 亳州市环境保护科学研究所 | 国环评证乙字第 2126 号 | 环保系统环评机构脱钩、机构名称变更 | 批准资质证书中的机构名称变更为自然人出资成立的亳州市中环环境科技有限责任公司。评价范围为一般项目环境影响报告表类别。资质有效期自本公告发布之日起四年 |

| 序号 | 机构名称 | 资质证书编号 | 申请事项 | 审查结果 |
|---|---|---|---|---|
| 15 | 滨州市环境保护科学技术研究所 | 国环评证乙字第2409号 | 环保系统环评机构脱钩、机构名称变更、住所变更、法定代表人变更 | 批准资质证书中的机构名称变更为自然人出资成立的滨州市恒标环境咨询有限公司。评价范围为轻工纺织化纤、化工石化医药环境影响报告书乙级类别和一般项目环境影响报告表类别。批准资质证书中的住所变更和法定代表人变更。资质有效期自本公告发布之日起四年 |
| 16 | 聊城市环境科学工程设计院 | 国环评证乙字第2440号 | 环保系统环评机构脱钩、机构名称变更、住所变更、法定代表人变更 | 批准资质证书中的机构名称变更为自然人出资成立的聊城市环境科学工程设计院有限公司。评价范围为轻工纺织化纤、化工石化医药、冶金机电、建材火电、社会服务环境影响报告书乙级类别；一般项目和核与辐射项目环境影响报告表类别。批准资质证书中的住所变更和法定代表人变更。资质有效期自本公告发布之日起四年 |
| 17 | 长沙环境保护职业技术学院 | 国环评证乙字第2708号 | 环保系统环评机构脱钩、机构名称变更、住所变更、法定代表人变更 | 批准资质证书中的机构名称变更为自然人出资成立的湖南天瑶环境技术有限公司。评价范围为冶金机电、农林水利、采掘、交通运输、社会服务环境影响报告书乙级类别和一般项目环境影响报告表类别。批准资质证书中的住所变更和法定代表人变更。资质有效期自本公告发布之日起四年。因相应类别环评工程师人数不足，不予批准轻工纺织化纤、化工石化医药、建材火电环境影响报告书乙级类别评价范围 |
| 18 | 肇庆市环境科学研究所 | 国环评证乙字第2817号 | 环保系统环评机构脱钩、机构名称变更、住所变更、法定代表人变更 | 批准资质证书中的机构名称变更为自然人出资成立的肇庆市环科所环境科技有限公司。评价范围为轻工纺织化纤、冶金机电、社会服务环境影响报告书乙级类别和一般项目环境影响报告表类别。批准资质证书中的住所变更和法定代表人变更。资质有效期自本公告发布之日起四年 |
| 19 | 广东省环境科学研究院 | 国环评证乙字第2836号 | 环保系统环评机构脱钩、机构名称变更、住所变更 | 批准资质证书中的机构名称变更为自然人出资成立的广东智环创新环境技术研究有限公司。评价范围为轻工纺织化纤、化工石化医药、冶金机电、建材火电、交通运输、社会服务、输变电及广电通信、核工业环境影响报告书乙级类别；一般项目和核与辐射项目环境影响报告表类别。批准资质证书中的住所变更。资质有效期自本公告发布之日起四年 |
| 20 | 博罗县环境科学研究所 | 国环评证乙字第2839号 | 环保系统环评机构脱钩、机构名称变更、住所变更、法定代表人变更 | 批准资质证书中的机构名称变更为自然人出资成立的广东常绿环保科技有限公司。评价范围为一般项目环境影响报告表类别。批准资质证书中的住所变更和法定代表人变更。资质有效期自本公告发布之日起四年 |
| 21 | 重庆市固体废物管理服务中心 | 国环评证乙字第3130号 | 环保系统环评机构脱钩、机构名称变更、住所变更、法定代表人变更 | 批准资质证书中的机构名称变更为自然人出资成立的重庆集能环保技术咨询服务有限公司。评价范围为一般项目环境影响报告表类别。批准资质证书中的住所变更和法定代表人变更。资质有效期自本公告发布之日起四年 |

| 序号 | 机构名称 | 资质证书编号 | 申请事项 | 审查结果 |
|---|---|---|---|---|
| 22 | 四川省辐射环境评价治理有限责任公司 | 国环评证乙字第 3223 号 | 环保系统环评机构脱钩、机构名称变更、住所变更、法定代表人变更 | 批准资质证书中的机构名称变更为自然人出资成立的四川省中栎环保科技有限公司。评价范围为一般项目和核与辐射项目环境影响报告表类别。批准资质证书中的住所变更和法定代表人变更。资质有效期自本公告发布之日起四年 |
| 23 | 中石化上海工程有限公司 | 国环评证甲字第 1814 号 | 调整评价范围、资质延续 | 批准化工石化医药环境影响报告书乙级类别调整为甲级类别。批准资质延续，评价范围为化工石化医药环境影响报告书甲级类别；社会服务环境影响报告书乙级类别和一般项目环境影响报告表类别。资质有效期自本公告发布之日起四年。因相应类别环评工程师人数不足，不予批准社会服务环境影响报告书甲级类别评价范围 |
| 24 | 北京中地泓科环境科技有限公司 | 国环评证乙字第 1062 号 | 调整评价范围 | 批准增加采掘、社会服务环境影响报告书乙级类别评价范围 |
| 25 | 济南博瑞达环保科技有限公司 | 国环评证乙字第 2466 号 | 调整评价范围、资质延续 | 批准增加社会服务环境影响报告书乙级类别评价范围。批准资质延续，评价范围为轻工纺织化纤、化工石化医药环境影响报告书乙级类别；一般项目和核与辐射项目环境影响报告表类别。资质有效期自本公告发布之日起四年 |
| 26 | 新疆鑫旺德盛土地环境工程有限公司 | 国环评证乙字第 4021 号 | 调整评价范围 | 批准增加农林水利环境影响报告书乙级类别评价范围 |
| 27 | 山西清源环境咨询有限公司 | 国环评证乙字第 1331 号 | 资质延续 | 批准资质延续，评价范围为轻工纺织化纤、化工石化医药、冶金机电、采掘、交通运输、社会服务环境影响报告书乙级类别和一般项目环境影响报告表类别。资质有效期自本公告发布之日起至 2016 年 12 月 31 日 |
| 28 | 福建通和环境保护有限公司 | 国环评证乙字第 2220 号 | 资质延续 | 批准资质延续，评价范围为一般项目环境影响报告表类别。资质有效期自本公告发布之日起至 2016 年 12 月 31 日 |
| 29 | 福建海洋规划设计院有限公司 | 国环评证乙字第 2229 号 | 资质延续 | 批准资质延续，评价范围为一般项目环境影响报告表类别。资质有效期自本公告发布之日起至 2016 年 12 月 31 日 |
| 30 | 湖北天泰环保工程有限公司 | 国环评证乙字第 2637 号 | 资质延续 | 批准资质延续，评价范围为冶金机电、社会服务环境影响报告书乙级类别和一般项目环境影响报告表类别。资质有效期自本公告发布之日起至 2016 年 12 月 31 日 |
| 31 | 中海油研究总院 | 国环评证甲字第 1031 号 | 法定代表人变更 | 批准资质证书中的法定代表人变更 |
| 32 | 天津市咏庆环境工程技术咨询有限公司 | 国环评证乙字第 1116 号 | 法定代表人变更 | 批准资质证书中的法定代表人变更 |

| 序号 | 机构名称 | 资质证书编号 | 申请事项 | 审查结果 |
|---|---|---|---|---|
| 33 | 长春市威宇环保科技咨询有限公司 | 国环评证乙字第1632号 | 住所变更 | 批准资质证书中的住所变更 |
| 34 | 华东理工大学 | 国环评证乙字第1817号 | 法定代表人变更 | 批准资质证书中的法定代表人变更 |
| 35 | 浙江竟成环境咨询有限公司 | 国环评证乙字第2052号 | 住所变更 | 批准资质证书中的住所变更 |
| 36 | 青岛华益环保科技有限公司 | 国环评证乙字第2414号 | 法定代表人变更 | 批准资质证书中的法定代表人变更 |
| 37 | 青岛理工大学 | 国环评证乙字第2415号 | 法定代表人变更 | 批准资质证书中的法定代表人变更 |
| 38 | 长沙市玺成工程技术咨询有限责任公司 | 国环评证乙字第2736号 | 法定代表人变更 | 批准资质证书中的法定代表人变更 |
| 39 | 云南省建筑材料科学研究设计院 | 国环评证乙字第3407号 | 法定代表人变更 | 批准资质证书中的法定代表人变更 |
| 40 | 昆明理工大学 | 国环评证乙字第3433号 | 法定代表人变更 | 批准资质证书中的法定代表人变更 |
| 41 | 兰州环科环境评价有限公司 | 国环评证乙字第3704号 | 法定代表人变更 | 批准资质证书中的法定代表人变更 |
| 42 | 宣城市环境保护科学研究所 | 国环评证乙字第2125号 | 注销资质 | 批准注销资质 |
| 43 | 新疆维吾尔自治区辐射环境监督站 | 国环评证乙字第4010号 | 注销资质 | 批准注销资质 |
| 44 | 重庆金丰环境监测治理有限公司 | | 首次申请 | 因现场检查时，环评工程师均未能到现场，无法核实其专职情况，不予批准资质 |

# 关于发布“十三五”期间水质需改善控制单元信息清单的公告

环境保护部公告　2016年第44号

为贯彻落实《水污染防治行动计划》有关要求，强化水环境质量目标管理，我部根据2014年考核断面水质年均值数据，汇总整理了“十三五”期间水质需改善控制单元信息清单，现予以公布。

请“十三五”期间水质需改善控制单元涉及的有关地方政府抓紧制定达标方案，将治污任务逐一落实到汇水范围内的排污单位，明确防治措施及达标时限，加大水污染管控工作力度，确保水质按期达到目标要求。同时请新闻媒体和社会各界予以监督。

特此公告。

联系方式：（010）66556263

附件：“十三五”期间水质需改善控制单元信息清单

环境保护部

2016 年 6 月 8 日

**附件**

## “十三五”期间水质需改善控制单元信息清单

| 省份名称 | 流域 | 控制单元 | 水体 | 控制断面名称 | 2014 年水质现状 | 2020 年水质目标 | 控制范围 | 达标年限 | 首要超标因子及倍数 |
|---|---|---|---|---|---|---|---|---|---|
| 北京市 | 海河流域 | 坝河下段北京市控制单元 | 坝河下段 | 沙窝 | 劣Ⅴ | 氨氮≤2.5mg/L，其他指标为Ⅴ类 | 市辖区：朝阳区，东城区 | 2020 | 氨氮（1.88） |
| | | 北运河北京市控制单元 | 北运河 | 王家摆 | 劣Ⅴ | 氨氮≤4mg/L，其他指标为Ⅴ类 | 市辖区：昌平区，朝阳区，大兴区，顺义区，通州区 | 2020 | 总磷（2.79） |
| | | | 凤港减河 | 老夏安公路 | 劣Ⅴ | 氨氮≤6mg/L，其他指标为Ⅴ类 | | 2020 | 总磷（2.9） |
| | | | 凤港引渠 | 秦营扬水站 | 劣Ⅴ | 氨氮≤6mg/L，其他指标为Ⅴ类 | | 2020 | 高锰酸盐指数（4.31） |
| | | 潮白河通州区控制单元 | 潮白河 | 吴村 | 劣Ⅴ | Ⅴ | 市辖区：通州区 | 2019 | 氨氮（3.3） |
| | | 潮白河下段北京市控制单元 | 潮白河下段 | 苏庄 | 劣Ⅴ | Ⅴ | 市辖区：怀柔区，密云区，顺义区 | 2019 | |
| | | 大石河北京市控制单元 | 大石河 | 码头 | 劣Ⅴ | Ⅴ | 市辖区：房山区，丰台区，门头沟区 | 2018 | 氨氮（5.14） |
| | | 泃河下段北京市控制单元 | 泃河下段 | 东店 | 劣Ⅴ | Ⅴ | 市辖区：密云区，平谷区，顺义区 | 2016 | 总磷（0.04） |

| 省份名称 | 流域 | 控制单元 | 水体 | 控制断面名称 | 2014 年水质现状 | 2020 年水质目标 | 控制范围 | 达标年限 | 首要超标因子及倍数 |
|---|---|---|---|---|---|---|---|---|---|
| 北京市 | 海河流域 | 妫水河下段北京市控制单元 | 妫水河下段 | 谷家营 | Ⅴ | Ⅳ | 市辖区：延庆区 | 2019 | |
| | | 凉水河上段北京市控制单元 | 凉水河上段 | 大红门闸上 | 劣Ⅴ | 氨氮≤2.5mg/L，其他指标为Ⅴ类 | 市辖区：丰台区，石景山区 | 2019 | |
| | | 龙河北京市控制单元 | 龙河 | 三小营 | 劣Ⅴ | Ⅴ | 市辖区：大兴区 | 2020 | 总磷（6.19） |
| | | 清河下段北京市控制单元 | 清河下段 | 沙子营 | 劣Ⅴ | Ⅴ | 市辖区：昌平区，朝阳区，海淀区 | 2017 | 氨氮（7.53） |
| | | 通惠河下段北京市控制单元 | 通惠河下段 | 新八里桥 | 劣Ⅴ | 氨氮≤2.5mg/L，其他指标为Ⅴ类 | 市辖区：朝阳区，东城区，丰台区 | 2019 | 阴离子表面活性剂（2.01） |
| | | 永定河平原段北京市 | 永定河平原段 | 南大荒桥 | 劣Ⅴ | 氨氮≤2.5mg/L，其他指标为Ⅴ类 | 市辖区：门头沟区，石景山区 | 2020 | 化学需氧量（0.18） |
| | | 控制单元 | 永定河山峡段 | 沿河城 | Ⅱ | Ⅱ | | 2016 | |
| | | 永引下段北京市控制单元 | 永引下段 | 广北滨河路（桥） | Ⅴ | Ⅳ | 市辖区：丰台区，海淀区，石景山区，西城区 | 2020 | |
| 天津市 | 海河流域 | 北排水河天津市控制单元 | 北排水河 | 北排水河防潮闸 | 劣Ⅴ | COD≤60mg/L，其他指标为Ⅴ类 | 市辖区：滨海新区 | 2020 | 氨氮（0.46） |
| | | 北运河天津市控制单元 | 北运河 | 北洋桥 | 劣Ⅴ | Ⅴ | 市辖区：北辰区，河北区，红桥区 | 2018 | |
| | | 沧浪渠天津市控制单元 | 沧浪渠 | 沧浪渠出境 | 劣Ⅴ | COD≤50mg/L，其他指标为Ⅴ类 | 市辖区：滨海新区 | 2020 | 化学需氧量（0.53） |
| | | 潮白新河天津市控制单元 | 潮白新河 | 黄白桥 | 劣Ⅴ | 总磷≤0.5mg/L，其他指标为Ⅴ类 | 市辖区：宝坻区 | 2020 | 氨氮（0.23） |

| 省份名称 | 流域 | 控制单元 | 水体 | 控制断面名称 | 2014年水质现状 | 2020年水质目标 | 控制范围 | 达标年限 | 首要超标因子及倍数 |
|---|---|---|---|---|---|---|---|---|---|
| 天津市 | 海河流域 | 独流减河天津市控制单元 | 独流减河 | 万家码头 | 劣V | COD≤60mg/L，其他指标为V类 | 市辖区：静海区，武清区，西青区 | 2020 | 氟化物（0.17） |
| | | 海河天津市海河大闸控制单元 | 海河 | 海河大闸 | 劣V | COD≤50mg/L，氨氮≤2.5mg/L，其他指标为V类 | 市辖区：滨海新区，东丽区，津南区 | 2020 | 总磷（0.17） |
| | | 洪泥河天津市控制单元 | 洪泥河 | 生产圈闸 | 劣V | 氨氮≤2.5mg/L，其他指标为V类 | 市辖区：东丽区，津南区 | 2020 | 化学需氧量（0.18） |
| | | 蓟运河天津市控制单元 | 蓟运河 | 蓟运河防潮闸 | 劣V | 氨氮≤3mg/L，其他指标为V类 | 市辖区：宝坻区，滨海新区，宁河区 | 2020 | 总磷（0.63） |
| | | 南运河天津市控制单元 | 南运河 | 井冈山桥 | 劣V | V | 市辖区：红桥区，南开区 | 2016 | |
| | | 青静黄排水渠天津市控制单元 | 青静黄排水渠 | 青静黄防潮闸 | 劣V | COD≤50mg/L，其他指标为V类 | 市辖区：滨海新区，静海区 | 2020 | 化学需氧量（0.23） |
| | | 永定新河天津市控制单元 | 永定新河 | 塘汉公路桥 | 劣V | 氨氮≤5mg/L，其他指标为V类 | 市辖区：北辰区，滨海新区，东丽区，宁河区，武清区 | 2020 | 氨氮（0.49） |
| | | 州河天津市控制单元 | 州河 | 西屯桥 | 劣V | V | 县：蓟县 | 2020 | 氨氮（1.17） |
| | | 子牙新河天津市控制单元 | 子牙新河 | 马棚口防潮闸 | 劣V | 氨氮≤8mg/L，其他指标为V类 | 市辖区：滨海新区 | 2020 | 化学需氧量（0.74） |
| 河北省 | 海河流域 | 白洋淀保定市光淀张庄控制单元 | 白洋淀 | 采蒲台<br>圈头<br>烧车淀<br>光淀张庄 | IV | III | 保定市：安国市，安新县，博野县，定兴县，高碑店市，蠡县，满城区，清苑区，曲阳县，容城县，顺平县，望都县，雄县，徐水区，易县，涿州市 | 2020 | 化学需氧量（0.65） |
| | | 白洋淀保定市南刘庄控制单元 | 白洋淀 | 南刘庄 | 劣V | V | 保定市：安新县，定州市，阜平县，高阳县，唐县；石家庄市：行唐县，新乐市 | 2018 | 氨氮（5.81） |

| 省份名称 | 流域 | 控制单元 | 水体 | 控制断面名称 | 2014年水质现状 | 2020年水质目标 | 控制范围 | 达标年限 | 首要超标因子及倍数 |
|---|---|---|---|---|---|---|---|---|---|
| 河北省 | 海河流域 | 北排河沧州市控制单元 | 北排河 | 齐家务 | 劣Ⅴ | Ⅴ | 沧州市：沧县，河间市，黄骅市，青县，献县，新华区，运河区 | 2020 | 化学需氧量（1.58） |
| | | | 沧浪渠 | 翟庄子 | 劣Ⅴ | COD≤50mg/L，其他指标为Ⅴ类 | | 2020 | 阴离子表面活性剂（0.46） |
| | | | 子牙新河 | 阎辛庄 | 劣Ⅴ | 氨氮≤8mg/L，其他指标为Ⅴ类 | | 2020 | 化学需氧量（1.51） |
| | | 北运河廊坊市控制单元 | 北运河 | 土门楼 | 劣Ⅴ | 氨氮≤4mg/L，其他指标为Ⅴ类 | 廊坊市：香河县 | 2019 | 总磷（2.66） |
| | | 潮白河廊坊市大套桥控制单元 | 潮白河 | 大套桥 | 劣Ⅴ | Ⅴ | 廊坊市：大厂回族自治县，三河市，香河县 | 2019 | 氨氮（1.73） |
| | | 潮白河廊坊市吴村控制单元 | 潮白河 | 吴村 | 劣Ⅴ | Ⅴ | 廊坊市：大厂回族自治县，三河市，香河县 | 2019 | 氨氮（3.3） |
| | | 大清河廊坊市控制单元 | 大清河 | 台头 | 劣Ⅴ | Ⅴ | 保定市：高碑店市，雄县，涿州市；沧州市：河间市，任丘市，肃宁县；廊坊市：安次区，霸州市，固安县，文安县，永清县 | 2017 | 化学需氧量（0.54） |
| | | 戴河秦皇岛市控制单元 | 戴河 | 戴河口 | Ⅳ | Ⅲ | 秦皇岛市：北戴河区，抚宁区，抚宁区，秦皇岛经济技术开发区 | 2019 | 化学需氧量（0.06） |
| | | 陡河唐山市控制单元 | 陡河 | 涧河口 | Ⅴ | Ⅳ | 唐山市：曹妃甸区，丰南区，丰润区，高新区，古冶区，开平区，路北区，路南区，滦南县，滦县，迁安市 | 2017 | 化学需氧量（0.12） |
| | | 府河保定市控制单元 | 府河 | 安州 | 劣Ⅴ | 氨氮≤5mg/L，其他指标为Ⅴ类 | 保定市：竞秀区，莲池区，满城区，清苑区 | 2019 | 总磷（3.53） |
| | | | 府河 | 焦庄 | 劣Ⅴ | 氨氮≤5mg/L，其他指标为Ⅴ类 | | 2018 | 总磷（2.38） |

| 省份名称 | 流域 | 控制单元 | 水体 | 控制断面名称 | 2014 年水质现状 | 2020 年水质目标 | 控制范围 | 达标年限 | 首要超标因子及倍数 |
|---|---|---|---|---|---|---|---|---|---|
| 河北省 | 海河流域 | 滏阳河衡水市控制单元 | 滏阳河 | 小范桥 | 劣Ⅴ | 氨氮≤8mg/L，其他指标为Ⅴ类 | 衡水市：冀州市，深州市，桃城区，武强县，武邑县 | 2016 | |
| | | 滏阳河邢台市控制单元 | 滏阳河 | 艾辛庄 | 劣Ⅴ | 氨氮≤8mg/L，其他指标为Ⅴ类 | 邯郸市：鸡泽县，曲周县；<br>衡水市：桃城区；<br>石家庄市：高邑县，元氏县，赞皇县，赵县；<br>邢台市：柏乡县，广宗县，巨鹿县，临城县，隆尧县，南宫市，南和县，内丘县，宁晋县，平乡县，任县，新河县，邢台县 | 2019 | 总磷（3.19） |
| | | 泃河廊坊市控制单元 | 泃河 | 三河东大桥 | 劣Ⅴ | Ⅴ | 廊坊市：三河市 | 2018 | 总磷（3.68） |
| | | 还乡河唐山市控制单元 | 还乡河 | 丰北闸 | 劣Ⅴ | Ⅴ | 唐山市：丰润区，迁西县，玉田县，遵化市 | 2017 | 氨氮（0.56） |
| | | 滹沱河衡水市控制单元 | 滹沱河 | 临河富庄桥 | 劣Ⅴ | 氨氮≤8mg/L，其他指标为Ⅴ类 | 衡水市：安平县，饶阳县 | 2017 | |
| | | 滹沱河石家庄市枣营控制单元 | 滹沱河 | 枣营 | 劣Ⅴ | 氨氮≤8mg/L，其他指标为Ⅴ类 | 石家庄市：藁城市，晋州市，灵寿县，鹿泉市，平山县，深泽县，无极县，辛集市，正定县，正定新区 | 2017 | 生化需氧量（9.53） |
| | | 江江河衡水市控制单元 | 江江河 | 张帆庄 | 劣Ⅴ | 氨氮≤8mg/L，其他指标为Ⅴ类 | 沧州市：泊头市；<br>衡水市：阜城县，故城县，景县 | 2019 | |
| | | 柳河承德市26#大桥控制单元 | 柳河 | 26#大桥 | Ⅳ | Ⅲ | 承德市：兴隆县 | 2016 | 生化需氧量（0.02） |
| | | 龙河廊坊市控制单元 | 龙河 | 大王务 | 劣Ⅴ | Ⅴ | 廊坊市：安次区，广阳区，永清县 | 2020 | 总磷（1.41） |
| | | 滦河承德市上板城大桥控制单元 | 滦河 | 上板城大桥 | Ⅳ | Ⅲ | 承德市：承德县，双桥区 | 2018 | 氨氮（0.4） |

| 省份名称 | 流域 | 控制单元 | 水体 | 控制断面名称 | 2014 年水质现状 | 2020 年水质目标 | 控制范围 | 达标年限 | 首要超标因子及倍数 |
|---|---|---|---|---|---|---|---|---|---|
| 河北省 | 海河流域 | 马颊河邯郸市控制单元 | 马颊河 | 冢北桥 | 劣Ⅴ | Ⅴ | 邯郸市：大名县 | 2019 | |
| | | 洺河邯郸市控制单元 | 洺河 | 沙阳 | 劣Ⅴ | 氨氮≤8mg/L，其他指标为Ⅴ类 | 邯郸市：鸡泽县，涉县，武安市，永年县；邢台市：南和县，沙河市 | 2018 | |
| | | 南排河沧州市控制单元 | 南排河 | 李家堡一 | 劣Ⅴ | COD≤50mg/L，其他指标为Ⅴ类 | 沧州市：泊头市，沧县，黄骅市，南皮县，运河区 | 2020 | 氨氮（2.12） |
| | | 牛尾河邢台市控制单元 | 牛尾河 | 后西吴桥 | 劣Ⅴ | 氨氮≤8mg/L，其他指标为Ⅴ类 | 邢台市：南和县，内丘县，桥东区，桥西区，任县，沙河市，邢台县 | 2018 | 总磷（3.92） |
| | | 瀑河承德市党坝控制单元 | 瀑河 | 党坝 | Ⅳ | Ⅲ | 承德市：平泉县 | 2018 | 氨氮（0.04） |
| | | 青静黄排水渠沧州市控制单元 | 青静黄排水渠 | 团瓢桥 | 劣Ⅴ | COD≤50mg/L，其他指标为Ⅴ类 | 沧州市：青县 | 2017 | 化学需氧量（0.96） |
| | | 清凉江衡水市控制单元 | 清凉江 | 连村闸 | 劣Ⅴ | 氨氮≤8mg/L，其他指标为Ⅴ类 | 邯郸市：广平县，邱县，曲周县；衡水市：阜城县，故城县，冀州市，景县，武邑县，枣强县；邢台市：临西县，南宫市，清河县，威县 | 2016 | |
| | | 卫运河邯郸市控制单元 | 卫运河 | 秤勾湾 | 劣Ⅴ | Ⅴ | 邯郸市：成安县，大名县，馆陶县，临漳县，魏县；邢台市：临西县 | 2019 | 氨氮（0.71） |
| | | 卫运河邢台市控制单元 | 卫运河 | 油坊桥 | 劣Ⅴ | Ⅴ | 邯郸市：馆陶县；邢台市：临西县，清河县 | 2020 | 氨氮（0.51） |
| | | 洨河石家庄市控制单元 | 洨河 | 大石桥 | 劣Ⅴ | 氨氮≤8mg/L，其他指标为Ⅴ类 | 石家庄市：鹿泉市，栾城区，元氏县，赵县 | 2018 | 总磷（2.07） |

| 省份名称 | 流域 | 控制单元 | 水体 | 控制断面名称 | 2014年水质现状 | 2020年水质目标 | 控制范围 | 达标年限 | 首要超标因子及倍数 |
|---|---|---|---|---|---|---|---|---|---|
| 河北省 | 海河流域 | 宣惠河沧州市控制单元 | 宣惠河 | 大口河口 | 劣Ⅴ | COD≤50mg/L，其他指标为Ⅴ类 | 沧州市：东光县，海兴县，黄骅市，孟村回族自治县，南皮县，吴桥县，盐山县 | 2020 | 高锰酸盐指数（0.25） |
| | | 洋河张家口市八号桥控制单元 | 洋河 | 八号桥 | Ⅳ | Ⅲ | 张家口市：崇礼县，怀来县，桥东区，桥西区，下花园区，宣化区，宣化县，涿鹿县 | 2019 | 总磷（0.21） |
| | | 洋河张家口市左卫桥控制单元 | 洋河 | 左卫桥 | Ⅳ | Ⅲ | 张家口市：怀安县，康保县，尚义县，万全县，张北县 | 2017 | 化学需氧量（0.05） |
| | | 饮马河秦皇岛市控制单元 | 饮马河 | 饮马河口 | 劣Ⅴ | Ⅴ | 秦皇岛市：昌黎县，卢龙县 | 2016 | 总磷（2.75） |
| | | 漳卫新河沧州市控制单元 | 漳卫新河 | 小泊头桥 | 劣Ⅴ | Ⅴ | 沧州市：东光县，海兴县，南皮县，吴桥县，盐山县 | 2018 | |
| | | 子牙河沧州市控制单元 | 子牙河 | 小王庄 | 劣Ⅴ | 氨氮≤8mg/L，其他指标为Ⅴ类 | 沧州市：河间市，献县 | 2020 | |
| | | 子牙河廊坊市控制单元 | 子牙河 | 小河闸 | 劣Ⅴ | 氨氮≤8mg/L，其他指标为Ⅴ类 | 廊坊市：大城县，文安县 | 2020 | |
| 山西省 | 海河流域 | 桃河阳泉市控制单元 | 桃河 | 白羊墅 | 劣Ⅴ | 氨氮≤4mg/L，其他指标为Ⅴ类 | 晋中市：寿阳县；阳泉市：城区，郊区，矿区 | 2020 | 氨氮（1.98） |
| | | 浊漳河长治市小峧控制单元 | 浊漳河 | 小峧 | Ⅳ | Ⅲ | 长治市：城区，郊区，潞城市，沁县，武乡县，襄垣县，壶关县，屯留县，长治县，长子县 | 2018 | 总磷（0.14） |
| | | | 浊漳南源 | 北寨 | 劣Ⅴ | Ⅴ | | 2018 | 总磷（1.28） |
| | 黄河流域 | 磁窑河吕梁市控制单元 | 磁窑河 | 桑柳树 | 劣Ⅴ | 氨氮≤6mg/L，其他指标为Ⅴ类 | 晋中市：平遥县；吕梁市：交城县，文水县；太原市：清徐县 | 2020 | 氨氮（1.77） |

| 省份名称 | 流域 | 控制单元 | 水体 | 控制断面名称 | 2014年水质现状 | 2020年水质目标 | 控制范围 | 达标年限 | 首要超标因子及倍数 |
|---|---|---|---|---|---|---|---|---|---|
| 山西省 | 黄河流域 | 汾河晋中市控制单元 | 汾河 | 王庄桥南 | 劣Ⅴ | 氨氮≤6mg/L，其他指标为Ⅴ类 | 晋中市：介休市，灵石县，平遥县，祁县，太谷县；吕梁市：交口县，文水县，孝义市；太原市：清徐县；长治市：沁源县 | 2020 | 氨氮（1.03） |
| | | 汾河临汾市控制单元 | 汾河 | 上平望 | 劣Ⅴ | 氨氮≤3mg/L，其他指标为Ⅴ类 | 临汾市：汾西县，浮山县，古县，洪洞县，侯马市，霍州市，曲沃县，乡宁县，襄汾县，尧都区，翼城县 | 2020 | 氨氮（0.68） |
| | | 汾河太原市温南社控制单元 | 汾河 | 温南社 | 劣Ⅴ | 氨氮≤6mg/L，其他指标为Ⅴ类 | 晋中市：榆次区；太原市：尖草坪区，晋源区，清徐县，万柏林区，小店区，杏花岭区，阳曲县，迎泽区 | 2020 | 总磷（5.23） |
| | | 汾河运城市控制单元 | 汾河 | 庙前村 | 劣Ⅴ | Ⅴ | 临汾市：乡宁县；运城市：河津市，稷山县，万荣县，闻喜县，新绛县 | 2018 | 氨氮（1.76） |
| | | 黄河临汾市控制单元 | 黄河 | 龙门 | Ⅳ | Ⅲ | 临汾市：大宁县，吉县，乡宁县，永和县；吕梁市：柳林县，石楼县，中阳县；运城市：河津市 | 2018 | 生化需氧量（0.16） |
| | | 黄河运城市控制单元 | 黄河 | 风陵渡大桥 | Ⅳ | Ⅲ | 运城市：临猗县，芮城县，永济市 | 2019 | 化学需氧量（0.06） |
| | | 浍河临汾市控制单元 | 浍河 | 西曲村 | 劣Ⅴ | 氨氮≤6mg/L，其他指标为Ⅴ类 | 临汾市：浮山县，侯马市，曲沃县，翼城县；运城市：绛县 | 2020 | 总磷（2.2） |
| | | 岚河吕梁市控制单元 | 岚河 | 曲立 | 劣Ⅴ | Ⅳ | 吕梁市：岚县 | 2020 | 氨氮（1.17） |
| | | 三川河吕梁市两河口桥控制单元 | 三川河 | 两河口桥 | 劣Ⅴ | Ⅴ | 吕梁市：离石区，柳林县，中阳县 | 2019 | 氨氮（1.51） |

| 省份名称 | 流域 | 控制单元 | 水体 | 控制断面名称 | 2014年水质现状 | 2020年水质目标 | 控制范围 | 达标年限 | 首要超标因子及倍数 |
|---|---|---|---|---|---|---|---|---|---|
| 山西省 | 黄河流域 | 三门峡水库运城市控制单元 | 三门峡水库 | 三门峡水库 | Ⅳ | Ⅲ | 运城市：平陆县，芮城县 | 2018 | 总磷（0.27） |
| | | 涑水河运城市控制单元 | 涑水河 | 张留庄 | 劣Ⅴ | 氨氮≤3mg/L，其他指标为Ⅴ类 | 运城市：绛县，临猗县，万荣县，闻喜县，夏县，盐湖区，永济市 | 2020 | 氨氮（1.01） |
| | | 蔚汾河吕梁市控制单元 | 蔚汾河 | 碧村 | 劣Ⅴ | Ⅴ | 吕梁市：岚县，兴县 | 2017 | 氨氮（0.16） |
| | | 文峪河吕梁市控制单元 | 文峪河 | 北峪口 | Ⅱ | Ⅱ | 吕梁市：汾阳市，交城县，文水县，孝义市 | 2016 | |
| | | | | 南姚 | 劣Ⅴ | 氨氮≤5mg/L，其他指标为Ⅴ类 | | 2020 | 氨氮（1.07） |
| 内蒙古自治区 | | 勃牛川鄂尔多斯市控制单元 | 勃牛川 | 贾家畔 | Ⅳ | Ⅲ | 鄂尔多斯市：伊金霍洛旗，准格尔旗 | 2019 | 化学需氧量（0.17） |
| | | 大黑河乌兰察布市控制单元 | 大黑河 | 卧佛下 | 劣Ⅴ | Ⅴ | 乌兰察布市：察哈尔右翼中旗，卓资县 | 2020 | 氨氮（0.23） |
| | | 昆都仑河包头市控制单元 | 昆河 | 三艮才入黄口 | 劣Ⅴ | 氨氮≤8mg/L，其他指标为Ⅴ类 | 包头市：固阳县，九原区，昆都仑区 | 2018 | 总磷（4.5） |
| | | 总排干巴彦淖尔市控制单元 | 乌梁素海 | 湖心 | 劣Ⅴ | Ⅴ | 巴彦淖尔市：磴口县，杭锦后旗，临河区，乌拉特后旗，乌拉特前旗，乌拉特中旗，五原县 | 2019 | 化学需氧量（0.12） |
| | | | 总排干 | 总排干入黄河口 | 劣Ⅴ | Ⅴ | | 2016 | 化学需氧量（0.13） |
| | 松花江流域 | 呼伦湖呼伦贝尔市控制单元 | 呼伦湖 | 小河口 | 劣Ⅴ | COD≤50mg/L，其他指标为Ⅴ类 | 呼伦贝尔市：满洲里市，新巴尔虎右旗，新巴尔虎左旗，扎赉诺尔区 | 2020 | 化学需氧量（0.59） |
| | | | | 甘珠花 | | | | | |
| 辽宁省 | 辽河流域 | 大凌河葫芦岛市控制单元 | 大凌河 | 王家窝棚 | Ⅳ | Ⅲ | 葫芦岛市：建昌县 | 2020 | 氨氮（0.13） |
| | | 大凌河西支朝阳市控制单元 | 大凌河西支 | 大凌河西支入河口 | Ⅳ | Ⅲ | 朝阳市：建平县，喀喇沁左翼蒙古族自治县，凌源市 | 2017 | |
| | | 凡河铁岭市控制单元 | 凡河 | 凡河一号桥 | Ⅳ | Ⅲ | 铁岭市：开原市，铁岭县，银州区 | 2016 | |

| 省份名称 | 流域 | 控制单元 | 水体 | 控制断面名称 | 2014年水质现状 | 2020年水质目标 | 控制范围 | 达标年限 | 首要超标因子及倍数 |
|---|---|---|---|---|---|---|---|---|---|
| 辽宁省 | 辽河流域 | 复州河大连市复州湾大桥控制单元 | 复州河 | 复州湾大桥 | Ⅳ | Ⅲ | 大连市：普兰店市，瓦房店市 | 2019 | 化学需氧量（0.05） |
| | | 浑河抚顺市控制单元 | 大伙房水库 | 浑37左 | Ⅲ | 总磷≤0.05mg/L，其他指标为Ⅱ类 | 抚顺市：东洲区，抚顺县 | 2020 | |
| | | | | 浑7左 | | | | | |
| | | | | 浑7右 | | | | | |
| | | | 浑河 | 大伙房水库 | Ⅱ | Ⅱ | | 2016 | |
| | | 浑河沈阳市于家房控制单元 | 浑河 | 于家房 | 劣Ⅴ | Ⅴ | 辽阳市：灯塔市；沈阳市：浑南区，辽中县，苏家屯区，铁西区，于洪区 | 2018 | 氨氮（0.14） |
| | | | 细河 | 于台 | 劣Ⅴ | 氨氮≤5mg/L，其他指标为Ⅴ类 | | 2020 | 氨氮（0.52） |
| | | 寇河铁岭市控制单元 | 寇河 | 松树水文站 | Ⅳ | Ⅲ | 铁岭市：西丰县 | 2018 | 化学需氧量（0.06） |
| | | 亮子河铁岭市控制单元 | 亮子河 | 亮子河入河口 | 劣Ⅴ | Ⅴ | 铁岭市：昌图县 | 2019 | 总磷（0.63） |
| | | 辽河沈阳市红庙子控制单元 | 辽河 | 红庙子 | Ⅴ | Ⅳ | 沈阳市：辽中县，新民市 | 2019 | 生化需氧量（0.02） |
| | | 辽河沈阳市巨流河大桥控制单元 | 辽河 | 巨流河大桥 | Ⅴ | Ⅳ | 阜新市：彰武县；沈阳市：法库县，康平县，新民市；铁岭市：铁岭县 | 2020 | |
| | | | 辽河 | 马虎山 | Ⅴ | Ⅳ | | 2020 | 生化需氧量（0.06） |
| | | 汤河辽阳市汤河桥控制单元 | 汤河 | 汤河桥 | Ⅳ | Ⅲ | 辽阳市：弓长岭区，文圣区 | 2019 | 化学需氧量（0.2） |
| 吉林省 | 辽河流域 | 东辽河四平市城子上控制单元 | 东辽河 | 城子上 | Ⅴ | Ⅳ | 四平市：公主岭市，梨树县，伊通满族自治县 | 2020 | 挥发酚（0.17） |
| | | 条子河四平市控制单元 | 条子河 | 林家 | 劣Ⅴ | 氨氮≤6mg/L，其他指标为Ⅴ类 | 四平市：铁东区，铁西区 | 2020 | 氨氮（1.22） |
| | 松花江流域 | 珲春河延边朝鲜族自治州控制单元 | 珲春河 | 三家子 | Ⅳ | Ⅲ | 延边朝鲜族自治州：珲春市 | 2017 | |
| | | 嫩江白城市控制单元 | 嫩江 | 嫩江口内 | Ⅳ | Ⅲ | 白城市：大安市，洮南市，通榆县，镇赉县；松原市：前郭尔罗斯蒙古族自治县，乾安县，长岭县 | 2016 | 高锰酸盐指数（0.13） |

| 省份名称 | 流域 | 控制单元 | 水体 | 控制断面名称 | 2014年水质现状 | 2020年水质目标 | 控制范围 | 达标年限 | 首要超标因子及倍数 |
| --- | --- | --- | --- | --- | --- | --- | --- | --- | --- |
| 吉林省 | 松花江流域 | 松花江长春市镇江口控制单元 | 松花江 | 镇江口 | Ⅳ | Ⅲ | 松原市：扶余市；长春市：德惠市，九台市，农安县 | 2019 | 氨氮（0.08） |
| | | 细鳞河吉林市控制单元 | 细鳞河 | 肖家船口 | Ⅳ | Ⅲ | 吉林市：舒兰市 | 2018 | |
| | | 饮马河长春市靠山南楼控制单元 | 伊通河 | 靠山大桥 | 劣Ⅴ | 氨氮≤4mg/L，其他指标为Ⅴ类 | 四平市：公主岭市；长春市：朝阳区，德惠市，二道区，宽城区，绿园区，南关区，农安县 | 2020 | 氨氮（2.43） |
| | | | 饮马河 | 靠山南楼 | 劣Ⅴ | Ⅴ | | 2020 | 氨氮（2.08） |
| 黑龙江省 | 松花江流域 | 阿什河哈尔滨市控制单元 | 阿什河 | 阿什河口内 | 劣Ⅴ | Ⅴ | 哈尔滨市：阿城区，道外区，尚志市，香坊区 | 2018 | 氨氮（1.57） |
| | | 甘河大兴安岭地区控制单元 | 甘河 | 讷尔克气 | Ⅳ | Ⅲ | 大兴安岭地区：加格达奇区 | 2017 | 高锰酸盐指数（0.001） |
| | | 镜泊湖牡丹江市控制单元 | 镜泊湖 | 果树场 | Ⅳ | Ⅲ | 牡丹江市：宁安市 | 2020 | 总磷（0.21） |
| | | | | 电视塔 | | | | | |
| | | 嫩江齐齐哈尔市白沙滩控制单元 | 嫩江 | 白沙滩 | Ⅳ | Ⅲ | 齐齐哈尔市：泰来县 | 2016 | 高锰酸盐指数（0.03） |
| | | 松花江干流大庆市控制单元 | 松花江干流 | 肇源 | Ⅳ | Ⅲ | 大庆市：大同区，杜尔伯特蒙古族自治县，红岗区林甸县，龙凤区，让胡路区，萨尔图区，肇源县，肇州县；绥化市：安达市，明水县，青冈县 | 2018 | 高锰酸盐指数（0.21） |
| | | 兴凯湖鸡西市控制单元 | 小兴凯湖 | 泄洪1闸 | Ⅳ | Ⅲ | 鸡西市：密山市 | 2020 | 总磷（0.43） |
| | | | | 泄洪2闸 | | | | | |
| | | | | 新开流 | | | | | |
| | | | 兴凯湖 | 档壁镇 | Ⅳ | Ⅲ | | 2019 | 总磷（0.25） |
| | | | | 疗养院 | | | | | |
| | | | | 龙王庙 | | | | | |
| | | | | 中俄交界东 | | | | | |
| | | | | 中俄交界西 | | | | | |
| | | | | 中俄交界中 | | | | | |

| 省份名称 | 流域 | 控制单元 | 水体 | 控制断面名称 | 2014 年水质现状 | 2020 年水质目标 | 控制范围 | 达标年限 | 首要超标因子及倍数 |
|---|---|---|---|---|---|---|---|---|---|
| 上海市 | 长江流域 | 北横引河上海市前卫村桥控制单元 | 北横引河 | 前卫村桥 | Ⅳ | Ⅲ | 县：崇明县 | 2019 | 氨氮（0.08） |
| | | 川杨河上海市控制单元 | 川杨河 | 三甲港 | Ⅴ | Ⅳ | 市辖区：浦东新区 | 2018 | 总磷（0.24） |
| | | 金汇港上海市控制单元 | 金汇港 | 钱桥 | 劣Ⅴ | Ⅴ | 市辖区：奉贤区 | 2017 | 氨氮（0.13） |
| | | 苏州河上海市黄渡控制单元 | 苏州河 | 黄渡 | 劣Ⅴ | Ⅴ | 市辖区：嘉定区，闵行区，青浦区 | 2020 | 氨氮（1.02） |
| | | 苏州河上海市浙江路桥控制单元 | 苏州河 | 浙江路桥 | 劣Ⅴ | Ⅴ | 市辖区：黄浦区，嘉定区，静安区，闵行区，普陀区，闸北区，长宁区 | 2020 | 氨氮（1.63） |
| | | 太浦河上海市控制单元 | 太浦河 | 太浦河桥 | Ⅳ | Ⅲ | 市辖区：青浦区 | 2016 | 溶解氧（0.91） |
| | | 新练祁河上海市控制单元 | 新练祁河 | 蕴川路桥 | 劣Ⅴ | Ⅴ | 市辖区：宝山区，嘉定区 | 2019 | 氨氮（0.45） |
| 江苏省 | 淮河流域 | 白马湖淮安市控制单元 | 白马湖 | 洪金 | Ⅳ | Ⅲ | 淮安市：洪泽县，金湖县；扬州市：宝应县 | 2019 | 总磷（0.25） |
| | | 大沙河徐州市控制单元 | 大沙河 | 华山闸 | Ⅳ | Ⅲ | 徐州市：丰县 | 2017 | 生化需氧量（0.01） |
| | | 洪泽湖淮安市控制单元 | 洪泽湖 | 高良涧镇<br>蒋坝镇<br>老山乡 | Ⅴ | Ⅳ | 淮安市：洪泽县，淮阴区，盱眙县 | 2020 | 总磷（0.27） |
| | | 洪泽湖宿迁市控制单元 | 洪泽湖 | 成河乡中<br>临淮乡<br>龙集镇北 | Ⅴ | Ⅳ | 宿迁市：泗洪县，泗阳县，宿城区 | 2020 | 总磷（0.20） |
| | | 西盐大浦河连云港市控制单元 | 西盐大浦河 | 盐河桥 | 劣Ⅴ | Ⅴ | 连云港市：海州区，连云区 | 2019 | 氨氮（2.11） |
| | | 盐河淮安市控制单元 | 盐河 | 袁闸 | Ⅳ | Ⅲ | 淮安市：涟水县；连云港市：灌南县 | 2018 | 氨氮（0.36） |
| | | 运料河徐州市控制单元 | 运料河 | 下楼公路桥 | 劣Ⅴ | Ⅳ | 徐州市：铜山区 | 2017 | 氨氮（0.56） |

<table>
<tr><th>省份名称</th><th>流域</th><th>控制单元</th><th>水体</th><th>控制断面名称</th><th>2014 年水质现状</th><th>2020 年水质目标</th><th>控制范围</th><th>达标年限</th><th>首要超标因子及倍数</th></tr>
<tr><td rowspan="12">江苏省</td><td rowspan="12">长江流域</td><td rowspan="2">漕桥河常州无锡控制单元</td><td>百渎港-漕桥河</td><td>百渎港桥</td><td>V</td><td>III</td><td rowspan="2">常州市：武进区；无锡市：宜兴市</td><td>2020</td><td>氨氮（0.72）</td></tr>
<tr><td>殷村港</td><td>殷村港桥</td><td>IV</td><td>III</td><td>2020</td><td>氨氮（0.5）</td></tr>
<tr><td rowspan="2">淀山湖苏州市控制单元</td><td>淀山湖</td><td>急水港桥</td><td>V</td><td>IV</td><td rowspan="2">苏州市：昆山市，吴江区</td><td>2020</td><td>总磷（0.2）</td></tr>
<tr><td>朱厍港</td><td>朱厍港口</td><td>III</td><td>III</td><td>2016</td><td></td></tr>
<tr><td>京杭大运河常州市控制单元</td><td>京杭大运河</td><td>五牧</td><td>劣V</td><td>V</td><td>常州市：戚墅堰区，天宁区，武进区，新北区，钟楼区</td><td>2020</td><td>氨氮（0.19）</td></tr>
<tr><td>京杭运河无锡市控制单元</td><td>京杭运河</td><td>望亭上游</td><td>V</td><td>IV</td><td>无锡市：滨湖区，惠山区，梁溪区，新吴区</td><td>2020</td><td>挥发酚（1.52）</td></tr>
<tr><td>梁溪河无锡市控制单元</td><td>梁溪河</td><td>蠡桥</td><td>IV</td><td>III</td><td>无锡市：滨湖区</td><td>2017</td><td>化学需氧量（0.19）</td></tr>
<tr><td>十圩港泰州市控制单元</td><td>十圩港</td><td>新十圩港大桥</td><td>IV</td><td>III</td><td>泰州市：靖江市，泰兴市</td><td>2019</td><td>石油类（0.6）</td></tr>
<tr><td>太浦河苏州市控制单元</td><td>太浦河</td><td>汾湖大桥</td><td>IV</td><td>III</td><td>苏州市：吴江区</td><td>2016</td><td>溶解氧（1.27）</td></tr>
<tr><td>胥河南京市控制单元</td><td>胥河</td><td>落蓬湾</td><td>IV</td><td>III</td><td>南京市：高淳区</td><td>2017</td><td>氨氮（0.05）</td></tr>
<tr><td>运河干流苏州市控制单元</td><td>运河干流</td><td>王江泾</td><td>V</td><td>IV</td><td>苏州市：吴江区</td><td>2020</td><td>氨氮（0.01）</td></tr>
<tr><td>长江扬州市冻青桥控制单元</td><td>仪扬河</td><td>冻青桥</td><td>劣V</td><td>V</td><td>扬州市：广陵区，邗江区，开发区，仪征市</td><td>2018</td><td>氨氮（0.78）</td></tr>
<tr><td rowspan="6">浙江省</td><td rowspan="6">东南诸河</td><td>大嵩江宁波市控制单元</td><td>大嵩江</td><td>大嵩</td><td>IV</td><td>III</td><td>宁波市：北仑区，鄞州区</td><td>2016</td><td>石油类（0.07）</td></tr>
<tr><td>大塘港宁波市控制单元</td><td>大塘港</td><td>浮礁渡</td><td>IV</td><td>III</td><td>宁波市：象山县</td><td>2019</td><td>总磷（0.04）</td></tr>
<tr><td>东钱湖宁波控制单元</td><td>东钱湖</td><td>北湖中心</td><td>IV</td><td>III</td><td>宁波市：鄞州区</td><td>2017</td><td>石油类（1.02）</td></tr>
<tr><td>东阳江金华控制单元</td><td>东阳江</td><td>义东桥</td><td>V</td><td>IV</td><td>金华市：东阳市，磐安县</td><td>2017</td><td>氨氮（0.05）</td></tr>
<tr><td>虹桥塘河温州控制单元</td><td>虹桥塘河</td><td>蒲岐</td><td>劣V</td><td>V</td><td>温州市：乐清市</td><td>2019</td><td>氨氮（1.61）</td></tr>
<tr><td>江山港衢州 1 控制单元</td><td>江山港</td><td>双港口</td><td>IV</td><td>III</td><td>衢州市：江山市，柯城区，衢江区</td><td>2016</td><td>化学需氧量（0.01）</td></tr>
</table>

| 省份名称 | 流域 | 控制单元 | 水体 | 控制断面名称 | 2014 年水质现状 | 2020 年水质目标 | 控制范围 | 达标年限 | 首要超标因子及倍数 |
|---|---|---|---|---|---|---|---|---|---|
| 浙江省 | 东南诸河 | 金华江金华 1 控制单元 | 金华江 | 洪坞桥 | Ⅳ | Ⅲ | 金华市：金东区，武义县，婺城区，永康市 | 2016 | 石油类（0.01） |
| | | 金华江金华 2 控制单元 | 金华江 | 东关桥 | Ⅳ | Ⅲ | 金华市：金东区，义乌市 | 2019 | 氨氮（0.27） |
| | | 金华江金华控制单元 | 金华江 | 费垅 | Ⅳ | Ⅲ | 金华市：兰溪市，婺城区 | 2019 | 氨氮（0.15） |
| | | 金清港台州控制单元 | 金清港 | 金清新闸 | 劣Ⅴ | Ⅴ | 台州市：黄岩区，椒江区，路桥区，温岭市，玉环县 | 2020 | 氨氮（0.99） |
| | | 南江金华控制单元 | 南江 | 南江桥 | Ⅳ | Ⅲ | 金华市：东阳市 | 2018 | 石油类（2.52） |
| | | 浦阳江杭州控制单元 | 浦阳江 | 浦阳江出口 | Ⅳ | Ⅲ | 杭州市：富阳区，萧山区；绍兴市：诸暨市 | 2017 | 石油类（2.53） |
| | | 浦阳江金华控制单元 | 浦阳江 | 上仙屋 | Ⅳ | Ⅲ | 金华市：浦江县，义乌市 | 2016 | 汞（4） |
| | | 铜山源水库衢州控制单元 | 铜山源水库 | 铜山源水库 | Ⅴ | Ⅲ | 衢州市：衢江区 | 2016 | 总磷（1.99） |
| | | 姚江宁波 1 控制单元 | 姚江 | 清林渡 | Ⅳ | Ⅲ | 宁波市：海曙区，江北区，鄞州区，余姚市 | 2018 | 石油类（0.01） |
| | | 义乌江金华市控制单元 | 义乌江 | 塔下洲 | 劣Ⅴ | Ⅴ | 金华市：义乌市 | 2016 | 氨氮（0.07） |
| | | 鄞江宁波市控制单元 | 鄞江 | 梁桥 | Ⅳ | Ⅲ | 宁波市：鄞州区，余姚市 | 2017 | 总磷（0.01） |
| | | 永康江金华控制单元 | 永康江 | 章店 | Ⅴ | Ⅳ | 金华市：永康市；丽水市：缙云县 | 2018 | 氨氮（0.22） |
| | | 永宁江台州控制单元 | 永宁江 | 江口 | 劣Ⅴ | Ⅴ | 台州市：黄岩区 | 2017 | 总磷（0.17） |
| | | 浙东运河绍兴控制单元 | 浙东运河 | 王家泾 | Ⅴ | Ⅳ | 绍兴市：上虞区，越城区 | 2018 | 氨氮（0.31） |
| | 长江流域 | 广陈塘-上海塘嘉兴市控制单元 | 广陈塘 | 小新村 | Ⅴ | Ⅳ | 嘉兴市：海盐县，南湖区，平湖市 | 2019 | 总磷（0.13） |
| | | | 上海塘 | 青阳汇 | 劣Ⅴ | Ⅴ | | 2019 | 氨氮（0.15） |
| | | 嘉善塘嘉兴市控制单元 | 嘉善塘 | 枫南大桥 | 劣Ⅴ | Ⅴ | 嘉兴市：嘉善县 | 2017 | 氨氮（0.01） |

| 省份名称 | 流域 | 控制单元 | 水体 | 控制断面名称 | 2014年水质现状 | 2020年水质目标 | 控制范围 | 达标年限 | 首要超标因子及倍数 |
| --- | --- | --- | --- | --- | --- | --- | --- | --- | --- |
| 安徽省 | 淮河流域 | 白塔河滁州市控制单元 | 白塔河 | 天长化工厂 | Ⅳ | Ⅲ | 滁州市：来安县，天长市 | 2020 | 生化需氧量（0.31） |
| | | 池河滁州市控制单元 | 池河 | 公路桥 | Ⅳ | Ⅲ | 滁州市：定远县，凤阳县，明光市，南谯区 | 2019 | 生化需氧量（0.25） |
| | | 东淝河六安市白洋淀渡口控制单元 | 东淝河 | 白洋淀渡口 | Ⅳ | Ⅲ | 淮南市：寿县；六安市：金安区 | 2016 | 化学需氧量（0.15） |
| | | 沣河六安市控制单元 | 沣河 | 工农兵大桥 | Ⅳ | Ⅲ | 六安市：霍邱县 | 2017 | 化学需氧量（0.05） |
| | | 谷河阜阳市控制单元 | 谷河 | 阜南 | Ⅳ | Ⅲ | 阜阳市：阜南县，临泉县 | 2018 | 生化需氧量（0.5） |
| | | 濉河淮北市控制单元 | 濉河 | 符离闸 | 劣Ⅴ | Ⅴ | 淮北市：杜集区，烈山区，濉溪县，相山区；宿州市：砀山县，萧县 | 2016 | 氨氮（1.31） |
| | | 沱河淮北市控制单元 | 沱河 | 后常桥 | Ⅴ | Ⅳ | 淮北市：烈山区，濉溪县，相山区；宿州市：埇桥区 | 2020 | 生化需氧量（0.12） |
| | | 涡河亳州市岳坊大桥控制单元 | 涡河 | 涡阳义门大桥 | 劣Ⅴ | Ⅴ | 亳州市：利辛县，蒙城县，谯城区，涡阳县 | 2018 | 化学需氧量（0.51） |
| | | | 涡河 | 岳坊大桥 | 劣Ⅴ | Ⅴ | | 2020 | 化学需氧量（0.35） |
| | | 西淝河亳州市控制单元 | 西淝河 | 利辛段 | Ⅳ | Ⅲ | 亳州市：利辛县，谯城区，涡阳县；阜阳市：太和县，颍东区，颍泉区 | 2017 | 生化需氧量（0.37） |
| | | 新濉河宿州市控制单元 | 新濉河 | 大屈 | Ⅴ | Ⅳ | 宿州市：灵璧县，泗县，萧县，埇桥区 | 2020 | 化学需氧量（0.32） |
| | | 采石河马鞍山市控制单元 | 采石河 | 采石河下游 | Ⅳ | Ⅲ | 马鞍山市：雨山区 | 2017 | 总磷（0.19） |
| | 长江流域 | 菜子湖安庆市控制单元 | 菜子湖 | 菜子湖 | Ⅳ | Ⅲ | 安庆市：怀宁县，潜山县，桐城市，宜秀区，岳西县；铜陵市：枞阳县；合肥市：庐江县 | 2020 | 总磷（0.43） |

| 省份名称 | 流域 | 控制单元 | 水体 | 控制断面名称 | 2014 年水质现状 | 2020 年水质目标 | 控制范围 | 达标年限 | 首要超标因子及倍数 |
|---|---|---|---|---|---|---|---|---|---|
| 安徽省 | 长江流域 | 来河滁州市控制单元 | 来河 | 水口 | Ⅴ | Ⅳ | 滁州市：来安县 | 2020 | 生化需氧量（0.42） |
| | | 龙感湖安庆市控制单元 | 大官湖 | 大官湖 | Ⅲ | Ⅲ | 安庆市：宿松县 | 2016 | |
| | | | 黄湖 | 黄湖 | Ⅲ | Ⅲ | | 2016 | |
| | | | 龙感湖 | 龙感湖 | Ⅴ | Ⅲ | | 2020 | 总磷（0.29） |
| | | 南淝河合肥市控制单元 | 南淝河 | 施口 | 劣Ⅴ | 氨氮≤4mg/L，其他指标为Ⅴ类 | 合肥市：包河区，肥东县，庐阳区，蜀山区，瑶海区 | 2020 | 氨氮（0.85） |
| | | 派河合肥市控制单元 | 派河 | 肥西化肥厂下 | 劣Ⅴ | Ⅴ | 合肥市：包河区，肥西县 | 2018 | 氨氮（1.66） |
| | | 十五里河合肥市控制单元 | 十五里河 | 希望桥 | 劣Ⅴ | Ⅴ | 合肥市：包河区，蜀山区 | 2017 | 氨氮（1.93） |
| | | 双桥河合肥市控制单元 | 双桥河 | 双桥河入湖口 | Ⅳ | Ⅲ | 合肥市：巢湖市 | 2018 | 氨氮（0.001） |
| | | 无量溪河宣城市控制单元 | 无量溪河 | 狮子口 | 劣Ⅴ | Ⅴ | 宣城市：广德县 | 2017 | 氨氮（0.08） |
| 福建省 | 东南诸河 | 九龙江漳州市上坂控制单元 | 九龙江 | 上坂 | Ⅳ | Ⅲ | 漳州市：龙海市，龙文区，芗城区 | 2020 | 溶解氧（0.18） |
| | | 木兰溪莆田市三江口控制单元 | 木兰溪 | 三江口 | Ⅴ | Ⅳ | 莆田市：城厢区，涵江区，荔城区，仙游县，秀屿区 | 2020 | 化学需氧量（0.07） |
| | | 南溪漳州市控制单元 | 南溪 | 南溪浮宫桥 | Ⅴ | Ⅳ | 漳州市：龙海市，漳浦县 | 2020 | |
| | | 萩芦溪莆田市控制单元 | 萩芦溪 | 江口桥 | Ⅴ | Ⅲ | 莆田市：涵江区 | 2016 | 化学需氧量（0.59） |
| | | 汀溪厦门市控制单元 | 汀溪 | 隘头潭 | Ⅴ | Ⅲ | 厦门市：海沧区，湖里区，集美区，思明区，同安区，翔安区 | 2020 | |
| 江西省 | 长江流域 | 抚河西支丰城市-南昌市控制单元 | 抚河西支 | 新联 | Ⅳ | Ⅲ | 南昌市：南昌县；宜春市：丰城市 | 2018 | 氨氮（0.01） |
| | | 潦河宜春市控制单元 | 潦河 | 三洪村 | Ⅳ | Ⅲ | 宜春市：奉新县，高安市 | 2019 | 总磷（0.31） |

| 省份名称 | 流域 | 控制单元 | 水体 | 控制断面名称 | 2014年水质现状 | 2020年水质目标 | 控制范围 | 达标年限 | 首要超标因子及倍数 |
|---|---|---|---|---|---|---|---|---|---|
| 江西省 | 长江流域 | 南河景德镇市控制单元 | 南河 | 南河河口 | Ⅳ | Ⅲ | 景德镇市：浮梁县，珠山区 | 2017 | 氨氮（0.01） |
| 江西省 | 长江流域 | 萍水河萍乡市桐车湾控制单元 | 萍水河 | 桐车湾 | Ⅳ | Ⅲ | 萍乡市：安源区，芦溪县，上栗县；宜春市：袁州区 | 2020 | |
| | | 鄱阳湖九江市控制单元 | 鄱阳湖 | 都昌 | | 总磷≤0.1mg/L，其他指标为Ⅲ类 | 抚州市：临川区；九江市：德安县，都昌县，共青城市，九江县，瑞昌市，武宁县，星子县，永修县 | | |
| | | | | 蛤蟆石 | | | | | |
| | | | | 老爷庙 | | | | | |
| | | | | 鄱阳湖出口 | | | | | |
| | | | | 三山 | | | | | |
| | | | | 吴城 | | | | | |
| | | | | 星子 | | | | | |
| | | | | 蚌湖 | | | | | |
| | | 鄱阳湖南昌市控制单元 | 鄱阳湖 | 金溪咀刘家 | Ⅳ | 总磷≤0.1mg/L，其他指标为Ⅲ类 | 南昌市：进贤县，南昌县，新建区 | 2020 | |
| | | | | 南湖村 | | | | | |
| | | | | 南矶山 | | | | | |
| | | | | 伍湖分场 | | | | | |
| | | 肖江宜春市控制单元 | 肖江 | 肖江江口 | Ⅳ | Ⅲ | 宜春市：高安市，上高县，樟树市 | 2018 | 氨氮（1.31） |
| 山东省 | 海河流域 | 高唐湖聊城市控制单元 | 高唐湖 | 北湖 | Ⅳ | Ⅲ | 聊城市：高唐县 | 2020 | 化学需氧量（0.1） |
| | | 马颊河聊城市控制单元 | 马颊河 | 董姑桥 | 劣Ⅴ | Ⅴ | 聊城市：茌平县，东昌府区，高唐县，冠县，临清市，莘县 | 2019 | 总磷（1.29） |
| | | 卫运河聊城市控制单元 | 卫运河 | 油坊桥 | 劣Ⅴ | Ⅴ | 聊城市：临清市 | 2020 | 氨氮（0.51） |
| | | 漳卫新河德州市控制单元 | 漳卫新河 | 小泊头桥 | 劣Ⅴ | Ⅴ | 德州市：德城区，乐陵市，宁津县，平原县，庆云县，武城县，夏津县 | 2018 | |
| | 淮河流域 | 北胶莱河青岛市-潍坊市控制单元 | 北胶莱河 | 新河大闸 | 劣Ⅴ | Ⅴ | 青岛市：平度市；潍坊市：昌邑市，高密市；烟台市：莱州市 | 2020 | 氟化物（2.04） |
| | | 北沙河枣庄市控制单元 | 北沙河 | 王晁桥 | Ⅳ | Ⅲ | 济宁市：邹城市；枣庄市：滕州市 | 2018 | |

| 省份名称 | 流域 | 控制单元 | 水体 | 控制断面名称 | 2014 年水质现状 | 2020 年水质目标 | 控制范围 | 达标年限 | 首要超标因子及倍数 |
|---|---|---|---|---|---|---|---|---|---|
| 山东省 | 淮河流域 | 大沽夹河烟台市控制单元 | 大沽夹河 | 新夹河大桥 | Ⅳ | Ⅲ | 烟台市：福山区，莱山区，牟平区，蓬莱市，栖霞市，芝罘区 | 2020 | 生化需氧量（0.2） |
| | | 东渔河菏泽市控制单元 | 东渔河 | 徐寨 | Ⅴ | Ⅲ | 菏泽市：曹县，成武县，单县 | 2020 | 化学需氧量（0.72） |
| | | 付疃河日照市控制单元 | 付疃河 | 大古镇 | 劣Ⅴ | Ⅴ | 临沂市：莒南县；日照市：东港区，岚山区，五莲县 | 2019 | 总磷（5.36） |
| | | 小清河东营市控制单元 | 小清河 | 羊口 | 劣Ⅴ | Ⅴ | 东营市：广饶县；莱芜市：莱城区；潍坊市：青州市，寿光市；淄博市：博山区，桓台县，临淄区，淄川区 | 2018 | 氨氮（0.48） |
| | | 小清河济南市辛丰庄控制单元 | 小清河 | 辛丰庄 | 劣Ⅴ | Ⅴ | 济南市：高新区，槐荫区，历城区，历下区，市中区，天桥区，章丘市 | 2020 | 总磷（0.48） |
| | | 小清河淄博市控制单元 | 小清河 | 西闸 | 劣Ⅴ | Ⅴ | 滨州市：邹平县；济南市：章丘市；淄博市：博山区，桓台县，张店区，周村区，淄川区 | 2017 | 总磷（0.42） |
| | | 新万福河菏泽市控制单元 | 新万福河 | 湘子庙 | Ⅴ | Ⅳ | 菏泽市：成武县，定陶县，东明县，巨野县，牡丹区 | 2020 | 化学需氧量（0.1） |
| | | 沂河淄博市控制单元 | 沂河 | 韩旺大桥 | Ⅳ | Ⅲ | 淄博市：沂源县 | 2017 | 石油类（0.27） |
| | | 云蒙湖临沂市控制单元 | 云蒙湖 | 云蒙湖湖心 | Ⅳ | Ⅲ | 临沂市：蒙阴县，沂水县 | 2016 | |
| | | 洙赵新河菏泽市控制单元 | 洙赵新河 | 于楼 | 劣Ⅴ | Ⅲ | 菏泽市：定陶县，东明县，巨野县，鄄城县，开发区，牡丹区，郓城县 | 2019 | 氨氮（1.09） |
| 河南省 | 海河流域 | 大沙河焦作市控制单元 | 大沙河 | 修武水文站 | 劣Ⅴ | 氨氮≤4mg/L，其他指标为Ⅴ类 | 焦作市：博爱县，解放区，马村区，山阳区，武陟县，修武县，中站区 | 2020 | 氨氮（0.2） |

| 省份名称 | 流域 | 控制单元 | 水体 | 控制断面名称 | 2014年水质现状 | 2020年水质目标 | 控制范围 | 达标年限 | 首要超标因子及倍数 |
|---|---|---|---|---|---|---|---|---|---|
| 河南省 | 海河流域 | 共产主义渠焦作市控制单元 | 共产主义渠 | 获嘉东碑村 | 劣Ⅴ | 氨氮≤4mg/L，其他指标为Ⅴ类 | 焦作市：武陟县 | 2020 | 氨氮（0.89） |
| | | 共产主义渠新乡市控制单元 | 共产主义渠 | 卫辉下马营 | 劣Ⅴ | 氨氮≤5mg/L，总磷≤0.5mg/L，其他指标为Ⅴ类 | 新乡市：凤泉区，辉县市，获嘉县，牧野区，卫辉市 | 2020 | 氨氮（0.85） |
| | | 卫河安阳市控制单元 | 卫河 | 南乐元村集 | 劣Ⅴ | Ⅴ | 安阳市：安阳县，龙安区，内黄县，汤阴县，文峰区；鹤壁市：鹤山区，山城区；濮阳市：南乐县，清丰县 | 2020 | 氨氮（0.96） |
| | | 卫河鹤壁市控制单元 | 卫河 | 五陵 | 劣Ⅴ | 氨氮≤3mg/L，总磷≤0.5mg/L，其他指标为Ⅴ类 | 鹤壁市：浚县 | 2020 | 氨氮（1.04） |
| | | 卫河新乡市控制单元 | 卫河 | 小河口 | 劣Ⅴ | 氨氮≤4mg/L，总磷≤0.5mg/L，其了指标为Ⅴ类 | 鹤壁市：淇县；新乡市：红旗区，辉县市，获嘉县，牧野区，卫滨区，卫辉市，新乡县 | 2020 | 氨氮（0.87） |
| | 淮河流域 | 白露河信阳市控制单元 | 白露河 | 淮滨北庙 | Ⅳ | Ⅲ | 信阳市：固始县，光山县，淮滨县，潢川县，商城县，新县 | 2019 | 化学需氧量（0.06） |
| | | 包河商丘市控制单元 | 包河 | 颜集 | 劣Ⅴ | 氨氮≤3mg/L，其他指标为Ⅴ类 | 商丘市：梁园区，睢阳区，虞城县 | 2020 | 氨氮（1.17） |
| | | 北汝河平顶山市控制单元 | 北汝河 | 杨寨中村 | Ⅳ | Ⅲ | 洛阳市：汝阳县，伊川县；平顶山市：郏县，汝州市 | 2017 | 总磷（0.57） |

| 省份名称 | 流域 | 控制单元 | 水体 | 控制断面名称 | 2014 年水质现状 | 2020 年水质目标 | 控制范围 | 达标年限 | 首要超标因子及倍数 |
| --- | --- | --- | --- | --- | --- | --- | --- | --- | --- |
| 河南省 | 淮河流域 | 黑河漯河市控制单元 | 黑河 | 郾城漯邓桥 | 劣Ⅴ | 氨氮≤2.5mg/L，总磷≤0.5mg/L，其他指标为Ⅴ类 | 漯河市：源汇区，召陵区；<br>驻马店市：西平县 | 2019 | 氨氮（0.11） |
| | | 洪河漯河市控制单元 | 洪河 | 西平杨庄 | 劣Ⅴ | 氨氮≤4mg/L，其他指标为Ⅴ类 | 漯河市：舞阳县，源汇区；<br>平顶山市：舞钢市；<br>驻马店市：西平县 | 2019 | 氨氮（0.43） |
| | | 洪河驻马店市新蔡班台控制单元 | 洪河 | 新蔡班台 | 劣Ⅴ | Ⅴ | 信阳市：淮滨县，息县；<br>驻马店市：平舆县，汝南县，新蔡县，正阳县 | 2019 | |
| | | 洪河驻马店市新蔡李桥控制单元 | 洪河 | 新蔡李桥 | Ⅴ | Ⅳ | 漯河市：源汇区；<br>周口市：项城市；<br>驻马店市：平舆县，汝南县，上蔡县，西平县，新蔡县 | 2019 | 总磷（0.03） |
| | | 淮河信阳市王家坝控制单元 | 淮河 | 淮滨水文站 | Ⅲ | Ⅲ | 信阳市：光山县，淮滨县，潢川县，罗山县，平桥区，浉河区，息县，新县；<br>驻马店市：确山县，正阳县 | 2016 | |
| | | | 淮河 | 王家坝 | Ⅳ | Ⅲ | | 2020 | 总磷（0.18） |
| | | 浍河商丘市控制单元 | 浍河 | 黄口 | Ⅴ | Ⅳ | 商丘市：夏邑县，永城市，虞城县 | 2018 | |
| | | 惠济河商丘市控制单元 | 惠济河 | 刘寨村后 | 劣Ⅴ | Ⅴ | 开封市：兰考县，杞县；<br>商丘市：民权县，宁陵县，睢县，睢阳区，柘城县；<br>周口市：鹿邑县，太康县 | 2020 | 化学需氧量（0.49） |
| | | 贾鲁河郑州市中牟陈桥控制单元 | 贾鲁河 | 中牟陈桥 | 劣Ⅴ | 氨氮≤3mg/L，其他指标为Ⅴ类 | 郑州市：二七区，管城回族区，惠济区，金水区，新郑市，荥阳市，中牟县，中原区 | 2018 | 氨氮（0.6） |

| 省份名称 | 流域 | 控制单元 | 水体 | 控制断面名称 | 2014年水质现状 | 2020年水质目标 | 控制范围 | 达标年限 | 首要超标因子及倍数 |
|---|---|---|---|---|---|---|---|---|---|
| 河南省 | 淮河流域 | 贾鲁河周口市控制单元 | 贾鲁河 | 西华大王庄 | 劣V | V | 开封市：开封县，尉氏县；<br>许昌市：鄢陵县，长葛市；<br>郑州市：新郑市，中牟县；<br>周口市：扶沟县，西华县 | 2019 | 氨氮（0.01） |
| | | 清潩河许昌市控制单元 | 清潩河 | 临颍高村桥 | 劣V | V | 漯河市：临颍县；<br>许昌市：魏都区，许昌县，禹州市，长葛市 | 2016 | 总磷（0.2） |
| | | 泉河周口市控制单元 | 泉河 | 许庄 | V | Ⅳ | 周口市：商水县，沈丘县，项城市；<br>驻马店市：上蔡县 | 2019 | 生化需氧量（0.26） |
| | | 汝河驻马店市汝南沙口控制单元 | 汝河 | 汝南沙口 | V | Ⅳ | 驻马店市：确山县，汝南县，上蔡县，遂平县，西平县，驿城区 | 2018 | 总磷（0.29） |
| | | 浉河信阳市控制单元 | 南湾水库 | 饮用水源地取水口 | III | III | 信阳市：平桥区，浉河区 | 2016 | |
| | | | 浉河 | 信阳琵琶山桥 | Ⅳ | III | | 2019 | 化学需氧量（0.17） |
| | | 双洎河郑州市控制单元 | 双洎河 | 新郑黄甫寨 | 劣V | V | 郑州市：登封市，新密市，新郑市 | 2018 | 氨氮（0.04） |
| | | 沱河商丘市小王桥控制单元 | 沱河 | 小王桥 | 劣V | V | 商丘市：夏邑县，永城市，虞城县 | 2019 | 总磷（0.07） |
| | | | 沱河 | 永城张板桥 | 劣V | V | | 2018 | 总磷（0.07） |
| | | 颍河漯河市控制单元 | 颍河 | 西华址坊 | 劣V | V | 漯河市：临颍县，舞阳县，郾城区；<br>许昌市：襄城县；<br>周口市：西华县 | 2017 | 总磷（1.54） |
| | | 颍河周口市控制单元 | 颍河 | 界首七渡口 | 劣V | V | 许昌市：许昌县，鄢陵县，长葛市；<br>周口市：川汇区，郸城县，扶沟县，淮阳县，商水县，沈丘县，太康县，西华县，项城市 | 2019 | 总磷（0.3） |
| | | | 颍河 | 周口康店 | Ⅳ | Ⅳ | | 2016 | |

| 省份名称 | 流域 | 控制单元 | 水体 | 控制断面名称 | 2014年水质现状 | 2020年水质目标 | 控制范围 | 达标年限 | 首要超标因子及倍数 |
|---|---|---|---|---|---|---|---|---|---|
| 河南省 | 黄河流域 | 三门峡水库三门峡市控制单元 | 三门峡水库 | 三门峡水库 | Ⅳ | Ⅲ | 三门峡市：湖滨区，灵宝市，陕县 | 2018 | 总磷（0.27） |
| | | 伊洛河洛阳市控制单元 | 伊洛河 | 七里铺 | Ⅳ | Ⅲ | 洛阳市：洛龙区，孟津县，偃师市，伊川县；郑州市：巩义市，荥阳市 | 2019 | 石油类（0.17） |
| 湖北省 | 长江流域 | 大冶湖黄石市控制单元 | 大冶湖 | 大冶湖闸 | Ⅳ | Ⅲ | 黄石市：大冶市，阳新县 | 2020 | 生化需氧量（0.13） |
| | | 倒水武汉市控制单元 | 倒水 | 龙口 | Ⅳ | Ⅲ | 武汉市：新洲区 | 2017 | 化学需氧量（0.06） |
| | | 东荆河潜江市控制单元 | 东荆河 | 新刘家台 | Ⅳ | Ⅲ | 省直辖县级行政区划：潜江市 | 2020 | 生化需氧量（0.46） |
| | | 剑河十堰市控制单元 | 剑河 | 剑河口 | Ⅳ | Ⅲ | 十堰市：丹江口市 | 2018 | 氨氮（0.51） |
| | | 犟河十堰市控制单元 | 犟河 | 东湾桥 | 劣Ⅴ | 氨氮≤3.5mg/L，总磷≤0.5mg/L，其他指标为Ⅳ类 | 十堰市：张湾区 | 2020 | 氨氮（0.02） |
| | | 京山河荆门市控制单元 | 京山河 | 京山河郑李港 | 劣Ⅴ | Ⅲ | 荆门市：京山县 | 2017 | |
| | | 厥水随州市控制单元 | 厥水 | 厉山 | Ⅳ | Ⅲ | 随州市：随县 | 2019 | 总磷（0.39） |
| | | 蛮河襄阳市控制单元 | 蛮河 | 朱市 | Ⅳ | Ⅲ | 襄阳市：南漳县，宜城市 | 2020 | 总磷（0.48） |
| | | 南河神农架林区控制单元 | 南河 | 阳日湾 | Ⅳ | Ⅲ | 省直辖县级行政区划：神农架林区 | 2016 | 石油类（0.71） |
| | | 滠水武汉市控制单元 | 滠水 | 滠口 | Ⅳ | Ⅲ | 黄冈市：红安县；武汉市：黄陂区；孝感市：大悟县 | 2018 | 化学需氧量（0.2） |
| | | 神定河十堰市控制单元 | 神定河 | 神定河口 | 劣Ⅴ | 氨氮≤3.5mg/L，总磷≤0.35mg/L，其他指标为Ⅳ类 | 十堰市：茅箭区，郧县，张湾区 | 2020 | 氨氮（0.02） |

| 省份名称 | 流域 | 控制单元 | 水体 | 控制断面名称 | 2014 年水质现状 | 2020 年水质目标 | 控制范围 | 达标年限 | 首要超标因子及倍数 |
|---|---|---|---|---|---|---|---|---|---|
| 湖北省 | 长江流域 | 四湖总干渠荆州市-潜江市控制单元 | 四湖总干渠 | 新河村 | 劣Ⅴ | 氨氮≤3mg/L，其他指标为Ⅴ类 | 荆州市：监利县，江陵县，沙市区；省直辖县级行政区划：潜江市 | 2020 | 生化需氧量（0.26） |
| | | | 四湖总干渠 | 运粮湖同心队 | 劣Ⅴ | 氨氮≤3.5mg/L，总磷≤0.5mg/L，其他指标为Ⅴ类 | | 2020 | 阴离子表面活性剂（1.7） |
| | | 泗河十堰市控制单元 | 泗河 | 泗河口 | 劣Ⅴ | 氨氮≤3.5mg/L，总磷≤0.5mg/L，其他指标为Ⅳ类 | 十堰市：茅箭区 | 2020 | 总磷（0.06） |
| | | 通顺河仙桃市控制单元 | 通顺河 | 港洲村 | 劣Ⅴ | Ⅴ | 省直辖县级行政区划：潜江市，仙桃市 | 2019 | 氨氮（0.13） |
| | | 涢水武汉市控制单元 | 涢水 | 朱家河口 | 劣Ⅴ | 氨氮≤4mg/L，其他指标为Ⅴ类 | 武汉市：东西湖区，黄陂区，江岸区，江汉区，硚口区 | 2020 | 氨氮（0.2） |
| | | 涢水孝感市隔卜桥控制单元 | 涢水 | 隔卜桥 | Ⅳ | Ⅲ | 孝感市：安陆市，应城市，云梦县 | 2019 | 生化需氧量（0.28） |
| | | 涢水孝感市太平沙控制单元 | 涢水 | 太平沙 | 劣Ⅴ | Ⅴ | 武汉市：黄陂区；孝感市：孝昌县，孝南区 | 2019 | 氨氮（0.37） |
| | | 竹皮河荆门市控制单元 | 竹皮河 | 马良龚家湾 | 劣Ⅴ | 氨氮≤3mg/L，总磷≤0.5mg/L，其他指标为Ⅴ类 | 荆门市：东宝区，掇刀区，沙洋县 | 2020 | 化学需氧量（0.51） |
| 湖南省 | 长江流域 | 洞庭湖常德市控制单元 | 洞庭湖 | 蒋家嘴 | Ⅳ | 总磷≤0.1mg/L，其他指标为Ⅲ类 | 常德市：安乡县，鼎城区，汉寿县，津市市，澧县，石门县 | 2020 | 总磷（0.12） |
| | | 洞庭湖益阳市控制单元 | 大通湖 | 大通湖 | Ⅲ | Ⅲ | 益阳市：南县，沅江市，资阳区；岳阳市：汨罗市 | 2016 | |
| | | | 洞庭湖 | 南嘴 | Ⅳ | 总磷≤0.1mg/L，其他指标为Ⅲ类 | | 2020 | 总磷（0.08） |
| | | | | 小河嘴 | | | | | |
| | | | | 万子湖 | | | | | |

| 省份名称 | 流域 | 控制单元 | 水体 | 控制断面名称 | 2014年水质现状 | 2020年水质目标 | 控制范围 | 达标年限 | 首要超标因子及倍数 |
| --- | --- | --- | --- | --- | --- | --- | --- | --- | --- |
| 湖南省 | 长江流域 | 洞庭湖岳阳市控制单元 | 洞庭湖 | 扁山<br>洞庭湖出口<br>横岭湖<br>鹿角<br>虞公庙<br>岳阳楼<br>东洞庭湖 | Ⅳ | 总磷≤0.1mg/L，其他指标为Ⅲ类 | 岳阳市：华容县，汨罗市，湘阴县，岳阳楼区，岳阳县 | 2020 | 总磷（0.23） |
| | | 华容河岳阳市控制单元 | 华容河 | 六门闸 | Ⅳ | Ⅲ | 岳阳市：华容县，君山区 | 2020 | 化学需氧量（0.21） |
| | | 涟水侧水娄底市控制单元 | 涟水侧水 | 街埠头 | Ⅳ | Ⅲ | 娄底市：涟源市，双峰县；<br>邵阳市：邵东县 | 2016 | |
| | | 涟水娄底市控制单元 | 涟水 | 西阳渡口 | Ⅳ | Ⅲ | 娄底市：冷水江市，涟源市，娄星区，新化县；<br>邵阳市：北塔区，大祥区，邵东县，邵阳县，双清区，新邵县；<br>益阳市：安化县；<br>永州市：东安县 | 2018 | 氨氮（0.21） |
| | | 汨罗江岳阳市控制单元 | 汨罗江 | 南渡 | Ⅳ | Ⅲ | 岳阳市：汨罗市，平江县；<br>长沙市：长沙县 | 2019 | 砷（0.93） |
| | | 湘江捞刀河长沙市控制单元 | 湘江捞刀河 | 捞刀河口 | Ⅳ | Ⅲ | 岳阳市：汨罗市；<br>长沙市：开福区，浏阳市，长沙县 | 2020 | 氨氮（0.14） |
| | | 湘江浏阳河长沙市控制单元 | 湘江浏阳河 | 三角洲 | Ⅴ | Ⅳ | 长沙市：芙蓉区，开福区，浏阳市，天心区，雨花区，长沙县；<br>株洲市：醴陵市 | 2020 | 氨氮（0.33） |
| | | 湘江蒸水衡阳市控制单元 | 湘江蒸水 | 联江村 | Ⅲ | Ⅲ | 衡阳市：衡南县，衡阳县，石鼓区，蒸湘区；<br>邵阳市：邵东县 | 2016 | |
| | | | 湘江蒸水 | 蒸水入湘江口 | Ⅳ | Ⅲ | | 2020 | 氨氮（0.04） |

| 省份名称 | 流域 | 控制单元 | 水体 | 控制断面名称 | 2014 年水质现状 | 2020 年水质目标 | 控制范围 | 达标年限 | 首要超标因子及倍数 |
| --- | --- | --- | --- | --- | --- | --- | --- | --- | --- |
| 湖南省 | 长江流域 | 沅江渠水怀化市控制单元 | 沅江渠水 | 托口渠水 | Ⅳ | Ⅲ | 怀化市：洪江市，会同县，靖州苗族侗族自治县，通道侗族自治县；<br>邵阳市：城步苗族自治县，绥宁县 | 2017 | 总磷（0.29） |
| 广东省 | 珠江流域 | 淡水河深圳-惠州市紫溪控制单元 | 淡水河 | 紫溪 | 劣Ⅴ | Ⅴ | 惠州市：惠城区，惠阳区；<br>深圳市：龙岗区 | 2019 | 氨氮（1.18） |
| | | 东莞运河东莞市樟村（家乐福）控制单元 | 东莞运河 | 樟村（家乐福） | Ⅴ | Ⅳ | 东莞市：东莞市 | 2019 | 氨氮（0.12） |
| | | 东江南支流东莞市沙田泗盛控制单元 | 东江南支流 | 沙田泗盛 | Ⅳ | Ⅲ | 东莞市：东莞市 | 2019 | 溶解氧（2.58） |
| | | 韩江汕头市隆都控制单元 | 韩江东溪 | 隆都 | Ⅱ | Ⅱ | 潮州市：潮安区，饶平县，湘桥区；<br>汕头市：澄海区，金平区，龙湖区，南澳县 | 2016 | |
| | | | 韩江西溪 | 大衙 | Ⅱ | Ⅱ | | 2016 | |
| | | | 梅溪河 | 升平 | Ⅳ | Ⅲ | | 2017 | 石油类（0.28） |
| | | 鉴江茂名市江口门控制单元 | 鉴江 | 江口门 | Ⅳ | Ⅲ | 茂名市：高州市，化州市 | 2016 | 总磷（0.34） |
| | | 九洲江湛江市排里控制单元 | 鹤地水库 | 渠首 | Ⅲ | Ⅱ | 茂名市：化州市；<br>湛江市：廉江市 | 2019 | 总磷（0.85） |
| | | | 九洲江 | 排里 | Ⅲ | Ⅲ | | 2016 | |
| | | 练江揭阳-汕头市海门湾桥闸控制单元 | 练江 | 海门湾桥闸 | 劣Ⅴ | Ⅴ | 揭阳市：普宁市；<br>汕头市：潮南区，潮阳区 | 2020 | 溶解氧（7.34） |
| | | 茅洲河深圳市-东莞市共和村控制单元 | 茅洲河 | 共和村 | 劣Ⅴ | Ⅴ | 东莞市：东莞市；<br>深圳市：宝安区 | 2020 | 氨氮（11.14） |

| 省份名称 | 流域 | 控制单元 | 水体 | 控制断面名称 | 2014 年水质现状 | 2020 年水质目标 | 控制范围 | 达标年限 | 首要超标因子及倍数 |
|---|---|---|---|---|---|---|---|---|---|
| 广东省 | 珠江流域 | 深圳河深圳市河口控制单元 | 深圳河 | 深圳河口 | 劣V | V | 深圳市：福田区，龙岗区，罗湖区，南山区，盐田区 | 2018 | 氨氮（2.15） |
| | | 石马河深圳-东莞市旗岭控制单元 | 石马河 | 旗岭 | 劣V | V | 东莞市：东莞市；深圳市：宝安区，龙岗区 | 2019 | 氨氮（2.74） |
| | | 潭江江门市牛湾控制单元 | 潭江 | 牛湾 | Ⅳ | Ⅱ | 江门市：恩平市，鹤山市，开平市，台山市；云浮市：新兴县 | 2020 | 溶解氧（1.8） |
| | | 小东江茂名市石碧控制单元 | 小东江 | 石碧 | 劣V | Ⅳ | 茂名市：高州市，茂南区 | 2020 | 氨氮（0.74） |
| | | 珠江干流佛山-广州市鸦岗控制单元 | 珠江广州河段 | 鸦岗 | V | Ⅳ | 佛山市：南海区，三水区；广州市：白云区，从化区，花都区；清远市：清城区 | 2019 | 氨氮（0.64） |
| 海南省 | 珠江流域 | 昌化江东方市-昌江黎族自治县水库库心控制单元 | 大广坝水库 | 水库库心 | Ⅲ | Ⅱ | 省直辖县级行政区划：昌江黎族自治县，东方市 | 2019 | 镉（0.51） |
| 重庆市 | 长江流域 | 大溪河（武隆）重庆市控制单元 | 大溪河（武隆） | 鸭江镇 | V | Ⅳ | 市辖区：南川区；县：武隆县 | 2019 | |
| | | 临江河重庆市控制单元 | 临江河 | 朱杨溪 | Ⅳ | Ⅲ | 市辖区：江津区，永川区 | 2019 | 总磷（0.34） |
| | | 龙溪河重庆市六剑滩控制单元 | 龙溪河 | 六剑滩 | Ⅳ | Ⅲ | 县：垫江县，梁平县 | 2018 | 氨氮（0.27） |
| | | 綦江河重庆市控制单元 | 綦江河 | 北渡 | Ⅳ | Ⅲ | 市辖区：綦江区 | 2016 | 总磷（0.17） |
| | | 任市河重庆市控制单元 | 任市河 | 联盟桥 | V | Ⅲ | 县：梁平县 | 2017 | 化学需氧量（0.59） |
| | | 乌江重庆市白马控制单元 | 乌江 | 白马 | V | Ⅲ | 市辖区：南川区；县：彭水苗族土家族自治县，武隆县 | 2020 | |
| | | 乌江重庆市锣鹰控制单元 | 乌江 | 锣鹰 | V | Ⅲ | 县：彭水苗族土家族自治县，武隆县，酉阳土家族苗族自治县 | 2020 | |

| 省份名称 | 流域 | 控制单元 | 水体 | 控制断面名称 | 2014 年水质现状 | 2020 年水质目标 | 控制范围 | 达标年限 | 首要超标因子及倍数 |
|---|---|---|---|---|---|---|---|---|---|
| 四川省 | 长江流域 | 北河德阳市控制单元 | 北河 | 201 医院 | Ⅳ | Ⅲ | 成都市：金堂县；德阳市：广汉市，旌阳区，罗江县，绵竹市 | 2017 | 总磷（0.13） |
| | | | 绵远河 | 八角 | Ⅲ | Ⅲ | | 2016 | |
| | | 府河成都市控制单元 | 府河 | 黄龙溪 | 劣Ⅴ | Ⅴ | 成都市：成华区，都江堰市，高新区，金牛区，锦江区，龙泉驿区，郫县，青羊区，双流区，温江区，武侯区，新都区；眉山市：仁寿县 | 2019 | 氨氮（0.53） |
| | | 江安河成都市控制单元 | 江安河 | 二江寺 | 劣Ⅴ | Ⅴ | 成都市：都江堰市，郫县，双流区，温江区，武侯区 | 2019 | 氨氮（0.18） |
| | | 濑溪河泸州市控制单元 | 濑溪河 | 胡市大桥 | Ⅳ | Ⅲ | 泸州市：龙马潭区，泸县；内江市：隆昌县；自贡市：富顺县 | 2019 | 高锰酸盐指数（0.09） |
| | | 鲁班水库绵阳市控制单元 | 鲁班水库 | 鲁班岛 | Ⅳ | Ⅲ | 德阳市：中江县；绵阳市：三台县 | 2018 | 总磷（0.27） |
| | | 岷江（外江）成都市控制单元 | 岷江（外江） | 岳店子下 | Ⅳ | 总磷≤0.22mg/L，其他指标为Ⅲ类 | 成都市：崇州市，大邑县，都江堰市，蒲江县，邛崃市，双流区，温江区，新津县；眉山市：丹棱县；雅安市：名山区 | 2020 | 总磷（0.24） |
| | | 岷江乐山市控制单元 | 岷江 | 月波 | 劣Ⅴ | Ⅳ | 乐山市：犍为县，井研县，沐川县，沙湾区，市中区，五通桥区；眉山市：仁寿县；宜宾市：宜宾县；自贡市：荣县 | 2020 | 总磷（0.34） |

| 省份名称 | 流域 | 控制单元 | 水体 | 控制断面名称 | 2014年水质现状 | 2020年水质目标 | 控制范围 | 达标年限 | 首要超标因子及倍数 |
|---|---|---|---|---|---|---|---|---|---|
| 四川省 | 长江流域 | 岷江眉山市彭山岷江大桥控制单元 | 岷江 | 彭山岷江大桥 | Ⅴ | 总磷≤0.33mg/L，其他指标为Ⅳ类 | 成都市：双流区，天府新区成都片区；<br>眉山市：彭山区 | 2020 | 总磷（0.21） |
| | | 岷江眉山市悦来渡口控制单元 | 岷江 | 悦来渡口 | Ⅴ | 总磷≤0.32mg/L，其他指标为Ⅳ类 | 乐山市：夹江县，井研县；<br>眉山市：丹棱县，东坡区，彭山区，青神县，仁寿县 | 2020 | 总磷（0.15） |
| | | 岷江宜宾市控制单元 | 岷江 | 凉姜沟 | Ⅳ | 总磷≤0.28mg/L，其他指标为Ⅲ类 | 宜宾市：翠屏区，屏山县，宜宾县；<br>自贡市：贡井区，荣县，自流井区 | 2020 | |
| | | 琼江遂宁市光辉控制单元 | 琼江 | 光辉 | Ⅳ | Ⅲ | 遂宁市：安居区；<br>资阳市：安岳县 | 2020 | 化学需氧量（0.32） |
| | | 石亭江德阳市控制单元 | 石亭江 | 双江桥 | 劣Ⅴ | Ⅴ | 德阳市：广汉市，旌阳区，绵竹市，什邡市 | 2018 | 总磷（0.05） |
| | | 沱江成都市控制单元 | 沱江 | 宏缘 | Ⅳ | 总磷≤0.22mg/L，其他指标为Ⅲ类 | 成都市：成华区，金牛区，金堂县，龙泉驿区，青白江区，新都区；<br>德阳市：广汉市；<br>资阳市：简阳市 | 2020 | 氨氮（0.42） |
| | | 沱江泸州市控制单元 | 沱江 | 沱江大桥 | Ⅳ | 总磷≤0.22mg/L，其他指标为Ⅲ类 | 泸州市：江阳区，龙马潭区，泸县 | 2020 | 总磷（0.09） |
| | | 沱江内江市控制单元 | 沱江 | 脚仙村 | 劣Ⅴ | Ⅳ | 内江市：东兴区，市中区，资中县；<br>资阳市：安岳县，乐至县，雁江区 | 2016 | 总磷（12.03） |
| | | 沱江自贡市大磨子控制单元 | 沱江 | 大磨子 | Ⅳ | 总磷≤0.22mg/L，其他指标为Ⅲ类 | 宜宾市：江安县，南溪区；<br>自贡市：富顺县 | 2020 | 总磷（0.04） |
| | | 沱江自贡市李家湾控制单元 | 釜溪河 | 碳研所 | 劣Ⅴ | Ⅴ | 自贡市：富顺县，沿滩区，大安区，贡井区，荣县，自流井区 | 2020 | 总磷（16.71） |
| | | | 沱江 | 李家湾 | 劣Ⅴ | Ⅳ | | 2017 | 总磷（12.63） |

| 省份名称 | 流域 | 控制单元 | 水体 | 控制断面名称 | 2014 年水质现状 | 2020 年水质目标 | 控制范围 | 达标年限 | 首要超标因子及倍数 |
|---|---|---|---|---|---|---|---|---|---|
| 四川省 | 长江流域 | 威远河内江市控制单元 | 威远河 | 廖家堰 | V | Ⅳ | 内江市：隆昌县，市中区，威远县；宜宾市：宜宾县 | 2020 | 氨氮（0.45） |
| | | 鸭子河德阳市控制单元 | 鸭子河 | 三川 | 劣Ⅴ | Ⅴ | 成都市：彭州市；德阳市：广汉市，什邡市 | 2018 | 总磷（0.03） |
| 贵州省 | 长江流域 | 白甫河毕节市控制单元 | 白甫河 | 高店 | 劣Ⅴ | Ⅴ | 毕节市：大方县，七星关区 | 2018 | 氨氮（1.27） |
| | | 清水河贵阳市控制单元 | 清水河 | 新庄 | 劣Ⅴ | Ⅴ | 贵阳市：花溪区，南明区，乌当区，云岩区；黔南布依族苗族自治州：龙里县 | 2016 | 氨氮（1.28） |
| | | 清水江黔东南州控制单元 | 清水江 | 旁海 | 劣Ⅴ | Ⅳ | 黔东南苗族侗族自治州：丹寨县，黄平县，凯里市，麻江县 | 2020 | 总磷（2.57） |
| | | 乌江黔南州控制单元 | 乌江 | 沿江渡 | Ⅴ | Ⅲ | 毕节市：大方县，金沙县，黔西县；贵阳市：白云区，开阳县，乌当区，息烽县；黔南布依族苗族自治州：瓮安县；遵义市：遵义县 | 2020 | 总磷（0.91） |
| | | 乌江铜仁市万木控制单元 | 乌江 | 万木 | Ⅴ | Ⅲ | 铜仁市：德江县，思南县，沿河土家族自治县，印江土家族苗族自治县 | 2018 | 总磷（0.56） |
| | | 乌江铜仁市乌杨树控制单元 | 乌江 | 乌杨树 | Ⅳ | Ⅲ | 铜仁市：德江县，石阡县，思南县，印江土家族苗族自治县；遵义市：凤冈县 | 2019 | 总磷（0.33） |
| | | 乌江遵义市控制单元 | 乌江 | 大乌江镇 | 劣Ⅴ | Ⅴ | 黔东南苗族侗族自治州：黄平县，施秉县；铜仁市：石阡县；遵义市：湄潭县，余庆县 | 2019 | 总磷（0.26） |

| 省份名称 | 流域 | 控制单元 | 水体 | 控制断面名称 | 2014年水质现状 | 2020年水质目标 | 控制范围 | 达标年限 | 首要超标因子及倍数 |
|---|---|---|---|---|---|---|---|---|---|
| 贵州省 | 长江流域 | 羊昌河黔东南州控制单元 | 羊昌河 | 凤山桥边 | 劣Ⅴ | 总磷≤3mg/L，其他指标为Ⅴ类 | 黔东南苗族侗族自治州：麻江县；黔南布依族苗族自治州：福泉市 | 2020 | 总磷（3.17） |
| | | 沅江黔东南州控制单元 | 沅江 | 托口 | Ⅳ | Ⅲ | 黔东南苗族侗族自治州：剑河县，锦屏县，雷山县，黎平县，三穗县，施秉县，台江县，天柱县，镇远县 | 2016 | 总磷（0.29） |
| | | 重安江黔东南州控制单元 | 重安江 | 重安江大桥 | 劣Ⅴ | 总磷≤2mg/L，其他指标为Ⅴ类 | 黔东南苗族侗族自治州：黄平县，凯里市 | 2020 | 总磷（1.89） |
| 云南省 | 西南诸河 | 黑惠江大理州控制单元 | 黑惠江 | 徐村桥 | Ⅳ | Ⅲ | 保山市：昌宁县；大理白族自治州：洱源县，剑川县，漾濞彝族自治县，永平县，云龙县 | 2018 | 石油类（0.52） |
| | | 礼社江大理州控制单元 | 礼社江 | 龙树桥 | Ⅳ | Ⅲ | 楚雄彝族自治州：南华县；大理白族自治州：弥渡县，南涧彝族自治县，巍山彝族回族自治县，祥云县 | 2017 | 总磷（0.37） |
| | | 芒市大河德宏州控制单元 | 芒市大河 | 风平 | Ⅳ | Ⅲ | 保山市：龙陵县；德宏傣族景颇族自治州：芒市 | 2020 | 生化需氧量（0.25） |
| | | 西洱河大理州控制单元 | 西洱河 | 四级坝 | 劣Ⅴ | 氨氮≤4.0mg/L，其他指标为Ⅴ类 | 大理白族自治州：大理市，漾濞彝族自治县；丽江市：玉龙纳西族自治县 | 2020 | 溶解氧（7.5） |
| | | 小河底河玉溪市控制单元 | 小河底河 | 小河底河 | Ⅳ | Ⅲ | 红河哈尼族彝族自治州：石屏县；玉溪市：峨山彝族自治县，新平彝族傣族自治县，元江哈尼族彝族傣族自治县 | 2019 | 总磷（0.09） |

| 省份名称 | 流域 | 控制单元 | 水体 | 控制断面名称 | 2014 年水质现状 | 2020 年水质目标 | 控制范围 | 达标年限 | 首要超标因子及倍数 |
|---|---|---|---|---|---|---|---|---|---|
| 云南省 | 西南诸河 | 异龙湖红河州控制单元 | 异龙湖 | 异龙湖中 | 劣Ⅴ | COD≤60mg/L，其他指标为Ⅴ类 | 红河哈尼族彝族自治州：石屏县 | 2019 | 化学需氧量（0.44） |
| | 长江流域 | 船房河昆明市控制单元 | 船房河 | 船房五社桥头（一检站） | Ⅴ | Ⅴ | 昆明市：西山区 | 2016 | |
| | | | 西坝河 | 新河村入湖口（金属筛片厂小桥） | 劣Ⅴ | Ⅴ | | 2020 | 阴离子表面活性剂（0.92） |
| | | 滇池草海昆明市控制单元 | 滇池草海 | 断桥 | 劣Ⅴ | Ⅴ | 昆明市：五华区，西山区 | 2018 | 化学需氧量（0.43） |
| | | | | 草海中心 | | | | | |
| | | 滇池外海昆明市控制单元 | 滇池外海 | 白鱼口 | 劣Ⅴ | COD≤50mg/L，其他指标为Ⅳ类 | 昆明市：官渡区，晋宁县 | 2020 | 化学需氧量（0.43），总磷（0.37） |
| | | | | 滇池南 | | | | | |
| | | | | 观音山东 | | | | | |
| | | | | 观音山西 | | | | | |
| | | | | 海口西 | | | | | |
| | | | | 灰湾中 | | | | | |
| | | | | 罗家营 | | | | | |
| | | | | 观音山中 | | | | | |
| | | | 东大河 | 东大河滇池入湖口 | Ⅳ | Ⅳ | | 2016 | |
| | | 龙川江楚雄州西观桥控制单元 | 龙川江 | 西观桥 | 劣Ⅴ | Ⅳ | 楚雄彝族自治州：楚雄市，牟定县，南华县 | 2020 | 氨氮（1.43） |
| | | 鸣矣河昆明市控制单元 | 鸣矣河 | 通仙桥 | 劣Ⅴ | Ⅴ | 昆明市：安宁市，晋宁县 | 2020 | 总磷（2.46） |
| | | 牛栏江昆明市崔家庄控制单元 | 牛栏江 | 崔家庄 | Ⅳ | Ⅲ | 昆明市：嵩明县，寻甸回族彝族自治县 | 2019 | 化学需氧量（0.15） |
| | | 螳螂川昆明市控制单元 | 螳螂川 | 富民大桥 | 劣Ⅴ | Ⅴ | 昆明市：安宁市，五华区，西山区 | 2020 | 化学需氧量（0.49） |
| | | 以礼河曲靖市控制单元 | 以礼河 | 以礼河水文站 | 劣Ⅴ | Ⅲ | 曲靖市：会泽县 | 2016 | 镉（0.01） |

| 省份名称 | 流域 | 控制单元 | 水体 | 控制断面名称 | 2014年水质现状 | 2020年水质目标 | 控制范围 | 达标年限 | 首要超标因子及倍数 |
|---|---|---|---|---|---|---|---|---|---|
| 云南省 | 珠江流域 | 杞麓湖玉溪市控制单元 | 杞麓湖 | 杞麓湖心 | 劣V | COD≤50mg/L，其他指标为V类 | 玉溪市：通海县 | 2020 | 化学需氧量（0.06） |
| | | 星云湖玉溪市控制单元 | 星云湖 | 星云湖心 | 劣V | 总磷≤0.4mg/L，其他指标为V类 | 玉溪市：江川县 | 2020 | PH |
| | | 阳宗海昆明市控制单元 | 阳宗海 | 阳宗海中 | IV | III | 昆明市：宜良县；玉溪市：澄江县 | 2017 | 砷（0.1） |
| 陕西省 | 黄河流域 | 灞河西安市三郎村控制单元 | 灞河 | 三郎村 | 劣V | V | 西安市：灞桥区，蓝田县，未央区，新城区，雁塔区，长安区 | 2019 | 氨氮（0.68） |
| | | 北洛河延安市控制单元 | 北洛河 | 田庄镇南城村 | IV | III | 铜川市：宜君县；延安市：富县，甘泉县，黄陵县，洛川县，吴起县，志丹县；榆林市：定边县，靖边县 | 2018 | 总磷（0.03） |
| | | 黄河渭南市控制单元 | 黄河 | 风陵渡大桥 | IV | III | 渭南市：大荔县，韩城市，合阳县，潼关县 | 2019 | 化学需氧量（0.06） |
| | | 黄河延安市控制单元 | 黄河 | 龙门 | IV | III | 渭南市：韩城市；延安市：宜川县；榆林市：清涧县 | 2018 | 生化需氧量（0.16） |
| | | 清涧河延安市控制单元 | 清涧河 | 王家河 | IV | III | 延安市：延川县，子长县；榆林市：清涧县 | 2017 | 化学需氧量（0.1） |
| | | 石川河铜川市控制单元 | 石川河 | 岔口 | 劣V | V | 铜川市：王益区，耀州区，印台区 | 2019 | 总磷（1.64） |
| | | 渭河西安市沙王渡控制单元 | 渭河 | 沙王渡 | V | IV | 铜川市：王益区，耀州区；渭南市：富平县；西安市：高陵县，临潼区，阎良区；咸阳市：淳化县，泾阳县，三原县 | 2020 | 氨氮（0.21） |

| 省份名称 | 流域 | 控制单元 | 水体 | 控制断面名称 | 2014年水质现状 | 2020年水质目标 | 控制范围 | 达标年限 | 首要超标因子及倍数 |
|---|---|---|---|---|---|---|---|---|---|
| 陕西省 | 黄河流域 | 渭河西安市新丰镇大桥控制单元 | 渭河 | 新丰镇大桥 | 劣V | V | 西安市：灞桥区，碑林区，高陵县，户县，莲湖区，临潼区，未央区，新城区，雁塔区，长安区；<br>咸阳市：泾阳县，秦都区，渭城区，武功县，兴平市 | 2020 | 氨氮（0.02） |
| | | 渭河咸阳市控制单元 | 渭河 | 咸阳铁桥 | V | Ⅳ | 西安市：户县；<br>咸阳市：乾县，秦都区，渭城区，武功县，兴平市，杨陵区 | 2020 | 氨氮（0.28） |
| | | 无定河榆林市控制单元 | 无定河 | 辛店 | Ⅳ | Ⅲ | 延安市：吴起县，子长县；<br>榆林市：定边县，横山县，靖边县，米脂县，清涧县，绥德县，榆阳区，子洲县 | 2018 | 氨氮（0.02） |
| | | 延河延安市朱家沟控制单元 | 延河 | 朱家沟 | Ⅳ | Ⅲ | 延安市：安塞县，宝塔区 | 2020 | 生化需氧量（0.24） |
| 甘肃省 | 西北诸河 | 北大河酒泉市控制单元 | 北大河 | 城郊农场 | 劣V | Ⅲ | 酒泉市：肃州区；<br>张掖市：肃南裕固族自治县 | 2020 | 氨氮（2.09） |
| 青海省 | 黄河流域 | 北川河西宁市润泽桥控制单元 | 湟水 | 润泽桥 | Ⅳ | Ⅲ | 西宁市：大通回族土族自治县 | 2018 | 总磷（0.32） |
| | | 湟水西宁市小峡桥控制单元 | 湟水 | 小峡桥 | V | Ⅳ | 海东市：互助土族自治县；<br>西宁市：城北区，城东区，城西区，城中区，湟中县 | 2019 | 氨氮（0.21） |

| 省份名称 | 流域 | 控制单元 | 水体 | 控制断面名称 | 2014年水质现状 | 2020年水质目标 | 控制范围 | 达标年限 | 首要超标因子及倍数 |
|---|---|---|---|---|---|---|---|---|---|
| 宁夏回族自治区 | 黄河流域 | 葫芦河固原市控制单元 | 葫芦河 | 玉桥 | V | Ⅳ | 固原市：隆德县，西吉县，原州区；中卫市：海原县 | 2017 | 生化需氧量（0.22） |
| | | 沙湖石嘴山市控制单元 | 沙湖 | 沙湖 | Ⅳ | III | 石嘴山市：平罗县 | 2017 | 化学需氧量（1） |
| 新疆维吾尔自治区 | 西北诸河 | 博斯腾湖巴音郭楞蒙古自治州控制单元 | 博斯腾湖（东半湖） | 博湖15 | Ⅳ | III | 巴音郭楞蒙古自治州：博湖县，和静县，和硕县，焉耆回族自治县 | 2020 | 化学需氧量（0.43） |
| | | | | 博湖16 | | | | | |
| | | | | 博湖2 | | | | | |
| | | | | 博湖3 | | | | | |
| | | | | 博湖4 | | | | | |
| | | | | 博湖5 | | | | | |
| | | | | 博湖6 | | | | | |
| | | | | 博湖17 | | | | | |
| | | 博斯腾湖巴音郭楞蒙古自治州控制单元 | 博斯腾湖（西半湖） | 博湖10 | Ⅳ | III | 巴音郭楞蒙古自治州：博湖县，和静县，和硕县，焉耆回族自治县 | 2020 | 化学需氧量（0.39） |
| | | | | 博湖11 | | | | | |
| | | | | 博湖12 | | | | | |
| | | | | 博湖13 | | | | | |
| | | | | 博湖14 | | | | | |
| | | | | 博湖7 | | | | | |
| | | | | 博湖8 | | | | | |
| | | | | 博湖9 | | | | | |
| | | | | 博湖1 | | | | | |
| | | 克孜河喀什地区控制单元 | 克孜河 | 十二医院 | 劣V | V | 喀什地区：伽师县，喀什市，疏附县，疏勒县，英吉沙县，岳普湖县；克孜勒苏柯尔克孜自治州：阿克陶县，阿图什市，乌恰县 | 2020 | 氨氮（0.69） |

# 关于建设项目环境影响评价资质审查结果（2016年第十二批）的公告

环境保护部公告　2016年第45号

根据《建设项目环境影响评价资质管理办法》（环境保护部令　第36号）及相关文件的规定，我部对申请建设项目环境影响评价资质（以下简称资质）的相关机构进行了审查。现将审查结果（2016年第十二批）公告如下：

一、批准浙江问鼎辐射防护工程有限公司资质。

二、批准天津市环境保护科学研究院等13家环保系统环评机构脱钩。其中，不予批准大同市环境保护研究所等3家脱钩后机构部分评价范围。

三、批准核工业二四〇研究所科技开发部资质证书中的机构名称变更。

四、批准武汉华凯环境安全技术发展有限公司资质延续，并对我部2016年第41号公告中江西诚达工程咨询监理有限公司批准延续的评价范围予以更正。

五、批准江苏宏宇环境科技有限公司等15家机构资质证书中的住所变更或法定代表人变更。

六、批准北京市环境保护科学研究院等2家机构注销资质。

审查结果的具体情况详见附件。第一至五项中的机构请于60日内携带单位证明，到我部行政审批大厅领取资质证书，其中第二至五项中的机构应在领取资质证书时携带原资质证书正、副本原件；第六项中的机构请于10日内将原资质证书正、副本原件寄回我部行政审批大厅。自本公告发布之日起，第二至六项中的机构原资质证书正、副本原件同时作废。

上述机构如不服本公告决定的，可在接到本公告之日起60日内向我部申请行政复议，也可在接到本公告之日起6个月内依法提起行政诉讼。在未获延续的评价范围内，已承接的环境影响报告书（表）需继续完成的，应在本公告发布之日起15日内，将有关情况连同编制委托合同等证明材料报我部审核。

行政审批大厅地址：北京市西城区西直门南小街115号（邮编：100035）

联系人：关雎

电话：（010）66556045

附件：建设项目环境影响评价资质审查结果（2016年第十二批）

环境保护部

2016年6月12日

附件

# 建设项目环境影响评价资质审查结果

## （2016 年第十二批）

| 序号 | 机构名称 | 资质证书编号 | 申请事项 | 审查结果 |
|---|---|---|---|---|
| 1 | 浙江问鼎辐射防护工程有限公司 | 国环评证乙字第 2053 号 | 首次申请 | 批准乙级资质，评价范围为一般项目和核与辐射项目环境影响报告表类别。资质有效期自本公告发布之日起四年 |
| 2 | 天津市环境保护科学研究院 | 国环评证甲字第 1101 号 | 环保系统环评机构脱钩、机构名称变更、住所变更、法定代表人变更 | 批准资质证书中的机构名称变更为自然人出资成立的天津环科源环保科技有限公司。评价范围为化工石化医药、冶金机电环境影响报告书甲级类别；轻工纺织化纤、建材火电、交通运输、社会服务环境影响报告书乙级类别和一般项目环境影响报告表类别。批准资质证书中的住所变更和法定代表人变更。资质有效期自本公告发布之日起四年。<br>因相应类别环评工程师人数不足，不予批准建材火电、社会服务环境影响报告书甲级类别评价范围 |
| 3 | 浙江环科环境咨询有限公司 | 国环评证甲字第 2003 号 | 环保系统环评机构脱钩、法定代表人变更 | 批准脱钩，整体划转至国有资产监督管理委员会。评价范围为轻工纺织化纤、化工石化医药、冶金机电、建材火电、农林水利、交通运输、社会服务、海洋工程环境影响报告书甲级类别；采掘环境影响报告书乙级类别；一般项目和核与辐射项目环境影响报告表类别。批准资质证书中的法定代表人变更资质有效期自本公告发布之日起四年 |
| 4 | 福建省环境保护设计院 | 国环评证甲字第 2205 号 | 环保系统环评机构脱钩 | 该机构关于脱钩的申请，符合“关于印发《全国环保系统环评机构脱钩工作方案》的通知”（环发〔2015〕37 号）相关要求。批准脱钩，整体划转至福建省国有资产管理有限公司。评价范围为交通运输、社会服务环境影响报告书甲级类别；轻工纺织化纤、化工石化医药、冶金机电、农林水利、输变电及广电通信环境影响报告书乙级类别；一般项目和核与辐射项目环境影响报告表类别。<br>因该机构目前仍保留事业单位法人资格，不符合《建设项目环境影响评价资质管理办法》（环境保护部令第 36 号）对环评机构法人资格的相关要求，需完成事业单位改制。资质有效期自本公告发布之日起至 2016 年 12 月 31 日 |
| 5 | 山东省环境保护科学研究设计院 | 国环评证甲字第 2402 号 | 环保系统环评机构脱钩、机构名称变更、住所变更、法定代表人变更 | 批准资质证书中的机构名称变更为华鲁控股集团有限公司出资成立的山东省环科院环境科技有限公司。评价范围为轻工纺织化纤、化工石化医药、冶金机电、建材火电、农林水利、采掘、交通运输、社会服务环境影响报告书甲级类别；一般项目和核与辐射项目环境影响报告表类别。批准资质证书中的住所变更和法定代表人变更。资质有效期自本公告发布之日起四年 |

| 序号 | 机构名称 | 资质证书编号 | 申请事项 | 审查结果 |
| --- | --- | --- | --- | --- |
| 6 | 重庆市环境科学研究院 | 国环评证甲字第 3103 号 | 环保系统环评机构脱钩、机构名称变更、住所变更 | 批准资质证书中的机构名称变更为自然人和富勤环保（中国）有限公司、重庆知坤环保科技有限公司共同出资成立的重庆环科院博达环保科技有限公司。评价范围为化工石化医药、建材火电环境影响报告书甲级类别；轻工纺织化纤、冶金机电、农林水利、交通运输、社会服务环境影响报告书乙级类别和一般项目环境影响报告表类别。批准资质证书中的住所变更。资质有效期自本公告发布之日起四年 |
| 7 | 甘肃省环境科学设计研究院 | 国环评证甲字第 3702 号 | 环保系统环评机构脱钩、机构名称变更、住所变更、法定代表人变更 | 批准资质证书中的机构名称变更为自然人出资成立的甘肃创新环境科技有限责任公司。评价范围为化工石化医药环境影响报告书甲级类别；冶金机电、建材火电、农林水利、采掘、交通运输、社会服务环境影响报告书乙级类别和一般项目环境影响报告表类别。批准资质证书中的住所变更和法定代表人变更。资质有效期自本公告发布之日起四年 |
| 8 | 大同市环境保护研究所 | 国环评证乙字第 1301 号 | 环保系统环评机构脱钩、机构名称变更、住所变更、法定代表人变更 | 批准资质证书中的机构名称变更为绿中（北京）环保科技有限公司出资成立的绿中北京（大同）环保科技有限公司。评价范围为轻工纺织化纤、化工石化医药、社会服务环境影响报告书乙级类别和一般项目环境影响报告表类别。批准资质证书中的住所变更和法定代表人变更。资质有效期自本公告发布之日起四年。<br>因相应类别环评工程师人数不足，不予批准采掘环境影响报告书乙级类别评价范围 |
| 9 | 阜新市鑫源环境保护有限公司 | 国环评证乙字第 1517 号 | 环保系统环评机构脱钩、住所变更、法定代表人变更（申请评价范围：轻工纺织化纤、采掘、社会服务环境影响报告书乙级类别和一般项目环境影响报告表类别） | 批准脱钩，已完成股权变更至自然人。评价范围为轻工纺织化纤、采掘、社会服务环境影响报告书乙级类别和一般项目环境影响报告表类别。批准资质证书中的住所变更和法定代表人变更。资质有效期自本公告发布之日起四年 |
| 10 | 绍兴市环保科技服务中心 | 国环评证乙字第 2044 号 | 环保系统环评机构脱钩、机构名称变更、住所变更、法定代表人变更 | 批准资质证书中的机构名称变更为绍兴市基础设施建设投资有限公司出资成立的绍兴市城投环保科技有限公司。评价范围为轻工纺织化纤、社会服务环境影响报告书乙级类别和一般项目环境影响报告表类别。批准资质证书中的住所变更和法定代表人变更。资质有效期自本公告发布之日起四年。<br>因相应类别环评工程师人数不足，不予批准冶金机电环境影响报告书乙级类别评价范围 |
| 11 | 浙江环耀环境建设有限公司 | 国环评证乙字第 2046 号 | 环保系统环评机构脱钩 | 批准脱钩，已完成股权变更至自然人。评价范围为轻工纺织化纤、化工石化医药、冶金机电、社会服务环境影响报告书乙级类别和一般项目环境影响报告表类别。资质有效期自本公告发布之日起四年 |

| 序号 | 机构名称 | 资质证书编号 | 申请事项 | 审查结果 |
| --- | --- | --- | --- | --- |
| 12 | 湖南润美环保科技有限公司 | 国环评证乙字第 2701 号 | 环保系统环评机构脱钩 | 批准脱钩，已完成股权变更至自然人。评价范围为轻工纺织化纤、化工石化医药、冶金机电、社会服务环境影响报告书乙级类别和一般项目环境影响报告表类别。资质有效期自本公告发布之日起四年 |
| 13 | 衡阳市环境保护科学研究所 | 国环评证乙字第 2715 号 | 环保系统环评机构脱钩、机构名称变更、住所变更、法定代表人变更 | 批准资质证书中的机构名称变更为自然人出资成立的湖南吉泽环保工程有限公司。评价范围为一般项目环境影响报告表类别。批准资质证书中的住所变更和法定代表人变更。资质有效期自本公告发布之日起四年 |
| 14 | 娄底市环境保护科学研究所 | 国环评证乙字第 2724 号 | 环保系统环评机构脱钩、机构名称变更、住所变更、法定代表人变更 | 批准资质证书中的机构名称变更为娄底市创业投资有限责任公司出资成立的湖南鑫创咨询管理有限责任公司。评价范围为化工石化医药、冶金机电、采掘、社会服务环境影响报告书乙级类别和一般项目环境影响报告表类别。批准资质证书中的住所变更和法定代表人变更。资质有效期自本公告发布之日起四年 |
| 15 | 核工业二四〇研究所科技开发部 | 国环评证乙字第 1528 号 | 机构名称变更、调整评价范围、法定代表人变更 | 批准资质证书中的机构名称变更为核工业二四〇研究所。批准增加核工业、社会服务环境影响报告书乙级类别评价范围。批准资质证书中的法定代表人变更 |
| 16 | 江西诚达工程咨询监理有限公司 | 国环评证乙字第 2323 号 | 资质延续 | 批准资质延续，评价范围为一般项目和核与辐射项目环境影响报告表类别。资质有效期自 2016 年 6 月 3 日至 2016 年 12 月 31 日 |
| 17 | 武汉华凯环境安全技术发展有限公司 | 国环评证乙字第 2636 号 | 资质延续 | 批准资质延续，评价范围为社会服务、输变电及广电通信环境影响报告书乙级类别；一般项目和核与辐射项目环境影响报告表类别。资质有效期自本公告发布之日起至 2016 年 12 月 31 日 |
| 18 | 江苏宏宇环境科技有限公司 | 国环评证乙字第 1970 号 | 住所变更 | 批准资质证书中的住所变更 |
| 19 | 山东伟峰环境科学研究院有限公司 | 国环评证乙字第 2445 号 | 住所变更 | 批准资质证书中的住所变更 |
| 20 | 常德市双赢环境咨询服务有限公司 | 国环评证乙字第 2721 号 | 住所变更、法定代表人变更 | 批准资质证书中的住所变更和法定代表人变更 |
| 21 | 重庆一三六地质队 | 国环评证乙字第 3141 号 | 法定代表人变更 | 批准资质证书中的法定代表人变更 |
| 22 | 北京市环境保护科学研究院 | 国环评证甲字第 1011 号 | 注销资质 | 批准注销资质 |
| 23 | 浙江国辐环保科技中心 | 国环评证甲字第 2005 号 | 注销资质 | 批准注销资质 |

# 关于授予吉林省通化县等10个县（市、区）“国家生态县（市、区）”称号的公告

环境保护部公告　2016年第46号

为贯彻落实党中央、国务院关于加快推进生态文明建设的决策部署，吉林省通化县等10个县（市、区）积极开展国家生态县（市、区）创建，目前已经达到国家生态县（市、区）考核指标要求。根据《国家生态建设示范区管理规程》等规定，我部决定授予通化县等10个县（市、区）“国家生态县（市、区）”称号。

希望获得称号的县（市、区）珍惜荣誉，再接再厉，贯彻落实创新、协调、绿色、开放、共享五大发展理念，争当绿水青山就是金山银山的践行者和引领者，全面加强生态环境保护，不断提升生态文明水平，为早日实现天蓝、地绿、水清的美丽中国做出新的贡献。

特此公告。

附件：国家生态县（市、区）名单

环境保护部

2016年6月23日

**附件**

## 国家生态县（市、区）名单

吉林省通化县

辽宁省辽中县

江苏省南京市、南通市、泰州市姜堰区、如皋市、仪征市

四川省成都市锦江区、龙泉驿区、崇州市

# 关于发布《土壤　电导率的测定　电极法》等六项国家环境保护标准的公告

环境保护部公告　2016年第47号

为贯彻《中华人民共和国环境保护法》，保护环境，保障人体健康，规范环境监测工作，现批准《土壤　电导率的测定　电极法》等六项标准为国家环境保护标准，并予发布。

标准名称、编号如下：

一、《土壤　电导率的测定　电极法》（HJ 802—2016）；

二、《土壤和沉积物　12种金属元素的测定　王水提取-电感耦合等离子体质谱法》（HJ 803—2016）；

三、《土壤　8种有效态元素的测定　二乙烯三胺五乙酸浸提-电感耦合等离子体发射光谱法》（HJ 804—2016）；

四、《土壤和沉积物　多环芳烃的测定　气相色谱-质谱法》（HJ 805—2016）；

五、《水质　丙烯腈和丙烯醛的测定　吹扫捕集/气相色谱法》（HJ 806—2016）；

六、《水质　钼和钛的测定　石墨炉原子吸收分光光度法》（HJ 807—2016）。

以上标准自2016年8月1日起实施，由中国环境出版社出版，标准内容可在环境保护部网站（kjs.mep.gov.cn/hjbhbz/）查询。

特此公告。

环境保护部

2016年6月24日

# 关于发布国家环境保护标准《环境影响评价技术导则　核电厂环境影响报告书的格式和内容》的公告

环境保护部公告　2016年第48号

为贯彻《中华人民共和国环境保护法》《中华人民共和国环境影响评价法》和《中华

人民共和国放射性污染防治法》，规范核电厂建设项目环境影响评价工作，现批准《环境影响评价技术导则　核电厂环境影响报告书的格式和内容》为国家环境保护标准，并予发布。

标准名称、编号如下：

《环境影响评价技术导则　核电厂环境影响报告书的格式和内容》（HJ 808—2016）。

该标准自 2016 年 10 月 1 日起实施，由中国环境出版社出版，标准内容可在环境保护部网站（kjs.mep.gov.cn/hjbhbz/）查询。

自该标准实施之日起，《核设施环境保护管理导则——核电厂环境影响报告书的内容和格式》（NEPA-RG1，1988）停止实施。

特此公告。

环境保护部

2016 年 6 月 24 日

# 关于建设项目环境影响评价资质审查结果（2016 年第十三批）的公告

环境保护部公告　2016 年第 49 号

根据《建设项目环境影响评价资质管理办法》（环境保护部令　第 36 号）及相关文件的规定，我部对申请建设项目环境影响评价资质（以下简称资质）的相关机构进行了审查。现将审查结果（2016 年第十三批）公告如下：

一、批准浙江瀚邦环保科技有限公司资质。

二、批准广州市环境保护科学研究院等 14 家环保系统环评机构脱钩。其中，不予批准云南环境工程设计研究中心等 4 家脱钩后机构部分评价范围。

三、批准辽宁省冶金地质勘查局地质勘查研究院资质证书中的机构名称变更。

四、批准中国电力工程顾问集团中南电力设计院有限公司等 3 家机构调整评价范围。

五、批准太原核清环境工程设计有限公司等 2 家机构资质延续。

六、批准广州市环境保护科学研究院等 15 家机构资质证书中的住所变更或法定代表人变更。

七、批准河南省环境保护科学研究院等 10 家机构注销资质。

八、不予批准大庆恒升阳光环保科技有限公司脱钩，并注销资质。

审查结果的具体情况详见附件。第一至六项中的机构请于 60 日内携带单位证明，到我部行政审批大厅领取资质证书，其中第二至六项中的机构应在领取资质证书时携带原资质证书正、副本原件；第七、八项中的机构请于 10 日内将原资质证书正、副本原件寄回我部行政审批大厅。自本公告发布之日起，第二至八项中的机构原资质证书正、副本原件同时作废。

上述机构如不服本公告决定的，可在接到本公告之日起 60 日内向我部申请行政复议，也可在接到本公告之日起 6 个月内依法提起行政诉讼。在未获延续的评价范围内，已承接的环境影响报告书（表）需继续完成的，应在本公告发布之日起 15 日内，将有关情况连同编制委托合同等证明材料报我部审核。

行政审批大厅地址：北京市西城区西直门南小街 115 号（邮编：100035）

联系人：关睢

电 话：（010）66556045

附件：建设项目环境影响评价资质审查结果（2016 年第十三批）

环境保护部

2016 年 6 月 27 日

**附件**

## 建设项目环境影响评价资质审查结果

## （2016 年第十三批）

| 序号 | 机构名称 | 资质证书编号 | 申请事项 | 审查结果 |
|---|---|---|---|---|
| 1 | 浙江瀚邦环保科技有限公司 | 国环评证乙字第 2054 号 | 首次申请 | 批准乙级资质。评价范围为冶金机电、交通运输环境影响报告书乙级类别和一般项目环境影响报告表类别。资质有效期自本公告发布之日起四年 |
| 2 | 广州市环境保护科学研究院 | 国环评证甲字第 2802 号 | 环保系统环评机构脱钩、机构名称变更、住所变更、法定代表人变更（申请评价范围：化工石化医药、冶金机电、交通运输、社会服务环境影响报告书甲级类别、轻工纺织化纤环境影响报告书乙级类别和一般项目环境影响报告表类别） | 批准资质证书中的机构名称变更为自然人出资成立的广州市碧航环保技术有限公司。评价范围为化工石化医药、冶金机电、交通运输、社会服务环境影响报告书甲级类别；轻工纺织化纤环境影响报告书乙级类别和一般项目环境影响报告表类别。批准资质证书中的住所变更和法定代表人变更。资质有效期自本公告发布之日起四年 |

| 序号 | 机构名称 | 资质证书编号 | 申请事项 | 审查结果 |
| --- | --- | --- | --- | --- |
| 3 | 云南环境工程设计研究中心 | 国环评证甲字第 3401 号 | 环保系统环评机构脱钩、机构名称变更、住所变更、法定代表人变更 | 批准资质证书中的机构名称变更为自然人出资成立的云南湖柏环保科技有限公司。评价范围为轻工纺织化纤、农林水利、交通运输、社会服务环境影响报告书甲级类别；化工石化医药、冶金机电环境影响报告书乙级类别；一般项目和核与辐射项目环境影响报告表类别。批准资质证书中的住所变更和法定代表人变更。资质有效期自本公告发布之日起四年。因相应类别环评工程师人数不足，不予批准建材火电环境影响报告书乙级类别评价范围 |
| 4 | 陕西中圣环境科技发展有限公司 | 国环评证甲字第 3607 号 | 环保系统环评机构脱钩、住所变更、法定代表人变更 | 批准脱钩，已完成股权变更至陕西环保产业集团有限责任公司。评价范围为轻工纺织化纤、化工石化医药、冶金机电、采掘、交通运输、社会服务环境影响报告书甲级类别；农林水利、输变电及广电通信环境影响报告书乙级类别；一般项目和核与辐射项目环境影响报告表类别。批准资质证书中的住所变更和法定代表人变更。资质有效期自本公告发布之日起四年 |
| 5 | 张家口市环境科学研究院 | 国环评证乙字第 1217 号 | 环保系统环评机构脱钩、机构名称变更、住所变更、法定代表人变更（申请评价范围：轻工纺织化纤、采掘、交通运输、社会服务环境影响报告书乙级类别和一般项目环境影响报告表类别） | 批准资质证书中的机构名称变更为自然人出资成立的张家口正德地质勘测技术服务有限公司。评价范围为轻工纺织化纤、交通运输、社会服务环境影响报告书乙级类别和一般项目环境影响报告表类别。批准资质证书中的住所变更和法定代表人变更。资质有效期自本公告发布之日起四年。<br>因相应类别环评工程师人数不足，不予批准采掘环境影响报告书乙级类别评价范围 |
| 6 | 丹东市环境规划设计院 | 国环评证乙字第 1505 号 | 环保系统环评机构脱钩、机构名称变更、住所变更 | 批准资质证书中的机构名称变更为丹东市人民政府国有资产监督管理委员会出资成立的丹东市环境规划设计院有限公司。评价范围为冶金机电、采掘、社会服务环境影响报告书乙级类别和一般项目环境影响报告表类别。批准资质证书中的住所变更。资质有效期自本公告发布之日起四年 |
| 7 | 延边朝鲜族自治州环境污染监控信息中心 | 国环评证乙字第 1611 号 | 环保系统环评机构脱钩、机构名称变更、住所变更、法定代表人变更 | 批准资质证书中的机构名称变更为中国白头山实业有限公司和自然人出资成立的延边朝鲜族自治州环境保护研究院有限责任公司。评价范围为轻工纺织化纤、化工石化医药环境影响报告书乙级类别和一般项目环境影响报告表类别。批准资质证书中的住所变更和法定代表人变更。资质有效期自本公告发布之日起四年 |
| 8 | 东海县环境科学研究所 | 国环评证乙字第 1960 号 | 环保系统环评机构脱钩、机构名称变更、住所变更、法定代表人变更 | 批准资质证书中的机构名称变更为自然人出资成立的连云港中建环境工程有限公司。评价范围为一般项目环境影响报告表类别。批准资质证书中的住所变更和法定代表人变更。资质有效期自本公告发布之日起四年 |

| 序号 | 机构名称 | 资质证书编号 | 申请事项 | 审查结果 |
|---|---|---|---|---|
| 9 | 合肥市环境保护科学研究所 | 国环评证乙字第 2104 号 | 环保系统环评机构脱钩、机构名称变更、住所变更、法定代表人变更 | 批准资质证书中的机构名称变更为合肥市产业投资控股（集团）有限公司出资成立的合肥市斯康环境科技咨询有限公司。评价范围为轻工纺织化纤、化工石化医药、冶金机电、交通运输、社会服务环境影响报告书乙级类别和一般项目环境影响报告表类别。批准资质证书中的住所变更和法定代表人变更。资质有效期自本公告发布之日起四年 |
| 10 | 襄阳市环境保护科学研究所 | 国环评证乙字第 2617 号 | 环保系统环评机构脱钩、机构名称变更、住所变更、法定代表人变更 | 批准资质证书中的机构名称变更为自然人出资成立的襄阳众鑫缘环保科技有限公司。评价范围为轻工纺织化纤、化工石化医药、冶金机电、农林水利、社会服务环境影响报告书乙级类别和一般项目环境影响报告表类别。批准资质证书中的住所变更和法定代表人变更。资质有效期自本公告发布之日起四年 |
| 11 | 岳阳市环境保护科学研究所 | 国环评证乙字第 2709 号 | 环保系统环评机构脱钩、机构名称变更、住所变更、法定代表人变更 | 批准资质证书中的机构名称变更为自然人出资成立的湖南志远环境咨询服务有限公司。评价范围为化工石化医药、冶金机电、社会服务环境影响报告书乙级类别和一般项目环境影响报告表类别。批准资质证书中的住所变更和法定代表人变更。资质有效期自本公告发布之日起四年。<br>因相应类别环评工程师人数不足，不予批准建材火电环境影响报告书乙级类别评价范围 |
| 12 | 湘潭市环境保护科学研究院 | 国环评证乙字第 2714 号 | 环保系统环评机构脱钩、机构名称变更、法定代表人变更 | 批准资质证书中的机构名称变更为国网（湖南）环保有限公司出资成立的湖南国网环境科学研究院有限公司。评价范围为冶金机电、社会服务环境影响报告书乙级类别和一般项目环境影响报告表类别。批准资质证书中的法定代表人变更资质有效期自本公告发布之日起四年 |
| 13 | 益阳市环境保护科学研究所 | 国环评证乙字第 2727 号 | 环保系统环评机构脱钩、机构名称变更、住所变更、法定代表人变更 | 批准资质证书中的机构名称变更为自然人出资成立的湖南知成环保服务有限公司。评价范围为轻工纺织化纤、建材火电环境影响报告书乙级类别和一般项目环境影响报告表类别。批准资质证书中的住所变更和法定代表人变更。资质有效期自本公告发布之日起四年 |
| 14 | 江门市环境科学研究所 | 国环评证乙字第 2807 号 | 环保系统环评机构脱钩、机构名称变更、住所变更、法定代表人变更 | 批准资质证书中的机构名称变更为自然人出资成立的江门市泰邦环保有限公司。评价范围为冶金机电、交通运输、社会服务环境影响报告书乙级类别和一般项目环境影响报告表类别。批准资质证书中的住所变更和法定代表人变更。资质有效期自本公告发布之日起四年。<br>因相应类别环评工程师人数不足，不予批准化工石化医药环境影响报告书乙级类别评价范围 |
| 15 | 广西壮族自治区辐射环境监督管理站 | 国环评证乙字第 2923 号 | 环保系统环评机构脱钩、机构名称变更、住所变更、法定代表人变更 | 批准资质证书中的机构名称变更为自然人出资成立的广西北部湾环境影响评价有限公司。评价范围为一般项目和核与辐射项目环境影响报告表类别。批准资质证书中的住所变更和法定代表人变更。资质有效期自本公告发布之日起四年 |

| 序号 | 机构名称 | 资质证书编号 | 申请事项 | 审查结果 |
|---|---|---|---|---|
| 16 | 辽宁省冶金地质勘查局地质勘查研究院 | 国环评证乙字第 1534 号 | 改制更名、法定代表人变更 | 批准资质证书中的机构名称变更为辽宁绿科环境咨询有限公司。评价范围为一般项目环境影响报告表类别。批准资质证书中的法定代表人变更资质有效期自本公告发布之日起四年 |
| 17 | 中国电力工程顾问集团中南电力设计院有限公司 | 国环评证甲字第 2604 号 | 调整评价范围 | 批准增加农林水利环境影响报告书乙级类别评价范围 |
| 18 | 江苏诚智工程设计咨询有限公司 | 国环评证乙字第 1966 号 | 调整评价范围 | 批准增加交通运输环境影响报告书乙级类别评价范围。因相应类别环评工程师人数不足，不予批准轻工纺织化纤环境影响报告书乙级类别评价范围 |
| 19 | 安徽伊尔思环境科技有限公司 | 国环评证乙字第 2131 号 | 调整评价范围 | 批准增加交通运输环境影响报告书乙级类别评价范围 |
| 20 | 太原核清环境工程设计有限公司 | 国环评证乙字第 1330 号 | 资质延续 | 批准资质延续，评价范围为轻工纺织化纤、冶金机电、采掘、社会服务环境影响报告书乙级类别和一般项目环境影响报告表类别。资质有效期自本公告发布之日起至 2016 年 12 月 31 日 |
| 21 | 山东绿盾环保工程有限公司 | 国环评证乙字第 2464 号 | 资质延续 | 批准资质延续，评价范围为一般项目环境影响报告表类别。资质有效期自本公告发布之日起至 2016 年 12 月 31 日 |
| 22 | 河南省环境保护科学研究院 | 国环评证甲字第 2502 号 | 注销资质 | 批准注销资质 |
| 23 | 新疆金天昆环境科技有限公司 | 国环评证甲字第 4003 号 | 注销资质 | 批准注销资质 |
| 24 | 江苏省辐射环境保护咨询中心 | 国环评证乙字第 1916 号 | 注销资质 | 批准注销资质 |
| 25 | 六安科环环境工程有限公司 | 国环评证乙字第 2102 号 | 注销资质 | 批准注销资质 |
| 26 | 莆田市环境保护科学研究所 | 国环评证乙字第 2203 号 | 注销资质 | 批准注销资质 |
| 27 | 江西省辐射环境监督站 | 国环评证乙字第 2319 号 | 注销资质 | 批准注销资质 |
| 28 | 新乡市环境保护科学设计研究院 | 国环评证乙字第 2518 号 | 注销资质 | 批准注销资质 |
| 29 | 汕头市潮阳区环境科学研究所 | 国环评证乙字第 2843 号 | 注销资质 | 批准注销资质 |

| 序号 | 机构名称 | 资质证书编号 | 申请事项 | 审查结果 |
| --- | --- | --- | --- | --- |
| 30 | 江门市新会区环境科学研究所 | 国环评证乙字第 2844 号 | 注销资质 | 批准注销资质 |
| 31 | 海南环境科技经济发展公司 | 国环评证乙字第 3002 号 | 注销资质 | 批准注销资质 |
| 32 | 大庆恒升阳光环保科技有限公司 | 国环评证乙字第 1702 号 | 环保系统环评机构脱钩 | 因在资质申请中隐瞒有关情况和提供虚假资料，不予批准脱钩，注销资质且一年内不得再次申请资质。环评工程师曹永姝（实为河北大学人员）三年内不得作为资质申请时配备的环境影响评价工程师，环境影响报告书（表）的编制主持人或者主要编制人员。将该机构及环评工程师曹永姝记入诚信记录 |

# 关于注销 29 家机构建设项目环境影响评价资质的公告

环境保护部公告　2016 年第 50 号

根据《全国环保系统环评机构脱钩工作方案》（环发〔2015〕37 号）的有关规定，列入第二批的 274 家地方环保系统环评机构，需在 2016 年 6 月 30 日前完成脱钩工作，逾期未完成的，注销其环评资质。截至目前，已有 245 家机构完成脱钩。对 29 家逾期未完成脱钩的机构，我部决定予以注销环评资质，具体名单详见附件。

上述机构应于本公告发布之日起十个工作日内将资质证书正、副本原件交（寄）回我部。上述机构不服本公告决定的，可在收到本公告之日起六十日内向我部申请行政复议，也可在收到本公告之日起六个月内依法提起行政诉讼。

附件：注销资质的机构名单

环境保护部

2016 年 7 月 11 日

附件

# 注销资质的机构名单

| 编号 | 机构名称 | 原资质证书编号 |
|---|---|---|
| 1 | 天津市环境影响评价中心 | 国环评证甲字第 1102 号 |
| 2 | 太原市环境科学研究院 | 国环评证甲字第 1304 号 |
| 3 | 安徽省环境科学研究院 | 国环评证甲字第 2102 号 |
| 4 | 福州市环境科学研究院 | 国环评证甲字第 2206 号 |
| 5 | 江西省环境保护科学研究院 | 国环评证甲字第 2303 号 |
| 6 | 邯郸市环境保护研究所 | 国环评证乙字第 1206 号 |
| 7 | 秦皇岛市环境保护科学研究所 | 国环评证乙字第 1216 号 |
| 8 | 任丘市环境保护研究所 | 国环评证乙字第 1234 号 |
| 9 | 锦州环境工程技术公司 | 国环评证乙字第 1520 号 |
| 10 | 上海市环境保护科技咨询服务中心 | 国环评证乙字第 1806 号 |
| 11 | 上海辐达环保技术有限公司 | 国环评证乙字第 1816 号 |
| 12 | 扬州美境环保科技有限责任公司 | 国环评证乙字第 1903 号 |
| 13 | 盐城市环境保护科学研究所 | 国环评证乙字第 1909 号 |
| 14 | 启东市环境科学研究所 | 国环评证乙字第 1934 号 |
| 15 | 泰兴市寰宇环境科技有限公司 | 国环评证乙字第 1936 号 |
| 16 | 宝应县环境保护科学研究所 | 国环评证乙字第 1938 号 |
| 17 | 江苏南大环保科技有限公司 | 国环评证乙字第 1976 号 |
| 18 | 浙江省环境工程有限公司 | 国环评证乙字第 2012 号 |
| 19 | 福建省辐射环境监督站 | 国环评证乙字第 2219 号 |
| 20 | 厦门市环境保护科研所 | 国环评证乙字第 2237 号 |
| 21 | 上饶市环境科学研究所 | 国环评证乙字第 2311 号 |
| 22 | 抚州市环境保护科学研究所 | 国环评证乙字第 2313 号 |
| 23 | 周口市环境评价所 | 国环评证乙字第 2505 号 |
| 24 | 商丘市环境保护科学研究所 | 国环评证乙字第 2516 号 |
| 25 | 永州市环境保护科研所 | 国环评证乙字第 2725 号 |
| 26 | 广东省环境保护职业技术学校 | 国环评证乙字第 2802 号 |
| 27 | 深圳市宝安区环境科学研究所 | 国环评证乙字第 2830 号 |
| 28 | 惠州大亚湾经济技术开发区环保咨询中心 | 国环评证乙字第 2849 号 |
| 29 | 云南省辐射环境监督站 | 国环评证乙字第 3417 号 |

# 关于建设项目环境影响评价资质审查结果（2016年第十四批）的公告

环境保护部公告 2016年第51号

根据《建设项目环境影响评价资质管理办法》（环境保护部令 第36号）及相关文件的规定，我部对申请建设项目环境影响评价资质（以下简称资质）的相关机构进行了审查。现将审查结果（2016年第十四批）公告如下：

一、批准北京尚世环境科技有限公司等7家机构资质。

二、批准长江勘测规划设计研究有限责任公司等2家机构资质晋级。其中，不予批准长江勘测规划设计研究有限责任公司部分评价范围。

三、批准南京大学环境规划设计研究院有限公司等5家机构调整评价范围。

四、批准北京师范大学等2家机构资质延续。

五、批准内蒙古森盛环保有限公司等8家机构资质证书中的住所变更或法定代表人变更。

六、批准沈阳沈铁环宇工程咨询有限公司等2家机构注销资质。

七、不予批准安徽银杉环保科技有限公司资质延续、调整评价范围，注销资质。

审查结果的具体情况详见附件。第一至五项中的机构请于60日内携带单位证明，到我部行政审批大厅领取资质证书，其中第二至五项中的机构应在领取资质证书时携带原资质证书正、副本原件；第六、第七项中的机构请于10日内将原资质证书正、副本原件寄回我部行政审批大厅。自本公告发布之日起，第二至七项中的机构原资质证书正、副本原件同时作废。

上述机构如不服本公告决定的，可在接到本公告之日起60日内向我部申请行政复议，也可在接到本公告之日起6个月内依法提起行政诉讼。在未获延续的评价范围内，已承接的环境影响报告书（表）需继续完成的，应在本公告发布之日起15日内，将有关情况连同编制委托合同等证明材料报我部审核。

行政审批大厅地址：北京市西城区西直门南小街115号（邮编：100035）

联系人：关睢

电话：（010）66556045

附件：建设项目环境影响评价资质审查结果（2016年第十四批）

环境保护部

2016年7月25日

附件

# 建设项目环境影响评价资质审查结果

## （2016 年第十四批）

| 序号 | 机构名称 | 资质证书编号 | 申请事项 | 审 查 结 果 |
|---|---|---|---|---|
| 1 | 北京尚世环境科技有限公司 | 国环评证乙字第 1069 号 | 首次申请 | 批准乙级资质，评价范围为轻工纺织化纤、农林水利环境影响报告书乙级类别；一般项目和核与辐射项目环境影响报告表类别。资质有效期自本公告发布之日起四年 |
| 2 | 时代盛华科技有限公司 | 国环评证乙字第 1070 号 | 首次申请 | 批准乙级资质，评价范围为化工石化医药、冶金机电环境影响报告书乙级类别和一般项目环境影响报告表类别。资质有效期自本公告发布之日起四年 |
| 3 | 上海艾维仕环境科技发展有限公司 | 国环评证乙字第 1834 号 | 首次申请 | 批准乙级资质，评价范围为交通运输环境影响报告书乙级类别和一般项目环境影响报告表类别。资质有效期自本公告发布之日起四年 |
| 4 | 浙江碧扬环境工程技术有限公司 | 国环评证乙字第 2055 号 | 首次申请 | 批准乙级资质，评价范围为化工石化医药环境影响报告书乙级类别和一般项目环境影响报告表类别。资质有效期自本公告发布之日起四年 |
| 5 | 湖南英怀特环保科技有限公司 | 国环评证乙字第 2740 号 | 首次申请 | 批准乙级资质，评价范围为一般项目环境影响报告表类别。资质有效期自本公告发布之日起四年 |
| 6 | 广东志华环保科技有限公司 | 国环评证乙字第 2883 号 | 首次申请 | 批准乙级资质，评价范围为冶金机电、交通运输环境影响报告书乙级类别和一般项目环境影响报告表类别。资质有效期自本公告发布之日起四年 |
| 7 | 四川国投环保科技有限公司 | 国环评证乙字第 3257 号 | 首次申请 | 批准乙级资质，评价范围为交通运输环境影响报告书乙级类别和一般项目环境影响报告表类别。资质有效期自本公告发布之日起四年 |
| 8 | 长江勘测规划设计研究有限责任公司 | 国环评证甲字第 2609 号（原证书编号：国环评证乙字第 2633 号） | 资质晋级 | 批准资质晋级。评价范围为农林水利环境影响报告书甲级类别和一般项目环境影响报告表类别。资质有效期自本公告发布之日起四年。<br>因环评工程师业绩不足，不予批准社会服务环境影响报告书乙级类别评价范围 |
| 9 | 永清环保股份有限公司 | 国环评证甲字第 2706 号（原证书编号：国环评证乙字第 2732 号） | 资质晋级、调整评价范围 | 批准资质晋级和调整评价范围。评价范围为冶金机电、建材火电环境影响报告书甲级类别；采掘、交通运输、社会服务环境影响报告书乙级类别和一般项目环境影响报告表类别。资质有效期自本公告发布之日起四年 |
| 10 | 南京大学环境规划设计研究院有限公司 | 国环评证甲字第 1906 号 | 调整评价范围、法定代表人变更 | 批准增加建材火电环境影响报告书乙级类别评价范围。批准资质证书中的法定代表人变更 |

| 序号 | 机构名称 | 资质证书编号 | 申请事项 | 审 查 结 果 |
|---|---|---|---|---|
| 11 | 临沂君和环保科技有限公司 | 国环评证乙字第 2468 号 | 调整评价范围 | 批准增加化工石化医药、冶金机电环境影响报告书乙级类别评价范围 |
| 12 | 深圳市福田区环境技术研究所有限公司 | 国环评证乙字第 2866 号 | 调整评价范围 | 批准增加冶金机电环境影响报告书乙级类别评价范围 |
| 13 | 四川省地质工程勘察院 | 国环评证乙字第 3251 号 | 调整评价范围 | 批准增加交通运输环境影响报告书乙级类别和核与辐射项目环境影响报告表类别评价范围 |
| 14 | 北京师范大学 | 国环评证甲字第 1056 号 | 资质延续 | 批准资质延续，评价范围为社会服务环境影响报告书甲级类别和一般项目环境影响报告表类别。资质有效期自 2016 年 6 月 15 日至 2016 年 12 月 31 日 |
| 15 | 四川省清源工程咨询有限公司 | 国环评证乙字第 3243 号 | 资质延续、法定代表人变更 | 批准资质延续，评价范围为农林水利环境影响报告书乙级类别和一般项目环境影响报告表类别。资质有效期自 2016 年 7 月 2 日至 2016 年 12 月 31 日。批准资质证书中的法定代表人变更 |
| 16 | 内蒙古森盛环保有限公司 | 国环评证乙字第 1428 号 | 法定代表人变更 | 批准资质证书中的法定代表人变更 |
| 17 | 上海市机电设计研究院有限公司 | 国环评证乙字第 1804 号 | 法定代表人变更 | 批准资质证书中的法定代表人变更 |
| 18 | 苏州和协环境评价咨询有限公司 | 国环评证乙字第 1986 号 | 住所变更 | 批准资质证书中的住所变更 |
| 19 | 黄河勘测规划设计有限公司 | 国环评证甲字第 2506 号 | 法定代表人变更 | 批准资质证书中的法定代表人变更 |
| 20 | 湖南大学 | 国环评证甲字第 2704 号 | 法定代表人变更 | 批准资质证书中的法定代表人变更 |
| 21 | 深圳市宗兴环保科技有限公司 | 国环评证乙字第 2860 号 | 住所变更 | 批准资质证书中的住所变更 |
| 22 | 沈阳沈铁环宇工程咨询有限公司 | 国环评证乙字第 1515 号 | 注销资质 | 批准注销资质 |
| 23 | 北京北化研石化设计院有限公司 | 国环评证乙字第 1059 号 | | 资质有效期届满（2016 年 6 月 14 日），注销资质 |
| 24 | 安徽银杉环保科技有限公司 | 国环评证乙字第 2127 号 | 资质延续、调整评价范围 | 因在资质申请中隐瞒有关情况和提供虚假资料，不予批准资质延续和调整评价范围，且一年内不得再次申请资质，有效期届满注销资质。环评工程师冯品柱（实为安徽南风环境工程技术有限公司人员）、何兴强（实为安徽省公益性地质调查管理中心人员）三年内不得作为资质申请时配备的环境影响评价工程师，环境影响报告书（表）的编制主持人或者主要编制人员。将该机构及环评工程师冯品柱、何兴强记入诚信记录 |

# 关于发布《水质　亚硝胺类化合物的测定　气相色谱法》等六项国家环境保护标准的公告

环境保护部公告　　2016 年第 52 号

为贯彻《中华人民共和国环境保护法》，保护环境，保障人体健康，规范环境监测工作，现批准《水质　亚硝胺类化合物的测定　气相色谱法》等六项标准为国家环境保护标准，并予发布。

标准名称、编号如下：

一、《水质　亚硝胺类化合物的测定　气相色谱法》（HJ 809—2016）；

二、《水质　挥发性有机物的测定　顶空/气相色谱-质谱法》（HJ 810—2016）；

三、《水质　总硒的测定　3,3′-二氨基联苯胺分光光度法》（HJ 811—2016）；

四、《水质　可溶性阳离子（$Li^+$、$Na^+$、$NH_4^+$、$K^+$、$Ca^{2+}$、$Mg^{2+}$）的测定　离子色谱法》（HJ 812—2016）；

五、《水质　无机阴离子（$F^-$、$Cl^-$、$NO_2^-$、$Br^-$、$NO_3^-$、$PO_4^{3-}$、$SO_3^{2-}$、$SO_4^{2-}$）的测定　离子色谱法》（HJ 84—2016）；

六、《固定污染源废气　砷的测定　二乙基二硫代氨基甲酸银分光光度法》（HJ 540—2016）。

以上标准自 2016 年 10 月 1 日起实施，由中国环境出版社出版，标准内容可在环境保护部网站（kjs.mep.gov.cn/hjbhbz/）查询。

自以上标准实施之日起，下列国家环境保护标准废止，标准名称、编号如下：

一、《水质　无机阴离子的测定　离子色谱法》（HJ/T 84—2001）；

二、《环境空气和废气　砷的测定　二乙基二硫代氨基甲酸银分光光度法（暂行）》（HJ 540—2009）。

特此公告。

环境保护部

2016 年 7 月 26 日

# 关于废止《在用机动车排放污染物检测机构技术规范》的公告

环境保护部公告　2016 年第 53 号

为贯彻落实国务院关于清理规范行政审批和减少资质资格认可的有关要求，我部决定废止原国家环境保护总局发布的《关于发布在用机动车排放污染物检测机构技术规范的通知》（环发〔2005〕15 号）。

特此公告。

环境保护部

2016 年 7 月 26 日

# 关于发布“十三五”期间水质需保持控制单元相关信息的公告

环境保护部公告　2016 年第 54 号

为贯彻落实《水污染防治行动计划》，强化水环境质量目标管理，督促地方实现断面水质稳定达标，我部根据 2014 年考核断面水质年均值数据，对“十三五”期间水质需保持不变的控制单元相关信息汇总整理，现予以公布。

请“十三五”期间水质需保持控制单元涉及的有关地方政府，按照水环境质量“只能更好，不能变坏”的原则，加大管控力度，采取有效措施，严格环境监管，确保自 2016 年起断面水质不下降。同时，欢迎新闻媒体和社会各界予以监督。

特此公告。

联系方式：（010）66556263

附件：“十三五”期间水质需保持控制单元信息清单（略）

环境保护部

2016 年 7 月 27 日

# 关于建设项目环境影响评价资质审查结果（2016 年第十五批）的公告

环境保护部公告　2016 年第 55 号

根据《建设项目环境影响评价资质管理办法》（环境保护部令　第 36 号）及相关文件的规定，我部对申请建设项目环境影响评价资质（以下简称资质）的相关机构进行了审查。现将审查结果（2016 年第十五批）公告如下：

一、批准河北奇正环境科技有限公司等 2 家机构资质晋级。

二、批准乌海市环境保护科学研究所环保系统环评机构脱钩。

三、批准抚顺环科石油化工技术开发有限公司等 4 家机构资质证书中的机构名称变更。

四、批准北京万澈环境科学与工程技术有限责任公司等 10 家机构调整评价范围，其中不予批准福建中试所电力调整试验有限责任公司部分评价范围。

五、批准北京市勘察设计研究院有限公司等 2 家机构资质延续。

六、批准北京中咨华宇环保技术有限公司等 15 家机构资质证书中的住所变更或法定代表人变更。

七、批准补发中煤科工集团重庆设计研究院有限公司资质证书正本。

八、批准总装备部工程设计研究总院等 2 家机构注销资质。

九、不予批准中保环（北京）科技有限公司资质。

十、不予批准广西交通科学研究院资质晋级。

审查结果的具体情况详见附件。第一至七项中的机构请于 60 日内携带单位证明，到我部行政审批大厅领取资质证书，其中第一至六项中的机构应在领取资质证书时携带原资质证书正、副本原件；第八项中的机构请于 10 日内将原资质证书正、副本原件寄回我部行政审批大厅。自本公告发布之日起，第一至六项和第八项中的机构原资质证书正、副本原件同时作废。

上述机构如不服本公告决定的，可在接到本公告之日起 60 日内向我部申请行政复议，也可在接到本公告之日起 6 个月内依法提起行政诉讼。在未获延续的评价范围内，已承接的环境影响报告书（表）需继续完成的，应在本公告发布之日起 15 日内，将有关情况连同编制委托合同等证明材料报我部审核。

行政审批大厅地址：北京市西城区西直门南小街 115 号（邮编：100035）

联系人：关睢

电话：（010）66556045

附件：建设项目环境影响评价资质审查结果（2016 年第十五批）

环境保护部

2016 年 7 月 28 日

附件

# 建设项目环境影响评价资质审查结果

## （2016年第十五批）

| 序号 | 机构名称 | 资质证书编号 | 申请事项 | 审查结果 |
| --- | --- | --- | --- | --- |
| 1 | 河北奇正环境科技有限公司 | 国环评证甲字第1210号（原证书编号：国环评证乙字第1231号） | 资质晋级 | 批准资质晋级。评价范围为化工石化医药、建材火电、交通运输环境影响报告书甲级类别；轻工纺织化纤、冶金机电、农林水利、采掘、社会服务环境影响报告书乙级类别和一般项目环境影响报告表类别。资质有效期自本公告发布之日起四年 |
| 2 | 河南省化工研究所有限责任公司 | 国环评证甲字第2507号（原证书编号：国环评证乙字第2508号） | 资质晋级 | 批准资质晋级。评价范围为化工石化医药环境影响报告书甲级类别；轻工纺织化纤、冶金机电、社会服务环境影响报告书乙级类别和一般项目环境影响报告表类别。资质有效期自本公告发布之日起四年 |
| 3 | 乌海市环境保护科学研究所 | 国环评证乙字第1401号 | 环保系统环评机构脱钩、机构名称变更、住所变更、法定代表人变更 | 批准资质证书中的机构名称变更为内蒙古川蒙立源环境科技有限公司。评价范围为化工石化医药、冶金机电、社会服务环境影响报告书乙级类别和一般项目环境影响报告表类别。批准资质证书中的住所变更和法定代表人变更。资质有效期自本公告发布之日起四年 |
| 4 | 抚顺环科石油化工技术开发有限公司 | 国环评证甲字第1510号 | 机构名称变更、住所变更 | 批准资质证书中的机构名称变更为大连福瑞普科技有限公司。批准资质证书中的住所变更 |
| 5 | 江苏省交通规划设计院股份有限公司 | 国环评证乙字第1983号 | 机构名称变更 | 批准资质证书中的机构名称变更为中设设计集团股份有限公司 |
| 6 | 苏州科技学院 | 国环评证乙字第1993号 | 机构名称变更、法定代表人变更 | 批准资质证书中的机构名称变更为苏州科技大学。批准资质证书中的法定代表人变更 |
| 7 | 广州市思创环保工程有限公司 | 国环评证乙字第2882号 | 机构名称变更 | 批准资质证书中的机构名称变更为广东思创环境工程有限公司 |
| 8 | 北京万澈环境科学与工程技术有限责任公司 | 国环评证乙字第1021号 | 调整评价范围 | 批准增加交通运输环境影响报告书乙级类别和核与辐射项目环境影响报告表类别评价范围 |
| 9 | 河北德源环保科技有限公司 | 国环评证乙字第1228号 | 调整评价范围 | 批准增加化工石化医药、冶金机电、采掘环境影响报告书乙级类别评价范围 |
| 10 | 山西智威环保科技咨询有限公司 | 国环评证乙字第1337号 | 调整评价范围 | 批准增加冶金机电环境影响报告书乙级类别评价范围 |

| 序号 | 机构名称 | 资质证书编号 | 申请事项 | 审 查 结 果 |
| --- | --- | --- | --- | --- |
| 11 | 内蒙古天皓环境评价有限责任公司 | 国环评证乙字第 1432 号 | 调整评价范围、住所变更、法定代表人变更 | 批准增加轻工纺织化纤、交通运输环境影响报告书乙级类别评价范围。批准资质证书中的住所变更和法定代表人变更 |
| 12 | 橙志（上海）环保技术有限公司 | 国环评证乙字第 1833 号 | 调整评价范围、住所变更 | 批准增加冶金机电环境影响报告书乙级类别评价范围。批准资质证书中的住所变更 |
| 13 | 宜兴市兴盛环境科学研究所有限公司 | 国环评证乙字第 1940 号 | 调整评价范围 | 批准增加轻工纺织化纤、社会服务环境影响报告书乙级类别评价范围 |
| 14 | 浙江宏澄环境工程有限公司 | 国环评证乙字第 2050 号 | 调整评价范围 | 批准增加冶金机电、交通运输环境影响报告书乙级类别评价范围 |
| 15 | 福建中试所电力调整试验有限责任公司 | 国环评证乙字第 2235 号 | 调整评价范围、资质延续 | 批准资质延续，评价范围为一般项目和核与辐射项目环境影响报告表类别。资质有效期自本公告发布之日起至 2016 年 12 月 31 日。<br>因环评工程师人数不足，不予批准增加输变电及广电通信环境影响报告书乙级类别评价范围 |
| 16 | 河南佳昱环境科技有限公司 | 国环评证乙字第 2538 号 | 调整评价范围 | 批准增加冶金机电环境影响报告书乙级类别评价范围 |
| 17 | 中机国际工程设计研究院有限责任公司 | 国环评证乙字第 2704 号 | 调整评价范围（申请调整后的评价范围为：冶金机电、交通运输、社会服务环境影响报告书乙级类别和一般项目环境影响报告表类别） | 批准增加交通运输环境影响报告书乙级类别评价范围。<br>评价范围为冶金机电、交通运输、社会服务环境影响报告书乙级类别和一般项目环境影响报告表类别 |
| 18 | 北京市勘察设计研究院有限公司 | 国环评证乙字第 1047 号 | 资质延续 | 批准资质延续，评价范围为社会服务环境影响报告书乙级类别和一般项目环境影响报告表类别。资质有效期自本公告发布之日起至 2016 年 12 月 31 日 |
| 19 | 北京中咨华宇环保技术有限公司 | 国环评证甲字第 1051 号 | 法定代表人变更 | 批准资质证书中的法定代表人变更 |
| 20 | 中铝国际工程股份有限公司 | 国环评证甲字第 1052 号 | 法定代表人变更 | 批准资质证书中的法定代表人变更 |
| 21 | 太原理工大学 | 国环评证乙字第 1313 号 | 法定代表人变更 | 批准资质证书中的法定代表人变更 |
| 22 | 中国石油集团东北炼化工程有限公司 | 国环评证甲字第 1511 号 | 住所变更、法定代表人变更 | 批准资质证书中的住所变更和法定代表人变更 |

| 序号 | 机构名称 | 资质证书编号 | 申请事项 | 审 查 结 果 |
| --- | --- | --- | --- | --- |
| 23 | 安徽伊尔思环境科技有限公司 | 国环评证乙字第 2131 号 | 住所变更 | 批准资质证书中的住所变更 |
| 24 | 山东三润环保科技有限公司 | 国环评证乙字第 2474 号 | 法定代表人变更 | 批准资质证书中的法定代表人变更 |
| 25 | 山东电力工程咨询院有限公司 | 国环评证乙字第 2476 号 | 法定代表人变更 | 批准资质证书中的法定代表人变更 |
| 26 | 重庆市环境保护工程设计研究院有限公司 | 国环评证乙字第 3106 号 | 法定代表人变更 | 批准资质证书中的法定代表人变更 |
| 27 | 四川省交通运输厅公路规划勘察设计研究院 | 国环评证乙字第 3207 号 | 法定代表人变更 | 批准资质证书中的法定代表人变更 |
| 28 | 重庆市久久环境影响评价有限公司 | 国环评证乙字第 3126 号 | 法定代表人变更 | 批准资质证书中的法定代表人变更 |
| 29 | 中煤科工集团重庆设计研究院有限公司 | 国环评证甲字第 3105 号 | 证书正本遗失补办 | 补办资质证书正本 |
| 30 | 总装备部工程设计研究总院 | 国环评证乙字第 1049 号 |  | 资质有效期届满（2016 年 7 月 1 日），注销资质 |
| 31 | 河北大学 | 国环评证乙字第 1240 号 |  | 资质有效期届满（2016 年 7 月 1 日），注销资质 |
| 32 | 中保环（北京）科技有限公司 |  | 首次申请 | 因在资质申请中隐瞒有关情况和提供虚假资料，不予批准资质且一年内不得再次申请资质。环评工程师张泓（实为射阳县环保局下属沿海分局人员）、陈胜炜（实为福建省环境监测中心站人员）、高志军（实为湖南省衡阳市祁东县政府办人员）、杨进娥（实为河南油田分公司物资供应处人员）、毕军刚（实为山东省齐鲁石化能源环保处人员）、曲雪红（实为栖霞市庵里水库管理处人员）、王佃胜（实为山东省临沂市平邑县行政审批服务中心人员）、康庆修（实为山东省临沂市平邑县发展和改革局人员）三年内不得作为资质申请时配备的环境影响评价工程师、环境影响报告书（表）的编制主持人或者主要编制人员。将该机构及环评工程师张泓、陈胜炜、高志军、杨进娥、毕军刚、曲雪红、王佃胜、康庆修 8 人记入诚信记录 |
| 33 | 广西交通科学研究院 | 国环评证乙字第 2920 号 | 资质晋级 | 因质量控制制度落实不到位，不予批准资质晋级 |

# 关于发布《船舶发动机排气污染物排放限值及测量方法（中国第一、二阶段）》等五项国家污染物排放标准的公告

环境保护部公告　2016 年第 56 号

为贯彻《中华人民共和国环境保护法》《中华人民共和国水污染防治法》和《中华人民共和国大气污染防治法》，防治污染，保护和改善生态环境，保障人体健康，现批准《船舶发动机排气污染物排放限值及测量方法（中国第一、二阶段）》等五项标准为国家污染物排放标准，并由我部与国家质量监督检验检疫总局联合发布。

标准名称、编号如下：

一、船舶发动机排气污染物排放限值及测量方法（中国第一、二阶段）（GB 15097—2016）；

二、摩托车污染物排放限值及测量方法（中国第四阶段）（GB 14622—2016）；

三、轻便摩托车污染物排放限值及测量方法（中国第四阶段）（GB 18176—2016）；

四、轻型混合动力电动汽车污染物排放控制要求及测量方法（GB 19755—2016）；

五、烧碱、聚氯乙烯工业污染物排放标准（GB 15581—2016）。

按有关法律规定，以上标准具有强制执行的效力。

《船舶发动机排气污染物排放限值及测量方法（中国第一、二阶段）》《摩托车污染物排放限值及测量方法（中国第四阶段）》和《轻便摩托车污染物排放限值及测量方法（中国第四阶段）》自 2018 年 7 月 1 日起实施；《轻型混合动力电动汽车污染物排放控制要求及测量方法》和《烧碱、聚氯乙烯工业污染物排放标准》自 2016 年 9 月 1 日起实施。

以上标准由中国环境出版社出版，标准内容可在环境保护部网站（bz.mep.gov.cn）查询。

《船用柴油机排气排放污染物测量方法》（GB/T 15097—2008）、《摩托车污染物排放限值及测量方法（工况法，中国第III阶段）》（GB 14622—2007）、《摩托车和轻便摩托车燃油蒸发污染物排放限值及测量方法》（GB 20998—2007）和《轻便摩托车污染物排放限值及测量方法（工况法，中国第III阶段）》（GB 18176—2007）自 2019 年 7 月 1 日起废止；《轻型混合动力电动汽车污染物排放测量方法》（GB/T 19755—2005）自 2016 年 9 月 1 日起废止；《烧碱、聚氯乙烯工业水污染物排放标准》（GB 15581—95）自 2018 年 7 月 1 日起废止。

特此公告。

环境保护部

2016 年 8 月 22 日

# 关于发布重点流域水污染防治专项规划 2015 年度考核结果的公告

环境保护部公告　2016 年第 57 号

根据国务院办公厅转发的《重点流域水污染防治专项规划实施情况考核暂行办法》(国办发〔2009〕38 号)，环境保护部会同发展改革委、财政部、住房和城乡建设部、水利部、三峡办、南水北调办等国务院有关部门对淮河、海河、辽河、松花江、巢湖、滇池、黄河中上游、三峡库区及其上游、长江中下游等重点流域 25 个省（区、市）人民政府 2015 年度实施《重点流域水污染防治规划（2011—2015 年)》和《长江中下游流域水污染防治规划（2011—2015 年)》(以下合并简称《规划》) 情况进行了考核。

2015 年，《规划》共确定 428 个考核断面，有 13 个断面因断流不计入考核，实际考核断面 415 个，其中达标 313 个，占实际考核断面总数的 75.4%，与上年同口径相比提高 2.9 个百分点。辽河、淮河、松花江、长江中下游、三峡库区及其上游、黄河中上游、海河、滇池和巢湖流域达标断面比例分别为 96.0%、84.1%、82.9%、78.7%、75.5%、72.5%、64.0%、63.6%和 50.0%。《规划》共安排 6844 个水污染防治项目，截至 2015 年底，完成（含调试）4985 个，占项目总数的 72.8%。淮河、巢湖、海河流域项目进展较快，松花江、三峡库区及其上游流域项目进展较慢。

总的来看，《规划》确定的各项目标任务基本完成，各省份均通过重点流域水污染防治专项规划 2015 年度实施情况考核。其中，山东省、江苏省、贵州省、上海市、辽宁省、宁夏回族自治区、广西壮族自治区、湖南省、黑龙江省、内蒙古自治区、青海省、江西省、安徽省、四川省、重庆市、山西省、河南省等 17 个省（区、市）考核结果为好，甘肃省、陕西省、云南省、湖北省、吉林省考核结果为较好，河北省、天津市、北京市考核结果为一般。

请各省（区、市）认真贯彻落实《水污染防治行动计划》，根据本地区《水污染防治目标责任书》确定的环境质量目标，细化任务，明确责任，加强协调，推动落实，确保水环境质量持续改善。

特此公告。

附件：1．各省份重点流域水污染防治专项规划完成情况

2．重点流域水污染防治专项规划 2015 年度实施情况汇总表

3．各流域水污染防治专项规划 2015 年度实施情况考核结果

环境保护部

2016 年 9 月 7 日

附件 1

## 各省份重点流域水污染防治专项规划完成情况

| 序号 | 省 份 | 合 计 得 分 | 考 核 结 果 |
|---|---|---|---|
| 1 | 山东省 | 99.0 | 好 |
| 2 | 江苏省 | 97.4 | 好 |
| 3 | 贵州省 | 97.0 | 好 |
| 4 | 上海市 | 95.0 | 好 |
| 5 | 辽宁省 | 90.5 | 好 |
| 6 | 宁夏回族自治区 | 90.1 | 好 |
| 7 | 广西壮族自治区 | 88.3 | 好 |
| 8 | 湖南省 | 88.2 | 好 |
| 9 | 黑龙江省 | 87.4 | 好 |
| 10 | 内蒙古自治区 | 87.4 | 好 |
| 11 | 青海省 | 87.4 | 好 |
| 12 | 江西省 | 87.3 | 好 |
| 13 | 安徽省 | 86.4 | 好 |
| 14 | 四川省 | 85.3 | 好 |
| 15 | 重庆市 | 85.0 | 好 |
| 16 | 山西省 | 84.3 | 好 |
| 17 | 河南省 | 82.5 | 好 |
| 18 | 甘肃省 | 78.9 | 较好 |
| 19 | 陕西省 | 77.9 | 较好 |
| 20 | 云南省 | 77.8 | 较好 |
| 21 | 湖北省 | 75.9 | 较好 |
| 22 | 吉林省 | 75.3 | 较好 |
| 23 | 河北省 | 69.2 | 一般 |
| 24 | 天津市 | 67.4 | 一般 |
| 25 | 北京市 | 60.1 | 一般 |

附件 2

## 重点流域水污染防治专项规划 2015 年度实施情况汇总表

| 流 域 | 考核断面达标比例（%） | 项 目 建 设 情 况 | | | |
|---|---|---|---|---|---|
| | | 完成（含调试）（%） | 在建（%） | 前期（%） | 未启动（%） |
| 松花江 | 82.9 | 58.1 | 20.2 | 15.8 | 5.9 |
| 淮河 | 84.1 | 88.2 | 6.0 | 3.7 | 2.1 |
| 海河 | 64.0 | 83.3 | 8.9 | 3.5 | 4.3 |
| 辽河 | 96.0 | 65.2 | 13.2 | 6.0 | 15.6 |
| 黄河中上游 | 72.5 | 73.2 | 12.3 | 10.8 | 3.7 |
| 巢湖 | 50.0 | 85.0 | 11.4 | 3.0 | 0.6 |

| 流　域 | 考核断面达标比例（%） | 项目建设情况 | | | |
|---|---|---|---|---|---|
| | | 完成（含调试）（%） | 在建（%） | 前期（%） | 未启动（%） |
| 滇池 | 63.6 | 66.3 | 24.8 | 8.9 | 0.0 |
| 三峡库区及其上游 | 75.5 | 50.3 | 19.9 | 23.5 | 6.3 |
| 长江中下游 | 78.7 | 79.2 | 10.9 | 3.6 | 6.3 |
| 合　计 | 75.4 | 72.8 | 12.5 | 8.8 | 5.9 |

## 附件 3

### 表 1　松花江流域水污染防治规划 2015 年度实施情况考核结果

| 省　份 | 水质情况 | | | 项目情况 | | | | | 考核结果 |
|---|---|---|---|---|---|---|---|---|---|
| | 断面个数 | 达标个数 | 达标比例（%） | 项目总数 | 完成（含调试） | 在建 | 前期 | 未启动 | |
| 内蒙古自治区 | 9 | 8 | 88.9 | 41 | 21 | 13 | 3 | 4 | 好 |
| 黑龙江省 | 19 | 18 | 94.7 | 404 | 226 | 74 | 71 | 33 | 好 |
| 吉林省 | 9 | 4 | 44.4 | 187 | 120 | 41 | 26 | 0 | 较好 |
| 合　计 | 35 | 29 | 82.9 | 632 | 367 | 128 | 100 | 37 | — |

注：松花江流域讷谟尔河口上（小莫丁）断面考核内蒙古、黑龙江两省区，苗家（板子房）断面考核黑龙江、吉林两省，在断面总数中不重复计算。

### 表 2　淮河流域水污染防治规划 2015 年度实施情况考核结果

| 省　份 | 水质情况 | | | 项目情况 | | | | | 考核结果 |
|---|---|---|---|---|---|---|---|---|---|
| | 断面个数 | 达标个数 | 达标比例/% | 项目总数 | 完成（含调试） | 在建 | 前期 | 未启动 | |
| 山东省 | 30 | 30 | 100 | 474 | 445 | 11 | 17 | 1 | 好 |
| 江苏省 | 23 | 22 | 95.7 | 208 | 195 | 13 | 0 | 0 | 好 |
| 安徽省 | 16 | 15 | 93.8 | 346 | 302 | 20 | 18 | 6 | 好 |
| 河南省 | 19 | 7 | 36.8 | 281 | 213 | 34 | 13 | 21 | 较好 |
| 合　计 | 88 | 74 | 84.1 | 1309 | 1155 | 78 | 48 | 28 | — |

### 表 3　海河流域水污染防治规划 2015 年度实施情况考核结果

| 省份 | 水质情况 | | | 项目情况 | | | | | 考核结果 |
|---|---|---|---|---|---|---|---|---|---|
| | 断面个数 | 达标个数 | 达标比例/% | 项目总数 | 完成（含调试） | 在建 | 前期 | 未启动 | |
| 山东省 | 11 | 11 | 100 | 473 | 440 | 12 | 7 | 14 | 好 |
| 内蒙古自治区 | 2 | 2 | 100 | 9 | 5 | 2 | 2 | 0 | 好 |
| 山西省 | 14 | 11 | 78.6 | 257 | 173 | 36 | 17 | 31 | 好 |
| 河南省 | 11 | 4 | 36.4 | 81 | 69 | 11 | 0 | 1 | 一般 |
| 河北省 | 29 | 19 | 65.5 | 248 | 205 | 29 | 10 | 4 | 一般 |
| 天津市 | 4 | 1 | 25.0 | 45 | 34 | 7 | 4 | 0 | 一般 |
| 北京市 | 6 | 2 | 33.3 | 28 | 24 | 4 | 0 | 0 | 一般 |
| 合　计 | 75 | 48 | 64.0 | 1141 | 950 | 101 | 40 | 50 | — |

注：海河流域油坊桥断面、小泊头桥断面均考核河北、山东两省，在断面总数中不重复计算。

表 4　辽河流域水污染防治规划 2015 年度实施情况考核结果

| 省　份 | 水　质　情　况 | | | 项　目　情　况 | | | | | 考核结果 |
|---|---|---|---|---|---|---|---|---|---|
| | 断面个数 | 达标个数 | 达标比例/% | 项目总数 | 完成（含调试） | 在建 | 前期 | 未启动 | |
| 辽宁省 | 17 | 17 | 100 | 804 | 558 | 70 | 39 | 137 | 好 |
| 内蒙古自治区 | 3 | 3 | 100 | 53 | 17 | 27 | 6 | 3 | 好 |
| 吉林省 | 5 | 4 | 80.0 | 67 | 28 | 25 | 10 | 4 | 较好 |
| 合　计 | 25 | 24 | 96.0 | 924 | 603 | 122 | 55 | 144 | — |

表 5　黄河中上游流域水污染防治规划 2015 年度实施情况考核结果

| 省　份 | 水　质　情　况 | | | 项　目　情　况 | | | | | 考核结果 |
|---|---|---|---|---|---|---|---|---|---|
| | 断面个数 | 达标个数 | 达标比例/% | 项目总数 | 完成（含调试） | 在建 | 前期 | 未启动 | |
| 河南省 | 8 | 8 | 100 | 93 | 81 | 12 | 0 | 0 | 好 |
| 宁夏回族自治区 | 5 | 5 | 100 | 73 | 36 | 14 | 18 | 5 | 好 |
| 青海省 | 5 | 4 | 80.0 | 52 | 47 | 4 | 1 | 0 | 好 |
| 山西省 | 8 | 5 | 62.5 | 124 | 95 | 17 | 12 | 0 | 较好 |
| 甘肃省 | 9 | 7 | 77.8 | 153 | 95 | 20 | 27 | 11 | 较好 |
| 陕西省 | 9 | 3 | 33.3 | 150 | 121 | 9 | 11 | 9 | 较好 |
| 内蒙古自治区 | 9 | 6 | 66.7 | 80 | 56 | 13 | 9 | 2 | 较好 |
| 合　计 | 51 | 37 | 72.5 | 725 | 531 | 89 | 78 | 27 | — |

注：黄河中上游流域龙门断面考核山西、陕西两省，万家寨水库（万家寨库区）断面考核内蒙古、山西两省区，在断面总数中不重复计算。

表 6　巢湖流域水污染防治规划 2015 年度实施情况考核结果

| 省　份 | 水　质　情　况 | | | 项　目　情　况 | | | | | 考核结果 |
|---|---|---|---|---|---|---|---|---|---|
| | 断面个数 | 达标个数 | 达标比例/% | 项目总数 | 完成（含调试） | 在建 | 前期 | 未启动 | |
| 安徽省 | 12 | 6 | 50.0 | 167 | 142 | 19 | 5 | 1 | 较好 |

表 7　滇池流域水污染防治规划 2015 年度实施情况考核结果

| 省　份 | 水　质　情　况 | | | 项　目　情　况 | | | | | 考核结果 |
|---|---|---|---|---|---|---|---|---|---|
| | 断面个数 | 达标个数 | 达标比例/% | 项目总数 | 完成（含调试） | 在建 | 前期 | 未启动 | |
| 云南省 | 33 | 21 | 63.6 | 101 | 67 | 25 | 9 | 0 | 较好 |

表 8　三峡库区及其上游流域水污染防治规划 2015 年度实施情况考核结果

| 省　份 | 水　质　情　况 | | | 项　目　情　况 | | | | | 考核结果 |
|---|---|---|---|---|---|---|---|---|---|
| | 断面个数 | 达标个数 | 达标比例/% | 项目总数 | 完成（含调试） | 在建 | 前期 | 未启动 | |
| 贵州省 | 4 | 4 | 100 | 157 | 144 | 5 | 3 | 5 | 好 |
| 四川省 | 26 | 19 | 73.1 | 243 | 128 | 79 | 33 | 3 | 好 |
| 重庆市 | 10 | 7 | 70.0 | 253 | 148 | 36 | 69 | 0 | 好 |
| 云南省 | 6 | 6 | 100 | 114 | 25 | 36 | 41 | 12 | 好 |
| 湖北省 | 3 | 1 | 33.3 | 241 | 62 | 45 | 91 | 43 | 较好 |
| 合　计 | 49 | 37 | 75.5 | 1008 | 507 | 201 | 237 | 63 | — |

表 9　长江中下游流域水污染防治规划 2015 年度实施情况考核结果

| 省　份 | 水　质　情　况 | | | 项　目　情　况 | | | | | 考核结果 |
|---|---|---|---|---|---|---|---|---|---|
| | 断面个数 | 达标个数 | 达标比例/% | 项目总数 | 完成（含调试） | 在建 | 前期 | 未启动 | |
| 江苏省 | 5 | 4 | 80.0 | 37 | 35 | 2 | 0 | 0 | 好 |
| 上海市 | 2 | 2 | 100 | 5 | 5 | 0 | 0 | 0 | 好 |
| 河南省 | 3 | 2 | 66.7 | 25 | 23 | 2 | 0 | 0 | 好 |
| 广西壮族自治区 | 4 | 2 | 50.0 | 5 | 5 | 0 | 0 | 0 | 好 |
| 湖南省 | 9 | 8 | 88.9 | 178 | 151 | 27 | 0 | 0 | 好 |
| 安徽省 | 7 | 6 | 85.7 | 74 | 71 | 3 | 0 | 0 | 好 |
| 江西省 | 8 | 7 | 87.5 | 247 | 216 | 13 | 10 | 8 | 好 |
| 湖北省 | 9 | 6 | 66.7 | 266 | 157 | 44 | 20 | 45 | 较好 |
| 合　计 | 47 | 37 | 78.7 | 837 | 663 | 91 | 30 | 53 | — |

# 关于建设项目环境影响评价资质审查结果（2016 年第十六批）的公告

环境保护部公告　2016 年第 58 号

根据《建设项目环境影响评价资质管理办法》（环境保护部令　第 36 号）及相关文件的规定，我部对申请建设项目环境影响评价资质（以下简称资质）的相关机构进行了审查。现将审查结果（2016 年第十六批）公告如下：

一、批准南京普环电力科技有限公司等 5 家机构乙级资质。

二、批准中冶华天工程技术有限公司资质晋级。

三、批准北海市环境保护科学研究所环保系统环评机构脱钩。

四、批准江西省水利规划设计院等4家机构资质证书中的机构名称变更。

五、批准江苏润环环境科技有限公司等7家机构调整评价范围。

六、批准福建省华厦能源设计研究院有限公司等7家机构资质延续。其中，不予批准中国新型建材设计研究院等2家机构部分评价范围。

七、批准北京中环博宏环境资源科技有限公司等 21 家机构资质证书中的住所变更或法定代表人变更。

八、批准乌鲁木齐市环境保护科学研究所注销资质。

九、不予批准广州环发环保工程有限公司调整评价范围。

十、不予批准漳州市环保开发公司资质延续和调整评价范围，注销资质。

审查结果的具体情况详见附件。第一至七项中的机构请于 60 日内携带单位证明，到我部行政审批大厅领取资质证书，其中第二至七项中的机构应在领取资质证书时携带原资质证书正、副本原件；第八、十项中的机构请于本公告发布之日起 10 日内将原资质证书正、副本原件寄回我部行政审批大厅。自本公告发布之日起，第二至十项中的机构原资质证书正、副本原件同时作废。

上述机构如不服本公告决定的，可在接到本公告之日起60日内向我部申请行政复议，也可在接到本公告之日起6个月内依法提起行政诉讼。在未获延续的评价范围内，已承接的环境影响报告书（表）需继续完成的，应在本公告发布之日起 15 日内，将有关情况连同编制委托合同等证明材料报我部审核。

行政审批大厅地址：北京市西城区西直门南小街115号（邮编：100035）

联系人：关睢

电话：（010）66556045

附件：建设项目环境影响评价资质审查结果（2016年第十六批）

环境保护部

2016年9月14日

**附件**

## 建设项目环境影响评价资质审查结果

## （2016年第十六批）

| 序号 | 机构名称 | 资质证书编号 | 申请事项 | 审查结果 |
| --- | --- | --- | --- | --- |
| 1 | 南京普环电力科技有限公司 | 国环评证乙字第1997号 | 首次申请 | 批准乙级资质，评价范围为输变电及广电通信环境影响报告书乙级类别；一般项目和核与辐射项目环境影响报告表类别。资质有效期自本公告发布之日起四年。因环评工程师业绩不足，不予批准建材火电环境影响报告书乙级类别评价范围 |
| 2 | 苏州合巨环保技术有限公司 | 国环评证乙字第1998号 | 首次申请 | 批准乙级资质，评价范围为冶金机电、交通运输环境影响报告书乙级类别；一般项目和核与辐射项目环境影响报告表类别。资质有效期自本公告发布之日起四年 |

| 序号 | 机构名称 | 资质证书编号 | 申请事项 | 审查结果 |
| --- | --- | --- | --- | --- |
| 3 | 中辐环境科技有限公司 | 国环评证乙字第 2056 号 | 首次申请 | 批准乙级资质，评价范围为核工业环境影响报告书乙级类别；一般项目和核与辐射项目环境影响报告表类别。资质有效期自本公告发布之日起四年 |
| 4 | 河南极科环保工程有限公司 | 国环评证乙字第 2562 号 | 首次申请 | 批准乙级资质，评价范围为轻工纺织化纤、冶金机电环境影响报告书乙级类别；一般项目环境影响报告表类别。资质有效期自本公告发布之日起四年 |
| 5 | 四川嘉盛裕环保工程有限公司 | 国环评证乙字第 3258 号 | 首次申请 | 批准乙级资质，评价范围为轻工纺织化纤环境影响报告书乙级类别；一般项目和核与辐射项目环境影响报告表类别。资质有效期自本公告发布之日起四年 |
| 6 | 中冶华天工程技术有限公司 | 国环评证甲字第 2106 号（原证书编号：国环评证乙字第 2135 号） | 资质晋级、调整评价范围 | 批准资质晋级和调整评价范围，评价范围为冶金机电环境影响报告书甲级类别；化工石化医药、社会服务环境影响报告书乙级类别；一般项目环境影响报告表类别。资质有效期自本公告发布之日起四年 |
| 7 | 北海市环境保护科学研究所 | 国环评证乙字第 2909 号 | 环保系统环评机构脱钩、机构名称变更、住所变更、法定代表人变更 | 批准资质证书中的机构名称变更为自然人出资成立的广西新北环环保科技有限公司。批准资质证书中的住所变更和法定代表人变更。资质有效期自本公告发布之日起四年 |
| 8 | 江西省水利规划设计院 | 国环评证乙字第 2302 号 | 机构名称变更、法定代表人变更 | 批准资质证书中的机构名称变更为江西省水利规划设计研究院。批准资质证书中的法定代表人变更 |
| 9 | 深圳鹏达信环保科技有限公司 | 国环评证乙字第 2862 号 | 机构名称变更 | 批准资质证书中的机构名称变更为深圳鹏达信能源环保科技有限公司 |
| 10 | 重庆地质矿产研究院 | 国环评证乙字第 3137 号 | 机构名称变更（改制）、住所变更、法定代表人变更 | 批准资质证书中的机构名称变更为重庆华地工程勘察设计院。批准资质证书中的住所变更和法定代表人变更。资质有效期自本公告发布之日起四年 |
| 11 | 宁夏智诚安环科技发展股份有限公司 | 国环评证乙字第 3804 号 | 机构名称变更（分立）、住所变更、法定代表人变更 | 批准资质证书中的机构名称变更为宁夏智诚安环技术咨询有限公司。批准资质证书中的住所变更和法定代表人变更 |
| 12 | 江苏润环环境科技有限公司 | 国环评证甲字第 1907 号 | 调整评价范围 | 批准建材火电环境影响报告书由乙级类别调整为甲级类别 |
| 13 | 沈阳中科生态环评有限公司 | 国环评证乙字第 1504 号 | 调整评价范围 | 批准增加社会服务环境影响报告书乙级类别评价范围 |
| 14 | 苏州清泉环保科技有限公司 | 国环评证乙字第 1994 号 | 调整评价范围 | 批准增加交通运输环境影响报告书乙级类别评价范围 |
| 15 | 浙江竟成环境咨询有限公司 | 国环评证乙字第 2052 号 | 调整评价范围 | 批准增加冶金机电环境影响报告书乙级类别评价范围 |
| 16 | 安徽皖欣科环环境科技有限公司 | 国环评证乙字第 2136 号 | 调整评价范围 | 批准增加冶金机电环境影响报告书乙级类别评价范围 |

| 序号 | 机构名称 | 资质证书编号 | 申请事项 | 审查结果 |
| --- | --- | --- | --- | --- |
| 17 | 山东三润环保科技有限公司 | 国环评证乙字第 2474 号 | 调整评价范围 | 批准增加化工石化医药环境影响报告书乙级类别评价范围。批准缩减轻工纺织化纤环境影响报告书乙级类别评价范围 |
| 18 | 福建省华厦能源设计研究院有限公司 | 国环评证乙字第 2215 号 | 资质延续、调整评价范围 | 批准资质延续和调整评价范围，评价范围为冶金机电、农林水利、采掘、交通运输环境影响报告书乙级类别；一般项目环境影响报告表类别。资质有效期自本公告发布之日起四年 |
| 19 | 广州环发环保工程有限公司 | 国环评证乙字第 2854 号 | 资质延续、调整评价范围 | 批准资质延续，评价范围为化工石化医药、采掘、社会服务环境影响报告书乙级类别；一般项目环境影响报告表类别。资质有效期自本公告发布之日起四年。因近一年内被责令限期整改六个月，不予批准增加冶金机电环境影响报告书乙级类别评价范围 |
| 20 | 松辽流域水资源保护局松辽水环境科学研究所 | 国环评证乙字第 1627 号 | 资质延续 | 批准资质延续，评价范围为农林水利、交通运输、社会服务环境影响报告书乙级类别；一般项目环境影响报告表类别。资质有效期自 2016 年 8 月 28 日至 2016 年 12 月 31 日 |
| 21 | 江苏方天电力技术有限公司 | 国环评证乙字第 1984 号 | 资质延续、法定代表人变更 | 批准资质延续，评价范围为一般项目和核与辐射项目环境影响报告表类别。资质有效期自 2016 年 8 月 28 日至 2016 年 12 月 31 日。批准资质证书中的法定代表人变更 |
| 22 | 中国新型建材设计研究院 | 国环评证乙字第 2001 号 | 资质延续 | 批准资质延续，评价范围为建材火电、采掘环境影响报告书乙级类别；一般项目环境影响报告表类别。资质有效期自本公告发布之日起四年。<br>因相应类别环评工程师人数及业绩不足，不予批准社会服务环境影响报告书乙级类别评价范围 |
| 23 | 英德市德宝环境保护服务有限公司 | 国环评证乙字第 2868 号 | 资质延续 | 批准资质延续，评价范围为社会服务环境影响报告书乙级类别；一般项目环境影响报告表类别。资质有效期自本公告发布之日起四年 |
| 24 | 四川众望安全环保技术咨询有限公司 | 国环评证乙字第 3245 号 | 资质延续 | 批准资质延续，评价范围为冶金机电、农林水利、采掘、社会服务环境影响报告书乙级类别；一般项目环境影响报告表类别。资质有效期自 2016 年 9 月 9 日至 2016 年 12 月 31 日。<br>因相应类别环评工程师人数不足，不予批准轻工纺织化纤环境影响报告书乙级类别评价范围 |
| 25 | 北京中环博宏环境资源科技有限公司 | 国环评证甲字第 1001 号 | 住所变更 | 批准资质证书中的住所变更 |
| 26 | 北京矿冶研究总院 | 国环评证甲字第 1014 号 | 法定代表人变更 | 批准资质证书中的法定代表人变更 |
| 27 | 交通运输部环境保护中心 | 国环评证甲字第 1038 号 | 法定代表人变更 | 批准资质证书中的法定代表人变更 |
| 28 | 浙江省工业环保设计研究院有限公司 | 国环评证甲字第 2007 号 | 住所变更 | 批准资质证书中的住所变更 |

| 序号 | 机构名称 | 资质证书编号 | 申请事项 | 审查结果 |
| --- | --- | --- | --- | --- |
| 29 | 河北兴襄环保科技有限公司 | 国环评证乙字第1223号 | 法定代表人变更 | 批准资质证书中的法定代表人变更 |
| 30 | 三河市常青环境科技发展有限公司 | 国环评证乙字第1242号 | 法定代表人变更 | 批准资质证书中的法定代表人变更 |
| 31 | 河北十环环境评价服务有限公司 | 国环评证乙字第1247号 | 住所变更 | 批准资质证书中的住所变更 |
| 32 | 保定新创环境技术有限公司 | 国环评证乙字第1249号 | 法定代表人变更 | 批准资质证书中的法定代表人变更 |
| 33 | 辽宁大奥环评有限公司 | 国环评证乙字第1544号 | 住所变更、法定代表人变更 | 批准资质证书中的住所变更和法定代表人变更 |
| 34 | 四平市环境保护研究所有限公司 | 国环评证乙字第1614号 | 住所变更 | 批准资质证书中的住所变更 |
| 35 | 厦门阳光环境保护科技有限公司 | 国环评证乙字第2227号 | 法定代表人变更 | 批准资质证书中的法定代表人变更 |
| 36 | 青岛环海海洋工程勘察研究院 | 国环评证乙字第2436号 | 住所变更、法定代表人变更 | 批准资质证书中的住所变更和法定代表人变更 |
| 37 | 山东神华山大能源环境有限公司 | 国环评证乙字第2479号 | 法定代表人变更 | 批准资质证书中的法定代表人变更 |
| 38 | 湖南知成环保服务有限公司 | 国环评证乙字第2727号 | 住所变更、法定代表人变更 | 批准资质证书中的住所变更和法定代表人变更 |
| 39 | 海南琼州环境评价有限公司 | 国环评证乙字第3007号 | 法定代表人变更 | 批准资质证书中的法定代表人变更 |
| 40 | 中机中联工程有限公司 | 国环评证乙字第3101号 | 法定代表人变更 | 批准资质证书中的法定代表人变更 |
| 41 | 乌鲁木齐市环境保护科学研究所 | 国环评证乙字第4011号 | 注销资质 | 批准注销资质 |
| 42 | 漳州市环保开发公司 | 国环评证乙字第2234号 | 资质延续、调整评价范围 | 因在资质申请中隐瞒有关情况和提供虚假资料，不予批准资质延续和调整评价范围，且一年内不得再次申请资质，注销资质。环评工程师成永霞（实为济源市环境监测站人员）、蔡海军（实为济源市环境监测站人员）、范存峰（实为济源市环境监测站人员）、金立忠（实为于都县环境保护局人员）、黄小群（实为于都县环境保护局人员）三年内不得作为资质申请时配备的环境影响评价工程师，环境影响报告书（表）的编制主持人或者主要编制人员。将该机构及环评工程师成永霞、蔡海军、范存峰、金立忠、黄小群相关情况记入诚信记录 |

# 关于放射性同位素与射线装置豁免备案证明文件（第二批）的公告

环境保护部公告 2016年第59号

根据《放射性同位素与射线装置安全和防护管理办法》（环境保护部令 第18号）第五十四条的相关规定，我部将各有关省份已获得豁免备案证明文件的活动或活动中的射线装置、放射源或者非密封放射性物质（第二批）予以公告，详细内容见附件1和附件2。

经我部公告的活动或活动中的射线装置、放射源或者非密封放射性物质，其豁免备案证明文书在全国有效，可不再逐一办理豁免备案证明文件。

附件：1．第二批已获各省豁免备案证明文件的放射性同位素汇总表

2．第二批已获各省豁免备案证明文件的射线装置汇总表

环境保护部

2016年9月24日

**附件1**

## 第二批已获各省豁免备案证明文件的放射性同位素汇总表

| 序号 | 申请备案单位 | 申请备案单位类型 | 备案明细 | 豁免单位类型 | 备案文号 |
|---|---|---|---|---|---|
| 1 | 赛默飞世尔（上海）仪器有限公司 | 含源仪器进口、生产单位 | i系列自动空气颗粒检测仪中含1枚活度不大于$3.7\times10^{6}$Bq的C-14放射源 | 最终用户 | 沪环保辐〔2015〕404号、沪环保辐〔2016〕82号 |
| 2 | 重庆建安仪器有限责任公司 | 含源仪器生产单位 | 高纯锗γ谱仪中配备一枚活度不大于$9.574\times10^{3}$Bq的Co-60放射源 | 最终用户 | 渝（辐）免管〔2016〕1号 |
| 3 | 四川新先达测控技术有限公司 | 含源仪器销售单位 | 销售该公司生产的伽马能谱仪所用校准物质，其中铀-镭平衡粉末标准物质835.2Bq、钍粉末标准物质236.5Bq、钾粉末标准物质4871.0Bq。每年约制作销售30套 | 最终用户 | 川环函〔2016〕221号 |

| 序号 | 申请备案单位 | 申请备案单位类型 | 备案明细 | 豁免单位类型 | 备案文号 |
| --- | --- | --- | --- | --- | --- |
| 4 | 第七一九研究所 | 含源仪器生产单位 | 多种标准源，最大单枚活度为 $4.11\times10^{5}$Bq，核素包括 Am-241、Ba-133、Cs-137、Co-60、Sr/Y、Pb-210、Eu-152、Pu-238、Pu-238/C-13、Tl-204、Am-241/Be、U-238、Ra-226、Th-232、K-40、Cr-51、Cd-109、Co-57、Ce-139、Sn-113、Sr-85、Y-88、H-3、C-14、Ni-63、Pu-239 | 最终用户 | 鄂环函〔2016〕242 号 |

附件 2

# 第二批已获各省豁免备案证明文件的射线装置汇总表

| 序号 | 申请备案单位 | 申请备案单位类型 | 备案明细 | 备案文号 |
| --- | --- | --- | --- | --- |
| 1 | 奥利巴斯贸易（上海）有限公司 | 射线装置销售单位 | GoldXpert、X-5000 型 X 射线荧光分析仪和 Terra、BTXII 型 X 射线衍射分析仪，管电压分别为 40kV、50kV、30kV，管电流分别为 0.1mA、0.2mA、0.33mA | 沪环保辐〔2015〕306 号 |
| 2 | 泰思肯贸易（上海）有限公司 | 射线装置销售单位 | VEGA3LMU 型扫描电子显微镜（SEM），管电压 30kV、管电流 2μA | 沪环保辐〔2015〕347 号 |
| 3 | 堀场仪器（上海）有限公司 | 射线装置销售单位 | MESA-50 和 MESA-50 Type K 能量色散型 X 射线荧光光谱仪，MESA-50 型管电压 50kV、管电流 2mA；MESA-50 Type K 型管电压 50kV、管电流 2mA | 沪环保辐〔2015〕412 号 |
| 4 | 上海思百吉仪器系统有限公司 | 射线装置销售单位 | ZETIUM 型 X 射线荧光光谱仪，管电压 60kV、管电流 160mA。<br>Venus 200 minilab X 射线荧光光谱仪，管电压 50kV、管电流 4mA。<br>CubiX$^{3}$ Potflux X 射线衍射仪，管电压 45kV、管电流 60mA | 沪环保辐〔2015〕392 号<br>沪环保辐〔2016〕187 号 |
| 5 | 赛默飞世尔（上海）仪器有限公司 | 射线装置销售单位 | Niton DXL Precious MetalAnalyzer（DXL 型贵金属分析仪）及 Niton FXL FM-XRF Analyzer（FXL 型荧光分析仪），DXL 型贵金属分析仪管电压 45kV、管电流 0.08mA；FXL 型荧光分析仪管电压 50kV、管电流 0.5mA | 沪环保辐〔2015〕384 号 |
| 6 | 岛津企业管理（中国）有限公司 | 射线装置销售单位 | EDX-LE 能量色散型 X 射线荧光分析装置，管电压 50kV、管电流 1mA | 沪环保辐〔2016〕220 号 |
| 7 | 安柏来科学仪器（上海）有限公司 | 射线装置销售单位 | BOWMAN BA-100X 射线荧光镀层测厚仪，管电压 50kV、管电流 1mA | 沪环保辐〔2016〕19 号 |
| 8 | 钢研纳克检测技术有限公司 | 射线装置生产、销售单位 | NX-100、NX-100F、NX-100FA 三种型号食品重金属检测仪，管电压 65kV、管电流 1mA | 京环函〔2016〕135 号 |

# 关于授予浙江省杭州市等40个市、县、区“国家生态市、县、区”称号的公告

环境保护部公告　2016年第60号

为贯彻落实党中央、国务院关于加快推进生态文明建设的决策部署，浙江省杭州市等40个市、县、区积极开展国家生态市、县、区创建，目前已经达到国家生态市、县、区考核指标要求。根据《国家生态建设示范区管理规程》等规定，我部决定授予杭州市等40个市、县、区“国家生态市、县、区”称号。

希望获得称号的地区珍惜荣誉，再接再厉，贯彻落实创新、协调、绿色、开放、共享的五大发展理念，争当绿水青山就是金山银山的践行者和引领者，以更高标准严格要求自己，全面加强生态环境保护，不断改善大气、水环境质量，在三到五年内率先实现环境质量明显改善目标。我部将加强对后续工作情况的跟踪评估，对环境质量下降、工作成效不明显、在区域内无法发挥典型示范作用的地区取消其称号。

特此公告。

附件：国家生态市、县、区名单

环境保护部

2016年9月30日

附件

## 国家生态市、县、区名单

**浙江省**　杭州市，湖州市，杭州市萧山区，湖州市南浔区，宁波市江北区、北仑区，富阳市，嵊泗县，岱山县，缙云县，文成县

**安徽省**　泾县

**福建省**　厦门市，泉州市，福州市晋安区、鼓楼区，连江县，闽侯县，泉州市丰泽区、鲤城区，晋江市，石狮市，惠安县，漳州市龙文区，平和县，柘荣县，武夷山市，松溪县，光泽县

**山东省**　青岛市黄岛区、城阳区，曲阜市

**湖北省**　京山县

**四川省**　彭州市，邛崃市，大邑县，都江堰市，洪雅县

**贵州省**　湄潭县，赤水市

# 关于2016年第二季度主要污染物排放严重超标的国家重点监控企业名单及第一季度主要污染物排放严重超标的国家重点监控企业处理处罚情况的公告

环境保护部公告　2016年第61号

按照《环境保护法》的有关规定，我部根据国家重点监控企业主要污染物排放自动监控数据汇总整理了2016年第二季度排放严重超标的国家重点监控企业名单和2016年第一季度排放严重超标的国家重点监控企业整改情况，现予以公布。

一、列入2016年第二季度排放严重超标的国家重点监控企业应按照《环境保护法》的要求，采取有效措施整改违法排污行为，向社会公开整改措施和完成时限。

二、对严重超标企业的处理情况，请查阅企业所在地省级环保部门网站“污染源环境监管信息公开”栏目。

三、欢迎社会各界监督举报企业超标排放的违法行为。

特此公告。

附件：1．2016年第二季度严重超标的国家重点监控企业名单及处理处置情况

2．2016年第一季度严重超标的国家重点监控企业名单及处理处置情况

环境保护部

2016年9月30日

附件 1

## 2016年第二季度严重超标的国家重点监控企业名单及处理处置情况

| 序号 | 省份 | 企业名称 | 处理结果 | 目前整改情况 |
|---|---|---|---|---|
| 1 | 河北省 | 辛集市水处理中心 | 加强监管 | 正在整改 |
| 2 | | 唐山市荣义炼焦制气有限公司 | 处罚45万元 | 正在整改 |
| 3 | | 河北永顺实业集团有限公司 | 停产整治，处罚85万元 | 9月9日达标 |
| 4 | | 国中（秦皇岛）污水处理有限公司 | 限制生产 | 正在整改 |
| 5 | | 蠡县留史镇污水处理有限公司 | 限制生产 | 正在整改 |

| 序号 | 省份 | 企业名称 | 处理结果 | 目前整改情况 |
| --- | --- | --- | --- | --- |
| 6 | 山西省 | 交城县华鑫煤炭实业有限公司 | 限制生产 | 正在整改 |
| 7 | | 山西宏安科技焦化有限公司 | 限制生产 | 正在整改 |
| 8 | | 山西安泰集团股份有限公司焦化厂 | 限制生产 | 正在整改 |
| 9 | | 山西美锦化工有限公司 | 限制生产 | 正在整改 |
| 10 | 内蒙古自治区 | 黄河工贸集团千里山煤焦化有限责任公司 | 处罚 85 万元 | 正在整改 |
| 11 | | 赤峰富龙热电厂有限责任公司 | 处罚 10 万元 | 正在整改 |
| 12 | | 赤峰金峰热力有限公司 | 停产整治 | 正在整改 |
| 13 | | 林西县中水污水处理管理中心 | 处罚 54.6 万元 | 6 月 25 日达标 |
| 14 | | 内蒙古大雁矿业集团有限责任公司热电总厂雁南热电厂 | 处罚 20 万元 | 正在整改 |
| 15 | | 鄂伦春光明热电有限责任公司 | 处罚 15 万元 | 正在整改 |
| 16 | | 内蒙古大雁矿业集团有限责任公司热电总厂雁中热电厂 | 处罚 20 万元 | 正在整改 |
| 17 | | 内蒙古大雁矿业集团有限责任公司热电总厂雁北热电厂 | 处罚 30 万元 | 正在整改 |
| 18 | | 突泉鑫光热力有限公司 | 按日计罚，共处罚 260 万元 | 正在整改 |
| 19 | | 锡林浩特市新绿原污水处理厂 | 处罚 38 万元 | 正在整改 |
| 20 | | 内蒙古庆华集团庆华煤化有限责任公司 | 处罚 85 万元 | 正在整改 |
| 21 | 辽宁省 | 法库县团山子污水处理有限公司 | 加强监管 | 正在整改 |
| 22 | | 沈阳炼焦煤气有限公司 | 处罚 40 万元 | 正在整改 |
| 23 | | 大化集团有限责任公司（热电厂） | 按日计罚，共处罚 520 万元 | 8 月 2 日达标 |
| 24 | | 中国石油天然气股份有限公司大连石化分公司 | 按日计罚，共处罚 850 万元 | 正在整改 |
| 25 | | 鞍钢集团矿业公司齐大山铁矿 | 处罚 15 万元 | 正在整改 |
| 26 | | 鞍山盛盟煤气化有限公司 | 处罚 10 万元 | 正在整改 |
| 27 | | 抚顺长顺电力有限公司 | 处罚 850 万元 | 正在整改 |
| 28 | 黑龙江省 | 中煤龙化哈尔滨煤化工有限公司 | 处罚 90 万元 | 正在整改 |
| 29 | | 鸡西矿业（集团）有限责任公司矸石热电厂 | 按日计罚，共处罚 600 万元 | 正在整改 |
| 30 | | 佳木斯中恒热电有限公司 | 处罚 54 万元 | 正在整改 |
| 31 | 江苏省 | 中国石化集团南京化学工业有限公司连云港碱厂 | 处罚 290 万元 | 7 月 29 日达标 |
| 32 | 江西省 | 江西宏宇能源发展有限公司 | 处罚 1060 万元 | 正在整改 |
| 33 | 山东省 | 莱州市宏泽水务有限公司 | 停产整治 | 5 月 29 日达标 |
| 34 | | 青岛光大水务运营有限公司（麦岛污水） | 处罚 130.4 万元 | 正在整改 |
| 35 | 河南省 | 洛阳香江万基铝业有限公司 | 限制生产 | 6 月 30 日达标 |
| 36 | | 洛阳义安电力有限公司 | 限制生产 | 4 月 23 日达标 |
| 37 | | 林州新达焦化有限公司 | 限制生产 | 6 月 20 日达标 |
| 38 | | 汝州天瑞煤焦化有限公司 | 限制生产 | 正在整改 |
| 39 | 湖北省 | 武汉王家店污水处理厂 | 处罚 50.5 万元 | 9 月 1 日达标 |
| 40 | 贵州省 | 贵州黔桂天能焦化有限责任公司 | 处罚 24 万元 | 正在整改 |

| 序号 | 省份 | 企业名称 | 处理结果 | 目前整改情况 |
|---|---|---|---|---|
| 41 | 陕西省 | 榆林市金龙北郊热电有限责任公司 | 停产整治 | 4月3日达标 |
| 42 | | 陕西煤业化工集团神木电化发展有限公司 | 停产整治 | 9月13日达标 |
| 43 | | 府谷县恒源冶焦发电有限公司 | 停产整治 | 8月15日达标 |
| 44 | 甘肃省 | 甘肃稀土新材料股份有限公司 | 处罚60.5万元 | 正在整改 |
| 45 | 青海省 | 西宁市第一污水处理厂 | 加强监管 | 正在整改 |
| 46 | | 青海发投碱业有限公司 | 处罚10万元 | 正在整改 |
| 47 | | 青海庆华煤化有限责任公司 | 限制生产 | 正在整改 |
| 48 | | 青海盐湖工业股份有限公司化工分公司 | 处罚40万元 | 8月30日达标 |
| 49 | 宁夏回族自治区 | 彭阳县污水处理厂 | 处罚2.5万元 | 8月27日达标 |
| 50 | | 中冶美利纸业股份有限公司 | 限制生产 | 7月27日达标 |
| 51 | | 宁夏宝丰能源集团股份有限公司（焦化厂） | 处罚20万元 | 6月18日达标 |
| 52 | | 宁夏宝丰能源集团股份有限公司甲醇厂（自备电厂） | 处罚50万元 | 4月30日达标 |
| 53 | 新疆维吾尔自治区 | 新疆盐湖制盐有限责任公司 | 停产整治 | 正在整改 |
| 54 | | 新疆昕昊达矿业有限责任公司 | 限制生产 | 5月27日达标 |
| 55 | | 叶城县污水处理厂 | 停产整治 | 正在整改 |

附件2

## 2016年第一季度严重超标的国家重点监控企业处理处置情况

| 序号 | 省份 | 企业名称 | 处理结果 | 目前整改情况 |
|---|---|---|---|---|
| 1 | 河北省 | 辛集市水处理中心 | 限制生产 | 正在整改 |
| 2 | | 唐山市汇丰炼焦制气有限公司 | 限制生产 | 6月11日达标 |
| 3 | | 河北永顺实业集团有限公司 | 处罚35万元 | 9月9日达标 |
| 4 | | 中国耀华玻璃集团公司(秦皇岛耀华玻璃工业园有限责任公司) | 停产整治 | 3月29号达标 |
| 5 | | 昌黎县贾河污水处理有限公司 | 限制生产 | 正在整改 |
| 6 | | 涿州亿力达热电有限公司 | 处罚30万元 | 8月18日达标 |
| 7 | 山西省 | 山西焦化股份有限公司 | 限制生产 | 正在整改 |
| 8 | | 交城县华鑫煤炭实业有限公司 | 限制生产 | 正在整改 |
| 9 | | 山西东方资源发展有限公司 | 限制生产 | 4月23日达标 |
| 10 | | 山西河坡发电有限责任公司 | 处罚570万元 | 3月22日达标 |
| 11 | | 长治市瑞达焦业有限公司 | 处罚100万元 | 8月14日达标 |
| 12 | | 太谷县恒达煤焦化公司 | 限制生产 | 9月13日达标 |
| 13 | | 阳泉市污水处理厂 | 处罚19.7万元 | 6月13日达标 |
| 14 | | 山西安泰集团股份有限公司焦化厂 | 限制生产 | 正在整改 |
| 15 | 内蒙古自治区 | 神华乌海能源有限责任公司西来峰煤化工分公司焦化厂 | 处罚40万元 | 8月16日达标 |
| 16 | | 林西县中水污水处理管理中心 | 限制生产 | 6月25日达标 |
| 17 | | 赤峰热电厂 | 处罚10万元 | 8月10日达标 |

| 序号 | 省份 | 企业名称 | 处理结果 | 目前整改情况 |
| --- | --- | --- | --- | --- |
| 18 | 内蒙古自治区 | 东达集团通辽水务有限公司 | 处罚 99.7 万元 | 5 月 20 日达标 |
| 19 | | 通辽环亚水务科技有限公司宝龙山分公司 | 处罚 6.2 万元 | 9 月 2 日达标 |
| 20 | | 通辽环亚水务科技有限公司库伦旗分公司 | 处罚 10.9 万元 | 5 月 12 日达标 |
| 21 | | 杭锦旗污水处理厂 | 处罚 67.5 万元 | 9 月 10 日达标 |
| 22 | | 鄂托克旗鑫洲供热有限责任公司 | 处罚 30 万元 | 3 月 31 日达标 |
| 23 | | 内蒙古大雁矿业集团有限责任公司热电总厂雁南热电厂 | 处罚 20 万元 | 正在整改 |
| 24 | | 鄂伦春光明热电有限责任公司 | 处罚 15 万元 | 正在整改 |
| 25 | | 内蒙古大雁矿业集团有限责任公司热电总厂雁中热电厂 | 处罚 20 万元 | 正在整改 |
| 26 | | 突泉鑫光热力有限公司 | 按日计罚，共罚 650 万元 | 正在整改 |
| 27 | | 东乌旗乌里雅斯太镇污水处理厂 | 限制生产 | 正在整改 |
| 28 | | 内蒙古庆华集团庆华煤化有限责任公司 | 处罚 5 万元 | 正在整改 |
| 29 | 辽宁省 | 沈阳炼焦煤气有限公司 | 处罚 40 万元 | 正在整改 |
| 30 | | 沈阳石蜡化工有限公司 | 处罚 214 万元 | 正在整改 |
| 31 | | 大化集团有限责任公司（热电厂） | 按日计罚，共罚 590 万元 | 8 月 2 日达标 |
| 32 | | 中国石油天然气股份有限公司大连石化分公司 | 按日计罚，共罚 590 万元 | 正在整改 |
| 33 | | 鞍钢集团矿业公司齐大山铁矿 | 处罚 15 万元 | 正在整改 |
| 34 | | 鞍山腾鳌污水处理有限公司 | 加强监管 | 6 月 24 日达标 |
| 35 | | 鞍山盛盟煤气化有限公司 | 按日计罚，共罚 20 万元 | 正在整改 |
| 36 | | 抚顺长顺电力有限公司 | 处罚 850 万元 | 正在整改 |
| 37 | | 本溪满族自治县供热公司 | 限制生产 | 正在整改 |
| 38 | | 国电葫芦岛润泽热力有限公司 | 处罚 40 万元 | 正在整改 |
| 39 | 吉林省 | 中国石油天然气股份有限公司吉林石化分公司动力一厂 | 处罚 506 万元 | 正在整改 |
| 40 | | 洮南市热电有限责任公司 | 处罚 60 万元 | 7 月 13 日达标 |
| 41 | | 延吉市集中供热有限责任公司 | 处罚 56 万元 | 正在整改 |
| 42 | 黑龙江省 | 中国石油天然气股份有限公司大庆石化分公司炼油厂 | 加强监管 | 正在整改 |
| 43 | | 中煤龙化哈尔滨煤化工有限公司 | 处罚 90 万元 | 正在整改 |
| 44 | | 华电能源股份有限公司富拉尔基发电厂 | 处罚 10 万元 | 9 月 10 日达标 |
| 45 | | 华电能源股份有限公司富拉尔基热电厂 | 处罚 220 万元 | 8 月 29 日达标 |
| 46 | | 鸡西矿业（集团）有限责任公司矸石热电厂 | 按日计罚，共罚 772 万元 | 正在整改 |
| 47 | | 中国石油天然气股份有限公司大庆石化分公司热电厂 | 处罚 130 万元 | 6 月 14 日达标 |
| 48 | | 佳木斯中恒热电有限公司 | 按日计罚，共罚 273 万元 | 正在整改 |
| 49 | 江苏省 | 中国石化集团南京化学工业有限公司连云港碱厂 | 处罚 290 万元 | 7 月 29 日达标 |
| 50 | 江西省 | 丰城矿务局电业有限责任公司 | 限制生产 | 3 月 16 日达标 |
| 51 | | 萍乡萍钢钢铁有限公司 | 处罚 10 万元 | 正在整改 |
| 52 | 山东省 | 莱州市宏泽水务有限公司 | 限制生产 | 5 月 29 日达标 |
| 53 | | 烟台华力热电供应有限公司 | 处罚 121 万元 | 3 月 24 日达标 |

| 序号 | 省份 | 企业名称 | 处理结果 | 目前整改情况 |
|---|---|---|---|---|
| 54 | 河南省 | 平煤集团开封市兴化精细化工厂 | 处罚 6.13 万元 | 5 月 26 日达标 |
| 55 | | 洛阳香江万基铝业有限公司 | 按日计罚，共罚 700 万元 | 6 月 30 日达标 |
| 56 | | 洛阳义安电力有限公司 | 按日计罚，共罚 470 万元 | 4 月 23 日达标 |
| 57 | | 安阳钢铁集团有限责任公司 | 限制生产 | 5 月 16 日达标 |
| 58 | | 河南豫龙焦化有限公司 | 限制生产 | 6 月 1 日达标 |
| 59 | | 河南利源煤焦集团有限公司 | 限制生产 | 7 月 19 日达标 |
| 60 | | 河南鑫磊能源有限公司 | 限制生产 | 6 月 1 日达标 |
| 61 | | 河南省顺成集团煤焦有限公司 | 限制生产 | 6 月 8 日达标 |
| 62 | | 林州新达焦化有限公司 | 限制生产 | 6 月 20 日达标 |
| 63 | | 中国平煤神马集团平顶山朝川焦化有限公司 | 限制生产 | 8 月 13 日达标 |
| 64 | 湖北省 | 武汉王家店污水处理厂 | 处罚 50.6 万元 | 9 月 1 日达标 |
| 65 | | 湖北际华新四五印染有限公司(襄樊新四五印染有限责任公司) | 加强监管 | 正在整改 |
| 66 | | 久大（应城）盐矿有限公司 | 停产整治，处罚 80 万元 | 5 月 18 日达标 |
| 67 | | 久大应城制盐有限公司 | 停产整治，处罚 80 万元 | 5 月 19 日达标 |
| 68 | | 中盐长江有限公司 | 停产整治，处罚 80 万元 | 9 月 10 日达标 |
| 69 | | 中盐宏博有限公司 | 停产整治，处罚 180 万元 | 5 月 16 日达标 |
| 70 | 广东省 | 中山火力发电有限公司 | 处罚 39 万元 | 8 月 28 日达标 |
| 71 | 贵州省 | 贵州黔桂天能焦化有限责任公司 | 限制生产 | 正在整改 |
| 72 | 陕西省 | 榆林市污水处理厂 | 处罚 104 万元 | 6 月 20 日达标 |
| 73 | | 榆林市金龙北郊热电有限责任公司 | 限制生产 | 4 月 3 日达标 |
| 74 | | 神木县恒升煤化工有限责任公司 | 处罚 70 万元 | 7 月 5 日达标 |
| 75 | | 陕西煤业化工集团神木电化发展有限公司 | 停产整治 | 9 月 13 日达标 |
| 76 | | 府谷县恒源冶焦发电有限公司 | 停产整治 | 8 月 15 日达标 |
| 77 | 甘肃省 | 夏官营污水处理厂 | 处罚 19.9179 万元 | 8 月 24 日达标 |
| 78 | | 金昌市排水管理处 | 加强监管 | 正在整改 |
| 79 | | 白银市平川区清源污水处理厂 | 按日计罚，共罚 38.8 万元 | 8 月 24 日达标 |
| 80 | 青海省 | 青海桥头铝电股份有限公司 | 加强监管 | 1 月 31 日达标 |
| 81 | | 西宁市第一污水处理厂 | 处罚 92.2 万元 | 正在整改 |
| 82 | | 青海发投碱业有限公司 | 处罚 10 万元 | 正在整改 |
| 83 | | 青海盐湖工业股份有限公司化工分公司 | 处罚 40 万元 | 8 月 30 日达标 |
| 84 | | 青海五彩碱业有限公司 | 处罚 2 万元 | 6 月 6 日达标 |
| 85 | 宁夏回族自治区 | 平罗县供热公司 | 处罚 10 万元 | 3 月 24 日达标 |
| 86 | | 宁夏庆华煤化工有限公司 | 处罚 10 万元 | 正在整改 |
| 87 | | 彭阳县污水处理厂 | 加强监管 | 8 月 27 日达标 |
| 88 | | 中冶美利纸业股份有限公司 | 处罚 2 万元 | 7 月 27 日达标 |
| 89 | | 宁夏宝丰能源集团股份有限公司（焦化厂） | 处罚 20 万元 | 6 月 18 日达标 |
| 90 | | 宁夏宝丰能源集团股份有限公司甲醇厂（自备电厂） | 处罚 50 万元 | 4 月 30 日达标 |
| 91 | 新疆维吾尔自治区 | 新疆盐湖制盐有限责任公司 | 限制生产 | 正在整改 |
| 92 | | 新疆钢铁雅满苏矿业有限责任公司（哈密球团） | 停产整治 | 2 月 28 日达标 |
| 93 | | 新疆昕昊达矿业有限责任公司 | 限制生产 | 5 月 27 日达标 |
| 94 | | 叶城县污水处理厂 | 处罚 2 万元 | 正在整改 |
| 95 | | 伊宁市联创城市建设（集团）排水公司（西区） | 处罚 1.4 万元 | 8 月 4 日达标 |

# 关于发布《水中钋-210的分析方法》等四项国家环境保护标准的公告

环境保护部公告　2016年第62号

为贯彻《中华人民共和国环境保护法》和《中华人民共和国放射性污染防治法》，保护环境，保障人体健康，规范辐射环境监测工作，现批准《水中钋-210的分析方法》等四项标准为国家环境保护标准，并予发布。

标准名称、编号如下：

一、《水中钋-210的分析方法》（HJ 813—2016）；

二、《水和土壤样品中钚的放射化学分析方法》（HJ 814—2016）；

三、《水和生物样品灰中锶-90的放射化学分析方法》（HJ 815—2016）；

四、《水和生物样品灰中铯-137的放射化学分析方法》（HJ 816—2016）。

以上标准自2016年11月1日起实施，由中国环境出版社出版，标准内容可在环境保护部网站（kjs.mep.gov.cn/hjbhbz/）查询。

自以上标准实施之日起，下列国家环境保护标准废止，标准名称、编号如下：

一、《水中钋-210的分析方法　电镀制样法》（GB 12376—90）

二、《水中钚的分析方法》（GB 11225—89）；

三、《土壤中钚的测定　萃取色层法》（GB 11219.1—89）；

四、《土壤中钚的测定　离子交换法》（GB 11219.2—89）

五、《水中锶-90的放射化学分析方法　二-(2-乙基己基)磷酸萃取色层法》(GB 6766—86)；

六、《水中锶-90的放射化学分析方法　发烟硝酸沉淀法》（GB 6764—86）；

七、《水中锶-90的放射化学分析方法　离子交换法》（GB 6765—86）；

八、《生物样品灰中锶-90的放射化学分析方法　二-（2-乙基己基）磷酸酯萃取色层法》（GB 11222.1—89）；

九、《水中铯-137放射化学分析方法》（GB 6767—86）；

十、《生物样品灰中铯-137放射化学分析方法》（GB 11221—89）。

特此公告。

环境保护部

2016年10月12日

## 关于发布《环境标志产品技术要求　胶粘剂》等三项国家环境保护标准的公告

环境保护部公告　2016 年第 63 号

为贯彻《中华人民共和国环境保护法》，保护环境，促进技术进步，现批准《环境标志产品技术要求 胶粘剂》等 3 项标准为国家环境保护标准，并予发布。

标准名称、编号如下：

一、环境标志产品技术要求 胶粘剂（HJ 2541—2016）。

二、环境标志产品技术要求 胶印油墨（HJ 2542—2016）。

三、环境标志产品技术要求 干式电力变压器（HJ 2543—2016）。

以上标准自 2017 年 1 月 1 日起实施，由中国环境出版社出版，标准内容可在环境保护部网站（www.mep.gov.cn）查询。

自上述标准实施之日起，《环境标志产品技术要求 胶粘剂》（HJ/T 220—2005）、《环境标志产品技术要求 胶印油墨》（HJ/T 370—2007）和《环境标志产品技术要求 干式电力变压器》（HJ/T 224—2005）废止。

特此公告。

环境保护部

2016 年 10 月 17 日

## 关于建设项目环境影响评价资质审查结果（2016 年第十七批）的公告

环境保护部公告　2016 年第 64 号

根据《建设项目环境影响评价资质管理办法》（环境保护部令　第 36 号）及相关文件的规定，我部对申请建设项目环境影响评价资质（以下简称资质）的相关机构进行了审查。现将审查结果（2016 年第十七批）公告如下：

一、批准江苏润天环境科技有限公司等 4 家机构乙级资质。

二、批准北京市劳动保护科学研究所等4家机构资质证书中的机构名称变更。

三、批准中冶节能环保有限责任公司等4家机构调整评价范围。

四、批准河北师大环境科技有限公司等7家机构资质延续。

五、批准重庆两江源环境影响评价有限公司等6家机构资质证书中的住所变更或法定代表人变更。

六、批准太原科技大学注销资质。

七、不予批准桂林市环境保护科学研究所环保系统环评机构脱钩资质变更，注销资质。

审查结果的具体情况详见附件。第一至五项中的机构请于60日内携带单位证明，到我部行政审批大厅领取资质证书，其中第二至五项中的机构应在领取资质证书时携带原资质证书正、副本原件；第六、七项中的机构请于本公告发布之日起10日内将原资质证书正、副本原件寄回我部行政审批大厅。自本公告发布之日起，第二至七项中的机构原资质证书正、副本原件同时作废。

上述机构如不服本公告决定的，可在接到本公告之日起60日内向我部申请行政复议，也可在接到本公告之日起6个月内依法提起行政诉讼。第六、七项中的机构注销资质前已承接的环境影响报告书（表）需继续完成的，参照《关于环评机构注销资质后继续完成已承接环评项目有关问题的复函》（环办环评函〔2016〕484号）执行。

行政审批大厅地址：北京市西城区西直门南小街115号（邮编：100035）

联系人：关睢

电话：（010）66556045

附件：建设项目环境影响评价资质审查结果（2016年第十七批）

环境保护部

2016年10月24日

**附件**

## 建设项目环境影响评价资质审查结果

## （2016年第十七批）

| 序号 | 机构名称 | 资质证书编号 | 申请事项 | 审查结果 |
|---|---|---|---|---|
| 1 | 江苏润天环境科技有限公司 | 国环评证乙字第1999号 | 首次申请 | 批准乙级资质，评价范围为化工石化医药环境影响报告书乙级类别；一般项目和核与辐射项目环境影响报告表类别。资质有效期自本公告发布之日起四年 |
| 2 | 江苏南大环保科技有限公司 | 国环评证乙字第19100号 | 首次申请 | 批准乙级资质，评价范围为化工石化医药、冶金机电、社会服务环境影响报告书乙级类别；一般项目环境影响报告表类别。资质有效期自本公告发布之日起四年 |
| 3 | 江苏虹善工程科技有限公司 | 国环评证乙字第19101号 | 首次申请 | 批准乙级资质，评价范围为化工石化医药、社会服务环境影响报告书乙级类别；一般项目和核与辐射项目环境影响报告表类别。资质有效期自本公告发布之日起四年 |

| 序号 | 机构名称 | 资质证书编号 | 申请事项 | 审 查 结 果 |
| --- | --- | --- | --- | --- |
| 4 | 钦覃（上海）环境工程有限公司 | 国环评证乙字第 1835 号 | 首次申请 | 批准乙级资质，评价范围为社会服务环境影响报告书乙级类别；一般项目和核与辐射项目环境影响报告表类别。资质有效期自本公告发布之日起四年 |
| 5 | 北京市劳动保护科学研究所 | 国环评证乙字第 1026 号 | 机构名称变更（改制）、住所变更、法定代表人变更 | 批准资质证书中的机构名称变更为北京市劳保所科技发展有限责任公司。批准资质证书中的住所变更和法定代表人变更。资质有效期自本公告发布之日起四年 |
| 6 | 黑龙江大学 | 国环评证乙字第 1714 号 | 机构名称变更（改制）、法定代表人变更 | 批准资质证书中的机构名称变更为黑龙江黑大环保科技有限公司。批准资质证书中的法定代表人变更资质有效期自本公告发布之日起四年 |
| 7 | 中国地质大学（武汉） | 国环评证乙字第 2602 号 | 机构名称变更（改制）、住所变更、法定代表人变更 | 批准资质证书中的机构名称变更为武汉中地格林环保科技有限公司。批准资质证书中的住所变更和法定代表人变更。资质有效期自本公告发布之日起四年 |
| 8 | 福建省冶金工业研究所 | 国环评证乙字第 2212 号 | 机构名称变更、住所变更、法定代表人变更 | 批准资质证书中的机构名称变更为福建省冶金工业设计院（福建省冶金工业研究所）。批准资质证书中的住所变更和法定代表人变更 |
| 9 | 中冶节能环保有限责任公司 | 国环评证甲字第 1039 号 | 调整评价范围 | 批准交通运输环境影响报告书乙级类别调整为甲级，社会服务环境影响报告书甲级类别调整为乙级，缩减轻工纺织化纤环境影响报告书乙级类别评价范围 |
| 10 | 上海华闵环境科技发展有限公司 | 国环评证乙字第 1829 号 | 调整评价范围 | 批准增加化工石化医药、社会服务环境影响报告书乙级类别评价范围 |
| 11 | 中环华诚（厦门）环保科技有限公司 | 国环评证乙字第 2224 号 | 调整评价范围 | 批准增加冶金机电、农林水利、交通运输环境影响报告书乙级类别和核与辐射项目环境影响报告表类别评价范围 |
| 12 | 河北师大环境科技有限公司 | 国环评证乙字第 1209 号 | 调整评价范围、资质延续 | 批准增加核与辐射项目环境影响报告表类别评价范围。批准资质延续，评价范围为轻工纺织化纤、化工石化医药、冶金机电、建材火电、农林水利、交通运输、社会服务环境影响报告书乙级类别；一般项目和核与辐射项目环境影响报告表类别。资质有效期自本公告发布之日起四年 |
| 13 | 宜兴市兴盛环境科学研究所有限公司 | 国环评证乙字第 1940 号 | 资质延续 | 批准资质延续，评价范围为轻工纺织化纤、社会服务环境影响报告书乙级类别；一般项目环境影响报告表类别。资质有效期自本公告发布之日起四年 |
| 14 | 南京赛特环境工程有限公司 | 国环评证乙字第 1964 号 | 资质延续 | 批准资质延续，评价范围为轻工纺织化纤、化工石化医药、冶金机电、社会服务环境影响报告书乙级类别；一般项目环境影响报告表类别。资质有效期自本公告发布之日起四年 |
| 15 | 江苏叶萌环境技术有限公司 | 国环评证乙字第 1985 号 | 资质延续 | 批准资质延续，评价范围为一般项目环境影响报告表类别。资质有效期自本公告发布之日起四年 |
| 16 | 洛阳青华环保科技有限公司 | 国环评证乙字第 2515 号 | 资质延续 | 批准资质延续，评价范围为采掘、社会服务环境影响报告书乙级类别；一般项目环境影响报告表类别。资质有效期自本公告发布之日起四年 |

| 序号 | 机构名称 | 资质证书编号 | 申请事项 | 审查结果 |
| --- | --- | --- | --- | --- |
| 17 | 河南油田工程咨询有限公司 | 国环评证乙字第2540号 | 资质延续 | 批准资质延续，评价范围为采掘、交通运输环境影响报告书乙级类别；一般项目环境影响报告表类别。资质有效期自2016年8月28日至2016年12月31日 |
| 18 | 深圳市福田区环境技术研究所有限公司 | 国环评证乙字第2866号 | 资质延续 | 批准资质延续，评价范围为冶金机电、社会服务环境影响报告书乙级类别；一般项目环境影响报告表类别。资质有效期自本公告发布之日起四年 |
| 19 | 重庆两江源环境影响评价有限公司 | 国环评证乙字第3117号 | 法定代表人变更 | 批准资质证书中的法定代表人变更 |
| 20 | 成都宁沣环保技术有限公司 | 国环评证乙字第3224号 | 住所变更 | 批准资质证书中的住所变更 |
| 21 | 太原科技大学 | 国环评证乙字第1332号 | | 资质有效期届满（2016年8月27日）未申请延续，注销资质 |
| 22 | 桂林市环境保护科学研究所 | 国环评证乙字第2914号 | 环保系统环评机构脱钩、机构名称变更、住所变更、法定代表人变更 | 该机构主要职责中包含建设项目环境影响评价技术评估，不符合环评机构资质条件，注销资质，不予批准资质证书中的机构名称变更、住所变更和法定代表人变更 |

# 关于修改《危险废物经营单位审查和许可指南》部分条款的公告

环境保护部公告　2016年第65号

为落实《国务院关于第一批取消62项中央指定地方实施行政审批事项的决定》（国发〔2015〕57号）的要求，我部于2016年4月发布了《关于环境保护主管部门不再进行建设项目试生产审批的公告》（环境保护部公告　2016年第29号），要求省、市、县级环境保护主管部门不再进行建设项目试生产审批。为做好新建危险废物利用处置项目在试生产期间经营许可证的申请和审批工作，我部决定对《危险废物经营单位审查和许可指南》（环境保护部公告　2009年第65号，以下简称《指南》）部分条款进行修改。现公告如下：

一、删除《指南》“附件：危险废物经营单位审查和许可指南”第四条（五）评审结论2.中“对列入《全国危险废物和医疗废物处置设施建设规划》的项目，未经竣工验收的，不予颁发危险废物经营许可证”的规定。

二、将《指南》“附一：有关条件证明材料的说明”中第四条 5.“环境影响评价文件的复印件；环境保护设施竣工验收意见的复印件”修改为“已通过建设项目竣工环境保护验收的项目，应提供环境影响评价文件及批复复印件、试运行报告和建设项目竣工环境保护验收意见的复印件；新建成且未验收的项目，应提供环境影响评价文件及批复复印件和试运行计划（含环境保护设施试运行计划）”。

三、删除《指南》“附一：有关条件证明材料的说明” 第四条 8 .“新建危险废物焚烧炉，应提供试焚烧方案及期限（一般不得超过一年）以及试焚烧结果的报告”的规定。

四、修改对照表（见附件）。

五、本公告自发布之日起实施。

特此公告。

附件：修改对照表

环境保护部

2016 年 10 月 22 日

**附件**

# 修 改 对 照 表

| 修 改 条 款 | 环境保护部公告<br>2009 年第 65 号 | 本 公 告 |
|---|---|---|
| 附件：“危险废物经营单位审查和许可指南” 第四条（五）评审结论 2.中 | 对列入《全国危险废物和医疗废物处置设施建设规划》的项目，未经竣工验收的，不予颁发危险废物经营许可证。 | 本句删除 |
| 附一：“有关条件证明材料的说明”第四条 5. | 环境影响评价文件的复印件；环境保护设施竣工验收意见的复印件。 | 已通过建设项目竣工环境保护验收的项目，应提供环境影响评价文件及批复复印件、试运行报告和建设项目竣工环境保护验收意见的复印件；新建成且未验收的项目，应提供环境影响评价文件及批复复印件和试运行计划（含环境保护设施试运行计划） |
| 附一：“有关条件证明材料的说明”第四条 8. | 新建危险废物焚烧炉，应提供试焚烧方案及期限（一般不得超过一年）以及试焚烧结果的报告。 | 本条删除 |

# 关于发布《民用煤燃烧污染综合治理技术指南（试行）》与《民用煤大气污染物排放清单编制技术指南（试行）》的公告

环境保护部公告　2016年第66号

为贯彻《大气污染防治行动计划》，加强大气污染防治科技支撑，促进科研成果的推广应用，指导各地科学合理开展民用煤燃烧污染综合治理工作，加快环境空气质量改善进程，我部编制了《民用煤燃烧污染综合治理技术指南（试行）》和《民用煤大气污染物排放清单编制技术指南（试行）》，现予以发布。请各地结合实际情况，参照执行。

其中，《民用煤大气污染物排放清单编制技术指南（试行）》是大气污染源排放清单技术指南体系的重要组成部分，是对该体系的进一步补充和完善。已发布的《大气细颗粒物一次源排放清单技术指南（试行）》《大气可吸入颗粒物一次源排放清单技术指南（试行）》《大气挥发性有机物源排放清单技术指南（试行）》中关于民用煤污染物源排放清单编制部分请参照本次发布的《民用煤大气污染物排放清单编制技术指南（试行）》执行，其附录所提供的排放系数推荐值供参考使用，鼓励各地优先使用本地实测与调查数据。

附件：1.民用煤燃烧污染综合治理技术指南（试行）（略）

2.民用煤大气污染物排放清单编制技术指南（试行）（略）

环境保护部

2016年10月22日

# 关于建设项目环境影响评价资质审查结果（2016年第十八批）的公告

环境保护部公告　2016年第67号

根据《建设项目环境影响评价资质管理办法》（环境保护部令　第36号）及相关文件的规定，我部对申请建设项目环境影响评价资质（以下简称资质）的相关机构进行了审查。

现将审查结果（2016 年第十八批）公告如下：

一、批准中铁第五勘察设计院集团有限公司资质晋级。

二、批准呼和浩特市环境科学研究所等 2 家环保系统环评机构脱钩。

三、批准浙江工业大学等 6 家机构资质证书中的机构名称变更。

四、批准中核第四研究设计工程有限公司等 6 家机构调整评价范围。

五、批准北京中油建设项目劳动安全卫生预评价有限公司等 10 家机构资质延续。

六、批准中国电子工程设计院等 12 家机构资质证书中的住所变更或法定代表人变更。

七、批准绍兴市环球环境保护科学设计研究院有限公司等 2 家机构注销资质。

八、不予批准内蒙古图远环境技术咨询有限公司等 2 家机构乙级资质。

审查结果的具体情况详见附件。第一至六项中的机构请于 60 日内携带单位证明和原资质证书正、副本原件，到我部行政审批大厅领取资质证书；第七项中的机构请于本公告发布之日起 10 日内将原资质证书正、副本原件寄回我部行政审批大厅。自本公告发布之日起，第一至七项中的机构原资质证书正、副本原件同时作废。

上述机构如不服本公告决定的，可在接到本公告之日起 60 日内向我部申请行政复议，也可在接到本公告之日起 6 个月内依法提起行政诉讼。在未获延续的评价范围内或注销资质前已承接的环境影响报告书（表）需继续完成的，应在本公告发布之日起 15 日内，将有关情况连同编制委托合同等证明材料报我部审核。

行政审批大厅地址：北京市西城区西直门南小街 115 号（邮编：100035）

联系人：关雎

电话：（010）66556045

附件：建设项目环境影响评价资质审查结果（2016 年第十八批）

环境保护部

2016 年 10 月 26 日

**附件**

## 建设项目环境影响评价资质审查结果

## （2016 年第十八批）

| 序号 | 机构名称 | 资质证书编号 | 申请事项 | 审查结果 |
|---|---|---|---|---|
| 1 | 中铁第五勘察设计院集团有限公司 | 国环评证甲字第 1062 号（原证书编号：国环评证乙字第 1051 号） | 资质晋级、住所变更、法定代表人变更 | 批准资质晋级。评价范围为交通运输环境影响报告书甲级类别；社会服务环境影响报告书乙级类别；一般项目环境影响报告表类别。批准资质证书中的住所变更和法定代表人变更。资质有效期自本公告发布之日起四年 |
| 2 | 呼和浩特市环境科学研究所 | 国环评证乙字第 1412 号 | 环保系统环评机构脱钩、机构名称变更、住所变更、法定代表人变更 | 批准资质证书中的机构名称变更为内蒙古海亮商贸有限公司和自然人出资成立的内蒙古亿保环境科技有限公司。批准资质证书中的住所变更和法定代表人变更。资质有效期自本公告发布之日起四年 |

| 序号 | 机构名称 | 资质证书编号 | 申请事项 | 审查结果 |
|---|---|---|---|---|
| 3 | 丰都县环境科学研究所 | 国环评证乙字第3111号 | 环保系统环评机构脱钩、机构名称变更、住所变更、法定代表人变更 | 批准资质证书中的机构名称变更为自然人出资成立的重庆丰达环境影响评价有限公司。批准资质证书中的住所变更和法定代表人变更。资质有效期自本公告发布之日起四年 |
| 4 | 浙江工业大学 | 国环评证乙字第2006号 | 机构名称变更（改制）、住所变更、法定代表人变更 | 批准资质证书中的机构名称变更为浙江工业大学工程设计集团有限公司，缩减社会服务类环境影响报告书乙级类别评价范围。批准资质证书中的住所变更和法定代表人变更。资质有效期自本公告发布之日起四年 |
| 5 | 广西壮族自治区环境地质研究所 | 国环评证乙字第2903号 | 机构名称变更（改制）、住所变更、法定代表人变更 | 批准资质证书中的机构名称变更为桂林青山环保科技有限公司。批准资质证书中的住所变更和法定代表人变更。资质有效期自本公告发布之日起四年 |
| 6 | 陕西省国防科技工业环境监测科研所 | 国环评证乙字第3612号 | 机构名称变更（改制）、住所变更 | 批准资质证书中的机构名称变更为陕西国防科技推广应用研究所。批准资质证书中的住所变更。资质有效期自本公告发布之日起四年 |
| 7 | 中国寰球工程公司 | 国环评证甲字第1008号 | 机构名称变更 | 批准资质证书中的机构名称变更为中国寰球工程有限公司 |
| 8 | 浙江问鼎辐射防护工程有限公司 | 国环评证乙字第2053号 | 机构名称变更、法定代表人变更 | 批准资质证书中的机构名称变更为浙江问鼎环境工程有限公司。批准资质证书中的法定代表人变更 |
| 9 | 新疆天地源环保科技发展有限公司 | 国环评证乙字第4018号 | 机构名称变更、法定代表人变更 | 批准资质证书中的机构名称变更为新疆天地源环保科技发展股份有限公司。批准资质证书中的法定代表人变更 |
| 10 | 中核第四研究设计工程有限公司 | 国环评证甲字第1208号 | 调整评价范围、资质延续 | 批准增加输变电及广电通信环境影响报告书乙级类别评价范围。批准资质延续，评价范围为核工业环境影响报告书甲级类别；输变电及广电通信环境影响报告书乙级类别；一般项目和核与辐射项目环境影响报告表类别。资质有效期自本公告发布之日起四年 |
| 11 | 北京中企安信环境科技有限公司 | 国环评证乙字第1046号 | 调整评价范围、住所变更、法定代表人变更 | 批准增加轻工纺织化纤、农林水利、交通运输、社会服务环境影响报告书乙级类别；核与辐射项目环境影响报告表类别评价范围。批准资质证书中的住所变更和法定代表人变更 |
| 12 | 无锡市锡山区环境科学研究所有限公司 | 国环评证乙字第1935号 | 调整评价范围、资质延续 | 批准增加冶金机电环境影响报告书乙级类别评价范围。批准资质延续，评价范围为冶金机电环境影响报告书乙级类别；一般项目环境影响报告表类别。资质有效期自本公告发布之日起四年 |
| 13 | 中煤科工集团武汉设计研究院有限公司 | 国环评证乙字第2616号 | 调整评价范围、资质延续 | 批准增加农林水利环境影响报告书乙级类别评价范围，缩减社会服务环境影响报告书乙级类别评价范围。批准资质延续，评价范围为采掘、农林水利、交通运输环境影响报告书乙级类别；一般项目环境影响报告表类别。资质有效期自本公告发布之日起四年 |

| 序号 | 机构名称 | 资质证书编号 | 申请事项 | 审查结果 |
| --- | --- | --- | --- | --- |
| 14 | 嘉兴市环境科学研究所有限公司 | 国环评证乙字第 2016 号 | 调整评价范围、资质延续、住所变更、法定代表人变更 | 批准增加交通运输环境影响报告书乙级类别评价范围，缩减社会服务环境影响报告书乙级类别评价范围。批准资质延续，评价范围为轻工纺织化纤、化工石化医药、冶金机电、交通运输环境影响报告书乙级类别；一般项目环境影响报告表类别。批准资质证书中的住所变更和法定代表人变更。资质有效期自本公告发布之日起四年 |
| 15 | 广东省水利电力勘测设计研究院 | 国环评证乙字第 2851 号 | 调整评价范围、资质延续 | 批准增加交通运输环境影响报告书乙级类别评价范围。批准资质延续，评价范围为农林水利、交通运输、社会服务环境影响报告书乙级类别；一般项目环境影响报告表类别。资质有效期自本公告发布之日起四年 |
| 16 | 北京中油建设项目劳动安全卫生预评价有限公司 | 国环评证甲字第 1025 号 | 资质延续 | 批准资质延续，评价范围为采掘、交通运输环境影响报告书甲级类别；一般项目环境影响报告表类别。资质有效期自本公告发布之日起四年 |
| 17 | 核工业二〇三研究所 | 国环评证甲字第 3608 号 | 资质延续 | 批准资质延续，评价范围为建材火电、采掘环境影响报告书甲级类别；农林水利、社会服务、核工业环境影响报告书乙级类别；一般项目和核与辐射项目环境影响报告表类别。资质有效期自本公告发布之日起四年。因相应类别环评工程师人数不足，不予批准冶金机电环境影响报告书乙级类别评价范围 |
| 18 | 河南源通环保工程有限公司 | 国环评证乙字第 2501 号 | 资质延续 | 批准资质延续，评价范围为轻工纺织化纤、化工石化医药、冶金机电、建材火电、农林水利、交通运输、社会服务环境影响报告书乙级类别；一般项目环境影响报告表类别。资质有效期自本公告发布之日起四年 |
| 19 | 湖南有色金属研究院 | 国环评证乙字第 2711 号 | 资质延续 | 批准资质延续，评价范围为冶金机电、采掘环境影响报告书乙级类别；一般项目环境影响报告表类别。批准缩减化工石化医药、社会服务环境影响报告书乙级类别评价范围。资质有效期自本公告发布之日起四年 |
| 20 | 贵州省化工研究院 | 国环评证乙字第 3304 号 | 资质延续 | 批准资质延续，评价范围为化工石化医药、建材火电、社会服务环境影响报告书乙级类别；一般项目环境影响报告表类别。资质有效期自本公告发布之日起四年 |
| 21 | 中国电子工程设计院 | 国环评证甲字第 1050 号 | 法定代表人变更 | 批准资质证书中的法定代表人变更 |
| 22 | 中晟华远（北京）环境科技有限公司 | 国环评证乙字第 1006 号 | 住所变更 | 批准资质证书中的住所变更 |
| 23 | 绍兴市环球环境保护科学设计研究院有限公司 | 国环评证乙字第 2005 号 | 注销资质 | 批准注销资质 |

| 序号 | 机构名称 | 资质证书编号 | 申请事项 | 审查结果 |
| --- | --- | --- | --- | --- |
| 24 | 嘉兴市求是环境工程咨询有限公司 | 国环评证乙字第2033号 | 注销资质 | 批准注销资质 |
| 25 | 内蒙古图远环境技术咨询有限公司 | | 首次申请 | 因在资质申请中隐瞒有关情况和提供虚假资料，环评工程师张艳峰、吴占华为外单位人员，不予批准资质且一年内不得再次申请资质；环评工程师张艳峰、吴占华三年内不得作为资质申请时配备的环境影响评价工程师、环境影响报告书（表）的编制主持人或者主要编制人员。将该机构和环评工程师张艳峰、吴占华相关情况记入诚信记录 |
| 26 | 石嘴山市环境保护研究所（有限公司） | | 首次申请 | 因在资质申请中隐瞒有关情况和提供虚假资料，环评工程师秦琛、陈清宇为外单位人员，不予批准资质且一年内不得再次申请资质。环评工程师秦琛、陈清宇三年内不得作为资质申请时配备的环境影响评价工程师，环境影响报告书（表）的编制主持人或者主要编制人员。将该机构和环评工程师秦琛、陈清宇相关情况记入诚信记录 |

# 关于公布现行有效的国家环保部门规章目录的公告

环境保护部公告　2016年第68号

根据国务院办公厅《关于做好行政法规部门规章和文件清理工作有关事项的通知》（国办函〔2016〕12号）要求，我部对2008年3月环境保护部成立以来以及原国家环境保护总局、原国家环境保护局、原城乡建设环境保护部先后发布的部门规章进行了清理。现将现行有效的国家环保部门规章目录予以公布。

特此公告。

附件：现行有效的国家环保部门规章目录

环境保护部

2016年11月14日

附件

# 现行有效的国家环保部门规章目录

## （截至2016年6月30日，总计85件）

### （一）污染防治与生态保护领域部门规章目录

| 序号 | 规章名称 | 文号 | 发布日期 | 备注 |
| --- | --- | --- | --- | --- |
| 1 | 全国环境监测管理条例 | 城环字〔1983〕483号 | 1983年7月21日 | |
| 2 | 饮用水水源保护区污染防治管理规定 | （89）环管字第201号 | 1989年7月10日 | 2010年12月22日经环境保护部令第16号修改 |
| 3 | 汽车排气污染监督管理办法 | （90）环管字第359号 | 1990年8月15日 | 2010年12月22日经环境保护部令第16号修改 |
| 4 | 防止含多氯联苯电力装置及其废物污染环境的规定 | （91）环管字第050号 | 1991年1月22日 | |
| 5 | 国家环境保护局环境保护科学技术研究成果管理办法 | 国家环境保护局令第7号 | 1992年2月20日 | |
| 6 | 防治尾矿污染环境管理规定 | 国家环境保护局令第11号 | 1992年8月17日 | 1999年7月12日经国家环境保护总局令第6号修正，2010年12月22日经环境保护部令　第16号修改 |
| 7 | 化学品首次进口及有毒化学品进出口环境管理规定 | 环管〔1994〕140号 | 1994年3月16日 | |
| 8 | 环境保护档案管理办法 | 国家环境保护局国家档案局令　第13号 | 1994年10月6日 | |
| 9 | 环境监理人员行为规范 | 国家环境保护局令第16号 | 1995年5月11日 | |
| 10 | 环境保护法规解释管理办法 | 国家环境保护总局令第1号 | 1998年12月8日 | |
| 11 | 环境标准管理办法 | 国家环境保护总局令第3号 | 1999年4月1日 | |
| 12 | 危险废物转移联单管理办法 | 国家环境保护总局令第5号 | 1999年6月23日 | |
| 13 | 近岸海域环境功能区管理办法 | 国家环境保护总局令第8号 | 1999年12月10日 | 2010年12月22日经环境保护部令第16号修改 |
| 14 | 环境影响评价审查专家库管理办法 | 国家环境保护总局令第16号 | 2003年8月20日 | |
| 15 | 专项规划环境影响报告书审查办法 | 国家环境保护总局令第18号 | 2003年10月8日 | |

| 序号 | 规章名称 | 文号 | 发布日期 | 备注 |
|---|---|---|---|---|
| 16 | 全国环保系统六项禁令 | 国家环境保护总局令 第 20 号 | 2003 年 12 月 3 日 | |
| 17 | 医疗废物管理行政处罚办法 | 卫生部　国家环境保护总局令　第 21 号 | 2004 年 5 月 27 日 | 2010 年 12 月 22 日经环境保护部令第 16 号修改 |
| 18 | 环境保护行政许可听证暂行办法 | 国家环境保护总局令 第 22 号 | 2004 年 6 月 23 日 | |
| 19 | 环境保护法规制定程序办法 | 国家环境保护总局令 第 25 号 | 2005 年 4 月 25 日 | |
| 20 | 污染源自动监控管理办法 | 国家环境保护总局令 第 28 号 | 2005 年 9 月 19 日 | |
| 21 | 国家环境保护总局建设项目环境影响评价文件审批程序规定 | 国家环境保护总局令 第 29 号 | 2005 年 11 月 23 日 | |
| 22 | 建设项目环境影响评价行为准则与廉政规定 | 国家环境保护总局令 第 30 号 | 2005 年 11 月 23 日 | |
| 23 | 病原微生物实验室生物安全环境管理办法 | 国家环境保护总局令 第 32 号 | 2006 年 3 月 8 日 | |
| 24 | 环境信访办法 | 国家环境保护总局令 第 34 号 | 2006 年 6 月 24 日 | |
| 25 | 国家级自然保护区监督检查办法 | 国家环境保护总局令 第 36 号 | 2006 年 10 月 26 日 | |
| 26 | 环境统计管理办法 | 国家环境保护总局令 第 37 号 | 2006 年 11 月 4 日 | |
| 27 | 环境信息公开办法（试行） | 国家环境保护总局令 第 35 号 | 2007 年 4 月 11 日 | |
| 28 | 环境监测管理办法 | 国家环境保护总局令 第 39 号 | 2007 年 7 月 25 日 | |
| 29 | 电子废物污染环境防治管理办法 | 国家环境保护总局令 第 40 号 | 2007 年 9 月 27 日 | |
| 30 | 排污费征收工作稽查办法 | 国家环境保护总局令 第 42 号 | 2007 年 10 月 23 日 | |
| 31 | 危险废物出口核准管理办法 | 国家环境保护总局令 第 47 号 | 2008 年 1 月 25 日 | |
| 32 | 环境行政复议办法 | 环境保护部令　第 4 号 | 2008 年 12 月 30 日 | |
| 33 | 建设项目环境影响评价文件分级审批规定 | 环境保护部令　第 5 号 | 2009 年 1 月 16 日 | |
| 34 | 新化学物质环境管理办法 | 环境保护部令　第 7 号 | 2010 年 1 月 19 日 | |
| 35 | 环境行政处罚办法 | 环境保护部令　第 8 号 | 2010 年 1 月 19 日 | |
| 36 | 地方环境质量标准和污染物排放标准备案管理办法 | 环境保护部令　第 9 号 | 2010 年 1 月 28 日 | |
| 37 | 进出口环保用微生物菌剂环境安全管理办法 | 环境保护部令　第 10 号 | 2010 年 4 月 2 日 | |
| 38 | 废弃电器电子产品处理资格许可管理办法 | 环境保护部令　第 13 号 | 2010 年 12 月 15 日 | |

| 序号 | 规章名称 | 文号 | 发布日期 | 备注 |
| --- | --- | --- | --- | --- |
| 39 | 环境行政执法后督察办法 | 环境保护部令　第 14 号 | 2010 年 12 月 15 日 | |
| 40 | 环保举报热线工作管理办法 | 环境保护部令　第 15 号 | 2010 年 12 月 15 日 | |
| 41 | 固体废物进口管理办法 | 环境保护部令　第 12 号 | 2011 年 4 月 8 日 | |
| 42 | 突发环境事件信息报告办法 | 环境保护部令　第 17 号 | 2011 年 4 月 18 日 | |
| 43 | 污染源自动监控设施现场监督检查办法 | 环境保护部令　第 19 号 | 2012 年 2 月 1 日 | |
| 44 | 环境监察办法 | 环境保护部令　第 21 号 | 2012 年 7 月 25 日 | |
| 45 | 环境监察执法证件管理办法 | 环境保护部令　第 23 号 | 2013 年 12 月 26 日 | |
| 46 | 消耗臭氧层物质进出口管理办法 | 环境保护部令　第 26 号 | 2014 年 1 月 27 日 | |
| 47 | 环境保护主管部门实施按日连续处罚办法 | 环境保护部令　第 28 号 | 2014 年 12 月 19 日 | |
| 48 | 环境保护主管部门实施查封、扣押办法 | 环境保护部令　第 29 号 | 2014 年 12 月 19 日 | |
| 49 | 环境保护主管部门实施限制生产、停产整治办法 | 环境保护部令　第 30 号 | 2014 年 12 月 19 日 | |
| 50 | 企业事业单位环境信息公开办法 | 环境保护部令　第 31 号 | 2014 年 12 月 19 日 | |
| 51 | 突发环境事件调查处理办法 | 环境保护部令　第 32 号 | 2014 年 12 月 19 日 | |
| 52 | 建设项目环境影响评价分类管理名录 | 环境保护部令　第 33 号 | 2015 年 4 月 9 日 | |
| 53 | 突发环境事件应急管理办法 | 环境保护部令 第 34 号 | 2015 年 4 月 16 日 | |
| 54 | 环境保护公众参与办法 | 环境保护部令　第 35 号 | 2015 年 7 月 13 日 | |
| 55 | 建设项目环境影响评价资质管理办法 | 环境保护部令　第 36 号 | 2015 年 9 月 28 日 | |
| 56 | 建设项目环境影响后评价管理办法（试行） | 环境保护部令　第 37 号 | 2015 年 12 月 10 日 | |
| 57 | 国家危险废物名录 | 环境保护部　国家发展和改革委员会　公安部令　第 39 号 | 2016 年 6 月 14 日 | |

## （二）核与辐射领域部门规章目录

| 序号 | 规章名称 | 文号 | 发布日期 | 备注：核安全法规文件序列 HAF 编号 |
| --- | --- | --- | --- | --- |
| 1 | 核材料管制条例实施细则 | （90）国核安法字 129 号 | 1990 年 9 月 25 日 | HAF501/01—1990 |
| 2 | 核电厂厂址选址安全规定 | 国家核安全局令　第 1 号 | 1991 年 7 月 27 日 | HAF101—1991 |
| 3 | 核电厂质量保证安全规定 | 国家核安全局令　第 1 号 | 1991 年 7 月 27 日 | HAF003—1991 |
| 4 | 民用核燃料循环设施的安全规定 | 国家核安全局令　第 3 号 | 1993 年 6 月 17 日 | HAF301—1993 |
| 5 | 核电厂安全许可证件的申请和颁发 | 国核安法字〔1993〕217 号 | 1993 年 12 月 31 日 | HAF001/01—1993 |

| 序号 | 规章名称 | 文号 | 发布日期 | 备注：核安全法规文件序列 HAF 编号 |
|---|---|---|---|---|
| 6 | 核电厂操纵人员执照颁发和管理程序 | 国核安法字〔1993〕217 号 | 1993 年 12 月 31 日 | HAF001/01/01—1993 |
| 7 | 核电厂换料、修改和事故停堆管理 | 国核安法字〔1994〕040 号 | 1994 年 3 月 2 日 | HAF103/01—1994 |
| 8 | 研究堆设计安全规定 | 国核安法字〔1995〕162 号 | 1995 年 6 月 6 日 | HAF201—1995 |
| 9 | 研究堆运行安全规定 | 国核安法字〔1995〕162 号 | 1995 年 6 月 6 日 | HAF202—1995 |
| 10 | 核设施的安全监督 | 国核安法字〔1995〕167 号 | 1995 年 6 月 14 日 | HAF001/02—1995 |
| 11 | 核电厂营运单位报告制度 | 国核安法字〔1995〕167 号 | 1995 年 6 月 14 日 | HAF001/02/01—1995 |
| 12 | 研究堆营运单位报告制度 | 国核安法字〔1995〕167 号 | 1995 年 6 月 14 日 | HAF001/02/02—1995 |
| 13 | 核燃料循环设施的报告制度 | 国核安法字〔1995〕167 号 | 1995 年 6 月 14 日 | HAF001/02/03—1995 |
| 14 | 电磁辐射环境保护管理办法 | 国家环境保护局令第 18 号 | 1997 年 3 月 25 日 | |
| 15 | 放射性废物安全监督管理规定 | 国核安法字〔1997〕183 号 | 1997 年 11 月 5 日 | HAF401—1997 |
| 16 | 核电厂营运单位的应急准备和应急响应 | | 1998 年 5 月 12 日 | HAF002/01—1998 |
| 17 | 核动力厂设计安全规定 | 国核安发〔2004〕81 号 | 2004 年 4 月 18 日 | HAF102—2004 |
| 18 | 核动力厂运行安全规定 | 国核安发〔2004〕81 号 | 2004 年 4 月 18 日 | HAF103—2004 |
| 19 | 放射性同位素与射线装置安全许可管理办法 | 国家环境保护总局令第 31 号 | 2006 年 1 月 18 日 | 2008 年 12 月 6 日经环境保护部令　第 3 号修改 |
| 20 | 民用核安全设备设计制造安装和无损检验监督管理规定 | 国家环境保护总局令第 43 号 | 2007 年 12 月 28 日 | HAF601—2007 |
| 21 | 民用核安全设备无损检验人员资格管理规定 | 国家环境保护总局国防科学技术工业委员会令第 44 号 | 2007 年 12 月 28 日 | HAF602—2007 |
| 22 | 民用核安全设备焊工焊接操作工资格管理规定 | 国家环境保护总局令第 45 号 | 2007 年 12 月 28 日 | HAF603—2007 |
| 23 | 进口民用核安全设备监督管理规定 | 国家环境保护总局令第 46 号 | 2007 年 12 月 28 日 | HAF604—2007 |
| 24 | 放射性物品运输安全许可管理办法 | 环境保护部令　第 11 号 | 2010 年 9 月 25 日 | HAF701—2010 |
| 25 | 放射性同位素与射线装置安全和防护管理办法 | 环境保护部令　第 18 号 | 2011 年 4 月 18 日 | HAF802—2011 |
| 26 | 核与辐射安全监督检查人员证件管理办法 | 环境保护部令　第 24 号 | 2013 年 12 月 30 日 | HAF004—2013 |

| 序号 | 规章名称 | 文号 | 发布日期 | 备注：核安全法规文件序列 HAF 编号 |
|---|---|---|---|---|
| 27 | 放射性固体废物贮存和处置许可管理办法 | 环境保护部令　第 25 号 | 2013 年 12 月 30 日 | HAF402—2013 |
| 28 | 放射性物品运输安全监督管理办法 | 环境保护部令　第 38 号 | 2016 年 3 月 14 日 | HAF702—2016 |

# 关于发布《环境标志产品技术要求　空气净化器》等 3 项国家环境保护标准的公告

环境保护部公告　2016 年第 69 号

为贯彻《中华人民共和国环境保护法》，保护环境，促进技术进步，现批准《环境标志产品技术要求 空气净化器》等 3 项标准为国家环境保护标准，并予发布。

标准名称、编号如下：

一、环境标志产品技术要求 空气净化器（HJ 2544—2016）。

二、环境标志产品技术要求 电子白板（HJ 2545—2016）。

三、环境标志产品技术要求 纺织产品（HJ 2546—2016）。

以上标准自 2017 年 1 月 1 日起实施，由中国环境出版社出版，标准内容可在环境保护部网站（www.mep.gov.cn）查询。

自上述标准实施之日起，《环境标志产品技术要求 生态纺织品》（HJ/T 307—2006）和《环境标志产品技术要求 毛纺织品》（HJ/T 309—2006）废止。

特此公告。

环境保护部

2016 年 11 月 14 日

# 关于建设项目环境影响评价资质审查结果（2016 年第十九批）的公告

环境保护部公告　2016 年第 70 号

根据《建设项目环境影响评价资质管理办法》（环境保护部令　第 36 号）及相关文件的规定，我部对申请建设项目环境影响评价资质（以下简称资质）的相关机构进行了审查。

现将审查结果（2016年第十九批）公告如下：

一、批准宁夏回族自治区石油化工环境科学研究院（有限公司）资质晋级。

二、批准绵阳市环境科学研究所等2家环保系统环评机构脱钩。

三、批准东华大学等13家机构资质证书中的机构名称变更。

四、批准中铁工程设计咨询集团有限公司等21家机构调整评价范围。

五、批准核工业北京化工冶金研究院等53家机构资质延续。

六、批准湖北君邦环境技术有限责任公司等21家机构资质证书中的住所变更或法定代表人变更。

七、不予批准北京京城环保股份有限公司资质延续。

八、撤销四川浩瀚环保科技有限公司资质。

审查结果的具体情况详见附件。第一至六项中的机构请于60日内携带单位证明和原资质证书正、副本原件，到我部行政审批大厅领取资质证书；第八项中的机构请于本公告发布之日起10日内将原资质证书正、副本原件寄回我部行政审批大厅。自本公告发布之日起，第一至六项和第八项中的机构原资质证书正、副本原件同时作废。

上述机构如不服本公告决定的，可在接到本公告之日起60日内向我部申请行政复议，也可在接到本公告之日起6个月内依法提起行政诉讼。在未获延续的评价范围内已承接的环境影响报告书（表）需继续完成的，应在本公告发布之日起15日内，将有关情况连同编制委托合同等证明材料报我部审核。

行政审批大厅地址：北京市西城区西直门南小街115号（邮编：100035）

联系人：关雎

电话：（010）66556045

附件：建设项目环境影响评价资质审查结果（2016年第十九批）

环境保护部

2016年11月20日

**附件**

# 建设项目环境影响评价资质审查结果

## （2016年第十九批）

| 序号 | 机构名称 | 资质证书编号 | 申请事项 | 审查结果 |
|---|---|---|---|---|
| 1 | 宁夏回族自治区石油化工环境科学研究院（有限公司） | 国环评证甲字第3802号（原证书编号：国环评证乙字第3803号） | 资质晋级、调整评价范围 | 批准资质晋级和增加核与辐射项目报告表类别评价范围。批准缩减轻工纺织化纤环境影响报告书乙级类别评价范围。评价范围为化工石化医药环境影响报告书甲级类别；冶金机电、交通运输、社会服务环境影响报告书乙级类别；一般项目和核与辐射环境影响报告表类别。资质有效期自本公告发布之日起四年 |

| 序号 | 机构名称 | 资质证书编号 | 申请事项 | 审查结果 |
| --- | --- | --- | --- | --- |
| 2 | 绵阳市环境科学研究所 | 国环评证乙字第 3221 号 | 环保系统环评机构脱钩、机构名称变更、住所变更、法定代表人变更 | 批准资质证书中的机构名称变更为四川勤德建设工程造价咨询有限责任公司和自然人出资成立的四川兴环科环保技术有限公司。评价范围为冶金机电环境影响报告书乙级类别；一般项目环境影响报告表类别。批准资质证书中的住所变更和法定代表人变更。资质有效期自本公告发布之日起四年 |
| 3 | 渭南华山环保科技发展有限责任公司 | 国环评证乙字第 3616 号 | 环保系统环评机构脱钩、住所变更、法定代表人变更 | 批准环保系统环评机构脱钩，已完成股权变更。评价范围为化工石化医药、冶金机电环境影响报告书乙级类别；一般项目环境影响报告表类别。批准资质证书中的住所变更和法定代表人变更。资质有效期自本公告发布之日起四年 |
| 4 | 东华大学 | 国环评证甲字第 1804 号 | 机构名称变更（改制）、住所变更、法定代表人变更 | 批准资质证书中的机构名称变更为上海清宁环境规划设计有限公司。评价范围为轻工纺织化纤、社会服务环境影响报告书甲级类别；化工石化医药环境影响报告书乙级类别；一般项目环境影响报告表类别。批准资质证书中的住所变更和法定代表人变更。资质有效期自本公告发布之日起四年 |
| 5 | 安徽省科学技术咨询中心 | 国环评证甲字第 2103 号 | 机构名称变更（改制）、住所变更、法定代表人变更 | 批准资质证书中的机构名称变更为安徽锦程安环科技发展有限公司。评价范围为轻工纺织化纤、交通运输、社会服务环境影响报告书甲级类别；化工石化医药环境影响报告书乙级类别；一般项目环境影响报告表类别。批准资质证书中的住所变更和法定代表人变更。资质有效期自本公告发布之日起四年 |
| 6 | 黄河水资源保护科学研究院 | 国环评证甲字第 2504 号 | 机构名称变更（改制）、住所变更、法定代表人变更 | 批准资质证书中的机构名称变更为河南江河环境科技有限公司。评价范围为轻工纺织化纤、冶金机电、农林水利、社会服务环境影响报告书甲级类别；一般项目环境影响报告表类别。批准资质证书中的住所变更和法定代表人变更。资质有效期自本公告发布之日起四年 |
| 7 | 内蒙古自治区水利水电勘测设计院 | 国环评证乙字第 1405 号 | 机构名称变更（改制）、住所变更、法定代表人变更 | 批准资质证书中的机构名称变更为内蒙古蒙水环境技术咨询有限公司。评价范围为农林水利、交通运输环境影响报告书乙级类别；一般项目环境影响报告表类别。批准资质证书中的住所变更和法定代表人变更。资质有效期自本公告发布之日起四年。因相应类别环评工程师人数不足，不予批准社会服务环境影响报告书乙级类别评价范围 |
| 8 | 齐齐哈尔大学 | 国环评证乙字第 1705 号 | 机构名称变更（改制）、调整评价范围、住所变更、法定代表人变更 | 批准资质证书中的机构名称变更为齐齐哈尔齐大环境保护监测有限公司。评价范围为轻工纺织化纤、化工石化医药环境影响报告书乙级类别；一般项目环境影响报告表类别。批准资质证书中的住所变更和法定代表人变更。资质有效期自本公告发布之日起四年。因环评工程师人数不足，不予批准增加社会服务环境影响报告书乙级类别评价范围 |

| 序号 | 机构名称 | 资质证书编号 | 申请事项 | 审查结果 |
|---|---|---|---|---|
| 9 | 安徽师范大学 | 国环评证乙字第 2106 号 | 机构名称变更（改制）、住所变更、法定代表人变更 | 批准资质证书中的机构名称变更为安徽师达环保科技有限公司。评价范围为一般项目环境影响报告表类别。批准资质证书中的住所变更和法定代表人变更。资质有效期自本公告发布之日起四年。<br>因环评工程师人数不足，不予批准化工石化医药、建材火电、社会服务环境影响报告书乙级类别评价范围 |
| 10 | 广东省生态环境与土壤研究所 | 国环评证乙字第 2864 号 | 机构名称变更（改制）、住所变更、法定代表人变更 | 批准资质证书名称变更为广州汇鸿环保科技有限公司。评价范围为农林水利、社会服务环境影响报告书乙级类别；一般项目环境影响报告表类别。批准资质证书中的住所变更和法定代表人变更。资质有效期自本公告发布之日起四年 |
| 11 | 广东省建筑材料研究院 | 国环评证乙字第 2867 号 | 机构名称变更（改制）、住所变更 | 批准资质证书中的机构名称变更为广东广业检测有限公司。评价范围为一般项目环境影响报告表类别。批准资质证书中的住所变更。资质有效期自本公告发布之日起四年 |
| 12 | 四川省工业环境监测研究院 | 国环评证乙字第 3211 号 | 机构名称变更（改制）、住所变更 | 批准资质证书中的机构名称变更为四川省川工环院环保科技有限责任公司。评价范围为化工石化医药、冶金机电、采掘、社会服务环境影响报告书乙级类别；一般项目环境影响报告表类别。批准资质证书中的住所变更。资质有效期自本公告发布之日起四年 |
| 13 | 云南大学 | 国环评证乙字第 3402 号 | 机构名称变更（改制）、住所变更、法定代表人变更 | 批准资质证书中的机构名称变更为云南大学科技咨询发展中心。评价范围为农林水利、社会服务环境影响报告书乙级类别；一般项目环境影响报告表类别。批准资质证书中的住所变更和法定代表人变更。资质有效期自本公告发布之日起四年 |
| 14 | 云南省水利水电勘测设计研究院 | 国环评证乙字第 3403 号 | 机构名称变更（改制）、住所变更、法定代表人变更 | 批准资质证书中的机构名称变更为云南秀川环境工程技术有限公司。评价范围为农林水利、交通运输、社会服务环境影响报告书乙级类别；一般项目环境影响报告表类别。批准资质证书中的住所变更和法定代表人变更。资质有效期自本公告发布之日起四年 |
| 15 | 三河市常青环境科技发展有限公司 | 国环评证乙字第 1242 号 | 机构名称变更、调整评价范围、资质延续、住所变更 | 批准资质证书中的机构名称变更为天津市联合泰泽环境科技发展有限公司。批准增加轻工纺织化纤、化工石化医药、交通运输、社会服务环境影响报告书乙级类别和核与辐射环境影响报告表类别评价范围。批准资质延续，评价范围为轻工纺织化纤、化工石化医药、交通运输、社会服务环境影响报告书乙级类别；一般项目和核与辐射环境影响报告表类别。批准资质证书中的住所变更。资质有效期自本公告发布之日起四年 |
| 16 | 福建高科环保研究院有限公司 | 国环评证乙字第 2223 号 | 机构名称变更、资质延续、住所变更、法定代表人变更 | 批准资质证书中的机构名称变更为高科环保工程集团有限公司。批准缩减社会服务环境影响报告书乙级类别评价范围。批准资质延续，评价范围为轻工纺织化纤、冶金机电、交通运输环境影响报告书乙级类别；一般项目环境影响报告表类别。批准资质证书中的住所变更和法定代表人变更。资质有效期自本公告发布之日起四年 |

| 序号 | 机构名称 | 资质证书编号 | 申请事项 | 审查结果 |
| --- | --- | --- | --- | --- |
| 17 | 中铁工程设计咨询集团有限公司 | 国环评证甲字第 1061 号 | 调整评价范围 | 批准增加核与辐射项目环境影响报告表类别评价范围 |
| 18 | 中国电力工程顾问集团东北电力设计院有限公司 | 国环评证甲字第 1609 号 | 调整评价范围 | 批准增加社会服务环境影响报告书乙级类别评价范围 |
| 19 | 黄河勘测规划设计有限公司 | 国环评证甲字第 2506 号 | 调整评价范围 | 批准增加交通运输环境影响报告书乙级类别评价范围 |
| 20 | 河北省电力勘测设计研究院 | 国环评证乙字第 1211 号 | 调整评价范围、资质延续 | 批准增加建材火电、输变电及广电通信环境影响报告书乙级类别评价范围。批准资质延续，评价范围为建材火电、输变电及广电通信环境影响报告书乙级类别；一般项目和核与辐射项目环境影响报告表类别。资质有效期自本公告发布之日起四年 |
| 21 | 嘉诚环保工程有限公司 | 国环评证乙字第 1236 号 | 调整评价范围、资质延续 | 批准增加交通运输环境影响报告书乙级类别和核与辐射项目环境影响报告表类别评价范围。批准资质延续，评价范围为轻工纺织化纤、冶金机电、交通运输、社会服务环境影响报告书乙级类别；一般项目和核与辐射项目环境影响报告表类别。资质有效期自本公告发布之日起四年 |
| 22 | 山西众义青净环保科技有限公司 | 国环评证乙字第 1315 号 | 调整评价范围、资质延续 | 批准增加采掘、社会服务环境影响报告书乙级类别评价范围。批准资质延续，评价范围为采掘、社会服务环境影响报告书乙级类别；一般项目环境影响报告表类别。资质有效期自本公告发布之日起四年 |
| 23 | 内蒙古博海环境科技有限责任公司 | 国环评证乙字第 1434 号 | 调整评价范围 | 批准增加采掘环境影响报告书乙级类别和核与辐射项目环境影响报告表类别评价范围 |
| 24 | 上海伊世特科技管理有限公司 | 国环评证乙字第 1825 号 | 调整评价范围 | 批准增加化工石化医药、冶金机电环境影响报告书乙级类别评价范围 |
| 25 | 橙志（上海）环保技术有限公司 | 国环评证乙字第 1833 号 | 调整评价范围 | 批准增加交通运输环境影响报告书乙级类别评价范围 |
| 26 | 温州瑞林环保科技有限公司 | 国环评证乙字第 2041 号 | 调整评价范围、资质延续 | 批准增加轻工纺织化纤、冶金机电环境影响报告书乙级类别评价范围。批准资质延续，评价范围为轻工纺织化纤、冶金机电环境影响报告书乙级类别；一般项目环境影响报告表类别。资质有效期自本公告发布之日起四年 |
| 27 | 浙江碧扬环境工程技术有限公司 | 国环评证乙字第 2055 号 | 调整评价范围 | 批准增加交通运输环境影响报告书乙级类别评价范围 |
| 28 | 安徽长之源环境工程有限公司 | 国环评证乙字第 2134 号 | 调整评价范围、住所变更 | 批准增加核与辐射项目环境影响报告表类别评价范围。批准资质证书中的住所变更 |

| 序号 | 机构名称 | 资质证书编号 | 申请事项 | 审查结果 |
|---|---|---|---|---|
| 29 | 福建省环境保护股份公司 | 国环评证乙字第 2218 号 | 调整评价范围 | 批准增加核与辐射项目环境影响报告表类别评价范围 |
| 30 | 河南金环环境影响评价有限公司 | 国环评证乙字第 2551 号 | 调整评价范围 | 批准增加冶金机电、交通运输环境影响报告书乙级类别评价范围 |
| 31 | 武汉华咨同惠科技有限公司 | 国环评证乙字第 2645 号 | 调整评价范围 | 批准增加化工石化医药、采掘环境影响报告书乙级类别评价范围 |
| 32 | 广东顺德环境科学研究院有限公司 | 国环评证乙字第 2811 号 | 调整评价范围、资质延续 | 批准增加冶金机电环境影响报告书乙级类别评价范围。批准缩减社会服务环境影响报告书乙级类别评价范围。批准资质延续，评价范围为轻工纺织化纤、化工石化医药、冶金机电、交通运输环境影响报告书乙级类别；一般项目环境影响报告表类别。资质有效期自本公告发布之日起四年 |
| 33 | 重庆九天环境影响评价有限公司 | 国环评证乙字第 3118 号 | 调整评价范围、资质延续、法定代表人变更 | 批准增加采掘、交通运输、社会服务环境影响报告书乙级类别评价范围。批准资质延续，评价范围为采掘、交通运输、社会服务环境影响报告书乙级类别；一般项目环境影响报告表类别。批准资质证书中的法定代表人变更资质有效期自本公告发布之日起四年 |
| 34 | 重庆浩力环境影响评价有限公司 | 国环评证乙字第 3135 号 | 调整评价范围 | 批准增加冶金机电环境影响报告书乙级类别评价范围 |
| 35 | 毕节市环境科学研究所有限公司 | 国环评证乙字第 3313 号 | 调整评价范围、资质延续 | 批准增加农林水利、采掘环境影响报告书乙级类别和核与辐射项目环境影响报告表类别评价范围。批准资质延续，评价范围为农林水利、采掘环境影响报告书乙级类别；一般项目和核与辐射项目环境影响报告表类别。资质有效期自本公告发布之日起四年 |
| 36 | 核工业北京化工冶金研究院 | 国环评证甲字第 1059 号 | 资质延续 | 批准资质延续，评价范围为核工业环境影响报告书甲级类别；输变电及广电通信环境影响报告书乙级类别；一般项目和核与辐射项目环境影响报告表类别。资质有效期自本公告发布之日起四年 |
| 37 | 河北冀都环保科技有限公司 | 国环评证甲字第 1207 号 | 资质延续 | 批准社会服务环境影响报告书甲级类别调整为乙级。批准资质延续，评价范围为化工石化医药、建材火电环境影响报告书甲级类别；轻工纺织化纤、社会服务环境影响报告书乙级类别；一般项目环境影响报告表类别。资质有效期自本公告发布之日起四年 |
| 38 | 内蒙古电力勘测设计院有限责任公司 | 国环评证甲字第 1403 号 | 资质延续 | 批准资质延续，评价范围为建材火电、输变电及广电通信环境影响报告书甲级类别；一般项目和核与辐射项目环境影响报告表类别。资质有效期自本公告发布之日起四年 |
| 39 | 北京万澈环境科学与工程技术有限责任公司 | 国环评证乙字第 1021 号 | 资质延续 | 批准资质延续，评价范围为化工石化医药、建材火电、采掘、交通运输、社会服务环境影响报告书乙级类别；一般项目和核与辐射项目环境影响报告表类别。资质有效期自本公告发布之日起四年 |

| 序号 | 机构名称 | 资质证书编号 | 申请事项 | 审查结果 |
|---|---|---|---|---|
| 40 | 中勘冶金勘察设计研究院有限责任公司 | 国环评证乙字第 1205 号 | 资质延续 | 批准缩减轻工纺织化纤、建材火电环境影响报告书乙级类别评价范围。批准资质延续，评价范围为化工石化医药、冶金机电、农林水利、采掘、社会服务环境影响报告书乙级类别；一般项目环境影响报告表类别。资质有效期自本公告发布之日起四年 |
| 41 | 保定市益达环境工程技术有限公司 | 国环评证乙字第 1238 号 | 资质延续 | 批准资质延续，评价范围为轻工纺织化纤、社会服务环境影响报告书乙级类别；一般项目环境影响报告表类别。资质有效期自本公告发布之日起四年 |
| 42 | 山西省化工设计院 | 国环评证乙字第 1303 号 | 资质延续 | 批准资质延续，评价范围为轻工纺织化纤、化工石化医药、冶金机电、农林水利环境影响报告书乙级类别；一般项目环境影响报告表类别。资质有效期自本公告发布之日起四年。<br>因相应类别环评工程师人数及业绩不足，不予批准社会服务环境影响报告书乙级类别评价范围 |
| 43 | 内蒙古绿洁环保有限公司 | 国环评证乙字第 1426 号 | 资质延续 | 批准资质延续，评价范围为建材火电、采掘、社会服务环境影响报告书乙级类别；一般项目环境影响报告表类别。资质有效期自本公告发布之日起四年 |
| 44 | 丹东轻化工研究院有限责任公司 | 国环评证乙字第 1506 号 | 资质延续 | 批准资质延续，评价范围为轻工纺织化纤、冶金机电、采掘环境影响报告书乙级类别；一般项目环境影响报告表类别。资质有效期自本公告发布之日起四年 |
| 45 | 沈阳化工研究院设计工程有限公司 | 国环评证乙字第 1507 号 | 资质延续 | 批准资质延续，评价范围为化工石化医药、社会服务环境影响报告书乙级类别；一般项目环境影响报告表类别。资质有效期自本公告发布之日起四年 |
| 46 | 核工业二四〇研究所 | 国环评证乙字第 1528 号 | 资质延续 | 批准资质延续，评价范围为社会服务、核工业环境影响报告书乙级类别；一般项目和核与辐射项目环境影响报告表类别。资质有效期自本公告发布之日起四年 |
| 47 | 大连市环境技术开发中心 | 国环评证乙字第 1529 号 | 资质延续 | 批准缩减社会服务环境影响报告书乙级类别评价范围。批准资质延续，评价范围为化工石化医药、冶金机电环境影响报告书乙级类别；一般项目环境影响报告表类别。资质有效期自本公告发布之日起四年 |
| 48 | 上海市环境保护事业发展有限公司 | 国环评证乙字第 1805 号 | 资质延续 | 批准资质延续，评价范围为冶金机电、社会服务环境影响报告书乙级类别；一般项目环境影响报告表类别。资质有效期自本公告发布之日起四年 |
| 49 | 上海环境研究中心有限公司 | 国环评证乙字第 1814 号 | 资质延续 | 批准资质延续，评价范围为一般项目环境影响报告表类别。资质有效期自本公告发布之日起四年 |
| 50 | 中煤科工集团南京设计研究院有限公司 | 国环评证乙字第 1912 号 | 资质延续、法定代表人变更 | 批准缩减社会服务环境影响报告书乙级类别评价范围。批准资质延续，评价范围为采掘、交通运输环境影响报告书乙级类别；一般项目环境影响报告表类别。批准资质证书中的法定代表人变更资质有效期自本公告发布之日起四年 |
| 51 | 江苏嘉溢安全环境科技服务有限公司 | 国环评证乙字第 1969 号 | 资质延续 | 批准资质延续，评价范围为社会服务环境影响报告书乙级类别；一般项目和核与辐射项目环境影响报告表类别。资质有效期自本公告发布之日起四年 |

| 序号 | 机构名称 | 资质证书编号 | 申请事项 | 审查结果 |
| --- | --- | --- | --- | --- |
| 52 | 江苏宏宇环境科技有限公司 | 国环评证乙字第 1970 号 | 资质延续 | 批准资质延续，评价范围为化工石化医药、社会服务环境影响报告书乙级类别；一般项目环境影响报告表类别。资质有效期自本公告发布之日起四年 |
| 53 | 江苏盛立环保工程有限公司 | 国环评证乙字第 1972 号 | 资质延续 | 批准缩减社会服务环境影响报告书乙级类别评价范围。批准资质延续，评价范围为轻工纺织化纤、冶金机电环境影响报告书乙级类别；一般项目环境影响报告表类别。资质有效期自本公告发布之日起四年 |
| 54 | 南京博环环保有限公司 | 国环评证乙字第 1973 号 | 资质延续 | 批准资质延续，评价范围为轻工纺织化纤、化工石化医药、交通运输、社会服务环境影响报告书乙级类别；一般项目环境影响报告表类别。资质有效期自本公告发布之日起四年 |
| 55 | 煤科集团杭州环保研究院有限公司 | 国环评证乙字第 2015 号 | 资质延续 | 批准资质延续，评价范围为轻工纺织化纤、化工石化医药、冶金机电、采掘、交通运输、社会服务环境影响报告书乙级类别；一般项目环境影响报告表类别。资质有效期自本公告发布之日起四年 |
| 56 | 浙江省天正设计工程有限公司 | 国环评证乙字第 2019 号 | 资质延续 | 批准缩减轻工纺织化纤环境影响报告书乙级类别评价范围。批准资质延续，评价范围为化工石化医药、冶金机电环境影响报告书乙级类别；一般项目环境影响报告表类别。资质有效期自本公告发布之日起四年 |
| 57 | 杭州博盛环保科技有限公司 | 国环评证乙字第 2030 号 | 资质延续 | 批准资质延续，评价范围为轻工纺织化纤、冶金机电、交通运输环境影响报告书乙级类别；一般项目环境影响报告表类别。资质有效期自本公告发布之日起四年 |
| 58 | 中环华诚（厦门）环保科技有限公司 | 国环评证乙字第 2224 号 | 资质延续 | 批准资质延续，评价范围为化工石化医药、冶金机电、农林水利、交通运输、社会服务环境影响报告书乙级类别；一般项目和核与辐射项目环境影响报告表类别。资质有效期自本公告发布之日起四年 |
| 59 | 福建闽科环保技术开发有限公司 | 国环评证乙字第 2225 号 | 资质延续 | 批准资质延续，评价范围为轻工纺织化纤、化工石化医药、冶金机电、交通运输、社会服务环境影响报告书乙级类别；一般项目环境影响报告表类别。资质有效期自本公告发布之日起四年 |
| 60 | 许昌环境工程研究有限公司 | 国环评证乙字第 2504 号 | 资质延续 | 批准资质延续，评价范围为轻工纺织化纤、化工石化医药、交通运输、社会服务环境影响报告书乙级类别；一般项目环境影响报告表类别。资质有效期自本公告发布之日起四年 |
| 61 | 煤炭工业郑州设计研究院股份有限公司 | 国环评证乙字第 2519 号 | 资质延续 | 批准资质延续，评价范围为轻工纺织化纤、采掘、交通运输环境影响报告书乙级类别；一般项目环境影响报告表类别。资质有效期自本公告发布之日起四年 |
| 62 | 济源蓝天科技有限责任公司 | 国环评证乙字第 2527 号 | 资质延续 | 批准资质延续，评价范围为冶金机电、农林水利、社会服务环境影响报告书乙级类别；一般项目环境影响报告表类别。资质有效期自本公告发布之日起四年 |

| 序号 | 机构名称 | 资质证书编号 | 申请事项 | 审查结果 |
| --- | --- | --- | --- | --- |
| 63 | 武汉华凯环境安全技术发展有限公司 | 国环评证乙字第 2636 号 | 资质延续 | 批准资质延续，评价范围为社会服务、输变电及广电通信环境影响报告书乙级类别；一般项目和核与辐射项目环境影响报告表类别。资质有效期自本公告发布之日起四年 |
| 64 | 湖北永业行评估咨询有限公司 | 国环评证乙字第 2638 号 | 资质延续 | 批准资质延续，评价范围为采掘、交通运输、社会服务环境影响报告书乙级类别；一般项目环境影响报告表类别。资质有效期自 2016 年 11 月 5 日至 2020 年 11 月 4 日 |
| 65 | 中冶长天国际工程有限责任公司 | 国环评证乙字第 2705 号 | 资质延续 | 批准缩减冶金机电环境影响报告书乙级类别评价范围。批准资质延续，评价范围为采掘、社会服务环境影响报告书乙级类别；一般项目环境影响报告表类别。资质有效期自本公告发布之日起四年 |
| 66 | 常德市双赢环境咨询服务有限公司 | 国环评证乙字第 2721 号 | 资质延续 | 批准资质延续，评价范围为轻工纺织化纤、化工石化医药、社会服务环境影响报告书乙级类别；一般项目环境影响报告表类别。资质有效期自本公告发布之日起四年 |
| 67 | 广州市番禺环境工程有限公司 | 国环评证乙字第 2846 号 | 资质延续 | 批准资质延续，评价范围为交通运输、社会服务环境影响报告书乙级类别；一般项目环境影响报告表类别。资质有效期自本公告发布之日起四年 |
| 68 | 广东核力工程勘察院 | 国环评证乙字第 2852 号 | 资质延续 | 批准资质延续，评价范围为采掘、输变电及广电通信环境影响报告书乙级类别；一般项目和核与辐射项目环境影响报告表类别。资质有效期自本公告发布之日起四年 |
| 69 | 深圳鹏达信能源环保科技有限公司 | 国环评证乙字第 2862 号 | 资质延续 | 批准资质延续，评价范围为农林水利、交通运输、社会服务环境影响报告书乙级类别；一般项目环境影响报告表类别。资质有效期自本公告发布之日起四年。因相应类别环评工程师人数不足，不予批准轻工纺织化纤环境影响报告书乙级类别评价范围 |
| 70 | 广西交通科学研究院 | 国环评证乙字第 2920 号 | 资质延续 | 批准资质延续，评价范围为交通运输、社会服务环境影响报告书乙级类别；一般项目环境影响报告表类别。资质有效期自本公告发布之日起四年 |
| 71 | 海南寰亚生态环境工程咨询有限公司 | 国环评证乙字第 3005 号 | 资质延续 | 批准缩减社会服务环境影响报告书乙级类别评价范围。批准资质延续，评价范围为交通运输、海洋工程环境影响报告书乙级类别；一般项目环境影响报告表类别。资质有效期自本公告发布之日起四年 |
| 72 | 中国医药集团重庆医药设计院 | 国环评证乙字第 3102 号 | 资质延续 | 批准资质延续，评价范围为化工石化医药、社会服务环境影响报告书乙级类别；一般项目环境影响报告表类别。资质有效期自本公告发布之日起四年 |
| 73 | 四川省顺蓝天环保科技咨询有限公司 | 国环评证乙字第 3229 号 | 资质延续 | 批准资质延续，评价范围为农林水利、采掘、交通运输、社会服务环境影响报告书乙级类别；一般项目环境影响报告表类别。资质有效期自本公告发布之日起四年 |
| 74 | 贵州省水利水电勘测设计研究院 | 国环评证乙字第 3305 号 | 资质延续 | 批准资质延续，评价范围为农林水利、社会服务环境影响报告书乙级类别；一般项目环境影响报告表类别。资质有效期自本公告发布之日起四年 |

| 序号 | 机构名称 | 资质证书编号 | 申请事项 | 审查结果 |
| --- | --- | --- | --- | --- |
| 75 | 贵州省煤矿设计研究院 | 国环评证乙字第 3311 号 | 资质延续 | 批准资质延续，评价范围为农林水利、采掘、社会服务环境影响报告书乙级类别；一般项目环境影响报告表类别。资质有效期自本公告发布之日起四年 |
| 76 | 云南省建筑材料科学研究设计院 | 国环评证乙字第 3407 号 | 资质延续 | 批准资质延续，评价范围为冶金机电、建材火电、采掘、社会服务环境影响报告书乙级类别；一般项目环境影响报告表类别。资质有效期自本公告发布之日起四年 |
| 77 | 信息产业部电子综合勘察研究院 | 国环评证乙字第 3607 号 | 资质延续 | 批准资质延续，评价范围为冶金机电、社会服务环境影响报告书乙级类别；一般项目环境影响报告表类别。资质有效期自本公告发布之日起四年 |
| 78 | 陕西省水利电力勘测设计研究院 | 国环评证乙字第 3618 号 | 资质延续 | 批准资质延续，评价范围为农林水利、采掘环境影响报告书乙级类别；一般项目环境影响报告表类别。资质有效期自本公告发布之日起四年 |
| 79 | 宁夏智诚安环技术咨询有限公司 | 国环评证乙字第 3804 号 | 资质延续 | 批准资质延续，评价范围为轻工纺织化纤、冶金机电、农林水利、采掘、交通运输环境影响报告书乙级类别；一般项目和核与辐射项目环境影响报告表类别。资质有效期自本公告发布之日起四年 |
| 80 | 长江水资源保护科学研究所 | 国环评证甲字第 2602 号 | 法定代表人变更 | 批准资质证书中的法定代表人变更 |
| 81 | 湖北君邦环境技术有限责任公司 | 国环评证甲字第 2608 号 | 住所变更 | 批准资质证书中的住所变更 |
| 82 | 山东水文水环境科技有限公司 | 国环评证乙字第 2457 号 | 住所变更、法定代表人变更 | 批准资质证书中的住所变更和法定代表人变更 |
| 83 | 北京京城环保股份有限公司 | 国环评证乙字第 1013 号 | 资质延续 | 因环评工程师总人数不足，不予批准资质延续 |
| 84 | 四川浩瀚环保科技有限公司 | 国环评证乙字第 3233 号 |  | 该机构曾于 2015 年 7 月 24 日向我部申请环保系统环评机构脱钩，我部于 2015 年 9 月 18 日批准其环保系统环评机构脱钩更名申请。2016 年 9 月收到举报，反映该公司脱钩过程中存在借用外单位人员作为环评专职技术人员问题。<br>经核实，资质申请时申报的环评工程师朱建立、黄雪琴实为外单位人员，并非该机构专职环评工程师。根据《建设项目环境影响评价资质管理办法》（环境保护部令　第 36 号）第十九条第二款规定，撤销该公司环境影响评价资质，且三年内不得再次申请资质；环评工程师朱建立、黄雪琴三年内不得作为资质申请时配备的环评工程师和环境影响报告书（表）编制主持人或者主要编制人员。将该机构及环评工程师朱建立、黄雪琴相关情况记入诚信记录 |

# 关于公布现行有效的国家环保部门规范性文件目录的公告

环境保护部公告　2016 年第 71 号

根据国务院办公厅《关于做好行政法规部门规章和文件清理工作有关事项的通知》（国办函〔2016〕12 号）要求，我部对 2008 年 3 月环境保护部成立以来以及原国家环境保护总局、原国家环境保护局先后发布的规范性文件进行了清理。现将 2016 年 6 月 30 日前发布的继续有效的国家环保部门规范性文件目录予以公布。

对未列入本目录的其他文件的效力发生争议的，我部将根据《立法法》《规章制定程序条例》《国务院办公厅关于印发环境保护部主要职责内设机构和人员编制规定的通知》（国办发〔2008〕73 号）以及《环境保护法规制定程序办法》《环境保护法规解释管理办法》《环境保护部规范性文件合法性审查办法》等有关规定予以解释。

特此公告。

附件：现行有效的国家环保部门规范性文件目录

环境保护部

2016 年 11 月 29 日

附件

## 现行有效的国家环保部门规范性文件目录

（截至 2016 年 6 月 30 日，总计 400 件）

### 一、污染防治与生态保护领域规范性文件目录

| 序号 | 文件名称 | 文号 | 发布日期 |
| --- | --- | --- | --- |
| 1 | 建设项目环境保护设计规定 | （87）国环字第 002 号 | 1987 年 3 月 20 日 |
| 2 | 饮用水水源保护区污染防治管理规定 | （89）环管字第 201 号 | 1989 年 7 月 10 日 |
| 3 | 关于加强外商投资建设项目环境保护管理的通知 | 环法〔1992〕57 号 | 1992 年 1 月 1 日 |
| 4 | 关于加强国际金融组织贷款建设项目环境影响评价管理工作的通知 | 环监〔1993〕324 号 | 1993 年 6 月 21 日 |
| 5 | 关于颁布化学品进出口环境管理登记收费标准的通知 | 环控〔1994〕332 号 | 1994 年 6 月 24 日 |

| 序号 | 文件名称 | 文号 | 发布日期 |
| --- | --- | --- | --- |
| 6 | 关于加强自然资源开发建设项目的生态环境管理的通知 | 环发〔1994〕664 号 | 1994 年 12 月 21 日 |
| 7 | 关于加强饮食娱乐服务企业环境管理的通知 | 环监〔1995〕100 号 | 1995 年 2 月 11 日 |
| 8 | 关于涉及自然保护区的开发建设项目环境管理工作有关问题的通知 | 环发〔1999〕177 号 | 1999 年 8 月 3 日 |
| 9 | 关于公布《建设项目环境影响报告表》和《建设项目环境影响登记表》（试行）内容及格式的通知 | 环发〔1999〕178 号 | 1999 年 8 月 3 日 |
| 10 | 关于西部大开发中加强建设项目环境保护管理的若干意见 | 环发〔2001〕4 号 | 2001 年 1 月 8 日 |
| 11 | 关于加强铁路噪声污染防治的通知 | 环发〔2001〕108 号 | 2001 年 7 月 12 日 |
| 12 | 关于印发《环保科技成果登记办法实施细则》的通知 | 环发〔2001〕111 号 | 2001 年 7 月 30 日 |
| 13 | 关于发布《畜禽养殖业污染防治技术规范》为环境保护行业标准的公告 | 环发〔2001〕196 号 | 2001 年 12 月 19 日 |
| 14 | 关于发布中国第一批外来入侵物种名单的通知 | 环发〔2003〕11 号 | 2003 年 1 月 10 日 |
| 15 | 关于公路、铁路（含轻轨）等建设项目环境影响评价中环境噪声有关问题的通知 | 环发〔2003〕94 号 | 2003 年 5 月 27 日 |
| 16 | 关于切实做好企业搬迁过程中环境污染防治工作的通知 | 环办〔2004〕47 号 | 2004 年 6 月 1 日 |
| 17 | 关于印发《编制环境影响报告书的规划的具体范围（试行）》和《编制环境影响篇章或说明的规划的具体范围（试行）》的通知 | 环发〔2004〕98 号 | 2004 年 7 月 3 日 |
| 18 | 关于印发《国家环境保护重点实验室管理办法》的通知 | 环发〔2004〕138 号 | 2004 年 9 月 30 日 |
| 19 | 关于危险废物经营许可证申请和审批有关事项的通告 | 环函〔2005〕26 号 | 2005 年 1 月 19 日 |
| 20 | 公布《禁止进口货物目录（第六批）》和《禁止出口货物目录（第三批）》 | 商务部、海关总署、原国家环境保护总局公告 2005 年第 116 号 | 2005 年 12 月 31 日 |
| 21 | 关于印发《环境影响评价公众参与暂行办法》的通知 | 环发〔2006〕28 号 | 2006 年 2 月 14 日 |
| 22 | 关于贯彻落实《国务院关于加快推进产能过剩行业结构调整的通知》的通知 | 环发〔2006〕62 号 | 2006 年 4 月 27 日 |
| 23 | 关于有序开发小水电切实生态环境保护的通知 | 环发〔2006〕93 号 | 2006 年 6 月 18 日 |
| 24 | 关于加强环保审批从严控制新开工项目的通知 | 环办函〔2006〕394 号 | 2006 年 7 月 6 日 |
| 25 | 关于开发区区域环境影响评价管理有关问题的复函 | 环办函〔2006〕405 号 | 2006 年 7 月 10 日 |
| 26 | 关于印发《环境监测质量管理规定》和《环境监测人员持证上岗考核制度》的通知 | 环发〔2006〕114 号 | 2006 年 7 月 28 日 |
| 27 | 关于发布《国家环境保护标准制修订工作管理办法》的公告 | 原国家环境保护总局公告 2006 年第 41 号 | 2006 年 8 月 23 日 |
| 28 | 关于进一步加强环境影响评价管理工作的通知 | 原国家环境保护总局公告 2006 年第 51 号 | 2006 年 9 月 12 日 |
| 29 | 关于严肃处理有毒化学品进出口登记违规行为的公告 | 原国家环境保护总局公告 2006 年第 55 号 | 2006 年 9 月 21 日 |

| 序号 | 文件名称 | 文号 | 发布日期 |
| --- | --- | --- | --- |
| 30 | 关于进一步作好规划环境影响评价工作的通知 | 环办〔2006〕109 号 | 2006 年 9 月 25 日 |
| 31 | 关于印发《国家级生态村创建标准（试行）》的通知 | 环发〔2006〕192 号 | 2006 年 12 月 5 日 |
| 32 | 关于印发《国家环保科普基地申报与评审暂行办法》的通知 | 环发〔2006〕210 号 | 2006 年 12 月 29 日 |
| 33 | 关于发布《加强国家污染物排放标准制修订工作的指导意见》的公告 | 原国家环境保护总局公告 2007 年第 17 号 | 2007 年 3 月 1 日 |
| 34 | 关于印发《环境保护科学技术奖励办法》的通知 | 环办〔2007〕39 号 | 2007 年 3 月 27 日 |
| 35 | 关于印发《中国自然保护区区徽使用管理暂行办法》的通知 | 环发〔2007〕89 号 | 2007 年 6 月 8 日 |
| 36 | 关于加强国家环境保护标准技术管理工作的通知 | 环科函〔2007〕31 号 | 2007 年 6 月 21 日 |
| 37 | 关于加强公路规划和建设环境影响评价工作的通知 | 环发〔2007〕184 号 | 2007 年 12 月 1 日 |
| 38 | 关于进一步规范专项规划环境影响报告书审查工作的通知 | 环办〔2007〕140 号 | 2007 年 12 月 7 日 |
| 39 | 关于印发《生态县、生态市、生态省建设指标（修订稿）》的通知 | 环发〔2007〕195 号 | 2007 年 12 月 26 日 |
| 40 | 关于发布固体废物属性鉴别机构名单及鉴别程序的公告 | 环发〔2008〕18 号 | 2007 年 12 月 27 日 |
| 41 | 关于甲胺磷等五种高毒有机磷农药进出口管理事宜的公告 | 原国家环境保护总局公告 2008 年第 7 号 | 2008 年 1 月 23 日 |
| 42 | 关于印发《建立国家级自然保护区申报书》及《国家级自然保护区范围调整、功能区调整及更改名称申报书》的通知 | 环办函〔2008〕78 号 | 2008 年 1 月 30 日 |
| 43 | 关于收集和处理社会公众对国家环保标准草案意见事宜的通知 | 环科函〔2008〕12 号 | 2008 年 2 月 22 日 |
| 44 | 关于统一排污费征收稽查常用法律文书格式的通知 | 环办〔2008〕19 号 | 2008 年 2 月 25 日 |
| 45 | 关于国家环保总局等五部门 2008 年 11 号公告中使用过的废塑料袋、膜、网的有关说明的通知 | 环办〔2008〕23 号 | 2008 年 2 月 28 日 |
| 46 | 关于征收污水废气排污费有关问题的复函 | 环函〔2008〕48 号 | 2008 年 4 月 28 日 |
| 47 | 关于加强自然保护区调整管理工作的通知 | 环发〔2008〕30 号 | 2008 年 4 月 29 日 |
| 48 | 关于发布《环境保护部信息公开目录》（第一批）和《环境保护部信息公开指南》的公告 | 环境保护部公告 2008 年第 12 号 | 2008 年 5 月 4 日 |
| 49 | 关于《排污费征收标准管理办法》第三条适用问题的复函 | 环办〔2008〕72 号 | 2008 年 5 月 13 日 |
| 50 | 关于印发《地震灾区卫生消杀用化学品安全使用与防范提要》的通知 | 环办函〔2008〕257 号 | 2008 年 5 月 29 日 |
| 51 | 关于环境信息公开范围有关问题的复函 | 环函〔2008〕158 号 | 2008 年 7 月 29 日 |
| 52 | 关于进一步加强生物质发电项目环境影响评价管理工作的通知 | 环发〔2008〕82 号 | 2008 年 9 月 3 日 |
| 53 | 关于印发《全国生态脆弱区保护规划纲要》的通知 | 环办函〔2008〕92 号 | 2008 年 9 月 11 日 |
| 54 | 关于印发《编写国家污染物排放标准编制说明暂行要求》的通知 | 环科函〔2008〕36 号 | 2008 年 9 月 27 日 |
| 55 | 关于矿山企业排污收费有关问题的复函 | 环函〔2008〕246 号 | 2008 年 10 月 21 日 |
| 56 | 关于向无照经营者征收排污费有关问题的复函 | 环函〔2008〕286 号 | 2008 年 11 月 12 日 |

| 序号 | 文件名称 | 文号 | 发布日期 |
| --- | --- | --- | --- |
| 57 | 关于停止征收水污染物超标排污费问题的复函 | 环函〔2008〕287号 | 2008年11月12日 |
| 58 | 关于《水污染防治法》第二十二条有关“其他规避监管的方式排放水污染物”及相关法律责任适用问题的复函 | 环函〔2008〕308号 | 2008年11月20日 |
| 59 | 关于严格控制新建、改建、扩建含氢氯氟烃生产项目的通知 | 环办〔2008〕104号 | 2008年12月25日 |
| 60 | 关于排污费征收稽查中排污量核定告知等问题的复函 | 环函〔2009〕15号 | 2009年1月15日 |
| 61 | 关于执行《水污染防治法》第五十九条有关问题的复函 | 环函〔2009〕33号 | 2009年2月6日 |
| 62 | 关于加强《全国危险废物和医疗废物处置设施建设规划》项目竣工验收工作的通知 | 环发〔2009〕22号 | 2009年2月25日 |
| 63 | 关于印发《环保科研项目绩效考评管理暂行办法》等三个管理办法的通知 | 环科函〔2009〕24号 | 2009年4月7日 |
| 64 | 关于禁止生产、流通、使用和进出口滴滴涕、氯丹、灭蚁灵及六氯苯的公告 | 环境保护部公告 2009年第23号 | 2009年4月17日 |
| 65 | 关于印发《应对甲型 H1N1 流感疫情医疗废物管理预案》的通知 | 环办〔2009〕65号 | 2009年5月18日 |
| 66 | 关于发布《国家环境保护技术评价与示范管理办法》的通知 | 环发〔2009〕58号 | 2009年5月25日 |
| 67 | 关于焦炭生产企业环境监管及排污收费有关问题的复函 | 环函〔2009〕122号 | 2009年6月1日 |
| 68 | 关于危险废物经营单位擅自从事一般工业废物处理处置活动适用法律问题的复函 | 环函〔2009〕128号 | 2009年6月4日 |
| 69 | 关于加强国控重点污染源自动监控能力建设项目联网运行管理的通知 | 环办〔2009〕79号 | 2009年6月18日 |
| 70 | 关于排污申报与排污收费工作涉密有关问题的复函 | 环函〔2009〕170号 | 2009年7月20日 |
| 71 | 关于禁止生产和使用1,1,1-三氯乙烷（TCA）的公告 | 环境保护部公告 2009年第39号 | 2009年7月20日 |
| 72 | 关于印发《国家监控企业污染源自动监测数据有效性审核办法》和《国家重点监控企业污染源自动监测设备监督考核规程》的通知 | 环发〔2009〕88号 | 2009年7月22日 |
| 73 | 关于印发国家级自然保护区规范化建设和管理导则（试行）的函 | 环函〔2009〕195号 | 2009年8月13日 |
| 74 | 关于印发有关规范行使环境行政处罚自由裁量权文件的通知 | 环办〔2009〕107号 | 2009年9月1日 |
| 75 | 关于学习贯彻《规划环境影响评价条例》加强规划环境影响评价工作的通知 | 环发〔2009〕96号 | 2009年9月2日 |
| 76 | 关于加强有毒化学品进出口环境管理登记工作的通知 | 环办〔2009〕113号 | 2009年9月18日 |
| 77 | 关于建设项目环境影响评价工作中确定防护距离标准问题的复函 | 环函〔2009〕224号 | 2009年9月18日 |
| 78 | 关于印发《环境违法案件挂牌督办管理办法》的通知 | 环办〔2009〕117号 | 2009年9月30日 |

| 序号 | 文件名称 | 文号 | 发布日期 |
| --- | --- | --- | --- |
| 79 | 关于印发《国家排放标准中水污染物监控方案》的通知 | 环科函〔2009〕52 号 | 2009 年 10 月 12 日 |
| 80 | 关于严格控制新建使用含氢氯氟烃生产设施的通知 | 环办〔2009〕121 号 | 2009 年 10 月 13 日 |
| 81 | 关于未批先建环境违法行为行政处罚适用问题的复函 | 环函〔2009〕258 号 | 2009 年 10 月 22 日 |
| 82 | 关于废弃钻井液管理有关问题的复函 | 环办函〔2009〕1097 号 | 2009 年 10 月 27 日 |
| 83 | 关于加强环境应急管理工作的意见 | 环发〔2009〕130 号 | 2009 年 11 月 9 日 |
| 84 | 关于“十五小”征收排污费及行政处罚有关问题的复函 | 环函〔2009〕285 号 | 2009 年 11 月 24 日 |
| 85 | 关于严格限制四氯化碳生产、购买和使用的公告 | 环境保护部公告 2009 年第 68 号 | 2009 年 12 月 16 日 |
| 86 | 关于印发《环境保护部建设项目“三同时”监督检查和竣工环保验收管理规程（试行）》的通知 | 环发〔2009〕150 号 | 2009 年 12 月 17 日 |
| 87 | 关于在设区的市内转移危险废物有关问题的复函 | 环办函〔2009〕1338 号 | 2009 年 12 月 18 日 |
| 88 | 关于发布《中国进出口受控消耗臭氧层物质名录（第五批）》的通知 | 环发〔2009〕161 号 | 2009 年 12 月 30 日 |
| 89 | 关于发布中国第二批外来入侵物种名单的通知 | 环发〔2010〕4 号 | 2010 年 1 月 5 日 |
| 90 | 关于调整有毒化学品进出口环境管理登记证及相关申请表格的通知 | 环办函〔2010〕15 号 | 2010 年 1 月 7 日 |
| 91 | 关于印发《公益性行业科研专项经费环保项目验收规范（试行）》的通知 | 环科函〔2010〕1 号 | 2010 年 1 月 8 日 |
| 92 | 关于城市生活垃圾处理设施渗滤液超标排放行为行政处罚适用意见的复函 | 环函〔2010〕96 号 | 2010 年 3 月 19 日 |
| 93 | 关于加强国控重点污染源自动监控能力建设项目验收、联网和运行管理工作的通知 | 环发〔2010〕38 号 | 2010 年 3 月 22 日 |
| 94 | 关于进一步加强港口总体规划环境影响评价工作的通知 | 环办〔2010〕38 号 | 2010 年 3 月 23 日 |
| 95 | 关于污（废）水处理设施产生污泥危险特性鉴别有关意见的函 | 环函〔2010〕129 号 | 2010 年 4 月 19 日 |
| 96 | 关于《建设项目环境影响评价分类管理名录》U 类第 15 项规定有关问题的复函 | 环函〔2010〕132 号 | 2010 年 4 月 22 日 |
| 97 | 关于深入推进重点企业清洁生产的通知 | 环发〔2010〕54 号 | 2010 年 4 月 23 日 |
| 98 | 关于印发《自然保护区综合科学考察规程》（试行）的通知 | 环函〔2010〕139 号 | 2010 年 5 月 4 日 |
| 99 | 关于实行强制性环境信息公开的企业范围有关问题的复函 | 环函〔2010〕140 号 | 2010 年 5 月 7 日 |
| 100 | 关于印发《国家环境保护标准制修订项目计划管理办法》的通知 | 环办〔2010〕86 号 | 2010 年 6 月 7 日 |
| 101 | 关于火电企业脱硫设施旁路烟道挡板实施铅封的通知 | 环办〔2010〕91 号 | 2010 年 6 月 17 日 |
| 102 | 关于发布《环境影响评价从业人员职业道德规范（试行）》的公告 | 环境保护部公告 2010 年第 50 号 | 2010 年 6 月 17 日 |
| 103 | 关于印发《国家级生态乡镇申报及管理规定（试行）》的通知 | 环发〔2010〕75 号 | 2010 年 6 月 23 日 |

| 序号 | 文件名称 | 文号 | 发布日期 |
| --- | --- | --- | --- |
| 104 | 关于印发《国家二噁英重点排放源监测方案》的函 | 环办函〔2010〕661号 | 2010年6月25日 |
| 105 | 关于如何界定危险废物与产品意见的复函 | 环办函〔2010〕677号 | 2010年6月29日 |
| 106 | 关于印发《环境保护公共事业单位信息公开实施办法（试行）》的通知 | 环发〔2010〕82号 | 2010年7月16日 |
| 107 | 关于发布《国控重点污染源自动监控信息传输与交换管理规定》的公告 | 环境保护部公告 2010年第55号 | 2010年7月21日 |
| 108 | 关于拆迁活动是否纳入建设项目环境影响评价管理问题的复函 | 环函〔2010〕250号 | 2010年8月13日 |
| 109 | 关于印发《洪水泥石流灾区淤泥清理环境保护相关要求》的通知 | 环办函〔2010〕877号 | 2010年8月18日 |
| 110 | 关于电厂脱硫海水排污费征收有关问题的复函 | 环函〔2010〕254号 | 2010年8月23日 |
| 111 | 关于新化学物质环境管理登记有关衔接事项的通知 | 环办〔2010〕123号 | 2010年9月16日 |
| 112 | 关于发布《新化学物质申报登记指南》等六项《新化学物质环境管理办法》配套文件的通知 | 环办〔2010〕124号 | 2010年9月16日 |
| 113 | 关于发布《进口废船环境保护管理规定（试行）》、《进口废光盘破碎料环境保护管理规定（试行）》和《进口废 PET 饮料瓶砖环境保护管理规定（试行）》的公告 | 环境保护部公告 2010年第69号 | 2010年9月27日 |
| 114 | 关于发布《中国受控消耗臭氧层物质清单》的公告 | 环境保护部公告 2010年第72号 | 2010年9月27日 |
| 115 | 关于印发《突发环境事件应急预案管理暂行办法》的通知 | 环发〔2010〕113号 | 2010年9月28日 |
| 116 | 关于加强国家重点监控企业排污费征收公告有关工作的通知 | 环办〔2010〕140号 | 2010年10月11日 |
| 117 | 关于加强二噁英污染防治的指导意见 | 环发〔2010〕123号 | 2010年10月19日 |
| 118 | 关于加强环境噪声污染防治工作改善城乡声环境质量的指导意见 | 环发〔2010〕144号 | 2010年12月15日 |
| 119 | 关于印发《环境行政处罚听证程序规定》的通知 | 环办〔2010〕174号 | 2010年12月27日 |
| 120 | 关于发布《畜禽养殖业污染防治技术政策》的通知 | 环发〔2010〕151号 | 2010年12月30日 |
| 121 | 关于进一步加强贸易经营企业进口有毒化学品环境管理的通知 | 环办函〔2010〕1453号 | 2010年12月31日 |
| 122 | 关于加强电石法生产聚氯乙烯及相关行业汞污染防治工作的通知 | 环发〔2011〕4号 | 2011年1月20日 |
| 123 | 关于贯彻实施《环境行政执法后督察办法》的通知 | 环办〔2011〕6号 | 2011年1月24日 |
| 124 | 关于印发《国家环境保护模范城市创建与管理工作办法》的通知 | 环办〔2011〕11号 | 2011年1月28日 |
| 125 | 关于发布《进口废 PET 饮料瓶砖环境保护控制要求（试行）》的公告 | 环境保护部公告 2011年第11号 | 2011年1月31日 |
| 126 | 关于加强产业园区规划环境影响评价有关工作的通知 | 环发〔2011〕14号 | 2011年2月10日 |
| 127 | 关于进一步加强危险废物和医疗废物监管工作的意见 | 环发〔2011〕19号 | 2011年2月16日 |
| 128 | 关于《水污染防治法》第七十三条和第七十四条“应缴纳排污费数额”具体应用问题的通知 | 环函〔2011〕32号 | 2011年2月22日 |

| 序号 | 文件名称 | 文号 | 发布日期 |
| --- | --- | --- | --- |
| 129 | 关于印发《地表水环境质量评价办法（试行）》的通知 | 环办〔2011〕22号 | 2011年3月9日 |
| 130 | 进口硅废碎料环境保护管理规定 | 环境保护部公告 2011年第23号 | 2011年3月14日 |
| 131 | 关于城市污水集中处理设施大肠菌群排污收费有关问题的复函 | 环函〔2011〕61号 | 2011年3月22日 |
| 132 | 关于地方法规对《水污染防治法》有关“应缴纳排污费数额”已有规定情况下法律适用问题的复函 | 环函〔2011〕76号 | 2011年3月30日 |
| 133 | 关于机动车维修企业产生的废弃机油桶是否属于危险废物以及相关法律适用问题的复函 | 环函〔2011〕87号 | 2011年4月7日 |
| 134 | 关于加强稀土矿山生态保护与治理恢复的意见 | 环发〔2011〕48号 | 2011年4月25日 |
| 135 | 关于加强从日本进口固体废物环境管理的通知 | 环办〔2011〕51号 | 2011年4月29日 |
| 136 | 关于火电机组脱硫海水排污费征收方式有关问题的复函 | 环函〔2011〕494号 | 2011年5月5日 |
| 137 | 关于发布河北驼梁等16处新建国家级自然保护区面积、范围及功能区划的通知 | 环函〔2011〕158号 | 2011年6月14日 |
| 138 | 关于印发《关于促进成渝经济区重点产业与环境保护协调发展的指导意见》的通知 | 环函〔2011〕180号 | 2011年7月1日 |
| 139 | 关于印发《关于促进北部湾经济区沿海重点产业与环境保护协调发展的指导意见》的通知 | 环函〔2011〕181号 | 2011年7月1日 |
| 140 | 关于印发《关于促进海峡西岸经济区重点产业与环境保护协调发展的指导意见》的通知 | 环函〔2011〕183号 | 2011年7月1日 |
| 141 | 关于印发《关于促进环渤海沿海地区重点产业与环境保护协调发展的指导意见》的通知 | 环函〔2011〕184号 | 2011年7月1日 |
| 142 | 关于印发《关于促进黄河中上游能源化工区重点产业与环境保护协调发展的指导意见》的通知 | 环函〔2011〕182号 | 2011年7月4日 |
| 143 | 关于城镇污水集中处理设施直接排放污水征收排污费有关问题的复函 | 环函〔2011〕188号 | 2011年7月12日 |
| 144 | 关于进一步加强规划环境影响评价工作的通知 | 环发〔2011〕99号 | 2011年8月11日 |
| 145 | 关于印发《环境质量监测点位管理办法》的通知 | 环办〔2011〕107号 | 2011年8月26日 |
| 146 | 关于加强污染源监督性监测数据在环境执法中应用的通知 | 环办〔2011〕123号 | 2011年10月8日 |
| 147 | 关于城市污水集中处理设施运营单位是否适用《水污染防治法》中排污单位问题的复函 | 环办函〔2011〕1253号 | 2011年10月28日 |
| 148 | 关于加强机场建设项目环境保护监督管理的通知 | 环函〔2011〕362号 | 2011年12月19日 |
| 149 | 关于确定矿井水进水本底值有关问题的复函 | 环办函〔2011〕1510号 | 2011年12月22日 |
| 150 | 关于变更废船进口许可证计量单位的公告 | 环境保护部公告 2011年第90号 | 2011年12月26日 |
| 151 | 关于加强西部地区环境影响评价工作的通知 | 环发〔2011〕150号 | 2011年12月29日 |
| 152 | 关于进一步加强水电建设环境保护工作的通知 | 环办〔2012〕4号 | 2012年1月9日 |
| 153 | 关于界定危险废物与副产品有关问题的复函 | 环办函〔2012〕138号 | 2012年2月8日 |
| 154 | 关于印发《河流水电规划环境影响评价技术要点（试行）》的通知 | 环办〔2012〕48号 | 2012年3月26日 |
| 155 | 关于印发《国家级自然保护区范围和功能区调整申报材料编制规范》的函 | 环办函〔2012〕400号 | 2012年4月1日 |

| 序号 | 文件名称 | 文号 | 发布日期 |
| --- | --- | --- | --- |
| 156 | 关于印发《污染源自动监控设施现场监督检查技术指南》的通知 | 环办〔2012〕57号 | 2012年4月11日 |
| 157 | 关于印发《环境保护部基本建设项目管理办法》的通知 | 环办〔2012〕67号 | 2012年4月20日 |
| 158 | 关于印发《城市快速轨道交通规划环境影响评价技术要点（试行）》的通知 | 环办〔2012〕72号 | 2012年5月3日 |
| 159 | 关于进一步加强公路水路交通运输规划环境影响评价工作的通知 | 环发〔2012〕49号 | 2012年5月3日 |
| 160 | 关于进一步加强环境影响评价管理防范环境风险的通知 | 环发〔2012〕77号 | 2012年7月3日 |
| 161 | 关于重金属污染物排放企业自动监控设备安装问题的复函 | 环函〔2012〕158号 | 2012年7月4日 |
| 162 | 关于加强土壤污染状况调查数据保密管理工作的通知 | 环办函〔2012〕897号 | 2012年7月30日 |
| 163 | 关于切实加强风险防范　严格环境影响评价管理的通知 | 环发〔2012〕98号 | 2012年8月8日 |
| 164 | 关于发布《废塑料加工利用污染防治管理规定》的公告 | 环境保护部公告2012年第55号 | 2012年8月24日 |
| 165 | 关于组织开展废弃电器电子产品拆解处理情况审核工作的通知 | 环发〔2012〕110号 | 2012年9月3日 |
| 166 | 关于做好侵犯知识产权和假冒伪劣商品环境无害化销毁工作的通知 | 环办〔2012〕126号 | 2012年9月26日 |
| 167 | 关于印发国家重点生态功能区考核县域地表水水质监测断面、空气质量监测断面和重点污染源名单的通知 | 环办〔2012〕143号 | 2012年11月20日 |
| 168 | 关于石材加工项目有关问题的复函 | 环办函〔2012〕1365号 | 2012年11月26日 |
| 169 | 关于保障工业企业场地再开发利用环境安全的通知 | 环发〔2012〕140号 | 2012年11月26日 |
| 170 | 关于加强电子废物污染防治工作的意见 | 环发〔2012〕157号 | 2012年12月31日 |
| 171 | 关于发布《中国进出口受控消耗臭氧层物质名录（第六批）》的通知 | 环境保护部公告2012年第78号 | 2012年12月31日 |
| 172 | 关于对被撤销环评批复文件的建设项目重新进行环评审批的权限归属问题的复函 | 环办函〔2013〕9号 | 2013年1月6日 |
| 173 | 关于发布《中国现有化学物质名录》的公告 | 环境保护部公告2013年第1号 | 2013年1月14日 |
| 174 | 关于发布《进口废塑料环境保护管理规定》的公告 | 环境保护部公告2013年第3号 | 2013年1月18日 |
| 175 | 关于印发《国家级风景名胜区与国家森林公园生态环境质量评估报告》的通知 | 环办函〔2013〕96号 | 2013年1月28日 |
| 176 | 关于执行大气污染物特别排放限值的公告 | 环境保护部公告2013年第14号 | 2013年2月27日 |
| 177 | 关于水泥行业排污收费有关问题的复函 | 环函〔2013〕42号 | 2013年3月13日 |
| 178 | 关于印发《铬盐行业环境准入条件（试行）》的通知 | 环办〔2013〕27号 | 2013年3月19日 |
| 179 | 关于印发《流域生态健康评估技术指南（试行）》的通知 | 环办函〔2013〕320号 | 2013年3月26日 |

| 序号 | 文件名称 | 文号 | 发布日期 |
| --- | --- | --- | --- |
| 180 | 关于界定干法治理喷漆废气产生的废石灰石粉末是否属于危险废物的复函 | 环办函〔2013〕322 号 | 2013 年 3 月 26 日 |
| 181 | 关于印发《环境保护部专业技术领军人才和青年拔尖人才选拔培养办法（试行）》的通知 | 环办〔2013〕39 号 | 2013 年 4 月 16 日 |
| 182 | 关于城镇污水集中处理设施征收排污费有关问题的复函 | 环函〔2013〕147 号 | 2013 年 7 月 1 日 |
| 183 | 关于印发《国家重点监控企业自行监测及信息公开办法（试行）》和《国家重点监控企业污染源监督性监测及信息公开办法（试行）》的通知 | 环发〔2013〕81 号 | 2013 年 7 月 30 日 |
| 184 | 关于促进云贵地区重点区域和产业与环境保护协调发展的指导意见 | 环发〔2013〕82 号 | 2013 年 7 月 31 日 |
| 185 | 关于促进甘青新三省（区）重点区域和产业与环境保护协调发展的指导意见 | 环发〔2013〕83 号 | 2013 年 7 月 31 日 |
| 186 | 关于进一步加强水生生物资源保护　严格环境影响评价管理的通知 | 环发〔2013〕86 号 | 2013 年 8 月 5 日 |
| 187 | 关于加强含氢氯氟烃生产、销售和使用管理的通知 | 环函〔2013〕179 号 | 2013 年 8 月 7 日 |
| 188 | 关于发布《中国生物多样性红色名录-高等植物卷》的公告 | 环境保护部公告 2013 年第 54 号 | 2013 年 9 月 2 日 |
| 189 | 关于加强主要添汞产品及相关添汞原料生产行业汞污染防治工作的通知 | 环发〔2013〕119 号 | 2013 年 10 月 11 日 |
| 190 | 关于印发《环境保护工作国家秘密范围的规定》的通知 | 环发〔2013〕118 号 | 2013 年 10 月 12 日 |
| 191 | 关于加强环境保护与公安部门执法衔接配合工作的意见 | 环发〔2013〕126 号 | 2013 年 11 月 7 日 |
| 192 | 关于印发《建设项目环境影响评价政府信息公开指南（试行）》的通知 | 环办〔2013〕103 号 | 2013 年 11 月 14 日 |
| 193 | 关于开展 2013 年新增国家重点生态功能区转移支付县域地表水监测断面、环境空气监测点位及重点污染源认定工作的通知 | 环测函〔2013〕7 号 | 2013 年 11 月 18 日 |
| 194 | 关于印发《国家有机食品生产基地考核管理规定》的通知 | 环发〔2013〕135 号 | 2013 年 11 月 27 日 |
| 195 | 关于四螨嗪蒸馏残渣和污水处理污泥危险废物类别归类问题的复函 | 环办函〔2013〕1453 号 | 2013 年 12 月 9 日 |
| 196 | 关于如何认定环境污染事故直接损失有关问题的复函 | 环办函〔2013〕1483 号 | 2013 年 12 月 13 日 |
| 197 | 关于发布《中国严格限制进出口的有毒化学品目录》（2014 年）的公告 | 环境保护部、海关总署公告　2013 年第 85 号 | 2013 年 12 月 30 日 |
| 198 | 关于印发《自然保护区人类活动遥感监测技术指南（试行）》的通知 | 环办〔2014〕12 号 | 2014 年 1 月 21 日 |
| 199 | 关于发布《固体废物管理廉政建设“七不准、七承诺”》的公告 | 环境保护部公告 2014 年第 9 号 | 2014 年 1 月 28 日 |
| 200 | 关于进一步加强水利规划环境影响评价工作的通知 | 环发〔2014〕43 号 | 2014 年 3 月 21 日 |
| 201 | 关于《关于持久性有机污染物的斯德哥尔摩公约》新增列九种持久性有机污染物的《关于附件 A、附件 B 和附件 C 修正案》和新增列硫丹的《关于附件 A 修正案》生效的公告 | 环境保护部公告 2014 年第 21 号 | 2014 年 3 月 25 日 |

| 序号 | 文件名称 | 文号 | 发布日期 |
|---|---|---|---|
| 202 | 关于进一步加强群众投诉环境案件办理工作的通知 | 环办〔2014〕36号 | 2014年4月9日 |
| 203 | 关于对医疗污泥是否属于危险废物进行认定的复函 | 环办函〔2014〕439号 | 2014年4月17日 |
| 204 | 关于加强环境质量自动监测质量管理的若干意见 | 环办〔2014〕43号 | 2014年4月25日 |
| 205 | 关于印发《环境监察工作年度考核办法》的通知 | 环发〔2014〕56号 | 2014年4月25日 |
| 206 | 关于环境监察人员采样资格问题的复函 | 环函〔2014〕75号 | 2014年5月6日 |
| 207 | 关于深化落实水电开发生态环境保护措施的通知 | 环发〔2014〕65号 | 2014年5月10日 |
| 208 | 关于做好下放危险废物经营许可审批工作的通知 | 环办函〔2014〕551号 | 2014年5月12日 |
| 209 | 关于加强工业企业关停、搬迁及原址场地再开发利用过程中污染防治工作的通知 | 环发〔2014〕66号 | 2014年5月14日 |
| 210 | 关于采石场扬尘排放量计算方法的复函 | 环函〔2014〕85号 | 2014年5月16日 |
| 211 | 关于危险废物废弃铁制包装容器处理方式有关意见的复函 | 环办函〔2014〕589号 | 2014年5月19日 |
| 212 | 关于做好燃煤发电机组脱硫、脱硝、除尘设施先期验收有关工作的通知 | 环办〔2014〕50号 | 2014年5月30日 |
| 213 | 关于印发《近岸海域环境监测信息公开方案》的通知 | 环办〔2014〕55号 | 2014年6月13日 |
| 214 | 关于病害动物无害化处理有关意见的复函 | 环办函〔2014〕789号 | 2014年6月26日 |
| 215 | 关于用于原始用途的含有或直接沾染危险废物的包装物、容器是否属于危险废物问题的复函 | 环函〔2014〕126号 | 2014年7月4日 |
| 216 | 关于总氮污染当量值核定有关问题的复函 | 环函〔2014〕132号 | 2014年7月4日 |
| 217 | 关于排污量核定有关问题的复函 | 环函〔2014〕133号 | 2014年7月4日 |
| 218 | 关于做好煤电基地规划环境影响评价工作的通知 | 环办〔2014〕60号 | 2014年7月17日 |
| 219 | 关于玻璃钢边角料废物属性判定的复函 | 环办函〔2014〕885号 | 2014年7月17日 |
| 220 | 关于核实国家重点生态功能区考核县域水质、空气监测断面/点位信息及污染源企业名单的通知 | 环测函〔2014〕4号 | 2014年7月23日 |
| 221 | 关于开展国家环境保护科学观测研究站建设的通知 | 环发〔2014〕114号 | 2014年7月31日 |
| 222 | 关于印发新生产机动车环保达标监管工作方案的通知 | 环发〔2014〕115号 | 2014年8月1日 |
| 223 | 关于加强废烟气脱硝催化剂监管工作的通知 | 环办函〔2014〕990号 | 2014年8月5日 |
| 224 | 关于印发《环境监察稽查办法》的通知 | 环发〔2014〕116号 | 2014年8月12日 |
| 225 | 关于发布中国外来入侵物种名单（第三批）的公告 | 环境保护部公告<br>2014年第57号 | 2014年8月20日 |
| 226 | 关于典型行业工艺废气排污量核算方法的复函 | 环函〔2014〕188号 | 2014年8月28日 |
| 227 | 关于排污申报与排污费征收有关问题的通知 | 环办〔2014〕80号 | 2014年9月29日 |
| 228 | 关于做好防范和打击假造电视机等仿制废弃电器电子产品工作的通知 | 环办函〔2014〕1280号 | 2014年10月8日 |
| 229 | 关于发布河北衡水湖等4处国家级自然保护区面积、范围及功能区划的通知 | 环函〔2014〕219号 | 2014年10月9日 |
| 230 | 关于做好易制毒化学品生产使用环境监管及无害化销毁工作的通知 | 环办〔2014〕88号 | 2014年10月17日 |
| 231 | 关于印发《国家土壤环境质量例行监测工作实施方案》的通知 | 环办〔2014〕89号 | 2014年10月23日 |
| 232 | 关于加强对外合作与交流中生物遗传资源利用与惠益分享管理的通知 | 环发〔2014〕156号 | 2014年10月28日 |
| 233 | 关于印发《涉及国家级自然保护区建设项目生态影响专题报告编制指南（试行）》的通知 | 环办函〔2014〕1419号 | 2014年10月29日 |

| 序号 | 文件名称 | 文号 | 发布日期 |
|---|---|---|---|
| 234 | 关于印发《国家重点生态功能区县域生态环境质量监测评价与考核指标体系实施细则（试行）》的通知 | 环办〔2014〕96号 | 2014年11月5日 |
| 235 | 关于综合保税区内外商独资企业电子废物处置适用法律问题的复函 | 环办函〔2014〕1497号 | 2014年11月13日 |
| 236 | 关于化工等行业生产废水物化处理污泥属性判定的复函 | 环办函〔2014〕1549号 | 2014年11月18日 |
| 237 | 关于印发《公路网规划环境影响评价技术要点（试行）》的通知 | 环办〔2014〕102号 | 2014年11月24日 |
| 238 | 关于废旧锂电池收集处置有关问题的复函 | 环办函〔2014〕1621号 | 2014年12月1日 |
| 239 | 关于印发《石化行业挥发性有机物综合整治方案》的通知 | 环发〔2014〕177号 | 2014年12月5日 |
| 240 | 关于玻璃钢边角料、煤焦油、钻井泥浆等废物属性问题的复函 | 环办函〔2014〕1726号 | 2014年12月15日 |
| 241 | 关于光伏产业含氟化钙污泥和铝型材企业产生的铝灰等废物属性问题的复函 | 环办函〔2014〕1746号 | 2014年12月17日 |
| 242 | 关于发布内蒙古毕拉河等21处国家级自然保护区面积、范围及功能区划的通知 | 环函〔2014〕295号 | 2014年12月23日 |
| 243 | 关于进一步做好侵犯知识产权和假冒伪劣商品环境无害化销毁工作的通知 | 环办函〔2014〕1830号 | 2014年12月26日 |
| 244 | 关于印发《建设项目主要污染物排放总量指标审核及管理暂行办法》的通知 | 环发〔2014〕197号 | 2014年12月30日 |
| 245 | 关于做好城市轨道交通项目环境影响评价工作的通知 | 环办〔2014〕117号 | 2014年12月31日 |
| 246 | 关于实施第五阶段轻型车污染物排放标准车载诊断系统有关要求的公告 | 环境保护部公告<br>2014年第93号 | 2014年12月31日 |
| 247 | 关于印发《企业事业单位突发环境事件应急预案备案管理办法（试行）》的通知 | 环发〔2015〕4号 | 2015年1月8日 |
| 248 | 关于电解铝行业铝灰废物属性问题的复函 | 环办函〔2015〕54号 | 2015年1月9日 |
| 249 | 关于执行调整排污费征收标准政策有关具体问题的通知 | 环办〔2015〕10号 | 2015年1月30日 |
| 250 | 关于推进环境监测服务社会化的指导意见 | 环发〔2015〕20号 | 2015年2月5日 |
| 251 | 关于非法利用处置废矿物油违法行为认定有关问题的复函 | 环办函〔2015〕247号 | 2015年2月16日 |
| 252 | 关于调整进口废物“圈区管理”工作的通知 | 环办函〔2015〕287号 | 2015年3月2日 |
| 253 | 关于进口固废拆解行业排污系数有关问题的复函 | 环函〔2015〕35号 | 2015年3月9日 |
| 254 | 关于加强环境监察稽查工作的通知 | 环办〔2015〕28号 | 2015年3月10日 |
| 255 | 关于发布《环境保护部审批环境影响评价文件的建设项目目录（2015年本）》的公告 | 环境保护部公告<br>2015年第17号 | 2015年3月16日 |
| 256 | 关于进一步加强环境影响评价违法项目责任追究的通知 | 环办函〔2015〕389号 | 2015年3月18日 |
| 257 | 关于进一步做好固体废物领域审批审核管理工作的通知 | 环发〔2015〕47号 | 2015年3月31日 |
| 258 | 关于严格控制新建、改建、扩建含氢氯氟烃生产项目的补充通知 | 环办函〔2015〕644号 | 2015年4月28日 |

| 序号 | 文件名称 | 文号 | 发布日期 |
| --- | --- | --- | --- |
| 259 | 关于印发《生态保护红线划定技术指南》的通知 | 环发〔2015〕56号 | 2015年4月30日 |
| 260 | 关于进一步加强涉及自然保护区开发建设活动监督管理的通知 | 环发〔2015〕57号 | 2015年5月6日 |
| 261 | 关于危险废物非法运输处理法律适用问题的复函 | 环办函〔2015〕776号 | 2015年5月18日 |
| 262 | 关于发布《中国生物多样性红色名录-脊椎动物卷》的公告 | 环境保护部公告 2015年第32号 | 2015年5月20日 |
| 263 | 关于印发环评管理中部分行业建设项目重大变动清单的通知 | 环办〔2015〕52号 | 2015年6月5日 |
| 264 | 关于汞矿浮选废渣的解毒固化渣属性及管理要求的复函 | 环办函〔2015〕915号 | 2015年6月8日 |
| 265 | 关于排污地与注册管理地不一致企业排污费核定征收主体有关问题的复函 | 环函〔2015〕136号 | 2015年6月11日 |
| 266 | 关于火电厂SCR脱硝系统在锅炉低负荷运行情况下$NO_x$排放超标有关问题的复函 | 环函〔2015〕143号 | 2015年6月19日 |
| 267 | 关于罂粟提取残渣废物属性问题的复函 | 环办函〔2015〕1000号 | 2015年6月23日 |
| 268 | 关于环评审批利害关系人申请听证资格问题的复函 | 环函〔2015〕152号 | 2015年6月30日 |
| 269 | 关于加强“以奖促治”农村环境基础设施运行管理的意见 | 环发〔2015〕85号 | 2015年7月10日 |
| 270 | 关于下放和取消自然保护区有关事前审查事项做好监督管理工作的通知 | 环发〔2015〕86号 | 2015年7月14日 |
| 271 | 关于做好地方级自然保护区监督管理有关工作的通知 | 环发〔2015〕93号 | 2015年7月30日 |
| 272 | 关于印发《国家级自然保护区评审委员会组织和工作规则》的通知 | 环发〔2015〕107号 | 2015年8月25日 |
| 273 | 关于改革信访工作制度依照法定途径分类处理信访问题的意见 | 环发〔2015〕111号 | 2015年8月26日 |
| 274 | 关于按日连续处罚计罚日数问题的复函 | 环函〔2015〕232号 | 2015年9月17日 |
| 275 | 关于追缴危险废物排污费有关问题的复函 | 环函〔2015〕235号 | 2015年9月21日 |
| 276 | 关于印发《关于在污染源日常环境监管领域推广随机抽查制度的实施方案》的通知 | 环办〔2015〕88号 | 2015年10月9日 |
| 277 | 关于印发《全国生态功能区划（修编版）》的公告 | 环境保护部公告 2015年第61号 | 2015年10月13日 |
| 278 | 关于促进长江中下游城市群与环境保护协调发展的指导意见 | 环发〔2015〕130号 | 2015年10月20日 |
| 279 | 关于全面推进黄标车淘汰工作的通知 | 环发〔2015〕128号 | 2015年10月22日 |
| 280 | 关于印发《危险废物规范化管理指标体系》的通知 | 环办〔2015〕99号 | 2015年10月23日 |
| 281 | 关于促进中原经济区产业与环境保护协调发展的指导意见 | 环发〔2015〕136号 | 2015年10月23日 |
| 282 | 关于发布《建设项目环境影响评价资质管理办法》配套文件的公告 | 环境保护部公告 2015年第67号 | 2015年10月29日 |
| 283 | 关于落实《中华人民共和国固体废物污染环境防治法》第二十五条修订内容的公告 | 环境保护部公告 2015年第69号 | 2015年10月29日 |
| 284 | 关于黄标车及老旧车淘汰工作标准的复函 | 环办函〔2015〕1783号 | 2015年11月4日 |
| 285 | 关于黄标车淘汰有关问题的复函 | 环办函〔2015〕1828号 | 2015年11月11日 |

| 序号 | 文件名称 | 文号 | 发布日期 |
| --- | --- | --- | --- |
| 286 | 关于发布《限制进口类可用作原料的固体废物环境保护管理规定》的公告 | 环境保护部公告2015年第70号 | 2015年11月17日 |
| 287 | 关于做好矿产资源规划环境影响评价工作的通知 | 环发〔2015〕158号 | 2015年12月7日 |
| 288 | 关于印发《国家环境保护工程技术中心管理办法》的通知 | 环函〔2015〕299号 | 2015年12月8日 |
| 289 | 关于继续实施持久性有机污染物统计报表制度的通知 | 环办函〔2015〕2052号 | 2015年12月9日 |
| 290 | 关于印发《建设项目环境影响评价信息公开机制方案》的通知 | 环发〔2015〕162号 | 2015年12月10日 |
| 291 | 关于取消车用汽油清净剂登记备案制度的公告 | 环境保护部公告2015年第84号 | 2015年12月10日 |
| 292 | 关于印发《建设项目环境保护事中事后监督管理办法》（试行）的通知 | 环发〔2015〕163号 | 2015年12月11日 |
| 293 | 关于印发《国家生态工业示范园区管理办法》的通知 | 环发〔2015〕167号 | 2015年12月17日 |
| 294 | 关于规范火电等七个行业建设项目环境影响评价文件审批的通知 | 环办〔2015〕112号 | 2015年12月21日 |
| 295 | 关于印发《建设项目环境影响评价区域限批管理办法（试行）》的通知 | 环发〔2015〕169号 | 2015年12月21日 |
| 296 | 关于印发《现代煤化工建设项目环境准入条件（试行）》的通知 | 环办〔2015〕111号 | 2015年12月22日 |
| 297 | 关于适用《建设项目环境影响评价分类管理名录》有关问题的复函 | 环办函〔2015〕2168号 | 2015年12月22日 |
| 298 | 关于印发《环境监测数据弄虚作假行为判定及处理办法》的通知 | 环发〔2015〕175号 | 2015年12月28日 |
| 299 | 关于加强规划环境影响评价与建设项目环境影响评价联动工作的意见 | 环发〔2015〕178号 | 2015年12月30日 |
| 300 | 关于开展规划环境影响评价会商的指导意见（试行） | 环发〔2015〕179号 | 2015年12月30日 |
| 301 | 关于印发《国家生态环境质量监测事权上收实施方案》的通知 | 环发〔2015〕176号 | 2015年12月31日 |
| 302 | 关于发布《中国生物多样性保护优先区域范围》的公告 | 环境保护部公告2015年第94号 | 2015年12月31日 |
| 303 | 关于开展重点区域土壤环境质量监测风险点位布设工作的通知 | 环办监测函〔2016〕1号 | 2016年1月4日 |
| 304 | 关于实施第五阶段机动车排放标准的公告 | 环境保护部公告2016年第4号 | 2016年1月5日 |
| 305 | 关于《环境保护法》（2014修订）第六十一条适用有关问题的复函 | 环政法函〔2016〕6号 | 2016年1月11日 |
| 306 | 关于印发《全国集中式生活饮用水水源水质监测信息公开方案》的通知 | 环办监测函〔2016〕3号 | 2016年1月13日 |
| 307 | 关于实施国家第三阶段非道路移动机械用柴油机排气污染物排放标准的公告 | 环境保护部公告2016年第5号 | 2016年1月15日 |
| 308 | 关于印发《国家生态文明建设示范区管理规程（试行）》《国家生态文明建设示范县、市指标（试行）》的通知 | 环生态〔2016〕4号 | 2016年1月21日 |

| 序号 | 文件名称 | 文号 | 发布日期 |
|---|---|---|---|
| 309 | 关于进口骨炭是否按固体废物进行管理有关问题的复函 | 污防函〔2016〕3 号 | 2016 年 1 月 21 日 |
| 310 | 关于五项主要重金属污染物排污收费有关问题的复函 | 环环监函〔2016〕14 号 | 2016 年 1 月 22 日 |
| 311 | 关于规划环境影响评价加强空间管制、总量管控和环境准入的指导意见（试行） | 环办环评〔2016〕14 号 | 2016 年 2 月 24 日 |
| 312 | 关于环境保护部委托编制竣工环境保护验收调查报告和验收监测报告有关事项的通知 | 环办环评〔2016〕16 号 | 2016 年 2 月 26 日 |
| 313 | 关于制定硼污染物污染当量值有关问题的复函 | 环环监函〔2016〕38 号 | 2016 年 3 月 3 日 |
| 314 | 关于增补《中国现有化学物质名录》的公告 | 环境保护部公告 2016 年第 20 号 | 2016 年 3 月 8 日 |
| 315 | 关于印发《“十三五”国家地表水环境质量监测网设置方案》的通知 | 环监测〔2016〕30 号 | 2016 年 3 月 16 日 |
| 316 | 关于明确排污费核算有关问题的复函 | 环环监函〔2016〕54 号 | 2016 年 3 月 28 日 |
| 317 | 关于污染源在线监测数据与现场监测数据不一致时证据适用问题的复函 | 环政法函〔2016〕98 号 | 2016 年 5 月 16 日 |
| 318 | 关于印发《环境行政执法文书制作指南》的通知 | 环办环监〔2014〕55 号 | 2016 年 5 月 24 日 |
| 319 | 关于确认强制报废日期在实际办理注销登记时间以前的车辆纳入当年度淘汰统计范围的复函 | 环办大气函〔2016〕996 号 | 2016 年 5 月 27 日 |
| 320 | 关于开展产业园区规划环境影响评价清单式管理试点工作的通知 | 环办环评〔2016〕61 号 | 2016 年 5 月 31 日 |
| 321 | 关于印发《生物多样性保护优先区域规划编制指南》的通知 | 环办生态函〔2016〕1030 号 | 2016 年 6 月 3 日 |
| 322 | 关于危险废物跨省转移有关问题的复函 | 环政法函〔2016〕124 号 | 2016 年 6 月 12 日 |
| 323 | 关于进口废光盘破碎料固体废物界定问题的复函 | 环办土壤函〔2016〕1183 号 | 2016 年 6 月 28 日 |

## 二、核与辐射领域规范性文件目录

| 序号 | 文件名称 | 文号 | 发布日期 |
|---|---|---|---|
| 1 | 关于电磁辐射建设项目环境管理有关问题的复函 | 环函〔2003〕75 号 | 2003 年 3 月 20 日 |
| 2 | 关于发布放射源编码规则的通知 | 环发〔2004〕118 号 | 2004 年 8 月 25 日 |
| 3 | 关于发布放射源分类办法的公告 | 原国家环境保护总局公告 2005 年第 62 号 | 2005 年 12 月 23 日 |
| 4 | 研究堆安全许可证件的申请和颁发规定 | 国核安发〔2006〕20 号 | 2006 年 1 月 28 日 |
| 5 | 关于发布射线装置分类办法的公告 | 原国家环境保护总局公告 2006 年第 26 号 | 2006 年 5 月 30 日 |
| 6 | 关于印发《关于γ射线探伤装置的辐射安全要求》的通知 | 环发〔2007〕8 号 | 2007 年 1 月 15 日 |
| 7 | 关于在役核电厂试用核电厂性能安全指标的函 | 国核安函〔2008〕11 号 | 2008 年 1 月 31 日 |
| 8 | 关于核辐射与电磁辐射国家环境保护标准制修订项目管理工作的通知 | 环科函〔2008〕10 号 | 2008 年 2 月 18 日 |

| 序号 | 文件名称 | 文号 | 发布日期 |
| --- | --- | --- | --- |
| 9 | 关于辐射事故等级认定有关问题的复函 | 环函〔2008〕146号 | 2008年7月17日 |
| 10 | 关于界定《电磁辐射环境保护管理办法》中"大型电磁辐射发射设施"的复函 | 环办函〔2008〕664号 | 2008年9月18日 |
| 11 | 关于申报民用核安全设备焊工焊接操作工考核中心的通知 | 国核安办〔2008〕176号 | 2008年10月20日 |
| 12 | 关于执行《民用核安全设备监督管理条例》及其配套规章有关要求的通知 | 国核安函〔2008〕89号 | 2008年10月24日 |
| 13 | 关于加强放射性药品辐射安全管理的通知 | 环办〔2009〕52号 | 2009年4月24日 |
| 14 | 关于进一步加强商用核电厂建造阶段核安全管理的通知 | 国核安发〔2010〕11号 | 2010年2月5日 |
| 15 | 关于加强民用核安全设备焊工焊接操作工资格管理的通知 | 国核安发〔2010〕28号 | 2010年2月11日 |
| 16 | 关于发布《注册核安全工程师执业资格关键岗位名录》（第一批）的通知 | 国核安发〔2010〕25号 | 2010年2月12日 |
| 17 | 关于加强γ辐照装置设计单位监督管理的通知 | 环函〔2010〕76号 | 2010年2月24日 |
| 18 | 关于发布《放射性物品分类和名录》（试行）的公告 | 环境保护部公告2010年第31号 | 2010年3月4日 |
| 19 | 关于铀转化、铀浓缩和元件制造工程建设项目行政审批工作的复函 | 环函〔2010〕87号 | 2010年3月11日 |
| 20 | 关于明确民用核安全设备焊工焊接操作工若干管理要求的通知 | 国核安函〔2010〕71号 | 2010年4月28日 |
| 21 | 关于加强核电厂主变压器监督管理的通知 | 国核安函〔2010〕86号 | 2010年6月7日 |
| 22 | 关于进一步规范核电厂操纵人员岗位管理的通知 | 国核安发〔2010〕86号 | 2010年6月11日 |
| 23 | 关于TD-SCDMA基站环境影响预测评价中有关理论计算取值问题的复函 | 环核函〔2010〕87号 | 2010年9月19日 |
| 24 | 关于印发《民用核安全设备焊工焊接操作工资格管理工作会议纪要》的通知 | 国核安函〔2010〕148号 | 2010年9月25日 |
| 25 | 关于进一步明确《民用核安全设备监督管理条例》及其配套规章有关要求的通知 | 国核安发〔2010〕156号 | 2010年11月12日 |
| 26 | 关于核电厂运行事件通告增加事件预分级的通知 | 国核安函〔2010〕207号 | 2010年12月28日 |
| 27 | 关于开展环境保护部辐射安全许可证延续和换发工作的函 | 环办函〔2011〕62号 | 2011年1月18日 |
| 28 | 关于进一步加强民用核安全设备境外单位注册登记工作的通知 | 国核安函〔2011〕37号 | 2011年3月29日 |
| 29 | 关于加强核电厂核与辐射安全信息公开的通知 | 国核安函〔2011〕45号 | 2011年4月2日 |
| 30 | 关于印发《2011年民用核安全设备焊工焊接操作工资格管理工作会议纪要》的函 | 国核安函〔2011〕53号 | 2011年5月6日 |
| 31 | 关于进一步加强铀矿开发利用放射性污染防治工作的函 | 环办函〔2011〕816号 | 2011年7月11日 |
| 32 | 关于加强废旧金属回收熔炼企业辐射安全监管的通知 | 环办函〔2011〕920号 | 2011年8月2日 |
| 33 | 关于进一步明确《民用核安全设备监督管理条例》及其配套规章有关业绩方面要求的通知 | 国核安函〔2011〕118号 | 2011年8月22日 |

| 序号 | 文件名称 | 文号 | 发布日期 |
|---|---|---|---|
| 34 | 关于印发《2011年民用核安全设备焊工焊接操作工资格管理工作第二次会议纪要》的函 | 国核安函〔2011〕126号 | 2011年9月9日 |
| 35 | 关于加强γ辐照装置退役工作管理的通知 | 环办函〔2011〕1150号 | 2011年9月27日 |
| 36 | 关于进出境放射性物品辐射监测和管理的通知 | 环发〔2011〕120号 | 2011年10月8日 |
| 37 | 关于加强放射性物品入境运输管理的通知 | 国核安函〔2011〕148 | 2011年10月27日 |
| 38 | 关于印发《核电厂辐射环境现场监督性监测系统建设规范（试行）》的通知 | 环发〔2012〕16号 | 2012年2月8日 |
| 39 | 关于印发《2012年第一次核反应堆操纵人员资格核准委员会会议纪要》的函 | 国核安函〔2012〕47号 | 2012年3月31日 |
| 40 | 关于开展运行核电厂安全壳地坑滤网改造的通知 | 国核安发〔2012〕52号 | 2012年4月11日 |
| 41 | 关于印发《运行核电厂经验反馈管理办法（试行）》的通知 | 国核安发〔2012〕65号 | 2012年4月25日 |
| 42 | 关于印发《国家核技术利用辐射安全管理系统管理规定》的通知 | 环办〔2012〕83号 | 2012年5月23日 |
| 43 | 关于印发《福岛核事故后核电厂改进行动通用技术要求（试行）》的通知 | 国核安发〔2012〕98号 | 2012年6月13日 |
| 44 | 关于印发《核反应堆操纵人员资格核准委员会2012年第2次会议纪要》的函 | 国核安函〔2012〕102号 | 2012年7月19日 |
| 45 | 关于发布《矿产资源开发利用辐射环境监督管理名录（第一批）》的通知 | 环办〔2013〕12号 | 2013年2月4日 |
| 46 | 关于印发《对利用研究堆进行运行人员培训的核安全管理要求》的通知 | 国核安发〔2013〕89号 | 2013年3月28日 |
| 47 | 关于通信基站电磁辐射环境保护法律适用问题的复函 | 环办函〔2013〕667号 | 2013年6月18日 |
| 48 | 关于印发《研究堆安全分类（试行）》的通知 | 国核安发〔2013〕165号 | 2013年9月23日 |
| 49 | 关于实施碘-125放射免疫体外诊断试剂使用有条件豁免管理的公告 | 环境保护部公告2013年第74号 | 2013年12月10日 |
| 50 | 关于印发放射性固体废物贮存许可证申请表等四个文件格式的通知 | 环办〔2014〕9号 | 2014年1月16日 |
| 51 | 关于印发核退役项目竣工环境保护验收有关申请材料格式和内容的通知 | 环办〔2014〕10号 | 2014年1月17日 |
| 52 | 关于启用国家核安全局人员资质管理信息系统实施焊工资格管理的通知 | 国核安函〔2014〕50号 | 2014年4月18日 |
| 53 | 关于军队放射性同位素与射线装置辐射安全管理有关问题的通知 | 环发〔2014〕61号 | 2014年4月28日 |
| 54 | 关于民用核安全设备无损检验人员资格管理职责调整阶段有关事项的通知 | 国核安函〔2014〕79号 | 2014年6月16日 |
| 55 | 关于印发《民用核安全设备调配管理要求（试行）》的通知 | 国核安函〔2014〕94号 | 2014年7月15日 |
| 56 | 关于进一步加强γ射线移动探伤辐射安全管理的通知 | 环办函〔2014〕1293号 | 2014年10月11日 |
| 57 | 关于加强核电厂建造和调试质量管理与经验反馈工作的通知 | 国核安发〔2014〕279号 | 2014年12月5日 |

| 序号 | 文件名称 | 文号 | 发布日期 |
| --- | --- | --- | --- |
| 58 | 关于发布《矿产资源开发利用辐射环境影响评价专篇格式与内容（试行）》的通知 | 环办〔2015〕1号 | 2015年1月6日 |
| 59 | 关于放射性药品辐射安全管理有关事项的公告 | 环境保护部公告2015年第2号 | 2015年1月8日 |
| 60 | 关于规范核技术利用领域辐射安全关键岗位从业人员管理的通知 | 国核安发〔2015〕40号 | 2015年2月27日 |
| 61 | 关于加强注册核安全工程师注册管理的通知 | 环办函〔2015〕292号 | 2015年3月3日 |
| 62 | 关于公共场所柜式X射线行李包检查设备用户单位豁免管理的公告 | 环境保护部公告2015年第36号 | 2015年5月29日 |
| 63 | 关于加强核电厂址保护和规范前期施工准备工作的通知 | 环函〔2015〕164号 | 2015年7月9日 |
| 64 | 关于开展核电厂设备可靠性数据采集工作的通知 | 国核安发〔2015〕131号 | 2015年7月14日 |
| 65 | 关于印发《核电厂在役检查无损检验技术能力验证实施办法（试行）》的通知 | 国核安发〔2015〕193号 | 2015年9月15日 |
| 66 | 关于印发《核技术利用项目公众沟通工作指南（试行）》的通知 | 环办函〔2015〕1748号 | 2015年10月29日 |
| 67 | 关于《建设项目环境影响评价分类管理名录》中免于编制环境影响评价文件的核技术利用项目有关说明的函 | 环办函〔2015〕1758号 | 2015年11月2日 |
| 68 | 关于在国核电站运行服务技术有限公司等5家单位中开展民用核安全设备无损检验人员考核中心选定工作的通知 | 国核安函〔2015〕134号 | 2015年12月7日 |
| 69 | 关于印发《〈核电厂运行许可证〉有效期限延续的技术政策（试行）》的通知 | 国核安发〔2015〕280号 | 2015年12月31日 |
| 70 | 关于印发《核电厂内乏燃料干法贮存系统核安全监管要求（试行）》的通知 | 国核安发〔2015〕281号 | 2015年12月31日 |
| 71 | 关于医疗机构医用辐射场所辐射监测有关问题的通知 | 环办辐射函〔2016〕274号 | 2016年2月16日 |
| 72 | 关于放射性同位素与射线装置豁免备案证明文件（第一批）的公告 | 环境保护部公告2016年第19号 | 2016年3月9日 |
| 73 | 关于印发《核与辐射建设项目环境影响评价机构监督检查实施办法》的通知 | 环办辐射函〔2016〕469号 | 2016年3月14日 |
| 74 | 关于发布《民用核安全设备目录（2016年修订）》及有关解释说明的通知 | 国核安发〔2016〕79号 | 2016年4月8日 |
| 75 | 关于印发《民用核安全设备制造阶段不符合项监督管理要求（试行）》的通知 | 国核安发〔2016〕84号 | 2016年4月28日 |
| 76 | 关于进一步规范核电厂动工建造前有关施工准备活动的通知 | 国核安发〔2016〕105号 | 2016年5月19日 |
| 77 | 关于印发《民用核燃料循环设施分类原则与基本安全要求（试行）》的通知 | 国环规辐射〔2016〕1号 | 2016年6月14日 |

# 关于发布《水泥窑协同处置固体废物污染防治技术政策》的公告

环境保护部公告　2016年第72号

为贯彻《中华人民共和国环境保护法》，完善环境技术管理体系，指导污染防治，保障人体健康和生态安全，引导水泥行业绿色循环低碳发展，环境保护部组织制定了《水泥窑协同处置固体废物污染防治技术政策》，现予公布，供参照执行。

以上文件内容可登录环境保护部网站查询。

附件：水泥窑协同处置固体废物污染防治技术政策

环境保护部

2016年12月6日

附件

## 水泥窑协同处置固体废物污染防治技术政策

### 一、总则

（一）为贯彻《中华人民共和国环境保护法》等法律法规，防治环境污染，保障生态安全和人体健康，规范污染治理和管理行为，推动水泥窑协同处置固体废物技术装备和污染防治技术进步，促进水泥行业的绿色循环低碳发展，制定本技术政策。

（二）本技术政策所称水泥窑协同处置固体废物是指将满足或经过预处理后满足入窑要求的固体废物投入水泥窑，在进行水泥熟料生产的同时实现对固体废物的无害化处置过程。处置固体废物的类型主要包括危险废物、生活垃圾、城市和工业污水处理污泥、动植物加工废物、受污染土壤、应急事件废物等。

（三）本技术政策为指导性文件，主要包括源头控制、清洁生产、末端治理、二次污染防治以及鼓励研发的新技术等内容，为环境保护相关规划、污染物排放标准、环境影响评价、总量控制、排污许可等环境管理和企业污染防治工作提供指导。

（四）利用水泥窑协同处置固体废物，应根据产业结构发展要求、城市总体规划、环境保护规划和环境卫生规划等，结合现有水泥生产设施，合理规划、有序布局。水泥窑协同处置固体废物应作为城市固体废物处置的重要补充形式。

（五）水泥窑协同处置固体废物污染防治应遵循源头控制、清洁生产与末端治理相结合的全过程污染控制原则，鼓励采用先进可靠、能源利用效率高的生产工艺和装备及成熟有效的污染防治技术，加强技术引导和精细化管理。水泥窑协同处置固体废物应保证固体废物的安全处置，满足污染物达标排放的要求，不影响水泥的产品质量和水泥窑的稳定运行。

（六）开展协同处置固体废物的水泥企业应强化企业环保主体责任，建立健全环保监测体系和环境管理制度，确保协同处置废物全过程污染物稳定达标排放；完善环境风险防控体系和环境应急管理制度，编制可行的应急预案，积极防范和提高应对突发环境事件的能力。

## 二、源头控制

（一）协同处置固体废物应利用现有新型干法水泥窑，并采用窑磨一体化运行方式。处置固体废物应采用单线设计熟料生产规模2000吨/日及以上的水泥窑。本技术政策发布之后新建、改建或扩建处置危险废物的水泥企业，应选择单线设计熟料生产规模4000吨/日及以上水泥窑；新建、改建或扩建处置其他固体废物的水泥企业，应选择单线设计熟料生产规模3000吨/日及以上水泥窑。鼓励利用符合《水泥行业规范条件（2015年本）》的水泥窑协同处置固体废物，拟改造前应符合《水泥窑协同处置固体废物污染控制标准》（GB 30485—2013）的要求。

（二）应根据生产工艺与技术装备，合理确定水泥窑协同处置固体废物的种类及处置规模。严禁利用水泥窑协同处置具有放射性、爆炸性和反应性废物，未经拆解的废家用电器、废电池和电子产品，含汞的温度计、血压计、荧光灯管和开关，铬渣，以及未知特性和未经过检测的不明性质废物。

（三）新建水泥窑协同处置危险废物的企业在试生产期间，应按照《水泥窑协同处置固体废物环境保护技术规范》（HJ 662—2013）要求对水泥窑协同处置设施进行性能测试，以检验和评价水泥窑在协同处置危险废物的过程中对有机化合物的焚毁去除能力以及对污染物排放的控制效果。利用水泥窑协同处置医疗废物，必须满足《水泥窑协同处置固体废物环境保护技术规范》（HJ 662—2013）的相关要求。

（四）处置应急事件废物，应选择具有同类型危险废物经营许可证的水泥窑进行协同处置。如无法满足条件时，应按照当地省级环境保护主管部门批准的应急处置方案，选择适宜的水泥窑进行协同处置。

## 三、清洁生产

（一）水泥窑协同处置固体废物，其清洁生产水平应按照《水泥行业清洁生产评价指标体系》（发展改革委公告　2014年第3号）的要求，定期实施清洁生产审核。

（二）水泥窑协同处置固体废物，应对进场接收、贮存与输送、预处理和入窑处置等场所或设施采取密闭、负压或其他防漏散、防飞扬、防恶臭的有效措施。

（三）固体废物在水泥企业应分类贮存，贮存设施应单独建设，不应与水泥生产原燃料或产品混合贮存。危险废物贮存还应满足《危险废物贮存污染控制标准》（GB 18597—

2001）和《危险废物收集、贮存、运输技术规范》（HJ 2025—2012）的要求。对不明性质废物应按危险废物贮存要求设置隔离贮存的暂存区，并设置专门的存取通道。

（四）根据协同处置固体废物特性及入窑要求，合理确定预处理工艺。鼓励污水处理厂进行污泥干化，干化后污泥宜满足直接入窑处置的要求。水泥厂内进行污泥干化时，宜单独设置污泥干化系统，干化热源宜利用水泥窑废气余热。原生生活垃圾不可直接入水泥窑，必须进行预处理后入窑。生活垃圾在预处理过程中严禁混入危险废物。

（五）严格控制水泥窑协同处置入窑废物中重金属含量及投加量；水泥熟料中可浸出重金属含量限值应满足《水泥窑协同处置固体废物技术规范》（GB 30760—2014）的相关要求。水泥窑协同处置重金属类危险废物时，应提高对水泥熟料重金属浸出浓度的检测频次。严格控制入窑废物中氯元素的含量，保证水泥窑能稳定运行和水泥熟料质量，同时遏制二噁英类污染物的产生。

（六）固体废物入窑投加位置及投加方式应根据水泥窑运行条件及预处理情况在满足《水泥窑协同处置固体废物环境保护技术规范》（HJ 662—2013）要求的同时，根据固体废物的成分、热值等参数进行合理配伍，保障固体废物投加后水泥窑能稳定运行。含有机挥发性物质的废物、含恶臭废物及含氰废物不能投入生料制备系统，应从高温段投入水泥窑。

（七）水泥窑协同处置固体废物应按照废物特性和水泥生产要求配置相应的投加计量和自动控制进料装置。

（八）应逐步提高协同处置固体废物的水泥窑与生料磨的同步运转率。强化生料磨停运期间二氧化硫、汞等挥发性重金属的排放控制措施，不应采用简易氨法脱硫措施（不回收脱硫副产物）。

## 四、末端治理

（一）水泥窑协同处置固体废物设施，窑尾烟气除尘应采用高效袋式除尘器；2014 年 3 月 1 日前已建成投产或环境影响评价文件已通过审批的协同处置固体废物设施，如窑尾采用电除尘器应持续提升其运行的稳定性，提高除尘效率，确保污染物连续稳定达标排放，鼓励将电除尘器改造为高效袋式除尘器。加强对协同处置固体废物水泥窑除尘器的运行与维护管理，确保除尘器与水泥窑生产百分之百同步运转。

（二）水泥窑协同处置过程中的氮氧化物、二氧化硫等污染物排放控制应执行《水泥工业污染防治技术政策》（环境保护部公告　2013 年第 31 号）的相关要求。

（三）水泥窑协同处置固体废物产生的渗滤液、车辆清洗废水及协同处置废物过程产生的其他废水，可经适当预处理后送入城市污水处理厂处理，或单独设置污水处理装置处理达标后回用，如果废水产生量小可直接喷入水泥窑内焚烧处置。严禁将未经处理的渗滤液及废水以任何形式直接排放。

（四）水泥企业应对协同处置固体废物操作过程和环保设施运行情况进行记录，其中有条件的项目应纳入企业运行中控系统，具备即时数据查询和历史数据查询的功能。处置危险废物的数据记录应保留五年以上，处置一般固体废物的数据记录应保留一年以上。

（五）水泥企业应建立监测制度，定期开展自行监测。重点加强对窑尾废气中氯化氢、氟化氢、重金属和二噁英类污染物的监测。水泥窑排气筒必须安装大气污染物自动在线监测装置，监测数据信息应按照《国家重点监控企业污染源监督性监测及信息公开办法（试行）》的要求进行公开。

（六）水泥窑旁路放风系统排出的废气不能直接排放，应与窑尾烟气混合处理或单独处理。旁路放风排气筒污染物排放限值和监测方法应执行《水泥窑协同处置固体废物污染控制标准》（GB 30485—2013）的相关要求。对标准中未包含的特征污染物应符合环境影响评价提出的相关排放限值的要求。

## 五、二次污染防治

（一）协同处置固体废物水泥窑的窑尾除尘灰宜返回原料系统，但为避免汞等挥发性重金属在窑内过度积累而排出的窑尾除尘灰和旁路放风粉尘不应返回原料系统。如果窑灰和旁路放风粉尘需要送至厂外进行处理处置，应按危险废物进行管理。

（二）生活垃圾和城市污水处理污泥的贮存设施应有良好的防渗性能并设置污水收集装置。贮存设施中有生活垃圾或污泥时应处于负压状态运行。

（三）污泥干化系统、生活垃圾贮存及预处理产生的废气应送入水泥窑高温区焚烧处理或在干化系统中安装废气除臭设施，采用生物、化学等除臭技术处理后达标排放。在水泥窑停窑期间，固体废物贮存及预处理产生的废气、污泥干化系统产生的废气须经废气治理设施处理后达标排放。

## 六、鼓励研发的新技术

（一）协同处置固体废物的水泥窑在生产过程中的污染物减排技术。

（二）提高协同处置固体废物量的水泥窑高效利用技术，如大投加量固废离线燃烧系统。

（三）协同处置固体废物的高效预处理技术，如高质量垃圾衍生燃料（RDF）制备技术；降低水泥窑协同处置危险废物环境风险的预处理技术。

（四）粉尘、二氧化硫、氮氧化物、汞等多种污染物高效协同脱除技术。

# 关于发布《建设项目环境影响评价技术导则　总纲》国家环境保护标准的公告

环境保护部公告　2016 年第 73 号

为贯彻《中华人民共和国环境影响评价法》，进一步提高建设项目环境影响评价的科学性和规范性，现批准《建设项目环境影响评价技术导则　总纲》为国家环境保护标准，并予发布。

标准名称、编号如下：

建设项目环境影响评价技术导则　总纲（HJ 2.1—2016）。

该标准自 2017 年 1 月 1 日起实施，由中国环境出版社出版，标准内容可在环境保护部网站（www.mep.gov.cn）查询。

自标准实施之日起，《环境影响评价技术导则　总纲》（HJ 2.1—2011）废止。

特此公告。

附件：《建设项目环境影响评价技术导则　总纲》（略）

环境保护部

2016 年 12 月 6 日

# 关于发布《企业突发环境事件隐患排查和治理工作指南（试行）》的公告

环境保护部公告　2016 年第 74 号

为贯彻《突发环境事件应急管理办法》，落实企业环境安全主体责任，指导企业开展突发环境事件隐患排查与治理工作，我部制订了《企业突发环境事件隐患排查与治理工作指南（试行）》，现予以发布。

特此公告。

附件：企业突发环境事件隐患排查和治理工作指南（试行）（略）

环境保护部

2016 年 12 月 6 日

# 关于发布 2016 年《国家先进污染防治技术目录（VOCs 防治领域）》的公告

环境保护部公告　2016 年第 75 号

为贯彻《中华人民共和国环境保护法》和《中华人民共和国大气污染防治法》，落实党中央、国务院对大气污染防治工作的要求，实施《大气污染防治行动计划》等文件，加快先进污染防治技术示范、应用和推广，我部组织有关单位筛选了一批挥发性有机物（VOCs）污染防治先进技术，形成2016年《国家先进污染防治技术目录（VOCs防治领域）》，现予发布。

附件：2016年国家先进污染防治技术目录（VOCs防治领域）

环境保护部

2016年12月12日

附件

# 2016年国家先进污染防治技术目录（VOCs防治领域）

| 序号 | 技术名称 | 工艺路线及参数 | 主要技术指标 | 技术特点 | 适用范围 | 技术类别 |
|---|---|---|---|---|---|---|
| 1 | 印刷行业氮气保护全UV固化技术 | 凹印工艺中使用UV油墨的承印材料在进入干燥区前，先采用不含氧的气体对承印材料表面进行吹扫处理，使其在充有保护气体$N_2$的紫外线干燥箱中进行干燥，防止干燥过程中油墨与空气接触反应，避免添加抗氧剂，从源头减少VOCs的使用与排放 | 氮气保护全UV九色及九色以上凹印机工作过程中，在不抽风情况下，车间内VOCs浓度最高为0.15 $mg/m^3$ | 采用紫外固化技术解决了UV油墨在凹印机上无法完全干燥的难题；不仅可以减少VOCs排放，还可以降低干燥过程的能耗 | 烟草、食品、药品等包装材料的印刷 | 示范 |
| 2 | 包装印刷无溶剂复合技术 | 该技术使用聚氨酯胶粘剂通过反应固化实现不同基材的黏结。全部工艺在低温或常温（35～45℃）状态下完成；使用多辊涂布，胶层薄，涂胶量只有溶剂型干式复合的1/3～1/2 | 相比溶剂型干式复合工艺VOCs减排率可达99%以上 | 采用无溶剂胶粘剂代替溶剂型胶粘剂，从源头上避免了VOCs的使用与排放 | 软包装印刷及装饰、织物、皮革复合等领域 | 推广 |
| 3 | 木器涂料水性化技术 | 通过应用丙烯酸聚氨酯共聚物乳液（PUA）制备技术、多重交联制备聚氨酯水分散体（PUD）制备技术及高性能聚丙烯酸酯乳液（PA）的制备技术，形成系列高性能聚合物乳液的制备技术，实现木器涂料的水性化 | 高性能聚合物乳液的VOCs含量≤50g/L；水性涂料的VOCs含量≤70g/L | 解决了高性能聚合物乳液的制备和溶剂型涂料的水性化替代技术 | 木器涂料生产企业及木质家具制造行业 | 推广 |
| 4 | 活性炭吸附-氮气脱附冷凝溶剂回收技术 | 利用颗粒活性炭吸附有机废气，活性炭吸附饱和后采用高温氮气脱附再生，脱附产生的溶剂经冷凝分离后回收 | VOCs净化效率≥96%（一级吸附若不能达标则需采用两级） | 采用惰性气体氮气作为脱附载气，有效解决了传统回收工艺安全性问题；与水蒸气再生相比，回收溶剂含水率低，易于提纯 | 包装印刷、石油化工、涂布、制药等行业 | 推广 |

| 序号 | 技术名称 | 工艺路线及参数 | 主要技术指标 | 技术特点 | 适用范围 | 技术类别 |
|---|---|---|---|---|---|---|
| 5 | 油品储运过程油气活性炭吸附回收技术 | 采用活性炭吸附油气，吸附饱和后利用减压解吸，解吸出的油气通过喷淋吸收或进入低温冷凝器直接冷凝 | 出口油气浓度＜$10g/m^3$，油气回收率＞97% | 采用油气回收专用活性炭，吸脱附速率快；采用干式真空泵减压脱附，安全性好 | 成品油装载的油气回收、成品油存储过程中储罐大小呼吸气的油气回收 | 推广 |
| 6 | 油品储运过程油气膜分离-吸附回收技术 | 收集石化行业储运过程中间歇性排放的油气后，经缓冲气柜，通过增压进入吸收塔回收60%～80%的油气。吸收塔出口的油气经膜组件富集后返回压缩机入口，膜处理后的低浓度油气（5～$15g/m^3$）进入变压吸附装置（VPSA），出口的非甲烷总烃浓度＜$120mg/m^3$ | VOCs 回收率＞99.9% | 采用吸收-膜分离-吸附组合工艺提高了油气回收效率 | 石化行业油气回收 | 推广 |
| 7 | 防水卷材行业沥青废气吸收法处理技术 | 先利用油性吸收剂吸收沥青废气中的 VOCs 组分，吸收富集后返回生产工艺，作为生产辅助材料。吸收净化后的低浓度 VOCs 废气再通过高压静电除雾和活性炭吸附组合技术处理 | 沥青烟净化效率可达 98%以上，苯并芘净化效率可达 99%以上，非甲烷总烃净化效率可达 90%以上 | 选用闪点高于66℃的卷材生产配料做吸收剂，吸收液经适当处理后可直接回用 | 防水卷材生产过程中沥青废气的处理 | 推广 |
| 8 | 固定式有机废气蓄热燃烧技术 | 采用多床固定式蓄热室，经预热后的有机废气进入燃烧室高温氧化分解，净化后的高温尾气经蓄热体降温后达标排放，蓄热体预热进口废气，节省能源。设备运行温度 800℃左右，阻力≤5000Pa | 当采用两床时，VOCs 净化效率≥90%；当采用三床及以上时，VOCs 净化效率≥97%，热回用率≥90% | 在蓄热体支撑结构上配设气体回流装置，减少阀门切换时废气滞留量；蜂窝陶瓷作为蓄热体，设备阻力小 | 石化、有机化工、表面涂装、包装、印刷等行业中高浓度 VOCs 废气净化 | 推广 |
| 9 | 旋转式蓄热燃烧净化技术 | 旋转式蓄热燃烧系统主体结构设有多个蜂窝陶瓷蓄热室和燃烧室，每个蓄热室依次经历蓄热、放热、清扫程序。控制系统控制驱动马达使回转阀按一定速度旋转，实现蓄热体吸附-放热的循环切换 | VOCs 净化效率≥97%，热回用率≥90% | 蓄热体与被净化废气进行直接接触换热，换热效率高，运行费用低；采用旋转式多床结构设计，占地面积小 | 石化、有机化工、表面涂装、包装、印刷等行业中高浓度 VOCs 废气净化 | 推广 |

| 序号 | 技术名称 | 工艺路线及参数 | 主要技术指标 | 技术特点 | 适用范围 | 技术类别 |
|---|---|---|---|---|---|---|
| 10 | 蓄热催化燃烧（RCO）技术 | 有机废气经蓄热体加热后，在催化剂的作用下燃烧，使有机废气氧化分解为 $CO_2$ 和 $H_2O$。反应后的高温气体经过蓄热体储存热量用于预热后续的有机废气后直接排放，或者直接返回生产环节进一步利用热能。每个蓄热室依次经历蓄热-放热-清扫等程序，连续工作。设备运行温度 300℃左右，阻力≤5000Pa，空速 10000～40000$h^{-1}$ | VOCs 净化效率≥97%，热回用率≥90%，催化剂使用寿命＞24000h | 催化剂降低燃烧温度，蓄热体提高热回用率，节约能源消耗 | 中高浓度 VOCs 废气治理 | 推广 |
| 11 | 含氮 VOCs 废气催化氧化+选择性催化还原净化技术 | 用贵金属催化剂催化氧化含氮 VOCs，再用选择性催化还原工艺（SCR）净化催化氧化阶段产生的 $NO_x$ | VOCs 净化效率可达 95%以上，$NO_x$ 净化效率可达 80%以上 | 采用催化氧化+SCR 组合工艺，在高效处理含氮 VOCs 的同时，防止 $NO_x$ 二次污染 | 工业生产过程中产生的丙烯腈等含氮 VOCs 的处理 | 推广 |
| 12 | 吸附浓缩+燃烧组合净化技术 | 含 VOCs 废气进入沸石转轮吸附净化，脱附后的高浓度废气再通过燃烧装置（如 RTO、RCO、TNV 等）进行燃烧净化。VOCs 吸附浓缩倍数 10 倍以上 | 沸石转轮吸附净化效率≥90%，燃烧净化效率≥97% | 将中低浓度、大风量的 VOCs 废气通过吸附浓缩转为高浓度、低风量的有机废气，然后再进行燃烧处理，降低了废气燃烧净化的运行费用 | 涂装、包装印刷等行业中低浓度废气净化 | 推广 |
| 13 | 低浓度有机废气生物净化技术 | 低浓度有机废气导入生物过滤器后，经由采用生物复育技术研制的高效生物膜将废气中挥发性有机物降解成 $CO_2$ 和 $H_2O$。生物过滤器设一层或多层生物膜填料；废气停留时间＞10s；适宜运行温度 15～35℃ | 非甲烷总烃去除率＞90% | 采用高效生物膜填料，接触面积大，净化效率高；运行费用低 | 低浓度有机废气处理 | 推广 |
| 14 | 高级氧化-生物净化耦合处理技术 | VOCs 在高级氧化单元中发生氧化反应，转化为水溶性和可生化性较好的小分子 VOCs，进一步在生物净化单元处理。废气湿度 50%～60%，废气停留时间 30～50s，液气比＜3：1，温度 15～35℃ | 对卤代烃、硫化氢、甲苯、四氢呋喃等的处理效率均达到 90%以上 | 生物滤塔采用“真菌-细菌”复合菌剂进行接种挂膜，启动时间短，并耦合了高级氧化技术，提高了 VOCs 的可生化性 | 石油炼化、医药化工等行业生产过程和污水处理厂（站）排放的低浓度 VOCs 及恶臭气体的净化 | 推广 |

| 序号 | 技术名称 | 工艺路线及参数 | 主要技术指标 | 技术特点 | 适用范围 | 技术类别 |
| --- | --- | --- | --- | --- | --- | --- |
| 15 | 污水污泥处理处置过程恶臭异味生物处理技术 | 针对污水污泥处理过程中产生的恶臭异味，采用生物净化技术，利用附着于填料或洗涤液中的微生物吸收、降解恶臭气体组分 | 恶臭去除率＞90% | 采用优选复合菌、复合生物填料，菌种驯化时间短，耐负荷冲击能力较强 | 污水污泥处理处置场所散发的低浓度恶臭气体。应用中需充分考虑环境温度影响 | 推广 |
| 16 | 乳化植物液洗涤除臭技术 | 以天然植物乳液为溶剂，对异味气体进行洗涤和吸收。洗涤过程中通过形成微小气泡，增大气液接触比表面积，提高传质效率 | 恶臭去除率＞90% | 天然植物液可生物降解、无毒、无污染；采用植物液洗涤塔，工艺简单 | 污水处理、污泥干化、垃圾储存与转运等场合所产生的低浓度 VOCs 及恶臭异味治理 | 推广 |
| 17 | 双介质阻挡放电低温等离子恶臭气体治理技术 | 经降温、除尘、除水等预净化后，恶臭气体在双介质阻挡放电反应单元内与携能电子和氧化性活性基团发生反应，将恶臭物质转化为 $CO_2$、$H_2O$ 等物质。预处理后废气应满足颗粒物含量≤30mg/m$^3$、废气温度≤40℃、相对湿度≤70% | 恶臭气体在等离子体单元内停留时间＜5s，在入口臭气浓度＜10000 时，恶臭去除率≥90% | 采用双介质阻挡放电方式，放电稳定，反应时间短；电极与废气不直接接触，避免了电极腐蚀问题 | 生活垃圾处理处置、餐厨垃圾处理、污水处理、污泥处置、动物尸体无害化处理等行业的恶臭异味治理 | 推广 |
| 18 | 餐厨油烟全动态离心分离技术 | 利用高速旋转网盘高效捕集烹饪油烟，油雾颗粒被高速旋转的合金丝切割拦截，并且在离心力的作用下，沿着合金丝径向甩向四周，被旋转网盘外围的集油槽收集，完成油烟拦截和回收。单元模块进口风速 2.0～3.5m/s，商用净化网盘转速 1800～2200r/min，家用净化网盘转速 1500～1800r/min | 出口油烟浓度可达到 0.7mg/m$^3$ 以下 | 采用全动态离心分离技术，实现了餐厨烟气中油烟的分离净化；设备运行时烟气压降小、运行维护简单 | 家庭厨房油烟净化和商业餐厨油烟治理 | 推广 |

注：1．本目录以最新版本为准，自本领域下一版目录发布之日起，本目录内容废止。

2．示范技术具有创新性，技术指标先进、治理效果好，基本达到实际工程应用水平，具有工程示范价值；推广技术是经工程实践证明了的成熟技术，治理效果稳定、经济合理可行，鼓励推广应用。

3．所列技术详细情况参考中国环境保护产业协会网站（http：//www.caepi.org.cn）。

# 关于建设项目环境影响评价资质审查结果（2016 年第二十批）的公告

环境保护部公告　2016 年第 76 号

根据《建设项目环境影响评价资质管理办法》（环境保护部令　第 36 号）及相关文件的规定，我部对申请建设项目环境影响评价资质（以下简称资质）的相关机构进行了审查。现将审查结果（2016 年第二十批）公告如下：

一、批准山东海特环保科技有限公司乙级资质。

二、批准中设设计集团股份有限公司资质晋级。

三、批准通辽市环境科学研究所等 12 家环保系统环评机构脱钩。

四、批准交通运输部天津水运工程科学研究所等 17 家机构资质证书中的机构名称变更。

五、批准时代盛华科技有限公司等 14 家机构调整评价范围。

六、批准大连福瑞普科技有限公司等 35 家机构资质延续。

七、批准安徽显闰环境工程有限公司等 36 家机构资质证书中的住所变更或法定代表人变更。

八、批准新疆旭日环境保护咨询有限公司注销资质。

九、不予批准南京科安环境检测技术服务有限公司资质。

十、不予批准百色市环境保护科学研究所等 2 家环保系统环评机构脱钩资质变更。

十一、不予批准四川省交通运输厅交通勘察设计研究院等 2 家机构资质延续。

审查结果的具体情况详见附件。第一至七项中的机构请于 60 日内携带单位证明，到我部行政审批大厅领取资质证书，其中第二至七项中的机构应在领取资质证书时携带原资质证书正、副本原件；第八、十、十一项中的机构请于本公告发布之日起 10 日内将原资质证书正、副本原件寄回我部行政审批大厅。自本公告发布之日起，第二至八项和第十、十一项中的机构原资质证书正、副本原件同时作废。

上述机构如不服本公告决定的，可在接到本公告之日起 60 日内向我部申请行政复议，也可在接到本公告之日起 6 个月内依法提起行政诉讼。在未获延续的评价范围内已承接的环境影响报告书（表）需继续完成的，应在本公告发布之日起 15 日内，将有关情况连同编制委托合同等证明材料报我部审核。

行政审批大厅地址：北京市西城区西直门南小街 115 号（邮编：100035）

联系人：关睢

电话：（010）66556045

附件：建设项目环境影响评价资质审查结果（2016年第二十批）

环境保护部

2016年12月15日

附件

## 建设项目环境影响评价资质审查结果

## （2016 年第二十批）

| 序号 | 机构名称 | 资质证书编号 | 申请事项 | 审查结果 |
|---|---|---|---|---|
| 1 | 山东海特环保科技有限公司 | 国环评证乙字第2490号 | 首次申请 | 批准乙级资质。评价范围为一般项目环境影响报告表类别。资质有效期自本公告发布之日起四年 |
| 2 | 中设设计集团股份有限公司 | 国环评证甲字第1911号（原证书编号：国环评证乙字第1983号） | 资质晋级 | 批准资质晋级。评价范围为交通运输环境影响报告书甲级类别；社会服务环境影响报告书乙级类别；一般项目环境影响报告表类别。资质有效期自本公告发布之日起四年 |
| 3 | 通辽市环境科学研究所 | 国环评证乙字第1408号 | 环保系统环评机构脱钩、机构名称变更、住所变更、法定代表人变更 | 批准资质证书中的机构名称变更为内蒙古佳洁环境治理有限公司与通辽盛世环境监理有限公司共同出资成立的内蒙古中环佳洁环保科技有限公司。评价范围为轻工纺织化纤、化工石化医药、社会服务环境影响报告书乙级类别；一般项目环境影响报告表类别。批准资质证书中的住所变更和法定代表人变更。资质有效期自本公告发布之日起四年 |
| 4 | 赤峰新城环保科技服务中心 | 国环评证乙字第1423号 | 环保系统环评机构脱钩 | 批准环保系统环评机构脱钩，已完成股权变更。评价范围为一般项目环境影响报告表类别。资质有效期自本公告发布之日起四年 |
| 5 | 阿拉善盟环境保护科学研究所 | 国环评证乙字第1431号 | 环保系统环评机构脱钩、法定代表人变更 | 批准环保系统环评机构脱钩，已完成股权变更。评价范围为化工石化医药环境影响报告书乙级类别；一般项目环境影响报告表类别。批准资质证书中的法定代表人变更资质有效期自本公告发布之日起四年 |
| 6 | 贺州市环境保护科学研究所 | 国环评证乙字第2906号 | 环保系统环评机构脱钩、机构名称变更、住所变更、法定代表人变更 | 批准资质证书中的机构名称变更为广西贺州市农业投资集团有限公司出资成立的广西正泽环保科技有限公司。评价范围为冶金机电、社会服务环境影响报告书乙级类别；一般项目环境影响报告表类别。批准资质证书中的住所变更和法定代表人变更。资质有效期自本公告发布之日起四年 |
| 7 | 防城港市环境科学研究所 | 国环评证乙字第2916号 | 环保系统环评机构脱钩、机构名称变更、住所变更、法定代表人变更 | 批准资质证书中的机构名称变更为自然人出资成立的防城港今纵横环境技术有限公司。评价范围为一般项目环境影响报告表类别。批准资质证书中的住所变更和法定代表人变更。资质有效期自本公告发布之日起四年 |

| 序号 | 机构名称 | 资质证书编号 | 申请事项 | 审查结果 |
|---|---|---|---|---|
| 8 | 曲靖市环境科学研究所 | 国环评证乙字第 3411 号 | 环保系统环评机构脱钩、机构名称变更、住所变更、法定代表人变更 | 批准资质证书中的机构名称变更为自然人出资成立的云南七彩环境咨询有限公司。评价范围为化工石化医药、农林水利、采掘、社会服务环境影响报告书乙级类别；一般项目环境影响报告表类别。批准资质证书中的住所变更和法定代表人变更。资质有效期自本公告发布之日起四年 |
| 9 | 临沧市环境科学研究所 | 国环评证乙字第 3420 号 | 环保系统环评机构脱钩、机构名称变更、住所变更、法定代表人变更 | 批准资质证书中的机构名称变更为自然人出资成立的临沧尚德环境技术有限公司。评价范围为一般项目环境影响报告表类别。批准资质证书中的住所变更和法定代表人变更。资质有效期自本公告发布之日起四年 |
| 10 | 文山州环境科学研究所 | 国环评证乙字第 3421 号 | 环保系统环评机构脱钩、机构名称变更、住所变更、法定代表人变更 | 批准资质证书中的机构名称变更为自然人出资成立的云南智捷环保科技有限公司。评价范围为一般项目环境影响报告表类别。批准资质证书中的住所变更和法定代表人变更。资质有效期自本公告发布之日起四年 |
| 11 | 延安市环境科学研究所 | 国环评证乙字第 3602 号 | 环保系统环评机构脱钩、机构名称变更、住所变更 | 批准资质证书中的机构名称变更为自然人出资成立的延安力舟环保咨询服务有限责任公司。评价范围为采掘、交通运输环境影响报告书乙级类别；一般项目环境影响报告表类别。批准资质证书中的住所变更。资质有效期自本公告发布之日起四年 |
| 12 | 宝鸡市环境影响评价所 | 国环评证乙字第 3605 号 | 环保系统环评机构脱钩、机构名称变更、法定代表人变更 | 批准资质证书中的机构名称变更为自然人出资成立的宝鸡博源环境科技有限公司。批准缩减化工石化医药环境影响报告书乙级类别评价范围。评价范围为社会服务环境影响报告书乙级类别；一般项目环境影响报告表类别。批准资质证书中的法定代表人变更资质有效期自本公告发布之日起四年 |
| 13 | 安康市环境工程设计有限公司 | 国环评证乙字第 3609 号 | 环保系统环评机构脱钩 | 批准环保系统环评机构脱钩，已完成股权变更。评价范围为一般项目环境影响报告表类别。资质有效期自本公告发布之日起四年 |
| 14 | 新疆维吾尔自治区阿克苏地区环境科技咨询服务中心 | 国环评证乙字第 4016 号 | 环保系统环评机构脱钩、机构名称变更、住所变更、法定代表人变更 | 批准资质证书中的机构名称变更为阿克苏鹏达投资有限责任公司出资成立的阿克苏净源环境科技有限责任公司。评价范围为一般项目环境影响报告表类别。批准资质证书中的住所变更和法定代表人变更。资质有效期自本公告发布之日起四年 |
| 15 | 交通运输部天津水运工程科学研究所 | 国环评证甲字第 1103 号 | 机构名称变更（改制）、住所变更、法定代表人变更 | 批准资质证书中的机构名称变更为天科院环境科技发展（天津）有限公司。评价范围为交通运输环境影响报告书甲级类别；海洋工程、社会服务环境影响报告书乙级类别；一般项目环境影响报告表类别。批准资质证书中的住所变更和法定代表人变更。资质有效期自本公告发布之日起四年 |

| 序号 | 机构名称 | 资质证书编号 | 申请事项 | 审查结果 |
|---|---|---|---|---|
| 16 | 中国地质科学院水文地质环境地质研究所 | 国环评证甲字第 1201 号 | 机构名称变更（改制）、住所变更、法定代表人变更 | 批准资质证书中的机构名称变更为河北尚诺环境科技有限公司。评价范围为采掘环境影响报告书甲级类别；建材火电、社会服务环境影响报告书乙级类别；一般项目环境影响报告表类别。批准资质证书中的住所变更和法定代表人变更。资质有效期自本公告发布之日起四年 |
| 17 | 东北师范大学环境科学研究所 | 国环评证甲字第 1610 号 | 机构名称变更（改制）、住所变更、法定代表人变更 | 批准资质证书中的机构名称变更为吉林省师泽环保科技有限公司。评价范围为建材火电、交通运输环境影响报告书甲级类别；轻工纺织化纤、采掘、社会服务环境影响报告书乙级类别；一般项目环境影响报告表类别。批准资质证书中的住所变更和法定代表人变更。资质有效期自本公告发布之日起四年 |
| 18 | 北京一轻环境保护中心 | 国环评证乙字第 1007 号 | 机构名称变更（改制）、住所变更、法定代表人变更 | 批准资质证书中的机构名称变更为北京一轻环境保护有限公司。批准缩减轻工纺织化纤、化工石化医药、社会服务环境影响报告书乙级类别评价范围。评价范围为一般项目环境影响报告表类别。批准资质证书中的住所变更和法定代表人变更。资质有效期自本公告发布之日起四年 |
| 19 | 水利部海河水利委员会水资源保护科学研究所 | 国环评证乙字第 1106 号 | 机构名称变更（改制）、住所变更、法定代表人变更 | 批准资质证书中的机构名称变更为天津市碧波环境资源开发有限公司。评价范围为农林水利、社会服务环境影响报告书乙级类别；一般项目环境影响报告表类别。批准资质证书中的住所变更和法定代表人变更。资质有效期自本公告发布之日起四年 |
| 20 | 河北省气候中心 | 国环评证乙字第 1210 号 | 机构名称变更（改制）、住所变更、法定代表人变更 | 批准资质证书中的机构名称变更为河北正云环保科技有限公司。评价范围为冶金机电、交通运输、社会服务环境影响报告书乙级类别；一般项目环境影响报告表类别。批准资质证书中的住所变更和法定代表人变更。资质有效期自本公告发布之日起四年 |
| 21 | 石家庄经济学院 | 国环评证乙字第 1225 号 | 机构名称变更（改制）、住所变更、法定代表人变更 | 批准资质证书中的机构名称变更为河北然成环境科技有限公司。评价范围为一般项目环境影响报告表类别。批准资质证书中的住所变更和法定代表人变更。资质有效期自本公告发布之日起四年 |
| 22 | 山西大学 | 国环评证乙字第 1302 号 | 机构名称变更（改制）、住所变更、法定代表人变更 | 批准资质证书中的机构名称变更为山西山大科技发展有限公司。评价范围为化工石化医药、建材火电、采掘、社会服务环境影响报告书乙级类别；一般项目环境影响报告表类别。批准资质证书中的住所变更和法定代表人变更。资质有效期自本公告发布之日起四年 |
| 23 | 国家海洋局第二海洋研究所 | 国环评证乙字第 2003 号 | 机构名称变更（海洋系统环评机构脱钩）、住所变更、法定代表人变更 | 批准资质证书中的机构名称变更为杭州希澳环境科技有限公司。评价范围为交通运输、海洋工程环境影响报告书乙级类别；一般项目环境影响报告表类别。批准资质证书中的住所变更和法定代表人变更。资质有效期自本公告发布之日起四年 |

| 序号 | 机构名称 | 资质证书编号 | 申请事项 | 审查结果 |
|---|---|---|---|---|
| 24 | 浙江省水利河口研究院 | 国环评证乙字第 2032 号 | 机构名称变更（改制）、住所变更、法定代表人变更 | 批准资质证书中的机构名称变更为浙江广川工程咨询有限公司。评价范围为农林水利环境影响报告书乙级类别；一般项目环境影响报告表类别。批准资质证书中的住所变更和法定代表人变更。资质有效期自本公告发布之日起四年 |
| 25 | 福建省水产研究所 | 国环评证乙字第 2233 号 | 机构名称变更（海洋系统环评机构脱钩）、住所变更、法定代表人变更 | 批准资质证书中的机构名称变更为厦门蓝海绿洲科技有限公司。评价范围为交通运输、社会服务、海洋工程环境影响报告书乙级类别；一般项目环境影响报告表类别。批准资质证书中的住所变更和法定代表人变更。资质有效期自本公告发布之日起四年 |
| 26 | 南昌大学 | 国环评证乙字第 2303 号 | 机构名称变更（改制）、住所变更、法定代表人变更 | 批准资质证书中的机构名称变更为江西南大融汇环境技术有限公司。评价范围为轻工纺织化纤、化工石化医药、冶金机电环境影响报告书乙级类别；一般项目环境影响报告表类别。批准资质证书中的住所变更和法定代表人变更。资质有效期自本公告发布之日起四年 |
| 27 | 山东省化工研究院 | 国环评证乙字第 2404 号 | 机构名称变更（改制）、住所变更、法定代表人变更 | 批准资质证书中的机构名称变更为山东青科环境科技有限公司。评价范围为轻工纺织化纤、化工石化医药、社会服务环境影响报告书乙级类别；一般项目环境影响报告表类别。批准资质证书中的住所变更和法定代表人变更。资质有效期自本公告发布之日起四年 |
| 28 | 山东省科学院 | 国环评证乙字第 2408 号 | 机构名称变更（改制）、住所变更、法定代表人变更 | 批准资质证书中的机构名称变更为山东蓝城分析测试有限公司。评价范围为化工石化医药、社会服务环境影响报告书乙级类别；一般项目和核与辐射项目环境影响报告表类别。批准资质证书中的住所变更和法定代表人变更。资质有效期自本公告发布之日起四年 |
| 29 | 国家海洋局第一海洋研究所 | 国环评证乙字第 2412 号 | 机构名称变更（海洋系统环评机构脱钩）、住所变更、法定代表人变更 | 批准资质证书中的机构名称变更为青岛国海浩瀚海洋工程咨询有限公司。批准缩减社会服务环境影响报告书乙级类别评价范围。评价范围为交通运输、海洋工程环境影响报告书乙级类别；一般项目环境影响报告表类别。批准资质证书中的住所变更和法定代表人变更。资质有效期自本公告发布之日起四年 |
| 30 | 阳谷景阳冈环保技术咨询有限公司 | 国环评证乙字第 2471 号 | 机构名称变更、住所变更、法定代表人变更 | 批准资质证书中的机构名称变更为山东格林泰克环保技术服务有限公司。批准资质证书中的住所变更和法定代表人变更 |
| 31 | 重庆化工设计研究院 | 国环评证乙字第 3104 号 | 机构名称变更、资质延续 | 批准资质证书中的机构名称变更为重庆化工设计研究院有限公司。批准资质延续，评价范围为化工石化医药、社会服务环境影响报告书乙级类别；一般项目环境影响报告表类别。资质有效期自本公告发布之日起四年。因相应类别环评工程师人数不足，不予批准轻工纺织化纤、建材火电环境影响报告书乙级类别评价范围 |

| 序号 | 机构名称 | 资质证书编号 | 申请事项 | 审查结果 |
|---|---|---|---|---|
| 32 | 时代盛华科技有限公司 | 国环评证乙字第 1070 号 | 调整评价范围、法定代表人变更 | 批准增加轻工纺织化纤、交通运输、社会服务环境影响报告书乙级类别和核与辐射项目环境影响报告表类别评价范围。批准资质证书中的法定代表人变更 |
| 33 | 山西华瑞鑫环保科技有限公司 | 国环评证乙字第 1333 号 | 调整评价范围 | 批准增加冶金机电环境影响报告书乙级类别和核与辐射项目环境影响报告表类别评价范围 |
| 34 | 沈阳中科生态环评有限公司 | 国环评证乙字第 1504 号 | 调整评价范围、资质延续 | 批准增加采掘环境影响报告书乙级类别评价范围。批准资质延续，评价范围为采掘、社会服务环境影响报告书乙级类别；一般项目环境影响报告表类别。资质有效期自本公告发布之日起四年 |
| 35 | 辽宁唐龙技术咨询有限公司 | 国环评证乙字第 1546 号 | 调整评价范围、法定代表人变更 | 批准增加建材火电环境影响报告书乙级类别评价范围。批准资质证书中的法定代表人变更 |
| 36 | 上海格林曼环境技术有限公司 | 国环评证乙字第 1823 号 | 调整评价范围、资质延续 | 批准增加交通运输环境影响报告书乙级类别评价范围。批准资质延续，评价范围为化工石化医药、冶金机电、交通运输、社会服务环境影响报告书乙级类别；一般项目环境影响报告表类别。资质有效期自本公告发布之日起四年 |
| 37 | 江苏叶萌环境技术有限公司 | 国环评证乙字第 1985 号 | 调整评价范围 | 批准增加冶金机电环境影响报告书乙级类别评价范围 |
| 38 | 浙江环龙环境保护有限公司 | 国环评证乙字第 2022 号 | 调整评价范围、资质延续 | 批准增加轻工纺织化纤环境影响报告书乙级类别评价范围。批准资质延续，评价范围为轻工纺织化纤、化工石化医药、冶金机电、交通运输、社会服务环境影响报告书乙级类别；一般项目环境影响报告表类别。资质有效期自本公告发布之日起四年 |
| 39 | 核工业二七〇研究所 | 国环评证乙字第 2316 号 | 调整评价范围、资质延续 | 批准增加交通运输环境影响报告书乙级类别评价范围。批准资质延续，评价范围为交通运输、输变电及广电通信环境影响报告书乙级类别；一般项目和核与辐射项目环境影响报告表类别。资质有效期自本公告发布之日起四年 |
| 40 | 中机中联工程有限公司 | 国环评证乙字第 3101 号 | 调整评价范围、资质延续 | 批准增加农林水利环境影响报告书乙级类别评价范围。批准缩减轻工纺织化纤、社会服务环境影响报告书乙级类别评价范围。批准资质延续，评价范围为冶金机电、农林水利、交通运输环境影响报告书乙级类别；一般项目环境影响报告表类别。资质有效期自本公告发布之日起四年 |
| 41 | 重庆两江源环境影响评价有限公司 | 国环评证乙字第 3117 号 | 调整评价范围、资质延续 | 批准增加交通运输、社会服务环境影响报告书乙级类别评价范围。批准资质延续，评价范围为交通运输、社会服务环境影响报告书乙级类别；一般项目环境影响报告表类别。资质有效期自本公告发布之日起四年 |

| 序号 | 机构名称 | 资质证书编号 | 申请事项 | 审查结果 |
|---|---|---|---|---|
| 42 | 重庆市江津区成硕环保工程有限公司 | 国环评证乙字第 3120 号 | 调整评价范围、资质延续 | 批准增加农林水利、交通运输环境影响报告书乙级类别和核与辐射项目环境影响报告表类别评价范围。批准资质延续，评价范围为农林水利、交通运输环境影响报告书乙级类别；一般项目和核与辐射项目环境影响报告表类别。资质有效期自本公告发布之日起四年 |
| 43 | 重庆忠庆环境工程咨询服务有限公司 | 国环评证乙字第 3138 号 | 调整评价范围 | 批准增加交通运输环境影响报告书乙级类别评价范围 |
| 44 | 云南保兴环境科技咨询有限公司 | 国环评证乙字第 3419 号 | 调整评价范围、资质延续 | 批准增加农林水利、交通运输环境影响报告书乙级类别评价范围。批准资质延续，评价范围为农林水利、交通运输环境影响报告书乙级类别；一般项目环境影响报告表类别。资质有效期自本公告发布之日起四年 |
| 45 | 昆明天杲环境咨询有限公司 | 国环评证乙字第 3426 号 | 调整评价范围、资质延续 | 批准增加交通运输环境影响报告书乙级类别评价范围。批准资质延续，评价范围为交通运输环境影响报告书乙级类别；一般项目环境影响报告表类别。资质有效期自本公告发布之日起四年 |
| 46 | 大连福瑞普科技有限公司 | 国环评证乙字第 1547 号（原证书编号：国环评证甲字第 1510 号） | 资质延续 | 批准资质等级由甲级降为乙级。批准资质延续，评价范围为化工石化医药、交通运输环境影响报告书乙级类别；一般项目环境影响报告表类别。资质有效期自本公告发布之日起四年 |
| 47 | 北京华夏博信环境咨询有限公司 | 国环评证乙字第 1024 号 | 资质延续、住所变更 | 批准资质延续，评价范围为交通运输、社会服务环境影响报告书乙级类别；一般项目环境影响报告表类别。批准资质证书中的住所变更。资质有效期自本公告发布之日起四年 |
| 48 | 北京绿方舟科技有限责任公司 | 国环评证乙字第 1035 号 | 资质延续 | 批准资质延续，评价范围为采掘、社会服务环境影响报告书乙级类别；一般项目和核与辐射项目环境影响报告表类别。资质有效期自本公告发布之日起四年 |
| 49 | 中海油天津化工研究设计院有限公司 | 国环评证乙字第 1101 号 | 资质延续 | 批准资质延续，评价范围为轻工纺织化纤、化工石化医药、冶金机电环境影响报告书乙级类别；一般项目环境影响报告表类别。资质有效期自本公告发布之日起四年。<br>因相应类别环评工程师人数不足，不予批准社会服务环境影响报告书乙级类别评价范围 |
| 50 | 唐山赛特尔环境技术有限公司 | 国环评证乙字第 1230 号 | 资质延续 | 批准资质延续，评价范围为化工石化医药、冶金机电、社会服务环境影响报告书乙级类别；一般项目环境影响报告表类别。资质有效期自本公告发布之日起四年 |
| 51 | 河北博鳌项目管理有限公司 | 国环评证乙字第 1237 号 | 资质延续 | 批准资质延续，评价范围为冶金机电、采掘、社会服务环境影响报告书乙级类别；一般项目环境影响报告表类别。资质有效期自本公告发布之日起四年 |

| 序号 | 机构名称 | 资质证书编号 | 申请事项 | 审查结果 |
|---|---|---|---|---|
| 52 | 河北星之光环境科技有限公司 | 国环评证乙字第 1257 号 | 资质延续 | 批准资质延续，评价范围为冶金机电、农林水利、采掘、社会服务环境影响报告书乙级类别；一般项目环境影响报告表类别。资质有效期自本公告发布之日起四年 |
| 53 | 中核新能核工业工程有限责任公司 | 国环评证乙字第 1320 号 | 资质延续 | 批准缩减化工石化医药环境影响报告书乙级类别评价范围。批准资质延续，评价范围为轻工纺织化纤、输变电及广电通信环境影响报告书乙级类别；一般项目和核与辐射项目环境影响报告表类别。资质有效期自本公告发布之日起四年 |
| 54 | 山西清源环境咨询有限公司 | 国环评证乙字第 1331 号 | 资质延续 | 批准资质延续，评价范围为轻工纺织化纤、化工石化医药、冶金机电、采掘、交通运输、社会服务环境影响报告书乙级类别；一般项目环境影响报告表类别。资质有效期自本公告发布之日起四年 |
| 55 | 内蒙古新创环境科技有限公司 | 国环评证乙字第 1425 号 | 资质延续 | 批准缩减采掘、社会服务环境影响报告书乙级类别评价范围。批准资质延续，评价范围为化工石化医药、交通运输环境影响报告书乙级类别；一般项目环境影响报告表类别。资质有效期自本公告发布之日起四年 |
| 56 | 吉林省境环景然科技有限公司 | 国环评证乙字第 1610 号 | 资质延续 | 批准资质延续，评价范围为冶金机电、采掘环境影响报告书乙级类别；一般项目环境影响报告表类别。资质有效期自本公告发布之日起四年。<br>因相应类别环评工程师人数不足，不予批准轻工纺织化纤、社会服务环境影响报告书乙级类别评价范围 |
| 57 | 吉林省龙桥辐射环境工程有限公司 | 国环评证乙字第 1619 号 | 资质延续 | 批准缩减冶金机电、核工业环境影响报告书乙级类别评价范围。批准资质延续，评价范围为社会服务、输变电及广电通信环境影响报告书乙级类别；一般项目和核与辐射项目环境影响报告表类别。资质有效期自本公告发布之日起四年 |
| 58 | 浙江冶金环境保护设计研究有限公司 | 国环评证乙字第 2011 号 | 资质延续 | 批准资质延续，评价范围为轻工纺织化纤、.化工石化医药、冶金机电环境影响报告书乙级类别；一般项目环境影响报告表类别。资质有效期自本公告发布之日起四年。<br>因相应类别环评工程师人数不足，不予批准建材火电、社会服务环境影响报告书乙级类别评价范围 |
| 59 | 山东省冶金设计院股份有限公司 | 国环评证乙字第 2407 号 | 资质延续 | 批准资质延续，评价范围为化工石化医药、冶金机电、采掘环境影响报告书乙级类别；一般项目环境影响报告表类别。资质有效期自本公告发布之日起四年 |
| 60 | 山东海岳环境科学技术有限公司 | 国环评证乙字第 2463 号 | 资质延续 | 批准资质延续，评价范围为冶金机电、交通运输环境影响报告书乙级类别；一般项目环境影响报告表类别。资质有效期自本公告发布之日起四年 |

| 序号 | 机构名称 | 资质证书编号 | 申请事项 | 审查结果 |
| --- | --- | --- | --- | --- |
| 61 | 胜利油田森诺胜利工程有限公司 | 国环评证乙字第 2465 号 | 资质延续 | 批准缩减社会服务环境影响报告书乙级类别评价范围。批准资质延续，评价范围为化工石化医药、采掘、交通运输环境影响报告书乙级类别；一般项目环境影响报告表类别。资质有效期自本公告发布之日起四年 |
| 62 | 南阳市环境保护科学研究所有限公司 | 国环评证乙字第 2514 号 | 资质延续 | 批准资质延续，评价范围为轻工纺织化纤、社会服务环境影响报告书乙级类别；一般项目环境影响报告表类别。资质有效期自本公告发布之日起四年 |
| 63 | 河南油田工程咨询有限公司 | 国环评证乙字第 2540 号 | 资质延续、住所变更 | 批准资质延续，评价范围为采掘、交通运输环境影响报告书乙级类别；一般项目环境影响报告表类别。批准资质证书中的住所变更。资质有效期自本公告发布之日起四年 |
| 64 | 深圳市环境工程科学技术中心有限公司 | 国环评证乙字第 2831 号 | 资质延续 | 批准资质延续，评价范围为化工石化医药、冶金机电、交通运输、社会服务环境影响报告书乙级类别；一般项目环境影响报告表类别。资质有效期自本公告发布之日起四年 |
| 65 | 重庆智力环境开发策划咨询有限公司 | 国环评证乙字第 3122 号 | 资质延续 | 批准缩减建材火电、社会服务环境影响报告书乙级类别评价范围。批准资质延续，评价范围为采掘环境影响报告书乙级类别；一般项目环境影响报告表类别。资质有效期自本公告发布之日起四年 |
| 66 | 四川省交通运输厅公路规划勘察设计研究院 | 国环评证乙字第 3207 号 | 资质延续 | 批准资质延续，评价范围为交通运输环境影响报告书乙级类别；一般项目环境影响报告表类别。资质有效期自本公告发布之日起四年 |
| 67 | 贵州省交通科学研究院股份有限公司 | 国环评证乙字第 3306 号 | 资质延续、法定代表人变更 | 批准资质延续，评价范围为交通运输、社会服务环境影响报告书乙级类别；一般项目环境影响报告表类别。批准资质证书中的法定代表人变更资质有效期自本公告发布之日起四年 |
| 68 | 云南绿色环境科技开发有限公司 | 国环评证乙字第 3409 号 | 资质延续、住所变更 | 批准缩减轻工纺织化纤、化工石化医药、建材火电环境影响报告书乙级类别评价范围。批准资质延续，评价范围为农林水利、交通运输环境影响报告书乙级类别；一般项目环境影响报告表类别。批准资质证书中的住所变更。资质有效期自本公告发布之日起四年 |
| 69 | 陕西省现代建筑设计研究院 | 国环评证乙字第 3606 号 | 资质延续、法定代表人变更 | 批准缩减轻工纺织化纤环境影响报告书乙级类别评价范围。批准资质延续，评价范围为化工石化医药、冶金机电、建材火电、采掘、交通运输、社会服务环境影响报告书乙级类别；一般项目环境影响报告表类别。批准资质证书中的法定代表人变更资质有效期自本公告发布之日起四年 |
| 70 | 新疆煤炭设计研究院有限责任公司 | 国环评证乙字第 4008 号 | 资质延续 | 批准资质延续，评价范围为轻工纺织化纤、采掘、社会服务环境影响报告书乙级类别；一般项目环境影响报告表类别。资质有效期自本公告发布之日起四年 |

| 序号 | 机构名称 | 资质证书编号 | 申请事项 | 审查结果 |
|---|---|---|---|---|
| 71 | 安徽显闰环境工程有限公司 | 国环评证乙字第 2132 号 | 住所变更 | 批准资质证书中的住所变更 |
| 72 | 同济大学 | 国环评证甲字第 1810 号 | 法定代表人变更 | 批准资质证书中的法定代表人变更 |
| 73 | 安徽省四维环境工程有限公司 | 国环评证乙字第 2130 号 | 住所变更、法定代表人变更 | 批准资质证书中的住所变更和法定代表人变更 |
| 74 | 新疆旭日环境保护咨询有限公司 | 国环评证乙字第 4017 号 | 注销资质 | 批准注销资质 |
| 75 | 南京科安环境检测技术服务有限公司 | | 首次申请 | 因在资质申请中隐瞒有关情况和提供虚假资料，环评工程师贾亮实为山西省产品质量监督检验研究院人员，周建禄实为西南油气田分公司重庆气矿人员，聂郁涛实为广州市恒盛建设工程有限公司人员，不予批准资质且一年内不得再次申请资质。环评工程师贾亮、周建禄、聂郁涛 3 人三年内不得作为资质申请时配备的环境影响评价工程师、环境影响报告书（表）的编制主持人或者主要编制人员。将该机构和环评工程师贾亮、周建禄、聂郁涛相关情况记入诚信记录 |
| 76 | 百色市环境保护科学研究所 | 国环评证乙字第 2902 号 | 环保系统环评机构脱钩、机构名称变更、住所变更、法定代表人变更 | 因在资质申请中隐瞒有关情况和提供虚假资料，环评工程师李远强、舒俊林 2 人实为广西壮族自治区海洋环境监测中心站人员，不予批准资质证书中的机构名称变更、住所变更和法定代表人变更，资质有效期届满注销资质。环评工程师李远强、舒俊林三年内不得作为资质申请时配备的环境影响评价工程师、环境影响报告书（表）的编制主持人或者主要编制人员。将该机构和环评工程师李远强、舒俊林相关情况记入诚信记录 |
| 77 | 西宁市环境科学研究所 | 国环评证乙字第 3902 号 | 环保系统环评机构脱钩、机构名称变更、住所变更、法定代表人变更 | 因新机构承接原机构环评工程师人数低于 70%，且新机构环评工程师人数不符合《建设项目环境影响评价资质管理办法》（环境保护部令 第 36 号）相关要求，不予批准资质证书中的机构名称变更、住所变更和法定代表人变更。有效期届满注销资质 |
| 78 | 四川省交通运输厅交通勘察设计研究院 | 国环评证乙字第 3208 号 | 资质延续、法定代表人变更 | 因在资质申请中隐瞒有关情况和提供虚假资料，环评工程师颜邦民、胡伦明 2 人实为重庆化工研究院人员，初永晔实为贵州锦丰矿业有限公司人员，不予批准资质延续和资质证书中的法定代表人变更，且一年内不得再次申请资质，资质有效期届满注销资质。环评工程师颜邦民、胡伦明、初永晔 3 人三年内不得作为资质申请时配备的环境影响评价工程师、环境影响报告书（表）的编制主持人或者主要编制人员。将该机构和环评工程师颜邦民、胡伦明、初永晔相关情况记入诚信记录 |

| 序号 | 机构名称 | 资质证书编号 | 申请事项 | 审查结果 |
|---|---|---|---|---|
| 79 | 巴州绿环环境科学技术研究所 | 国环评证乙字第4012号 | 资质延续 | 因在资质申请中隐瞒有关情况和提供虚假资料，环评工程师高春华实为中国石油大庆石化公司人员，不予批准资质延续且一年内不得再次申请资质，资质有效期届满注销资质。环评工程师高春华三年内不得作为资质申请时配备的环境影响评价工程师、环境影响报告书（表）的编制主持人或者主要编制人员。将该机构和环评工程师高春华相关情况记入诚信记录 |

# 关于发布创新政策与提供政府采购优惠挂钩相关文件清理结果的公告

环境保护部公告　2016年第77号

根据《国务院办公厅关于进一步开展创新政策与提供政府采购优惠挂钩相关文件清理工作的通知》（国办函〔2016〕92号）的要求，我部按照世贸组织规则和我国对外承诺，对涉及自主创新政策与提供政府采购优惠挂钩的环境保护规范性文件，进一步开展清理工作。

经认真清理，我部无涉及创新政策与提供政府采购优惠挂钩的规范性文件。

特此公告。

环境保护部

2016年12月16日

# 关于发布《中国自然生态系统外来入侵物种名单（第四批）》的公告

环境保护部公告　2016年第78号

外来物种入侵是造成生物多样性下降的直接原因之一。《生物多样性公约》明确要求，防止引进、控制或消除那些威胁到生态系统、生境或物种的外来物种。我国是全球遭受外来入侵物种危害最严重的国家之一，随着人员往来的增加和物流业的迅速发展，外来物种入侵我国的速度加快，新的外来入侵物种不断被发现。为指导相关部门和地方防控外来入侵物种，环境保护部与中国科学院经认真调查和研究，联合制订了《中国自然生态系统外来入侵物种名单（第四批）》，现予发布。

附件：中国自然生态系统外来入侵物种名单（第四批）

环境保护部
中科院
2016 年 12 月 12 日

附件

# 中国自然生态系统外来入侵物种名单
## （第四批）

### 1．长芒苋

长芒苋群丛（左上），幼株（右上），雄花序（左下），雌花序（右下）

学名：*Amaranthus palmeri* S.Watson

英文名：Palmer's Amaranth，Palmer Amaranth，Carelessweed

别名：绿苋，野苋

分类地位：苋科 Amaranthaceae

形态特征：一年生草本，植株高 0.8～2m。茎直立，粗壮，有纵棱，无毛或上部散生短柔毛，有分枝。叶无毛；叶片卵形至菱状卵形，茎上部叶片则常为披针形，长（3～）5～8cm，宽（1.5～）2～5cm，先端钝、急尖或微凹，常具小突尖，基部楔形，边缘全缘；花单性，雌雄异株；穗状花序生茎及分枝顶端，顶端常下垂，长 7～30cm，宽 1～1.2cm，生于叶腋者较为短，呈短圆柱状至头状；苞片钻状披针形，长 4～6cm，先端芒刺状。雄花花被片 5，极不等长，长圆形，先端急尖，最外面花被片长约 5mm，其余花被片长 3.5～4mm；雄蕊 5 枚，短于内轮花被片。雌花花被片 5，极不等长，最外面一片倒披针形，长 3～4mm，先端急尖，其余花被片匙形，长 2～2.5mm，先端截形至微凹，上部边缘啮蚀状；花柱 2 或 3。果近球形，长 1.5～2mm，包藏于宿存花被片内，果皮膜质，上部微皱，周裂。种子近圆形，长 1～1.2mm，深红褐色，有光泽。花果期 6—11 月。

地理分布：原产美国西南部，现广布北美洲、欧洲和亚洲。

中国分布：1985 年首次发现于北京的丰台区范庄子村（现槐房路附近）路边，此后沿道路蔓延侵入菜地。现主要分布于北京、天津、河北、辽宁、江苏、山东。

入侵危害：该种适应性强，常生于河岸低地、旷野、村落边及耕地中，产种量很大，竞争力强，易形成优势群落，威胁当地生物多样性。作为一种旱地杂草，植株高大，与农作物争夺水、肥、光照和生存空间，危害农田和果园，也可侵入湿地。植株富集亚硝酸盐，牲畜过量采食后会引起中毒。雌株成熟果序上的宿存苞片和花被片具硬刺，可扎伤皮肤。

控制方法：在结果前进行人工拔除，或幼苗期至生长期进行化学防除。加强检疫，防止其种子夹杂在农作物种子中播种到农田里。

### 2．垂序商陆

垂序商陆群丛（左上），幼株（右上），果实（左下），成熟果实（右下）

学名：*Phytolacca Americana* L.

英文名：Common Pokeweed，Coakum

别名：十蕊商陆，美商陆，美洲商陆，美国商陆，洋商陆，见肿消

分类地位：商陆科 Phytolaccaceae

形态特征：多年生草本，高1～2m。根粗壮，肥大，倒圆锥形。茎直立，圆柱形，有时带紫红色。叶柄长1～4cm；叶片椭圆状卵形或卵状披针形，长9～18cm，宽5～10cm，先端急尖，基部楔形。总状花序顶生或侧生，长5～20cm，花序较纤细；花梗长6～8mm；花白色，微带红晕，直径约6mm；花被片5，雄蕊、心皮及花柱通常均为10，心皮合生。果序下垂；浆果扁球形，熟时紫黑色。种子肾状圆形，直径约3mm，表面光滑。花期6—8月，果期8—10月。

地理分布：原产北美，现世界各地引种和归化。

中国分布：在各地作为观赏植物或药用植物引入栽培，1935年在杭州采到标本，在我国各地广泛逸生。现主要分布于北京、天津、河北、山西、辽宁、上海、江苏、浙江、安徽、福建、江西、山东、河南、湖北、湖南、广东、广西、重庆、四川、贵州、云南、陕西、甘肃、新疆、台湾、香港。

入侵危害：垂序商陆环境适应性强，生长迅速，在营养条件较好时，植株高可达2m，易形成单优群落，主茎有的能达到3cm粗，可与其他植物竞争养分。其茎具有多数开展的分枝，叶片宽阔，能覆盖其他植物体，导致其他植物生长不良甚至死亡；该种具有较为肥大的肉质直根，消耗土壤肥力。垂序商陆全株有毒，根及果实毒性最强，对人和牲畜有毒害作用，由于其根酷似人参，常被人误做人参服用，人取食后会造成腹泻。种子可通过鸟类传播。

控制方法：严控和监管引种种植。宜在结果前挖除，结果后应及时割除地上部分，阻止鸟类啄食传播。

### 3. 光荚含羞草

光荚含羞草群丛（左上），羽状复叶（右上），花（左下），果实（右下）

学名：*Mimosa bimucronata*（DC.）Kuntze

常用异名：*Mimosa sepiaria* Benth.

英文名：Thorny Mimosa，Giant Sensitive Plant

别名：簕仔树，光叶含羞草

分类地位：豆科/蝶形花科 Leguminosae/Fabacaceae

形态特征：落叶灌木，高 3～6m；小枝圆柱状，具疏刺，密被黄色茸毛。二回羽状复叶，羽片 6～7 对，长 2～6cm，叶轴无刺，被短柔毛；小叶 12～16 对，线形，长 5～7mm，宽 1～1.5mm，革质，先端具小尖头，除边缘疏具缘毛外，其余无毛。头状花序球形，花白色；花萼杯状；花瓣长约 2mm，基部连合；雄蕊 8 枚，花丝长 4～5mm。荚果带状，劲直，长 3.5～4.5cm，宽约 6mm，无刺毛，褐色，通常有 5～7 个荚节，成熟时荚节脱落而残留荚缘。花果期几全年。

地理分布：原产热带美洲。

中国分布：20 世纪 50 年代由广东中山县旅美华侨引入我国。现主要分布于福建、江西、湖南、广东、广西、海南、云南、香港、澳门。

入侵危害：常生于村边、溪流边、果园及荒地中，适应性强，具有较强的抗逆性，生长迅速，栽后当年就能长到 2m 左右；具有较强的竞争能力，能在短时间内形成单优群落，排挤本地物种，可造成严重的生态或经济损害。该种入侵性很强，在我国已侵入自然保护区内，威胁当地生物多样性。

控制方法：严格限制引种栽培。可开花前定期砍伐后连根挖除，但由于该种为有刺的大灌木，人为进行物理治理较为困难，后续应开发生物防治技术。

### 4．五爪金龙

五爪金龙群丛（左上），植株（右上），茎、掌状叶（左下），花（右下）

学名：*Ipomoea cairica*（L.）Sweet

英文名：Palmate-leaved Morning Glory

别名：假土瓜藤，黑牵牛，牵牛藤，上竹龙，五爪龙

分类地位：旋花科 Convolvulaceae

形态特征：多年生草质藤本。茎缠绕，灰绿色，常有小瘤状突起，有时平滑。叶互生，叶柄长2～4cm；叶片指状5深裂几达基部，直径5～9cm，裂片椭圆状披针形，先端近钝但有小锐尖，两面均无毛，边缘全缘或最下一对裂片有时再分裂。花序有花1～3朵，腋生，总花梗短；萼片5，不等大，长4～9mm，边缘薄膜质，外轮萼片较大，先端钝，并具小凸尖；花冠漏斗状，粉红色至紫红色，长5～7cm，径4.5～5cm，顶端5浅裂；雄蕊5，内藏；子房3室，花柱长，柱头2裂，头状。蒴果近球形，直径约1cm。种子黑褐色，长约5mm，密被绒毛。花果期几全年。

地理分布：一般认为原产热带亚洲或非洲，也有学者认为原产热带美洲，现已广泛栽培或归化于泛热带。

中国分布：根据Dunn & Tutcher（1912年）记载，该种当时已在香港归化，攀于乔木和灌丛上。通常作观赏植物栽培。现主要分布于江苏、福建、广东、广西、海南、贵州、云南、台湾、香港、澳门。

入侵危害：该种分布于海拔100～600m的荒地、海岸边的矮树林、灌丛、人工林、山地次生林等生境，常缠绕在其他乔灌木上，覆盖其林冠，使其无法得到足够的阳光而慢慢枯死，目前在我国南方已成为园林中一种常见有害的杂草。

控制方法：可人工铲除，先用刀割断五爪金龙的藤茎，拔除根部，将其暴晒或在藤蔓晒到半干时，再人工清除残株，防止新的蔓延。也可化学防除，用10%的草甘膦水剂1000～1500ml，兑水30～40kg，均匀喷施到五爪金龙的叶片和嫩茎上；“恶草灵”和“毒莠定”能较彻底地灭除五爪金龙。

### 5. 喀西茄

喀西茄群丛（左上），叶片（右上），果实（左下），成熟果实（右下）

学名：*Solanum aculeatissimum* Jacquin

常用异名：*Solanum khasianum* C.B. Clarke

英文名：Love Apple，Khasi Nightshade

别名：苦颠茄，苦天茄，刺天茄

分类地位：茄科 Solanaceae

形态特征：直立草本至亚灌木，高达 2～3m。全株多混生腺毛及直刺，茎、叶、花梗及花萼均被硬毛、腺毛及基部宽扁的直刺，刺长 0.2～1.5cm。叶互生，叶柄长 3～7cm；叶片宽卵形，长 6～15cm，先端渐尖，基部戟形，5～7 浅裂，裂片边缘具不规则齿裂及浅裂，上面沿叶脉毛密，侧脉疏被直刺。蝎尾状聚伞花序腋外生，花单生或 2～4 聚生。花萼钟状，裂片长圆状披针形，长约 5mm，具长缘毛；花冠筒淡黄色，隐于萼内，长约 1.5mm，冠檐白色，裂片披针形，长约 1.4cm，具脉纹，反曲；花药顶端延长，长 6～7mm，顶孔向上；子房被微绒毛。浆果球形，直径 2～3cm，幼果具绿色斑纹，成熟时淡黄色，宿萼被毛及细刺，后渐脱落。种子褐黄色，近倒卵圆形，直径 2～2.8mm。花期 3—8 月；果期 11—12 月。

地理分布：原产南美洲热带地区。

中国分布：该种于 19 世纪末在贵州南部首次发现。现主要分布于上海、江苏、浙江、福建、江西、湖北、湖南、广东、广西、海南、重庆、四川、贵州、云南、西藏、台湾、香港。

入侵危害：常分布于海拔 100～2300m 的沟边、路边、灌丛、荒地、草坡或疏林生境，已入侵到我国自然保护区内。为一种大型具刺杂草或亚灌木，全株含有毒生物碱，未成熟果实毒性较大，人和家畜误食可导致中毒。

控制方法：苗期人工铲除，结种前人工拔除。化学防除，如利用草甘膦、百草枯等。该种具有药用价值和观赏价值，需严控人为扩散。

### 6. 黄花刺茄

**黄花刺茄植株（左上），根（右上），花（左下），成熟后的果实（右下）**

学名：*Solanum rostratum* Dunal

英文名：Buffalo-bur，Colorada-bur

别名：刺萼龙葵，刺茄，尖嘴茄

分类地位：茄科 Solanaceae

形态特征：一年生草本，高 30～70cm。茎直立，基部稍木质化，自中下部多分枝，密被长短不等淡黄色的刺，刺长 0.5～0.8cm，并有具柄的星状毛。叶互生，叶柄长 0.5～

5cm，密被刺及星状毛；叶片卵形或椭圆形，长 8～18cm，宽 4～9cm，不规则羽状深裂，其中部分裂片羽状半裂，裂片椭圆形或近圆形，先端钝，上面疏被 5～7 分叉星状毛，背面密被 5～9 分叉星状毛，两面脉上具疏刺，刺长 3～5mm。蝎尾状聚伞花序腋外生，具 3～10 花；花后花轴伸长变成总状花序，长 3～6cm，果期长达 16cm；花两性，花萼筒钟状，长 7～8mm，宽 3～4mm，密被刺及星状毛，萼片 5，线状披针形，长约 3mm，密被星状毛；花冠黄色，辐状，直径 2～3.5cm，5 裂，裂片外面密被星状毛；雄蕊 5，花药黄色，异形，下方 1 枚最长，长 9～10mm，后期常带紫色，内弯曲成弓形，其余 4 枚长 6～7mm。浆果球形，直径 1～1.2cm，完全被增大的带刺及星状毛宿萼包被；果皮薄，与萼合生，自顶端开裂后种子散出。种子多数，黑色，直径 2.5～3mm，具网纹。花果期 6—9 月。

地理分布：原产于墨西哥北部和美国西南部，除佛罗里达州外已经遍布美国，现已入侵到加拿大、俄罗斯、韩国、南非、澳大利亚等国家或地区。

中国分布：该物种种子通过风、水流或以刺萼扎入动物皮毛或人的衣服等方式传播。中国早在 1982 年在辽宁省朝阳县就有报道，后来又相继在吉林省白城市、河北省张家口市、北京市密云县等地发现该物种。2005—2007 年，在新疆境内也发现了乌鲁木齐县和石河子市两个分布区。2009 年，该种被发现入侵到内蒙古。现主要分布于北京、河北、山西、内蒙古、辽宁、吉林、江苏、云南、新疆、香港。

入侵危害：该种适应性强，耐瘠薄、干旱，常生长于荒地、草原、河滩和过度放牧的牧场，也能侵入农田、果园中。竞争能力强，可严重抑制其他植物生长，常形成大面积单一群落，破坏当地生物多样性。全株密被刺毛，可伤害家畜，影响放牧和羊毛产量。植株有毒，误食后可引起严重的肠炎和出血，果实含有神经毒素茄碱，可致牲畜死亡。同时，该种还是马铃薯甲虫和马铃薯卷叶病毒的野外寄主。

控制方法：在其幼苗期还未长出硬刺前进行人工拔除；在开花期前利用 2,4-D 进行化学防除。

### 7. 刺果瓜

刺果瓜群从（左上），茎（右上），花（左下），果实（右下）

学名：*Sicyos angulatus* L.

英文名：Bur Cucumber

别名：刺果藤，棘瓜，单子刺黄瓜，星刺黄瓜

分类地位：葫芦科 Cucurbitaceae

形态特征：一年生攀援草本。茎长5～20m，具纵棱，被开展的硬毛，具3～5分叉的卷须。叶互生，具柄；叶片圆形、卵圆形或宽卵圆形，3～5浅裂，长5～22cm，宽3～30cm，基部具深心形，裂片三角形，两面微糙。花单性，雌雄同株。雄花排列成总状花序，花序梗长10～20cm；花萼钻形，长约1mm；花冠黄白色，具绿色脉，直径9～14mm，5深裂，裂片先端急尖。雌花直径约6mm，淡绿色，聚成头状，花序梗长1～2cm。果长卵圆形，长10～15mm，先端渐尖，外面散生柔毛和长刚毛，黄色或土灰色，内含1种子。种子椭圆状卵形，长7～10mm，光滑。花期7—10月，果期8—11月。

地理分布：原产北美洲，后作为观赏植物引入欧洲，因逃逸成为杂草。已在欧洲、亚洲和大洋洲的多个国家发生。

中国分布：在中国大陆2003年首次发现于大连，2005年首次报道其危害性。现主要分布于北京、辽宁、山东、四川、云南、台湾。

入侵危害：刺果瓜通过竞争或占据本地物种生态位来排挤本地物种，它们与本地物种竞争生存空间、直接扼杀当地物种、分泌释放化学物质以抑制其他生物生长，减少本地物种的种类和数量，甚至导致物种濒危或灭绝，使玉米、大豆等旱地作物减产。

控制方法：可在其不同生长期采用不同的人工方式进行清除：春季拔苗，在4月中旬至5月中旬刺果瓜幼苗萌发期，采取人工分批拔除可从根本上杜绝其传播。夏季剪秧，在刺果瓜的生长旺季期，可采取剪秧的办法阻止根部营养供应从而控制其生长。秋季烧果，在刺果瓜果实成熟之前，可将果实收集起来，用火烧处理，控制其繁殖和传播。

### 8. 藿香蓟

藿香蓟群丛（左上），幼苗（右上），花（左下），果序（右下）

学名：*Ageratum conyzoides* L.

英文名：Tropic Ageratum

别名：胜红蓟

分类地位：菊科 Compositae/Asteraceae

形态特征：一年生草本，株高30～100cm，稍有香味，被粗毛。茎直立。单叶对生，有时上部互生；叶柄长1～3cm；叶片卵形、菱状卵形或卵状长圆形，长3～8cm，宽2～5cm，茎上部叶较小，变长圆形，先端急尖，基部圆钝或宽楔形，边缘具圆锯齿，两面被白色稀疏柔毛和黄色腺点，基部具3（5）出脉。头状花序在枝端排成伞房状，总苞片2～3层，长圆形或披针状长圆形，长3～4mm，边缘撕裂状，具刺状尖头，外面无毛；花冠浅蓝色或白色，长1.5～2.5mm，顶端5浅裂。瘦果黑褐色，具5棱，长1.2～1.7mm；冠毛膜片状，上部渐狭成芒状，长1.5～3mm。花果期5—10月，但在热带地区花果期几全年。

地理分布：原产热带美洲。现已广泛分布于非洲全境、印度、印度尼西亚、老挝、柬埔寨、越南等地。

中国分布：该种19世纪在香港记录。现主要分布于北京、天津、河北、辽宁、吉林、黑龙江、上海、江苏、浙江、安徽、福建、江西、山东、河南、湖北、湖南、广东、广西、海南、重庆、四川、贵州、云南、西藏（东南部）、陕西、台湾、香港、澳门。

入侵危害：该种常见于山谷、林缘、河边、茶园、农田、草地和荒地等生境，常侵入作物地，如在玉米、甘蔗和甘薯田中，发生量大，危害严重。能产生和释放多种化感物质，抑制本土植物的生长，常在入侵地形成单优群落，对入侵地生物多样性造成威胁，目前已入侵到一些自然保护区。

控制方法：可结合中耕除草。严重地区可采用化学防治，用绿海灵喷施，持效期可达2～3个月，另外金都尔和乙羧氟草醚对花生田的藿香蓟防效显著。可利用胜红蓟黄脉病毒（Ageratum yellow vein virus，AYVV）等开展生物防治。该种曾被推广套种于橘园内作为捕食螨的中间寄主植物和绿肥，应在这些地区加强监管。

## 9. 大狼杷草

大狼杷草群丛（左上），植株（右上），花（左下），果实（右下）

学名：*Bidens frondosa* L.

英文名：Bevil's Beggarticks

别名：接力草，外国脱力草，大花咸丰草，大狼把草

分类地位：菊科 Compositae/Asteraceae

形态特征：一年生草本，株高20～120cm。茎直立，分枝，被疏毛或无毛，常带紫色。叶对生，具柄，为一回羽状复叶；小叶3～5枚，披针形至卵状披针形，长（1.5～）3.5～6（～12）cm，宽（0.5～）1～2（～3）cm，先端渐尖，边缘有粗锯齿，通常背面被稀疏短柔毛，至少顶生小叶具明显的柄。头状花序单生茎端和枝端，连同总苞苞片直径12～25mm，高约12mm。总苞钟状或半球形，外层苞片5～10枚，通常8枚，披针形或匙状倒披针形，叶状，边缘有缘毛，内层苞片长圆形，长5～9mm，膜质，具淡黄色边缘，无舌状花或舌状花不发育，极不明显，筒状花两性，花冠长约3mm，冠檐5裂。瘦果扁平，狭楔形，长5～10mm，近无毛或被糙伏毛，顶端芒刺2枚，长2～5mm，有倒刺毛。花期8—9月。

地理分布：原产北美洲，现广泛归化。

中国分布：1926年在江苏采到标本。现主要分布于北京、河北、辽宁、吉林、黑龙江、上海、江苏、浙江、安徽、福建、江西、山东、河南、湖北、湖南、广东、广西、海南、重庆、四川、云南、台湾。

入侵危害：适应性强，喜于湿润的土壤上生长，常生长在荒地、路边和沟边，具有较强的繁殖能力，易形成优势群落，排挤本地植物；在低洼的水湿处及稻田的田埂上生长较多，在稻田缺水的条件下，可大量侵入田中，与农作物竞争养分，降低作物产量。

控制方法：结实前人工拔除，亦可采用化学方法防治，但由于化学方法容易造成水体污染，使用时要慎重。

### 10. 野燕麦

群丛（左上），单株（右上），野燕麦果实

学名：*Avena fatua* L.

英文名：Wild Oat

别名：燕麦草，乌麦，香麦，铃铛麦

分类地位：禾本科 Gramineae/Poaceae

形态特征：一年生草本，株高30～150cm。秆单生或丛生，直立或基部膝曲，有2～4节。叶片长10～30cm，宽4～12mm，叶鞘光滑或基部被柔毛，叶舌膜质透明，长1～5mm。圆锥花序呈金字塔状开展，分枝轮生，长10～40cm；小穗长17～25mm，含2～3小花，其柄弯曲下垂；颖披针形，几等长，具9～11脉；外稃质地硬，下半部与小穗轴均有淡棕色或白色硬毛，第一外稃长15～20mm；芒自外稃中部稍下处伸出，长2～4cm，膝曲。花果期4—7月。

地理分布：原产欧洲南部及地中海沿岸，现欧、亚、非三洲的温寒地带均有分布，北美也有输入。

中国分布：该种是世界性的恶性农田杂草，可随其他种子或鸟类啄食后异地扩散，19世纪中叶曾先后在香港和福州采到标本。现主要分布于北京、天津、河北、山西、内蒙古、辽宁、吉林、黑龙江、上海、江苏、浙江、安徽、福建、江西、山东、河南、湖北、湖南、广东、广西、海南、重庆、四川、贵州、云南、西藏、陕西、青海、宁夏、新疆、台湾、香港、澳门。

入侵危害：该种海拔4300m以下均可分布，常见于荒野或田间，根系发达，分蘖能力强，为农田恶性杂草，可与农作物争水、争光、争肥，降低作物产量；同时种子易混杂于作物中，降低作物品质。野燕麦能传播小麦条锈病、叶锈病，同时是小麦黄矮病等毒病和多种害虫的中间寄主和越冬越夏的栖息场所。

控制方法：开展化学防除，单独使用野麦畏乳剂或骠马浓乳剂对野燕麦具有良好防除效果，对小麦及下茬作物比较安全，施一次药即可控制当季野燕麦危害。加强植物检疫，尤其是种子检疫工作，防止播种含有野燕麦的种子。

### 11．水盾草

水盾草群丛（左上），个体（右上），叶（左下），花（右下）

学名：*Cabomba caroliniana* Gray

英文名：Washington grass

分类地位：莼菜科 Cabombaceae

形态特征：多年生草本，茎长可达 1.5m，分枝，幼嫩部分有短柔毛。沉水叶对生，叶柄长 1～3cm，叶片长 2.5～3.8cm，掌状分裂，裂片 3～4 次，二叉分裂成线形小裂片；浮水叶少数，在花枝顶端互生，叶柄长 1～2.5cm，叶片盾状着生，狭椭圆形，长 1～1.6cm，宽 1.5～2.5mm，边全缘或基部 2 浅裂。花单生枝上部，沉水叶或浮水叶腋；花梗长 1～1.5cm，被短柔毛；萼片浅绿色，无毛，椭圆形，长 7～8mm，宽约 3mm；花瓣绿白色，与萼片近等长或稍大，基部具爪，近基部具一对黄色腺体雌蕊 6 枚，离生，花丝长约 2mm，花药长 1.5mm，无毛；心皮 3 枚，离生，雌蕊长 3.5mm，被微柔毛，子房 1 室，通常具 3 胚珠。花期 7—10 月。

地理分布：原产美国至巴西地区，现引种至加拿大、日本、澳大利亚、东南亚、南亚等地。

中国分布：1993 年在浙江首次发现。现主要分布于上海、江苏、浙江。

入侵危害：该种的入侵会引起水库和池塘水平面的上升导致渗漏的增加、灌溉渠中的堵塞和泛滥；大量水盾草死亡后腐烂耗氧，对渔业造成危害；茂密的水盾草妨碍了湖泊和水库的娱乐、农业和美学功能；国外已有报道水盾草入侵会对生物多样性造成影响。

控制方法：使用除草剂、降低水位（搁田）、机械割除、草食性鱼类摄食等多种防治方法。

## 12. 食蚊鱼

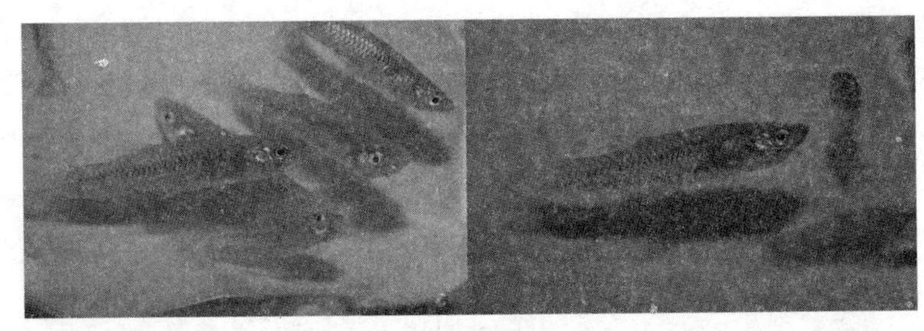

食蚊鱼

学名：*Gambusia affinis*（Baird et Girard）

英文名：Top Minnow，Mosquito Fish，Plague Minnow

分类地位：鳉形目 Cyprinodontiformes，胎鳉科 Poeciliidae

形态特征：食蚊鱼背鳍条 7～9，胸鳍条 13～14，腹鳍条 6，臀鳍条 9～10。雄鱼的第三、四、五臀鳍条变的很长，演化成交接器（生殖鳍）。食蚊鱼体形细小。背部略隆起，呈微弧形。腹部圆。头背平而宽，前方略尖。背鳍部位较高，在鱼体的后部。胸鳍长，末端可达腹鳍上方。腹鳍末端可达肛门。臀鳍起点在起点的垂线之前。尾鳍不分叉，边缘呈圆形。鱼体背部呈现橄榄褐色，体侧大部分呈半透明灰色，并常有光亮的淡蓝色，腹部为银白色。在背鳍和尾鳍部经常分布一些不很明显的小黑点。雌鱼怀胎时在臀鳍上部有一明显的黑斑，常称为胎斑。性成熟的个体，雌鱼体长为 16～45mm，体重为 0.21～1.95g。雄鱼的个体比雌鱼小，体长为 14～27.7mm，体重为 0.04～0.45g。

生物学特征：食蚊鱼是一种近岸活动的中小层小型鱼类，以摄食蚊虫和浮游动物为主，食物范围广泛。食蚊鱼的存活温度范围宽，存活水温为 1～40℃，适合温度为 25～30℃。食蚊鱼对环境适应能力极强，耐高温、耐低温、耐低溶氧且有一定的耐盐性。食蚊鱼为卵胎生，在中国其繁殖期为春季中期至秋季中期，年更替世代数可达 3～4 代。

地理分布：主要产于美国南方、中美洲和西印度群岛。

中国分布：为控制蚊子和疟疾的发生，食蚊鱼分别于 1911 年和 1927 年被引入到中国台湾和大陆。20 世纪中后期，为提高渔业产量，中国云南省众多高原湖泊大量引种外来鱼类，食蚊鱼随着其他鱼类引种被无意引入。目前，食蚊鱼在中国长江以南（包括台湾）的各地小水体中均有分布，同时在云南高原湖泊中也有分布。

入侵危害：食蚊鱼通过捕食浮游动物、土著鱼类的鱼卵或鱼苗、两栖类的卵或幼体，造成当地部分土著种的濒危和灭绝，进而改变入侵地水生物种群落结构，影响水生生态系统功能。因此，食蚊鱼已经被纳入由世界自然保护联盟公布的全球 100 种最具威胁的外来入侵种名单。目前在中国国家级自然保护区已经发现食蚊鱼的分布。

防治方法：严控人为引种和传播，禁止随意放生，防止扩散到自然水系。

### 13．美洲大蠊

美洲大蠊

学名：*Periplaneta Americana*（L.）

异名：*Blatta americana* L.，*Blatta kakkerlac* De Geer，*Blatta orientalis* Sulzer，*Blatta aurelianensis* Fourcroy，*Blatta siccifolia* Stoll，*Blatta heros* Fchscholtz，*Blatta domicola* Risso，*Periplaneta stolida* Walker，*Periplaneta americanacolorata* Rehn.

英文名：American Cockroach

别名：蟑螂，蜚蠊，偷油婆，香娘子，石姜，负盘，滑虫，茶婆虫

分类地位：蜚蠊目 Blattaria，蜚蠊科 Blattidae

形态特征：体大型，雄虫体长 27～32mm，雌虫体长 28～32mm。赤褐色，头顶及复眼间黑褐色。复眼间距雄虫狭雌虫宽，单眼明显淡黄。

前胸背板略作梯形，后缘缓弧形，雄虫约 6mm×9.5mm（长×宽），雌虫约 7mm×9.4mm；颜色淡黄，中部有一赤褐以至黑褐大斑，其后缘中央向后延伸呈小尾状，其前缘有淡黄 T 形小斑，背板后缘与大斑同色；雄虫在大斑之后、背板后缘中部之前，有左右二浅斜沟，但雌虫不明显。雄虫前翅长 26～32mm，雌虫前翅长 20～27mm。

雄虫腹部各节背板后侧角为直角，钝圆，雌虫后端数节向后略突出。雄虫肛上板宽大，两侧缘弧形，几成四方形，无色透明，后缘中央有深三角形切口，切口端几达肛上板长度

之半；雌虫肛上板略呈三角形，赤褐色，不透明，后缘切口略作小三角形，顶端钝圆，其两侧形成两小叶片，后缘角钝圆。尾须细长多节，比肛上板长一倍，端部细长而尖。雄虫生殖腔中部偏左有一钩刺有时露出腹端，一般从后方可以看出，其尖端呈两个小钩，一大一小，方向互异，由长钩刺向内还有一膜片，上有二乳头；此钩刺及乳头即阳茎叶。雄虫下生殖板较宽短，后缘中央无切口；从腹面看，肛上板的切口两侧叶片从下生殖板的后缘向后露出；雌虫的下生殖板中部隆起，两侧及末端下倾如船底。雄虫腹刺细长，尾须与腹刺均橙黄或赤褐色。

初产卵鞘白色渐变褐至黑色，长约 1cm，宽 0.5cm，每鞘有卵 14～16 粒。卵期 45～90 天化为若虫，若虫约经 10 次蜕皮化为成虫，后期若虫出现翅芽。成虫寿命约 2 年。完成一世代约需两年半。

生物学特征：美洲大蠊繁殖能力强，无雄虫时，雌虫能进行无性繁殖，一对成虫一年内可繁殖几十万只；美洲大蠊食性复杂，咬食书籍和衣物，特别偏爱糖、淀粉等有机物质；美洲大蠊喜欢阴暗潮湿、温暖的环境，对外界环境的适应力也强，成虫在没有食物的情况下可以存活 2～3 个月，在断绝水源的情况下也能存活 1 个月。

地理分布：原产于非洲北部，可能是在贩卖黑人时期由非洲带入美洲。

中国分布：美洲大蠊在中国各省市广泛分布。主要分布在北京、河北、辽宁、黑龙江、上海、江苏、浙江、福建、江西、山东、湖北、广东、广西、海南、四川、贵州、云南、台湾等地。

入侵危害：美洲大蠊的排泄物和蜕落的表皮带有过敏原，可以引发皮疹、哮喘等病症；美洲大蠊还能携带多种致病菌，如痢疾杆菌、绿脓杆菌、变形杆菌、沙门杆菌、伤寒杆菌和寄生虫卵，是家畜及人类许多传染性疾病的重要传播媒介。

防治方法：保持室内隐蔽场所的清洁卫生。可采用 0.2%的氯菊酯对美洲大蠊直接喷洒，有 100%的致死效果；或喷洒氯氰菊酯+有机磷、氯菊酯+氯氰菊酯、溴氰菊酯+增效磷等防除美洲大蠊。也可采用人工合成的美洲大蠊性信息素作为引诱剂及病毒制剂等进行防治。目前，也有利用蜚蠊啮小蜂寄生美洲大蠊的卵，天然寄生率超过 50%。

### 14. 德国小蠊

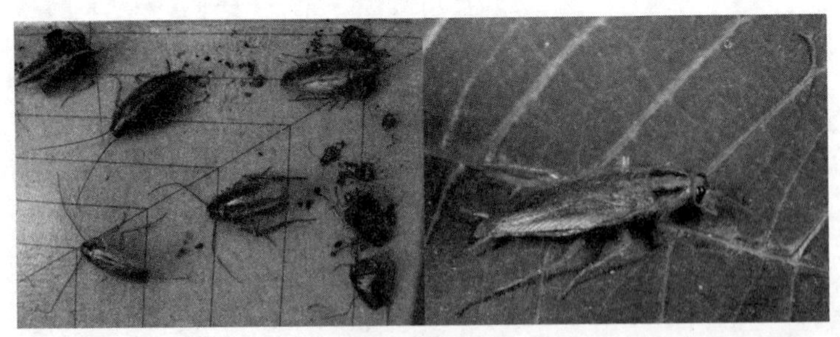

德国小蠊

学名：*Blattella germanica*（L.）

异名：*Blatta obliquata* Daldorff，*Phyllodromia bivittata* Saussure，*Ischnoptera parallela* Tepper，*Phyllodromia magna* Tepper，*Phyllodromia cunei-vittata* Hanitsth，*Blattella cunei-vittata* Haitsch，*Phyllodromia germanica* Shiraki，*Phyllodromia niitakana* Shiraki，*Blattella stylifera*

Chopard，*Blattella niitakana* Bey-Bienko.

英文名：Croton Bug，Steam Fly，Cockroach，German Cockroach

别名：德国蟑螂，德国姬蠊

分类地位：蜚蠊目 Blattaria，姬蠊科 Blattellidae

形态特征：体小型，淡赤褐色。雄虫狭长，体长 10～13mm，雌虫较宽短，体长 11～14mm。前胸背板具 2 条内侧平直的纵向黑色条纹。雄虫前翅长 9.5～11mm，雌虫前翅长 11～13mm。

雄虫腹部狭长，第 7 节背板特化，肛上板半透明；下生殖板左右不对称，形状不正，左后缘有一凹槽，基部两侧各有 1 侧片即第 9 节背板侧片，向后延伸部分侧片较宽，端部钝圆，左侧片后端远离凹槽侧缘。雌虫腹部较宽短，基部宽，赤褐色，端部狭，白色，末端钝角，侧缘斜，略向内凹，整体略呈三角形；下生殖板宽大，表面隆起，前侧缘近半圆形，后缘圆弧形，尾须强大多毛。

初产卵鞘乳白色渐变至黄褐色。若虫 5～7 龄，低龄若虫深褐色，背板纵纹从低龄到高龄逐渐显现。

生物学特征：德国小蠊 1 年可繁殖 5～6 代，繁殖力极强。温度和食物影响德国小蠊的分布，在 40～50℃或-5～5℃时，德国小蠊随温度的升高或下降存活时间呈下降趋势，德国小蠊对湿度要求较高，窝巢距水源和食物一般不超过 4m。断绝水和食物时，德国小蠊只能存活 2 周。

地理分布：原产南亚，也有学者认为起源于非洲。随着地区间经济贸易而远距离传播。

中国分布：分布遍及全球，在热带、亚热带、温带、寒带均有分布。现主要分布于北京、辽宁、黑龙江、上海、福建、广东、广西、四川、贵州、云南、西藏、陕西、新疆等地。

入侵危害：德国小蠊分泌物可使食物变质，导致人类中毒。它会咬食和破坏食品、纸张、文物、电子设备等，同时携带痢疾杆菌、结核杆菌、脊髓灰质炎病毒、乙肝病毒等多种致病菌而威胁人类健康，严重影响人类居住环境和生活质量。

防治方法：保持室内各场所清洁卫生。可采用丁子香酚、α-松油醇、肉桂醇 3 种植物精油等比例混合物防除德国小蠊。化学防治德国小蠊较便捷和有效，如喷洒氟虫胺、毒死蜱、菊酯类药剂，也可投放毒饵，喷洒和投放时要注意环境污染和人畜健康。

### 15. 无花果蜡蚧

无花果蜡蚧

学名：*Ceroplastesrusci*（L.）

异名：*Coccus rusci* Linnaeus，*Coccus caricae* Fabricius，*Coccus artemisiae* Rossi，*Calypticus radiates* Costa，*Calypticus testudineus* Costa，*Coccus Hydatis* Costa，*Coccus mirti* Costa，*Columnea testudiniformis* Targioni-Tozzetti，*Columnea testudinata* Targioni-Tozzetti，*Ceroplastes denudatus* Cockerell，*Ceroplastes nerii* Newstead，*Ceroplastes tenuitectus* Green，*Ceroplastes quadrilineatus simplex* Brain.

英文名：Fig wax scale

别名：榕龟蜡蚧，拟叶红蜡蚧，锈红蜡蚧，蔷薇蜡蚧

分类地位：蚧总科 Coccoidea，蚧科 Coccidae，蜡蚧亚科 Ceroplastinae

形态特征：雌成虫前期虫体表皮膜质，略隆起，后期虫体表皮稍硬化，体背部隆起呈半球形。体长 2.0～3.5mm，宽 1.5～2.5mm，淡褐色。触角 6 节，第 3 节有亚分节线。眼在头端两侧突成半球形。足 3 对，分节正常，胫跗关节硬化，爪下有 1 小齿，爪冠毛 2 根，同粗，端部膨大为匙形，跗冠毛 2 根细长，同形。背面：有 8 个无腺区，头区 1 个，背侧各 3 个，背中区 1 个。背刺锥状，端钝，均匀分布。背腺多为提篮型二孔腺，也有少量三孔腺，孔腺内有细管，管的末端多叉分支。此外，还有微管腺散布，侧缘数量较多。尾裂浅，肛突短锥形，向体后倾斜。肛板圆滑，没有明显的角，上有背毛 3 根和长端毛 1 根。肛板周围的硬化区内有 5～13 个圆形孔横向排成 1 或 2 行。肛筒稍长于肛板。体缘：两眼点间长缘毛 6～15 根，眼点到前气门刺间每侧有 2～4 根，两群气门刺间每侧 1～8 根，后气门刺到体末有 10～15 根，其中 3 根尾毛较长。气门洼浅，气门刺钝圆锥形，大小不一，背面者最大，集成 2 列（很少有 3 列），靠背面一列 4～5 根，靠腹面一列 20～23 根，腹面：膜质，椭圆形十字腺散布腹面，多数集中在亚缘区。五格腺在气门与体缘间形成约与围气门片同宽的带状气门腺路，每个气门路有 33～95 个，多格腺在阴门附近及其前腹节成宽带状，第 3～5 腹节中区有少量分布。杯状管具有细长的端丝，在头区腹面 1～12 个，阴门侧 1～2 个或无。亚缘毛数量为缘毛 2 倍多，沿缘毛成 1 列。

1、2 龄蜡壳长椭圆形，白色，背中有 1 长椭圆形蜡帽，帽顶有 1 横沟，体缘有约 15 个放射状排列的干蜡芒。雌成虫蜡壳白色到淡粉色，稍硬化，周缘蜡层较厚。蜡壳分为 9 块，背顶 1 块，其中央有 1 红褐色小凹，1、2 龄干蜡帽位于凹内，侧缘的蜡壳分为 8 块，近方形，每一侧有 3 块，前后各有 1 块；初期每小块蜡壳之间由红色的凹痕分隔开来，每小块中央有内凹的蜡眼，内含白蜡堆积物。后期蜡壳颜色变暗，呈褐色，背顶的蜡壳明显凸起，侧缘小蜡壳变小，分隔小蜡壳的凹痕变得模糊。整壳长 1.5～5.0mm，宽 1.5～4.0mm，高 1.5～3.5mm。

生物学特征：无花果蜡蚧的年发生代数因地区而异，每年 1～4 代。该虫的最适温度为 25～30℃，最适湿度为 75%～80%。在一些地区，该虫常和其他蜡蚧混合发生。

地理分布：该虫原产于非洲，最早发现于地中海沿岸地区，现已扩展和传播至东洋区、非洲区、新热带区和古北区等动物区系。其中，在热带、亚热带和暖温带分布较广泛。

中国分布：2012 年，在中国广东省茂名市的榕树上和四川省攀枝花市的大叶榕上首次发现该害虫。现主要分布在广东、四川。

入侵危害：无花果蜡蚧寄主多样，适生区广泛，是许多园林植物和经济果园的重要害虫。该虫除吸食寄主汁液对植物的枝干、嫩梢、叶片和果实造成的直接危害外，还分泌大

量的蜜露，诱发煤污病，从而降低寄主植物的生命力，影响园林绿化植物的观赏价值，造成经济果林减产。

防治方法：加强对疫区的检疫封锁，限制从疫区引进植物体。蜡蚧长盾金小蜂会寄生无花果蜡蚧的卵，能够使卵致死率达到65%，也可用紫胶猎夜蛾来防治无花果蜡蚧。

### 16．枣实蝇

枣实蝇（左，成虫；中，成虫产卵后留下的斑点；右，危害状）

学名：*Carpomya vesuviana* Costa

异名：*Orellia bucchichi* Frauenfeld，*Carpomyia zizyphae* Agarwal & Kapoor

英文名：Ber Fruit Fly

别名：无

分类地位：双翅目 Diptera，实蝇科 Tephritidae

形态特征：成虫体黄色，体、翅长2.9～3.1mm。头高大于长，雌雄的头宽相同，淡黄至黄褐色。额表面平坦，两侧近于平行，约与复眼等宽。颜略较额短，侧面观平直，触角沟浅而宽，中间具明显的颜脊。复眼圆形，其高与长大致相等。触角全长较颜短或约与颜等长，第3节的背端尖锐。喙短，呈头状。盾片黄色或红黄色，中间具3个细窄黑褐色条纹，向后终止于横缝略后；两侧各有4个黑色斑点，横缝后亚中部有2个近似椭圆形黑色大斑点，近后缘的中央于两小盾前鬃之间有一褐色圆形大斑点；横缝后另有2个近似叉形的白黄色斑纹。小盾片背面平坦或轻微拱起；白黄色，具5个黑色斑点，其中2个位于端部，基部的3个分别与盾片后缘的黑色斑点连接。胸部侧面大部分淡黄至黄褐色，中侧片后缘中间有一黑色小斑点；侧背片部分黑褐色；后小盾片大部分黑色，中间黄色。胸部鬃发达，除肩板鬃和翅侧鬃为黄色至黄褐色外，余均黑色。翅透明，具4个黄色至黄褐色横带，横带的部分边缘带有灰褐色；基带和中带彼此隔离，较短，均不达翅后缘；亚端带较长，伸达翅后缘，带的前端与前端带于r1和r2+3室内相互连接成倒V形。足完全黄色；前股节具1～3根后背鬃和1列后腹鬃；中胫端刺（距）1根。雄虫第5节背板几呈三角形，其宽度不足长度的2倍；第5节腹板后缘向内成V形凹陷；雌虫第6节背板略长于第5节背板。

卵为圆形，黄色至黄褐色。幼虫蛆形。3龄幼虫体长7.0～9.0mm，宽1.9～2.0mm；口感器具4个口前齿；口脊3条，其缘齿尖锐；口钩具1个弓形大端齿。第1胸节腹面具微刺；第2、3胸节和第1腹节均有微刺环绕；第3～7腹节腹面具条痕；第8腹节具数对大瘤突。前气门具20～23指状突；后气门裂大，长4～5倍于宽。蛹体节11节，初蛹黄白色，后变黄褐色。

生物学特征：该虫繁殖能力强，世代重叠，1年发生代数因地区不同会出现差异，6～10代不等。成虫多在9～14时羽化，白天交配产卵，晚间在树上歇息，其卵产于枣果的皮下，卵为单粒，平均每雌可产 19～22 卵，每果产卵 1～4 粒，最多 8 粒。1～2 龄幼虫是危害枣果的主要龄期，果肉比例、可溶性固体物质和总糖含量高且酸度、维生素 C 和苯酚含量低的品种，易遭受枣实蝇的危害。蛹一般于土体下 3～6cm 的位置越冬。

地理分布：原产于印度，现广泛分布于南亚、中亚、东南亚、欧洲东部等国家或地区。

入侵历史：2007 年在新疆吐鲁番地区的鄯善县、托克逊县、吐鲁番市发现。现主要分布在新疆。

入侵危害：该虫主要以幼虫蛀食果肉进行危害，不蛀食枣核和种仁，危害时果面可形成斑点和虫孔，内部蛀食后形成蛀道，并引起落果，导致果实提早成熟和腐烂，被害率可达 60%以上，造成的产量损失可达 20%以上，严重时可造成枣果的绝收。

防治方法：加强枣实蝇监测，严防该虫的传入和扩散。可用引诱剂甲基丁香酚进行监测和诱杀。一旦发现疫情，按照有关规定迅速采取严格措施，严防该虫的传入和扩散。

**17．椰子木蛾**

椰子木蛾（左，雌虫背面；中，雄虫背面；右，雄虫腹面）

学名：*Opisina arenosella* Walker

异名：*Nephantis serinopa* Meyrick

英文名：Coconut black-headed caterpillar

别名：黑头履带虫、椰蛀蛾、椰子织蛾

分类地位：鳞翅目 Lepidoptera，木蛾科 Xyloryctidae，木蛾亚科 Xylorycitnae

形态特征：成虫翅展 18.0～24.0mm。头部灰白色。下唇须乳白色，第 2 节腹面和内侧密布灰白色长鳞毛，鳞毛端部杂黑色；第 3 节散布黑褐色鳞片。触角柄节土黄色；鞭节乳白色，杂黑褐色。胸部和翅基片黄色至暗灰色，散布黑色鳞片。前翅狭长，前缘略拱，顶角钝，外缘弧形后斜；R4、R5 脉共长柄，R5 脉达前缘末端，CuA1、CuA2 脉均出自中室后角之前，CuA2 脉位于中室后缘 2/3 处，CuP 脉存在；土黄色至灰白色，散布黑色鳞片；前缘基部约 1/6 黑色，端半部具多条黑色细纵纹；中室中部和翅褶中部各具 1 枚黑点，均由 2～3 枚黑色竖鳞形成，中室端部密布暗灰色鳞片，末端具 1 枚模糊黑点；缘毛与翅同色。后翅 Rs 与 M1 脉、M3 与 CuA1 脉共柄，CuP 脉存在；灰褐色，缘毛基部 1/3 灰褐色，端部灰白色。前、中足乳白色，前足转节和腿节腹侧黑色，胫节外侧黑色，跗节具浅褐色环；后足土黄色。腹部 2～6 节有背刺。

卵半透明乳黄色，长椭圆形，具有纵横网格。成熟幼虫长 20～25mm，头和前胸黑褐色，中胸两侧红褐色，中胸背面和后胸及腹部淡绿色，腹部背面及侧面通常有 5 条褐色纵纹。幼虫5～8个龄期。雌、雄幼虫大小相似，雄性6～8龄，腹部第9节前缘腹中腺表面有一圆形凹陷，雌虫无此凹陷，这一特征可用于辨别幼虫的性别。蛹包被在混合寄主碎屑和虫粪的丝质茧中。裸露的蛹褐色至红褐色。腹部第1～4节背面前缘有刺列，其中第2～4节的较为明显。

生物学特性：雌虫将卵成堆产在叶片背面，卵通常产在老叶上。1头成虫平均产卵140粒，卵期约5天，龄期约40天。老熟幼虫在蛀道内化蛹，蛹期约10天，成虫寿命5～7天；1年发生4～5代，完成1代约需2个月。

地理分布：椰子木蛾原产南亚，主要分布在印度、斯里兰卡、孟加拉国、巴基斯坦、缅甸、印度尼西亚、泰国和马来西亚等地。

中国分布：2013年，在中国海南省万宁市的棕榈科植物上首次发现该虫。现主要分布于广东、广西、海南。

入侵危害：椰子木蛾的寄主有棕榈科、芭蕉科。其可危害不同年龄的棕榈科植物，幼虫从植物的下部叶片向上取食危害，逐渐向其他叶片扩展。幼虫取食叶片并在叶背面形成蛀道，蛀道内粪便与其吐丝交织。每个叶片上可有几头幼虫，严重受侵染的植株，叶片干枯，除顶端少数叶片外，整个树冠均被侵害。椰子木蛾寄主植物棕榈科植物不仅具有较高的观赏价值和食用价值，成为最重要的旅游资源之一，同时，也是十分珍贵的种质资源，保护价值极高。椰子木蛾具有繁殖能力强、生长周期短、全年可危害的特点，对寄主的危害相当严重。

防治方法：加强对来自东南亚等疫区国家棕榈科等寄主植物及产品、运输工具等进境检疫。削减和烧毁被害叶片和枯叶等，可以减少虫源。

### 18. 松树蜂

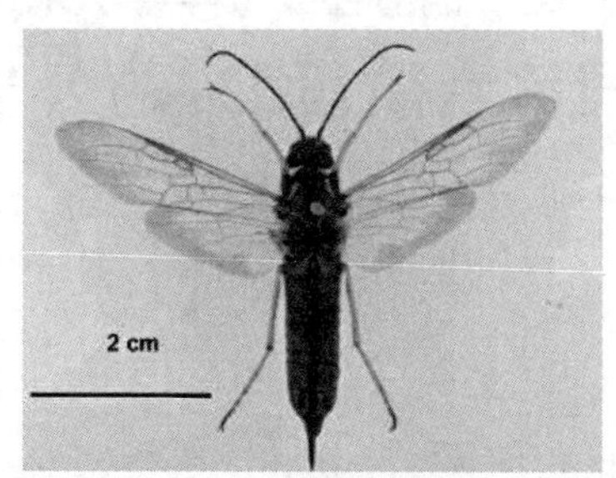

松树蜂（左，雌虫；右，雄虫）

学名：*Sirex noctilio* Fabricius

英文名：European woodwasp

别名：云杉树蜂，辐射松树蜂

分类地位：膜翅目 Hymenoptera，树蜂科 Siricidae

形态特征：成虫体长10～44mm，雌性与雄性成虫相比体型略大，圆柱形，触角黑色。雌虫头部、胸腹部具蓝色金属光泽，胸足橘黄色，腹部末端呈角突状；雄虫头胸部具蓝色金属光泽，腹部基部和末端呈黑色，中部橘黄色。后足粗大、黑色。幼虫乳白色且为圆筒形，老熟幼虫体长10～20mm，头宽3～5mm。蛹为离蛹，乳白色，长10～18mm。卵乳白色，呈梭形，长约1.4mm，中部最宽处直径约0.5mm。

生物学特性：一般 1 年 1 代，但气候寒冷时一个世代也可能持续 2～3 年。我国发生的松树蜂雄雌性比为 2.4∶1 左右。在北半球，7 月末至 8 月初是松树蜂羽化的高峰期，南半球，羽化高峰期集中在 12 月末和次年 1 月初。雄虫一般早于雌虫 3～5 天羽化。成虫寿命较短，雌虫只有 5 天，雄虫大概 12 天。松树蜂可进行孤雌生殖和两性生殖，未交配的后代均为雄虫，交配后产的后代为雌虫或雄虫。雌虫在每个产卵孔至多产 3 粒卵。松树蜂在产卵时，会将体内的昆虫毒素和贮藏的共生菌注入产卵道内。

地理分布：原产于欧亚大陆和北非，后传入澳洲、南美、北美、非洲等地。

中国分布：2013 年，在黑龙江省杜尔伯特蒙古族自治县首次发现，现主要分布于内蒙古、吉林、黑龙江。

入侵危害：松树蜂主要危害松属、云杉属、冷杉属、落叶松属以及美国松属等种类。松树蜂幼虫的取食和钻蛀能对寄主树木造成严重破坏，其产卵时注入的毒素和共生菌能够严重影响寄主体内的水分平衡、光合产物运输等重要的生理代谢过程，同时降解寄主木质纤维素等大分子物质和破坏树体内部结构，逐步削弱寄主的防御能力从而加速树势的衰弱甚至导致树木死亡。

防治方法：松树蜂倾向于危害衰弱木，应及时伐除衰弱木及枯立木，减少其适宜的寄主数量；还应控制林分密度，密度大容易引起松树蜂种群数量的增长，应适当间伐控制林分密度。可在林间设置诱木，方法是在 1.3m 处浅表环割树皮或在树干 0.5m 处注射除草剂或结合使用，羽化期后集中处理诱木。

# 关于发布国家污染物排放标准《轻型汽车污染物排放限值及测量方法（中国第六阶段）》的公告

环境保护部公告　2016 年第 79 号

为贯彻《中华人民共和国环境保护法》和《中华人民共和国大气污染防治法》，防治污染，保护和改善生态环境，保障人体健康，现批准《轻型汽车污染物排放限值及测量方法（中国第六阶段）》为国家污染物排放标准，并由我部与国家质量监督检验检疫总局联合发布。

标准名称、编号如下：

轻型汽车污染物排放限值及测量方法（中国第六阶段）（GB 18352.6—2016）。

按有关法律规定，该标准具有强制执行的效力。

该标准自发布之日起生效，即自发布之日起，可依据该标准进行新车型式检验。自 2020 年 7 月 1 日起，所有销售和注册登记的轻型汽车应符合该标准要求。

该标准由中国环境出版社出版，标准内容可在环境保护部网站（bz.mep.gov.cn）查询。

自 2020 年 7 月 1 日起，该标准替代《轻型汽车污染物排放限值及测量方法（中国第五阶段）》（GB 18352.5—2013）。但在 2025 年 7 月 1 日前，第五阶段轻型汽车的“在用符合性检查”仍执行 GB 18352.5—2013 的相关要求。

特此公告。

环境保护部

2016 年 12 月 23 日

# 关于发布国家环境保护标准《环境标志产品技术要求 家具》的公告

环境保护部公告　2016 年第 80 号

为贯彻《中华人民共和国环境保护法》，保护环境，促进技术进步，现批准《环境标志产品技术要求 家具》为国家环境保护标准，并予发布。

标准名称、编号如下：

环境标志产品技术要求　家具（HJ 2547—2016）。

该标准自 2017 年 2 月 1 日起实施，由中国环境出版社出版，标准内容可登录环境保护部网站（www.mep.gov.cn）查询。

自上述标准实施之日起，《环境标志产品技术要求 家具》（HJ/T 303—2006）废止。

特此公告。

环境保护部

2016 年 12 月 24 日

# 关于注销 13 家机构建设项目环境影响评价资质的公告

环境保护部公告　2016 年第 81 号

根据《全国环保系统环评机构脱钩工作方案》（环发〔2015〕37 号）的有关规定，列入第三批的 76 家地方环保系统环评机构，需在 2016 年 12 月 31 日前完成脱钩工作，逾期未完成的，注销其环评资质。截至目前，已有 63 家机构完成脱钩。对 13 家逾期未完成脱钩的机构，我部决定予以注销环评资质，具体名单详见附件。

上述机构应于本公告发布之日起十个工作日内将资质证书正、副本原件交（寄）回我部。上述机构不服本公告决定的，可在收到本公告之日起六十日内向我部申请行政复议，也可在收到本公告之日起六个月内依法提起行政诉讼。

附件：注销资质的机构名单

环境保护部

2016 年 12 月 24 日

**附件**

## 注销资质的机构名单

| 编 号 | 机构名称 | 原资质证书编号 |
|---|---|---|
| 1 | 鄂尔多斯市环境科学研究所 | 国环评证乙字第 1402 号 |
| 2 | 包头市环境科学研究院 | 国环评证乙字第 1409 号 |
| 3 | 赤峰市环境科学研究院 | 国环评证乙字第 1411 号 |
| 4 | 南宁市环境保护科学研究所 | 国环评证乙字第 2911 号 |
| 5 | 乐山市环境科学研究院 | 国环评证乙字第 3205 号 |
| 6 | 攀枝花市环境保护科学研究所 | 国环评证乙字第 3214 号 |
| 7 | 成都市环境保护科学研究院 | 国环评证乙字第 3216 号 |
| 8 | 贵阳市生态环境科学研究院 | 国环评证乙字第 3318 号 |
| 9 | 云南省红河哈尼族彝族自治州环境科学研究所 | 国环评证乙字第 3405 号 |
| 10 | 玉溪市环境科学研究所 | 国环评证乙字第 3410 号 |
| 11 | 昆明市环境科学研究院 | 国环评证乙字第 3412 号 |
| 12 | 陇南市环境科学技术研究所 | 国环评证乙字第 3710 号 |
| 13 | 忠县巴王环境咨询服务中心 | 国环评证乙字第 3129 号 |

# 关于发布《铅蓄电池再生及生产污染防治技术政策》和《废电池污染防治技术政策》的公告

环境保护部公告　2016 年第 82 号

为贯彻《中华人民共和国环境保护法》，完善环境技术管理体系，指导污染防治，保障人体健康和生态安全，引导行业绿色循环低碳发展，环境保护部组织制定了《铅蓄电池生产及再生污染防治技术政策》、修订了《废电池污染防治技术政策》。现予公布，供参照执行。以上文件内容可登录环境保护部网站查询。

自本公告发布之日起，《关于发布〈废电池污染防治技术政策〉的通知》（环发〔2003〕163号）废止。

附件：1．铅蓄电池生产及再生污染防治技术政策

2．废电池污染防治技术政策

环境保护部

2016年12月26日

附件1

# 铅蓄电池生产及再生污染防治技术政策

## 一、总则

（一）为贯彻《中华人民共和国环境保护法》等法律法规，防治环境污染，保障生态安全和人体健康，规范污染治理和管理行为，引领铅蓄电池行业污染防治技术进步，促进行业的绿色循环低碳发展，制定本技术政策。

（二）本技术政策适用于铅蓄电池生产及再生过程，其中铅蓄电池生产包括铅粉制造、极板制造、涂板、化成、组装等工艺过程，铅蓄电池再生包括破碎分选、脱硫、熔炼等工艺过程。铅蓄电池在收集、运输和贮存等环节的技术管理要求由《废电池污染防治技术政策》规定。

（三）本技术政策为指导性文件，主要包括源头控制和生产过程污染防控、大气污染防治、水污染防治、固体废物利用与处置、鼓励研发的新技术等内容，为铅蓄电池行业环境保护相关规划、环境影响评价等环境管理和企业污染防治工作提供技术指导。

（四）铅蓄电池生产及再生应加大产业结构调整和产品优化升级力度，合理规划产业布局，进一步提高产业集中度和规模化水平。

（五）铅蓄电池生产及再生应遵循全过程污染控制原则，以重金属污染物减排为核心，以污染预防为重点，积极推进源头减量替代，突出生产过程控制，规范资源再生利用，健全环境风险防控体系，强制清洁生产审核，推进环境信息公开。

（六）铅蓄电池行业应对含铅废气、含铅废水、含铅废渣及硫酸雾等进行重点防治，防止累积性污染，鼓励铅蓄电池企业达到一级清洁生产水平。

## 二、源头控制与生产过程污染防控

（一）铅蓄电池企业原料的运输、贮存和备料等过程应采取措施，防止物料扬撒，不应露天堆放原料及中间产品。

（二）优化铅蓄电池产品的生态设计，逐步减少或淘汰铅蓄电池中镉、砷等有毒有害

物质的使用。

（三）铅蓄电池生产过程中的熔铅、铸板及铅零件工序应在封闭车间内进行，产生烟尘的部位应设局部负压设施，收集的废气进入废气处理设施。根据产品类型的不同，应采用连铸连轧、连冲、拉网、压铸或者集中供铅（指采用一台熔铅炉为两台以上铸板机供铅）的重力浇铸板栅制造技术。铅合金配制与熔铅过程鼓励使用铅减渣剂，以减少铅渣的产生量。

（四）铅粉制造工序应采用全自动密封式铅粉机；和膏工序（包括加料）应使用自动化设备，在密闭状态下生产；涂板及极板传送工序应配备废液自动收集系统；生产管式极板应使用自动挤膏机或封闭式全自动负压灌粉机。

（五）分板、刷板（耳）工序应设在封闭的车间内，采用机械化分板、刷板（耳）设备，保持在局部负压条件下生产；包板、称板、装配、焊接工序鼓励采用自动化设备，并保持在局部负压条件下生产，鼓励采用无铅焊料。

（六）供酸工序应采用自动配酸、密闭式酸液输送和自动灌酸；应配备废液自动收集系统并进行回收或处置。

（七）化成工序鼓励采用内化成工艺，该工序应设在封闭车间内，并配备硫酸雾收集处理装置。新建企业应采用内化成工艺。

（八）废铅蓄电池拆解应采用机械破碎分选的工艺、技术和设备，鼓励采用全自动破碎分选技术与装备，加强对原料场及各生产工序无组织排放的控制。分选出的塑料、橡胶等应清洗和分离干净，减少对环境的污染。

（九）再生铅企业应对带壳废铅蓄电池进行预处理，废铅膏与铅栅应分别熔炼；对分选出的铅膏应进行脱硫处理；熔炼工序应采用密闭熔炼、低温连续熔炼、多室熔炼炉熔炼等技术，并在负压条件下生产，防止废气逸出；铸锭工序应采用机械化铸锭技术。

（十）废铅蓄电池的废酸应回收利用，鼓励采用离子交换或离子膜反渗透等处理技术；废塑料、废隔板纸和废橡胶的分选、清洗、破碎和干燥等工艺应遵循先进、稳定、无二次污染的原则，采用节水、节能、高效、低污染的技术和设备，鼓励采用自动化作业。

## 三、大气污染防治

（一）鼓励采用袋式除尘、静电除尘或袋式除尘与湿式除尘（如水幕除尘、旋风除尘）等组合工艺处理铅烟；鼓励采用袋式除尘、静电除尘、滤筒除尘等组合工艺技术处理铅尘。鼓励采用高密度小孔径滤袋、微孔膜复合滤料等新型滤料的袋式除尘器及其他高效除尘设备。应采取严格措施控制废气无组织排放。

（二）再生铅熔炼过程中，应控制原料中氯含量，鼓励采用烟气急冷、功能材料吸附、催化氧化等技术控制二噁英等污染物的排放。

（三）再生铅熔炼过程产生的硫酸雾应采用冷凝回流或物理捕捉加逆流碱液洗涤等技术进行处理。

## 四、水污染防治

（一）废水收集输送应雨污分流，生产区内的初期雨水应进行单独收集并处理。生产区地面冲洗水、厂区内洗衣废水和淋浴水应按含铅废水处理，收集后汇入含铅废水处理设施，处理后达标排放或循环利用，不得与生活污水混合处理。

（二）含重金属（铅、镉、砷等）生产废水，应在其产生车间或生产设施进行分质处理或回用，经处理后实现车间、处理设施和总排口的一类污染物的稳定达标；其他污染物在厂区总排放口应达到法定要求排放；鼓励生产废水全部循环利用。

（三）含重金属（铅、镉、砷等）废水，按照其水质及排放要求，可采用化学沉淀法、生物制剂法、吸附法、电化学法、膜分离法、离子交换法等组合工艺进行处理。

## 五、固体废物利用与处置

（一）再生铅熔炼产生的熔炼浮渣、合金配制过程中产生的合金渣应返回熔炼工序；除尘工艺收集的不含砷、镉的烟（粉）尘应密闭返回熔炼配料系统或直接采用湿法提取有价金属。

（二）鼓励废铅蓄电池再生企业推进技术升级，提高再生铅熔炼各工序中铅、锑、砷、镉等元素的回收率，严格控制重金属排放量。

（三）废铅蓄电池再生过程中产生的铅尘、废活性炭、废水处理污泥、含铅废旧劳保用品（废口罩、手套、工作服等）、带铅尘包装物等含铅废物应送有危险废物经营许可证的单位进行处理。

## 六、鼓励研发的新技术

（一）减铅、无镉、无砷铅蓄电池生产技术。

（二）自动化电池组装、快速内化成等铅蓄电池生产技术。

（三）卷绕式、管式等新型结构密封动力电池、新型大容量密封铅蓄电池等生产技术。

（四）新型板栅材料、电解沉积板栅制造技术及铅膏配方。

（五）干、湿法熔炼回收铅膏、直接制备氧化铅技术及熔炼渣无害化综合利用技术。

（六）废气、废水及废渣中重金属高效去除及回收技术。

（七）废气、废水中铅、镉、砷等污染物快速检测与在线监测技术。

附件 2

# 废电池污染防治技术政策

## 一、总则

（一）为贯彻《中华人民共和国环境保护法》《中华人民共和国固体废物污染环境防治法》等有关法律法规，防治环境污染，保障生态安全和人体健康，指导环境管理与科学治污，引领污染防治技术进步，促进废电池利用，制定本技术政策。

（二）本技术政策适用于各种电池在生产、运输、销售、贮存、使用、维修、利用、再制造等过程中产生的混合废料、不合格产品、报废产品和过期产品的污染防治。重点控制的废电池包括废的铅蓄电池、锂离子电池、氢镍电池、镉镍电池和含汞扣式电池。

（三）本技术政策为指导性文件，主要包括废电池收集、运输、贮存、利用与处置过程的污染防治技术和鼓励研发的新技术等内容，为废电池的环境管理与污染防治提供技术指导。

（四）废电池污染防治应遵循闭环与绿色回收、资源利用优先、合理安全处置的综合防治原则。

（五）逐步建立废铅蓄电池、废新能源汽车动力蓄电池等的收集、运输、贮存、利用、处置过程的信息化监管体系，鼓励采用信息化技术建设废电池的全过程监管体系。

（六）列入国家危险废物名录或者根据国家规定的危险废物鉴别标准和鉴别方法认定为危险废物的废电池按照危险废物管理。

## 二、收集

（一）在具备资源化利用条件的地区，鼓励分类收集废原电池。

（二）鼓励电池生产企业、废电池收集企业及利用企业等建设废电池收集体系。鼓励电池生产企业履行生产者延伸责任。

（三）鼓励废电池收集企业应用“物联网+”等信息化技术建立废电池收集体系，并通过信息公开等手段促进废电池的高效回收。

（四）废电池收集企业应设立具有显著标识的废电池分类收集设施。鼓励消费者将废电池送到相应的废电池收集网点装置中。

（五）收集过程中应保持废电池的结构和外形完整，严禁私自破损废电池，已破损的废电池应单独存放。

## 三、运输

（一）废电池应采取有效的包装措施，防止运输过程中有毒有害物质泄漏造成污染。

（二）废锂离子电池运输前应采取预放电、独立包装等措施，防止因撞击或短路发生爆炸等引起的环境风险。

（三）禁止在运输过程中擅自倾倒和丢弃废电池。

## 四、贮存

（一）废电池应分类贮存，禁止露天堆放。破损的废电池应单独贮存。贮存场所应定期清理、清运。

（二）废铅蓄电池的贮存场所应防止电解液泄漏。废铅蓄电池的贮存应避免遭受雨淋水浸。

（三）废锂离子电池贮存前应进行安全性检测，避光贮存，应控制贮存场所的环境温度，避免因高温自燃等引起的环境风险。

## 五、利用

（一）禁止人工、露天拆解和破碎废电池。

（二）应根据废电池特性选择干法冶炼、湿法冶金等技术利用废电池。干法冶炼应在负压设施中进行，严格控制处理工序中的废气无组织排放。

（三）废锂离子电池利用前应进行放电处理，宜在低温条件下拆解以防止电解液挥发。鼓励采用酸碱溶解-沉淀、高效萃取、分步沉淀等技术回收有价金属。对利用过程中产生的高浓度氨氮废水，鼓励采用精馏、膜处理等技术处理并回用。

（四）废含汞电池利用时，鼓励采用分段控制的真空蒸馏等技术回收汞。

（五）废锌锰电池和废镉镍电池应在密闭装置中破碎。

（六）干法冶炼应采用吸附、布袋除尘等技术处理废气。

（七）湿法冶金提取有价金属产生的废水宜采用膜分离法、功能材料吸附法等处理技术。

（八）废铅蓄电池利用企业的废水、废气排放应执行《再生铜、铝、铅、锌工业污染物排放标准》（GB 31574）。其他废电池干法利用企业的废气排放应参照执行《危险废物焚烧污染控制标准》（GB 18484），废水排放应当满足《污水综合排放标准》（GB 8978）和其他相应标准的要求。

（九）废铅蓄电池利用的污染防治技术政策由《铅蓄电池生产及再生污染防治技术政策》规定。

## 六、处置

（一）应避免废电池进入生活垃圾焚烧装置或堆肥发酵装置。

（二）对于已经收集的、目前还没有经济有效手段进行利用的废电池，宜分区分类填埋，以便于将来利用。

（三）在对废电池进行填埋处置前和处置过程中，不应将废电池进行拆解、碾压及其他破碎操作，保证废电池的外壳完整，减少并防止有害物质渗出。

## 七、鼓励研发的新技术

（一）废电池高附加值和全组分利用技术。

（二）智能化的废电池拆解、破碎、分选等技术。

（三）自动化、高效率和高安全性的废新能源汽车动力蓄电池的模组分离、定向循环利用和逆向拆解技术。

（四）废锂离子电池隔膜、电极材料的利用技术和电解液的膜分离技术。

# 关于2016年前三季度主要污染物排放严重超标的国家重点监控企业名单的公告

环境保护部公告　2016年第83号

按照《环境保护法》的有关规定，我部根据国家重点监控企业主要污染物排放自动监控数据汇总整理了2016年第三季度排放严重超标的国家重点监控企业名单和第一、第二季度排放严重超标的国家重点监控企业整改情况，现予以公布。

一、列入2016年第三季度排放严重超标的国家重点监控企业应按照《环境保护法》的要求，采取有效措施整改违法排污行为，向社会公开整改措施和完成时限。

二、对排放严重超标企业的处理情况，请查阅企业所在地省级环保部门网站“污染源环境监管信息公开”栏目。

三、欢迎社会各界监督举报企业超标排放违法行为。

特此公告。

附件：1．2016年第三季度排放严重超标的国家重点监控企业名单及处理处置情况

2．2016年第一季度排放严重超标的国家重点监控企业处理处置情况

3．2016年第二季度排放严重超标的国家重点监控企业处理处置情况

环境保护部

2016年12月20日

附件1

## 2016年第三季度排放严重超标的国家重点监控企业名单及处理处置情况

| 序号 | 省　份 | 企业名称 | 处理结果 | 目前整改情况 |
|---|---|---|---|---|
| 1 | 河北省 | 昌黎县贾河污水处理有限公司 | 限期整治 | 正在整改 |
| 2 | 山西省 | 山西宏安科技焦化有限公司 | 限期整治 | 10月28日达标 |
| 3 | | 山西安泰集团股份有限公司焦化厂 | 处罚50万元 | 10月21日达标 |
| 4 | | 山西中阳钢铁冶炼有限公司 | 警告 | 正在整改 |
| 5 | 内蒙古自治区 | 神华巴彦淖尔能源有限责任公司 | 按日计罚，共罚600万元 | 正在整改 |
| 6 | | 内蒙古大雁矿业集团有限责任公司热电总厂雁南热电厂 | 处罚30万元 | 正在整改 |
| 7 | | 锡林浩特市新绿原污水处理厂 | 处罚30.38万元 | 正在整改 |

| 序号 | 省　份 | 企业名称 | 处理结果 | 目前整改情况 |
|---|---|---|---|---|
| 8 | 辽宁省 | 鞍钢集团矿业公司齐大山铁矿 | 限制生产，处罚 15 万元 | 正在整改 |
| 9 | | 沈阳炼焦煤气有限公司 | 停产整治，处罚 15 万元 | 正在整改 |
| 10 | | 丹东凤凰山水泥制造有限公司 | 警告 | 正在整改 |
| 11 | 黑龙江省 | 鸡西矿业（集团）有限责任公司矸石热电厂 | 处罚 13 万元 | 正在整改 |
| 12 | | 中煤龙化哈尔滨煤化工有限公司 | 处罚 81 万元 | 正在整改 |
| 13 | 江苏省 | 东海县山左口绿源污水处理厂 | 停产整治，处罚 6.3 万元 | 正在整改 |
| 14 | 山东省 | 滨州仁德亚水务有限公司 | 处罚 63.31 万元 | 正在整改 |
| 15 | 贵州省 | 贵州黔桂天能焦化有限责任公司 | 限制生产，处罚 24 万元 | 正在整改 |
| 16 | | 凯里市凯荣玻璃有限公司 | 停产整治 | 正在整改 |
| 17 | 青海省 | 西宁张氏实业集团畜禽制品有限公司 | 按日计罚 46.75 万元 | 11 月 5 日达标 |
| 18 | 宁夏回族自治区 | 西吉县污水处理厂 | 处罚 18.11 万元 | 正在整改 |
| 19 | 新疆维吾尔自治区 | 乌鲁木齐河东威立雅水务有限公司 | 警告 | 正在整改 |

附件 2

## 2016 年第一季度排放严重超标的国家重点监控企业处理处置情况

| 序号 | 省份 | 企业名称 | 处理结果 | 目前整改情况 |
|---|---|---|---|---|
| 1 | 河北省 | 辛集市水处理中心 | 限制生产 | 正在整改 |
| 2 | | 唐山市汇丰炼焦制气有限公司 | 限制生产 | 6 月 11 日达标 |
| 3 | | 河北永顺实业集团有限公司 | 处罚 35 万元 | 9 月 9 日达标 |
| 4 | | 中国耀华玻璃集团公司（秦皇岛耀华玻璃工业园有限责任公司） | 停产整治 | 3 月 29 日达标 |
| 5 | | 昌黎县贾河污水处理有限公司 | 限制生产 | 正在整改 |
| 6 | | 涿州亿力达热电有限公司 | 处罚 30 万元 | 8 月 18 日达标 |
| 7 | 山西省 | 山西焦化股份有限公司 | 限制生产 | 9 月 28 日达标 |
| 8 | | 交城县华鑫煤炭实业有限公司 | 限制生产 | 正在整改 |
| 9 | | 山西东方资源发展有限公司 | 限制生产 | 4 月 23 日达标 |
| 10 | | 山西河坡发电有限责任公司 | 处罚 570 万元 | 3 月 22 日达标 |
| 11 | | 长治市瑞达焦业有限公司 | 处罚 100 万元 | 8 月 14 日达标 |
| 12 | | 太谷县恒达煤焦化公司 | 限制生产 | 9 月 13 日达标 |
| 13 | | 阳泉市污水处理厂 | 处罚 19.7 万元 | 6 月 13 日达标 |
| 14 | | 山西安泰集团股份有限公司焦化厂 | 限制生产 | 10 月 21 日达标 |
| 15 | 内蒙古自治区 | 神华乌海能源有限责任公司西来峰煤化工分公司焦化厂 | 处罚 40 万元 | 8 月 16 日达标 |
| 16 | | 林西县中水污水处理管理中心 | 限制生产 | 6 月 25 日达标 |
| 17 | | 赤峰热电厂 | 处罚 10 万元 | 8 月 10 日达标 |
| 18 | | 东达集团通辽水务有限公司 | 处罚 99.7 万元 | 5 月 20 日达标 |
| 19 | | 通辽环亚水务科技有限公司宝龙山分公司 | 处罚 6.2 万元 | 9 月 2 日达标 |

| 序号 | 省份 | 企业名称 | 处理结果 | 目前整改情况 |
|---|---|---|---|---|
| 20 | 内蒙古自治区 | 通辽环亚水务科技有限公司库伦旗分公司 | 处罚10.9万元 | 5月12日达标 |
| 21 | | 杭锦旗污水处理厂 | 处罚67.5万元 | 9月10日达标 |
| 22 | | 鄂托克旗鑫洲供热有限责任公司 | 处罚30万元 | 3月31日达标 |
| 23 | | 内蒙古大雁矿业集团有限责任公司热电总厂雁南热电厂 | 处罚20万元 | 正在整改 |
| 24 | | 鄂伦春光明热电有限责任公司 | 处罚15万元 | 正在整改 |
| 25 | | 内蒙古大雁矿业集团有限责任公司热电总厂雁中热电厂 | 处罚20万元 | 9月22日达标 |
| 26 | | 突泉鑫光热力有限公司 | 按日计罚，共罚650万元 | 正在整改 |
| 27 | | 东乌旗乌里雅斯太镇污水处理厂 | 限制生产 | 正在整改 |
| 28 | | 内蒙古庆华集团庆华煤化有限责任公司 | 处罚5万元 | 8月1日达标 |
| 29 | 辽宁省 | 沈阳炼焦煤气有限公司 | 处罚40万元 | 正在整改 |
| 30 | | 沈阳石蜡化工有限公司 | 处罚214万元 | 正在整改 |
| 31 | | 大化集团有限责任公司（热电厂） | 按日计罚，共罚590万元 | 8月2日达标 |
| 32 | | 中国石油天然气股份有限公司大连石化分公司 | 按日计罚，共罚590万元 | 正在整改 |
| 33 | | 鞍钢集团矿业公司齐大山铁矿 | 处罚15万元 | 正在整改 |
| 34 | | 鞍山腾鳌污水处理有限公司 | 加强监管 | 6月24日达标 |
| 35 | | 鞍山盛盟煤气化有限公司 | 按日计罚，共罚20万元 | 正在整改 |
| 36 | | 抚顺长顺电力有限公司 | 处罚850万元 | 正在整改 |
| 37 | | 本溪满族自治县供热公司 | 限制生产 | 正在整改 |
| 38 | | 国电葫芦岛润泽热力有限公司 | 处罚40万元 | 正在整改 |
| 39 | 吉林省 | 中国石油天然气股份有限公司吉林石化分公司动力一厂 | 处罚506万元 | 7月1日达标 |
| 40 | | 洮南市热电有限责任公司 | 处罚60万元 | 7月13日达标 |
| 41 | | 延吉市集中供热有限责任公司 | 处罚56万元 | 正在整改 |
| 42 | 黑龙江省 | 中国石油天然气股份有限公司大庆石化分公司炼油厂 | 加强监管 | 7月1日达标 |
| 43 | | 中煤龙化哈尔滨煤化工有限公司 | 处罚90万元 | 正在整改 |
| 44 | | 华电能源股份有限公司富拉尔基发电厂 | 处罚10万元 | 9月10日达标 |
| 45 | | 华电能源股份有限公司富拉尔基热电厂 | 处罚220万元 | 8月29日达标 |
| 46 | | 鸡西矿业（集团）有限责任公司矸石热电厂 | 按日计罚，共罚772万元 | 正在整改 |
| 47 | | 中国石油天然气股份有限公司大庆石化分公司热电厂 | 处罚130万元 | 6月14日达标 |
| 48 | | 佳木斯中恒热电有限公司 | 按日计罚，共罚273万元 | 正在整改 |
| 49 | 江苏省 | 中国石化集团南京化学工业有限公司连云港碱厂 | 处罚290万元 | 7月29日达标 |
| 50 | 江西省 | 丰城矿务局电业有限责任公司 | 限制生产 | 3月16日达标 |
| 51 | | 萍乡萍钢钢铁有限公司 | 处罚10万元 | 4月25日达标 |
| 52 | 山东省 | 莱州市宏泽水务有限公司 | 限制生产 | 5月29日达标 |
| 53 | | 烟台华力热电供应有限公司 | 处罚121万元 | 3月24日达标 |

| 序号 | 省份 | 企业名称 | 处理结果 | 目前整改情况 |
| --- | --- | --- | --- | --- |
| 54 | 河南省 | 平煤集团开封市兴化精细化工厂 | 处罚 6.13 万元 | 5 月 26 日达标 |
| 55 | | 洛阳香江万基铝业有限公司 | 按日计罚，共罚 700 万元 | 6 月 30 日达标 |
| 56 | | 洛阳义安电力有限公司 | 按日计罚，共罚 470 万元 | 4 月 23 日达标 |
| 57 | | 安阳钢铁集团有限责任公司 | 限制生产 | 5 月 16 日达标 |
| 58 | | 河南豫龙焦化有限公司 | 限制生产 | 6 月 1 日达标 |
| 59 | | 河南利源煤焦集团有限公司 | 限制生产 | 7 月 19 日达标 |
| 60 | | 河南鑫磊能源有限公司 | 限制生产 | 6 月 1 日达标 |
| 61 | | 河南省顺成集团煤焦有限公司 | 限制生产 | 6 月 8 日达标 |
| 62 | | 林州新达焦化有限公司 | 限制生产 | 6 月 20 日达标 |
| 63 | | 中国平煤神马集团平顶山朝川焦化有限公司 | 限制生产 | 8 月 13 日达标 |
| 64 | 湖北省 | 武汉王家店污水处理厂 | 处罚 50.6 万元 | 9 月 1 日达标 |
| 65 | | 湖北际华新四五印染有限公司（襄樊新四五印染有限责任公司） | 加强监管 | 8 月 30 日达标 |
| 66 | | 久大（应城）盐矿有限公司 | 停产整治，处罚 80 万元 | 5 月 18 日达标 |
| 67 | | 久大应城制盐有限公司 | 停产整治，处罚 80 万元 | 5 月 19 日达标 |
| 68 | | 中盐长江有限公司 | 停产整治，处罚 80 万元 | 9 月 10 日达标 |
| 69 | | 中盐宏博有限公司 | 停产整治，处罚 180 万元 | 5 月 16 日达标 |
| 70 | 广东省 | 中山火力发电有限公司 | 处罚 39 万元 | 8 月 28 日达标 |
| 71 | 贵州省 | 贵州黔桂天能焦化有限责任公司 | 限制生产 | 正在整改 |
| 72 | 陕西省 | 榆林市污水处理厂 | 处罚 104 万元 | 6 月 20 日达标 |
| 73 | | 榆林市金龙北郊热电有限责任公司 | 限制生产 | 4 月 3 日达标 |
| 74 | | 神木县恒升煤化工有限责任公司 | 处罚 70 万元 | 7 月 5 日达标 |
| 75 | | 陕西煤业化工集团神木电化发展有限公司 | 停产整治 | 9 月 13 日达标 |
| 76 | | 府谷县恒源冶焦发电有限公司 | 停产整治 | 8 月 15 日达标 |
| 77 | 甘肃省 | 夏官营污水处理厂 | 处罚 19.9179 万元 | 8 月 24 日达标 |
| 78 | | 金昌市排水管理处 | 加强监管 | 6 月 13 日达标 |
| 79 | | 白银市平川区清源污水处理厂 | 按日计罚，共罚 38.8 万元 | 8 月 24 日达标 |
| 80 | 青海省 | 青海桥头铝电股份有限公司 | 加强监管 | 1 月 31 日达标 |
| 81 | | 西宁市第一污水处理厂 | 处罚 92.2 万元 | 正在整改 |
| 82 | | 青海发投碱业有限公司 | 处罚 10 万元 | 9 月 29 日达标 |
| 83 | | 青海盐湖工业股份有限公司化工分公司 | 处罚 40 万元 | 8 月 30 日达标 |
| 84 | | 青海五彩碱业有限公司 | 处罚 2 万元 | 6 月 6 日达标 |
| 85 | 宁夏回族自治区 | 平罗县供热公司 | 处罚 10 万元 | 3 月 24 日达标 |
| 86 | | 宁夏庆华煤化工有限公司 | 处罚 10 万元 | 正在整改 |
| 87 | | 彭阳县污水处理厂 | 加强监管 | 8 月 27 日达标 |
| 88 | | 中冶美利纸业股份有限公司 | 处罚 2 万元 | 7 月 27 日达标 |

| 序号 | 省份 | 企业名称 | 处理结果 | 目前整改情况 |
| --- | --- | --- | --- | --- |
| 89 | 宁夏回族自治区 | 宁夏宝丰能源集团股份有限公司（焦化厂） | 处罚 20 万元 | 正在整改 |
| 90 | | 宁夏宝丰能源集团股份有限公司甲醇厂（自备电厂） | 处罚 50 万元 | 4 月 30 日达标 |
| 91 | 新疆维吾尔自治区 | 新疆盐湖制盐有限责任公司 | 限制生产 | 正在整改 |
| 92 | | 新疆钢铁雅满苏矿业有限责任公司（哈密球团） | 停产整治 | 2 月 28 日达标 |
| 93 | | 新疆昕昊达矿业有限责任公司 | 限制生产 | 5 月 27 日达标 |
| 94 | | 叶城县污水处理厂 | 处罚 2 万元 | 11 月 1 日达标 |
| 95 | | 伊宁市联创城市建设（集团）排水公司（西区） | 处罚 1.4 万元 | 8 月 4 日达标 |

**附件 3**

# 2016 年第二季度排放严重超标的国家重点监控企业处理处置情况

| 序号 | 省份 | 企业名称 | 处理结果 | 目前整改情况 |
| --- | --- | --- | --- | --- |
| 1 | 河北省 | 辛集市水处理中心 | 加强监管 | 正在整改 |
| 2 | | 唐山市荣义炼焦制气有限公司 | 处罚 45 万元 | 7 月 13 日达标 |
| 3 | | 河北永顺实业集团有限公司 | 停产整治，处罚 85 万元 | 9 月 9 日达标 |
| 4 | | 国中（秦皇岛）污水处理有限公司 | 限制生产 | 10 月 3 日达标 |
| 5 | | 蠡县留史镇污水处理有限公司 | 限制生产 | 7 月 17 日达标 |
| 6 | 山西省 | 交城县华鑫煤炭实业有限公司 | 限制生产 | 正在整改 |
| 7 | | 山西宏安科技焦化有限公司 | 限制生产 | 10 月 28 日达标 |
| 8 | | 山西安泰集团股份有限公司焦化厂 | 限制生产 | 10 月 21 日达标 |
| 9 | | 山西美锦化工有限公司 | 限制生产 | 正在整改 |
| 10 | 内蒙古自治区 | 黄河工贸集团千里山煤焦化有限责任公司 | 处罚 85 万元 | 正在整改 |
| 11 | | 赤峰富龙热电厂有限责任公司 | 处罚 10 万元 | 正在整改 |
| 12 | | 赤峰金峰热力有限公司 | 停产整治 | 正在整改 |
| 13 | | 林西县中水污水处理管理中心 | 处罚 54.6 万元 | 6 月 25 日达标 |
| 14 | | 内蒙古大雁矿业集团有限责任公司热电总厂雁南热电厂 | 处罚 20 万元 | 正在整改 |
| 15 | | 鄂伦春光明热电有限责任公司 | 处罚 15 万元 | 正在整改 |
| 16 | | 内蒙古大雁矿业集团有限责任公司热电总厂雁中热电厂 | 处罚 20 万元 | 9 月 22 日达标 |
| 17 | | 内蒙古大雁矿业集团有限责任公司热电总厂雁北热电厂 | 处罚 30 万元 | 正在整改 |
| 18 | | 突泉鑫光热力有限公司 | 按日计罚，共罚 260 万元 | 正在整改 |
| 19 | | 锡林浩特市新绿原污水处理厂 | 处罚 38 万元 | 正在整改 |
| 20 | | 内蒙古庆华集团庆华煤化有限责任公司 | 处罚 85 万元 | 8 月 1 日达标 |

| 序号 | 省份 | 企业名称 | 处理结果 | 目前整改情况 |
|---|---|---|---|---|
| 21 | 辽宁省 | 法库县团山子污水处理有限公司 | 加强监管 | 10月1日达标 |
| 22 | | 沈阳炼焦煤气有限公司 | 处罚40万元 | 正在整改 |
| 23 | | 大化集团有限责任公司（热电厂） | 按日计罚，共罚520万元 | 8月2日达标 |
| 24 | | 中国石油天然气股份有限公司大连石化分公司 | 按日计罚，共罚850万元 | 正在整改 |
| 25 | | 鞍钢集团矿业公司齐大山铁矿 | 处罚15万元 | 正在整改 |
| 26 | | 鞍山盛盟煤气化有限公司 | 处罚10万元 | 正在整改 |
| 27 | | 抚顺长顺电力有限公司 | 处罚850万元 | 正在整改 |
| 28 | 黑龙江省 | 中煤龙化哈尔滨煤化工有限公司 | 处罚84万元 | 正在整改 |
| 29 | | 鸡西矿业（集团）有限责任公司矸石热电厂 | 按日计罚，共罚600万元 | 正在整改 |
| 30 | | 佳木斯中恒热电有限公司 | 处罚54万元 | 正在整改 |
| 31 | 江苏省 | 中国石化集团南京化学工业有限公司连云港碱厂 | 处罚290万元 | 7月29日达标 |
| 32 | 江西省 | 江西宏宇能源发展有限公司 | 处罚1060万元 | 8月12日达标 |
| 33 | 山东省 | 莱州市宏泽水务有限公司 | 停产整治 | 5月29日达标 |
| 34 | | 青岛光大水务运营有限公司（麦岛污水） | 处罚130.4万元 | 正在整改 |
| 35 | 河南省 | 洛阳香江万基铝业有限公司 | 限制生产 | 6月30日达标 |
| 36 | | 洛阳义安电力有限公司 | 限制生产 | 4月23日达标 |
| 37 | | 林州新达焦化有限公司 | 限制生产 | 6月20日达标 |
| 38 | | 汝州天瑞煤焦化有限公司 | 限制生产 | 10月10日达标 |
| 39 | 湖北省 | 武汉王家店污水处理厂 | 处罚50.5万元 | 9月1日达标 |
| 40 | 贵州省 | 贵州黔桂天能焦化有限责任公司 | 处罚24万元 | 正在整改 |
| 41 | 陕西省 | 榆林市金龙北郊热电有限责任公司 | 停产整治 | 4月3日达标 |
| 42 | | 陕西煤业化工集团神木电化发展有限公司 | 停产整治 | 9月13日达标 |
| 43 | | 府谷县恒源冶焦发电有限公司 | 停产整治 | 8月15日达标 |
| 44 | 甘肃省 | 甘肃稀土新材料股份有限公司 | 处罚60.5万元 | 8月4日达标 |
| 45 | 青海省 | 西宁市第一污水处理厂 | 加强监管 | 正在整改 |
| 46 | | 青海发投碱业有限公司 | 处罚10万元 | 9月29日达标 |
| 47 | | 青海庆华煤化有限责任公司 | 限制生产 | 正在整改 |
| 48 | | 青海盐湖工业股份有限公司化工分公司 | 处罚40万元 | 8月30日达标 |
| 49 | 宁夏回族自治区 | 彭阳县污水处理厂 | 处罚2.5万元 | 8月27日达标 |
| 50 | | 中冶美利纸业股份有限公司 | 限制生产 | 7月27日达标 |
| 51 | | 宁夏宝丰能源集团股份有限公司（焦化厂） | 处罚20万元 | 正在整改 |
| 52 | | 宁夏宝丰能源集团股份有限公司甲醇厂（自备电厂） | 处罚50万元 | 4月30日达标 |
| 53 | 新疆维吾尔自治区 | 新疆盐湖制盐有限责任公司 | 停产整治 | 正在整改 |
| 54 | | 新疆昕昊达矿业有限责任公司 | 限制生产 | 5月27日达标 |
| 55 | | 叶城县污水处理厂 | 停产整治 | 11月1日达标 |

# 关于《〈关于持久性有机污染物的斯德哥尔摩公约〉新增列六溴环十二烷修正案》生效的公告

环境保护部公告　2016 年第 84 号

2016 年 7 月 2 日，第十二届全国人大常委会第二十一次会议审议批准《〈关于持久性有机污染物的斯德哥尔摩公约〉新增列六溴环十二烷修正案》（见附件，以下简称《修正案》）。《修正案》自 2016 年 12 月 26 日对我国生效。

现就我国限控六溴环十二烷具体事项公告如下：

一、自 2016 年 12 月 26 日起，禁止六溴环十二烷的生产、使用和进出口。根据《关于持久性有机污染物的斯德哥尔摩公约》，以下情形除外：

1．用于建筑物中发泡聚苯乙烯和挤塑聚苯乙烯的（主要作为阻燃剂），在特定豁免登记的有效期内，可生产、使用和进出口。特定豁免登记的有效期原则上自《修正案》对我国生效后 5 年（2021 年 12 月 25 日）终止。

2．用于实验室规模的研究或用作参照标准的，可生产、使用和进出口。

二、各级环境保护、发展改革、工业和信息化、住房城乡建设、商务、海关、质检、安全监管等部门，应按照国家有关法律法规的规定，加强对六溴环十二烷生产、使用和进出口的监督管理。一旦发现违反本公告的行为，将严肃查处。

附件：《关于持久性有机污染物的斯德哥尔摩公约》新增列六溴环十二烷修正案

环境保护部<br>外交部<br>发展改革委<br>科技部<br>工业和信息化部<br>财政部<br>住房和城乡建设部<br>商务部<br>海关总署<br>质检总局<br>安全监管总局<br>2016 年 12 月 26 日

附件

# 《关于持久性有机污染物的斯德哥尔摩公约》新增列六溴环十二烷修正案

## 第 SC-6/13 号决定：六溴环十二烷的列入问题

**缔约方大会**

审议了持久性有机污染物审查委员会所转交的、关于六溴环十二烷的风险简介、风险管理评价及其增编，①

注意到　持久性有机污染物审查委员会关于把六溴环十二烷列入公约附件 A、同时对其用于建筑物中的发泡聚苯乙烯和挤塑聚苯乙烯的生产和使用给予特定豁免的建议。②

1．决定　修正《关于持久性有机污染物的斯德哥尔摩公约》附件 A 第一部分，增列六溴环十二烷，并插入下列横栏，对特定豁免登记簿中所列缔约方被允许的六溴环十二烷的生产及其用于建筑物中的发泡聚苯乙烯和挤塑聚苯乙烯的使用给予特定豁免：

| 化学品 | 活动 | 特定豁免 |
| --- | --- | --- |
| 六溴环十二烷 | 生产 | 依照本附件第七部分的规定，限于登记簿中所列缔约方被允许的豁免 |
| | 使用 | 依照本附件第七部分的规定，建筑物中的发泡聚苯乙烯和挤塑聚苯乙烯 |

2．还决定　在附件 A 的第三部分中增列一个关于六溴环十二烷的定义如下：

“(c)‘六溴环十二烷’系指六溴环十二烷（化学文摘社编号：25637-99-4）、1,2,5,6,9,10-六溴环十二烷（化学文摘社编号：3194-55-6）及其主要非对映异构物、α-六溴环十二烷（化学文摘社编号：134237-50-6）、β-六溴环十二烷（化学文摘社编号：134237-51-7）以及γ-六溴环十二烷（化学文摘社编号：134237-52-8）。”

3．进一步决定　在附件 A 中增列一个新的第七部分如下：

**第七部分**

**六溴环十二烷**

每个根据第 4 条，对六溴环十二烷用于建筑物中的发泡聚苯乙烯和挤塑聚苯乙烯的生产和使用进行了特定豁免登记的缔约方，应当采取必要措施，确保含有六溴环十二烷的发泡聚苯乙烯和挤塑聚苯乙烯在其整个生命周期内，能够通过使用标签或其他方式而易于识别。

---

① 文件 UNEP/POPS/POPRC.6/13/ Add.2、UNEP/POPS/POPRC.7/19/Add.1 和 UNEP/POPS/POPRC.8/16/ Add.3。

② POPRC-8/3 号决定。

# 关于规范化学品测试机构管理的公告

环境保护部公告　2016年第85号

为贯彻落实《国务院办公厅关于清理规范国务院部门行政审批中介服务的通知》（国办发〔2015〕31号）的有关要求，规范新化学物质环境管理登记有关化学品测试中介服务，加强后期监管，现公告如下：

## 一、取消化学品测试机构评审及公告制度

环境保护部不再对化学品测试机构实施评审和公告。

为新化学物质申报目的提供测试数据的境内测试机构，应当依法通过资质认定（计量认证）。从事新化学物质生态毒理学特性测试的，应当依据国家有关良好实验室规范（GLP）系列标准、环境保护部关于化学品测试有关标准规范（《化学品测试合格实验室导则》）等进行自我检查，就是否符合良好实验室规范（GLP）进行自我声明。从事新化学物质物理化学性质、毒理学特性测试的机构，应当符合《危险化学品安全管理条例》等相关法律法规及国家有关主管部门的要求。

## 二、加强信息公开，建立终身责任制

测试机构应当在其官方网站及环境保护部固体废物与化学品管理技术中心网站上公布符合良好实验室规范（GLP）的自我声明，并公布以下情况：测试机构名称、地址、法定代表人或机构负责人、所能承担的化学品生态毒理学测试项目、实验室面积、与生态毒理学测试相关仪器设备和资质获得情况、测试项目研究负责人（SD）及质量管理人员（QA）等关键岗位人员的总体情况（包括数量、职称、学历和专业等），接受社会监督；以上情况存在重大变化的，应当在20个工作日内及时更新，测试机构对声明内容的真实性、准确性负全部责任。

环境保护部固体废物与化学品管理技术中心在网站免费为测试机构发布自我声明提供服务，对声明内容不承担审查责任。

各化学品测试机构要严格按照化学品测试相关国家标准开展测试工作，对所出具的化学品测试报告终身负责，承担法律责任。

## 三、加强对测试数据的审核及后期监督管理

环境保护部将加强对新化学物质登记所提交数据的审核，制订新化学物质登记数据质量

管理规范；重点针对提供生态毒理学测试数据的测试机构，采用例行检查、飞行检查、有因检查、抽样验证等方式对其出具数据的质量、测试过程的规范性和真实性进行监督检查，并公开审核和检查情况。建立风险监管机制，对涉嫌虚假声明，承担的测试数量与测试能力不匹配的、提交的测试报告不符合 GLP 规范及测试过程或方法存疑的测试机构出具的数据重点审核和抽查；对经查实存在数据不真实、方法选用错误、结果错误等严重问题的测试报告，不予用于新化学物质登记。对提供虚假声明的、伪造原始记录的、伪造测试结果的、出具虚假报告的测试机构，环保部门按照规定将其失信信息记入其环境信用记录，暂停直至停止接受其测试数据。测试机构守法情况纳入环境信用信息系统，有关情况向社会公开。

本公告自 2017 年 4 月 1 日起实施，此前印发文件与本公告规定不一致的以本公告为准。环境保护部办公厅《关于印发〈化学品测试合格实验室管理办法〉的通知》（环办〔2012〕7 号）、《关于公布化学品测试合格实验室名单的公告》（环境保护部公告　2012 年第 77 号）、《关于公布化学品测试合格实验室名单的公告》（环境保护部公告　2014 年第 5 号）、《关于公布化学品测试合格实验室名单的公告》（环境保护部公告　2015 年第 4 号）同时废止。

环境保护部

2016 年 12 月 28 日

# 关于将六溴环十二烷增列至《中国严格限制进出口的有毒化学品目录》（2014 年）的公告

环境保护部公告　2016 年第 86 号

根据《化学品首次进口及有毒化学品进出口环境管理规定》（环管〔1994〕140 号）、我国批准的《关于在国际贸易中对某些危险化学品和农药采用事先知情同意程序的鹿特丹公约》以及《〈关于持久性有机污染物的斯德哥尔摩公约〉新增列六溴环十二烷修正案》，现将六溴环十二烷增列至《中国严格限制进出口的有毒化学品目录》（2014 年）中。

自 2017 年 1 月 1 日起，凡进口或出口六溴环十二烷的企业，应向环境保护部申请办理有毒化学品进口环境管理登记证和有毒化学品进（出）口环境管理放行通知单。

特此公告。

附件：1．六溴环十二烷相关信息

2．有毒化学品进口环境管理放行通知单

3．有毒化学品出口环境管理放行通知单

环境保护部

海关总署

2016 年 12 月 29 日

附件 1

## 六溴环十二烷相关信息

| 序号 | 化学品名称 | 别　名 | 海关商品编号 | 计量单位 |
|---|---|---|---|---|
| | 六溴环十二烷 | | 2903890020 | 千克 |

附件 2

## 有毒化学品进口环境管理放行通知单

### 一、申请人

国内使用企业或其代理人。

### 二、登记条件

1．进口用途符合《关于持久性有机污染物的斯德哥尔摩公约》的规定，即在特定豁免登记的有效期内（2021 年 12 月 25 日前），用于建筑物中发泡聚苯乙烯和挤塑聚苯乙烯的阻燃剂的进口。

2．有毒化学品进口环境管理放行通知单（以下简称进口放行单）的申请量应不超过该单所属有毒化学品进口环境管理登记证的剩余量。

### 三、申请材料

1．进口放行单申请表。

2．与外商签订的进口合同。

3．进口单位为贸易单位的，应提交与下游使用企业的合同。

4．关于进口六溴环十二烷仅用于建筑物中发泡聚苯乙烯和挤塑聚苯乙烯的阻燃剂的证明材料。

5．非首次进口的，应当提交之前每批次的进口和使用情况。

### 四、受理单位

环境保护部固体废物与化学品管理技术中心。

### 五、有效期

进口放行单的有效期为 12 个月。

### 六、登记时限

进口放行单的登记时限为自受理之日起 20 个工作日。

## 七、后期监管

使用进口六溴环十二烷的生产企业应建立台账，如实记录进口和使用情况；贸易单位建立台账，记录每批次的进口及销售情况。

环境保护部将组织对申请企业进行现场检查。申请企业应当提供台账。

附件 3

# 有毒化学品出口环境管理放行通知单

## 一、申请人

国内生产企业或其代理人。

## 二、登记条件

1．出口用途符合《关于持久性有机污染物的斯德哥尔摩公约》（以下简称《斯德哥尔摩公约》）的规定，即在特定豁免登记的有效期内（2021 年 12 月 25 日前），用于建筑物中发泡聚苯乙烯和挤塑聚苯乙烯的阻燃剂的出口。

2．按照《关于在国际贸易中对某些危险化学品和农药采用事先知情同意程序的鹿特丹公约》（以下简称《鹿特丹公约》）得到进口国同意函。同时，若进口国属于《斯德哥尔摩公约》的缔约方，该国已按照附件 A 的规定获准使用该物质；或进口国属于《斯德哥尔摩公约》非缔约方的，该国已向我国提交年度证书。

## 三、申请材料

1．有毒化学品出口环境管理放行通知单（以下简称出口放行单）申请表。

2．关于出口六溴环十二烷仅用于建筑物中发泡聚苯乙烯和挤塑聚苯乙烯的阻燃剂的声明。

## 四、受理单位

环境保护部固体废物与化学品管理技术中心受理企业材料，环境保护部根据《鹿特丹公约》征求进口国意见。

## 五、有效期

出口放行单的有效期为 12 个月。

## 六、登记时限

出口放行单的登记时限为自受理之日起 20 个工作日。履行事先知情同意程序的时间，不计算在内。

# 关于发布《制糖工业污染防治技术政策》的公告

环境保护部公告　2016年第87号

为贯彻《中华人民共和国环境保护法》和《中华人民共和国清洁生产促进法》等法律法规，改善环境质量，保障生态安全和人体健康，促进制糖工业生产工艺和污染防治技术进步，环境保护部组织制定了《制糖工业污染防治技术政策》，现予公布，供参照执行。

附件：制糖工业污染防治技术政策

环境保护部
2016年12月30日

附件

## 制糖工业污染防治技术政策

### 一、总则

（一）为贯彻《中华人民共和国环境保护法》和《中华人民共和国清洁生产促进法》等法律法规，防治环境污染，保障生态安全和人体健康，促进制糖工业生产工艺和污染防治技术进步，制定本技术政策。

（二）本技术政策适用于制糖工业。制糖工业是指以甘蔗、甜菜、原糖为原料，通过物理和化学的方法，去除杂质，提取食糖成品的过程。

（三）本技术政策为指导性文件，可为制糖工业产业政策和污染防治规划制定、排污许可制度贯彻实施、污染防治技术路线选择等环境管理及企业污染防治工作提供技术支撑。

（四）制糖工业应优化产业结构，严格行业准入，淘汰落后产能，加快技术进步，加强资源能源的综合利用。制糖企业污染防治应采取源头控制、过程管理、末端治理相结合的全过程污染防治技术路线。

（五）制糖工业应全面提高清洁生产水平，落实企业清洁生产工作责任制，持续开展清洁生产审核，实施清洁生产技术改造，大力发展循环经济。

## 二、源头及生产过程污染防控

（一）甘蔗制糖企业应设置糖料甘蔗进厂除杂设备，确保糖料甘蔗的质量，从源头减少污染物产生。

（二）甜菜制糖企业预处理工段宜采用甜菜干法输送技术，减少甜菜流送洗涤水使用量。

（三）甘蔗制糖企业澄清工段应采用低碳低硫工艺、糖浆上浮技术等先进工艺技术改造传统的亚硫酸法工艺，以减少硫磺、磷酸使用量。

（四）澄清工段应减少滤布洗水产生量，提高滤布洗水循环利用率，企业应根据自身生产状况选择无滤布真空吸滤机、全自动隔膜压滤机等高效、节能、节水设备。

（五）蒸发、煮糖工段应根据企业自身生产状况选择高效捕汁器、板式换热器、喷雾真空冷凝器、变频离心机、蒸汽机械压缩机等高效、节能、节水设备。

（六）煮糖工段应采用全自动连续煮糖技术，实现煮糖过程自动化。

（七）提汁、澄清、蒸发、锅炉工段应安装自动控制系统，自动调整、优化工艺参数，实现生产工况均衡稳定，减少因生产波动造成的污染物非正常排放。

（八）燃硫炉应选用喷射式自控燃硫炉、汽化旋风低温燃硫炉等高效燃硫设备，实现高效节能，提高生产稳定性，防止二氧化硫泄漏。

## 三、污染治理及综合利用

（一）大气污染治理

1．锅炉应采用低氮燃烧技术以及高效除尘、脱硫和脱硝装置，减少颗粒物、二氧化硫和氮氧化物排放，稳定达到排放标准要求。

2．蔗渣输送廊道应为密封廊道，在输送交接部分应设置抑尘装置，蔗渣堆场应设置防尘设施，有效抑制蔗渣扬尘。

（二）水污染治理

1．应进行雨污分流，清污分流，分质处理，循环利用，污染物稳定达到排放标准要求。

2．甜菜制糖企业应建立封闭式压粕水回收系统，回用至渗出器。

3．加热器、蒸发罐、煮糖罐的清洗用水应回收利用。

4．应分别建立甜菜流送洗涤水循环系统、冷凝器冷凝水闭合循环系统、汽轮机冷却水循环系统、锅炉冲灰水循环系统及其他废水循环系统，提高废水循环利用率。

5．综合废水应采用好氧或厌氧-好氧生化处理为主、物化处理为辅的工艺技术路线。

（三）固体废物处理和综合利用

1．蔗渣宜作为锅炉燃料及其他产品的生产原料。

2．甜菜粕宜用于生产动物饲料。

3．亚硫酸法滤泥宜用于生产肥料。

4．最终糖蜜应根据产业政策及市场需求用于集中生产发酵制品、饲料、肥料或其他产品。

5．蔗渣锅炉炉灰宜用作土壤改良剂回施耕地。

（四）噪声污染防控

鼓励采用低噪声设备。汽轮机、鼓风机、空气压缩机、泵等噪声大的设备，均应采取消音、隔音措施，厂界噪声稳定达到排放标准要求。

（五）能源综合利用

1．对生产过程产生的二次蒸汽及余热应进行回收利用。

2．甘蔗制糖企业应利用锅炉烟道气余热作为热源干燥蔗渣，降低蔗渣水分，提高蔗渣热值，减少燃料消耗。

（六）运行管理与监测监管

1．提高生产及污染防治过程精细化管理水平，生产装置和环保设施应有完整的运行数据记录并建立档案。

2．建立健全生产设备及环保设施运行使用、维护管理制度，杜绝生产过程中跑、冒、滴、漏现象。

3．化学需氧量、二氧化硫等主要污染物应实行在线监测，噪声污染源应有监测手段。

4．应制定完善的环境应急预案，定期进行风险排查及应急演练。

## 四、二次污染防治

（一）碳酸法滤泥应安全处置，鼓励回收利用。

（二）附设糖蜜酵母、糖蜜酒精、蔗渣制浆造纸等车间的企业，应按照相关的排放标准要求处理废水、废气、废渣。

（三）糖蜜罐区周围应设围堰、截污沟等。

（四）蔗渣堆场地面应采取排水、硬化防渗措施，避免地下水污染及发霉腐烂产生恶臭气体。

## 五、鼓励研发的污染防治技术

（一）制糖澄清工段采用的膜技术或复合酶澄清技术。

（二）蒸发工段末效二次蒸汽的回收利用技术。

（三）碳酸法滤泥综合利用新技术。

（四）蔗渣高附加值综合利用新技术。

（五）循环水水力驱动免电冷却塔技术。

（六）制糖生产全过程自动化控制技术。